Bernhard Mitschang

Anfrageverarbeitung in Datenbanksystemen

Entwurfs- und Implementierungskonzepte

Datenbanksysteme

herausgegeben von
Theo Härder und Andreas Reuter

Die Reihe bietet Praktikern, Studenten und Wissenschaftlern wegweisende Lehrbücher und einschlägige Monographien zu einem der zukunftsträchtigsten Gebiete der Informatik.

Gehören bereits seit etlichen Jahren die klassischen Datenbanksysteme zum Kernbereich der EDV-Anwendung, so ist die derzeitige Entwicklung durch neue technologische Konzepte gekennzeichnet, die für die Praxis von hoher Relevanz sind.

Ziel der Reihe ist es, den Leser über die Grundlagen und Anwendungsmöglichkeiten maßgeblicher Entwicklungen zu informieren. Themen sind daher z.B. erweiterbare Datenbanksysteme, Wissens- und Objektdatenbanksysteme, Multimedia- und CAx-Datenbanken u. v. a. m.

Die ersten Bände der Reihe:

Hochleistungs-Transaktionssysteme
Konzepte und Entwicklungen moderner Datenbankarchitekturen
von Erhard Rahm

Datenbank-Integration von Ingenieuranwendungen
Modelle, Werkzeuge, Kontrolle
von Christoph Hübel und Bernd Sutter

Datenbanken in verteilten Systemen
Konzepte, Lösungen, Standards
von Winfried Lamersdorf

Anfrageverarbeitung in Datenbanksystemen
Entwurfs- und Implementierungskonzepte
von Bernhard Mitschang

Das Benchmark-Handbuch
von Jim Gray

Vieweg

Bernhard Mitschang

Anfrageverarbeitung in Datenbanksystemen

Entwurfs- und Implementierungskonzepte

Die Deutsche Bibliothek – CIP-Einheitsaufnahme

Mitschang, Bernhard:
Anfrageverarbeitung in Datenbanksystemen: Entwurfs-
und Implementierungskonzepte / Bernhard Mitschang. –
Braunschweig; Wiesbaden: Vieweg, 1995
   (Datenbanksysteme)
   ISBN-13: 978-3-528-05488-5   e-ISBN-13: 978-3-322-84936-6
   DOI: 10.1007/978-3-322-84936-6

Gedruckt auf säurefreiem Papier

ISBN-13: 978-3-528-05488-5

Vorwort

Das Buch richtet sich an alle Informatiker in Industrie, Studium, Lehre, Forschung und Entwicklung, die an neueren Entwicklungen im Bereich von Datenbanksystemen (DBS) interessiert sind. Es entspricht einer überarbeiteten Version meiner im Mai 1994 vom Fachbereich Informatik der Universität Kaiserslautern angenommenen Habilitationsschrift. Neben der Präsentation neuer Forschungsergebnisse (hinsichtlich Erweiterungen relationaler DBS, Komplexobjekte in Ingenieur-DBS, Regelverarbeitung in Deduktiven DBS sowie Typsystem und Abstraktionskonzepte in Objektorientierten DBS) erfolgen eine breite Einführung in die Thematik sowie eine überblicksartige Behandlung verschiedener Realisierungsansätze, wobei auf eine möglichst allgemeinverständliche Darstellung Wert gelegt wurde. Der Text wurde durchgehend mit Marginalien versehen, welche den Aufbau der Kapitel zusätzlich verdeutlichen und eine direkte Inhaltsbestimmung ermöglichen. Zur schnellen inhaltsorientierten Suche wurde auch ein umfangreicher Schlagwortindex angelegt.

Es gibt viele Gründe, sich mit dem Thema Anfrageverarbeitung in Datenbanksystemen und insbesondere mit der Problematik der Anfrageoptimierung zu beschäftigen. Dazu zählen bestimmt auch die folgenden:

- Für jedes DBS stellt die Komponente zur Anfrageverarbeitung eine besonders kritische Aufgabe dar, da die Effizienz eines DBS direkt von der Leistungsfähigkeit der Anfrageverarbeitung abhängt.
- Damit entscheidet die Anfrageverarbeitung indirekt mit über die Marktfähigkeit eines DBS und somit auch über Akzeptanz am Markt.
- Fast alle Änderungen in einem DBS haben (sollten) auch Auswirkungen auf die Anfrageverarbeitung (haben). Dies unterstreicht die zentrale Bedeutung der Anfrageverarbeitung für ein DBS.

Die Überlegungen zu dieser Arbeit und zur Konzeption eines flexiblen und erweiterbaren Framework zur Anfrageverarbeitung entstanden aus dem Verlangen, den aktuellen Entwicklungstendenzen von (relationalen) DBS durch geeignete und effiziente Anfrageverarbeitungskonzepte zu begegnen. Hierbei standen insbesondere die Erweiterungen in Richtung auf Rekursion (Deduktion), Komplexobjekte und Objektorientierung im Brennpunkt des Interesses.

Einen ersten 'ernsthaften' Kontakt mit all diesen Aspekten hatte ich während meines 15-monatigen Gastforscheraufenthalts am IBM Almaden Research Center in San Jose, Kalifornien. Dort wurden im Rahmen unserer Forschungsarbeiten am System STARBURST (ein erweitertes relationales DBS [HFLP89, HCLM90, LLPS91]) sowohl die Idee als auch erste Ergebnisse und Grundlagen zu dieser Arbeit entwickelt. Meinen IBM-Kollegen (stellvertreten durch Herrn H. Pirahesh, Ph.D., Herrn B. Lindsay, Ph.D. sowie Herrn G. Lohman, Ph.D.) möchte ich hiermit für die interessanten Diskussionen und die fruchtbare Kooperation danken. Als weitere 'Eckpfeiler' für die Konzeption der vorliegenden Arbeit sind insbesondere zu nennen die Übersichtsartikel von Jarke und Koch [JK84], von Härder [Hä78, Hä87], von Freytag [Fr89] sowie von Graefe [Gr93b] und schließlich auch eigene grundlegende Arbeiten [Mi88, HMS92, MP94, DMMT95], die über die Jahre in diversen Forschungsumgebungen und mit verschiedenen Systemen durchgeführt wurden.

Im Rahmen meiner Tätigkeit als Mitarbeiter im Teilprojekt D2 "Arbeitsplatzorientierte DB-Architekturen für Anwendungen mit hoher algorithmischer Parallelität" des Sonderforschungsbereichs 124 "VLSI-Entwurfsmethoden und Parallelität" am Fachbereich Informatik der Universität Kaiserslautern konnte ich die begonnenen Arbeiten zu diesem Thema und Buch fortsetzen. Allen Projektkollegen und auch den SFB-Sprechern Herrn Prof. Dr. G. Zimmermann und Herrn Prof. Dr. J. Nehmer gebührt mein Dank für die aktive Unterstützung meiner Arbeiten. Dem Fachbereich, stellvertreten durch seinen Dekan Herrn Prof. Dr. O. Mayer und seinen Dekanatsleiter Herrn Dr. B. Bunke, sei an dieser Stelle ebenfalls gedankt.

Auch die diversen Vorlesungen, die ich in den vergangenen Semestern am Fachbereich Informatik der Universität Kaiserslautern gehalten habe, trugen zur inhaltlichen Klärung von Teilen dieser Arbeit bei. Daher gebührt mein Dank auch den (manchmal) kritischen Studenten, die meine Vorlesungen besuchten.

Mein ganz besonderer Dank geht an meinen akademischen Lehrer, Herrn Prof. Dr. Theo Härder, für die fortgesetzte Unterstützung meiner wissenschaftlichen Arbeiten sowie für die stets hilfreichen Hinweise zur Gestaltung dieser Arbeit und auch für die Übernahme der Gutachtertätigkeit. Dem zweiten Gutachter, Herrn Prof. Johann Christoph Freytag, Ph.D., sei an dieser Stelle ebenfalls herzlichst gedankt für seine detaillierten und wertvollen Verbesserungsvorschläge. Hilfreiche Anmerkungen erhielt ich darüber hinaus von Herrn Prof. Dr. Andreas Reuter, Mitherausgeber dieser Reihe "Datenbanksysteme". Schließlich gebührt mein besonderer Dank auch dem Vieweg-Verlag, insbesondere Herrn Dr. Reinald Klockenbusch, für die Bereitschaft, dieses Buch zu verlegen.

Auch meinen (früheren) Kollegen in der Arbeitsgruppe Datenverwaltungssysteme an der Universität Kaiserslautern gilt es zu danken, weil sie mir immer ein kritisches Forum zur Diskussion meiner Ideen waren. Besonderer Dank gebührt Herrn Dipl.-Inform. Joachim Thomas, Herrn cand.-inform. Michael Jaedicke sowie Frau Dr. Weixia Yan für die kritische Durchsicht des Manuskripts und für die vielen Verbesserungsvorschläge. Auch meinem (früheren) Kollegen und Freund Herrn Dr. Nelson Mattos sei für seine wertvollen Hinweise zum SQL-Standard namentlich gedankt.

Einer Reihe von Personen, insbesondere Frau Heike Neu sowie Frau Manuela Burkhart, habe ich für die unermüdliche Hilfe bei der Umsetzung des Manuskripts in die vorliegende Form zu danken; Herr Prof. Dr. Erhard Rahm war so freundlich, mir seine Vorlage für das Seiten- und Text-Layout zu überlassen. Und den vielen hier nicht namentlich genannten danke ich, für die (kleinen) Hilfestellungen, die zum Gelingen der Arbeit beigetragen haben.

Ohne die Hilfe von seiten meiner Familie - und dazu zähle ich vor allem auch Rê - wäre dieses Projekt nicht durchzuführen gewesen.

... quero agradecer à todas as pessoas que me ajudaram,

München, im Dezember 1994

Bernhard Mitschang

Zusammenfassung

Datenbanksysteme werden mittlerweile in den vielfältigsten Anwendungsbereichen (administrativ-betriebswirtschaftliche Anwendungen, Ingenieuranwendungen oder wissensbasierte Anwendungen) zur effizienten Datenhaltung eingesetzt.
Die Anforderungen an die Datenbankverarbeitung und insbesondere an die Anfrageverarbeitung sind im wesentlichen bestimmt durch folgende Entwicklungstendenzen:

- stetige Erweiterung von Datenmodellen und deren Anfragesprachen (etwa
  um Aspekte der Objektorientierung oder Rekursionsbehandlung)
- Einsatz von z.B. Mehrrechner-Architekturen für parallele Anfrageauswertung
- Berücksichtigung von Systemkonzepten für Workstation/Server-Umgebun-
  gen.

Um den verschiedenen Entwicklungstendenzen Rechnung tragen zu können, ist es
notwendig, daß die wesentlichen Komponenten der Anfrageverarbeitung und deren Zusammenspiel den neuen Anforderungen flexibel angepaßt werden können.
Ebenso ist es wichtig zu analysieren, inwieweit sich die verschiedenen Anforderungen auf gemeinsame Konzepte zur Anfrageverarbeitung zurückführen lassen.
Diese gilt es, effizient und flexibel in einem integrierten Systemansatz, den wir
Framework nennen wollen, zu realisieren.

In dieser Arbeit werden die wichtigsten konzeptionellen und auch implementierungstechnischen Grundlagen solch eines Framework zur Anfrageverarbeitung
entwickelt. Dieser sog. AV-Framework stellt eine wiederverwendbare und erweiterbare Basis zur Entwicklung von angepaßten Anfrageprozessoren bereit. Damit
ist es dann möglich, die Anfrageverarbeitung (und damit im wesentlichen auch ein
DBS) auf eine konkrete Einsatzumgebung zuzuschneiden. Der offensichtliche
Nutzen dieser Methodik liegt in der deutlich verringerten Systementwicklungszeit, der flexiblen Anpassungsfähigkeit sowie der hohen Wiederverwendung
von Technologie, Implementierungskonzepten und auch von bereits existierender
Software.

Anhand einiger (praxis)relevanter Problemstellungen (Erweiterungen des Relationenmodells, Komplexobjekte und Objektorientierung) wird die Flexibilität und Erweiterbarkeit des Framework überprüft und damit auch gleich dessen Tauglichkeit bewertet.

Zum gleichen Ergebnis, wenn auch basierend auf rein konzeptioneller Themendiskussion, kommen auch die Autoren (genauer: 'The Committee for Advanced DBMS Function') des 'Third-Generation Data Base System Manifesto'

> Zitat aus [St90]:
> *"... One can provide the desirable enhancements of Object-Oriented, Logic, Deductive, Active, and other DBMS technologies, while still retaining the strengths of a relational DBMS ..."*

Inhaltsverzeichnis

1 Einleitung

Die kommerzielle Datenverarbeitung stellte im Verlauf ihrer Weiterentwicklung immer höhere Anforderungen an die Datenhaltung und sorgte damit für eine rasante Entwicklung und Verbesserung der Konzepte und Techniken von Datenhaltungssystemen. Durch eine schrittweise Verallgemeinerung und Standardisierung der Funktionen zur Datendefinition und Datenmanipulation sowie zur Integritätsüberwachung und Zugriffskontrolle der Daten entwikkelten sich aus einfachen Dateisystemen allgemeine *Datenbanksysteme* (DBS). Ein DBS [Da90, LS87] übernimmt alle Aufgaben der Datenverwaltung in einem Anwendungssystem. Es zeichnet sich vor allem durch einen hohen Grad an Datenunabhängigkeit[*], ein logisches Datenmodell und eine deskriptive Sprache[**] aus. Weiterhin unterstützt es in der Regel den Mehrbenutzerbetrieb und bietet ein Transaktionskonzept sowie verschiedene Maßnahmen zur Datensicherung an.

Charakterisierung von Datenbanksystemen (DBS)

Mittlerweile haben sich DBS in den administrativ-betriebswirtschaftlichen Anwendungsbereichen etabliert. Sie werden heute erfolgreich eingesetzt in den 'klassischen' Anwendungsbereichen wie zum Beispiel Personal-, Waren- und Materialverwaltung oder etwa Produktionsplanung und -steuerung. Diese sogenannten 'Standard'-Datenbankanwendungen erzielen in einzelnen Unternehmensbereichen einen beachtlichen Integrationsgrad in der Datenhaltung. Zusammen mit einem TP-Monitor (transaction-processing

Einsatzbereiche von DBS

---

[*] Ein DBS realisiert eine klare Trennung zwischen den logischen und den physischen Aspekten des Datenbankentwurfs, der Datenselektion und Datenmanipulation.

[**] Da hier das Anfrageergebnis lediglich deskiptiv (also nicht-prozedural) spezifiziert wird, vereinfacht dies einerseits die Anfrageformulierung für den Benutzer und überläßt andererseits das Problem der Ergebniskonstruktion völlig dem DBS.

monitor) realisieren sie Transaktionssysteme (DB/DC-Systeme) [MW86, MW87, Ra93], welche hauptsächlich zur interaktiven Bearbeitung von Auskunfts-, Buchungs- und Datenerfassungsvorgängen benutzt werden. Solche Systeme zeichnen sich durch typischerweise einfache und kurze Transaktionen (Kontenbuchung oder 'Debit-Credit'-Transaktion) sowie durch Forderungen nach hoher Leistungsfähigkeit (>1000 Transaktionen pro Sekunde), hoher Verfügbarkeit, modularem Wachstum, leichter Handhabbarkeit und einfacher Verwaltung aus.

Non-Standard-Datenbank-anwendungen

In den letzten Jahren verstärkte sich zunehmend der Einsatz 'nicht-klassischer' Rechneranwendungen, die aus der Sicht herkömmlicher DBS als 'Non-Standard'-Datenbankanwendungen bezeichnet werden. Hierbei handelt es sich im wesentlichen um

- rechnergestützte Ingenieuranwendungen
  (computer aided ..., kurz: CA*),

- wissensbasierte Anwendungen sowie

- Text-, Bild- und Sprachverarbeitung.

Anwendungs-bereich: CA-Systeme*

Unter dem Akronym CA* verbergen sich wichtige Teilgebiete, wie zum Beispiel Rechnerunterstützung beim Entwurf (computer aided design, CAD), bei der Planung (computer aided planning, CAP), Fertigung (computer aided manufacturing, CAM) oder Qualitätssicherung (computer aided quality-assurance, CAQ). Damit sind im wesentlichen alle Bereiche des ingenieurmäßigen Entwurfs angesprochenen, beispielsweise Maschinen- und Anlagenbau, Bauingenieurwesen und Architektur oder gar bestimmte Anwendungen aus der Informatik, etwa der Entwurf elektronischer Schaltungen oder die Software-Konstruktion. Aus diesen vielfältigen Anwendungsbereichen heraus hat sich eine ganze Klasse von Datenbanksystemen, die sogenannten CAD-Datenbanksysteme [Eb84], entwickelt. Hierunter versteht man im wesentlichen solche DBS-Entwicklungen, die auf die Unterstützung des (technischen) Objektbegriffs abzielen, wie zum Beispiel Komplexobjekt-Datenbanksysteme (KODBS) [Mi88] oder Objektorientierte DBS (OODBS) [ABDD89, He92, KL89, ZM90]. Von diesen DBS werden jeweils geeignete Modellierungs- und Verarbeitungskonzepte für die Objekte und Objektstrukturen der Anwendungen bereitgestellt [MMM93].

Anwendungs-bereich: wissensbasierte Systeme

Unter dem Sammelbegriff wissensbasierte Systeme subsumieren sich im wesentlichen Expertensystemanwendungen, Deduktions- und Planungssysteme sowie entscheidungsunterstützende Systeme. Zur Unterstützung dieser Anwendungsbereiche entwickelten sich ebenfalls spezielle DBS-Derivate, wie etwa Experten-Da-

tenbanksysteme (XDBS) [Ke86], Deduktive Datenbanksysteme
(DDBS) [CGT90, KG90] oder Wissensbankverwaltungssysteme
(WBVS) [BM86, Ma91]. Erklärtes Ziel dieser DBS-Entwicklungen
ist es, angepaßte Konzepte zur Wissensmodellierung (etwa geeignete Abstraktionskonzepte [Ma88a]) und Wissensverarbeitung
(zum Beispiel Deduktion oder Regelverarbeitung [Ma91]) bereitzustellen.

In dem durch text-, bild- und sprachverarbeitende Systeme abge-
deckten Anwendungsbereich haben sich ebenfalls zugeschnittene
DBS etabliert, die hier unter dem Namen Multimedia-Datenbank-
systeme (MMDBS) [MW91] zusammengefaßt werden. Mit einem
MDBS ist es möglich, die Anwendungsobjekte unter der Verwen-
dung von Text, Bild oder auch Sprache zu repräsentieren. *Anwendungs-bereich: text-, bild- und sprachverarbei-tende Systeme*

Unabhängig vom Einsatzbereich haben sich aufgrund jüngster
Hardware-Entwicklungen (homogene/heterogene Rechnernetze,
Workstation-Server-Konfigurationen, Mehrprozessorsysteme, er-
weiterte Speicherarchitekturen mit sehr großen und zum Teil
nicht-flüchtigen Hauptspeichern) und auch wegen der Zunahme
verteilter Systeme (insbesondere von Client-Server-Systemen
[Lo92, Si92]) neue Einsatzformen von DBS entwickelt [Ra93]. Das
Spektrum reicht von Verteilten Datenbanksystemen (VDBS)
[ÖV91], über Client-Server-Datenbanksysteme [KCW92] bis zu
verschiedenen Formen von Parallelen Datenbanksystemen
(PDBS) [DG92]. Dabei stehen der effiziente Fernzugriff [Ef87,
La94] auf Datenbanken und seine Standardisierung durch Proto-
kolle (RDA, engl. remote data access, [Ar91, La94, Pa91]) - also die
Kommunikation und Datenhaltung in (heterogenen, autonomen)
Rechnernetzen - sowie verschiedene Aspekte der Parallelisierung
[DG92] im Mittelpunkt der Betrachtungen. *neue Einsatz-formen von DBS*

Alle diese verschiedenen Entwicklungsrichtungen von DBS haben
als gemeinsames Ziel, sämtliche Datenverwaltungsaufgaben in ihrem Einsatzbereich zu übernehmen. Dazu wird an ihrer Schnittstelle ein entsprechend mächtiges Datenmodell mit zugehöriger
deskriptiver Sprache bereitgestellt. Die damit formulierbaren Anweisungen müssen dann vom jeweiligen DBS ausgeführt werden.
Im Datenbank-Jargon spricht man allerdings weniger von Anweisungen als von Anfragen. Es hat sich dort eingebürgert, den Begriff
'Anfrage' als Sammelbegriff für (fast) alle Anweisungen an der
Schnittstelle eines DBS zu verstehen, d.h., zusätzlich zu den Retrieval-Anweisungen werden auch Datenmanipulations- und Da-
tendefinitionsanweisungen darunter subsumiert[*]. In dieser Arbeit *Anfragen und Anweisungen*

schließen wir uns auch dieser Sprechweise an und verwenden daher den Begriff der Anfrage als Sammelbegriff in obigem Sinne.

Hinter dieser doch sehr abstrakten Vorstellung hinsichtlich der Abarbeitung von Anfragen verbirgt sich ein sehr komplexer Prozeß, der sich zusammensetzt aus der sogenannten *Anfrageverarbeitung* (kurz AV) und der *Anfrageausführung* (oder Anfrageevaluierung, kurz AE). Beide zusammen bezeichnet man auch manchmal als *Anfragebearbeitung*. Aufgabe der AV ist es, die Anfrage zu analysieren, deren Richtigkeit zu prüfen und einen 'Plan' für deren effiziente Ausführung bereitzustellen. In der sich anschließenden AE wird dann die gewünschte Anfrage dem Plan entsprechend ausgeführt, es werden also zum Beispiel Objekte definiert, gelesen, gelöscht, eingespeichert oder geändert. Entscheidend für die Effizienz der Abarbeitung einer Anfrage ist dabei natürlich die Güte des erzeugten Ausführungsplans. Unter diesem Gesichtspunkt versteht man dann als Ziel der AV die Erstellung eines/des optimalen Ausführungsplans, also eines Plans, der die effizienteste Ausführung verspricht.

Um dies zu erreichen, müssen die folgenden drei Fragen beantwortet werden:

- Wie kommt man von einer Anfrage zu einem optimalen Ausführungsplan?
- Was sind effiziente Ausführungskonzepte?
- Was sind Kriterien/Parameter/Implementierungskonzepte, die die Effizienz/Optimalität eines Ausführungsplans bestimmen?

Für manche Bereiche der Standard-Datenbankanwendungen, für die es mittlerweile schon hinreichend Einsatzerfahrungen und detaillierte wissenschaftliche Untersuchungen dazu gibt [BDT83, CABG81], können (erste) Antworten zu diesen Fragen gegeben werden. Für den gesamten Bereich der Non-Standard-Datenbankanwendungen und auch für die neueren Einsatzformen von DBS können allerdings noch keine fundierten und allgemeingültigen Aussagen gemacht werden. Momentan existieren zwar Prototypen für fast alle genannten Einsatzbereiche und auch Einsatzformen, allerdings sind im wesentlichen nur Einzelbeschreibungen und auch nur wenige Einzelanalysen bekannt [CACM91]. Es fehlt eine vergleichende und die verschiedenen Lösungsansätze überspan-

---

*   Manchmal zählen dazu sogar auch alle sonstigen Anweisungen, wie zum Beispiel Anweisungen zum Setzen von Transaktionsklammern.

nende Diskussion. Wesentliche Fragen, die sich in diesem Zusammenhang aufdrängen, sind:

- Wie sieht ein allgemeiner Diskussionsrahmen aus, in dem sich alle wichtigen Aspekte von AV und AE besprechen lassen?

- Welche Konzepte sind in diesem Rahmen bereitzustellen, um die verschiedenen Einsatzbereiche und Einsatzformen von DBS effektiv unterstützen zu können?

- Was sind gute Implementierungskonzepte und wie lassen sie sich in einem AV- bzw. AE-System integrieren?

Das erklärte Ziel der vorliegenden Arbeit ist es, hinreichende Informationen zu erarbeiten, um dann damit die hier gestellten Fragen zu beantworten. Die dabei gewählte Vorgehensweise ist wie folgt: Ausgehend von der Kenntnis der AV in relationalen DBS (welche im wesentlichen in Hinblick auf Standard-Datenbankanwendungen entwickelt wurden), werden grundlegende Verarbeitungs- und Implementierungskonzepte vorgestellt. Diese können dann, mit entsprechenden Erweiterungen, auch in DBS anderer Einsatzbereiche und Einsatzformen gewinnbringend wiederverwendet werden. Damit wird zusätzlich zu einem allgemeinen Beschreibungsrahmen auch eine flexible und erweiterbare implementierungstechnische Grundlage für die AV entwickelt. Diesen Beschreibungsrahmen mit seinen flexiblen und erweiterbaren Implementierungskonzepten wollen wir als *AV-Framework* bezeichnen. Der AV-Framework stellt somit eine Sammlung von für die AV wichtigen Werkzeugen und Verarbeitungskonzepten bereit. Für eine gegebene Situation kann man daraus dann eine entsprechend angepaßte und auf die konkreten Bedürfnisse zugeschnittene AV zusammensetzen. Der offensichtliche Nutzen dieser Methodik liegt in der deutlich verringerten Systementwicklungszeit, der flexiblen Anpassungsfähigkeit sowie dem hohen Grad an Wiederverwendung von Technologie, Implementierungskonzepten und auch von bereits existierender Software.

Ziel der Arbeit: AV-Framework

Im folgenden wollen wir die zentralen Faktoren nennen, die wesentlichen Einfluß nehmen auf die AV in DBS. Damit wird dann der konkrete Diskussionsrahmen für diese Arbeit abgesteckt. Eine Einordnung in die bestehende (Datenbank-)Literatur sowie eine Grobgliederung der Arbeit schließen sich an.

Kapitelüberblick

1.1 Einflußfaktoren

Im vorangehenden Abschnitt wurde schon angedeutet, daß es viele Faktoren gibt, die direkt oder auch indirekt Einfluß nehmen auf

die AV in einem DBS. Eine Zusammenstellung dieser Einflußfaktoren, die im folgenden etwas näher erläutert werden sollen, findet
sich in Bild 1.1.

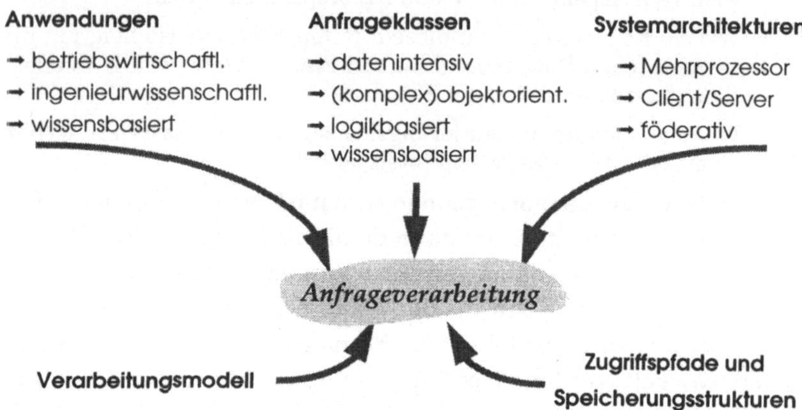

Bild 1.1:   Einflußfaktoren auf die Anfrageverarbeitung in DBS

Ausgangspunkt

Ausgangspunkt unserer Betrachtungen sind Standard-Datenbankanwendungen, die den Einsatz von marktüblichen DBS erlauben.
Für den Diskursbereich dieser Arbeit überaus relevant sind relationale DBS, die mittlerweile Marktreife erlangt haben und denen
für die Zukunft eine starke Marktdominanz vorhergesagt wird.
Entscheidende Gründe hierfür sind der hohe Grad an Datenunabhängigkeit erzielt durch das an der DBS-Schnittstelle bereitgestellte logische Datenmodell (das Relationenmodell [Co70]) und
durch dessen deskriptive Sprache, zum Beispiel SQL [Ch76], wodurch eine AV, so wie sie in dieser Arbeit diskutiert wird, überhaupt erst relevant wird. Für den Kontext dieser Arbeit ist es ausreichend, sich auf einen Vertreter für eine deskriptive relationale
Sprache festzulegen, da alle anderen sich im wesentlichen direkt
darauf abbilden lassen. Wir haben uns aus mehreren Gründen für
SQL entschieden, da zum einen SQL als Basis für eine Sprach-
standardisierung (im folgenden SQL-92 oder kurz SQL genannt
und standardisiert in [SQL2]) gewählt wurde und somit eine weite
Akzeptanz und Verbreitung stattgefunden hat und zum anderen einige in dieser Arbeit behandelten neueren Sprachkonzepte momentan auch als Erweiterungen für den nächsten SQL-Standard (im
folgenden SQL3 genannt und aktuell beschrieben im Arbeitspapier
[SQL3]) diskutiert werden.

Im vorangehenden Abschnitt wurde schon erwähnt, daß durch ein
Ausweiten der Anwendungsbereiche eines DBS auch neue Anforde-

rungen an dessen Datenhaltung gestellt werden. Diesen Anforderungen wurde im wesentlichen auf drei Ebenen begegnet:

- auf der Ebene von Datenmodell und Anfragesprache,

- auf der Ebene von Speicherungsstrukturen und Zugriffspfaden sowie

- auf der Ebene des Verarbeitungsmodells.

Es wurden neue Datenmodelle mit zugehöriger Sprache definiert, die zum Teil auf die Belange einer bestimmten Anwendungsklasse zugeschnitten wurden. Auf diese Art und Weise entstanden Datenmodelle und Sprachen für zum Beispiel KODBS, OODBS, MMDBS oder WBVS. Manche dieser Ansätze wurden als Erweiterungen des relationalen Modells und von SQL entwickelt (zum Beispiel AIM [PA86, Da86], DASDBS [PSSWD87, SPSW90], PRIMA [Mi88], XNF [MPPLS93], EXODUS [CDV88] oder DAMOKLES [ADLR91]), andere wiederum mehr oder weniger unabhängig davon, wie zum Beispiel POSTGRES [SRH90, SK91], ORION [Ki91, KGBW90], IRIS [WLH90], KRISYS [Ma91, DLMT93], GEMSTONE [BOS91] oder O2 [Deu90, Deu91]. Jede Änderung des zugrundeliegenden Datenmodells führt auch zu entsprechenden Änderungen der zugehörigen Anfragesprache und hat damit auch direkte Auswirkungen auf die zugehörige AV. Für die hier angesprochenen vielfältigen DBS-Entwicklungsrichtungen läßt sich die nachstehende Liste von zu berücksichtigenden Sprachkonzepten (bzw. Spracherweiterungen) zusammenstellen:

Datenmodelle

Spracherweiterungen

- Sichten, Tabellenausdrücke

- Maßnahmen zur Sicherung der referentiellen Integrität, Zusicherungen (auch Assertions genannt), Trigger/Regeln

- 'Outer'-Operationen (hierunter fallen z.B. die Äußeren Verbunde und Mengenoperationen [Da90])

- Rekursion

- Komplexobjekte

- Typsystem

- Abstraktionskonzepte (Generalisierungs-, Aggregations- und Assoziationshierarchien).

Diese Liste, die über den eigentlichen relationalen Ansatz [Co70] bei weitem hinausgeht, kennzeichnet das Entwurfsziel aller DBS-Entwicklungen, nämlich adäquate Modellierungskonzepte und ausreichende Operationalität. Sie umfaßt nur die wichtigsten Modell- und Sprachkonzepte, die sich auch schon zum Teil in verschiedenen DBS und ihren Prototypen wiederfinden. Die einzelnen Listenpunkte sind unabhängig voneinander, d.h., jedes Konzept kann unabhängig von der Existenz eines anderen in einem konkreten Datenmodell berücksichtigt werden. Damit ist es dann auch möglich, daß eine bestimmte Klasse von DBS gleich mehrere dieser Sprach- bzw. Modellkonzepte in ihrem Datenmodell vereinigt. Zum Beispiel integriert das Datenmodell von KRISYS (dort Wissensmodell genannt) u.a. Abstraktionskonzepte, Rekursion und Regelverarbeitung, und STARBURST [LLPS91] unterstützt mit seinem Datenmodell und seiner SQL-basierten Sprache sogar 'Outer'-Operationen, Sichten, Rekursion, Komplexobjekte sowie ein Typsystem und Regeln; das Zusammenspiel von wesentlichen objektorientierten Konzepten wird beispielsweise in [MMM93] ausführlich diskutiert.

Die Anforderungen aus den Non-Standard-Datenbankanwendungen hatten auch Auswirkungen auf die Ebene der Speicherungsstrukturen und Zugriffspfade, also auf die Datenrepräsentation und Zugriffsmethoden und damit dann wiederum Auswirkungen auf die zugehörige AV. Alle vorhandenen Speicherungsstrukturen und Zugriffspfade müssen der AV bekanntgemacht werden, damit diese dann für die Erzeugung eines optimalen Ausführungsplans entsprechend berücksichtigt werden.

*Speicherungs-
strukturen,
Zugriffspfade*

Neue Speicherungsstrukturen wurden entwickelt insbesondere zur Unterstützung der Objektstrukturen, die mit den (erweiterten) Datenmodellen nun definiert werden können. Zum Beispiel werden in PRIMA sogenannte Atom-Cluster [SS89] zur Verfügung gestellt, um Komplexobjekte auf der Datenmodellebene weitestgehend direkt zu repräsentieren. In ORION und O2 werden verschiedene Objekt-Cluster-Methoden benutzt, um die Objekte gemäß ihrer Organisation in den Abstraktionsstrukturen zueinander zu plazieren. Als Ergänzung zu diesen externspeicherorientierten Speicherungsstrukturen können sogenannte hauptspeicherorientierte Repräsentationstechniken verstanden werden. Hier wird eine Darstellungsform gewählt, die die Verarbeitung der Objekte und Objektstrukturen im Hauptspeicher entscheidend verbessert. Als Beispiel hierfür kann die SMRC-Speicherungsstruktur von STARBURST [LSC92] angeführt werden. Zusammen mit diesen neuen Speicherungsstrukturen werden auch meistens neue Zugriffspfade realisiert. Diese Zugriffsmethoden unterstützen den Zugriff auf die Objekte, die in einer (neuen) Speicherungsstruktur organisiert sind. So bietet PRIMA einen indexbasierten Zugriffspfad für Atom-Cluster an, und STARBURST erlaubt den 'T-Tree'-Zugriffspfad oder den 'Modified-Linear-Hash'-Zugriffspfad für die SMRC-Speicherungsstruktur zu definieren. Neue Zugriffspfade können aber auch unabhängig von speziellen Speicherungsstrukturen bereitgestellt werden. Das erklärte Ziel ist dabei, effiziente Zugriffsmethoden für das Aufsuchen von Objekten über deren Objektstrukturen zu bekommen. Hierfür bietet STARBURST den IMS-Zugriffspfad [CLMS90] an, ORION den Klassenhierarchie-Index, den Aggregationshierarchie-Index und, als Kombination aus diesen beiden, den sogenannten zweidimensionalen Index. In [KM90] werden Access-Support-Relations als eine Erweiterung gegenüber den Join-Indizes [Va87] und der verallgemeinerten Zugriffspfadstruktur [Hä78] beschrieben.

Zur effizienten Bearbeitung der oben schon beschriebenen Erweiterungen insbesondere im Rahmen der Berücksichtigung von Objektstrukturen (auf der Datenmodellebene beispielsweise in Form von Komplexobjekten oder Abstraktionsbeziehungen), erscheint es angebracht, entsprechend angepaßte Verarbeitungsmodelle an der DBS-Schnittstelle zu unterstützen. Die Berücksichtigung von Objektstrukturen im DBS kann zum Beispiel auch dazu verwendet werden, alle Objekte einer Struktur inklusive der Inter-Objektbeziehungen, die durch die Struktur ausgedrückt sind, in geeigneter Weise für eine weitere Verarbeitung durch die Anwendungsprogramme in einem sogenannten *Objektpuffer* bereitzustellen. In der DB-Literatur wird dies als Checkout-Operation bezeichnet. Bei diesem Ansatz werden die Objekte für die gesamte Verarbeitungsdauer (die etwa bei Ingenieuranwendungen durchaus recht lange sein kann) im Objektpuffer gehalten. Nach Beendigung dieser Verarbeitung wird das Verarbeitungsresultat an das DBS zurückgegeben, um dann von diesem in die Datenbank (kurz DB) eingebracht zu werden. In der DB-Literatur wird dies als Checkin-Operation bezeichnet. Die Kombination von Checkout- und Checkin-Operation realisiert somit ein indirektes Verarbeitungsmodell, das insbesondere in vielen Ingenieuranwendungen, die ganzen Objektstrukturen über längere Zeit lokal im Objektpuffer verarbeiten (Verarbeitungslokalität), gewinnbringend eingesetzt werden kann [Hä89]. Damit hat sich eine neue Klasse von DBS-Architekturen entwickelt, die sogenannten Objektpuffer-Architekturen, die den Objektpuffer auch als Teil (der DB und) des DBS ansehen, der auch von diesem verwaltet wird. Hier sind durchaus verschiedene Nuancen vorstellbar. Man kann beispielsweise Ansätze, die nur einfache Zugriffsfunktionen auf den Objektpuffer anbieten (wie z.B. PRIMA [Hä88]), unterscheiden von solchen, die auch Anfragen an den Objektpuffer gestatten, also eine AV auf Objektpufferebene unterstützen (wie z.B. KRISYS [TD93]). Hauptspeicher-DBS (engl.

*Verarbeitungs-
modelle*

*Objektpuffer-
Architektur*

*Workstation/-
Server-
Architektur*

main memory databases, [Ei92]) gehören in die zuletzt genannte Klasse. Objektpuffer-Architekturen lassen sich sehr einfach und direkt auf Workstation/Server-Architekturen abbilden, die insbesondere bei datenbankbasierten Ingenieuranwendungen vorherrschend sind [HMNR93, TMMD93]. In diesem Falle bietet es sich an, den Objektpuffer und das eigentliche Anwendungsprogramm auf die Workstation und den DBS-Server auf einen Server-Rechner zu legen. In dem Bereich der OODBS finden sich weitere Formen von Workstation/Server-Architekturen, die sich in der Abbildung der DBS-Software-Architektur auf die zugrundeliegende Hardware-Architektur unterscheiden [DMFV90]. Natürlich können sowohl Server- als auch Workstation-Rechner ein Mehrprozessorsystem sein. Damit sind dann weitere Freiheitsgrade für die Abbildungen der Software- auf die zugrundeliegende Hardware-Architektur gegeben.

Resümee

In diesem Abschnitt wurden die wichtigsten Einflußfaktoren auf die AV motiviert. Dabei zeigt sich deutlich, daß die AV im wesentlichen die konkrete Konzeption des zugrundeliegenden DBS (Datenmodell und Sprache, Speicherungsstrukturen und Zugriffspfade sowie Verarbeitungsmodell) berücksichtigen muß, um ihre Aufgabe, nämlich die Bestimmung optimaler Ausführungspläne, zu erfüllen.

1.2 Implementierungskonzepte

Alle in Abschnitt 1.1 (und Bild 1.1) genannten Einflußfaktoren müssen von der AV in einem DBS entsprechend berücksichtigt werden. Das bedeutet, daß geeignete Realisierungs- und Implementierungskonzepte benötigt werden, die den verschiedenen AV-Aspekten entsprechend Rechnung tragen. Flexibilität, Anpassungsfähigkeit und Erweiterbarkeit sind wesentliche Eigenschaften, die von den Implementierungskonzepten erfüllt werden müssen, um dann auch für einen AV-Framework nutzbar zu sein.

*geforderte
Eigenschaften*

*Software-
Technologie*

Um dieses Ziel zu erreichen, muß eine entsprechende (Software-)Technologie entwickelt und auch bei der Framework-Realisierung eingesetzt werden. Hierbei lassen sich folgende drei grundlegenden Ansätze unterscheiden:

- Die Erweiterbarkeit eines Gesamtsystems (hier die AV) läßt sich durch eine Komponentenbildung (*Modularisierung*) deutlich verbessern. Für diese kann dann auf einfachere Art und Weise eine *Komponentenerweiterbarkeit* etabliert werden.

- Der *regelbasierte Ansatz* beschreibt die AV (bzw. Teile davon) als ein regelbasiertes System. Durch Änderungen der Regelmenge läßt sich das Systemverhalten entsprechend anpassen.

- Beim *generativen Ansatz* wird die AV (bzw. Teile davon) aus einer Ausgangsbeschreibung generiert. Dieses generierte System kann durch Änderungen der Ausgangsbeschreibung gezielt den neuen Anforderungen angepaßt werden.

Diese Realisierungsansätze können einzeln oder in Kombination verwendet werden. Die meisten neueren AV-Entwicklungen benutzen eine Kombination obiger Konzepte, um ein Maximum an Flexibilität und damit auch Anpaßbarkeit zu erzielen. Zum Beispiel berücksichtigen EXODUS, VOLCANO [Gr89b] und GENESIS [BBGS88, Bat88] einen Generierungsansatz kombiniert mit einem regelbasierten Ansatz. Auf der anderen Seite stützen sich die AV-Realisierungen von PRIMA und STARBURST auf die Erweiterbarkeit ihrer Komponenten, die teilweise durch einen regelbasierten Ansatz auf Komponentenebene gewährleistet wird.

Realisierungs-ansätze

1.3 Unterschiede zu bisherigen Arbeiten

Die eigentliche AV-Forschung wurde mit dem Aufkommen des Relationenmodells [Co70] und dessen deskriptiven DBS-Sprachschnittstellen eingeleitet. Mittlerweile gibt es einige Teilbereiche der AV, die man im wesentlichen 'beherrscht', d.h., man versteht die Konzepte und kennt praktikable Implementierungen. Zu diesen Bereichen gehören etwa:

bisherige Arbeiten, hauptsächlich für das Relationenmodell

- Algebraische Optimierung von Anfragen im Relationenmodell, im NF2-Modell [Scho88] und im MAD-Modell [Schö93]

- kostenbasierte Optimierung von Zugriffsplänen

- Codeerzeugung

- Anfrageevaluierungsmethoden

- Einbettung von DBS-Schnittstellen in Programmiersprachen oder Anwendungsprogrammierumgebungen.

Für diese Bereiche gibt es mittlerweile einschlägige Literatur. Für einzelne Anwendungsbereiche muß auf Spezialliteratur in Form von (meistens) Monographien [Scho88, Schö92, Ko85, KRB85, vB91, Gr93b] verwiesen werden, zum Teil ist der Stoff aber auch schon in Lehrbüchern [Da90, EN89, KS91, ÖV91]) zu finden.

Hingegen unbeachtet blieben vielmehr die folgenden Aspekte, die (nicht zuletzt auch aus genau diesem Grund) den Brennpunkt dieser Arbeit ausmachen:

- Erarbeiten der grundlegenden Konzepte der AV in DBS

bislang
unbeachtet

- Integration bzw. Zusammenspiel der verschiedenen AV-Konzepte

- Flexible Implementierungskonzepte

- Einfache Integration von DBS-Erweiterungen (etwa neue Operationen bis hin zu neuen Teilsprachen, neuen Speicherungsstrukturen und Zugriffspfaden oder gar neuen Verarbeitungsmodellen), die Rückwirkungen auf die AV haben

- Zusammenspiel in Hinblick auf einen AV-Framework.

Insgesamt wird damit ein einheitlicher Rahmen geschaffen für eine umfassende Diskussion aller relevanten AV-Aspekte. Daher sehen wir einen wesentlichen Nutzen dieser Arbeit auch darin, die bislang isoliert diskutierten Forschungsthemen und die dort schon erarbeiteten Lösungsansätze nun im Zusammenhang zu betrachten, zu integrieren und über den AV-Framework allgemein nutzbar und wiederverwendbar zu machen.

AV-Framework nach dem 'Baukastenprinzip'

Im Unterschied zu anderen Arbeiten wird hier erstmals versucht, einen einheitlichen und umfassenden Rahmen für die AV in DBS zu definieren. Dieser AV-Framework beinhaltet die grundlegenden Konzepte der AV in Standard-DBS, die entsprechend ergänzt und erweitert werden in Hinblick auf die erforderlichen AV-Konzepte für Non-Standard-DBS, wie zum Beispiel Rekursion, Typsystem oder etwa Abstraktionskonzepte. Auch werden die Grundlagen gelegt für weiterführende Verarbeitungskonzepte (etwa Client-Server-Verarbeitung oder Parallelität) für Workstation/Server- oder Mehrrechnersysteme. Der Framework-Ansatz berücksichtigt natürlich auch entsprechend mächtige und flexible Realisierungs- und Implementierungskonzepte (Regelbasiertheit, Generierungsansatz und Erweiterbarkeit). Damit ist es dann möglich, eine auf die konkrete Einsatzumgebung zugeschnittene AV (und damit im wesentlichen auch ein DBS) nach dem 'Baukastenprinzip' zusammenzustellen. Bisherige Arbeiten (STARBURST, EXODUS, VOLCANO) können als erste Schritte in die richtige Richtung angesehen werden, jedoch fehlen meistens Allgemeingültigkeit und Vollständigkeit der berücksichtigten Konzepte.

Beitrag zur DB-Forschung

In dieser Arbeit wird damit, nach Wissensstand des Autors, zum ersten Mal die AV in (erweiterten) DBS in systematischer und detaillierter Art und Weise vorgestellt. Auch die Konzeption eines AV-Framework und die Integration der erarbeiteten AV-Aspekte muß als ein wesentlicher Beitrag zur aktuellen Datenbankforschung angesehen werden.

Die vorliegende Arbeit setzt Kenntnisse der wesentlichen DBS-Konzepte [Da91, LS87] und von Entwurfs- und Implementierungskonzepten komplexer Systeme, wie etwa DBS [Hä78], voraus. Wie weiter oben schon erörtert, befaßt sich ein großer Teil der Arbeit mit den Aspekten der AV in relationalen bzw. über die aktuellen Standardisierungsbemühungen entsprechend erweiterten relationalen DBS. Daher werden auch Kenntnisse über Realisierungskonzepte von relationalen DBS und über relationale Sprachen, hier insbesondere SQL, für ein besseres Verständnis dieser Arbeit vorausgesetzt.

Vorkenntnisse

Um den Allgemeingültigkeitsanspruch dieser Arbeit zu untermauern, wird eine von konkreten Systemen unabhängige Konzeptbeschreibung verwendet. Natürlich werden an geeigneten Stellen entsprechende Verweise auf die den Konzepten zugrundeliegenden Systemimplementierungen und Einsatzerfahrungen gegeben. Soweit es jeweils möglich ist, wird ein Bezug zum aktuellen SQL-Standard hergestellt und auch zum Teil in der systemunabhängigen Beschreibung berücksichtigt.

unabhängige Konzeptbeschreibung

Es wurden schon sehr früh sogenannte 'Benchmarks' [Gr91] definiert, um nicht nur verschiedene DBS-Implementierungen vergleichen zu können, sondern auch um Aussagen über das Verhalten von DBS (insbesondere von Optimierungsaspekten innerhalb der AV und auch der AE) zu studieren [BDT83]. Mittlerweile gibt es auch Benchmark-Vorschläge für CAD-DBS [CS90]. Erste Benchmark-Analysen, die hauptsächlich OODBS und deren Verhalten in Workstation/Server-Architekturen untersuchen, werden in [CACM91, DMFV90] berichtet. In dieser Arbeit werden keine Benchmark-Diskussionen geführt und auch keine Benchmark-Untersuchungen gemacht. Allerdings können die vielfältigen Erkenntnisse dieser Arbeit durchaus genutzt werden, um entsprechende Benchmarks zu konzipieren, die dann auch zur Validierung von hier gemachten Aussagen benutzt werden können.

Benchmark-Untersuchungen

1.4 Gliederung der Arbeit

Der konkrete Diskussionsrahmen für diese Arbeit wurde bereits in den vorangegangenen Abschnitten abgesteckt, und dort wurde auch eine Einordnung in die bisherige Datenbankforschung vorgestellt. Im nächsten Kapitel wird eine Einführung in die allgemeinen Aspekte und Aufgaben der AV gegeben sowie eine allgemeine Systemarchitektur eingeführt, die einen geeigneten Rahmen für die verschiedenen Diskussionen in den nachfolgenden Kapiteln darstellt. Aufbauend auf diesem allgemeinen Verständnis von AV

Teil 1: Grundlagen

in DBS werden im dritten Kapitel die wichtigsten (relationalen) Operatoren beschrieben und grundlegende Implementierungsstrategien dazu angegeben. Die wesentlichen Aspekte einer effektiven Abschätzung der Ausführungskosten für diese Operatoren werden anschließend im vierten Kapitel anhand eines einfachen Kostenmodells vorgestellt. Im fünften Kapitel wird eine umfassende Diskussion der verschiedenen Kopplungsansätze zwischen DB-Sprache und Programmiersprache bzw. Anwendungsprogrammierumgebung geführt. Damit ist der erste wichtige Teilkomplex dieser Arbeit abgeschlossen: die Schlüsselkonzepte der AV in (relationalen) Standard-DBS sind eingeführt und systematisch diskutiert.

Teil 2:
AV-Framework

Darauf aufbauend kann nun im zweiten Teil der Arbeit der eigentliche AV-Framework konzipiert werden. Dazu liefert nun Kapitel sechs die grundlegenden Konzepte. Dort werden dann auch erste konkrete Realisierungskonzepte detailliert beschrieben und somit die (implementierungstechnischen) Grundlagen für den AV-Framework gelegt. Erweiterungen der Anfrageverarbeitung sind dann das Thema des siebten Kapitels. Dort werden zuerst erweiterte (relationale) Sprachkonzepte ('Outer'-Operationen und Rekursion) sowie auch der Themenbereich Komplexobjekte behandelt und in den AV-Framework integriert. Anschließend werden die wesentlichen objektorientierten Spracherweiterungen berücksichtigt. Zuerst wird ein Typsystem beschrieben und in den bisherigen AV-Framework integriert. Daran schließt sich dann die Diskussion der Abstraktionskonzepte an. Nachdem damit dann alle wichtigen Erweiterungen im AV-Framework berücksichtigt sind, werden im achten Kapitel die wesentlichen Ergebnisse der Arbeit nochmals zusammengefaßt, und es wird ein umfassender Ausblick auf weitere Arbeiten gegeben.

2
Einführung in die Anfrageverarbeitung

Hier wird ein erster Einstieg in die grundlegenden Aspekte der Anfragebearbeitung, also von Anfrageverarbeitung (AV) und Anfrageausführung (bzw. Anfrageevaluierung, AE), gegeben. Die Anfragebearbeitung wird strukturiert und im Überblick beschrieben. Damit werden ein Gesamtverständnis für die AV aufgebaut sowie eine Begriffsklärung durchgeführt. Insgesamt wird eine Grundlage vorbereitet für die detaillierteren Betrachtungen zur AV in den darauffolgenden Kapiteln. Die in diesem Kapitel behandelten Themen werden auch in den einschlägigen Lehrbüchern besprochen. Weiterhin gibt es Überblicksarbeiten [Gr93b, JK84], die als Einstiegsliteratur durchaus auch geeignet sind.

Im ersten Abschnitt dieses Kapitels wird die AV und die AE innerhalb einer DBS-Gesamtarchitektur betrachtet. Dabei wird ein abstraktes Schichtenmodell als allgemeines Beschreibungsmodell für ein datenunabhängiges DBS herangezogen. Innerhalb dieses Beschreibungsrahmens läßt sich (in Anlehnung an [JK84]) im zweiten, dritten und vierten Abschnitt die Konzeption der AV sowie eine dazu passende Phasen- und Komponentensicht beschreiben. Die nächsten Abschnitte stellen dann die zentralen Bausteine der AV vor. Abschnitt fünf behandelt die Übersetzung einer Anfrage, Abschnitt sechs beschreibt die Optimierung einer Anfrage, und die Ausführung einer Anfrage ist das Thema des siebten Abschnitts. Das Ergebnis dieses Kapitels, eine Beschreibung der Grundzüge der AV, wird dann im abschließenden achten Abschnitt resümiert.

2.1 Grobarchitektur für DBS

In diesem Abschnitt wird ein abstraktes Schichtenmodell als allgemeines Beschreibungsmodell eines DBS vorgestellt. Mit diesem Beschreibungsrahmen kann dann die Rolle der AV und der AE innerhalb eines DBS präzisiert werden und somit ein Gesamtverständnis der Anfragebearbeitung im DBS vorbereitet werden.

hierarchisches Schichtenmodell als allgemeines DBS-Beschreibungsmodell

Vielerorts [LS87, Da91] wird ein hierarchisches Schichtenmodell als methodischer Ansatz zur allgemeinen Beschreibung des Systementwurfs eines DBS herangezogen. Das DBS wird dabei in zueinander hierarchisch angeordnete Schichten aufgeteilt, die jeweils unterschiedlich mächtige Abstraktionsniveaus darstellen. Jede Schicht bietet an ihrer oberen Schnittstelle eine Reihe von Objekten und Operationen an, die gemäß ihrer Abstraktionsebene bereits gewisse Anforderungen erfüllen bzw. unterstützen und die unter Verwendung der Objekte und Operatoren der darunterliegenden Schicht realisiert sind. Ein Schichtenmodell reduziert die Komplexität des Gesamtsystems und erlaubt (insbesondere für DBS), wichtige Systemeigenschaften wie Modularität, Anpaßbarkeit, Erweiterbarkeit und Konfigurierbarkeit (sowohl des Gesamtsystems als auch einzelner Schichten) sowie auch Portierbarkeit zu gewährleisten.

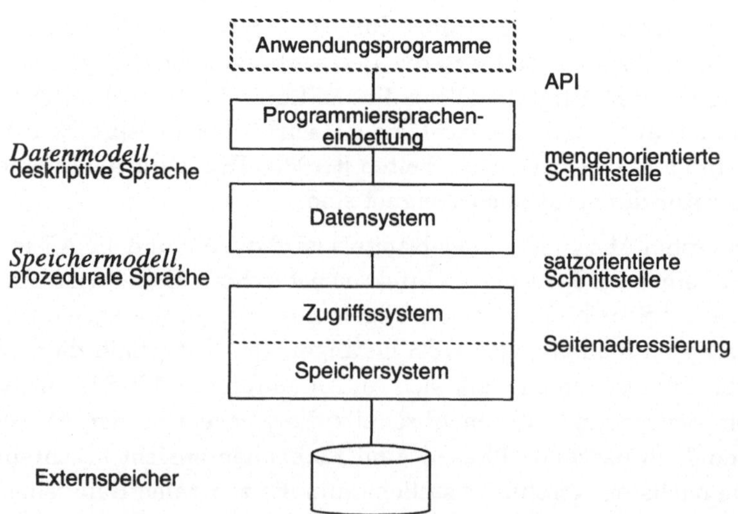

Bild 2.1:   Schichtenarchitektur eines datenunabhängigen DBS

Für unsere Diskussionen ist das in Bild 2.1 gezeigte Schichtenmodell eines datenunabhängigen DBS ausreichend. Detailliertere Systemmodelle finden sich etwa in [LS87, HR85]. Ein datenunabhängiges DBS läßt sich gemäß Bild 2.1 in vier unterschiedliche Schichten zerlegen:

- Programmierspracheneinbettung,

- Datensystem,

- Zugriffssystem und

- Speichersystem.

Diese vier Schichten übernehmen zum einen die Abbildung der Datenbankobjekte auf Externspeicher und zum anderen die Bereitstellung dieser Objekte in der Programmierumgebung der jeweiligen Anwendung. Nachfolgend wird auf jede Schicht noch etwas näher eingegangen. Dabei ist neben der Funktionalität einer Schicht (an ihrer oberen Schnittstelle) auch deren weitere interne Strukturierung von Interesse. Diese Verfeinerung der Systemarchitektur auf Komponentenebene ist in Bild 2.2 veranschaulicht.

Vier-Ebenen Schichtenmodell

Das *Speichersystem* ist die unterste Schicht eines datenunabhängigen DBS. Seine Aufgabe ist die Realisierung einer seitenorientierten, virtuellen Adressierung in einem 'unendlichen' linearen Adreßraum. Dazu wird ein Datenbank-Systempuffer verwaltet (Komponente Pufferverwaltung). Die dort eingelagerten Objekte werden mit Hilfe des Dateisystems (bzw. der Externspeicherverwaltung) und der Freispeicherverwaltung auf die externen Speichermedien abgebildet. An seiner Schnittstelle zum Zugriffssystem bietet es seitenorientierte Operationen an. Neuere Entwicklungen, insbesondere im Bereich von Non-Standard-DBS [HMMS87, Da86, PSSWD87], erlauben oft auch größere Verarbeitungsgranulate, meistens in Form von zusammengehörigen Mengen von Seiten.

Speichersystem

Das *Zugriffssystem* realisiert eine satzorientierte Schnittstelle und stellt dazu ein *Speichermodell* mit zugehöriger prozeduraler Sprache bereit. Die Sätze an der Schnittstelle des Zugriffsystems werden abgebildet auf die vom darunterliegenden Speichersystem zur Verfügung gestellten Behälter (Seiten oder Seitenmengen). Der Begriff Satz wird im folgenden sehr allgemein verstanden; er umfaßt sowohl die meistens flachen Tupel von relationalen DBS als auch die mitunter strukturierteren Objekte, die in neuen DBS-Entwicklungen wie zum Beispiel KODBS, OODBS oder auch WBVS vorkommen. Die Schnittstelle des Zugriffssystems heißt auch manchmal 'Ein-Tupel'-Schnittstelle und ist ähnlich zur internen navigierenden Schnittstelle in Implementierungen mancher relationaler DBS [As76] oder erweiterter relationaler DBS [HMMS87, Da86, PSSWD87], bzw. ähnlich zu den externen Schnittstellen von

Zugriffssystem

DBS, die das Netzwerkmodell [CODA71, CODA78] realisieren, wie
zum Beispiel UDS [UDS80] der Firma SNI oder IDMS, ein Produkt
der Firma Computer Associates. Es stehen neben den Operationen
zur Aktualisierung von und zum Direktzugriff auf einzelnen Sätzen, auch navigierende Operationen (sogenannte Scan-Operationen) zur Verfügung, die satzweisen Zugriff auf homogene und zum
Teil auch auf heterogene Satzmengen erlauben. Der Einsatz mancher Scan-Operationen ist abhängig vom Vorhandensein gewisser
Speicherungs- und Zugriffspfadstrukturen, die Datenrepräsentation und Zugriffsmethoden für die vom Zugriffssystem verwalteten
Sätze festlegen. Jedem Speicherungsstrukturtyp und jedem Zu-
griffspfadstrukturtyp wird eine entsprechende Verwaltungskompo-
nente (Satz- und Zugriffspfadverwaltung genannt) zugeordnet. In
Abschnitt 1.1 wurden schon einige Klassen von Speicherungsstrukturen und Zugriffspfadstrukturen erwähnt, die teilweise auf spezielle Situationen zugeschnitten sind, etwa Cluster-Methoden oder
externspeicher- bzw. hauptspeicherorientierte Methoden.

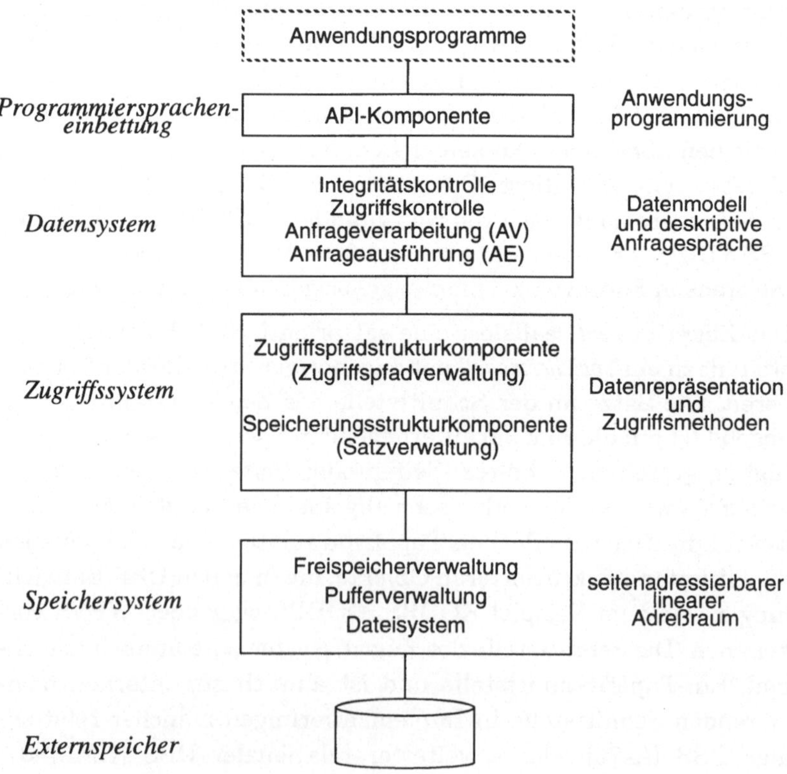

Bild 2.2:   Komponentensicht eines datenunabhänigen DBS

Speichersystem und Zugriffssystem zusammengenommen werden oft auch als *Objekt-Server-System* (OSS) bezeichnet, welches die zu verwaltenden Objekte auf Externspeicher abbildet und objektspezifische Zugriffsfunktionen anbietet. Zusätzlich werden oft auch Transaktions-, Synchronisations- und Recovery-Konzepte angeboten, die sich in entsprechenden Systemkomponenten niederschlagen. Damit wird eine transaktionsorientierte und persistente Datenhaltung für den Mehrbenutzerbetrieb angeboten.

Objekt-Server-System

Das *Datensystem* stellt an seiner mengenorientierten Schnittstelle das *Datenmodell* und dessen *deskriptive Sprache* zur Verfügung. Im Falle eines SQL-basierten relationalen DBS ist dies das Relationenmodell und dessen Sprache SQL, für das KODBS PRIMA [Mi88] besteht die Datensystemschnittstelle aus dem Molekül-Atom-Datenmodell und desse Molekülsprache MQL, und für das WBVS KRISYS ist es das Wissensmodell KOBRA und die Sprache KOALA. Damit wird deutlich, daß hier auch der Begriff des Datenmodells als Abstraktion der konkret vorhandenen Datenmodelle verwendet wird. Im Gegensatz zu prozeduralen DB-Sprachen wird in einer deskriptiven Sprache das gewünschte Ergebnis nur spezifiziert, aber kein Algorithmus angegeben, nach dem sich das Ergebnis berechnen läßt. Die Aufgabe des Datensystems ist es nun, die jeweilige Sprachanweisung (Anfrage) zu verarbeiten, einen möglichst günstigen Bearbeitungsplan zu bestimmen und diesen dann auszuführen. Nach entsprechender Prüfung (Zugriffskontrolle und Integritätsprüfung) erzeugt die Anfrageverarbeitung (AV) einen günstigen Ausführungsplan. Dieser wird dann von der Anfrageausführung (AE) entsprechend evaluiert, und die in der Anfrage angesprochenen Objekte werden mit Hilfe der Operationen des Zugriffssystems bereitgestellt bzw. bearbeitet. Die Konzeption des Datensystems, insbesondere AV und AE, sind von herausragender Bedeutung für die Effizienz des DBS.

Datensystem

Die an der Datensystemschnittstelle bereitgestellte Datenbanksprache kann entweder als selbständige Sprache für ad-hoc-Anfragen (interaktiv) vom Terminal oder als eine in die Anwendungsprogramme (kurz AWP) eingebettete Sprache eingesetzt werden. In beiden Fällen müssen die DB-Anweisungen und die datenbankseitigen Datenstrukturen in die Wirtssprache (etwa COBOL, C, C++) eingebettet werden, in der die Anwendungsprogramme (oder, im Falle der Verwendung als selbständige Sprache, das Terminal-Kontrollprogramm) geschrieben sind bzw. in deren Programmierumgebung diese Programme laufen. Die jeweilige Programmier-

Programmierspracheneinbettung

spracheneinbettung realisiert die AWP-Schnittstelle (engl. application programming interface, kurz API), die die Funktionalität der DB-Sprache in einer Wirtssprache bzw. in einer Programmierumgebung bereitstellt.

Herkömmlicherweise berücksichtigt man die vierte Schicht, d.h. die Programmierspracheneinbettung, nicht bei der Beschreibung eines datenunabhängigen DBS. Jedoch gewinnt die Einbettung der Datenbankschnittstelle in die Programmierumgebung auch im Zuge der neuen DBS-Entwicklungstendenzen immer mehr an Bedeutung (siehe weiter unten). Dies betrifft somit auch die AV und ist damit relevant für diese Arbeit.

Durch die in Bild 2.1 und Bild 2.2 dargestellten Abbildungsschichten werden die wesentlichen Abstraktionsschritte von der Externspeicherebene bis zur AWP-Schnittstelle beschrieben. Die verschiedenen Abstraktionsschritte müssen vom DBS dynamisch angewandt werden, um aus einer auf Externspeicher abgelegten Byte-Folge die abstrakten Objekte an der AWP-Schnittstelle abzuleiten. In Bild 2.3 wird beispielhaft aufgezeigt, welcher dynamische Kontroll- und Datenfluß sich in unserer Schichtenarchitektur entwickelt für eine Lese- und Schreiboperation an der AWP-Schnittstelle. Die numerierten Pfeile in Bild 2.3 kennzeichnen den Datenfluß. Über die Numerierung dieser Pfeile findet man leicht die zugehörige Operation und deren Stellung in der Aufrufhierarchie der verschiedenen Schnittstellenfunktionen. Diese Aufrufhierarchie beschreibt den dynamischen Kontrollfluß. Durch die Abbildungsschichten des DBS werden die Operationen einer Schnittstelle umgesetzt in Funktionsaufrufe der Schnittstelle der darunterliegenden Systemschicht. Zu dieser sich dynamisch aufbauenden Aufrufhierarchie gehört ein sich ebenfalls dynamisch bildender Datenfluß. Die in den Systempuffer eingelesenen Seiten (Schritt 1) enthalten die benötigten Sätze, die vom Zugriffssystem an seiner satzorientierten Schnittstelle nacheinander, auf Nachfrage (Next-Operator), bereitgestellt werden. Im Datensystem werden dann die Sätze den gewünschten Ergebnismengen zugeordnet und, wiederum per Nachfrage (Schritt 2), zur weiteren Verarbeitung über die Programmierspracheneinbettung der Anwendung zur Verfügung gestellt. Nachdem die Anwendungsprogramme die Daten entsprechend manipuliert haben (Schritt 3), werden die modifizierten Objekte zurückgegeben und vom Zugriffssystem entsprechende Satzmodifikationen in den zugehörigen Seiten durchgeführt (Schritt 4). Die so veränderten Seiten werden dann vom Speichersystem aus

dynamischer Kontroll- und Datenfluß bei der Abarbeitung einer DB-Operation

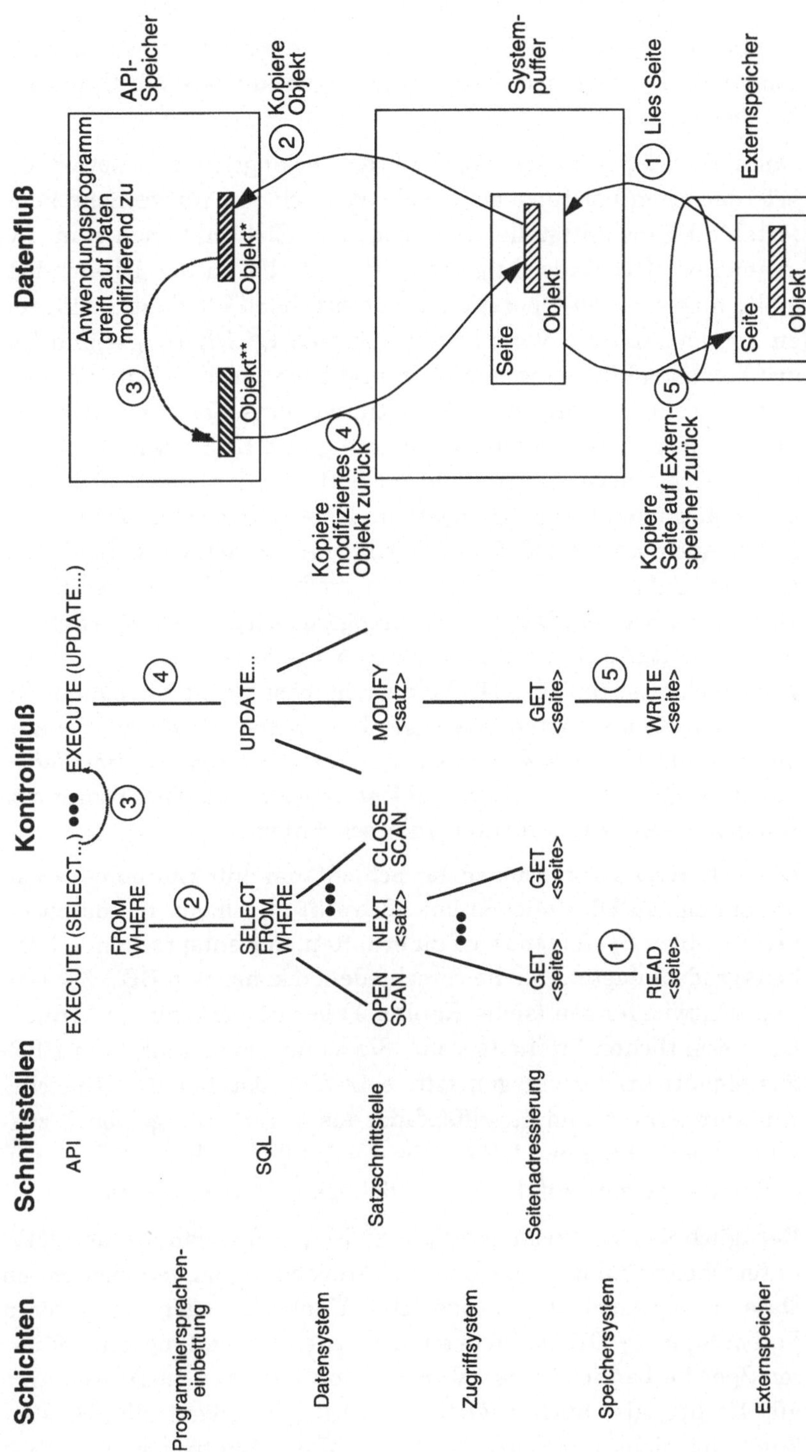

Bild 2.3: Dynamischer Kontroll- und Datenfluß in einem datenunabhänigen DBS

dem Systempuffer auf Externspeicher zurückkopiert (Schritt 5). Damit sind die Änderungen des Anwendungsprogramms in der Datenbank auf Externspeicher nachgetragen, und die DB-Operation ist abgeschlossen.

leistungsbestimmende Aspekte und Datenunabhängigkeit

Damit ein DBS Akzeptanz in der Praxis erlangt, müssen sowohl die erforderlichen Leistungsmerkmale als auch eine hinreichend komfortable DB-Schnittstelle als wesentliche Zielfunktionen beim Systementwurf berücksichtigt werden. Um die an der DB-Schnittstelle angebotenen Operationen entsprechend effizient ausführen zu können, soll ein Vorrat an geeigneten Speicherungs- und Zugriffspfadstrukturen bereitstehen und auch für die AV und die AE nutzbar sein. Weitere leistungsbestimmende Aspekte sind das Verarbeitungsmodell zwischen Anwendung und DBS sowie die Abbildung dieses insgesamt komplexen Software-Systems auf das zugrundeliegende Hardware-System. Neben dem Leistungsaspekt gilt es auch, an der DB-Schnittstelle einen hohen Grad an Datenunabhängigkeit, also eine möglichst große Isolation von AWP und DBS zu realisieren. Datenunabhängigkeit wird durch eine Schichtenarchitektur unterstützt und kann bei geeignetem Schichtenentwurf auch innerhalb des DBS eine möglichst starke Kapselung der einzelnen Komponenten bewirken. Dies wiederum erlaubt, später durchzuführende Systemänderungen (etwa Systemerweiterungen, -anpassungen, Portierungen und Konfigurierungen) auf bestimmte Komponenten bzw. Schichten zu beschränken.

Freiheitsgrade beim DBS-Systementwurf

Die bisherigen Diskussionen zur Schichtenarchitektur eines datenunabhängigen DBS blieben bewußt recht allgemein, um damit einen flexiblen Systementwurf zu erhalten, der entsprechende Freiheitsgrade anbietet, um die verschiedenen konkreten DBS-Klassen und -Entwicklungen (siehe Kapitel 1) berücksichtigen zu können. Die wesentlichen Freiheitsgrade, die es für einen konkreten DBS-Systementwurf festzulegen gilt, betreffen Datenmodell, Speicherungsstrukturen und Zugriffspfade, das Verarbeitungsmodell zwischen Anwendung und DBS sowie die Abbildung dieses komplexen Software-Systems auf das zugrundeliegende Hardware-System.

Bezüglich des *Verarbeitungsmodells* zwischen Anwendung und DBS unterscheidet man, ob die von der Anwendung zu verarbeitenden Daten unter Anwendungs- oder DBS-Kontrolle liegen. Im ersteren Fall müssen die DB-Daten in einen von der Anwendung kontrollierten Speicherbereich kopiert werden. Dort hat dann die Anwendung alle Rechte, also auch Zugriffs- und Integritätskontrolle. Dies ist durchaus nicht unproblematisch, da diese Kontrollen eigentlich dem DBS obliegen. Im zweiten Fall stehen sämtliche DB-Daten, auch während ihrer Verarbeitung durch die Anwendung, unter der Kontrolle des DBS. Damit liegen auch alle Zugriffs- und Integritätsaufgaben beim DBS. Hier läßt sich weiterhin unterscheiden, ob einerseits eine direkte Verarbeitung der DB-Daten über API-Anweisungen der Schicht Programmierspracheneinbettung passiert oder, ob eine indirekte Verarbeitung über verschiedene Objektpuffer-Ansätze gegeben ist. Ein *Objektpuffer* realisiert entsprechende Zugriffsfunktionen auf eine Hauptspeicher-Datenstruktur, in der die Ergebnisse von DB-Anfragen abgelegt werden. Alle Datenzugriffe der Anwendung, die sich über den Objektpuffer befriedigen lassen, können nunmehr lokal und damit sehr schnell abgearbeitet werden und nur solche, die über den aktuellen Pufferinhalt hinausgehen, werden an das DBS weitergeleitet. Dieser Ansatz nutzt auf natürliche Weise die Lokalität in den Datenanforderungen der Anwendung aus. Eingehende Untersuchungen [Mi88] haben gezeigt, daß diese Datenlokalität insbesondere bei Non-Standard-Anwendungen auftritt und daß die dort geforderten Leistungsmerkmale nur über einen Objektpuffer-Ansatz zu erbringen sind. Ausgehend von diesem allgemeinen Objektpuffer-Ansatz lassen sich mittlerweile Erweiterungen und Detaillierungen des Verarbeitungsmodells ausmachen, die versuchen Aspekte der AV schon auf Objektpuffer-Ebene bereitzustellen. Diese Diskussion wird nochmals kurz in Kapitel 8 aufgegriffen.

Verarbeitungsmodell

Lokalitätsaspekte im Sinne von Zugriffsoptimierung sind spätestens dann relevant, wenn das DBS-Software-System auf ein zugrundeliegendes Hardware-System abzubilden ist. Insbesondere im Falle von Workstation/Server-Architekturen erscheint es sinnvoll, lokalitätserhaltende Maßnahmen auszunutzen, um die Übergänge zwischen Workstation- und Server-Seite zu minimieren. Prinzipiell ist es möglich eine Workstation/Server-Grenze zwischen jedes Paar von DBS-Systemschichten zu legen. Demzufolge unterscheidet man verschiedene Workstation/Server-Architekturen, die dann jeweils unterschiedliche Charakteristika besitzen. Zum Beispiel lassen sich nach [DMFV90, HMNR95] die meisten OODBS einteilen in Objekt-Server-, Seiten-Server- bzw. Datei-Server-Architekturansatz, je nachdem welche DBS-Systemschicht als Workstation/Server-Grenze verwendet wird bzw. welches Granulat zwischen Workstation und Server ausgetauscht wird (Objekte, DB-Seiten oder Dateiseiten). Eine kurze Betrachtung dieser Aspekte wird nochmals in Kapitel 8 aufgegriffen.

*Workstation/-
Server-Architekturen*

In diesem Abschnitt wurde ein abstraktes Schichtenmodell als allgemeines Beschreibungsmodell für datenunabhängige DBS vorgestellt. Anhand dieses Schichtenmodells konnten (für die nachfolgenden Diskussionen in dieser Arbeit) wichtige Begriffe und Aufgabenstellungen definiert und einzelnen Schichten bzw. Komponenten zugeordnet werden. Es wurde auch gezeigt, daß es mit diesem Systementwurf und seinen Freiheitsgraden nun ermöglicht wird, auch spezielle Charakteristika von konkreten DBS-Klassen (etwa relationale DBS, KODBS, OODBS oder WBVS) und DBS-Entwicklungen (zum Beispiel verschiedene Workstation/Server-Architekturen) zu berücksichtigen. Insgesamt wurde damit ein allgemeiner und gemeinsamer Beschreibungs- und Diskussionsrahmen geschaffen, der für die nachfolgenden Betrachtungen benötigt wird.

2.2 Rolle der AV im DBS

Anfrageoptimierung

In navigierenden DB-Sprachen (netzwerkartig oder hierarchisch) legt der DB-Programmierer mit seinem Anwendungsprogramm, auch gleichzeitig die Evaluierungsstrategie fest[*]. Es besteht damit im wesentlichen keine Möglichkeit der Anfrageoptimierung durch das DBS, sondern diese Aufgabe obliegt vielmehr dem Programmierer selbst. Das DBS hat meistens nur eine Namensauflösung (externe/interne Namen) und Formatkonversion (externes/internes Datenformat) durchzuführen, bevor die Anfragen meistens direkt auf die satzorientierte Schnittstelle umgesetzt werden. Hingegen ist für deskriptive DB-Sprachen eine Anfrageoptimierung durch das DBS sinnvoll und notwendig, da der DB-Programmierer hier nur spezifiziert, was er will, aber keinen Ausführungsplan dazu angibt. Dies vereinfacht natürlich auf der einen Seite die Aufgabe der Anfrageformulierung für den Benutzer/Programmierer, überläßt allerdings die Problematik der Ergebniskonstruktion völlig dem DBS. Zu den schon oben genannten Aufgaben eines DBS kommt dann noch die Aufgabe der Anfrageverarbeitung hinzu, einen möglichst optimalen Ausführungsplan zu ermitteln und ihn dann in der Anfrageausführung abarbeiten zu lassen, um damit das gewünschte Ergebnis zu bekommen.

Aufgrund dieser Sichtweise und auch aus Sicht der Anfragebearbeitung unterscheidet man in einem DBS den *logischen DB-Prozessor* von dem *physischen DB-Prozessor*. Aufgabe des ersteren ist die An-

---

[*] Aus diesem Grunde bezeichnet man diese Sprachen auch als prozedurale Sprachen.

frage vom Benutzer/Programm entgegenzunehmen, auf Richtigkeit zu prüfen und einen möglichst optimalen Ausführungsplan zu generieren. Dieser wird dann vom physischen DB-Prozessor auf der Datenbank evaluiert und so das Anfrageergebnis bestimmt. Mit dieser Unterteilung werden sowohl Aufgabenbereiche als auch Übersetzungs- und Laufzeitaktionen separiert:

Unterscheidung: logischer und physischer DB-Prozessor

- der logische DB-Prozessor umfaßt die AV sowie die Integritäts- und Zugriffskontrolle und übernimmt damit die Aktionen, die zur Übersetzungszeit anfallen, wohingegen

- der physische DB-Prozessor die AE sowie das Objekt-Server-System (also Zugriffs- und Speichersystem) umfaßt und damit die Laufzeitaktionen durchführt.

Da der logische DB-Prozessor sich mit der Anfrage beschäftigt, heißt er auch Anfrageprozessor, kurz AP (engl. query processor), und der physische DB-Prozessor wird auch als Anfrageevaluierungssystem, kurz AES (engl. query evaluation system), bezeichnet. Aufgrund dieser Unterteilung kommt ebenfalls klar zum Vorschein, daß der Anfrageprozessor bei der Bestimmung eines optimalen Ausführungsplans das Speichermodell (besser: das konkrete physische DB-Schema) und die Schnittstelle des zugrundeliegenden Objekt-Server-Systems zu berücksichtigen hat. Diese zu Abschnitt 2.1 alternative Sichtweise auf ein DBS, die die Aspekte der Anfragebearbeitung hervorhebt, ist in Bild 2.4 wiedergegeben.

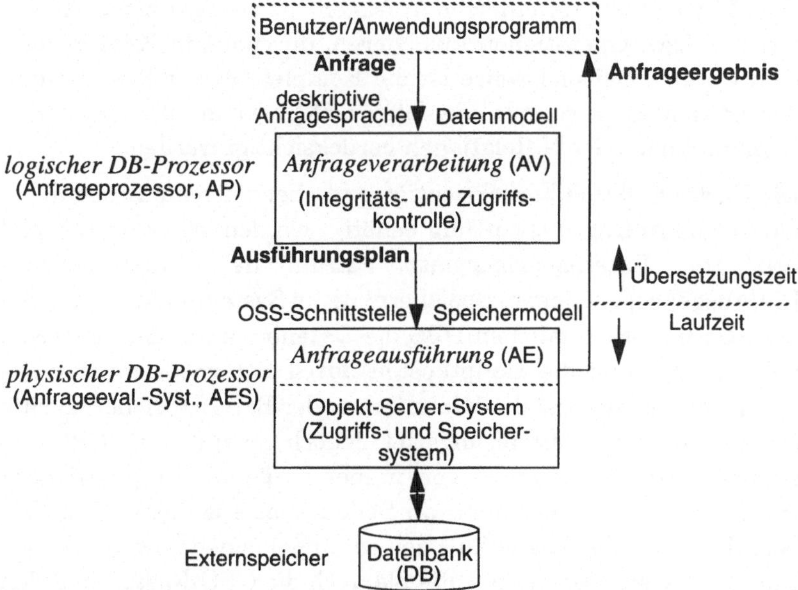

Bild 2.4: Abstrakte Sicht auf die Anfrageverarbeitung

Beispielsysteme

Viele existierende DBS lassen sich in dieses zweigeteilte Bearbeitungsschema einordnen. Zum Beispiel kennt SYSTEM R [CABG81] das sogenannte 'Relational Data System' als logischen und das 'Relational Storage System' als physischen DB-Prozessor. STARBURST [HFLP89] nennt seinen logischen DB-Prozessor CORONA und seinen physischen CORE. Andere DBS (etwa PRIMA) kennen ebenfalls diese Trennung, benennen allerdings die Komponenten nicht.

2.2.1 Aufgabe des AP

Ziel der AV und damit Aufgabe des AP ist es nun, einen Ausführungsplan zu erzeugen, der mit minimalen Kosten vom AES auf der gegebenen DB ausgeführt werden kann.

Bestimmungsaufwand für den besten Ausführungsplan

Der Aufwand zur Bestimmung des besten Ausführungsplans, also des Plans, der die Kostenfunktion minimiert, kann im allgemeinen Fall prohibitiv hoch werden. In [IK84] wird berichtet, daß schon einfache Teilprobleme der Anfrageoptimierung (etwa die Bestimmung der optimalen Verbundreihenfolge oder die Minimierung der Operationen einer Anfrage) NP-hart sind. Daher ist es notwendig, durch entsprechende Heuristiken, die den Suchraum der Optimierung geschickt einengen, den Bestimmungsaufwand für den besten Ausführungsplan auf ein erträgliches Maß zu reduzieren. Ein vollständiges Durchsuchen des Lösungsraums kann gemäß [SACLP79, OL90] für einfache Anfragen, die weniger als ca. 10 Relationen bzw. Operationen involvieren, durchaus in Kauf genommen werden. Beispielsweise ist die Komplexität zur Bestimmung der optimalen Verbundreihenfolge $O(N!)$, wenn alle möglichen Kombinationen der N Relationen berücksichtigt werden.

Kostenfunktion

Die Kostenfunktion berücksichtigt typischerweise die Ressourcen, die für die Anfrageauswertung benötigt werden, wie zum Beispiel benötigter Externspeicherplatz, Anzahl der Externspeicher-Ein/Ausgabeoperationen, Speicherplatz im Systempuffer und CPU-Zeit. Da in herkömmlichen DBS die Datenbank auf dem Externspeicher liegt und die Hauptkosten durch Externspeicherzugriffe verursacht werden, ist die Minimierung der Externspeicherzugriffe ein wesentliches Optimierungsziel. Jedoch gewinnen die CPU-Kosten mit dem Aufkommen von immer größeren Hauptspeichern (Systempuffern) immer mehr an Bedeutung. Aus diesen Gründen berücksichtigt die Kostenfunktion im allgemeinen sowohl die Anzahl der Externspeicherzugriffe als auch die CPU-Kosten und den Speicherplatz im Systempuffer.

Die von der AV zu erzeugenden Ausführungspläne können unterschiedliche Optimierungsziele realisieren. Betrachtet man einzelne Anfragen, so könnte einmal

Optimierungsziele

- die Bearbeitung einer Anfrage bei minimalen Kosten
  oder ein anderes Mal

- die Bearbeitung einer Anfrage bei minimaler Bearbeitungszeit

als Optimierungsziel vorgegeben sein. Die Bearbeitungszeit einer Anfrage ergibt sich aus der Zeitdauer für die Anfragebearbeitung im Einbenutzer-Betrieb, also ohne konkurrierende Anfragen. Diese Zeitdauer ist dann die Summe aus Ein-/Ausgabezeiten und CPU-Zeit. Dabei berücksichtigen die Ein-/Ausgabezeiten die Anzahl der Übertragungen sowie die Übertragungszeiten von Datenblöcken zwischen Extern- und Hauptspeicher. Durch entsprechende Speicherungs- und Zugriffspfadstrukturen sowie durch große Hauptspeicher und Systempuffer kann die Anzahl der Datenübertragungen niedrig gehalten werden können. Die CPU-Zeit umfaßt die aufgelaufenen Operationszeiten auf den Hauptspeicherdaten. Für sehr große Hauptspeicher können diese Zeiten durch entsprechende Datenorganisation und zusätzliche Zugriffsunterstützung im Hauptspeicher entsprechend reduziert werden. Die Bearbeitungskosten für eine einzelne Anfrage entsprechen der gewichteten Summe aus CPU-Zeit und Ein-/Ausgabezeiten, die für die Anfragebearbeitung benötigt wurden.

Bearbeitungskosten für eine Anfrage

Betrachtet man hingegen Mehrbenutzerumgebungen, also die Abwicklung konkurrierender Anfragen, so können die Leistungsanforderungen heißen:

- Verringerung bzw. Minimierung der Antwortzeit (einer Mischung von Anfragetypen für eine gegebene Anfragesprache und Umgebung),

- Verbesserung bzw. Maximierung des Durchsatzes (für eine Mischung von Anfragetypen bei gegebener Anfragesprache und Umgebung) oder

Optimierungsziele in einer Mehrbenutzerumgebung

- Einhalten von Antwortzeitschranken für die Bearbeitung in Realzeitumgebungen.

Kombinationen sind möglich: für interaktive Anfragen sollen etwa gegebene Zeitschranken eingehalten werden, wohingegen sonst eine Durchsatzmaximierung zu erzielen ist. Um diese Leistungsvorgaben einzuhalten, müssen nicht nur die konstruierten Bearbeitungspläne, sondern auch die aktuelle Systemlast und sie bestimmende Systemstrategien wie Lastkontrolle, Lastverteilung und Synchronisation betrachtet werden.

2.2.2 Beispiel

Zur besseren Verdeutlichung der Aspekte der Anfragebearbeitung
und ergänzend zu Bild 2.4 soll folgendes Beispiel dienen. Dabei
wird gezeigt, wie für eine deklarative SQL-Anfrage der zugehörige
Ausführungsplan als ablauffähiges Programm auf der OSS-
Schnittstelle aussehen kann.

Unternehmens-
datenbank

Die folgenden Beispiele beziehen sich auf eine *Unternehmensdaten-*
bank, die Informationen über die einzelnen Abteilungen (*ABT*), das
Personal (*PERS*), die Projekte (*PROJ*), Mitarbeit in Projekten (*PM*)
usw. enthält. Eine vollständige Definition dieser Unternehmensdatenbank findet sich in Anhang A. Dort wird das zugehörige relationale DB-Schema mit seinen Relationen und deren Attribute und
Attributbeziehungen eingehend erklärt. Für das folgende Beispiel
genügt der hier angegebene Ausschnitt des DB-Schemas:

     ABT   (<u>Anr</u>, Budget, Aort)
     PERS   (<u>Pnr</u>, Name, Beruf, Gehalt, Alter, Wort, <u>Anr</u>)
     PM   (<u>Pnr</u>, <u>Jnr</u>, Dauer, Anteil)
     PROJ   (<u>Jnr</u>, Bezeichnung, Summe, Port, <u>Anr</u>)

Relationenbezeichner werden dabei immer in Großbuchstaben geschrieben. Attributbezeichner beginnen ebenfalls mit einem Großbuchstaben, werden allerdings fortgesetzt mit Kleinbuchstaben.
Schlüssel- bzw. Fremdschlüsselattribute sind unterstrichen. Zur
besseren Unterscheidung und Hervorhebung werden Relationen-
und Attributnamen im laufenden Text *kursiv* geschrieben.

(Q1) "Finde Name und Beruf von Angestellten, deren zugehörige Abteilung sich in
     'KL' befindet"
     SELECT   Name, Beruf
     FROM   ABT a, PERS p
     WHERE   a.Anr = p.Anr **AND** a.Aort = 'KL';

Für die hier gegebene Anfrage Q1 (ausgedrückt in SQL) auf die Unternehmensdatenbank soll der zugehörige ablauffähige Ausführungsplan beschrieben werden, der von der AV erzeugt und anschließend von der AE direkt auf der satzorientierten Schnittstelle
des Zugriffssystems (OSS-Schnittstelle) abgearbeitet wird. Der von
der AV für die Anfrage Q1 erzeugte ablauffähige Ausführungsplan
ist im Programm P1 wiedergegeben. Zur kompakten sprachlichen
Beschreibung wird eine PASCAL-ähnliche Notation gewählt. Falls
in einer Anfrage (wie z.B. in obiger Anfrage Q1) Tupelvariablen[*]
einzuführen sind, so werden zur besseren Kennzeichnung dafür
nur Kleinbuchstaben verwendet.

Programm (P1): Ausführungsplan zu Anfrage Q1

```
BEGIN
OPEN_SCAN S1 ON Index(ABT(Aort)),
              Start_Bedingung(Aort='KL'), Stop_Bedingung(Aort='KL');
                                    (* Eröffnung des Scan S1 *)
REPEAT (* Durchlauf über alle ABT-Tupel, die die Start-/Stopbedingung erfüllen *)
   ANR := ABT.Anr;
   OPEN_SCAN S2 ON PERS;          (* Eröffnung des Scan S2 *)
   REPEAT     (* Durchlauf über alle PERS-Tupel *)
     IF ANR= PERS.Anr THEN
     BEGIN   (* konstruiere Verbundtupel und gib dieses an Aufrufer zurück *)
        Gib_Zurück(Name, Beruf);
     END;
     NEXT_TUPLE ON S2;
   UNTIL End_Of_Scan(S2);
   CLOSE_SCAN S2;                  (* Schließen des Scan S2 *)
   NEXT_TUPLE ON S1;
UNTIL End_Of_Scan(S1);
CLOSE_SCAN S1;                     (* Schließen des Scan S1 *)
END.
```

Die Scan-Operationen (OPEN_SCAN, NEXT_SCAN und CLOSE_-
SCAN) sind die Zugriffssystemaufrufe, die ihre Parameterversorgung über einen zugehörigen Kontrollblock bekommen. Hier wird
nur der relevante Programmausschnitt gezeigt. Die Variablende-
klarationen sind weggelassen, und die Variablenübergaben bei
Funtionsaufrufen sind nur angedeutet. Das Überprüfen von Feh-
lermeldungen, das nach jedem Zugriffsfunktionsaufruf zu geschehen hat und das Behandeln von Sonderzuständen (z.B. leere
Scans) wurde ebenfalls eingespart.

Das gewählte einfache Anfragebeispiel führt auf ein (gerade) noch
überschaubares Programm, in dem nur zwei Scans zu kontrollieren sind. Der äußere Scan *S1* selektiert über das Zugriffssystem
alle *ABT*-Tupel, die die Bedingung *Aort*='KL' erfüllen. Hierzu wird
dem Zugriffssystem mitgeteilt, daß eine entsprechende Suche auf
dem Index zu der Relation *ABT* über dem Attribut *Aort* anzuwenden ist. Für jedes gelesene *ABT*-Tupel wird ein vollständiger Scan
auf der *PERS*-Relation durchgeführt und für jedes *PERS*-Tupel geprüft, ob es zu dem aktuellen *ABT*-Tupel paßt. Wenn die Werte beider *Anr*-Attribute gleich sind, wird ein Verbundtupel mit den bei-

Ausführungsplan

---

*   Tupelvariablen (in SQL) dienen zur eindeutigen Bezeichnung der Relationen in den prädikatenlogischen Ausdrücken der WHERE-Klausel. Sie
definieren dort Laufvariablen über die Tuplemenge einer Relation. In
Anhang B werden Tupelvariablen formal im Rahmen des Relationenkalküls eingeführt.

den Ausgabeattributen *Name* und *Beruf* generiert und zurückgeliefert. Ist das Ende des inneren Scans erreicht, wird dieser geschlossen und im äußeren Scan *S1* ein neues *ABT*-Tupel bestimmt. Danach wird der innere Scan *S2* neu eröffnet und es werden wiederum alle *PERS*-Tupel durchsucht, um mögliche Verbundpartner für das neue, aktuelle *ABT*-Tupel zu finden. Falls schließlich alle in Frage kommenden *ABT*-Tupel berücksichtigt sind, kann auch der äußere Scan geschlossen werden.

In diesem Beispiel wird schematisch gezeigt, daß die Operatoren der satzorientierten Schnittstelle (des Zugriffssystems) wichtige Primitivfunktionen (die Scan-Operationen) für die Auswertung von *Tupelfolgen* bereitstellen. Weiterhin kommt zum Ausdruck, wie diese Primitive kombiniert werden können, um den Daten- und Kontrollfluß für komplexere Ausführungspläne zu beschreiben.

2.3 Phaseneinteilung

die Arbeiten aus [JK84] stellen wichtige Grundlagen für die weiteren Betrachtungen dar

In [JK84] wird eine erste umfassende Zusammenstellung der wesentlichen Aspekte der AV gegeben. Diese grundlegende Konzeption der AV soll im folgenden erörtert werden und dann für alle weiteren Diskussionen als Rahmenbeschreibung dienen.

Fast alle Techniken zur Verbesserung der Leistungsfähigkeit eines Anfrageprozessors versuchen eine oder auch mehrere der folgenden Strategieregeln zu berücksichtigen:

Strategieregeln

(1) Vermeide ein und dieselbe Arbeit mehrmals zu tun.

(2) Optimiere Standardsituationen durch effiziente Realisierung (im wesentlichen Programmierung) und garantiere deren Korrektheit.

(3) Erkenne Standardsituationen und nutze deren Standardlösungen.

(4) Schau voraus, um unnötige Operationen möglichst frühzeitig zu erkennen und zu vermeiden.

(5) Wähle den billigsten Weg für das Ausführen von Elementaroperationen.

(6) Verkette Elementaroperationen optimal.

AV-Verarbeitungsphasen

Die generelle Vorgehensweise zur AV in einem Anfrageprozessor läßt sich durch einen 'top down'-Ansatz in wenigen Schritten beschreiben. Die natürliche Komplexität der AV wird dadurch beherrschbar, daß das Gesamtproblem in einzelne Schritte aufgeteilt wird, denen dann entsprechende Teilaufgaben zugeordnet sind. An [JK84] angelehnt, lassen sich die folgenden sukzessiven Schritte unterscheiden:

- Schritt 1: *Interndarstellung der Anfrage*
  Für die weitere Bearbeitung wird die Anfrage in eine Interndarstellung überführt. Dabei ist die Wahl eines geeigneten Darstellungsschemas wesentlich. Zum einen soll jede Anfrage sehr leicht in ihr Internformat umgesetzt werden können, und zum anderen müssen entsprechende Freiheitsgrade in der Darstellung vorhanden sein, um nachfolgende Umformungen berücksichtigen zu können. Aufgrund der festen Syntax der DB-Sprache treten hier viele Standardsituationen auf, die über geeignete Standardabbildungen behandelt werden (Strategieregel 2 und 3).

- Schritt 2: *Anfrageumformung*
  Logische Transformationen werden auf die Anfrageinterndarstellung angewendet. Zuerst wird eine *Standardisierung* der Anfragedarstellung erzielt. Daran schließt sich eine *Vereinfachung* der Anfrage an mit dem Ziel, mögliche Verarbeitungsredundanzen zu erkennen und zu eliminieren (Strategieregel 4). Schließlich ist es Aufgabe der *Verbesserung*, geeignete Umformungen durchzuführen, die die weitere Bearbeitung verbessern und somit zu einer effizienteren Ausführung beitragen.

- Schritt 3: *Ausführungsplan*
  Mögliche Ausführungspläne werden generiert. Dazu wird die modifizierte Anfrage auf alternative Folgen von Elementaroperationen abgebildet. Im allgemeinen gibt es eine ganze Menge von Ausführungsplänen zu einer Anfrage. Daher ist es wichtig, sich bei deren Generierung nur auf die 'interessanten' zu beschränken, d.h. auf solche Zugriffspläne, für die gute Implementierungen bereits bekannt sind (Strategieregel 2 und 3) und deren Kosten daher bestimmbar sind.

- Schritt 4: *Kostenabschätzung*
  Berechne die Kostenvoranschläge für jeden Ausführungsplan und wähle den billigsten aus.

Diese Schritte beschreiben im wesentlichen aufeinanderfolgende Verarbeitungsphasen, um von einer Anfrage zu einem möglichst optimalen Ausführungsplan zu kommen, der dann durch das AES ausgeführt werden kann und dessen Anfrageergebnis anschließend dem Benutzer oder dem Anwendungsprogramm zur Verfügung steht.

2.4 Komponentensicht

Ausgehend von diesen Verarbeitungsphasen kann nun eine entsprechende Komponentenbildung für den AP entwickelt werden, wie in Bild 2.5 gezeigt. Zusätzlich zu Komponentenbildung und grobem Daten- und Kontrollfluß zeigt Bild 2.5 auch die in jeder Verarbeitungsphase benötigten Metadaten.

In Bild 2.5 wird der AP in zwei Komponenten unterteilt. Die *Übersetzungskomponente* realisiert dabei Schritt 1 und generiert für eine Anfrage die zugehörige Interndarstellung. Zum Prüfen der Kor-

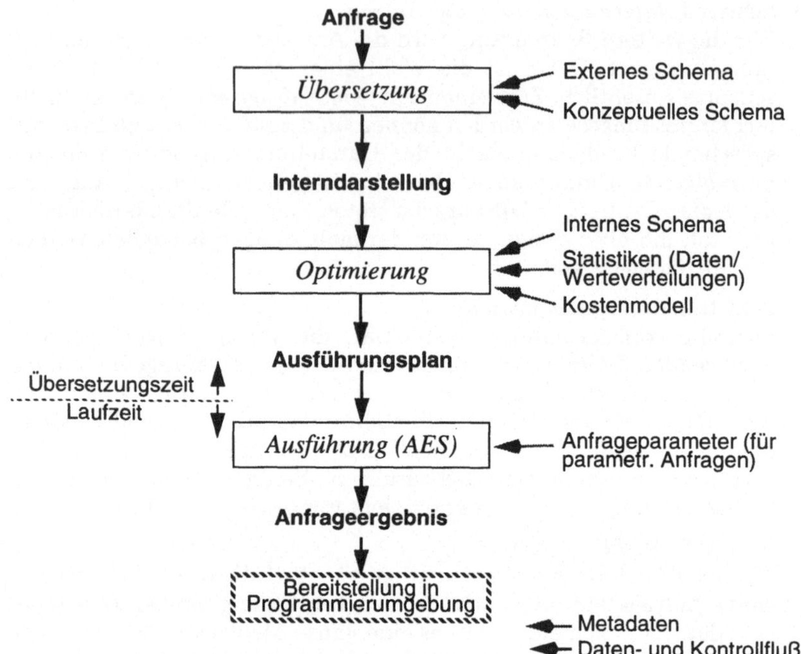

Bild 2.5:   Komponentensicht des AP

Komponenten-bildung für den AP

rektheit der Anfrage werden externe und konzeptuelle Schemabe-schreibung benötigt. Die Komponente *Optimierung* bestimmt den Ausführungsplan für die Anfrage (in Interndarstellung) und um-faßt daher die Schritte 2, 3 und 4. Informationen des internen Sche-mas werden benötigt, um gültige Ausführungspläne zu generieren, und Informationen zum Kostenmodell sowie die DB-Statistiken werden benutzt für die Kostenabschätzung und die Auswahl des günstigsten Ausführungsplans. Die Komponente *Ausführung*, also das AES, berechnet das Anfrageergebnis und sorgt ggf. für dessen Bereitstellung in der Programmierumgebung der Anwendung bzw. im Terminal-Kontrollprogramm des interaktiven Benutzers. Falls es sich um eine parametrisierte Anfrage handelt, benötigt die Aus-führungskomponente die aktuellen Anfrageparameter.

2.4.1 Optimierungszeitpunkte

Die drei Komponenten in Bild 2.5 definieren drei aufeinanderfol-gende Phasen oder Schritte für die Bearbeitung einer Anfrage. Da-bei ist nicht im voraus festgelegt, wann welche Phase durchzufüh-ren ist. Die hier vorhandenen Freiheitsgrade (Zeitpunkte) sollen nun etwas näher betrachtet werden. Bild 2.6 faßt dies in einer Ta-bellendarstellung zusammen.

Zum einen ist es möglich, alle drei Phasen direkt hintereinander durchzuführen, d.h., eine Anfrage zu übersetzen, danach sofort zu optimieren und anschließend auch gleich auszuführen. Man nennt dies auch den *Interpretationsansatz* bzw. aus Sicht der AV *dynamische Optimierung*. Da hier alle Phasen zur Laufzeit passieren[*], werden auch alle Optimierungsentscheidungen zur Laufzeit getroffen, also auf der Basis von aktuellsten DB-Metadaten, wie internes Schema, Statistiken etc. Das heißt, alle Änderungen in den Datenrepräsentationen und in den Zugriffspfaden können bis zum aktuellen Zugriffszeitpunkt berücksichtigt werden. Es wird also ein hoher Grad an Unabhängigkeit erzielt, dadurch daß ein möglichst später Bindezeitpunkt von Anfrage zu Datenbank gewählt wird. Hier bedeutet jede Ausführung der Anfrage auch gleichzeitig deren Übersetzung und Optimierung[**]. Für die interaktive Benutzung, also bei 'Ad-hoc'-Anfragen, ist dies gewöhnlich erforderlich. Allerdings hat diese Vorgehensweise einen erheblichen Nachteil bei in die Anwendungsprogramme eingebetteten DB-Anweisungen, da jede wiederholte Ausführung einer DB-Anfrage auch die Wiederholung von Übersetzung und Optimierung bedeutet.

dynamische Optimierung: Interpretationsansatz

Dieses Problem läßt sich durch die zeitliche Trennung von Übersetzung und Optimierung auf der einen und der Ausführung auf der anderen Seite umgehen. Damit ist es nun möglich, eine Anfrage mehrmals auszuführen, aber nur genau einmal zu übersetzen und zu optimieren. Der hohe Aufwand für die Optimierung einer Anfrage amortisiert sich durch wiederholte Ausführung derselben. Der AP fungiert in diesem Fall als Compiler, dessen Kompilationsergebnis, der Ausführungsplan, dann jeweils nur noch auszuführen ist. Im Gegensatz zum Interpretationsansatz, bezeichnet man dies als den *Übersetzungsansatz (Kompilationsansatz)* oder wieder aus Sicht der AV als *statische Optimierung* (wie in Bild 2.5 angezeigt). Zur Übersetzungszeit des Anwendungsprogramms können dann auch die DB-Anweisungen vom AP in die Ausführungspläne 'übersetzt' werden, die später zum Zugriffszeitpunkt nur noch vom AES auszuführen sind. Im Vergleich zum Interpretationsansatz ist hier der Bindezeitpunkt von Anfrage zu Datenbank deutlich früher. Dies bedeutet einen geringeren Grad an Datenunabhängigkeit, da aktuelle Änderungen in den Datenstrukturen und Zugriffspfaden die vorübersetzten Ausführungspläne ungültig und eine nachträgliche Optimierung erforderlich machen können. Auch im Falle eines

statische Optimierung: Übersetzungsansatz oder Kompilationsansatz

---

[*] AP und AES fungieren als eine Art Interpreter.

[**] Daher kommt die Namensgebung 'dynamische Optimierung'.

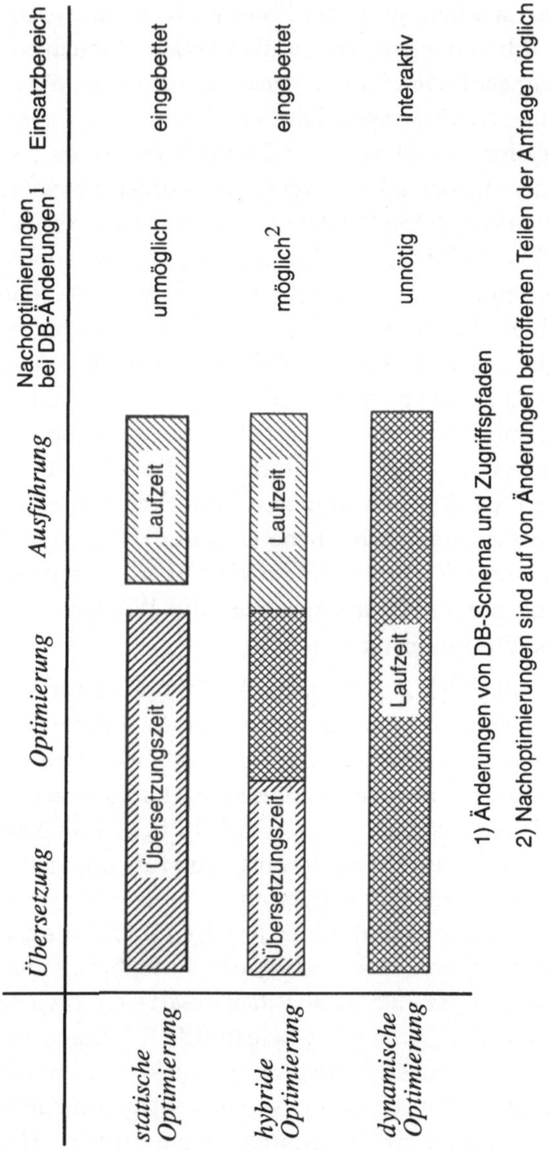

	Übersetzung	*Optimierung*	*Ausführung*	Nachoptimierungen bei DB-Änderungen[1]	Einsatzbereich
statische Optimierung	Übersetzungszeit		Laufzeit	unmöglich	eingebettet
hybride Optimierung	Übersetzungszeit	Laufzeit		möglich[2]	eingebettet
dynamische Optimierung	Laufzeit			unnötig	interaktiv

1) Änderungen von DB-Schema und Zugriffspfaden

2) Nachoptimierungen sind auf von Änderungen betroffenen Teilen der Anfrage möglich

Bild 2.6: Eigenschaften verschiedener Optimierungszeitpunkte

noch ausführbaren Ausführungsplans kann eine nochmalige Optimierung sinnvoll werden, zum Beispiel, wenn neue und damit günstigere Zugriffspfade hinzugekommen sind oder wenn die damals verwendeten Statistiken aufgrund von großen Datenbewegungen mittlerweile völlig ungenau oder gar falsch geworden sind. Die Verwendbarkeit der statischen Optimierung beruht also sehr auf der Aktualität und Stabilität der (in der Optimierung verwendeten) Statistiken und des internen Schemas.

Die dritte Variante, *hybride Optimierung* genannt, versucht nun jeweils die Vorteile der vorhergehenden beiden Variationen zu kombinieren. Das heißt, die Flexibilität der Interpretation und die Effizienz der Übersetzung sollen dadurch erzielt werden, daß eine Anfrage statisch optimiert wird und zur Ausführungszeit einzelne Teile der Anfrage dynamisch 'nachoptimiert' werden können, etwa wenn sich Inkonsistenzen zu früheren Optimierungsannahmen ergeben haben [GW89]. Dies könnte zum Beispiel der Fall sein, wenn die Größe von geschätzten Zwischenergebnissen sehr stark von den aktuell berechneten differiert oder wenn neue und effektiv verwendbare Zugriffspfade hinzugekommen sind.

hybride Optimierung

Diese Diskussionen haben gezeigt, daß die Wahl des Optimierungszeitpunktes ein wichtiger leistungsbestimmender Faktor werden kann und daß insbesondere unter Berücksichtigung der verschiedenen Einbettungsvarianten (von DB-Schnittstellen in Programmiersprachen oder Anwendungsumgebungen) es durchaus sinnvoll ist, mehrere Varianten in einem AP zu unterstützen. Im allg. läßt sich sagen, daß die grundlegende Philosophie des AP sein sollte, alle Übersetzungsschritte so früh wie möglich durchzuführen, um den dann zur Laufzeit noch verbleibenden Aufwand zu mimimieren. Diese Strategie wird auch von SYSTEM R [CABG81] unterstützt, welches sowohl den Interpretationsansatz als auch den Übersetzungsansatz kennt.

Optimierungszeitpunkt als leistungsbestimmender Faktor

2.4.2 Überblick auf die nachfolgenden Abschnitte

In den folgenden Abschnitten werden die einzelnen Phasen Übersetzung, Optimierung und Ausführung näher betrachtet und die jeweils durchzuführenden Arbeiten beschrieben. Damit werden Verfeinerungen zur Komponentensicht aus Bild 2.5 aufgebaut, die dann in Bild 2.22 im abschließenden Abschnitt zusammengefaßt werden. In diesen Betrachtungen beschränken wir uns auf die Bearbeitung immer genau einer Anfrage.

Verfeinerung der AP-Komponentensicht

Die Berücksichtigung von sogenannten *Multi-Anfragen*, also von einer Menge von Einzelanfragen, wird in einem späteren Kapitel behandelt. Es gibt zwei wesentliche Gründe dafür: zum einen muß natürlich erst einmal die Bearbeitung einer Einzelanfrage beherrscht werden, bevor Multi-Anfragen behandelt werden können, und zum anderen ist die Bearbeitung von Einzelanfragen für sich alleine schon ausreichend komplex, wie die nachfolgenden Diskussionen zeigen werden. Die Bearbeitung von Multi-Anfragen erlaubt zum Beispiel die Ergebnisse oder auch Zwischenergebnisse

Multi-Anfragen

einer Einzelanfrage wiederzuverwenden für die Bearbeitung anderer Einzelanfragen und somit Berechnungsaufwand einzusparen. Diese Mehrfachverwendung zu erkennen und dann auch geeignet auszunutzen, ist allerdings recht kompliziert und rechtfertigt daher eine Sonderbehandlung. Allerdings wird die Bearbeitung von Einzelanfragen schon so angelegt, daß eine spätere Erweiterung auf Multi-Anfragen ermöglicht wird. In gleicher Weise lassen sich dann auch Parallelisierungsaspekte und auch Aspekte der Anfragebearbeitung in verteilten Systemen im nachhinein in den hier aufgebauten AV-Rahmen integrieren. Die Betrachtung dieser Anfrageaspekte wird daher in späteren Kapiteln ergänzt.

Parallelisierung, AV in verteilten Systemen

2.5 Übersetzung

Es ist die Aufgabe der Übersetzungskomponente, eine für die nachfolgende Optimierungsphase geeignete Interndarstellung einer Anfrage zu finden. Da natürlich nur im Sinne des externen und konzeptuellen Schemas korrekte Anfragen, für die auch eine Zugriffsberechtigung existiert, sinnvollerweise weiterbearbeitet werden, sind Korrektheit und Zugriffsberechtigung ebenfalls zu überprüfen. Dazu werden Metadaten, wie externe und konzeptuelle Schemabeschreibung sowie auch Kataloginformationen zu Zugriffsrechten, benötigt.

2.5.1 Interndarstellung einer Anfrage

Die eigentliche Problematik besteht nun darin, ein den Anforderungen entsprechendes *Darstellungsschema* zu finden, mit dem dann geeignete Interndarstellungen einer Anfrage möglich sind. Die wesentlichen Eigenschaften eines solchen Darstellungsschemas können dabei wie folgt zusammengefaßt werden:

wünschenswerte Eigenschaften eines Darstellungsschemas

- *Prozeduralität*
  Im Gegensatz zur externen Anfrage, die meistens in einer deskriptiven Form vorliegt (Relationenkalkül oder SQL-Notation), muß die Interndarstellung eine mehr prozedurale Darstellung der Anfrage widerspiegeln. Daher bietet es sich an, die deskriptive DB-Sprache in eine an die Relationenalgebra angelehnte Darstellung umzusetzen, d.h., eine deklarative Beschreibung des Anfrageergebnisses wird übersetzt in einen Algorithmus oder Plan, dargestellt als Folge von Algebraoperatoren. Diese Vorgehensweise wird von den meisten DBS übernommen, wobei die Menge an verfügbaren (Algebra-)Operatoren von einem zum anderen DBS durchaus differieren kann. Bekannte Beispiele sind natürlich die relationalen Systeme wie DB2, INGRES, SYSTEM R etc., die z.B. zur Darstellung von Retrieval-Anweisungen die bekannten relationalen Operatoren Sele-

ktion, Projektion und Join sowie die Mengenoperatoren Vereinigung und Differenz verwenden. In manchen neueren Systemen werden zur genaueren Anfragedarstellung zusätzlich noch Operatoren für Gruppierung und Sortierung oder für das Arbeiten mit Arrays, Referenzen oder Multimengen [VD91] oder gar für Interpolationsfunktionen [Ne91] bereitgestellt. Die meisten Erweiterungen von relationalen DBS, wie PRIMA, DASDBS, AIM, POSTGRES, IRIS, EXODUS oder sogar KBMS wie KRISYS, benutzen zusätzlich zu den relationalen Operatoren noch auf die jeweilige DB-Sprache zugeschnittene Operatoren. Zum Beispiel verwendet man im Darstellungsschema von PRIMA einen Moleküloperator zum Aufbauen von Komplexobjekten, und REVELATION [MDKV94] kennt für diesen Zweck den sog. Assembly-Operator [KGM91]. AIM sowie auch DASDBS nutzen einen Schachtelungs- und Entschachtelungsoperator (Nest und Unnest) auf (geschachtelten) Relationen/Tupel [SS86] und KRISYS realisiert sogar einen Rekursionsoperator.

algorithmische, operatorbasierte Beschreibung

- *Flexibilität*
Die Interndarstellung muß weiterhin ein hohes Maß an Flexibilität besitzen, einmal hinsichtlich der Erweiterungen der DB-Sprache, aber auch hinsichtlich der Transformationen des nachfolgenden Optimierungsschritts. Im ersten Fall gilt es, Spracherweiterungen, zum Beispiel für die oben erwähnten neuen Operatoren, zu verkraften. Hier kann man sich durchaus vorstellen, daß dazu, wenn möglich, nur additiv am Darstellungsschema geändert, also hinzugefügt, werden muß, um eine entsprechend erweiterte Interndarstellung zu erzeugen. Der zweite Aspekt der Flexibilität verlangt, daß die im Optimierungsschritt (und zum Teil auch im Übersetzungsschritt selbst, s.u.) anzuwendenden Umformungen auf dieser erzeugten Interndarstellung durchführbar sind und das Umformungsergebnis damit wiederum darstellbar ist.

Erweiterbarkeit, Umformbarkeit

- *Effizienz*
Um über die Anwendung von Umformungen überhaupt entscheiden zu können, muß eine Interndarstellung auf vielfältige Art und Weise durchsucht werden. Auch während der Übersetzungsphase selbst ist es wichtig, innerhalb der bislang generierten Interndarstellung zu navigieren und auch auf bestimmte Teile derselben direkt zuzugreifen. Es ist daher notwendig, eine effiziente Datenstruktur mit geeigneten Zugriffsfunktionen als Interndarstellung zu wählen.

effiziente Zugriffsfunktionen

Diese Betrachtungen zeigen, daß die Interndarstellung einer Anfrage die zentrale Datenstruktur für Übersetzung und Optimierung repräsentiert und daß die Wahl eines entsprechenden Darstellungsschemas entscheidend für die Effizienz und Erweiterbarkeit des AP sein kann.

Interndarstellung einer Anfrage ist die zentrale Datenstruktur für Übersetzung und Optimierung

In der Literatur und damit auch in den existierenden DBS gibt es eine ganze Menge von Darstellungsschemata für Anfragen. Im folgenden wollen wir einige wichtige davon vorstellen und kurz hinsichtlich des oben aufgestellten Kriterienkatalogs bewerten. Als

Beispielanfrage wählen wir die nachstehende Anfrage Q2 auf die
Unternehmensdatenbank, die am Anfang dieses Abschnitts eingeführt wurde und im Anhang A vollständig beschrieben ist.

(Q2) "Finde Name und Beruf von Angestellten, die Projekte in 'KL' durchführen und
deren zugehörige Abteilung sich ebenfalls in 'KL' befindet"

SELECT   Name, Beruf
FROM   ABT a, PERS p, PM pm, PROJ pj
WHERE   a.Anr = p.Anr **AND** a.Aort = 'KL' **AND**

p.Pnr = pm.Pnr **AND**

pm.Jnr = pj.Jnr **AND** pj.Port = 'KL';

Klassifikations-
schema für
Darstellungs-
schemata

Man kann die Darstellungsschemata unterteilen in solche, die eine
lineare oder auch matrixförmige Interndarstellung beschreiben
(exemplarisch dargestellt in Bild 2.7) bzw. in andere, die eine strukturierte Interndarstellung aufbauen (exemplarisch dargestellt in
Bild 2.8 und Bild 2.9). Zu den erstgenannten gehören die *Relationen-*
algebra (siehe Bild 2.7a) selbst und auch der *Relationenkalkül* (siehe
Bild 2.7b); beide sind beschrieben in Anhang B bzw. Anhang C. Wie
man sich leicht vorstellen kann, sind diese Darstellungsarten recht
inflexibel und ineffizient.

Als matrixförmige Interndarstellung ist die *Tableau*-Technik [Ul88]
bekannt (siehe Bild 2.7c). Sie kann verstanden werden als eine direkte Umsetzung der linearen Kalküldarstellung in die Matrixdar-
stellung (vgl. Bild 2.7b und Bild 2.7c). Ein Tableau besteht aus Zeilen und Spalten. Dabei wird jedem Attribut des universellen DB-
Schemas (die Vereinigung über alle Attributmengen von allen Relationen im DB-Schema) eine Spalte zugeordnet. Das Tableau für

Tableau-Technik

eine konkrete Anfrage zeigt natürlich nur die Spalten von dort benötigten Attributen. Jede an der Anfrage teilnehmende Relation
bekommt eine Zeile zugewiesen. Für die von einer Relation in der
Anfrage verwendeten Attribute werden Variablen an die Kreu-
zungspunkte von betreffenden Attributspalten und Relationenzei-
len geschrieben. Alle anderen Positionen bleiben leer. Eine ausgewählte Kopfzeile legt die Attribute der Ergebnisrelation fest. Keine
Variable darf in mehr als genau einer Spalte auftreten. Jedoch darf
die gleiche Variable (in der gleichen Spalte) in verschiedenen Zeilen
erscheinen. Dies stellt dann Verbundoperationen der betreffenden
Relationen über diesem Attribut dar. Schon aufgrund dieser kurzen
Beschreibung wird deutlich, daß die Tableau-Technik (zumindest
in dieser ursprünglichen Definition) gegenüber anderen Darstellungsschemata deutlich eingeschränkte Darstellungsmöglichkei-
ten aufzeigt. Es werden nur konjunktive Qualifikationsausdrücke

```
PROJ  (JOIN  (JOIN  (JOIN  (SEL (ANR, Art = 'KL'),
                                 PERS,
                                 Anr = Anr),
                       PM,
                       Pnr = Pnr),
              SEL (PROJ, Port = 'KL'),
              Jnr = Jnr),
       {Name, Beruf})
```

(a) Relationenalgebra

```
(p.Name, p.Beruf  OF  EACH a   IN ABT,
                      EACH p   IN PERS,
                      EACH pm  IN PM,
                      EACH pj  IN PROJ:  (a.Anr   = p.Anr    AND
                                          a.Aort  = 'KL'     AND
                                          p.Pnr   = pm.Pnr   AND
                                          pm.Jnr  = pj.Jnr   AND
                                          pj.Port = 'KL'))
```

(b) Relationenkalkül

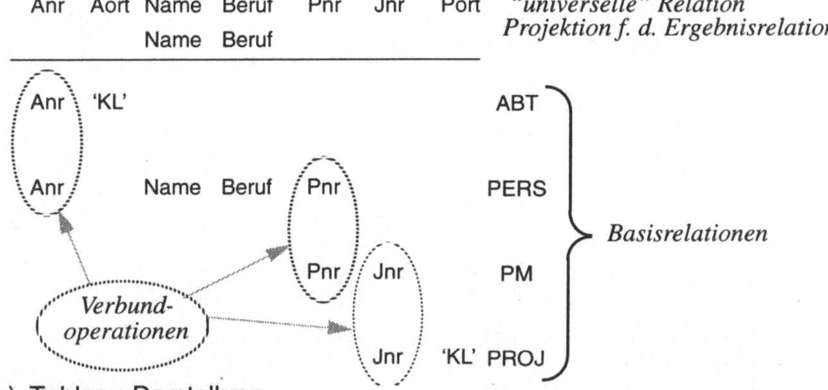

(c) Tableau-Darstellung

Bild 2.7: Lineare und matrixförmige Darstellungsschemata für Anfrage Q2

mit Geichheitsvergleichen 'Attribut = Konstante' bzw. der Natürliche Verbund sowie nur eine primitive Projektion unterstützt. Erweiterungsvorschläge konzentrieren sich im wesentlichen auf disjunktive und negierte Qualifikationsbedingungen [SY80] oder etwa auf Mengen von Tableaus für die Darstellung allgemeiner konjunktiver Anfragen [JK83]. Wegen ihrer Nähe zum Relationenkalkül besitzt die Tableau-Technik ebenfalls keine Prozeduralität.

Viele der bislang erwähnten Unzulänglichkeiten sollen mit Hilfe der strukturierten Darstellungsschemata beseitigt werden. Bild 2.8 und Bild 2.9 stellen die hier betrachteten Techniken wiederum für das o.g. Anfragebeispiel dar.

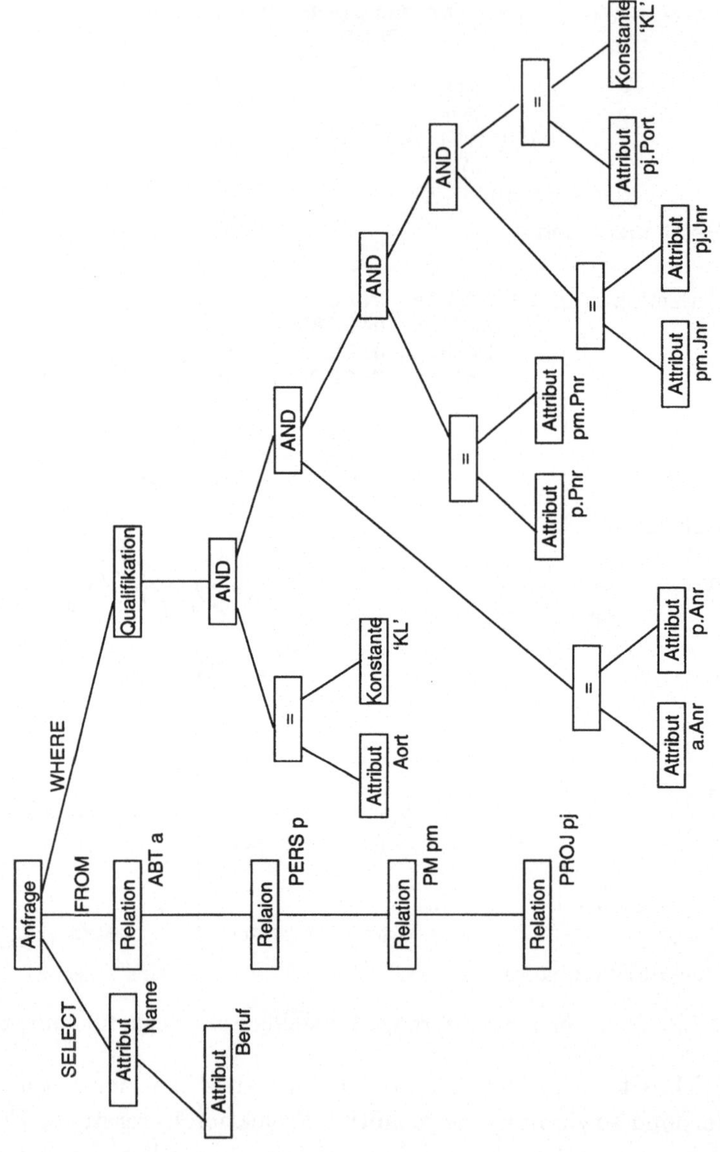

Bild 2.8: Strukturiertes Darstellungsschema Zerlegungsbaum für Anfrage Q2

Zerlegungsbaum

Der *Zerlegungsbaum* (Bild 2.8) ähnelt eher einem Syntaxbaum als einer Struktur, die einen abstrakten Abarbeitungsplan darstellen soll. Der Lesbarkeit wegen wurden die symbolischen Namen für die Objekte an der Sprachschnittstelle beibehalten, obwohl normalerweise eine Namensauflösung, als eine Teiloperation des Parsing, die symbolischen Namen durch interne Namen ersetzt hätte. Eigenständige Teil- oder Unteranfragen (quantifizierte Teilanfragen oder geschachtelte Teilanfragen, engl. sub-query) führen zu jeweils

eigenen Zerlegungsbäumen, die als Teilbaum des gesamten Zerlegungsbaumes für eine Anfrage erscheinen. Die Verwendbarkeit eines Zerlegungsbaumes als Interndarstellung scheint ebenfalls
sehr eingeschränkt aufgrund einer gegenüber den anderen
graphstrukturierten Darstellungsmethoden verminderten Flexibilität und bestimmt auch Effizienz.

Objektgraphen stellen die Objekte (Relationen oder Variablen und
Konstanten) einer Anfrage als Knoten und die Prädikate der Anfrage als Kanten dar. Damit beschreibt der Objektgraph das Ergebnis der Anfrage und ist daher ähnlich zur Kalküldarstellung, zeigt
also im wesentlichen keine Prozeduralität in seiner Darstellung.
Manchmal werden sie auch als Operandengraphen oder für den
Fall des Relationenmodells als Relationengraph bezeichnet. Es
gibt viele verschiedene Nuancen von Objektgraphen. In Bild 2.9a
ist der Relationengraph für unser Anfragebeispiel dargestellt. Dieser *Relationengraph* zeigt für jede Basisrelation einen Knoten, und
eine Kante stellt ein Prädikat zwischen den durch die Kante verbundenen Relationen dar. Falls dieses Prädikat von der Form 'Attribut = Konstante' ist, handelt es sich um eine Restriktion, und die
Form 'Attribut = Attribut' repräsentiert einen Verbund. Wahlweise
kann ein Knoten hinzugenommen werden, der dann das Ergebnis
beschreibt (in Bild 2.9a gestrichelt).

Relationengraph als Beispiel für einen Objektgraphen

Operatorgraphen (Bild 2.9b) spiegeln eine prozedurale Darstellung
der Anfrage wider, basierend auf Operatoren- und Datenflußangaben. Die Knoten eines Operatorgraphen sind die Operatoren, wobei
sämtliche Blattknoten Basisobjekte darstellen. Im Falle des Relationenmodells sind das die Basisrelationen, und die Nicht-Blattknoten sind Operatoren der Relationenalgebra. Die gerichteten
Kanten geben die Richtung des Datenflusses von den Blattknoten
zu den Vaterknoten an. Jeder (Nicht-Blatt-)Knoten im Operatorgraph beschreibt das Ergebnis des ihm zugrundeliegenden Teilgraphen[*], und der oberste Knoten definiert das Anfrageergebnis. Da
sich viele Spracherweiterungen in neuen Operatoren niederschlagen (etwa für die Realisierung spezieller Funktionen wie Rekursion, Gruppierung, Schachtelung oder zum Aufbau von Komplexobjekten) erscheint die Operatordarstellung am geeignetsten.
Auch wird durch sie der prozedurale Aspekt am besten ausgedrückt, und die Flexibilitäts- unf Effizienzanforderungen können
wegen der gewählten Graphdarstellung ebenfalls erfüllt werden.

Operatorgraph

---

[*] Die Bedeutung von zyklischen (Teil-)Graphen wird in Kapitel 6 behandelt.

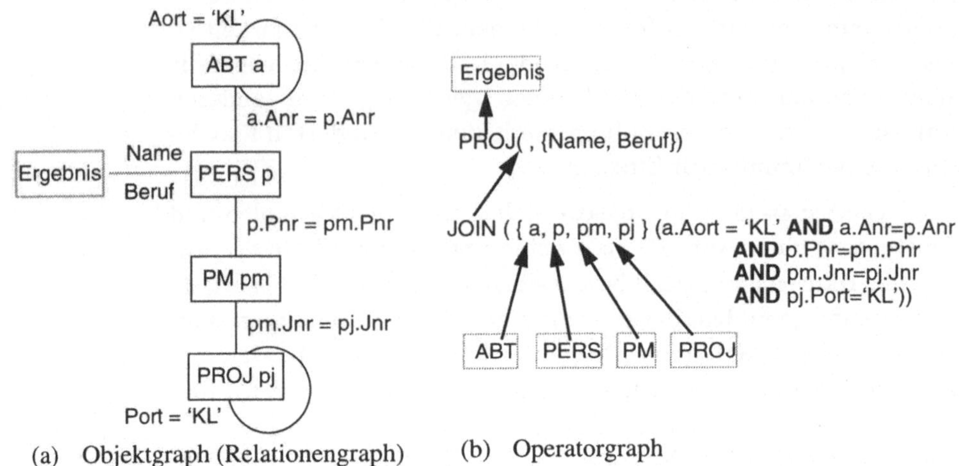

(a)   Objektgraph (Relationengraph)   (b)   Operatorgraph

Bild 2.9:   Strukturierte Darstellungsschemata Objekt- und Operatorgraph für
Anfrage Q2

Operatorgraph erfüllt die Anforderungen an ein Darstellungsschema

Da die Generierung eines Ausführungsplans und damit auch die Festlegung von bestimmten Methoden zum Ausführen von Operatoren das wesentliche Ziel der Optimierungskomponente ist, erscheint eine Operatordarstellung am ehesten gerechtfertigt. Solch ein Ausführungsplan kann durchaus als Verfeinerung eines Operatorgraphen um interne Operationen angesehen werden. Aufgrund dieser Diskussionen wollen wir im folgenden auch eine Operatordarstellung, genannt *Anfragegraphmodell* (AGM), verwenden. AGM wird ausführlich in Kapitel 6 beschrieben. Dort wird auch die Vorgehensweise zur Generierung eines Anfragegraphen gemäß AGM detailliert betrachtet. Ferner werden dann z.T. schon Spracherweiterungen berücksichtigt, die deutlich aufzeigen, welches Maß an Flexibilität und auch welche charakteristischen Zugriffsfunktionen von einem Darstellungsschema zu unterstützen sind. Eine umfassendere Bewertung der verschiedenen Darstellungsschemata hinsichtlich dieses verfeinerten Anforderungskataloges kann vom interessierten Leser selbst ergänzt werden.

Operatorgraph: AGM (Anfragegraphmodell)

2.5.2 Vorgehensweise zur Übersetzung

vier Schritte zur Anfrageübersetzung

Nachdem die Zieldatenstruktur der Übersetzungsphase eingehend diskutiert wurde, kann nun die eigentliche Vorgehensweise zur Übersetzung von Anfragen betrachtet werden. Dazu sind die folgenden vier Schritte nacheinander zu durchlaufen:

(1) *Parsen* (lexikalische und syntaktische Analyse)

Hier wird die gegebene Anfrage lexikalisch und syntaktisch analysiert. Dies ist ähnlich zur lexikalischen und syntaktischen Analyse im Übersetzerbau für Programmiersprachen [ASU86], und die gleichen Werkzeuge (zum Beispiel Übersetzergenerierende Systeme) sind im Prinzip anwendbar[*]. Die Korrektheit der Anfrage hinsichtlich der Sprachgrammatik wird geprüft.

Korrektheit der Anfrage bzgl. der Sprachgrammatik

(2) *Semantische Analyse* (Korrektheit)

Hier wird die Existenz und Gültigkeit der in der Anfrage verwendeten Relationen (Sichten) und Attribute anhand des DB-Katalogs für das konzeptuelle (und externe) Schema überprüft. Weiterhin wird die Zugriffskontrolle durchgeführt. Im Falle der Verwendung von Sichten wird jedes Auftreten des Sichtnamens durch die Sichtdefinition ersetzt. Die semantische Korrektheit sowie die Typkorrektheit der verwendeten Prädikate wird ebenfalls geprüft. Zum Beispiel muß die Typverträglichkeit von (Vergleichs-) Operatoren oder aber auch die Existenz von Relationennennungen, die über Attributnennungen in den Prädikaten angesprochen sind, gewährleistet sein. In nachstehendem Beispiel, das sich wiederum auf unsere Unternehmensdatenbank bezieht, sind diese beiden Aspekte nicht gegeben, d.h., diese Anfrage würde mit einer entsprechenden Fehlermeldung zurückgegeben werden.

semantische Korrektheit und Typkorrektheit

(Q3) "Finde Name und Beruf von Angestellten, die mehr als 100 000 DM verdienen sowie den Ort, an dem die zugehörige Abteilung ansässig ist"

```
SELECT    Name, Beruf, Port
FROM      ABT a, PERS p
WHERE     a.Anr = p.Anr AND
          a.Gehalt > 100000.00;
```

Für diese Anfrage Q3 erkennt die semantische Analyse unter Zuhilfenahme des Schemakatalogs einmal, daß das Attribut *Port* zu der Relation Projekt (*PROJ*) gehört, diese aber nicht in der Anfrage genannt wurde. Des weiteren wird eine Typunverträglichkeit von Konstante (100000.00 angegeben als DECIMAL-FLOAT) und Attribut (*Gehalt* definiert über den Wertebereich MONEY[**]) für die Vergleichsoperation festgestellt[***].

---

[*] Zum Beispiel basieren einige DBS-Entwicklungen, etwa EXODUS, VOLCANO und GENESIS, auf einem Generierungsansatz und nutzen daher u.a. übersetzergenerierende Systemtechniken.

[**] In kommerziellen DBS sind einige Datentypen, wie DATE und MONEY verfügbar, die auf die dortigen speziellen Bedürfnisse zugeschnitten sind.

(3) Standardisierung (Normalisierung)

Ausnutzen von Standardsituationen

Ein wesentlicher Grundsatz zur Beherrschung der Komplexität der AV besteht darin, Standardsituationen zu erkennen und für die weitere Verarbeitung entsprechend auszunutzen (vgl. Strategieregeln in Abschnitt 2.3). Demzufolge ist es sinnvoll, eine vom Anwender beliebig strukturierte Anfrage zuerst in eine Standardform oder Normalform zu überführen, bevor die weiteren Verarbeitungsschritte folgen.

Ebenen der Standardisierung

Hinsichtlich einer Standardisierung gibt es zwei Anwendungsbereiche. Einmal ist das die Ebene der Qualifikationsbedingungen, die zum Beispiel in SQL durch die WHERE-Klausel gegeben ist, oder im Relationenkalkül ist dies der Selektionsausdruck mit seinen Prädikaten. Zum anderen gibt es aber auch die Ebene der Anfrage mit ihren geschachtelten Unteranfragen und Anfrageausdrücken. Diese beiden Ebenen sind sehr verschieden und verlangen daher auch eine recht unterschiedliche Behandlung.

Standardisierung des Qualifikationsteil

Als Standardform für den Qualifikationsteil unterscheidet man die disjunktive Normalform von der konjunktiven Normalform. Letztere beschreibt den Qualifikationsteil bestehend aus einer Konjunktion von Disjunktions-Prädikaten der Form:

$$(P_{11} \text{ OR } ... \text{ OR } P_{1n}) \text{ AND } ... \text{ AND } (P_{m1} \text{ OR } ... \text{ OR } P_{mp}).$$

Im Gegensatz dazu verlangt die disjunktive Normalform eine Disjunktion von Konjunktions-Prädikaten der Form:

$$(P_{11} \text{ AND } ... \text{ AND } P_{1q}) \text{ OR } ... \text{ OR } (P_{r1} \text{ AND } ... \text{ AND } P_{rs}).$$

konjunktive und disjunktive Normalformen

Die Prädikate P_{ij} sind jeweils primitive (atomare) Prädikate. Beide Normalformen sind recht ähnlich zueinander und können einfach erzielt werden durch mehrfaches Anwenden der Kommutativ-, Assoziativ-, und Distributivregeln sowie der De Morgan'schen Regeln und der Regel für die doppelte Negation. Alle diese Umformungsvorschriften sind in Bild 2.10 zusammengestellt. Schon im Vorgriff auf die noch folgenden Umformungen in der Optimierungskomponente kann man hier schon erkennen, daß die AND-Prädikate als Verbund- oder auch Restriktionsprädikate später auftauchen werden und daß die OR-Prädikate sich in Vereinigungsoperationen wiederfinden. Die konjunktive Normalform bevorzugt die Disjunktionen und tendiert dazu, Vereinigungsoperationen zuerst auszuführen. Hingegen bevorzugt die disjunktive Normalform die Kon-

---

*** Hier wird der Einfachheit wegen angenommen, daß vom DBS keine automatische Konvertierung von FLOAT zu MONEY durchgeführt wird.

Kommutativregeln

A OR B   ⇔   B OR A
A AND B   ⇔   B AND A

Assoziativregeln

(A OR B) OR C   ⇔   A OR (B OR C)
(A AND B) AND C   ⇔   A AND (B AND C)

Distributivregeln

A OR (B AND C)   ⇔   (A OR B) AND (A OR C)
A AND (B OR C)   ⇔   (A AND B) OR (A AND C)

De Morgan'sche Regeln

NOT (A AND B)   ⇔   NOT (A) OR NOT (B)
NOT (A OR B)   ⇔   NOT (A) AND NOT (B)

Doppelnegationsregel

NOT (NOT (A))   ⇔   A

Bild 2.10: Umformungsregeln für Boole'sche Ausdrücke (aus [JK84])

junktionen, was dann einer frühen Ausführung der Verbundoperationen entsprechen kann. Weiterhin ermöglicht diese Standardform, die Gesamtanfrage als eine durch die Vereinigungsoperationen verbundene Menge von Teilanfragen anzusehen. Dies eröffnet dann Möglichkeiten, die einzelnen Teilanfragen parallel zueinander abzuarbeiten. Der Aspekt der Parallelverarbeitung wird in Kapitel 8 nochmals aufgegriffen.

Im Vergleich zur Standardisierung des Qualifikationsteils stellt die Standardisierung auf der Anfrageebene eine deutlich komplexere Thematik dar, die zudem in den verschiedenen Systemen auch z.T. recht unterschiedlich gehandhabt wird. Prinzipiell stellt sich die Frage, ob diese Form der Standardisierung als Teil der Übersetzung oder aber als Bestandteil der sich anschließenden Optimierung zu verstehen ist. *Standardisierung auf Anfrageebene*

Standardisierung auf der Anfrageebene bedeutet meistens das Erzeugen einer sogenannten Prenex-Form. Eine Anfrage ist dabei in Prenex-Form, wenn sich keine quantifizierten Terme in deren Qualifikationsteil befinden. Dies bedeutet die Elimination von allen quantifizierten Unteranfragen durch Konvertierung in Verbundanfragen. In SQL spricht man in diesem Zusammenhang von der Überführung von der geschachtelten Anfragenotation in die symmetrische Notation. Die Prenex-Form (symmetrische Darstellung) ist deshalb von Interesse, da sie mehr Verbundmöglichkeiten der in der Anfrage beteiligten Relationen erlaubt und daher größere Freiheitsgrade für die spätere Generierung eines Ausführungsplans ermöglicht (siehe Kapitel 6). Für das Relationenkalkül *Prenex-Form*

A **AND** EXISTS r **IN** rel (B(r))	$\Leftrightarrow$	EXISTS r **IN** rel (A **AND** B(r))
A **OR** EXISTS r **IN** rel (B(r))	$\Leftrightarrow$	EXISTS r **IN** rel (A **OR** B(r)) rel $\neq$ [ ]
		A rel = [ ]
A **AND** FORALL r **IN** rel (B(r))	$\Leftrightarrow$	FORALL r **IN** rel (A **AND** B(r)) rel $\neq$ [ ]
		A rel = [ ]
A **OR** FORALL r **IN** rel (B(r))	$\Leftrightarrow$	FORALL r **IN** rel (A **OR** B(r))

EXISTS r1 **IN** rel1 EXISTS r2 **IN** rel2 (A(r1, r2)) $\Leftrightarrow$ EXISTS r2 **IN** rel2 EXISTS r1 **IN** rel1 (A(r1, r2))

FORALL r1 **IN** rel1 FORALL r2 **IN** rel2 (A(r1, r2)) $\Leftrightarrow$ FORALL r2 **IN** rel2 FORALL r1 **IN** rel1 (A(r1, r2))

EXISTS r **IN** rel (A(r) **OR** B(r))	$\Leftrightarrow$	EXISTS r **IN** rel (A(r)) **OR** EXISTS r **IN** rel (B(r))
FORALL r **IN** rel (A(r) **AND** B(r))	$\Leftrightarrow$	FORALL r **IN** rel (A(r)) **AND** FORALL r **IN** rel (B(r))
NOT FORALL r **IN** rel (A(r))	$\Leftrightarrow$	EXISTS r **IN** rel (**NOT**(A(r)))
NOT EXISTS r **IN** rel (A(r))	$\Leftrightarrow$	FORALL r **IN** rel (**NOT**(A(r)))

Bild 2.11: Umformungsregeln für quantifizierte Ausdrücke (aus [JK84])

bzw. die Relationenalgebra ist die Prenex-Form mittels der in Bild 2.11 zusammengestellten Umformungsregeln herleitbar.

Unter Berücksichtigung von beliebigen Anfragen mit beliebig geschachtelten Unteranfragen erscheint es sehr schwierig, direkt eine Prenex-Form zu generieren. Man braucht daher eine Zwischendarstellung. Aus Effizienzgesichtspunkten sollte dies natürlich wenn immer möglich vermieden werden. Außerdem sollte, ebenfalls aus Effizienzgründen, die Eigenschaft einer Ein-Schritt-Übersetzung gegeben sein. Unter einer Ein-Schritt-Übersetzung

Ein-Schritt-Übersetzung: direkte Überführung der Anfrage in die Interndarstellung

versteht man die Umsetzung der Eingabe in die Ausgabe, wobei die Eingabe nur einmal gelesen wird. Zusammen mit dem Verzicht auf eine Zwischendarstellung bedeutet das, die Eingabeanfrage direkt in die Interndarstellung zu überführen. Als Konsequenz davon, wird die Erzeugung einer Prenex-Form auf die nachfolgende Optimierungsphase verschoben. Dieses Verschieben hat zudem weitere Vorteile. Zum einen eröffnet die Behandlung der Prenex-Form innerhalb der Anfrageoptimierung die Möglichkeit, solche Prenex-Umformungen im Zusammenhang mit den dort betrachteten Heuristiken zu sehen und sie auch von diesen abhängig zu machen (siehe Kapitel 6). Dort kann dann auch eine kostenbasierte Ent-

Erzeugung einer Prenex-Form erst in der nachfolgenden Optimierungsphase

scheidungsfindung betrachtet werden, was im Rahmen der Übersetzung ziemlich unmöglich erscheint. Weiterhin verspricht man sich von dieser Verschiebung eine Komplexitätsreduktion, da die Gesamtkomplexität der Standardisierung nun aufgeteilt ist in zwei separate Schritte, die auch in unterschiedlichen Komponenten durchgeführt werden. Aus diesen Gründen beschränkt sich die Standardisierung im wesentlichen auf Umformungen im Qualifikationsteil, d.h. auf die Bildung einer disjunktiven bzw. konjunktiven

Normalform. Die Formulierung von im weiteren anzuwendenden Umformungsregeln wird damit deutlich erleichtert, da nun eine bestimmte (Normal-)Form der internen Anfragedarstellung vorausgesetzt werden kann.

(4) *Vereinfachung*

Die zentrale Aufgabe der Übersetzungskomponente besteht nicht nur alleine darin, zu einer gegebenen Anfrage deren Interndarstellung (hier Anfragegraphen) zu ermitteln, sondern auch im möglichst frühen Erkennen von Inkonsistenzen und nicht korrekten Anfragen, um durch vorzeitigen Abbruch der AV unnötige Arbeit frühzeitig einzusparen. Deshalb werden hier zusätzlich zu einer Standardisierung auch Vereinfachungsaspekte betrachtet.

Vereinfachung im Qualifikationsteil bzw. auf Anfrageebene

Aus genau den gleichen Gründen wie bei der Standardisierung kann man auch bei der Vereinfachung den Anwendungsbereich aufteilen in Vereinfachung der Qualifikationsbedingungen und Vereinfachung auf der Anfrageebene. Aufgrund ebenso gleicher Argumentation sollte die Vereinfachung auf der Anfrageebene in der nachgeschalteten Anfrageoptimierung durchgeführt werden, die Vereinfachung der Qualifikationsbedingungen hingegen hier berücksichtigt werden. Wir unterscheiden im folgenden drei verschiedene Vereinfachungsaspekte.

Vereinfachung: Elimination von Redundanzen

Zum einen ist das die *Elimination von Redundanzen* im Selektionsausdruck. Redundante (überflüssige) Prädikate können sehr leicht entstehen, wenn Sichten, Integritätsbedingungen oder wertabhängige Zugriffsrechte berücksichtigt werden. Insbesondere bei 4GL-Sprachen[*] und deren Anwendungsprogrammgeneratoren oder bei

A	OR	A		⇔	A
A	AND	A		⇔	A
A	OR	NOT (A)		⇔	TRUE
A	AND	NOT (A)		⇔	FALSE
A	AND	(A	OR B)	⇔	A
A	OR	(A	AND B)	⇔	A
A	OR	FALSE		⇔	A
A	OR	TRUE		⇔	TRUE
A	AND	FALSE		⇔	FALSE

Bild 2.12: Idempotenzregeln für Boole'sche Ausdrücke (aus [JK84])

---

[*] Das sind Sprachen der 4. Generation [Bo87, Mart85], die, meist durch Menütechnik unterstützt, etwa DB-Anfragen, Programmablaufsteuerung und (Ergebnis-)Listenkonstruktion automatisch generieren.

graphischen Anfragesprachen [SBMW91] werden stereotypische Anfragen generiert, die häufig Redundanzen in den Selektionsausdrücken aufweisen. Durch Anwendung sogenannter Idempotenzregeln für Boole'sche Ausdrücke können viele Redundanzen eliminiert werden. Bild 2.12 faßt diese Umformungsregeln zusammen.

Beispiel:
Elimination von
Redundanzen

Zum Beispiel läßt sich die nachstehende SQL-Anfrage,

(Q4) "Finde alle Aufsteiger, die älter als 40 sind, aber nicht in 'KL' oder 'SB' wohnen"

SELECT	Name, Beruf
FROM	AUFSTEIGER
WHERE	Alter > 40 **AND NOT**(Wort = 'KL') **AND NOT**(Wort = 'SB'):

die auf der folgenden Sichtdefinition aufbaut,

(Q5) "Definiere die 'Aufsteiger', als die Mitarbeiter, die in 'KL' oder in 'SB' wohnen"

CREATE VIEW AUFSTEIGER	
AS	
SELECT	*
FROM	PERS
WHERE	Wort = 'KL' **OR** Wort = 'SB';

nach dem Einsetzen der Sichtdefinition und durch Anwenden der Idempotenzregeln und den Umformungsregeln aus Bild 2.10 (auf dem durch die Qualifikationsbedingungen der Sichtdefinition erweiterten Qualifikationsteil) in die folgende einfache Anfrageform vereinfachen:

(Q6)	**SELECT**	Name, Beruf
	FROM	PERS
	WHERE	Alter > 40 **AND FALSE**;

Durch nochmaliges Anwenden der Idempotenzregeln kann der gesamte Qualifikationsteil der Anfrage zu FALSE vereinfacht, die leere Ergebnismenge für diese Anfrage bestimmt und somit eine weitere Verarbeitung eingespart werden. .

Leere Relationen können auch als Teilergebnis von Unteranfragen entstehen. Wie auch schon in Bild 2.11 angedeutet, müssen solche leeren Relationen eigens behandelt werden. In Bild 2.13 sind die Vereinfachungsregeln für leere Relationen zusammengefaßt. Dabei

[EACH r **IN** [ ] : pred]	⇔	[ ]
[<r.A1, . . . , r.An > OF EACH r **IN** [ ] : pred]	⇔	[ ]
EXISTS r **IN** [ ] (pred)	⇔	**FALSE**
FORALL r **IN** [ ] (pred)	⇔	**TRUE**

Bild 2.13: Umformungsregeln für Ausdrücke mit leeren Relationen (aus [JK84])

sind die jeweiligen Bedeutungen dieser Umformungen offensichtlich.

Eine weitere Vereinfachungstechnik ist die *Hüllenbildung der Qualifikationsprädikate* eines Selektionsausdrucks . Die Erzeugung von Transitivitäten (transitive Hülle über die jeweils zusammengehörigen Qualifikationsbedingungen) erhöht die Auswahlmöglichkeiten für die Bestimmung eines Ausführungsplans, wie nachfolgendes Beispiel zeigt:

Vereinfachung:
Hüllenbildung
der Qualifika-
tionsprädikate

(Q7) "Finde Name und Beruf von Angestellten aus 'KL', an deren Wohnort sowohl eine Abteilung als auch ein Projekt etabliert ist."

SELECT	p.Name, p.Beruf
FROM	ABT a, PERS p, PROJ pj
WHERE	p.Wort = 'KL' **AND** a.Aort = p.Wort **AND** pj.Port = p.Wort;

Der Qualifikationsteil dieser Anfrage kann nun wie folgt ergänzt werden:

    p.Wort = 'KL' AND
    a.Aort = p.Wort AND a.Aort = 'KL' AND
    pj.Port = p.Wort AND pj.Port = 'KL'

Die hier exemplarisch vorgeführte Hüllenbildung benutzt auch die Technik der Konstantenpropagierung. Die Bindung von Wohnort *Wort* an die Konstante 'KL' wurde hier propagiert an den Abteilungsort *Aort* und auch an den Projektort *Port*. Durch diese Konstantenpropagierung können die an den Verbunden beteiligten Relationen vorab qualifiziert und damit der für den Verbund zu erbringende Aufwand entsprechend eingeschränkt werden. Weiterhin wurde wegen der Transitivität ein weiteres Verbundprädikat (*Aort* = *Wort*) hinzugefügt. Damit werden zusätzliche und auch sinnvolle Evaluierungsmöglichkeiten verfügbar gemacht. Die Optimierungskomponente hat dann die Kosten der verschiedenen Evaluierungsmöglichkeiten zu bestimmen und die günstigste auszuwählen. Man kann sich für obiges Beispiel nun leicht Szenarien vorstellen, für die ein Ausnutzen von propagierten Konstanten oder von transitiv erzeugten Verbundmöglichkeiten geeignet erscheint (zum Beispiel wegen unterschiedlicher Relationenmächtigkeiten und Selektivitäten der Prädikate in den verschiedenen Relationen). Insgesamt unterstützt diese Technik auch ein besseres und vollständiges Erkennen von nicht-erfüllbaren Ausdrücken sowie von gemeinsamen Teilausdrücken, die dann mittels der Idempotenzregeln (Bild 2.12) eliminiert werden können.

Konstantenpro-
pagierung

Die dritte Form der Vereinfachung ist die *Berücksichtigung von semantischen Integritätsbedingungen*. Diese Integritätbedingungen wer-

den meistens als Prädikate und daher als Zusicherungen an die
Qualität der Daten in der Datenbank verstanden. Zum Beispiel
könnte eine solche Zusicherung aussagen, daß Seniorangestellte
(Angestellte, die älter als 50 Jahre sind) ein Gehalt von mindestens
4000.- erhalten und daß Juniorangestellte, (Angestellte, die jünger
als 20 sind) ein Gehalt von weniger als 2000.- bekommen. In Prädi-
katsform[*] ausgedrückt heißt das:

NOT(Alter >= 50) **OR** Gehalt >= 4000

bzw.

NOT(Alter <= 20) **OR** Gehalt <= 2000

Betrachten wir nun die folgende Anfrage Q8:

(Q8) "Finde Name und Beruf von Senior- bzw. Juniorangestellten aus 'KL' mit einem
Gehalt von 3000.-"

SELECT	Name, Beruf
FROM	ABT
WHERE	Wort = 'KL' **AND** Gehalt = 3000 **AND**
	(Alter >=50 **OR** Alter <=20);

Da diese Anfrage den o.g. Integritätsbedingungen widerspricht[**],
gibt es kein Tupel in der gesamten Datenbank, welches die Anfrage
erfüllt. Die leere Ergebnismenge kann daher direkt bestimmt werden, ohne dabei auf Daten/Tupel in der DB zuzugreifen. Im allgemeinen Fall kann diese Technik der Berücksichtigung von semantischen Integritätsbedingungen prohibitiv teuer werden, da eine
gegebene Anfrage hinsichtlich aller Integritätsbedingungen zu
überprüfen ist, die mindestens ein Prädikat auf einer gemeinsamen
Relation besitzen.

Innerhalb der hier beschriebenen vier Schritte wird systematisch
der Aufbau der Interndarstellung der Anfrage vorangetrieben. Eine
detailliertere Beschreibung dazu wird in Kapitel 6 gegeben. Dort
wird auch ein konkretes Darstellungsschema vorgestellt. Zudem
wird auch eine Behandlung von Sichten und Tabellenfunktionen
sowie von Gruppierung/Sortierung durchgeführt.

---

[*]   Hier verwenden wir die einfache prädikatenlogische Umformung für die
Implikation (Zeichen ⇒):   A ⇒ B   ⇔   (**NOT**(A) **OR** B)

[**]   Durch einfaches Einsetzen der Integritätsprädikate und Anwenden der
Umformungsregeln aus Bild 2.10 sowie der Idempotenzregeln aus Bild
2.12 kann die Qualifikationsbedingung auf **FALSE** reduziert werden.

2.6 Optimierung

Die Generierung eines optimalen Ausführungsplans und damit auch die Festlegung von bestimmten Methoden zum Ausführen einer gegebenen Anfrage ist das Ziel der Optimierungskomponente. Den Ausgangspunkt der Betrachtungen bildet dabei die von der Übersetzungskomponente erzeugte Interndarstellung der Anfrage, wobei Standardisierung und Vereinfachung dort schon berücksichtigt sind (siehe vorigen Abschnitt). Der zu generierende Ausführungsplan kann als Verfeinerung der Interndarstellung um 'ausführbare' Operationen und deren Realisierungsmethoden angesehen werden. Da hierfür eine Operatordarstellung am ehesten geeignet erscheint, wollen wir im folgenden (und dabei o.B.d.A.) von einem Operatorgraphen als Interndarstellung ausgehen. Das hier zugrundeliegende *Anfragegraphmodell* (AGM) wird in Kapitel 6 verfeinert und die Vorgehensweise zur Generierung eines *Anfragegraphen* gemäß AGM detailliert betrachtet. In Bild 2.9 bzw. weiter hinten in Bild 2.16 sind Beispiele von solchen Anfragegraphen (kurz AG) aufgezeigt.

Ziel der Optimierung ist die Generierung eines optimalen Ausführungsplans

Die von der Optimierungskomponente zu leistende Aufgabe ist, eine Abbildung zu finden von den logischen Operationen der Interndarstellung über zugeordnete ausführbare Operatoren (auch *physische* Operatoren oder *Planoperatoren* genannt) auf effizient durchführbare Ausführungspläne. Die Komplexität dieser Aufgabe besteht nun darin, möglichst den besten (optimal, kostengünstig) Ausführungsplan unter den vielen möglichen Ausführungsplänen zu finden und aufzubauen.

Problematik: Finden des besten Ausführungsplans

In einem Anfrageprozessor sind herkömmlicherweise eine Menge von Operatoren mit vielen Realisierungsalternativen verfügbar. Dies kann dann sehr leicht dazu führen, daß verschiedene Anfragegraphen für ein und dieselbe Anfrage ganz unterschiedliche Leistungsaspekte aufzeigen. Weiter unten werden wir dies an einem einfachen Beispiel demonstrieren, und in Kapitel 3 wird dies für die relationalen Operatoren und deren gängigen Realisierungsalternativen gezeigt. Es ist also wichtig, den AG so umzuformen, daß günstige Ausführungspläne einfach gefunden und aufgebaut werden können. Dieser Aufgabenbereich, der im wesentlichen darin besteht, logische Transformationen auf dem AG durchzuführen (unter Beibehaltung der gegebenen Anfragesemantik), wurde zuvor als Anfrageverbesserung bezeichnet. Hierunter fallen alle semantikerhaltenden Transformationen, die eine Verbesserung

Anfrageverbesserung durch semantikerhaltende AG-Transformationen für die weitere Bearbeitung versprechen und zu einer effizienteren Ausführung verhelfen.

leistungsbestim-
mende Merk-
male von Aus-
führungsplänen

Informationen des internen Schemas werden benötigt, um gültige Ausführungspläne zu generieren, und Informationen zum Kostenmodell sowie die DB-Statistiken werden benutzt für die Kostenabschätzung und die Auswahl des günstigsten Ausführungsplans. Die dabei zu berücksichtigenden leistungsbestimmenden Merkmale sind

- Wahl der physischen Operatoren,

- Wahl der besten Realisierungsalternative für einen
  physischen Operator,

- Reihenfolge der Operatorausführungen
  und die damit in direktem Zusammenhang stehende

- Größe von Zwischenergebnissen.

Wie die obige Diskussion schon andeutet, ist es sinnvoll, die Anfrageoptimierung weiter zu unterteilen. Im folgenden werden drei wesentliche, aufeinanderfolgende Schritte unterschieden, auf dem Weg von einem in der Übersetzungsphase generierten und nicht optimierten AG zu einem effizienten Ausführungsplan:

Anfragerestruk-
turierung und
Anfragetransfor-
mation als
wesentliche
Schritte zu einem
optimalen Aus-
führungsplan

(1) Restrukturierung des AG

(2) Zuordnung von Ausführungsoperatoren (physische Operatoren oder Planoperatoren) zu den logischen Operatoren

(3) Auswahl von Methoden zur Realisierung der Planoperatoren.

Der erste Schritt heißt auch *Anfragerestrukturierung* (engl. query rewrite). Seine Aufgabe ist die Anfrageverbesserung, also den anfänglich nicht optimierten AG in einen optimierten AG umzuformen unter Beibehaltung der Anfragesemantik. Die Restrukturierungsmaßnahmen wenden im wesentlichen bekannte Heuristiken an, die versuchen, günstige Operatorreihenfolgen und Mimimierung der Größe von Zwischenergebnissen einzuhalten. Diesen nun auf der logischen Operatorebene optimalen AG, gilt es in den darauffolgenden beiden Schritten in einen effizienten Ausführungsplan umzusetzen. Dies wird herkömmlicherweise auch als *Anfragetransformation* (Transformation vom AG zum Ausführungsplan) bzw. Planoptimierung (engl. plan optimization) bezeichnet.

2.6.1 Anfragerestrukturierung

Die wichtigsten Restrukturierungsregeln, die eine spätere Ausführung entscheidend verbessern, sind in Bild 2.14 zusammengefaßt. Dort werden Regeln aufgestellt für das Separieren, Gruppieren,

Kommutieren und für die Reihenfolgeänderung von logischen Operatoren. Diese Restrukturierungen sind semantikerhaltend natürlich nur für ihren Anwendungsbereich, der im wesentlichen durch relationale (oder allgemeiner durch mengenorientierte) Verarbeitungsschemata gekennzeichnet ist. Die Zusammenstellung der Regeln in Bild 2.14 umfaßt nur solche für relationale Basisoperationen (siehe Anhang B und Anhang C). Natürlich können ähnliche Regeln definiert werden für die aus den Basisoperationen abgeleiteten Operationen sowie auch für erweiterte Relationenoperationen wie etwa Gruppierung, Semi-Verbund (engl. semijoin) oder Transitive Hüllenbildung (engl. transitive closure). Im Laufe dieser Arbeit und insbesondere in Kapitel 6 werden zusätzliche Restrukturierungsregeln angegeben, die auch das mengenorientierte Verarbeitungsschema einhalten, aber durchaus über das ursprüngliche Relationenmodell, so wie es zum Beispiel in Anhang B und Anhang C beschrieben ist, hinausgehen.

Restrukturie-
rungsregeln

Die Anwendung dieser Regeln kann durch folgenden vereinfachten *Restrukturierungsalgorithmus zur Anfrageverbesserung* veranschaulicht werden:

Restrukturie-
rungsalgorith-
mus zur Anfrage-
verbesserung

(1) Zerlege komplexe Verbundoperationen in binäre Verbunde (Bilden von binären Verbunden, Regel 1)

(2) Separiere Selektionen mit mehreren Prädikatstermen in separate Selektionen mit jeweils einem Prädikatsterm (Regel 4)

(3) Führe Selektionen so früh wie möglich aus, d.h., schiebe Selektionen hinunter zu den Blättern des AG (engl. selection push-down, Regel 5, 6 und 7)

(4) Fasse einfache Selektionen zusammen, d.h., gruppiere aufeinanderfolgende Selektionen (derselben Relation) (Regel 4)

(5) Führe Projektionen so früh wie möglich aus, d.h., schiebe Projektionen hinunter zu den Blättern des AG (engl. projection push-down, Regel 6, 9 und 10); vermeide dabei die teuere Duplikateliminierung

(6) Fasse einfache Projektionen zusammen, d.h., gruppiere aufeinanderfolgende Projektionen (derselben Relation) (Regel 5).

Hinter den Regeln und diesem Restrukturierungsalgorithmus verbirgt sich die Heuristik bzw. das Optimierungskriterium, die zu verarbeitenden Tupel und Attribute zu minimieren. Aus diesem Grunde wird versucht, Selektionen und Projektionen so früh wie möglich durchzuführen (Schritt 3 und 5). Weiterhin sollen Selektionen und auch Projektionen derart wieder zusammengefaßt werden, daß die notwendigen Operationen auf einem Tupel nur einmal durchzuführen sind (Schritt 4 und 6). Schritt 1 und Schritt 2 zerlegen komplexe Verbund- und Selektionsoperationen in

Regel 1: Bilden von binären Verbunden[1]

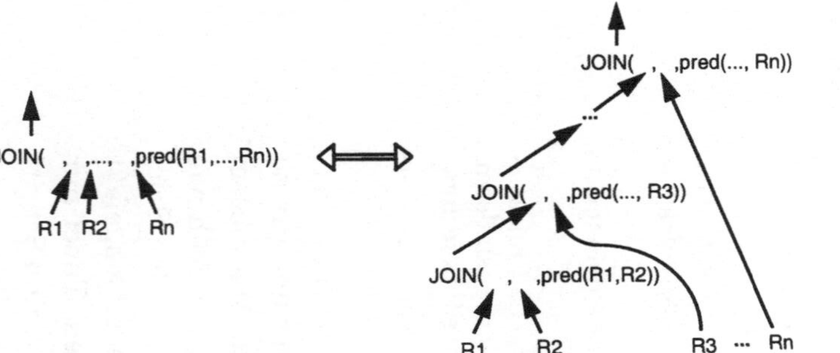

Regel 2: Kommutativität von Verbunden

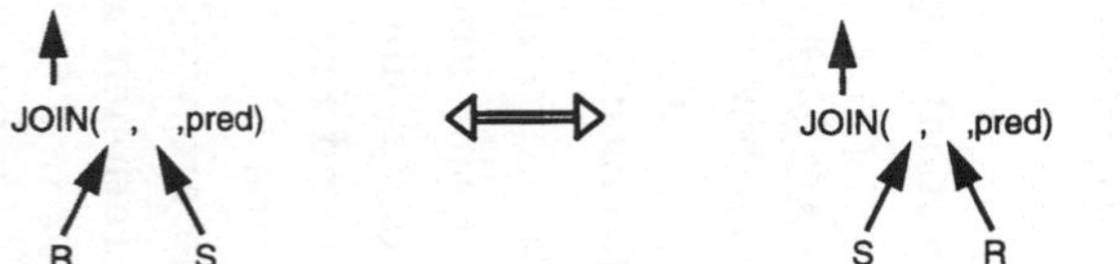

Regel 3: Assoziativität von Verbunden

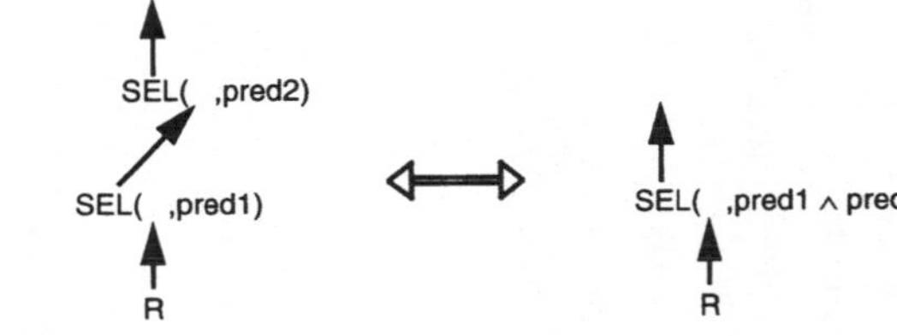

Regel 4: Gruppierung von Selektionen (Restriktion)

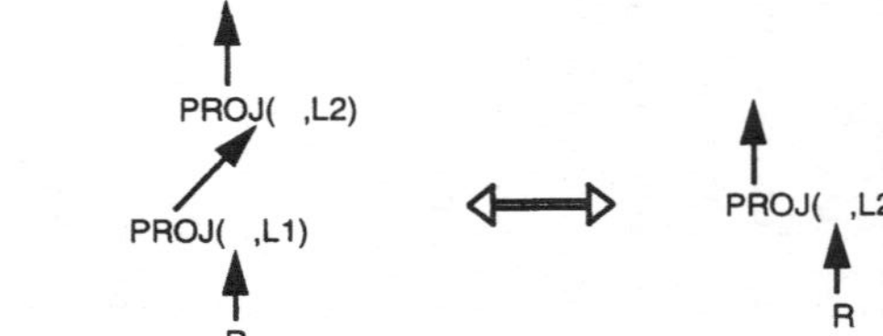

Regel 5: Gruppierung von Projektionen

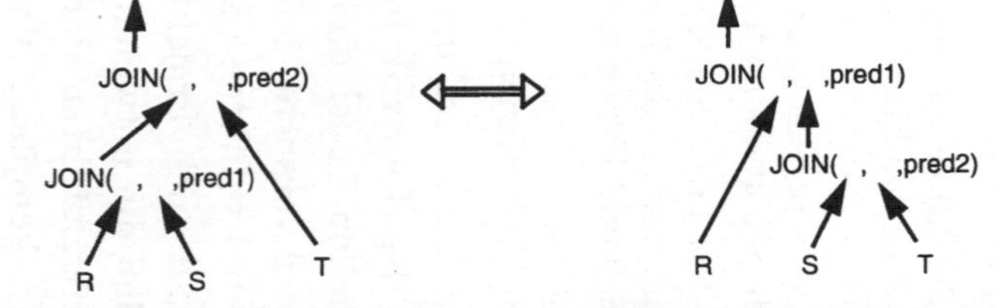

Regel 6: Vertauschen von Selektion und Projektion[2]

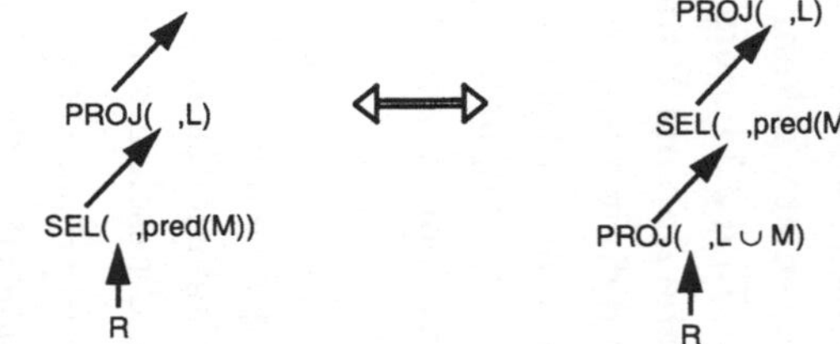

1) Hier wird davon ausgegangen, daß das Prädikat pred(R1, ,Rn) in einzelne Prädikate zerlegbar ist, die über den jeweiligen Verbundpartnern definiert sind.

2) M bezeichnet die Attributfolge der Relation R, über der das Selektionsprädikat definiert ist.

Bild 2.14: Restrukturierungsregeln

Regel 7: Vertauschen von Selektion und Verbund

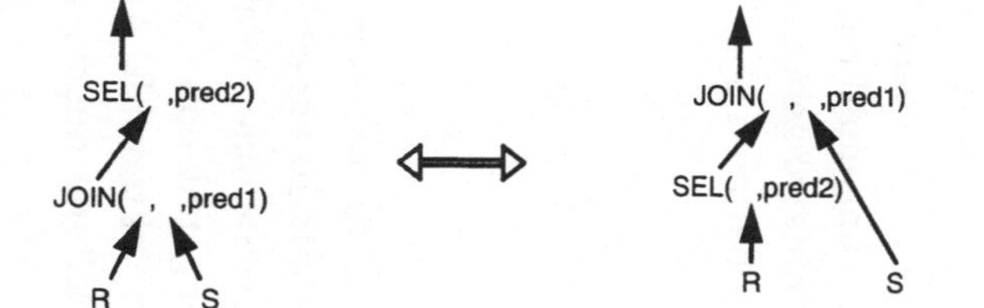

Regel 8: Vertauschen von Selektion und Vereinigung bzw. Differenz[3]

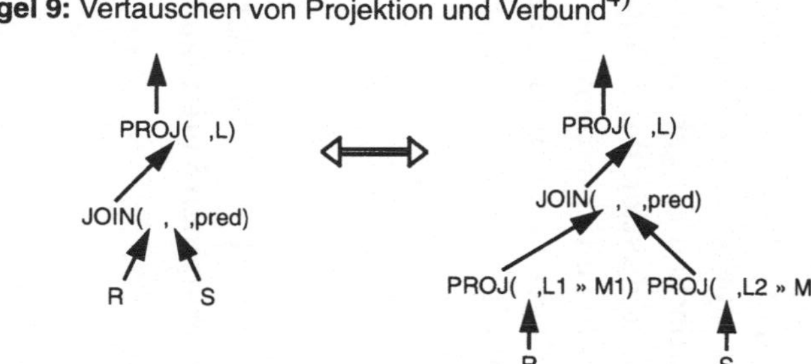

Regel 9: Vertauschen von Projektion und Verbund[4]

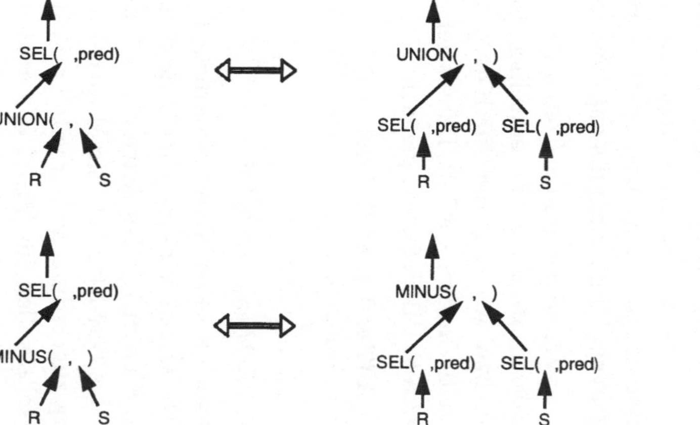

Regel 10: Vertauschen von Projektion und Vereinigung bzw. Differenz

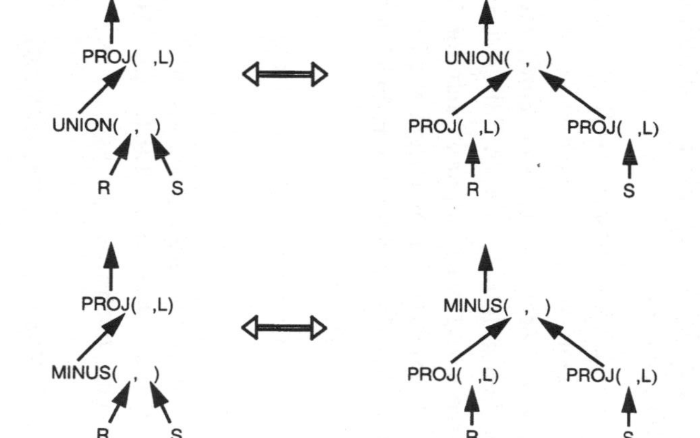

3) Aufgrund der Vereinigungsverträglichkeit der Relationen R und S kann das Selektionsprädikat auch auf R bzw. S angewendet werden.

4) L sei die zu projizierende Attributfolge, die sich in die zwei Attributfolgen L1 für die Relation R und L2 für die Relation S zerlegen läßt. M sei die Attributfolge, die im Verbundprädikat pred angesprochen ist. Diese läßt sich analog zu L auch in zwei Attributfolgen M1 und M2 für die Relation R bzw. S zerlegen.

Bild 2.14: Restrukturierungsregeln (Fortsetzung)

binäre Verbunde und einfache Selektionen, wodurch sich dann für die nachfolgenden Schritte vielfältigere Restrukturierungsmöglichkeiten ergeben.

In Bild 2.15 sind weitere Restrukturierungsregeln zusammengestellt. Dort wird der Spezialfall von Mengenoperationen (Vereinigung, Differenz und Durchschnitt) mit identischen Eingaberelationen behandelt. In diesen Fällen kann eine Reduktion des AG dadurch erzielt werden, daß nach der Anwendung einer entsprechenden Restrukturierungsregel aus Bild 2.14 (Regel 8 und 10) eine der folgenden Vereinfachungen durchgeführt wird:

Restrukturierungsregeln für Mengenoperationen mit identischen Eingaberelationen

UNION(R, R) = R

MINUS(R, R) = { } (leere Relation)

INTERSECTION(R, R) = R

Ohne dies besonders zu erwähnen, gelten natürlich auch Assoziativität und Kommutativität für die Mengenoperationen Vereinigung und Durchschnitt.

2.6.1.1 Restrukturierungsbeispiel

Die Heuristiken, die sich hinter diesen Regeln verbergen, sollen nun am Beispiel vorgestellt und danach auch kurz evaluiert werden. Hierzu beschreibt Bild 2.16 die wichtigen Etappen der Restrukturierung für die Anfrage Q2 auf Seite 38 auf unserer Unternehmensdatenbank. Die jeweils verwendeten Restrukturierungsregeln sind dort ebenfalls angegeben.

Vorgaben für das Restrukturierungsbeispiel

Unter Vorgabe eines konkreten DB-Szenarios kann nun berechnet werden, wie 'teuer' die einzelnen Restrukturierungsmaßnahmen sind, bzw. wie hoch der durch die jeweilige Optimierungsheuristik erzielte Gewinn ausfällt. Dazu seien folgende Annahmen über eine konkrete DB-Belegung gemacht:

- *ABT* enthalte N/5 Tupel
- *PERS* enthalte N Tupel
- *PM* enthalte N*5 Tupel
- *PROJ* enthalte M Tupel

Weiterhin seien N und M natürliche Zahlen, und für die Attributwerte setzen wir eine Gleichverteilung voraus, mit 10 verschiedenen Werten für das Attribut *Aort* und 100 verschiedenen Werten für das *Port*-Attribut. Ein Mitarbeiter sei immer genau einer Abteilung zugeordnet und arbeite im Mittel bei 5 Projekten mit. Andererseits sollen im Mittel 5 Personen eine Abteilung ausmachen.

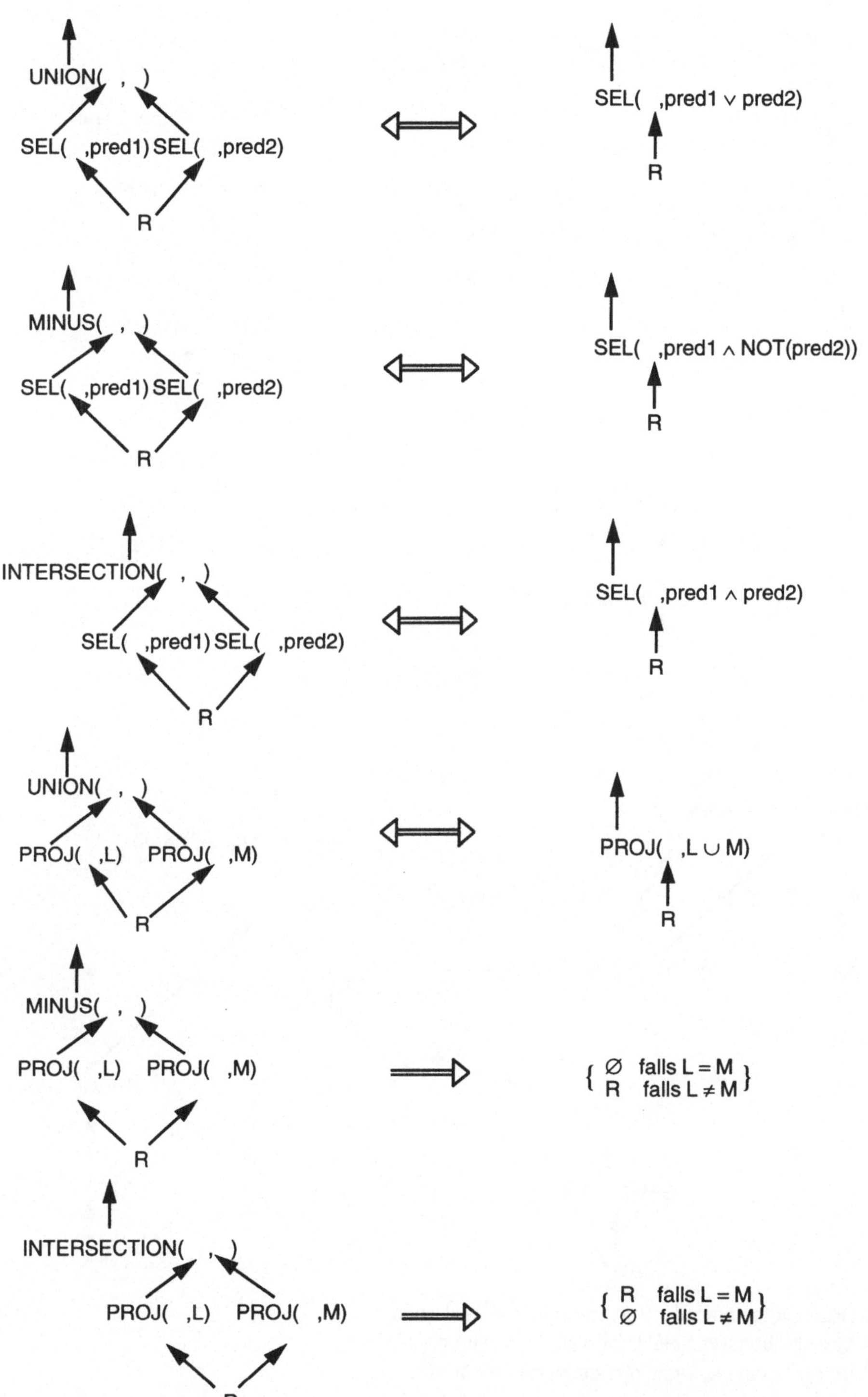

Bild 2.15: Spezialregeln für Mengenoperationen mit identischen Eingaberelationen

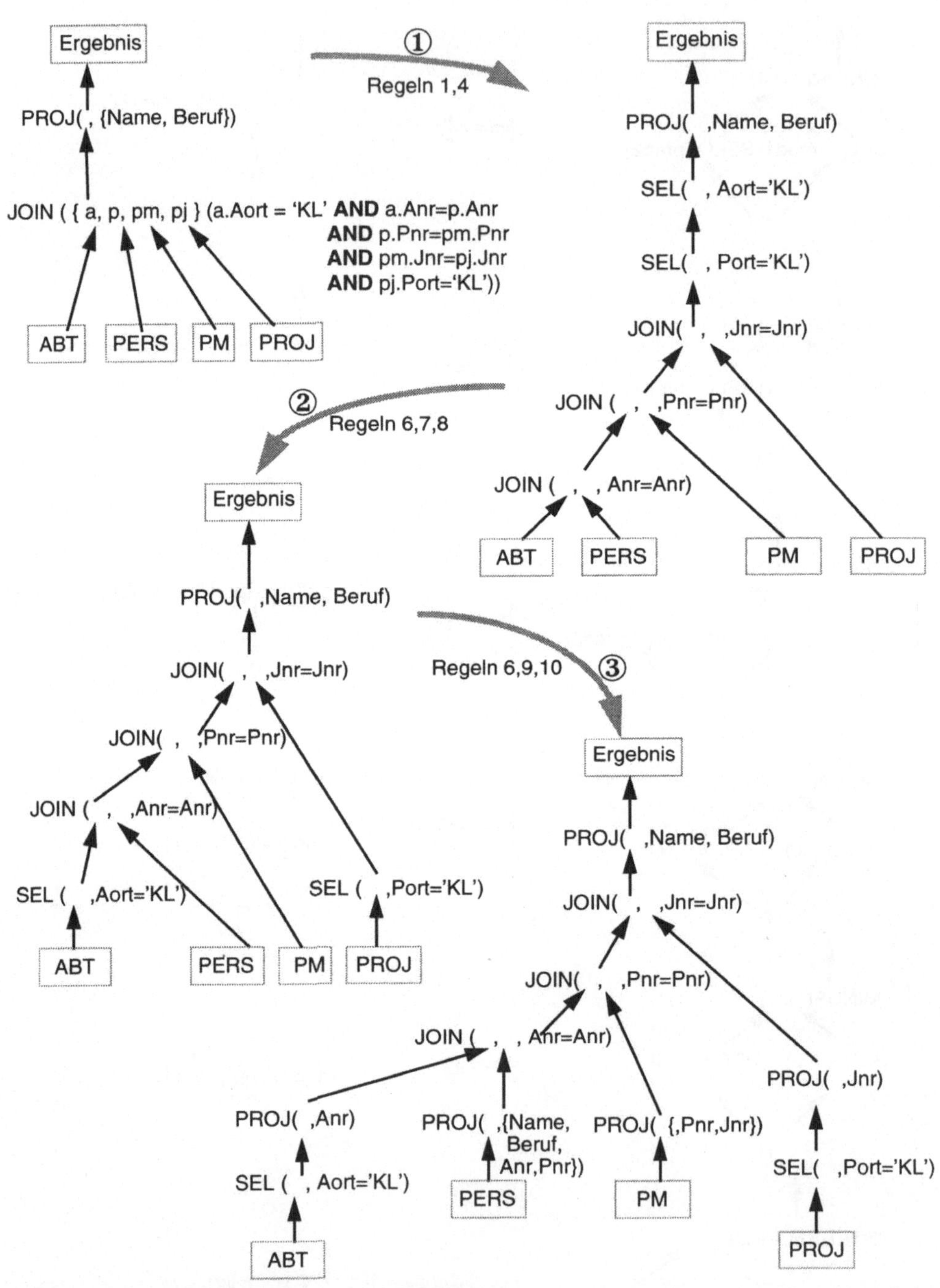

Bild 2.16: Restrukturierung des AG zur Anfrage Q2 auf Seite 38

Aufgrund dieser Informationen kann nun sehr einfach bestimmt werden, wieviele Tupel mit wievielen Attributen in einer Operation verarbeitet bzw. erzeugt werden. Damit ist dann auch die zu erwartende Größe der Zwischenergebnisse festgelegt. Für unser Beispiel aus Bild 2.16 sind diese Berechnungen durchgeführt und in Bild 2.17 eingetragen worden. Dabei ist deutlich zu erkennen, daß einerseits die Verschiebung der Selektionen zu den Blättern zu einer erheblichen Reduktion der Tupelmengen in den Zwischenergebnissen führt und daß andererseits auch die Tupelgröße sich durch die Verschiebung der Projektionen zu den Blättern merklich verkleinert. Im Gegensatz zur Berechnung arithmetischer oder Boole'scher Ausdrücke, die sich durch Anwendung von Techniken zur Codeoptimierung etwa um den Faktor 2 verbessern läßt [ASU77], sind bei der Optimierung von DB-Anfragen Verbesserungen um mehrere Zehnerpotenzen möglich, wie dieses Beispiel und weitere in Kapitel 6 zeigen.

Diskussion des Restrukturierungsbeispiels

2.6.1.2 Zusammenfassung

Grundsätzlich läßt sich sagen, daß die Anfragerestrukturierung nur einfache und offensichtliche Heuristiken anwendet, um eine Anfrageverbesserung herbeizuführen. Der Restrukturierungsalgorithmus wendet die verschiedenen Restrukturierungsregeln in aufeinanderfolgenden Schritten an. Er ist unabhängig von Statistiken und aktuell zugrundeliegendem Speichermodell. Deshalb wird noch kein Kostenmodell (siehe Kapitel 4) benötigt. Das Wissen über relationale Operatoren ist ausreichend, um das Ausmaß der erzielten Verbesserung durch einfache Mengenanalysen, d.h. Anzahl der Tupel und Attributanzahl in jedem Zwischenergebnis, zu bestimmen. Diese Abschätzungen der Zwischenergebnisse dienen damit sozusagen als Indikatoren der zu erwarteten Kosten. Die Kommutativität und auch die Assoziativität von Verbunden kann in diesem Algorithmus nicht berücksichtigt werden, da für diese Entscheidungen statistische Informationen ausschlaggebend und diese in dieser Phase noch nicht verfügbar sind. Durch explizites Nachfragen bei der Anfragetransformation nach der optimalen Reihenfolge binärer Operatoren kann dennoch die benötigte Information eingeholt und dann bei den nachfolgenden Restrukturierungen verwendet werden. Dies ist zum Beispiel für die Restrukturierung von rekursiven Anfrageteilen notwendig (siehe Kapitel 7).

Anfragerestrukturierung benötigt keine Kostenabschätzung

Da die Anfragerestrukturierung ausschließlich auf der logischen Operatorebene arbeitet, wird sie häufig auch als *algebraische Opti-*

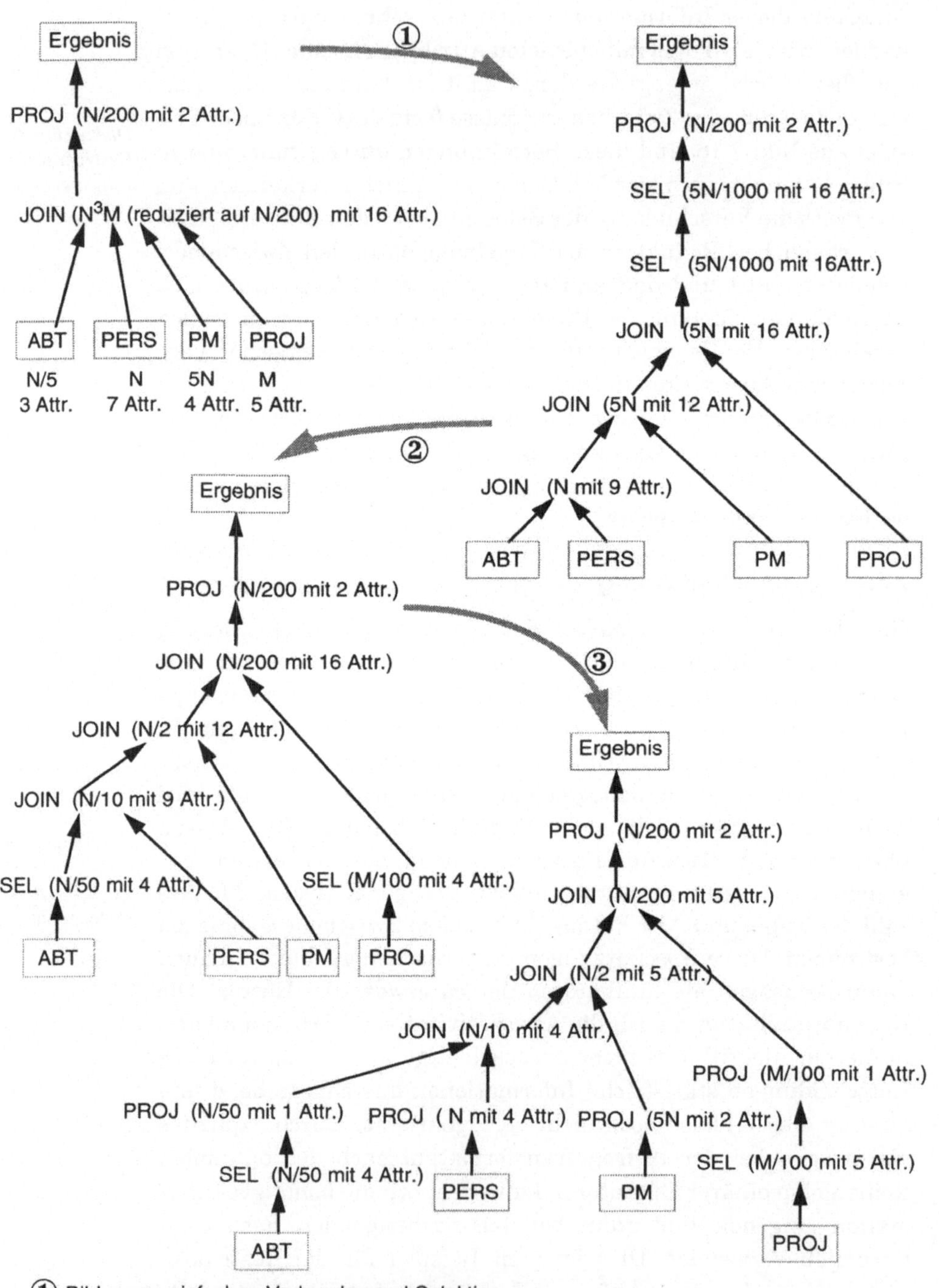

① Bilden von einfachen Verbunden und Selektionen
② Verschieben der Selektionen zu den Blättern
③ Verschieben der Projektionen zu den Blättern

Bild 2.17: Aufwandsberechnungen für verschiedene AG

mierung bezeichnet. Diese Namensgebung kann in manchen Fällen etwas irreführend sein, da manchmal auf eine konkrete Algebra ganz verzichtet, jedoch die logische Ebene stets beibehalten wird. Im Gegensatz dazu bezeichnet man die Anfragetransformation dann auch als *nicht-algebraische Optimierung*, da hier die physische Ebene der *Planoperatoren* und deren Realisierungsalternativen betrachtet und mögliche Ausführungspläne erzeugt und mit Hilfe von Kostenabschätzungen bewertet werden.

algebraische und nicht-algebraische Optimierung

2.6.2 Anfragetransformation

Um die Zuordnung von Ausführungsoperatoren (physischen Operatoren oder *Planoperatoren*) zu den logischen Operatoren eines AG zu vereinfachen, ist es nützlich, noch einige Vereinfachungen am schon in der Anfragerestrukturierung optimierten AG vorzunehmen. Diese AG-Vereinfachungen versuchen Operatorkombinationen zu finden, die möglichst direkt in vorhandene Planoperatoren umgesetzt werden können. Im einzelnen ist folgendes Vorgehen hierbei zu nennen:

AG-Vereinfachungen ermöglichen eine weitgehend direkte Zuordnung von physischen zu logischen Operatoren

(1) *Erkennung gemeinsamer Teilbäume,*
die dann nur jeweils einmal zu berechnen sind, deren Ergebnisrelation allerdings zwischenzuspeichern ist

(2) *Bestimmung der Verknüpfungsreihenfolge bei Mengen- und Verbundoperationen;*
dabei gilt es die Größe der Zwischenergebnisse zu minimieren, d.h. im wesentlichen die kleinsten (Zwischen-)Relationen immer zuerst zu verknüpfen

(3) *Gruppierung von direkt benachbarten Operatoren zu neuen logischen Operatoren,*
denen effiziente Ausführungsoperatoren zugeordnet werden können; zum Beispiel lassen sich die direkt benachbarten Operatoren um einen Verbund (oder ein Kartesisches Produkt) zu einem logischen Operator gruppieren oder etwa die Verknüpfung von Folgen von unären Operatoren wie Selektion und Projektion auf derselben Relation.

Durch diese Maßnahmen sind schon alle entscheidenden Vorarbeiten geleistet, um eine weitgehend einfache und direkte Zuordnung von Planoperatoren (physischen Operatoren) zu den logischen Operatoren durchführen zu können.

Die Zuordnung von Ausführungsoperatoren zu den logischen Operatoren ist für unsere Beispielanfrage, Anfrage Q2 auf Seite 38, in Bild 2.18 verdeutlicht. Dort wird im oberen Teil die Gruppierung der logischen Operatoren des optimierten AG zu Anfrage Q2 gezeigt. Diesen Gruppen (dargestellt durch fein schattierte Ovale)

Beispiel für die Zuordnung von Ausführungsoperatoren

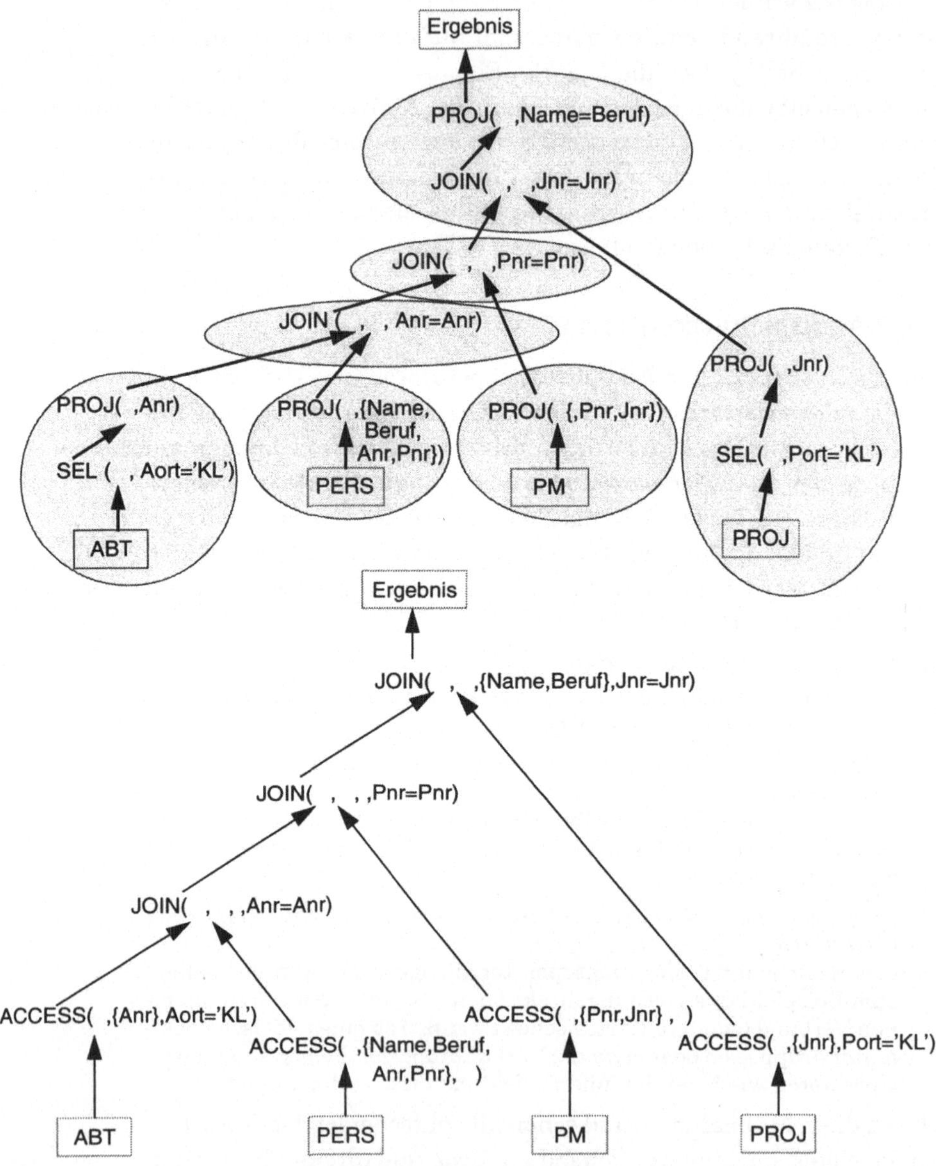

Bild 2.18: Planoperatorgraph zur Anfrage Q2 auf Seite 38

werden dann Planoperatoren zugeordnet. Das Ergebnis dieser Zuordnung ist dann im unteren Teil von Bild 2.18 als Planoperatorgraph wiedergegeben. Dabei ist deutlich zu erkennen, daß die eingesetzten Planoperatoren durch entsprechende (Attribut-)Projekt-
ionslisten und (Selektions-)Prädikatslisten parametrisiert sind.

Als nächstes muß für jeden Planoperator festgelegt werden, durch welche der möglichen Methoden diese Ausführungsoperatoren zu realisieren sind. Dabei soll der resultierende Plan, natürlich auch hinsichtlich späterer Ausführung der günstigste sein. Dieses Optimierungsproblem kennt im wesentlichen drei Komponenten:

(klassisches) Optimierungsproblem: Methodenauswahl für die Ausführungsoperatoren

- Plangenerierung,

- Kostenabschätzung und

- Suchstrategie.

Zur Plangenerierung gehört das systematische Erzeugen alternativer Ausführungspläne, die Kostenabschätzung dient zur Bewertung der generierten Alternativen, und die Suchstrategie legt die Reihenfolge für die Generierung von Alternativplänen (und damit auch die Anzahl von Alternativplänen) fest. In der Datenbankliteraur wird diese Problemstellung der sogenannten *Planoptimierung* als das klassische Problem der Anfrageoptimierung verstanden.

Die Menge an Kombinationsmöglichkeiten hängt natürlich von der Anzahl der verschiedenen Methoden zur Realisierung der Planoperatoren ab. Für relationale Systeme, lassen sich im wesentlichen die folgenden Typen von Planoperatoren unterscheiden:

Operationsklassen

- Selektion und Projektion,

- Verbund- und Mengenoperationen sowie

- Zugriff auf die Basisrelationen,
  häufig auch Tabellenzugriff genannt.

Es wurde schon vorher erwähnt, daß jeder Planoperator seine Eingaberelation(en) liest und eine Ausgaberelation erzeugt, die dann wiederum als Eingabe für eine Nachfolgeoperation dienen kann. Demzufolge muß dann auch nicht unterschieden werden zwischen Operationen auf einer Basisrelation oder auf einer Zwischenrelation. Aufgrund dieser Abstraktion reicht es, nur die folgenden beiden Operationsklassen zu unterscheiden:

- Einrelationen-Operation mit Zugriff auf genau eine Relation (z.B. der Zugriffsoperator ACCESS in Bild 2.18)

- Mehrrelationen-Operation mit Zugriff auf zwei oder mehr Relationen (z.B. der Ausführungsoperator JOIN in Bild 2.18).

In Kapitel 3 werden die gängigen Realisierungsmöglichkeiten für diese relationalen Basisoperatoren beschrieben. Von den vielfältigen Realisierungsmöglichkeiten sind einige hier exemplarisch in Bild 2.19 zusammengestellt.

*spezielle Plan-
operatoren*

Zur Abbildung von Operationen, die über die Relationenalgebra hinausgehen, werden zusätzliche Planoperatoren, bereitgestellt, z.B.:

- Sortierung,

- Aggregatoperationen und

- Änderungsoperationen (Einspeichern, Ändern, Löschen).

Für die verschiedenen Algebraerweiterungen, z.B. zur Duplikatbehandlung oder Rekursion, werden ebenfalls zusätzliche Basisoperatoren zur Verfügung gestellt. Dazu zählen zum Beispiel die verschiedenen Evaluierungsstrategien für rekursive Anfragen oder für die Duplikateliminierung.

2.6.2.1 Beispiele für Ausführungspläne

Die in Bild 2.19 gezeigten Ausführungspläne sind nur schematisch wiedergegeben. Eine detailliertere Beschreibung in Form von generiertem abstrakten Code ist zum Beispiel in dem Programmfragment in Programm P1 auf Seite 29 zu finden. Dort sind die Kontrollstrukturen, ähnlich wie sie im generierten Code erscheinen würden, enthalten. Die Ausführungspläne von Bild 2.19 passen zu den Planoperatoren aus Bild 2.18. Dabei beschreiben die Ausführungspläne zu Methoden 1, 2 und 3 jeweils Alternativen zum Zugriff auf die Basisrelation *ABT*, und Methode 4 stellt eine Ausführungsstrategie für den Verbundoperator, der über den Relationen *ABT* und *PERS* definiert ist, dar.

*Standardreali-
sierung für den
Zugriffsoperator
ACCESS*

Die allgemeinste Form des Tabellenzugriffs, ist in Methode 1 aufgezeigt. Anstelle des schematisierten Ausführungsplans kann auch eine einfache Syntax zur Beschreibung dienen:

ACCESS(ABT, {Anr}, Aort='KL').

Methode 1 stellt die Standardrealisierung für den Zugriffsoperator ACCESS dar. Diese Ausführungsstrategie ist auf jeder (Basis-)Relation anwendbar, da im Gegensatz zu den anderen Methoden keine weiteren Zugriffsstrukturen vorausgesetzt werden. Die Zugriffsstrategie besteht im wesentlichen aus einem einfachen Scan über der gesamten Basisrelation. Dabei werden alle Tupel der Relation gelesen und dann ggf. auch einfache Prädikate überprüft und eine Projektion durchgeführt.

Methode 2 hingegen ist eine Verfeinerung von Methode 1, die das Vorhandensein eines entsprechenden Index als primäre Speicherungsstruktur mit eingebetteten Sätzen voraussetzt. Über den Index kann direkt auf die relevanten Tupel der Relation zuge-

METHODE 1: Scan über Basisrelation ABT

OPEN_SCAN S1 ON ABT

CLOSE_SCAN S1

METHODE 2: Scan über Index (Aort)

OPEN_SCAN S1 ON INDEX(ABT(Aort), Start_Bedingung(Aort='KL'), Stop_Bedingung(Aort='KL'))

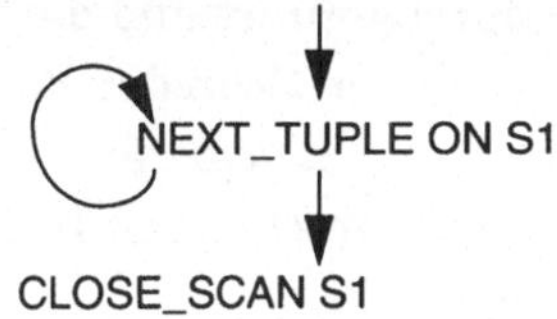

CLOSE_SCAN S1

METHODE 3: Scan über Index (Aort) und TID-Zugriff auf Relation ABT

OPEN_SCAN S1 ON INDEX(ABT(Aort, Start_Bedingung(Aort='KL'), Stop_Bedingung(Aort='KL'))

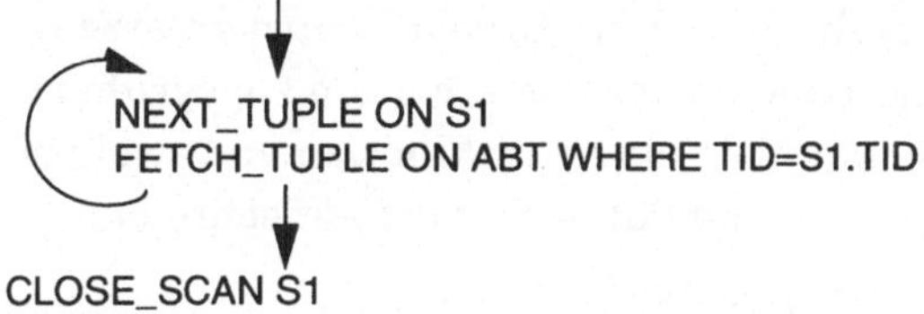

CLOSE_SCAN S1

METHODE 4: Verbund basierend auf hierarchischem Zugriffspfad (LINK)

       Annahme: Zugriff auf ABT-Tupel über Index auf Attribut Aort von Relation ABT;

                   Zugriff auf Personen über den hierarchischen Zugriffspfad (LINK)

OPEN_SCAN S1 ON INDEX(ABT(Aort), Start_Bedingung(Aort='KL'), Stop_Bedingung(Aort='KL'))

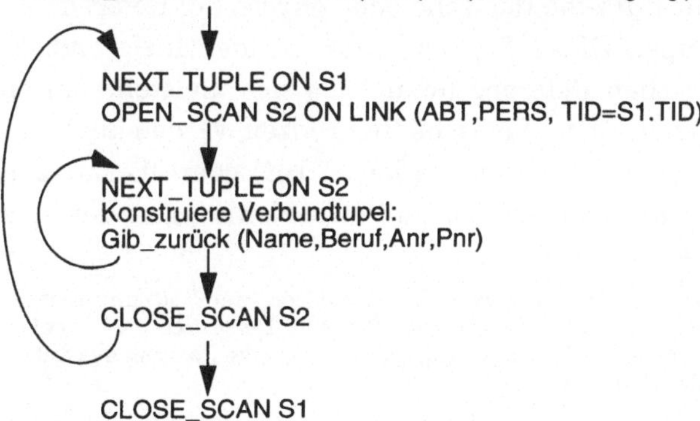

Bild 2.19: Verschiedene Ausführungspläne

griffen werden. Dabei werden sowohl die Selektions- wie auch die Projektionsmaßnahmen durchgeführt. Anstelle des schematisierten Ausführungsplans aus Bild 2.19 kann hier geschrieben werden:

```
ACCESS(
        INDEX(ABT(Aort)),        (* Index-Zugriff *)
        {Anr},
        Start_Bedingung(Aort='KL'), Stop_Bedingung(Aort='KL'));
```

Zugriffsoperator basierend auf Indexstruktur
Für den Fall, daß mehrere Indexstrukturen ,benutzbar sind, muß eine davon ausgewählt werden. Durch die Verwendung von Indexstrukturen wird schon (aufgrund der Start- und Stop-Bedingungen) eine Vorselektion der Tupel einer Relation durchgeführt und damit im Gegensatz zu Methode 1, die einen vollständigen Scan der Relation benötigt, meistens auf deutlich weniger Tupel zugegriffen. Aus diesem Grunde ist bei Vorhandensein eines entsprechenden Index Methode 2 immer der Methode 1 vorzuziehen.

Kombination zweier primitiver Zugriffsstrategien
Methode 3 stellt eine weitere Verfeinerung von Methode 1 und zugleich eine Alternative zu Methode 2 dar. Hier ermöglicht der vorhandene Index zwar die Selektion der relevanten Tupel, aber um die Projektion durchzuführen und die Ergebnistupel zu erzeugen,, muß auf das eigentliche Tupel in der Basisrelation zugegriffen werden. Damit stellt diese Methode eine Kombination von zwei primitiven Zugriffsstrategien dar und läßt sich wie folgt schreiben:

```
GET(                    (* TID-Zugriff *)
        ACCESS(                         (* Index-Zugriff *)
            INDEX(ABT(Aort)),
            {TID},
            Start_Bedingung(Aort='KL'), Stop_Bedingung(Aort='KL')),
        ABT,
        {Anr}, );
```

Der Index enthält nur eine (logische oder physische) Referenz auf das indizierte Tupel. Diese Tupelreferenz ist identifizierend. Im Falle einer physischen Referenz handelt es sich meistens um ein TID (engl. tuple identifier)[*]. Logische Referenzen werden häufig als Datenbankschlüssel (engl. database key, DBK) oder als Surrogat bezeichnet[**]. Sie bestehen meistens aus zwei Kennungen, der Rela-

---

[*] Meistens besteht ein TID aus zwei Komponenten, der Seitennummer und einem Index zu einer seiteninternen Tabelle. Der durch den Tabellenindex beschriebene Tabelleneintrag gibt die relative Position des Satzes innerhalb der Seite an.

[**] DBK- oder Surrogatadressierung verlangt eine Umsetztabelle, die einer logischen Adresse die zugehörige physische Adresse zuordnet. Mehr dazu und auch zu den Implikationen hinsichtlich Satzverschiebung und Reorganisation ist z. B. [Hä87] zu entnehmen.

tionenkennung und der Satzkennung bzgl. dieser Relation (meistens eine Reihenfolgenummer). Für die nachfolgenden Betrachtungen ist die konkrete Realisierung der Referenzen irrelevant. Daher kann dort die Verwendung des Begriffs TID auch durch DBK bzw. Surrogat ersetzt werden. Die Zugriffsoperation auf den Index (Operation *Index(ABT)*) liefert die TIDs der Abteilungen, deren Abteilungsort 'KL' ist. Die umschließende (kombinierte) Operation GET ermöglicht einen Direktzugriff auf die über die TIDs identifizierten Tupel und projiziert die gewünschten Attribute. Methode 3, falls anwendbar, ist immer günstiger als Methode 1. Ein Aufwandsvergleich zwischen Methode 3 und Methode 2 ist schwierig und läßt sich nur mit Hilfe eines Kostenmodells (siehe Kapitel 4) quantifizieren. Jedoch kann man sagen, daß in den meisten Fällen nur eine Methode anwendbar ist, nämlich je nach Eigenschaft des gegebenen Zugriffspfads.

In Methode 4 aus Bild 2.19 wurde als Beispiel für eine Mehrrelationen-Operation ein einfacher Verbund gewählt. Dieser ist auch schon in der Anfrage Q2 auf Seite 38 verdeutlicht und damit auch im Planoperatorgraphen in Bild 2.18 enthalten.

```
JOIN(
        ACCESS(                 (* Index-Zugriff *)
          INDEX(ABT(Aort)),
          {Anr},
          Start_Bedingung(Aort='KL'), Stop_Bedingung(Aort='KL')),
        ACCESS(                 (* Link-Zugriff *)
          LINK(ABT, PERS),
          {Name, Beruf, Anr, Pnr},
          TID=#1.TID),          (* Weitergabe der TID vom Operanden *)
        {Name, Beruf, Anr, Pnr},
        TRUE);
```

Dieser Ausführungsplan, benutzt einen Index und einen *hierarchischen Zugriffspfad*. Der hierarchische Zugriffspfad verbindet die Tupel der sogenannten Vaterrelation (hier ist das die Relation *ABT*) mit den zugehörigen Tupeln der Kindrelation (hier die Relation *PERS*). Die Zuordung von Vater- zu Kindtupel geschieht über ein Attributpaar, welches bei der Definition des Zugriffspfads angegeben werden muß. Dabei ist jeweils ein Attribut aus der Vater- und das andere aus der Kindrelation, und zwischen beiden muß eine funktionale Beziehung existieren; meistens handelt es sich dabei dann um Primär- bzw. Fremdschlüsselattribute oder um entsprechende Schlüsselkandidaten. Diese Zugriffspfadstruktur wird oft auch als *Link* bezeichnet. Der Ausführungsplan von Methode 4 kann auch als Alternative für den Ausführungsplan in Programm

P1 auf Seite 29 genommen werden, welcher einen *Schleifeniterations-verbund* (engl. nested loop join) realisiert. Da Methode 4 Zugriffs-strukturen ausnutzt, kann im allg. davon ausgegangen werden, daß damit auch auf weniger Tupel zugegriffen wird und Methode 4 somit effizienter erscheint und daher vorzuziehen ist. Allerdings sei hier nochmals bemerkt, daß Methode 4 entsprechende Zugriffs-strukturen voraussetzt. Der Schleifeniterationsverbund ist hinge-gen generell einsetzbar, da er aus einzelnen Scan-Operationen, die für sich genommen wieder generell einsetzbar sind, aufgebaut ist.

Kombination von (Teil-)Aus-führungsplänen

Durch Kombination der verschiedenen Ausführungsstrategien für Ein- und Mehrrelationen-Operation können weitere zusammenge-setzte Ausführungspläne generiert werden. ‚Durch die anschlie-ßende Kombination dieser Ausführungspläne, die jeweils einzelne Planoperatoren oder gar ganze Teilgraphen eines Planoperatorgra-phen beschreiben, kann ein vollständiger Ausführungsplan für die gegebene Anfrage generiert werden. Die Menge an Kombinations-möglichkeiten wächst dabei sehr schnell. Sie ist im wesentlichen festgelegt durch die Vielfalt der verfügbaren Ausführungsstrate-gien und der Verknüpfungsreihenfolgen von Planoperatoren bzw. Teilgraphen eines Planoperatorgraphen.

2.6.2.2 Systematische Plangenerierung

Strategieklassen zur systemati-schen Plan-generierung

Da es im allgemeinen sehr viele mögliche (generierbare) Ausfüh-rungspläne gibt, aber im Gegensatz, dazu nur wenige gute (bzw. op-timale), ist es wichtig, die Plangenerierung systematisch durchzu-führen. Hierzu bieten sich drei unterschiedliche Strategieklassen an:

(1) Voll-enumerativ

voll-enumera-tive Plangene-rierung

Wie der Name schon sagt, werden alle möglichen Ausführungsstrategien miteinander kombiniert und daraus die Ausführungspläne generiert. Je-der Ausführungsplan wird dann mit Hilfe des zugrundeliegenden Kosten-modells abgeschätzt, und der bzgl. der geschätzten Kosten günstigste Plan wird ausgewählt.

(2) Beschränkt-enumerativ

Im Gegensatz zu oben werden hier nicht alle möglichen Ausführungsstra-tegien generiert. Es werden Verfahren eingesetzt, die eine gezielte Be-schränkung erlauben. Zum Beispiel kann über eine entsprechende Para-metrisierung der Plangenerierung erreicht werden, daß nur bestimmte Typen von Ausführungsplänen in Betracht gezogen werden. In der Plan-optimierungskomponente des STARBURST DBS gibt es dafür ein eigenes Modul, den Verbund-Enumerator (engl. join enumerator), der abhängig von seiner Parametrisierung nur gewisse Verbundreihenfolgen erzeugt, andere, durchaus zulässige, dabei übergeht und somit eine entsprechende

Reduktion der zu generierenden Ausführungspläne erreicht. Eine andere, oft zusätzlich verwendete Beschränkungsmaßnahme besteht darin, die großen Kostenschwankungen zwischen den verschiedenen Kombinationsmöglichkeiten schon frühzeitig zu erkennen und nur noch die interessanten und kostengünstigen Ausführungsstrategien, die einen ebenfalls günstigen Ausführungsplan ermöglichen, zu berücksichtigen. Dazu werden der für einen Teilgraphen bislang erzeugte Ausführungsplan bewertet und nur noch die kostengünstigsten Vervollständigungen dieses Ausführungsplans betrachtet. Damit werden dann nur noch die jeweils günstigsten Ausführungsstrategien berücksichtigt und vermeintlich ungünstige Kombinationen vollends vermieden.

beschränkt-enumerative Plangenerierung

(3) Zufallsgesteuert

Zufallsgesteuerte Suchstrategien [IK90], die ihre gute Eignung für große Suchräume schon bewiesen haben, werden nunmehr auch für das Suchproblem der Planoptimierung eingesetzt. Zu nennen sind hier einmal die genetischen Algorithmen [Go89] und zum anderen die Strategien des 'simulated annealing' [IW87].

zufallsgesteuerte Plangenerierung

Eine verfeinerte Beschreibung und Untersuchung der Suchstrategien wird in Kapitel 6 gegeben. Dort wird dann weiterhin auch das Zusammenspiel von Plangenerierung, Kostenabschätzung und Suchstrategie detailliert.

2.6.2.3 Bewertung von Ausführungsplänen

Entwurfsziel für die Planoptimierung ist es, immer eine möglichst kleine Menge von Ausführungsplänen zu generieren, die allerdings den optimalen Plan enthält. Um einerseits den optimalen Plan dann auch zu erkennen und um andererseits eine frühzeitige Suchraumbeschränkung zu ermöglichen, muß für einen (inkrementellen) Plan eine Kostenbewertung durchgeführt werden, die sich eines zugrundeliegenden Kostenmodells bedient. In dieses Kostenmodell gehen Informationen über das konkrete Speichermodell der betroffenen Relationen und auch deren Statistiken sowie Selektivitätsabschätzungen für die zu überprüfenden Prädikate und die daraus resultierenden Abschätzungen für die Zwischenergebnisse ein. Die Planoptimierung beruht im allgemeinen auf folgenden beiden Grundannahmen, die sich in den Optimierungsstrategien, den Optimierungsheuristiken und den Statistiken niederschlagen:

Grundannahmen bei der Kostenbewertung

- Alle Datenelemente alle Attributwerte sind gleichmäßig verteilt.

- Die Werte verschiedener Attribute sind unabhängig, womit auch die Unabhängigkeit der Selektionsprädikate einer Anfrage gegeben ist.

Wie das Beispielprädikat

(Gehalt >= '100 000') AND (Alter < '21')

*Grundannahmen
sind oftmals
nicht realistisch*

über der *PERS*-Relation zeigt, sind diese Annahmen meistens nicht realistisch. Einmal ist anzunehmen, daß die Verteilung der Attributwerte beispielsweise für das Attribut *Alter* nicht gleichmäßig ist, da es in einem Unternehmen bestimmt deutlich mehr Personen mittleren Alters gibt, als etwa Jugendliche. Weiterhin sind die zwei Vergleichsprädikate offensichtlich voneinander abhängig, da junge Angestellte (unter 21 Jahren) meistens keine großen Gehälter (mehr als 100 000) bekommen. Abhilfe aus diesem Dilemma (der nicht zu haltenden Grundannahmen) verschaffen nur eine Verfeinerung der verwendeten Statistiken und eine Verbesserung der verwendeten Heuristiken. In Kapitel 4 werden ein Kostenmodell skizziert und beispielhaft einige Kostenabschätzungen für die in Bild 2.19 aufgeführten Ausführungspläne gezeigt.

2.7 Ausführung

Die Berechnung des Anfrageergebnisses und ggf. dessen Bereitstellung in der Programmierumgebung der Anwendung (bzw. im Terminal-Kontrollprogramm eines interaktiven Benutzers) kennzeichnet die Aufgabe der Komponente Ausführung (AES), vgl. hierzu Ausführungen zu Bild 2.5. Die Eingabe für die AES-Komponente stellt der zuvor in der (Plan-)Optimierung bestimmte Ausführungsplan dar. Falls es sich um eine parametrisierte Anfrage handelt, benötigt die Ausführungskomponente auch die aktuellen Anfrageparameter. Zur Berechnung des Anfrageergebnisses gibt es nun im Prinzip zwei Möglichkeiten (vgl. Ausführungen zu Bild 2.6). Einmal kann die Eingabe direkt interpretiert werden, d.h., die Planoperatoren werden gemäß dem vorliegenden Ausführungsplan nacheinander ausgeführt und so das Anfrageergebnis berechnet. Hierbei fungiert das Laufzeitsystem des AES als sog. Interpretersystem, das für die Durchführung der jeweils vorliegenden Planoperatorstrategie und für die korrekte Ausführungskontrolle sorgt. Insbesondere im Falle von wiederholt auszuführenden Anfragen kann es aber günstiger sein, anstatt einer mehrmaligen Interpretation des Ausführungsplans, eine Code-Generierung durchzuführen und den einmal erzeugten Code dann entsprechend oft auszuführen. Der Trade-off zwischen beiden Ausführungsvarianten wird im wesentlichen bestimmt einerseits von den Kosten für die Code-Generierung und andererseits durch den Gewinn aufgrund mehrfacher Anfrageausführung. Beiden Ausführungsvarianten kann allerdings ein gemeinsames Modell zugrundegelegt werden, das im folgenden beschrieben wird.

*Abstraktes Ausführungsmodell
als gemeinsame
Grundlage für
Interpretations-
und Übersetzungsansatz*

2.7.1 Abstraktes Ausführungsmodell

Dieses *Ausführungsmodell* abstrahiert vom konkreten Planoperator sowie dessen konkretem Daten- und Kontrollfluß. Die dabei durchgeführten Abstraktionen können anhand Bild 2.20 erklärt werden.

In diesem Modell wird von dem konkreten Planoperator abstrahiert. Diese *Planoperatorabstraktion* kennt jeden Operator als Verbraucher bzw. Erzeuger von Objektmengen (im relationalen Fall also von Tupelmengen). Das heißt, ein Operator Op_i liest (verbraucht) j Eingabeströme (E_{i1}, ..., E_{ij}), führt seine Operation auf den gelesenen Objektmengen durch und schreibt (produziert) einen Ausgabestrom (O_i). Durch die Kombination von Planoperatoren wird dann ein Ausgabestrom eines Operators zum Eingabestrom für den bzw. die nachgeschalteten Operatoren. Damit ist es einfach möglich, durch Kombination einer (beliebigen) Menge von verschiedenen Planoperatoren, Ausführungspläne für (beliebig) komplexe Anfragen zusammenzustellen. In Bild 2.20 sind zum Beispiel die Planoperatoren Op_n und Op_m dem Planoperator Op_i vorgeschaltet, d.h., deren Ausgabeströme (O_n und O_m) sind die Eingabeströme (E_{i1}, ..., E_{ij}) von Operator Op_i.

Abstraktion vom konkreten Planoperator

Die Ein- bzw. Ausgabeströme, kurz *Objektströme* genannt, verbergen die konkreten Datenstrukturen und Übergabeformalismen. Das heißt, diese *Objektstromabstraktion* ermöglicht zum einen von Datenfluß und Flußkontrolle zu abstrahieren (Datenflußabstraktion) und zum anderen bleiben sämtliche Kontrollflußentscheidungen den Planoperatoren überlassen (Kontrollflußabstraktion). Damit kann ein Operator verstanden werden als *abstrakte Verarbeitungszelle*, die die Eingabeströme verbraucht und einen Ausgabestrom erzeugt, der dann entweder das Anfrageergebnis darstellt oder als Eingabestrom für nachgeschaltete Operatoren dient. Die in einem Ausführungsplan organisierten Verarbeitungszellen wer-

Abstraktion vom konkreten Daten- und Kontrollfluß

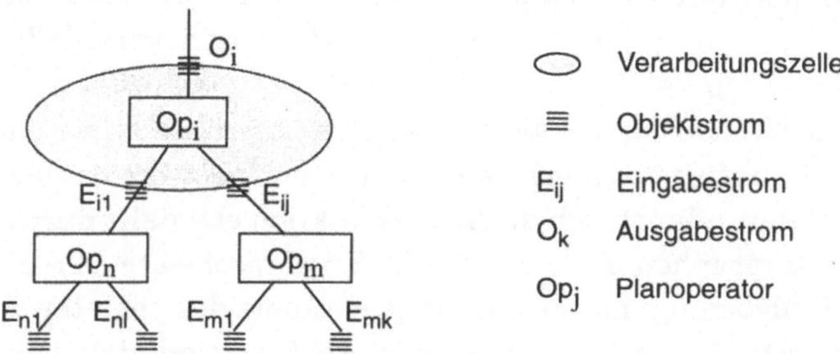

Bild 2.20: Abstraktes Ausführungsmodell

den durch diese Objektströme voneinander isoliert, so daß jeweils lokal für einen Operator Daten- und Kontrollfluß bestimmt werden kann.

Das allgemeine Verarbeitungskonzept für eine Verarbeitungszelle basiert auf dem sogenannten *Iteratorkonzept*, das im wesentlichen ein *'open-next-close'-Protokoll* (*ONC-Protokoll*) realisiert. Die 'open'-Funktion initialisiert den betreffenden Planoperator, die 'next'-Funktion liefert das nächste Ergebnisobjekt, und die 'close'-Funktion schließt die Verarbeitung ab. Dieses Verarbeitungskonzept wird von allen Verarbeitungszellen eingehalten. Damit ist die Funktionsschnittstelle für alle Operatoren vereinheitlicht, und die konkrete durchzuführende Operation bleibt nach außen hin verborgen (Planoperatorabstraktion). Als direkte Folge hiervon können einmal Operatoren sehr einfach lokal gegeneinander ausgetauscht werden, ohne Auswirkungen auf den gesamten Ausführungsplan zu haben. Weiterhin sind neuentwickelte Ausführungsoperatoren sehr einfach zu integrieren; sie müssen im wesentlichen nur die Iteratorschnittstelle bereitstellen.

Opeator als abstrakte Verarbeitungszelle mit einheitlichem ONC-Protokoll

2.7.2 Verarbeitungskonzept eines Planoperatorgraphen

Das Verarbeitungskonzept für einen ganzen Planoperatorgraphen kann nun einfach entwickelt werden aus dem zuvor beschriebenen Verarbeitungskonzept für eine Verarbeitungszelle. Für die Evaluierung einer Anfrage wird die 'open'-Funktion der obersten Verarbeitungszelle im Planoperatorgraphen rekursiv über alle anderen Verarbeitungszellen weiterpropagiert. Damit sind dann alle Zellen initialisiert. Durch wiederholtes Aufrufen der 'next'-Funktion bis zur Endebedingung für die Eingabeströme, wird die eigentliche Berechnung der Ergebnisobjekte veranlaßt. Die Endebedingung zeigt das Ende eines Objektstroms an, d.h., ein Planoperator hat entweder alle zu verarbeitenden Objekte seines Eingabeobjektstroms gelesen oder aber alle von ihm produzierten Objekte an seinen Ausgabeobjektstrom weitergegeben. Die 'next'-Funktion veranlaßt den betreffenden Operator ein Ausgabeobjekt zu produzieren. Dazu werden meistens Eingabeobjekte benötigt, die über einen Aufruf der 'next'-Funktion des (der) vorgeschalteten Operators(en) besorgt werden. Damit pflanzt sich die 'next'-Funktion ebenfalls durch den Planoperatorgraphen fort. Sind alle Ergebnisobjekte berechnet, also die Endebedingung für die Eingabeströme des obersten Planoperators erfüllt, werden durch die 'close'-Funktion, die ebenfalls rekursiv weitergegeben wird, alle Verabeitungszellen geschlossen,

Verarbeitungskonzept eines Planoperatorgraphen basiert auf Funktionspropagierung

und die Ausführung ist damit beendet. Insgesamt wird eine sogenannte auftragsgetriebene (engl. demand-driven) Verarbeitung realisiert, die jedoch unter Ausnutzung der Objektstromabstraktion zu einer datengetriebenen (engl. data-driven) Verarbeitung weiterentwickelt werden kann. Mehr über das Operatorkonzept und weitere unterstützte Verarbeitungskonzepte ist Kapitel 6 zu entnehmen. Das hier geschilderte prinzipielle Verarbeitungskonzept wird zum Beispiel vom STARBURST DBS oder aber auch vom VOLCANO- Anfrageprozessor realisiert.

In diesem Sinne ist auch der abstrakte Ausführungsplan zu Anfrage Q2 auf Seite 38, dargestellt in Bild 2.21, zu verstehen. Die Eingabeströme E_1 bis E_4 repräsentieren die eigentlichen Basisrelationen, die von den zugehörigen Zugriffsoperatoren ACCESS 1 bis ACCESS 4 verarbeitet und deren qualifizierte Elemente in entsprechenden Ausgabeströmen weitergereicht werden. Die Verbundoperationen JOIN 1 bis JOIN 3 lesen ihre Eingabeströme und schreiben das Verbundergebnis als Zwischenergebnis in ihre jeweiligen Ausgabeströme. Schließlich wird das Anfrageergebnis im Ergebnisstrom O_7 bereitgestellt.

Beispiel: abstrakter Ausführungsplan

Aufgrund der Objektstromabstraktion bleibt es nun den Planoperatoren überlassen, wie die Eingabeströme gelesen bzw. geschrieben werden. Zum Beispiel kann beim Schreiben eines Ausgabestroms ein Index aufgebaut werden, der für die Nachfolgeropera-

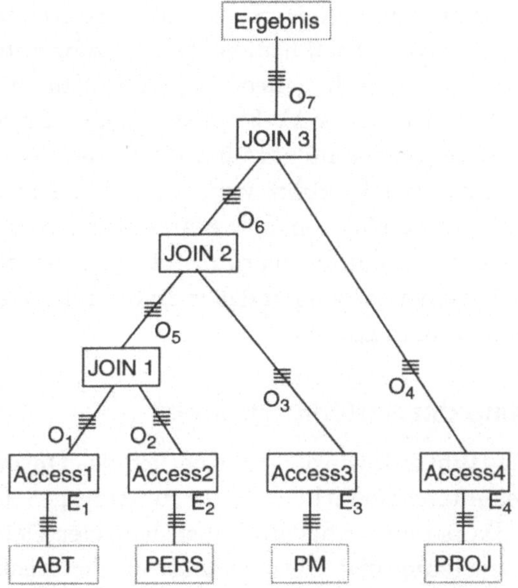

Bild 2.21: Abstrakter Ausführungsplan zu Anfrage Q2 auf Seite 38

tion sehr gewinnbringend ist, oder es kann notwendig werden, einen Zwischenergebnisstrom zu materialisieren. Auch bleibt es der operator-internen Kontrolle überlassen, etwa alle Ergebnisobjekte auf einen Schlag zu produzieren oder nach dem Schreiben eines jeden Ausgabeobjektes in den Ausgabestrom die Kontrolle wieder an den Nachfolgeoperator abzugeben, so daß dieser das gerade erzeugte Objekt direkt weiterverarbeiten kann. Offensichtlich erscheint die zuletzt genannte *tupelorientierte Strategie* insbesondere für einfache Operatoren wie die Zugriffs- und Selektionsoperatoren geeignet. Hingegen ist die *mengenorientierte Verarbeitungsform* für viele komplexere Operatoren, wie zum Beispiel für die Verbundoperatoren, geeignet und sogar für manche Operatoren wie die Sortierungs- und Aggregatoperatoren notwendig. Diese beiden unterschiedlichen Verarbeitungskonzepte werden durch das abstrakte Verarbeitungsmodell maskiert. Allerdings wird im Rahmen der Code-Generierung für jeden Planoperator des Ausführungsplans durch entsprechenden Code die zur festgelegten Verarbeitungsstrategie passende Ausführungskontrolle erzeugt, bzw. bei einer direkten Interpretation des Ausführungsplans wird dies alles dynamisch festgelegt und während der Ausführung entsprechend berücksichtigt.

Die Objektströme wirken wie Pufferbereiche, die ein unabhängiges Arbeiten von produzierenden und verbrauchenden Operatoren ermöglichen. Damit kann ein Operator mengenorientiert und im gleichen Ausführungsplan ein anderer tupelorientiert arbeiten. Diese Flexibilität des abstrakten Ausführungsplans ist sehr nützlich, wie in den folgenden Kapiteln noch mehrmals gezeigt wird. Sie stellt einen wesentlichen Teil unseres AV-Framework dar. Einmal kann damit eine Anpassung an bestimmte Charakteristika einer konkreten Systemumgebung durchgeführt werden, und zudem wird eine deutliche Komplexitätsreduktion der Planoperatormethoden dadurch erreicht, daß nunmehr die operator-internen Verarbeitungsbelange von der Datenversorgung und dem Datenfluß zwischen den einzelnen Planoperatoren getrennt sind.

2.7.3 Verwaltung der Ausführungspläne

In Abschnitt 2.4 (Bild 2.6) wurden hinsichtlich des Optimierungszeitpunktes drei unterschiedliche Ansätze zur Anfrageoptimierung unterschieden. Da bei statischer und auch hybrider Optimierung die Phasen Übersetzung und Optimierung von der Ausführungsphase getrennt sind, muß das Optimierungsergebnis für die spätere

Ausführung aufbewahrt werden. Dazu wird der optimierte Ausführungsplan bzw. der daraus erzeugte Code zusammen mit der ursprünglichen Anfrage meistens im DB-Katalog (bzw. im Metaschema des DBS) abgelegt. Für diese gespeicherten Ausführungspläne werden Beziehungen zu anderen Teilen des Katalogs (etwa Sichtdefinitionen, Speicherungsstrukturen und Zugriffspfade) aufgebaut. Damit werden die Abhängigkeiten eines Ausführungsplans von seiner konkreten DB-Umgebung festgehalten. Diese Information findet später Verwendung, wenn aufgrund von Änderungen über eine Neuübersetzung bzw. Re-Optimierung zu entscheiden ist. Dies wird von der Ausführungskomponente vor der Ausführung eines Plans überprüft. Zum Beispiel kann aufgrund von Schemaänderungen eine Neuübersetzung notwendig werden, oder etwa aufgrund von Änderungen in den Speicherungs- und Zugriffspfadstrukturen kann eine Re-Optimierung sinnvoll werden. Da alle Abhängigkeiten eines Ausführungsplans im Datenwörterbuch geführt werden, kann somit eine automatische Neuübersetzung und Re-Optimierung realisiert werden.

Ausführungspläne und deren Abhängigkeiten werden im DB-Katalog verwaltet

Zusätzlich zum eigentlichen Ausführungsplan wird auch eine Übertragungvorschrift im DB-Katalog abgelegt. Dort wird festgelegt, wie die Übergabe des Anfrageergebnisses an die Anwendung stattzufinden hat und wie deren Bereitstellung in der Programmierumgebung der Anwendung (bzw. im Terminal-Kontrollprogramm eines interaktiven Benutzers) zu bewerkstelligen ist.

Datenübertragung und -bereitstellung werden auch im DB-Katalog verwaltet

2.8 Zusammenfassung

Das Ziel von Kapitel 2 war es, eine allgemein verständliche Einführung in die wesentlichen Aspekte der AV zu geben. Die zentrale Aufgabenstellung dabei war zum einen das Aufzeigen der Problematik der AV und zum anderen die Entwicklung einer Systematik zur Umsetzung einer Anfrage in einen effizient zu bearbeitenden Ausführungsplan, der das spezifizierte Anfrageergebnis berechnet. Hierzu wurde eine erste allgemeine Konzeption entwickelt und damit auch ein erster wichtiger Schritt in Richtung auf einen AV-Framework getan. Das bislang erarbeitete Verständnis der AV in DBS ist in Bild 2.22, als Detaillierung zu Bild 2.5 auf Seite 32, zusammengefaßt.

Die gezeigte Dreiteilung in Übersetzung, Optimierung und Ausführung und auch die Berücksichtigung unterschiedlicher Optimierungs- bzw. Ausführungszeitpunkte wird von den meisten exi-

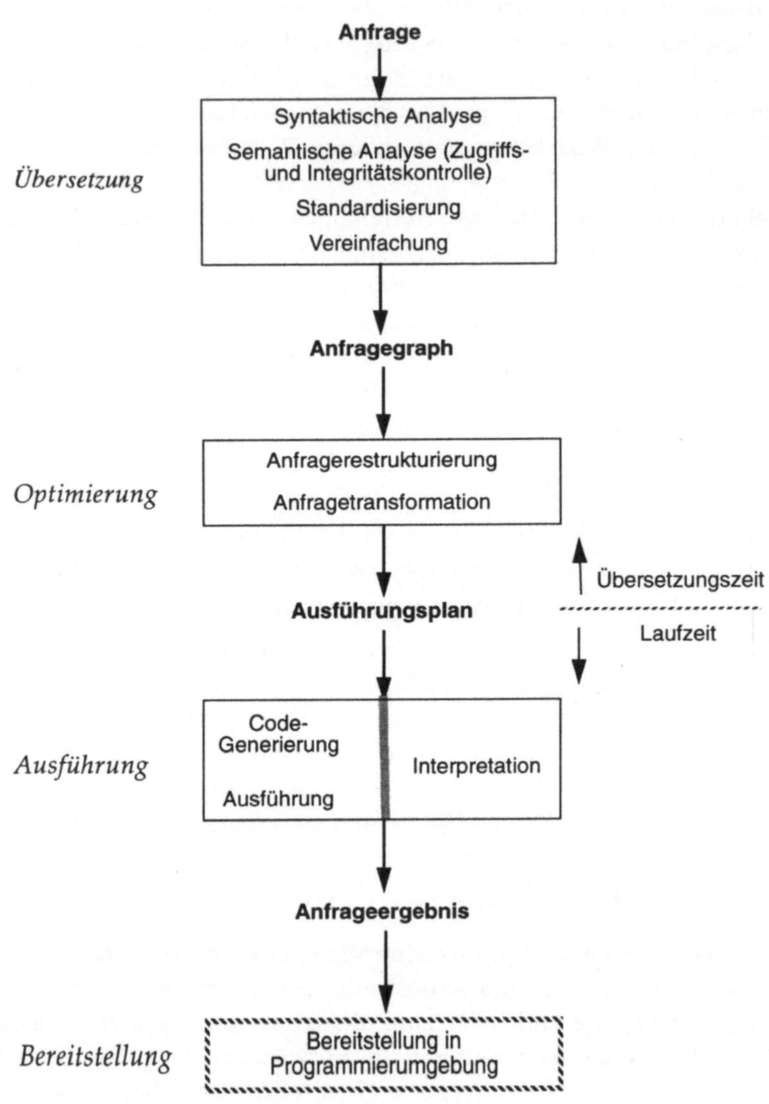

Bild 2.22: Verfeinerte Komponentensicht des AP

*wesentliche
Konzepte der AV*

stierenden DBS übernommen. Auch hat sich die Unterscheidung
der beiden Optimierungskonzepte Restrukturierung und Planoptimierung (Anfragetransformation) in den meisten DBS durchge-
setzt. Diese beiden Aspekte sind allerdings oft nur unter den Namen algebraische bzw. nicht-algebraische Optimierung bekannt.

Vergleicht man die verfeinerte Komponentensicht dargestellt in
Bild 2.22 mit den in Abschnitt 2.3 vorgestellten vier aufeinanderfolgenden Schritten zur AV und deren Zuordnung zu den AP-Kompo-

nenten (beschrieben in Abschnitt 2.4 und visualisiert in Bild 2.5), so stellt man einige Verschiebungen fest. Der Schritt 2 zur Anfragemodifikation stellt einen wesentlichen Teil der Optimierungskomponente dar. Jedoch wurden die logischen Transformationen Standardisierung und Vereinfachung in die Komponente Übersetzung verschoben. Dies ist sinnvoll, da diese beiden Transformationsaspekte am günstigsten durchzuführen sind, bevor die Interndarstellung für eine Anfrage generiert ist. Es ist deshalb wichtig, die Standardisierung vorzuziehen, da dies zu einer vereinfachten Interndarstellung führt und infolgedessen nur noch standardisierte Qualifikationsbedingungen zu berücksichtigen sind. Die Elimination von redundanten Prädikaten und die damit gemachten Vereinfachungen führen ebenfalls zu einfacheren Anfragegraphen. Unter Berücksichtigung von Integritätsbedingungen können Anfragen teilweise schon gleich beantwortet werden, d.h., in diesen Fällen kann auf die Generierung eines Anfragegraphen verzichtet werden. Transitivitäten können nun auch schon sinnvollerweise bei der Generierung des Anfragegraphen berücksichtigt werden, da für dessen Aufbau die Qualifikationsbedingungen sowieso zu bearbeiten sind.

verfeinerte Übersetzungskomponente

Die Unterteilung der Optimierungskomponente in Restrukturierung und Planoptimierung bedeutet ein Aufteilen der Gesamtproblematik in zwei separate Optimierungsprobleme. Einmal gilt es mittels Restrukturierungsregeln, eine gute Ausgangsbasis für die sich anschließende Planoptimierung zu bekommen. Die Optimierungsregeln definieren einen Suchraum, der einem gerichteten Graphen entspricht, dessen Knoten die jeweiligen Anfragegraphen sind und dessen Kanten die Anwendung von Restruktuierungsregeln darstellen. Ein Anfragegraph besteht aus einer Folge von logischen Operatoren, die von der Planoptimierung in eine Folge von Planoperatoren (physischen Operatoren[*]) umzusetzen ist. Solch ein generierter Ausführungsplan beschreibt dann eine Sequenz von ausführbaren Operationen, die ausgehend von den in der DB existierenden Daten (Basisrelationen, Zugriffsstrukturen) das Anfrageergebnis bestimmen.

verfeinerte Optimierungskomponente

Aus der bisherigen Diskussion lassen sich schon wichtige *leistungsbestimmende Aspekte* ableiten, die damit Entwurfshinweise für einen 'guten' AP geben. Aufgrund der Unterteilung in Restrukturierung

---

[*] Graefe [Gr92] spricht in diesem Zusammenhang von logischer und physischer Algebra, wobei die physische Algebra im Gegensatz zur logischen eine ausführbare Algebra darstellt.

und Planoptimierung sind zwei separate Suchräume entstanden, die jeweils effizient zu durchsuchen sind, um den optimalen Anfragegraphen bzw. den besten Ausführungsplan zu finden. Für die Restrukturierung wurde ein im wesentlichen auf Heuristiken basierender Algorithmus angegeben, der die Anwendung der Optimierungsregeln steuert. Für die Planoptimierung wurden verschiedene Generierungskonzepte unterschieden, die versuchen, auf der einen Seite eine ausreichende Menge von Ausführungsplänen zu generieren, so daß der gesuchte, optimale Plan in dieser Menge vorhanden ist, aber auf der anderen Seite sollte diese generierte Menge klein sein, um den Optimierungsaufwand in Grenzen zu halten. Deshalb werden die in der Planoptimierung zu betrachtenden Pläne systematisch generiert, unter Zuhilfenahme entsprechender Suchstrategien und Kostenabschätzungen. Die wesentlichen Problembereiche, für die es Lösungen zu finden gilt, sind: Größe des Suchraumes für Optimierungen, Möglichkeiten zum Einschränken dieses Suchraumes durch Heuristiken und Kostenbewertungen. Diese geben auch gleichzeitig die kritischen Punkte für eine effiziente Realisierung eines Optimierers an. In Kapitel 6 werden insbesondere diese Punkte detaillierter behandelt und sowohl konzeptionelle als auch realisierungsbezogene Lösungsmöglichkeiten vorgestellt.

leistungsbestimmende Aspekte

Insgesamt ist zu bemerken, daß der physische Schemaentwurf einen wesentlichen Aspekt für Anfrageoptimierung und Anfrageausführung darstellt, der sozusagen den Raum für die machbare Optimierung festlegt. Physischer Schemaentwurf erlaubt die DB-Struktur und die Datenrepräsentation den vorhandenen Zugriffsschablonen anzupassen. Man kann hierbei allgemein feststellen, daß die Mächtigkeit des Speichermodells (eines konkreten DBS) und die Güte des physischen Schemas den Rahmen für die Effizienz des AP bestimmen.

Speichermodell und physisches Schema definieren Effizienzrahmen der AV

Die Ausführungskomponente sorgt für die Abarbeitung des von der Optimierungskomponente bereitgestellten Ausführungsplans. Dazu wird ein Ausführungsmodell realisiert, das auf folgenden Abstraktionen aufbaut und somit für die notwendige Flexibilität in der Anfrageausführung sorgt: Planoperatorabstraktion (und Prädikatsabstraktion zur Berücksichtigung von allg. Sprachprädikaten im AP), Objektstromabstraktion, Kontrollflußabstraktion und Datenflußabstraktion (Flußkontrolle). Im nachfolgenden Kapitel und auch in Kapitel 6 wird näheres über den Nutzen und die Verwendung dieser Abstraktionen gesagt.

abstraktes Ausführungsmodell garantiert die notwendige Flexibilität

Nachdem nun die AV in ihren Grundzügen dargestellt wurde und eine Phaseneinteilung und dazu passende Komponentensicht vorgestellt wurde, werden in den folgenden drei Kapiteln die Themen behandelt, die mittlerweile schon als Standardtechnik mehr oder weniger beherrscht werden. Diese Themen beschreiben im wesentlichen die 'Umgebung', in der die AV und insbesondere die Anfrageoptimierung ablaufen. Dazu gehören einmal die ausführbaren (physischen) Operatoren sowie ein Kostenmodell. Des weiteren sind zur Konkretisierung der Aspekte zur Bereitstellung eines Anfrageergebnisses in der Programmierumgebung der Anwendung verschiedene Formen der Einbettung zu betrachten.

Überblick über die nächsten Kapitel

Eine detailliertere Sichtweise auf die AV, also auf die Phasen Übersetzung, Optimierung und Ausführung und damit eine Fokussierung auf die für die Architektur eines AP wesentlichen Aspekte wird in Kapitel 6 gegeben. Dort werden insbesondere Implementierungsgesichtspunkte diskutiert und entsprechende Konzepte vorgestellt.

3
Relationale Operatoren

Die wichtigsten (ausführbaren, physischen) relationalen Operatoren werden vorgestellt und grundlegende Implementierungsstrategien angegeben. Besonderer Wert wird dabei auf die Feststellung der inhärenten Eigenschaften der Implementierungsalgorithmen gelegt, da diese direkte Auswirkungen auf deren Verwendung haben. Wichtige Eigenschaften sind zum Beispiel bestimmte Voraussetzungen an die konkrete Systemumgebung (etwa die Existenz von bestimmten Speicherungsstrukturen oder Zugriffspfaden), die den Einsatzbereich einer Strategie bestimmen oder Eigenschaften wie Duplikateliminierung, Reihenfolgeerhaltung, Parallelisierbarkeit, Satz- bzw. Mengenorientierung und Aufwandsabschätzung, die die Akzeptanz von Implementierungsstrategien bestimmen. Auf diesen Aspekten (insbesondere den leistungsbestimmenden) aufbauend, wird im nächsten Kapitel ein Kostenmodell aufgestellt, das dann maßgebend für die Auswahl von möglichen Implementierungsalternativen ist.

Im folgenden werden die relationalen Operatoren und deren Implementierungsstrategien in drei aufeinander aufbauenden Abschnitten beschrieben. Zuerst werden allgemeine Strategien für den Zugriff auf die Tupel einer Relation vorgestellt. Unter Verwendung dieser allgemeinen Verfahren werden dann die Strategien entwickelt, die Anfragen auf einer Relation bearbeiten. Darauf wiederum aufbauend, kann dann im zweiten Abschnitt die Diskussion von Strategien für Anfragen auf mehreren Relationen geführt werden. Insgesamt werden damit verschiedene Bausteine beschrieben, die für die Konstruktion von Ausführungsplänen für komplexere

Kapitelüberblick

Anfragen verwendet werden (dritter Abschnitt). Der vierte Abschnitt faßt die in diesem Kapitel geführten Diskussionen zusammen und zeigt die zentrale Bedeutung der relationalen Operator- und Optimierungstechnologie für die Realisierung einer deskriptiven Anfragesprache.

3.1 Operatoren auf einer Relation

Operatoren auf einer Relation sind Ein-Variablen-Ausdrücke

Die Operatoren auf einer Relation werden häufig auch als *Ein-Variablen-Ausdrücke* bezeichnet, da dies deren Beschreibung aus der Sicht der Relationenalgebra oder des Relationenkalküls ist. Ein-Variablen-Ausdrücke beschreiben also Bedingungen für die Auswahl von Tupeln einer Relation. In gleicher Weise werden die Ein-Variablen-Ausdrücke auch herangezogen, um Tupel aus den Zwischenergebnisrelationen (also in den Ein- bzw. Ausgabeobjektströmen) auszuwählen.

Relationen-Scan als Standardmethode

Die immer mögliche Vorgehensweise (siehe Methode 1 in Bild 2.19) dabei wäre, jedes Element der Relation bzw. des Objektstroms zu lesen und, falls die Auswahlbedingung erfüllt ist, das Tupel mit den benötigten Attributen für die weitere Verarbeitung bereitzustellen. Insbesondere bei großen Relationen und komplexen Auswahlbedingungen kann diese einfache Strategie schnell sehr teuer werden, weshalb man andere Strategien entwickelt hat, die versuchen, die Anzahl der Tupelzugriffe und auch die Anzahl der Tupelüberprüfungen zu minimieren. Diese Techniken werden im folgenden kurz skizziert und auch diskutiert. Eine detailliertere Beschreibung der relationalen Operatoren und auch genauere Vergleiche zwischen den verschiedenen Realisierungsverfahren sind zum Beispiel [Hä78a, Hä87, Gr93b] zu entnehmen.

Implementierungsalternativen des Planoperator ACCESS für den Tabellenzugriff

Für den Tabellenzugriff (kombiniert mit Selektion und Projektion) haben wir in Abschnitt 2.6.2 den Planoperator ACCESS eingeführt. Einige der hier skizzierten Zugriffsverfahren sind in Bild 2.19 in Abschnitt 2.6.2 graphisch dargestellt. So beschreibt Methode 1 einen einfachen (Relationen-)Scan mit einfachen Selektions- und Projektionsbedingungen, Methode 2 einen Index-Scan mit einfacher Selektion, Methode 3 ebenfalls einen Index-Scan mit einfacher Selektion kombiniert mit einem TID-Zugriff, und Methode 4 zeigt einen Verbund, die sog. Schleifeniteration, der eine LINK-Struktur als hierarchischen Zugriffspfad benutzt. Diese und noch weitere Verfahren werden im folgenden genauer vorgestellt. Die Abbildung dieser Verfahren auf die Schnittstelle des Zugriffssystems und damit auf die ausführbare Schnittstelle des physischen Datenbankprozessors geschieht in den meisten Systemen auf eine sehr direkte Art und Weise. Dabei stellt der SCAN-Operator Primitivfunktionen für die Implementierung von einfachen Verfahren zur Auswertung von Tupelfolgen bereit.

3.1.1 Zugriff auf alle Tupel der Relation

Zunächst gibt es immer die Möglichkeit des *Tabellen-Scan* (oft auch *Relationen-Scan* genannt), also eines sequentiellen (Relationen-)Zugriffs, um alle Tupel einer Relation aufzusuchen. Diese Operation ist unabhängig von der Existenz von Zugriffspfaden und der konkreten Speicherungsstruktur der betreffenden Relation. Bei diesem Verfahren werden alle Seiten, in denen Tupel der zu durchsuchenden Relation liegen, nacheinander gelesen und die gesuchten Tupel extrahiert. Diese einfache Vorgehensweise kann direkt abgebildet werden auf den SCAN-Operator mit seinen Primitivfunktionen OPEN_SCAN, NEXT_TUPLE, CLOSE_SCAN, die vom Zugriffssystem zur Verfügung gestellt werden (siehe Programm P1 auf Seite 29).

SCAN-Operator liefert Primitivfunktionen für die Implementierung von einfachen Verfahren zur Auswertung von Tupelfolgen

In Analogie zu diesem Tabellen-Scan, kann ein *Objektstrom-Scan* entwickelt und bereitgestellt werden. Dieser liefert sequentiellen Zugriff auf die Elemente des Objektstroms. Im Gegensatz zum Tabellen-Scan wird der Objektstrom-Scan nicht mittels der SCAN-Operationen der Zugriffssystemschnittstelle realisiert, sondern implizit durch das 'open-next-close'-Protokoll, mit dem der den betreffenden Objektstrom produzierende Operator gesteuert wird. Eine genauere Beschreibung dieser Zusammenhänge wurde schon in Abschnitt 2.7 diskutiert.

Objektstrom-Scan zur sequentiellen Verarbeitung von Objektströmen

Eine weitere Möglichkeit, auf alle Tupel einer Relation zuzugreifen, besteht darin, vorhandene Zugriffspfade auszunutzen. Hier bieten sich insbesondere Indexstrukturen und Hash-Strukturen an. Über einen sogenannten *Index-Scan* werden alle Indexseiten nacheinander gelesen und die gesuchten Tupel (bzw. deren TID) in der Sortierordnung der Indexstruktur bereitgestellt (siehe Methode 2 in Bild 2.19). Im Vergleich zum Tabellen-Scan benötigt der Index-Scan meistens deutlich weniger Seitenzugriffe; auch wenn unter Verwendung des TID jeweils noch auf das zugehörige Tupel (direkt) zugegriffen werden muß (siehe Methode 3 in Bild 2.19). Diese Situation läßt sich dadurch verbessern, daß die TID-Menge, falls überhaupt notwendig, vorab sortiert wird, so daß jede Seite nur genau einmal gelesen wird. Zudem kann die Reihenfolge, in

Relationenzugriff über Zugriffspfade: z.B. Index-Scan

Vorteile des Index-Scan gegenüber dem Tabellen-Scan

der die Seiten angefordert werden, auf die Gegebenheiten der Externspeicherstrukturen und auf die Eigenschaften der E/A-Geräte angepaßt werden. Der Index-Scan ist insbesondere dann günstiger, wenn eine Clusterbildung als physische Organisationsform vorliegt. Die Abbildung des Index-Scan auf die Zugriffssystemschnittstelle geschieht ebenfalls mit Hilfe der SCAN-Operators und seinen Primitivfunktionen OPEN_SCAN, NEXT_TUPLE, CLOSE_SCAN, die nun allerdings auf der Indexstruktur ausgeführt werden. Im Programmbeispiel in Programm P1 auf Seite 29 wird dies exemplarisch demonstriert. Der Index-Scan wird häufig kombiniert mit anderen Zugriffsoperationen, wie im nächsten Abschnitt gezeigt wird.

indexbasierter Scan über Objektstrom

In Analogie zu oben kann hier ebenfalls auch ein *indexbasierter Objektstrom-Scan* bereitgestellt werden. Dieser liefert dann einen indexunterstützten Zugriff auf die Elemente des Objektstroms. Seine Realisierung beruht wiederum auf dem 'open-next-close'-Protokoll, mit dem der den betreffenden Objektstrom produzierende Operator gesteuert wird. Allerdings muß nun über eine entsprechende Realisierung des Objektstroms der indexbasierte Zugriff unterstützt werden.

3.1.2 Selektion

Kombination von Tupelzugriff, Tupelselektion und Tupelprojektion

Selektion bedeutet, aus der Tupelmenge einer Relation nur solche auszuwählen, die die gegebene Auswahlbedingung, das Selektionsprädikat, erfüllen. Das heißt, es ist der Zugriff auf die Tupel einer Relation (siehe vorherigen Abschnitt 3.1.1) zu kombinieren mit der Auswahl der Tupel, die das Selektionsprädikat erfüllen. Im folgenden werden die wichtigsten Methoden zur Implementierung der Selektion vorgestellt.

Selektion basierend auf einfachem Scan

Die naive Vorgehensweise (siehe Methode 1 in Bild 2.19) besteht im wesentlichen aus einem einfachen *Scan* über der gesamten Basisrelation. Dabei werden alle Tupel der Relation gelesen und dann ggf. auch einfache Prädikate überprüft und eine Projektion durchgeführt. Diese Ausführungsstrategie ist immer anwendbar, da im Gegensatz zu den anderen Methoden keine weiteren Zugriffsstrukturen vorausgesetzt werden. Es ist allerdings zu beachten, daß nur solche Prädikate direkt anwendbar sind, die auf einem zugegriffenen Tupel auch entscheidbar sind. Ist das Selektionsprädikat jedoch komplexer, dann müssen die über den Scan schon teilweise vorqualifizierten Tupel nochmals bzgl. der restlichen Prädikate überprüft werden. Dabei ist natürlich auch darauf zu achten, daß die dazu benötigten Attribute projiziert werden und dann nach der endgültigen Qualifikation des Tupels eine eventuell notwendige Projektion nachgeführt wird. Komplexe Selektionsprädikate bestehen entweder aus mehreren Termen oder aus solchen Termen, die nicht direkt durch den Scan überprüfbar sind. Hinsichtlich der Komposition eines Selektionsausdrucks aus seinen Prädikatstermen unterscheidet man die konjunktive und die disjunktive Selektion, wobei letztere deutlich schwieriger zu handhaben ist.

Die Vorgehensweise des Tabellen-Scan, jedes Element der Relation zu lesen und dann die Auswahlbedingung zu überprüfen, erscheint ungeeignet, insbesondere unter Berücksichtigung der effektiven Möglichkeiten zur Reduzierung der Tupelzugriffe (und damit auch der Anzahl der Seitenzugriffe) bei Verwendung von Zugriffspfaden. Aus diesem Grunde wollen wir uns nun auf Verfahren konzentrieren, die die verschiedenen Zugriffspfade ausnutzen.

Vewendung von Zugriffspfaden zur Implementierung der Selektion

Unabhängig von der konkreten Zugriffspfadstruktur können *TID-basierte Verfahren* angewendet werden. Es wird nur vorausgesetzt, daß der Zugriffspfad die Attributwerte den zugehörigen Tupeladressen (TID) eindeutig zuordnet. Man kann nun zwei Fälle unterscheiden. Sind alle Attribute, die in dem Selektionsausdruck vorkommen, durch einen oder auch mehrere Zugriffspfade indexiert, dann bedeutet die Selektion im wesentlichen eine Durchschnittsbildung (falls konjunktive Selektion) bzw. eine Vereinigung (falls disjunktive Selektion) der TID-Mengen, die aus den entsprechenden Index-Scans hervorgegangen sind. Sind nicht alle Attribute des Selektionsausdrucks indexiert, so sind zuerst die Indexzugriffe zu leisten und die resultierenden TID-Mengen entsprechend zu kombinieren. Über die TID der Ergebnismenge wird dann auf die potentiellen Ergebnistupel zugegriffen und die restlichen Prädikate werden überprüft. Falls die für die Weiterverarbeitung bzw. für das Endergebnis benötigten Attribute schon über den Indexzugriff bereitgestellt werden können, dann kann man den Tupelzugriff (über TID) einsparen.

TID-basierte Verfahren zur Selektion

Als einfaches Beispiel für ein TID-basiertes Verfahren kann folgendes Selektionsprädikat dienen

(Beruf='Manager') **AND** ((Gehalt>100000) **OR** (Alter<30)) **AND** (Wort='KL'),

welches durch folgende Mengenoperationen auf den entsprechenden TID-Listen evaluiert werden kann:

$$B \cap (G \cup A) \cap W,$$

wobei

- B die TID-Liste von Tupeln repräsentiert, die Beruf='Manager' erfüllen,

- G die TID-Liste von Tupeln darstellt, die Gehalt>100000 erfüllen,

- A die TID-Liste von Tupeln repräsentiert, die Alter<30 erfüllen und

- W die TID-Liste von Tupeln darstellt, die Wort='KL' erfüllen.

Alle TID-Listen werden über entsprechende Index-Scans bereitgestellt. Man beachte jedoch, daß dieses einfache Verfahren nicht immer durchführbar ist, zum Beispiel, falls ein Prädikat über einem nicht-indexierten Attribut disjunktiv mit allen anderen Prädikaten verknüpft ist. Zusätzlich zu den eindimensionalen Indexstrukturen (z.B. B*-Baum [BM72]) können natürlich auch mehrdimensionale Zugriffsstrukturen, etwa das Grid-File [NHS84], das Bang-File [Fre87] oder der R-Tree [Gu84] verwendet werden (siehe auch Übersichtsartikel [BF79]). Mehrdimensionale Zugriffspfade unterstützen einen qualifizierten Zugriff unter Berücksichtigung mehrerer Attributbedingungen.

TID-Verfahren auch bei mehrdimensionalen Zugriffspfaden

Die Effizienz der Selektion hängt in hohem Maße von den Zugriffspfaden ab, die über den Attributen des Selektionsprädikats definiert sind. Die Selektivität eines Prädikats ist oft direkt abhängig von dem Vergleichsoperator im Prädikat. Hohe Selektivitäten entstehen meistens im Zusammenhang mit einer Gleichheitsbedingung (etwa *Beruf*='Manager'). Man nennt Anfragen mit solchen Selektionsprädikaten auch *Punktanfragen* (engl. exact match query), da sie in vielen Fällen nur ein (oder ganz wenige) Tupel selektieren. Zur Unterstützung dieser Anfrageklasse können Indexstrukturen und insbesondere auch Hash-Strukturen verwendet werden. Indexstrukturen können, im Gegensatz zu Hash-Strukturen, auch bei sog. *Bereichsanfragen* (engl. range query) angewendet werden. In diesem Fall gibt es Selektionsprädikate, die ganze Attributbereiche abprüfen. Das sind solche, die echte Komparatoren (z.B. >, >=, <, <=) in ihren Prädikaten (z.B. *Gehalt*>10000 oder *Alter*<65) benutzen und damit immer Intervalle für die Attributwerte definieren. Diese zeichnen sich meistens durch eine geringe Selektivität aus. In diesen Situationen (Selektivität schlechter als ca. 1-5%) wäre es dann u.U. günstiger, einen Tabellen-Scan zu verwenden, wenn dadurch (aufgrund der Clusterbildung der Relation) deutlich weniger I/O-Operationen anfallen als dies mit einem zugriffspfadbasierten Verfahren möglich wäre. Etwaige Sortierordnungen der gespeicherten Relation können dann ebenfalls ausgenutzt werden, etwa zur Unterstützung von binärer Suche. Eine systematische Zusammenstellung der unterschiedlichen Arten von Selektionsprädikaten

unterschiedliche Selektivitäten bei Punkt- und Bereichsanfragen

und zu deren Überprüfung passender Zugriffspfade ist z.B. in [Hä87] zu finden.

Im Gegensatz zu Hash-Strukturen, die nur den direkten wertbasierten Zugriff unterstützen, erlauben Indexstrukturen zusätzlich noch einen sortiert sequentiellen Zugriff. Dazu wird der Index-Scan eingesetzt. Damit können dann die in dem Selektions-prädikat spezifizierten Suchbereiche direkt durch die Start-, Stopp- und auch Suchbedingungen des Index-Scan nachgebildet werden. Zudem kann durch eine geeignete Parametrisierung von Start-, Stopp- und Suchbedingung auch ein direkter wertbasierter Zugriff spezifiziert werden. Aus diesen Gründen läßt sich sagen, daß Indexstrukturen über ihren Index-Scan eine sehr flexible Zu-griffsmethode anbieten, wohingegen Hash-Strukturen für den di-rekten wertbasierten Zugriff auf einzelne Tupel sehr geeignet er-scheinen. Der Zugriff auf einzelne Tupel wird daher manchmal auch als *Index-* oder *Hash-Lookup* bezeichnet.

Indexstrukturen bieten flexible Zugriffsmög-lichkeiten;

Hash-Struktu-ren unterstützen den direkten wertbasierten Zugriff

Unter Berücksichtigung der Selektivität von Prädikaten und vor-handener Zugriffspfade und aufgrund von physischen Organisa-tionsformen der Speicherungsstruktur für eine Relation wird ent-schieden, wie die Selektion (und z.T. auch die Projektion) realisiert wird, also welche Zugriffspfade zu verwenden, welche Prädikate di-rekt beim Relationenzugriff zu überprüfen und welche erst später auf die schon vorselektierten Tupelmengen anzuwenden sind. Dies ist ein wesentlicher Aspekt der Planoptimierung, der schon in Ab-schnitt 2.6 angesprochen wurde, aber erst in Kapitel 4 durch die Einführung eines Kostenmodells mit entsprechenden Selektions- und Kardinalitätsabschätzungen genauer ersichtlich wird.

Planoptimie-rung legt kon-kretes Selekti-onsverfahren fest

3.1.3 Projektion, Duplikateliminierung, Sortierung und Aggregation

Es wurde schon vorher erwähnt, daß der Tabellen- bzw. Relatio-nenzugriff sehr günstig zu kombinieren ist mit einer Selektion und auch mit einer Projektion (allerdings ohne Duplikateliminierung). Die Selektion reduziert dabei die Tupelmenge, und die Projektion reduziert die Tupelgröße (d.h. die Attributanzahl). Beide Maßnah-men reduzieren also die weiterzuverarbeitende Datenmenge und sind deshalb so früh wie möglich anzuwenden.

Mit der *Projektion* ist auch immer eine *Duplikateliminierung* verbun-den, falls nicht schon im vorhinein die Duplikatfreiheit garantiert werden kann. Enthält die zu projizierende Attributliste einen

Duplikatelimi-nierung über Sortierung

Schlüsselkandidaten der Relation, so kann die Duplikatfreiheit direkt gewährleistet werden. Ist dies nicht der Fall, so werden die Duplikattupel über eine Sortierung der projizierten Tupelmenge bestimmt und eliminiert. Anstatt über eine Sortierung kann aber auch direkt ein Hash-Verfahren zur Duplikateliminierung verwendet werden. Jedes (schon projizierte) Tupel wird über eine Hash-Funktion einem Hash-Behälter zugeordnet und nur dann in dem Behälter abgelegt, wenn nicht schon ein Duplikat dort vorhanden ist. Falls die Hash-Tabelle mit ihren Hash-Behältern nicht mehr in den verfügbaren Hauptspeicher paßt, muß eine über eine Hash-Funktion definierte Partitionierung der Daten herbeigeführt werden, und die entstandenen Partitionen werden dann unabhängig voneinander verarbeitet. Die duplikatfreien Partitionen werden danach wieder zum Gesamtergebnis kombiniert. Details über die optimale Partitionierung und Auslagerung auf Externspeicher sind in [Gr93b] zu finden.

Duplikateliminierung über Hash-Verfahren

Eine *Sortierung* kann entweder schon durch die Vorverarbeitung garantiert werden oder sie muß explizit hergestellt werden. Im allgemeinen gewährleisten die Indexstrukturen eine Sortierreihenfolge bzgl. des (der) invertierten Attributs (Attribute), und sortierte Speicherungsstrukturen liefern direkt die Sortierung. Muß jedoch eine Sortierordnung aufgebaut werden, so kann für den Fall, daß die zu sortierende Tupelmenge in den Hauptspeicher paßt, auf *hauptspeicher-residente Sortierverfahren* wie z.B. Quicksort zurückgegriffen werden. In allen anderen, realistischeren Fällen muß ein sogenanntes *externes Sortieren* stattfinden, für das sich einmal mehr indexbasierte Verfahren anbieten, die schrittweise mit der Sortierung der Eingabe auch die Indexstruktur aufbauen, die die Sortierung sozusagen materialisiert. Besser arbeiten i.allg. solche Sortierverfahren, die den zu sortierenden Eingabestrom in sortierte Partitionen, die auf Externspeicher verwaltet werden, zerlegen und diese Teilergebnisse dann solange miteinander 'mischen', bis ein einziger sortierter Ergebnisstrom entstanden ist. Weiter unten in Abschnitt 3.2.1.2 werden wir genau dieses 'Mischverfahren' als die wesentliche Komponente einer häufig verwendeten Verbundmethode kennenlernen. Für dieses Mischsortier-Verfahren kann jedes hauptspeicher-residente Sortierverfahren verwendet werden, um die initialen sortierten Partitionen zu bestimmen, die dann in weiteren Mischvorgängen (engl. runs) zum sortierten Ergebnisstrom kombiniert werden. Detailinformationen hierzu sind [Gr93b] zu entnehmen.

hauptspeicherbasiertes und externes Sortieren

Hinsichtlich *Aggregation* unterscheidet man im wesentlichen zwei Formen: einmal mit und das andere Mal ohne Gruppierung. Im letzteren Fall, den man auch als *Skalaraggregation* bezeichnet, wird ein Skalar für den gesamten Eingabestrom berechnet. Beispiele dafür sind etwa die Summation aller Angestelltengehälter oder die Berechnung des maximalen, minimalem oder Durchschnittsgehalts aller Angestellten. Für die Skalaraggregation gilt, daß ein einmaliges Lesen des gesamten Eingabestroms (Scan-Operation) zur Berechnung ausreicht. Ist zum Beispiel das Attribut, über das aggregiert werden soll, indexiert, dann kann es möglich sein, die Aggregation direkt über die Indexstruktur zu berechnen, ohne auf die Tupel der Relation überhaupt zuzugreifen.

Die andere Form der Aggregation heißt *Funktions-* oder *Gruppierungsaggregation*, da immer eine Gruppierung von Eingabetupeln nach gleichen Attributwerten erfolgt. Für jede Gruppe wird dann eine Aggregatberechnung durchgeführt und die Gruppe dann durch das berechnete Aggregat ersetzt. Ein Beispiel für eine Gruppierungsaggregation ist die Berechnung des Durchschnittsgehalts der Angestellten pro Abteilung. Hierfür müssen zuerst alle Angestellten nach ihren jeweiligen Abteilungen gruppiert werden, bevor dann das Durchschnittsgehalt per Abteilung berechnet wird.

Offensichtlich sind sich Gruppierungsaggregation und Duplikateliminierung sehr ähnlich; es werden zuerst über Gleichheit von Attributwerten Gruppen ermittelt, die dann im Falle der Gruppierungsaggregation durch ein Aggregat ersetzt werden bzw. andernfalls einfach auf ein Exemplar reduziert werden. Gemäß obiger Ausführungen zur Duplikateliminierung basieren damit auch die Verfahren zur Gruppierungsaggregation entweder auf Sortierung oder aber auf einer Hash-Methode. Aufgrund der großen Ähnlichkeiten zwischen beiden Operationen wird in den meisten DBS ein Operator für beide Operationsklassen bereitgestellt, der über eine geeignete Parametrisierung entsprechend gesteuert werden kann.

Alle drei hier vorgestellten Operatorklassen berücksichtigen das in Abschnitt 2.7 eingeführte 'open-next-close'-Protokoll. Somit können diese Operatoren an beliebigen Stellen im Planoperatorgraphen eingesetzt werden. Dabei werden Objektströme eingelesen und ein entsprechend sortierter, gruppierter bzw. von Duplikaten befreiter Ausgabeobjektstrom erzeugt.

Aggregation

Skalaraggregation

Funktions- oder Gruppierungsaggregation

große Ähnlichkeiten zwischen Gruppierungsaggregation und Duplikateliminierung

einheitliche ONC-Schnittstelle

3.2 Operatoren auf mehreren Relationen

Verbund- und Mengenopera- tionen

Die wichtigsten binären bzw. n-ären Operationen, die es durch entsprechende Operatoren zu unterstützen gilt, sind die Verbund- und die Mengenoperationen. Diese arbeiten auf mehreren Relationenoperanden und nutzen daher die im vorigen Abschnitt 3.1 beschriebenen Operatoren zum Relationenzugriff. Im folgenden werden die wichtigsten Strategien für diese Operatorklassen vorgestellt.

3.2.1 Verbund

Merkmale zur Charakterisie- rung eines Ver- bundes

Die Operation *Verbund* verknüpft zwei (mehre) Partnerrelationen oder Eingabeströme miteinander und erzeugt eine Ausgaberelation bzw. einen Ausgabestrom. Dabei werden die Tupel der Partnerrelationen genau dann zu einem Ausgabetupel kombiniert, wenn die Verbundbedingung von den Partnertupeln erfüllt ist. Der Verbund läßt sich im wesentlichen durch folgende Merkmale typisieren:

(1) Verbundprädikat
    Hier unterscheidet man den am häufigsten auftretenden Gleichverbund (und auch den natürlichen Verbund) vom Ungleichverbund. Weniger häufig ist der sogenannte Intervallverbund vorzufinden.

(2) Anzahl der Verbundpartner
    Bei zwei Verbundpartnern spricht man von einem binären Verbund und sonst von einem *n-ären Verbund* bzw. von einem *Mehrwegverbund*. Im folgenden konzentrieren wir uns auf den binären Verbund, da dieser auch als Grundlage für den Mehrwegverbund angesehen werden kann, weil sich ein n-ärer Verbund immer durch n-1 Binärverbunde ausdrücken läßt. Außerdem lassen sich die Binärverbundmethoden auch auf n Eingabeströme erweitern. Erst am Ende dieses Abschnitts werden wir apeziallere Bemerkungen zum Mehrwegverbund gemacht (Abschnitt 3.2.1.7).

(3) Art des Verbundes
    Die in einem Verbund ausgedrückte Verknüpfung der Eingabeströme kann (hier nur für den Fall des Binärverbundes) einmal eine 1:1, eine 1:n oder eine n:m Beziehung darstellen. Für die verschiedenen Realisierungsvarianten kann diese Unterscheidung wesentlich werden, da in manchen Fällen algorithmische Optimierungen möglich werden.

Bezogen auf die Diskussionen in Abschnitt 2.6.2 läßt sich der Verbund abstrakt wie folgt beschreiben:

```
JOIN(  Methode,
       Zugriffspfad,
       Eingabestrom-1, ..., Eingabestrom-i,
       Projektion,
       Qualifikation,
       Ausgabestrom)
```

Dabei bezeichnet der erste Parameter die eigentliche Verbundmethode, die die Tupel der Eingabeströme (dritter Parameter) miteinander kombiniert und dann auch gleich eine Projektion (vierter
Parameter) durchführt, falls die Qualifikationsbedingung (fünfter
Parameter) erfüllt ist. Der zweite Parameter ermöglicht die Nutzung existierender Zugriffspfade beim Verbund zu berücksichtigen. Weiterhin erkennt man sofort, daß der Verbund sich zerlegen
läßt in zwei Bestandteile, einerseits in den Zugriff auf die Eingabeströme und andererseits in die eigentliche Verknüpfung der Eingabeströme zum Ausgabestrom (sechster Parameter). Demzufolge
läßt sich eine konkrete Verbundrealisierung charakterisieren
durch die verwendeten Zugriffsoperationen (auf die Eingabeströme) und die eigentliche Verbundmethode.

*abstrakte Be-
schreibung des
Verbundes*

Die Zugriffsoperationen für einen Eingabestrom lassen sich nach
Abschnitt 3.1 durch folgende funktionale Darstellung beschreiben:

*abstrakte Be-
schreibung des
Zugriffsopera-
tors ACCESS*

```
ACCESS(   Zugriffsmethode(Eingabestrom),
          Projektion,
          Qualifikation,
          Ausgabestrom)
```

Diese abstrakte Beschreibung verbirgt die Realisierung des Zugriffs, also die eigentliche Zugriffsmethode und die Verwendung
von vorhandenen Zugriffspfaden dadurch, daß diese Angaben in
dem entsprechenden ACCESS-Operator gekapselt sind. Weiterhin
wird hier deutlich, daß einfache Projektionen und auch Selektionen sich sehr schön an die Zugriffsoperation delegieren lassen und
dann dort 'lokal' realisiert werden (siehe Abschnitt 3.1). Als direkte
Folge hiervon sind auf der Ebene der Verbundoperation nur noch
die Prädikate zu überprüfen, die sich nicht an eine Zugriffsoperation delegieren lassen. Das sind i. allg. Vergleiche von Attributwerten zwischen Partnertupel wie etwa Primär/Fremdschlüsselver-
gleiche. Diese Prädikate werden daher auch als die eigentlichen
Verbundprädikate bezeichnet.

Die Verbundoperation[*] läßt sich, wie in Programm P2 gezeigt, skizzieren. Dabei wird eine sehr hohe Beschreibungsebene realisiert,
auf der zum einen von der konkreten Verbundmethode abstrahiert
wird und zum anderen auch die Realisierung des Zugriffs auf die
Ein- bzw. Ausgabeströme verborgen wird. In diesem Sinne wird
hier die Beschreibungsebene des in Abschnitt 2.7 eingeführten abstrakten Ausführungsmodells unterstützt. Die Funktion *GET_E-*

*abstraktes Pro-
grammgerüst
zur Implemen-
tierung des
Verbundes*

---

[*]   Falls nichts anderes angemerkt ist, wird im folgenden immer von einem
     Binärverbund ausgegangen.

Programm (P2):   Abstrakte Programmbeschreibung der Verbundoperation
"Zu jedem Element des 'äußeren' Eingabestroms finde die hinsichtlich der
Verbundprädikate zugehörigen Elemente des 'inneren' Eingabestroms und
ggf. kombiniere zu einem Element des Ausgabestroms"

Ea	sei der 'äußere' Eingabestrom
ea	sei ein Element von Ea
Ei	sei der 'innere' Eingabestrom
ei	sei ein Element von Ei
AS	sei der Ausgabestrom
as	sei ein konstruiertes Ergebnistupel (Verbundtupel)
pred	sei das Verbundprädikat
join	führe die Kombination der Partnertupel zum Verbundtupel durch (Verbundmethode)

```
for each ea := GET_ELEMENT(Ea) do
    for each ei := GET_PARTNER_ELEMENT(Ei, ea, pred) do
        begin
            as := join(ea, ei);    (* Konstruiere Verbundtupel as aus Elementen ei und ea *)
            ADD_ELEMENT(as, AS);    (* Schreibe Element ea in Ausgabestrom *)
        end
```

LEMENT liefert jeweils ein Element des betreffenden Objektstroms
und die Funktion *GET_PARTNER_ELEMENT* stellt nacheinander die
Partnertupel für das gegebene Element und Verbundprädikat bereit[*]. Die Beschreibung der verschiedenen Verbundmethoden und
die dort verwendeten Zugriffsstrategien äußern sich dadurch, daß
die in diesem abstrakten Programmbeispiel ausgedrückte *Iteration*
durch entsprechend konkretere Programmteile ersetzt wird.

Im folgenden soll systematisch zusammengestellt werden, welche
Verbundmethoden und welche Zugriffsstrategien sinnvoll in einem
Verbundoperator miteinander kombiniert werden können.

3.2.1.1 Schleifeniteration

Die *Schleifeniteration* (engl. *nested loop join* oder auch nested iteration
join) ist die einfachste und immer anwendbare Verbundmethode.
Sie ist die direkte Umsetzung der zuvor eingeführten abstrakten
Verbundmethode mit Hilfe zweier Schleifen. Eine 'äußere' Schleife
dient zum Zugriff auf alle Elemente des 'äußeren' Eingabestroms
und eine 'innere' Schleife zum Zugriff auf alle Elemente des 'inneren' Eingabestroms. Das entsprechende Programmbeispiel ist in
Programm P3 wiedergegeben, dabei gelten die zuvor eingeführten
Variablenbezeichnungen.

*Schleifenitera-
tion ist eine
immer anwend-
bare Verbund-
methode*

---

[*]   Die lokal innerhalb dieser Zugriffsoperationen ausgeführten Selektionen
und Projektionen sind hier nicht dargestellt.

Programm (P3): Schleifeniteration

```
    while NOT END_OF(Ea) do            (* äußere Schleife *)
        begin
            ea := GET_ELEMENT(Ea);
            while NOT END_OF(Ei) do        (* innere Schleife *)
                begin
                    ei := GET_ELEMENT(ei);
                    if pred(ea, ei) then
                        begin
                            as := join(ea, ei);
                            ADD_ELEMENT(as, AS);
                        end
                end
        end
```

In diesem Programmbeispiel wurden keine Voraussetzungen an
die physische Organisation der Ein- bzw. Ausgabeströme noch an
zugriffsunterstützende Strukturen gestellt. Für jedes Element des
äußeren Eingabestroms werden alle Elemente des inneren Eingabestroms gelesen und für die so gebildeten Paare wird die Verbundbedingung überprüft, dann ggf. das Verbundtupel konstruiert und
in den Ausgabestrom geschrieben. Die Komplexität dieser Verbundmethode ist daher $O(N^2)$, wobei hier N die Kardinalität eines
Eingabestroms bezeichnet[*]. Die Kardinalität des berechneten Ausgabestroms ist abhängig von der Art des Verbundes und der Selektivität des Verbundprädikats (siehe Kapitel 4). Durch die Verwendung des Tabellen-Scan bzw. Objektstrom-Scan läßt sich dieses Verfahren sehr leicht auf die Operationen der Zugriffssystemschnittstelle abbilden.

Charakteristika der Schleifen-iteration

Offensichtlich wird die Komplexität des Verbunds bestimmt durch
den Aufwand zum Zugriff auf die Eingabeströme. Dieser Aufwand
läßt sich durch Anwendung bestimmter Optimierungsmaßnahmen
(u.a. gehören hierzu auch die in Abschnitt 3.1 beschriebenen effizienten Zugriffsmethoden) deutlich reduzieren. Eine sehr einfache
Zugriffsoptimierung besteht darin, die Schleifeniteration nicht wie
gehabt auf der Elementebene durchzuführen, sondern Verarbei-
tungsblöcke, die je nach Blockgröße aus einer bestimmten Anzahl
von Elementen bestehen, als Schleifengranulat zu verwenden. Bei
dieser *blockorientierten Schleifeniteration* werden die Eingabeströme
blockweise gelesen und verarbeitet. Das heißt, für jeden Block des
äußeren Eingabestroms werden alle Blöcke des inneren Eingabe-

Optimierung: blockorientierte Schleifenitera-tion

---

[*] Hier wird der Einfachheit wegen angenommen, daß die beiden Eingabeströme gleiche Kardinalität besitzen.

stroms nach Verbundelementen durchsucht. Im Vergleich zur reinen Schleifeniteration wird der innere Eingabestrom bei der geblockten Verarbeitung nur noch einmal pro Block (und nicht wie vorher pro Element) des äußeren Eingabestroms gelesen. Damit reduziert sich die Anzahl der Elementzugriffe und damit auch die Komplexität erheblich. Durch entsprechende Clusterbildung als physische Organisationsform kann die Effektivität der blockorientieren Verabeitung nochmals entscheidend gesteigert werden.

Die Schleifeniteration ist auch einfach kombinierbar mit Indexzugriffen. Dabei besteht einmal die Möglichkeit nur auf den inneren oder aber auf beide Eingabeströme via Zugriffsstruktur auf dem Attribut des Verbundprädikats zuzugreifen. Die Arbeitsweise dieser *indexbasierten Schleifeniteration* ist dann die folgende: für jedes Element des äußeren Eingabestroms werden unter Ausnutzung der Zugriffsstruktur direkt die bzgl. des Verbundprädikats passenden Elemente des inneren Eingabestroms selektiert. Damit ist die Komplexität der Verbundbildung hier O(N). Dabei ist es prinzipiell egal, welche Zugriffsstruktur benutzt wird. Das heißt, es kann eine Indexstruktur oder aber auch eine Hash-Struktur für den direkten Zugriff ausgenutzt werden. In dem o.a. Programmbeispiel für die reine Schleifeniteration (Programm P3) müssen die Schleifen und deren GET_ELEMENT-Funktionen durch die entsprechenden Zugriffsoperationen auf den Zugriffsstrukturen ersetzt werden. Zum Beispiel läßt sich damit direkt Programm P4 ableiten.

Optimierung: indexbasierte Schleifeniteration

Dieses Programmfragment beschreibt eine indexbasierte Schleifeniteration die ein Hash-Verfahren als Zugriffsmethode auf die Elemente/Tupel des inneren Eingabestroms/Relation verwendet. Handelt es sich um einen funktionalen oder komplexen Verbundtyp, können mehrere Partnertupel zu einem äußeren Tupel existieren. In diesem Falle würde der Direktzugriff eine Tupelmenge liefern, die dann einzeln mit dem äußeren Tupel zu Verbundtupeln zu kom-

Programm (P4):   indexbasierte Schleifeniteration

```
while NOT END_OF(Ea) do              (* äußere Schleife *)
    begin
        ea := GET_ELEMENT(Ea);
        ei := HASH(Ei, key(ea));     (*direkter Hash-Zugriff *)
        if pred(ea, ei) then
            begin
                as := join(ea, ei);
                ADD_ELEMENT(as, AS);
            end
    end
```

binieren wäre. Dies könnte zum Beispiel über eine kleine Schleife gemacht werden, die die über den Hash-Zugriff gefundenen Tupel einzeln abarbeitet. Aus Übersichtsgründen wurde dies in Programm P4 nicht berücksichtigt. Zudem ist noch anzumerken, daß es sich hier bestimmt um einen Gleichverbund handelt, da Hash-Zugriff gewählt wurde.

Sind sowohl für den inneren wie auch für den äußeren Eingabestrom Zugriffsstrukturen auf dem Verbundattribut und auf den Attributen für die lokal überprüfbaren Prädikate definiert, kann eine weitere Variante der Schleifeniteration angewandt werden. Bei der *TID-Methode* werden nur die Tupel- bzw. Elementidentifikatoren (TID) zur Bildung des Verbunds verwendet und auch nur die Tupel (Elemente) gelesen, die letztendlich am Verbund teilnehmen. Damit werden unnötige Zugriffe zu Datenseiten, so weit es geht, vermieden. Zunächst werden die TID der Tupel, die die lokalen Prädikate erfüllen, sortiert in temporären Zwischenströmen[*] TEMPa und TEMPi abgelegt. Unter Verwendung der Zugriffsstrukturen auf dem Verbundattribut werden dann die potentiellen Verbundpartner aufgesucht und durch TID-Paare (TID_{ea}, TID_{ei}) dargestellt. Solch ein TID-Paar qualifiziert sich dann, wenn sich TID_{ea} in TEMPa und TID_{ei} in TEMPi befinden. Nachdem dieses überprüft wurde, werden die zu dem TID-Paar gehörigen Tupel aufgesucht, deren Verbund durchgeführt und als Ergebnistupel im Ausgabestrom bereitgestellt. Betrachtet man sich die TID-Methode etwas genauer, so erkennt man, daß die eigentliche Bildung des Verbunds durch die Bildung der TID-Paare geschieht. Dazu kann auch die im folgenden beschriebene Mischmethode verwandt werden.

Optimierung:
TID-Methode

3.2.1.2 Mischmethode

Mischen (engl. *sort merge join*) ist eine Verbundmethode, die die Sortierung aller Eingabeströme bzgl. des Verbundattributes voraussetzt. Dabei wird die allgemeine Schleifeniteration ersetzt durch ein schrittweises Abarbeiten der Eingabeströme entlang der Sortierordnung. Die Mischmethode läßt sich durch zwei aufeinanderfolgende Schritte beschreiben. Im ersten Schritt wird die Sortierordnung der beiden Eingabeströme nach dem Verbundattribut hergestellt. Aufgrund schon vorhandener physischer Sortierordnungen der Eingabeströme (entweder als Basisrelation oder auch als Zwischen- bzw. Temporärrelation) oder aufgrund von Zugriffs-

Mischmethode:
Mischen sortierter Eingabeströme

---

[*] Diese Zwischenströme können z.T. recht groß werden und müssen dann auf temporäre Dateien abgebildet werden.

pfaden, die einen Zugriff in Sortierreihenfolge erlauben, kann manchmal auf eine explizite Sortierung verzichtet werden. Ansonsten ist eine Sortierung nach dem Verbundattribut durchzuführen. Hierzu können die in Abschnitt 3.1.3 genannten Sortierverfahren eingesetzt werden. Auch können die lokalen Prädikate auf den Eingabeströmen schon evaluiert werden und somit nicht mehr benötigte Elemente aus der weiteren Berechnung herausgenommen werden. Im zweiten Schritt werden die beiden Eingabeströme bzgl. des Verbundattributwertes miteinander schritthaltend[*] und in der gleichen Reihenfolge gelesen. Für übereinstimmende Verbundattributwerte wird dann der Verbund der entsprechenden Partnertupel gebildet und das Ergebnistupel im Ausgabestrom bereitgestellt. Für den Mischverbund, inklusive evtl. notwendiger Sortierung der Eingabeströme, ergibt sich damit ein Komplexitätsmaß von $O(N\log N)$. Unter der Voraussetzung, daß die beiden Eingabeströme schon sortiert und vielleicht auch schon bzgl. der lokalen Prädikate reduziert sind, sieht das Programmfragment für den Mischverbund wie in Programm P5 dargestellt aus.

Zur Durchführung der Mischmethode werden Zeiger mit den Verbundpartnern assoziiert, die den Fortgang der Verbundoperation und den aktuellen Stand der Abarbeitung der Eingabeströme widerspiegeln. Programm P5 berücksichtigt den allgemeinsten Fall eines n:m Verbundtyps. Im Falle eines 1:1 bzw. eines 1:n Verbunds, kann die Programmlogik deutlich vereinfacht werden[**]. Die eigentliche Mischmethode, also ohne Berücksichtigung evtl. notwendig gewesener Sortieroperationen, ermöglicht die Verbundberechnung unter einmaligem Lesen eines jeden Eingabeelements. Somit ergibt sich nur für das Mischen (ohne etwaigen Sortierungsaufwand) ein Komplexitätsmaß von $O(N)$. Insbesondere bei schon vorhandenen Zugriffsstrukturen, die die benötigte Sortierreihenfolge unterstützen bzw. bei entsprechender physischer Sortierreihenfolge (d.h., Schritt 1 kann eingespart werden), ist die Mischmethode sehr vielversprechend.

Realisierungs-
aspekte der
Mischmethode

Mittlerweile wurden in der Literatur auch Verbundvarianten vorgeschlagen, die manche Aspekte aus verschiedenen Verfahren kombinieren. Zum Besispiel kann der sog. *Hybrid-Verbund* (engl. hybrid

---

[*]   'Schritthaltend' bedeutet, daß die Werte des Verbundattributs (nachdem sortiert wurde) für die beiden aktuell betrachteten Elemente möglichst gleich sind.

[**]   In diesen Fällen kann man das Merken und Nachbearbeiten der inneren Verbundpartner einsparen.

Programm (P5): Mischverbund

```
va sei das Verbundattribut
Zeiger-i, Zeiger-i-unten, Zeiger-i-oben(* Zeiger auf Elemente in Ei *)
Garantiere Sortierung von Ea;      (* Schritt 1 *)
Garantiere Sortierung von Ei;
ea := GET_ELEMENT(Ea);
ei := GET_ELEMENT(Ei);
while NOT END_OF(Ea) AND NOT END_OF(Ei) do(* Schritt 2 *)
    begin
       if ea[va] > ei[va]          (* Ungleichheit der Verbundattributwerte *)
          then ei := GET_ELEMENT(Ei);
       if ea[va] < ei[va]          (* Ungleichheit der Verbundattributwerte *)
          then ea := GET_ELEMENT(Ea);
       if ea[va] = ei[va]          (* Verbundpartner gefunden*)
          then
             begin
                as := join(ea, ei);              (* Konstruiere ein Verbundtupel *)
                ADD_ELEMENT(as, AS);
                Zeiger-i-unten := ei;            (* Merke ersten Verbundpartner *)
                while  NOT END_OF(Ei)
                     AND ea[va] = ei[va] do      (* weitere innere Verbundpartner *)
                   begin
                      ei := GET_ELEMENT(Ei);
                      as := join(ea, ei);        (* Konstruiere ein Verbundtupel *)
                      ADD_ELEMENT(as, AS);
                   end;
                Zeiger-i-oben := ei;             (* Merke letzten Verbundpartner *)
                while NOT END_OF(Ea)
                     AND ea[va] = ei[va] do      (* weitere äußere Verbundpartner *)
                   begin
                      ea := GET_ELEMENT(Ea);
                      for Zeiger-i = Zeiger-i-unten
                            to Zeiger-i-oben do  (* jeder gemerkte Verbundpartner *)
                         begin
                            ei := GET_ELEMENT(Zeiger-i);
                            as := join(ea, ei);  (* Konstruiere ein Verbundtupel *)
                            ADD_ELEMENT(as, AS);
                         end
                   end
             end
    end
```

join [CHHI91]) als eine Kombination von Mischmethode und TID-Methode angesehen werden. Zuerst wird der äußere Eingabestrom gemäß dem Verbundattribut sortiert. Dann wird der Verbund durchgeführt zwischen dem sortierten äußeren Eingabestrom und dem Index über dem Verbundattribut des inneren Eingabestroms. Im Verbundergebnis wird jedes Partnertupel des inneren Eingabestroms durch sein TID (Externspeicheradresse), das im Index ent-

Hybrid-Verbund als Kombination von Mischmethode und TID-Methode

halten ist, repräsentiert. Dieses Zwischenergebnis wird dann nach den TID-Werten sortiert und anschließend wird auf den inneren Eingabestrom sequentiell zugegriffen und das Verbundergebnis komplettiert.

3.2.1.3 Hash-Verbund

Eine ganz andere Vorgehensweise wird bei dem *Hash-Verbund* realisiert. Die einfachste Form dieser Verbundmethode nutzt eine dynamisch aufgebaute Hash-Tabelle zum schnellen Aufsuchen von Verbundpartnern aus. Hierfür wird immer der kleinere Eingabestrom verwendet, und lokale Prädikate werden beim Aufbau der Hash-Struktur schon berücksichtigt. Ist diese Hash-Tabelle klein genug, kann sie für die Dauer der Verbunds im Hauptspeicher lokal gehalten werden. In diesem Fall genügt ein einmaliges Lesen des anderen Eingabestroms, um den Verbund zu berechnen. Für jedes gelesene Element wird über die Hash-Funktion der zugehörige Hash-Block aufgesucht und dieser nach Verbundpartnern durchsucht (man nennt dies im engl. probing) und im Erfolgsfall ein Verbundelement generiert. Der zugehörige Basisalgorithmus ist in Programm **P6** beschrieben.

haupspeicher-basierter Hash-Verbund

Im Normalfall paßt die Hash-Tabelle meistens nicht in den aktuell verfügbaren Hauptspeicher. Dann muß eine Strategieanpassung

```
Programm (P6):  Basisalgorithmus für den Hash-Verbund

        block[i] i=1,...,n seien die Hash-Blöcke der Hash-Tabelle;
        h sei die Hash-Funktion;
        eprobe sei ein Tupel im Hash-Block
        while NOT END_OF(Ei) do      (* Hash-Tabelle mit Elem. von Ei füllen *)
            begin
                ei := GET_ELEMENT(Ei);
                i := h(ei[va]);
                ADD_TO_BLOCK(block[i], ei);
            end
        while NOT END_OF(Ea) do               (*Probing der Elemente von Ea *)
            begin
                ea := GET_ELEMENT(Ea);
                i := h(ea[va]);
                eprobe := PROBE_BLOCK(block[i], ea); (* Probing *)
                if (eprobe NOT NIL) then          (* Verbundtupel gefunden *)
                    begin
                        as := join(ea, eprobe);     (* Konstruiere ein Verbundtupel *)
                        ADD_ELEMENT(as, AS);
                    end
            end
```

des Hash-Verbunds durchgeführt werden. Dies führt zur allgemeinen Version der Hash-Methode, die in drei Schritten abläuft:

(1) *Partitionierungsphase*: Partitionierung des kleineren Eingabestroms

(2) *Verbundvorbereitung*: Aufbau von Hash-Tabellen für jede Partition

(3) *Verbundphase*: Überprüfung (probing) des anderen Eingabestroms und Durchführung des Verbunds im Erfolgsfall.

In Gegensatz zu den Schritten 1 und 2, die nur einmal durchzuführen sind, muß im allgemeinen Fall Schritt 3 für jede Partition durchgeführt werden, da ohne spezielle Vorkehrungen (siehe weiter unten) nicht ausgeschlossen werden kann, daß sich potentielle Partnertupel in allen Partitionen befinden. Dies bedeutet, daß der (probing) Eingabestrom für jede Partition ganz zu lesen ist. Somit ergibt sich als Komplexitätsmaß $O(p{\times}N)$, welches für den Sonderfall, daß der kleinere Eingabestrom doch ganz in den Hauptspeicher paßt und daher nur eine Partition erzeugt wird (p=1), auf das Maß O(N) reduziert werden kann. In diesen Aufwandsbetrachtungen kommt klar zum Ausdruck, daß die Effizienz des Hash-Verfahrens direkt von der Anzahl p der benötigten Partitionen abhängt. Die Bestimmung der optimalen Belegung dieses Parameters ist recht schwierig, da zum einen jede Partition maximal so groß werden darf, daß der verfügbare Pufferbereich im Hauptspeicher für den späteren Aufbau der zugehörigen Hash-Tabelle ausreicht. Zum anderen sind für eine Abschätzung der zu erwartenden Partitionsgröße Kenntnisse über das Partitionierungsverhalten der Partitionierungsfunktion hinsichtlich des konkreten Eingabestroms notwendig. Man beachte hierbei, daß der Eingabestrom meistens nur als ungefähre Abschätzung in Form eines (temporären) Zwischenergebnisses vorliegt.

Weitere oft zitierte Varianten [DKOS84,Sh86] dieser allgemeinen Form der Hash-Methode sind:

(1) *Basismethode* (im engl. *simple hash join* genannt)
Hierbei handelt es sich um eine Anpassung des oben schon vorgestellten Basisalgorithmus auf große, nicht in den Hauptspeicher passende Eingabeströme, und hinsichtlich der o.g. dreischrittigen allgemeinen Hash-Methode werden hier die Partitionierungsphase und die Verbundphase simultan bearbeitet. Zuerst wird eine Partitionierungsfunktion in Form einer Hash-Funktion festgelegt, die das Verbundkriterium berücksichtigt. Der kleinere Eingabestrom wird zuerst gelesen und für die Tupel, die in die gerade aktuelle Partition fallen, wird eine Hash-Tabelle aufgebaut, die anderen Tupel werden wieder zurückgeschrieben. Dieser zurückgeschriebene Eingabestrom enthält die Tupel, die bislang noch nicht von Interesse waren. Als nächstes wird der andere Eingabestrom gelesen, und für jedes Tupel wird

überprüft, ob es in die gerade aktuelle Partition paßt. Ist dies der Fall, dann wird die für diese Partition aufgebaute Hash-Tabelle hinsichtlich Verbundpartner überprüft (probing) und ggf. ein Verbundtupel konstruiert. Alle Tupel, die nicht in die aktuelle Partition fallen, werden, wie zuvor beim anderen Eingabestrom auch, wieder zurückgeschrieben. Dieser Ablauf, der mit der Festlegung einer neuen, aktuellen Partition beginnt, wird nun solange wiederholt, wie es noch unbearbeitete Partitionen bzw. noch unberücksichtigte, zurückgeschriebene Tupel gibt.

Variante 2:
GRACE-
Methode

(2) *GRACE-Methode* (im engl. *GRACE hash join* genannt)
Diese Variante ist dadurch charakterisiert, daß Partitionierungs- und Verbundphase strikt separat ablaufen. Es werden beide Eingabeströme über eine Hash-Funktion (die das Verbundkriterium berücksichtigt) in Partitionen zerlegt, so daß die Partitionen eines (meistens des kleineren) Eingabestroms in den verfügbaren Hauptspeicher passen. In Schritt 3 werden nur noch die jeweils zusammengehörigen Partitionen betrachtet, für die dann der Verbund durchzuführen ist. Dazu wird wiederum ein Hash-Verfahren (z.B. das in Programm P6 gezeigte) eingesetzt, obgleich im Prinzip jedes Verbundverfahren hier verwendet werden kann.

Variante 3:
Hybrid-Hash-
Methode

(3) *Hybrid-Hash-Methode* (im engl. *hybrid hash join* genannt)
Wie der Name schon verrät, handelt es sich hier um eine Kombination zweier Verfahren. In einer ersten separaten Phase werden, wie zuvor beim GRACE-Algorithmus, beide Eingabeströme partitioniert. Jedoch wird im Gegensatz zum GRACE-Algorithmus der verbleibende Speicherplatz dazu benutzt, analog zur Basismethode, sofort eine Hash-Tabelle für die aktuelle Partition aufzubauen. Werden nun im Rahmen der Partitionierung des anderen Eingabestroms Tupel gelesen, die in die aktuelle Partition fallen, so schließt sich für diese sogleich auch eine Verbundbehandlung an. Am Ende der Partitionierungsphase wurde damit schon für eine Partition eine Verbundberechnung durchgeführt. Die (restliche) Verbundphase verläuft dann analog zum GRACE-Algorithmus.

Bewertung des
Hash-Verbun-
des

Insgesamt läßt sich durch die obige Diskussion der verschiedenen Hash-Varianten erkennen, daß der Hash-Verbund eine 'höhere' Verbundmethode realisiert, die sich intern auf andere Verbundmethoden und Zugriffsstrategien bezieht (meistens für den hauptspeicherresidenten Fall). Der Hash-Verbund ist im wesentlichen nur für den Gleichverbund (Punktanfragen mit Gleichheitsprädikat) geeignet, kann allerdings bei allen Verbundarten (1:1, 1:n und m:n) unverändert eingesetzt werden.

3.2.1.4 Zeigerbasierte Verbundmethoden

In [SC90] werden zeigerbasierte Varianten der oben vorgestellten Standard-Verbundmethoden beschrieben und hinsichtlich ihrer Effizienz untersucht. Es gibt im wesentlichen zwei Gründe, dieses zu tun. Zum einen bieten viele Datenmodelle mittlerweile eine Möglichkeit, Referenzen von einem Objekt auf ein anderes bzw. auf eine Menge anderer Objekte auszudrücken. In semantischen und objektorientierten Modellen sind das meistens sog. Objektidentifikatoren[*] (OID, engl. *object identifiers*), in herkömmlichen Modellen sind das entweder Surrogate oder Satzidentifikatoren wie z.B. das früher schon erwähnte TID. Diese Referenzen sind entweder vollständig logischer Natur (meistens OIDs oder allgemein Surrogate) oder ganz physisch (z.B. als TID) oder gar kombiniert mit einer logischen und einer physischen Komponente (etwa wie in O2 oder EXODUS oder wie die Datenbankschlüssel, DBK, im Netzwerkmodell). Zum anderen werden TID oft zur Realisierung von Indexstrukturen oder anderen internen Datenstrukturen benutzt und können damit z.B. auch dazu verwendet werden, Verbund oder referentielle Integrität effektiv zu unterstützen (s.u. die IMS-Zugriffspfadstruktur [CSLL90]).

Gründe für zeigerbasierte Verbundvarianten

Bei der *zeigerbasierten Schleifeniteration* werden für jedes Element des äußeren Eingabestroms die zugehörigen Verbundpartner des inneren Eingabestroms durch Auswerten der Referenzen (auf die Partnertupel) gefunden. Der Zugriff auf die Elemente des inneren Eingabestroms passiert hier willkürlich, was dazu führen kann, daß eine Seite mehrmals referenziert und auch z.T. dann mehrmals gelesen werden muß. Dies zu umgehen, ist das Ziel des *zeigerbasierten Mischens*. Hier werden die Elemente des äußeren Eingabestroms gelesen und nach den Seitenzugriffen (und nicht nach dem Wert des Verbundattributs) der dort enthaltenen (physischen) Referenzen sortiert. Danach werden diese Elemente in Sortierreihenfolge gelesen und die zugehörigen Verbundpartner des inneren Eingabestroms über die Referenzen aufgefunden. Im Gegensatz zum Standardverfahren muß der innere Eingabestrom hier nicht sortiert werden. Die *zeigerbasierte Hash-Methode* (in der GRACE- bzw. Hybrid-Hash-Variante) arbeitet im wesentlichen ähnlich wie das zuvor beschriebene zeigerbasierte Mischen, jedoch wird die Sortierung ersetzt durch ein Hash-Verfahren, das nun eine Partitionierung gemäß den Seitenzugriffen, die durch die (physischen) Referenzen ausgedrückt werden, durchführt. Analog zum zeigerbasierten Mischen bleibt der innere Eingabestrom hier ebenfalls unverändert, wird also nicht partitioniert. Für jede Partition des

zeigerbasierte Schleifeniteration

zeigerbasiertes Mischen

---

[*] Objektidentifikatoren sind entweder Surrogate, die über eine entsprechende Abbildung in die physischen Objektadressen umgesetzt werden, oder es sind strukturierte Adressen, die aus verschiedenen Komponenten (z.B. Segmentnummer, Klassenidentifikation und TID) zusammengesetzt sind.

zeigerbasierte Hash-Methode

äußeren Eingabestroms wird ggf. in der Verbundphase eine Hash-Tabelle wiederum nach Seitenzugriffen aufgebaut und dann für jeden Hash-Block, der nun nur noch Referenzen auf eine Seite des inneren Eingabestroms enthält, die referenzierte Seite des inneren Eingabestroms gelesen und die Verbundberechnungen für die zugehörigen Elemente durchgeführt. Die erwähnten zeigerbasierten Algorithmen können verwendet werden in allen DBS, die Referenzen zum Verbinden von Sätzen/Objekten ausnutzen. Allerdings arbeiten das zeigerbasierte Mischen und die zeigerbasierte Hash-Methode besonders effizient, falls physische Referenzen, die einen Seitenidentifikator enthalten, benutzt werden, da dann die oben beschriebene Optimierung des Seitenzugriffs für den inneren Eingabestrom möglich wird. Diese Zugriffsoptimierung ist hingegen nicht übertragbar auf die zeigerbasierte Schleifeniteration.

Bewertung der zeigerbasierten Verbundvarianten

In [SC90] wurden auch ausführliche Analysen durchgeführt, die zeigen, daß zeigerbasierte Verbundmethoden in vielen realistischen Situationen deutliche Effizienzgewinne gegenüber den anderen, oben beschriebenen Standard-Verbundmethoden erzielen können. Effizient unterstützt werden die in relationalen DBS häufig vorkommenden Fremdschlüssel/Primärschlüssel-Verbunde bzw. die in objektorientierten Systemen notwendigen Verbunde über OID-Referenzen. Es gibt jedoch auch Szenarien, in denen der standardmäßige Hybrid-Hash-Verbund bessere Resultate als seine zeigerbasierten Varianten erzielt; etwa, wenn die beiden Eingabeströme sehr unterschiedliche Größen aufzeigen. Am schlechtesten in fast allen untersuchten Fällen hat die zeigerbasierte Schleifeniteration abgeschnitten. Aus diesen Erfahrungen kann man nun einmal folgern, daß insbesondere in objektorientierten Systemen auch nicht-zeigerbasierte Verbundmethoden verfügbar und daß dort zudem auch intelligentere Methoden als die zeigerbasierte Schleifeniteration zum Ausnutzen der (physischen) Referenzen vorhanden sein sollten.

3.2.1.5 Unterstützung der Verbundmethode durch Zugriffspfadstrukturen

Join-Index zur Verbundopti-mierung

Sehr verwandt mit den oben vorgestellten zeigerbasierten Verbundmethoden ist die Verwendung des sog. *Join-Index* [Va87], der eine den Verbund unterstützende Datenstruktur realisiert. Diese besteht aus Referenzpaaren, die jeweils Partnertupel referenzieren und somit den eigentlichen Verbund schon vorberechnet haben. In [Va87] wird gezeigt, daß Verbunde, die einen Join-Index verwenden, i. allg. der Hybrid-Verbundmethode (und damit auch den anderen Methoden) überlegen ist. Für den (1:n)-Fall gilt dies jedoch nicht. Hier sind die zeigerbasierten Verbundmethoden oftmals besser, da die 'eingebetteten' Referenzen ja schon eine effiziente Realisierung eines entsprechenden Join-Index darstellen, und man dort den Overhead einer zusätzlichen Zugriffspfadstruktur einspart.

Zur Unterstützung des Verbunds werden auch andere spezielle Speicherungsstrukturen und Zugriffspfade vorgeschlagen. Dies sind Verfahren, die im Gegensatz zu den früher diskutierten Konzepten nicht den Zugriff auf die Eingabeströme verbessern, sondern die eigentliche Verbundberechnung erleichtern. Die *IMS-Zugriffspfadstruktur* (engl. incrementally matched sets, [CSLL90]) ist ähnlich zu der in Abschnitt 2.6.2 schon erwähnten Link-Struktur, die ebenfalls einen hierarchischen Zugriffspfad bereitstellt. Sie ist, analog zum Join-Index, eine zeigerbasierte Zugriffspfadstruktur, die mittels 'versteckter' Referenzfelder in den beteiligten Tupeln realisiert wird. Damit werden (n:1)-Beziehungen zwischen Fremd- und Primärschlüssel materialisiert, die dann zur Verbundberechnung ausgenutzt werden können. Die IMS-Zugriffspfadstruktur ist auf diesen 'Fremdschlüssel'-Verbund zugeschnitten. Join-Indices sind diesbezüglich allgemeiner, da sie nicht auf Fremd- und Primärschlüssel eingeschränkt sind und daher auch (n:m)-Beziehungen materialisieren. Im Gegensatz zu dem Join-Index, der prinzipiell auch für den Ungleichverbund einsetzbar ist, kann die *verallgemeinerte Zugriffspfadstruktur* [Hä78b, Hä87] nur für den Gleichverbund (komplexe Beziehungen sind dabei zulässig) über den Attributen (der gleichen oder aber verschiedener Relationen), die auf demselben (bzw. vergleichbaren) Wertebereich definiert sind, verwendet werden. Ein verallgemeinerter Zugriffspfad erlaubt gleich mehrere Zugriffspfade verschiedenen Typs in einer B*-Baumstruktur zu vereinigen. Er bietet direkten Indexzugriff auf die invertierten Attribute und zusätzlich hierarchische Zugriffspfade zwischen den (verschiedenen) Relationen, zu denen die invertierten Attribute gehören. Die hierarchischen Zugriffspfade können, ähnlich zum Join-Index, zur Verbundberechnung benutzt werden.

3.2.1.6 Bitfiltern und Semiverbund

Eine andere Möglichkeit, die Effizienz einer Verbundberechnung zu verbessern, ist, die Anzahl der in der eigentlichen Verbundberechnung zu betrachtenden Elemente zu minimieren. Dies kann, wie zuvor schon mehrmals bemerkt, dadurch passieren, daß lokale

Bitfiltern berücksichtigt bei der Reduktion das Verbundprädikat

Prädikate schon beim Zugriff auf die Eingabeströme evaluiert werden und somit eine Selektion der Elemente vor der Verbundberechnung durchgeführt wird. Eine weitere Möglichkeit der Reduktion der Elementanzahl kann durch das sogenannte *Bitfiltern* (engl. *bit filtering*, [DG85, Sh86]*) erreicht werden. Hier wird, anders als zuvor, nicht ein lokales Prädikat eines Eingabestroms berücksichtigt, sondern das Verbundprädikat ausgenutzt. Beim Lesen des (äußeren) Eingabestroms wird für jedes Element eine über dem Verbundattribut definierte Hash-Funktion angewandt und das über den berechneten Hash-Wert adressierte Bit eines Bitvektors gesetzt. Während des Lesens des anderen (inneren) Eingabestroms wird ebenfalls diese Hash-Funktion wiederum auf jedes Element angewandt und an der durch den Hash-Wert bestimmten Stelle im Bitvektor nachgesehen, ob dort ein Bit gesetzt ist. Ist dies nicht der Fall, kann das aktuelle Element von der weiteren Verbundberechnung ausgespart werden, da es offensichtlich keinen Verbundpartner im anderen Eingabestrom gibt. Andernfalls muß das Element weiter in die Verbundberechnung mit einbezogen werden. Bitfiltern ist insbesondere dann gewinnbringend, wenn der Verbund eine hohe Selektivität aufweist und die vielen am Verbund nicht teilnehmenden Elemente sofort aus den weiteren Berechnungen herausgenommen werden können. Da das Bitfiltern zwischen Elementzugriff und Verbundberechnung eingeschoben ist, kann es in vielen Verbundmethoden (etwa beim Mischen oder in Hash-Methoden) berücksichtigt werden. Das gilt insbesondere für solche Verbundmethoden, die vor der eigentlichen Verbundberechnung die Eingabeströme mit ihren Elementen lesen.

Bitfiltern ist kombinierbar mit anderen Verbundmethoden

Als Verallgemeinerung der Methode Bitfiltern kann der sogenannte *Semiverbund* (engl. *semi-join*) angesehen werden. Anstatt einen Bitvektor aufzubauen, werden die Elemente des (äußeren) Eingabestroms nach dem Verbundattribut (oder -attributen) projiziert. Für dieses Zwischenergebnis, welches man sich als einen Eingabestrom mit genau den Verbundattributen vorstellen kann, wird dann der Verbund mit dem anderen (inneren) Eingabestrom berechnet. Den Ergebnisstrom hiervon nennt man dann Semiverbund. Um den endgültigen Ergebnisstrom der gewünschten Verbundoperation nun zu bekommen, muß nochmals ein Verbund durchgeführt werden zwischen dem Semiverbundstrom, der alle am Verbund partizipierenden Elemente des inneren Eingabestroms enthält, und dem äußeren Eingabestrom. Falls eine existen-

Semiverbund als Verallgemeinerung von Bitfiltern

---

*   In [Sh86] wird dazu Babb-Array [Ba79] gesagt.

tiell quantifizierte Anfrage vorliegt (vgl. Abschnitt 3.2.3), enthält der Semiverbundstrom bereits das gewünschte Endergebnis, da dort alle Elemente des (inneren) Eingabestroms zusammengefaßt sind, die bestimmt einen Verbundpartner in dem anderen (äußeren) Eingabestrom besitzen.

Semiverbund und Bitfiltern können aufgrund ihrer Ähnlichkeiten in einem gemeinsamen und verallgemeinerten Konzept, wie in [Sh86] vorgeschlagen, bereitgestellt werden. Diese sind dann kombinierbar mit vielen der zuvor schon genannten Verbundmethoden. Insbesondere im Bereich verteilter DBS sind diese Verfahren sehr gewinnbringend einsetzbar, da z.B. im Falle eines Verbunds über Rechnergrenzen hinweg nur minimale Datenmengen (Bitvektor oder Semiverbundstrom) zu übertragen sind. In diesem Sinne spricht man dort auch von Semiverbund und Bitvektorverbund als eigenständige Verbundmethoden.

Bitfiltern und Semiverbund sind insbesondere bei verteilter AV nützlich

3.2.1.7 Mehrwegverbund

Viele der hier vorgestellten Verfahren sind einfach erweiterbar auf den n-ären Verbund. Insbesondere einige der den Verbund unterstützenden Zugriffspfadstrukturen sind, nach entsprechenden Anpassungen, auch für n Eingabeströme einsetzbar. Dazu zählen etwa die verallgemeinerte Zugriffspfadstruktur oder die IMS-Zugriffspfadstruktur bzw. der Join-Index. Letzterer wird für den n-ären Fall in [KM90] als 'Zugriffsunterstützungsrelation' (engl. access support relation) bezeichnet. In [Ul89] wird einmal ein spezieller 3-ärer Verbund und auch zwei n-äre Verbundalgorithmen, der Wong-Youssefi-Algorithmus [WY76] und Yannakakis-Algorithmus [Ya81] beschrieben. Beide benutzen Verbund- und Semiverbundoperationen, die in geeigneter Weise hintereinander ausgeführt werden, um die Anzahl der in der eigentlichen Verbundberechnung zu betrachtenden Elemente zu minimieren.

Zugriffspfadunterstützung und spezielle Algorithmen für den n-ärenVerbund

3.2.1.8 Bewertung der Verbundmethoden

Die Schleifeniteration ist zwar generell anwendbar, aber für große Eingabeströme meistens recht ineffizient. Nur für den Fall, daß mindestens ein Eingabestrom während der Verbundberechnung im Hauptspeicher lokal gehalten werden kann, kann eine ausreichende Effizienz garantiert werden. Obwohl die Ergebnisse der Betrachtungen in [DG85, Sh86] zeigen, daß das Mischen im allgemeinen der Hybrid-Hash-Methode unterlegen ist, stellt es immer noch eine in vielen (insbesondere relationalen) DBS häufig benutzte

Schleifeniteration bei kleinen Eingabeströmen, ansonsten Misch- oder Hash-Methoden

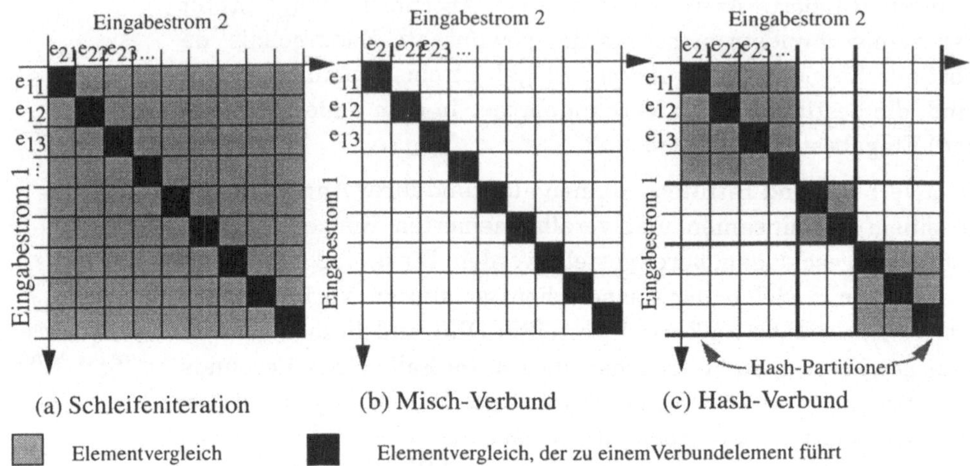

Bild 3.1: Vergleich der drei Klassen von Verbundoperationen

Verbundmethode dar[*]. Insbesondere, falls die Eingabeströme schon sortiert vorliegen (entweder als physische Sortierordnung oder über einen existierenden Zugriffspfad, der einen sortierten Zugriff ermöglicht), ist die Mischmethode immer günstig. Allerdings erlauben die Untersuchungen in [Sh86] den Schluß, daß bei größer werdenden Hauptspeichern die Hash-Verfahren zur bevorzugten Verbundmethode für große Eingabeströme werden.

In Bild 3.1 sind diese drei gebräuchlichsten Klassen von Verbundoperationen nochmals einander gegenübergestellt. Dort wird mit graphischen Mitteln die Anzahl an Elementvergleichen aufgezeigt, die insgesamt durchgeführt werden, die zu keinem Ergebniselement führen, also unnötigen Aufwand darstellen und solche, die zu einem Ergebniselement führen und daher zur Verbundberechnung unbedingt benötigt werden. Das Verhältnis von notwendigen zu insgesamt gebrauchten Elementvergleichen kann dann als ein Effektivitätsmaß einer Verbundoperation herangezogen werden. *Effektivitäts-maß* Diesbezüglich kommt in Bild 3.1 deutlich zum Ausdruck, daß die Schleifeniteration den höchsten Vergleichsaufwand mit niedrigster Effektivität besitzt und die Mischmethode nur solche Vergleiche durchführt, die zu Ergebniselementen führen, also die maximale

---

[*] Dies ist teilweise darauf zurückzuführen, daß schon in einer sehr frühen Phase relationaler DBS Leistungsuntersuchungen [BE76, BE77] gemacht wurden, die gezeigt haben, daß die Schleifeniteration zusammen mit der Mischmethode immer die besten oder nahezu optimalen Ergebnisse erzielten. Allerdings wurden in diesen Untersuchungen keine Hash-Verfahren betrachtet.

Effektivität von '1' aufzeigt[*]. Allerdings wurde hier der bei der Mischmethode evtl. entstehende Sortieraufwand nicht berücksichtigt. Die Hash-Methode nimmt in diesem Vergleich eine Mittelposition ein. Durch eine Anpassung der Partitionierung, etwa durch mehr Partitionen, kann auf der einen Seite eine bessere Effektivität erzielt werden, auf der anderen Seite steigt allerdings die Komplexität der Gesamtoperation, da dort die Partitionsanzahl direkt als Faktor eingeht. An dieser Stelle sei nochmals bemerkt, daß für einen Objektstrom der Aufwand für die Berechnung seiner Hash-Tabelle (Komplexität $O(N)$) i.a. deutlich niedriger ist als seine Sortierung (Komplexität $O(N\log N)$). Zeigerbasierte Methoden, die bis auf wenige Ausnahmen (STARBURST, EXODUS) noch in keinem DBS realisiert sind, scheinen in vielen realistischen Situationen (insbesondere in erweiterten relationalen bzw. objektorientierten Systemen) die beste Leistung zu erbringen und haben sich dort auch als den Standardverfahren wie Mischen oder Hash-Methode gegenüber überlegen gezeigt. Allerdings ist deren Einsatz vom Vorhandensein der (physischen) Referenzen abhängig.

Obige Bemerkungen bezogen sich im wesentlichen auf das Verhalten der verschiedenen Verfahren hinsichtlich eines Gleichverbundes. Bei der Berücksichtigung auch von Ungleichverbunden kommt der Aspekt der Anwendbarkeit hinzu. Hierzu wurde an früheren Stellen schon bemerkt, daß die Hash-Verfahren und auch die zeigerbasierten Verfahren sowie manche unterstützende Zugriffspfadstrukturen dann nicht einsetzbar sind. Lediglich der Mischverbund und die stets anwendbare Schleifeniteration bleiben dann von den hier diskutierten Verfahren noch übrig.

Eignung der Verbundmethoden bei Ungleichverbund

3.2.2 Mengenoperatoren

Die bekanntesten und am häufigsten in DBS realisierten Mengenoperatoren sind Vereinigung, Durchschnitt, Differenz sowie das Kartesische Produkt. Eine Beschreibung dieser und auch noch weiterer Mengenoperationen ist in Anhang C gegeben. Mengenoperationen arbeiten, ähnlich zur Verbundoperation, auf zwei oder mehr Operanden. Diese Operanden können nun entweder Basisrelationen oder schon abgeleitete Zwischenergebnisse, also Objektströme, sein. Zwischen den Mengenoperationen und der Verbundoperation bestehen weitere Analogien. Zum einen kann das *Kartesische Produkt*

---

[*] Hier wird davon ausgegangen, daß jedes Tupel an dem Verbund teilnimmt. Ansonsten müßte man hier eine Effektivität von nahezu '1' ansetzen.

*Kartesisches
Produkt als
Spezialfal einer
Verbundopera-
tion*

auch als Spezialfall einer Verbundoperation verstanden werden, wo das Verbundattribut den Wahrheitswert TRUE hat. Damit werden dann alle Tupel des einen Verbundpartners mit allen Tupel des anderen Verbundpartners kombiniert. Folgerichtig kann jede Verbundmethode auch zur Berechnung des Kartesischen Produkts herangezogen werden. Allerdings muß man sich hierbei bewußt machen, daß z.B. der in Programm P5 beschriebene Mischverbund in diesem Falle zu einer Schleifeniteration, wie in Programm P3 dargestellt, degeneriert und man somit auch die evtl. expliziten Sortierungen der Eingabeströme einsparen kann. Auch die Hash-Methode ist in diesem Fall nicht effektiv, da sie im wesentlichen auf einer geschickten und scharfen Partitionierung (Hash-Funktion) beruht, die für das Kartesische Produkt nicht existiert. Insgesamt erzeugt das Kartesische Produkt immer einen maximalen Ausgabestrom bezogen auf sowohl Elementanzahl als auch Attributanzahl. Im Vergleich dazu berechnet eine Verbundoperatio aufgrund der Selektivität der Verbundbedingung weniger Ergebniselemente mit z.T. weniger Attributen. Aus diesem Grunde ist es immer auch ein wichtiges Ziel der Anfrageoptimierung (Abschnitt 2.6), die teuere Berechnung Kartesischer Produkte möglichst zu vermeiden und durch effektivere Verbundoperatoren zu ersetzen.

Vereinigung, *Durchschnitt* und *Differenz* sind nur bei vereinigungsverträglichen Eingabeströmen anwendbar. Jedoch sind hier, ebenso wie beim Kartesischen Produkt, im Prinzip alle Verbundmethoden zur Berechnung nutzbar. Im Unterschied zum Kartesischen Produkt heißt das Verbundkriterium nun Gleichheit über alle Attribute, d.h. Finden von Duplikatelementen zum aktuellen ('probing'-)Element im anderen Ergebnisstrom. Im allgemeinen wird ein Verfahren angewendet, das auf der Mischmethode (vgl. Misch-

*Implementierung
von Vereinigung,
Durchschnitt
und Differenz
basierend auf
der Mischme-
thode*

verbund in Programm P5) beruht. Dazu werden zuerst beide Eingabeströme bzgl. der gleichen Attributreihenfolge sortiert. Dabei wird gleichzeitig eine Duplikateliminierung ausgeführt. Anschließend wird ein einfacher schritthaltender Scan auf den sortierten Partnerströmen durchgeführt, um den Ausgabestrom abhängig von der konkreten Mengenoperation abzuleiten. Die Operation Vereinigung läßt sich nun derart realisieren, daß beim Auffinden von Verbundpartnern, also Duplikaten, während des schritthaltenden Scan auf beiden sortierten Partnerströmen immer nur einer in den Ergebnisstrom übernommen wird, ansonsten werden alle Elemente aus beiden Partnerströmen übernommen. Im Falle der Operation Durchschnitt werden nur die in beiden Strömen auftretenden Duplikatelemente in den Ergebnisstrom übernommen, alle anderen

Elemente erfüllen nicht das Verbundkriterium und werden daher nicht berücksichtigt. Findet sich für das gerade an der aktuellen Scan-Position stehende Element kein gleiches Element im Partnerstrom, so wird, im Falle der Operation Differenz, dieses Element direkt in den Ausgabestrom geschrieben.

In gleicher Weise kann auch die Hash-Methode (vgl. Hash-Verbund in Programm P6) als Realisierungsbasis für die Mengenoperationen gewählt werden. Dabei werden beide Eingabeströme, abhängig von der jeweiligen Operation, in der gleichen Hash-Tabelle organisiert, aus der dann der Ergebnisstrom einfach abzuleiten ist. Zuerst wird der kleinere (hier sei das der äußere) Eingabestrom mittels der Hash-Funktion in seine verschiedenen Hash-Bereiche partitioniert. Dabei werden auch gleich Duplikate eliminiert. Danach wird in der Verbundphase der zweite Eingabestrom ebenso abgearbeitet und dessen Elemente in die gleiche Hash-Tabelle eingetragen, wobei für gefundene Verbundpartner, operationsabhängig unterschiedliche Maßnahmen durchzuführen sind. Im Falle der Operation Vereinigung wird nur ein Verbundpartner benötigt, d.h., das aktuelle (probing) Element des zweiten Eingabestroms wird nicht in die gemeinsame Hash-Tabelle eingetragen. Im Falle der Operation Durchschnitt werden die Tupel des zweiten Eingabestroms ebenfalls nicht in die Hash-Tabelle eingetragen, sondern die gefundenen Verbundpartner des ersten Eingabestroms in den Hash-Blöcken markiert. Die Operation Differenz verläuft analog zur Operation Durchschnitt, allerdings werden gefundene Verbundpartner in den Hash-Blökken nicht markiert, sondern gelöscht. Im Ergebnisstrom zur Operation Vereinigung und auch zur Operation Differenz erscheinen dann alle Elemente aus den Hash-Blökken, wohingegen für die Operation Durchschnitt nur die markierten Tupel relevant sind.

Hash-Methode als Realisierungsbasis für die Mengenoperationen

Eine zusammenfassende Darstellung der Mengenoperationen und der Beziehungen zwischen ihnen, ist Bild 3.2 auf Seite 114 zu entnehmen. Dort werden auch die Beziehungen zwischen Mengenoperationen und Verbundoperation aufgezeigt. Diese Darstellung ist [Gr93b] entnommen und an unsere Diskussion angepaßt.

3.2.3 Weitere Operatoren

Nachdem die am häufigsten verwendeten Operatoren nun beschrieben sind, sollen hier speziellere Operatoren ergänzt werden.

3.2.3.1 Ungleichverbund, Anti-Verbund und Intervallverbund

Zur Beschreibung der verschiedenen Verbundstrategien haben wir uns im wesentlichen auf den Gleichverbund sowie auf den Semiverbund konzentriert. Zu den bekanntesten Ergänzungen der Verbundoperatoren gehören aber auch der Anti-Verbund, der Ungleichverbund und der Intervallverbund.

Ungleichver-
bund und Anti-
Verbund

Als *Ungleichverbund* bezeichnet man solche Verbundoperationen, die nicht über ein Gleichheitsprädikat definiert sind. Der Ungleichverbund (zusammen mit dem Gleichverbund) wird auch häufig als Θ-Verbund bezeichnet, wobei Θ die arithmetischen Vergleichsoperatoren $<, \leq, >, \geq$ und $\neq$ umfaßt. Eine Spezialisierung davon stellt der sog. *Anti-Verbund* dar, der als Komplement zum Gleichverbund angesehen werden kann. Werden bisher beim Verbund Elemente kombiniert, falls das Verbundprädikat von beiden erfüllt ist, so werden beim Anti-Verbund diese Elemente gerade nicht kombiniert; stattdessen werden die Elementpaare kombiniert, die das Prädikat nicht erfüllen. Als Realisierungsstrategien für Ungleichverbund sowie auch für Anti-Verbund kommen im Prinzip alle zuvor schon beschriebenen allgemeinen Verbundmethoden in Betracht. Jedoch sind manche mehr und andere weniger gut dafür geeignet. Zum Beispiel erscheinen die Hash-Methoden recht ungeeignet, da sie im wesentlichen auf einer geschickten und scharfen Partitionierung (Hash-Funktion) beruhen, die das Verbundattribut entsprechend berücksichtigt. Auch die Mischmethode läßt deutliche konzeptionelle Schwächen erkennen, da die Sortierung der beiden Eingabeströme gerade deshalb durchgeführt wird, um dann während der eigentlichen Verbundoperation nur kleine Ausschnitte aus beiden Eingabeströmen betrachten zu müssen. Diese Ausschnitte werden explizit durch die vorhandenen Zeiger in Programm P5 realsisiert und umfassen beim Anti-Verbund z.T. den ganzen Eingabestrom. Die einzige Methode, die für Ungleichverbund und Anti-Verbund immer funktioniert und unverändert übernommen werden kann, ist die Schleifeniteration dargestellt in Programm P3. Diese kann natürlich, wie schon früher bemerkt u.U. auch als blockorientierte bzw. als indexbasierte Variante (Programm P4) eingesetzt werden. Eine andere und meistens effektivere Vorgehensweise wäre, den Anti-Verbund umzuformen in einen algebraischen Ausdruck, der die Differenz bildet zwischen dem Kartesischen Produkt beider Eingabeströme und dem Verbund beider Eingabeströme. Das Verbundprädikat ist dabei die Negation des Anti-Verbund-Prädikats.

Schleifenitera-
tion als einfach-
ste Implemen-
tierung für Un-
gleichverbund
und Anti-Ver-
bund

Anstatt des einfachen arithmetischen Vergleichsoperators Θ des Θ-Verbundes, wird beim *Intervallverbund* (engl. *band join* [DNS91]) eine Intervallbedingung überprüft. Zum Beispiel bedeutet ein Intervallverbund zwischen zwei Relationen R und S hinsichtlich der Attribute A und B von R bzw. S und dem Intervall I=<u,o> die Ausführung eines Verbunds mit folgender Verbundbedingung:

$(B-u) \leq A \leq (B+o)$ o (obere Intervallgrenze), u (untere Intervallgrenze) sind Konstanten

Aus dieser Verbundbedingung erklärt sich auch der Name, denn ein Tupel r aus R wird mit einem Tupel s aus S verbunden, wenn der Wert des Verbundattributs A von r im Intervall I der Größe I=<u,o> um den Wert des Verbundattributs B von S liegt. Diese Art von Verbundoperation tritt bei Anfragen, die einen Verbund über nicht-diskreten Wertebereichen wie etwa Zeit oder Entfernung spezifizieren, auf. Beispielsweise könnten beide Relationen R und S Ereignisrelationen modellieren, d.h., deren Tupel stellen bestimmte Ereignisse dar, und die Attribute A und B sind die Zeitstempel, an denen das betreffende Ereignis stattfand. Das Auffinden aller Ereignispaare, die jeweils ungefähr zur gleichen Zeit stattfanden, läßt sich dann durch einen Intervallverbund bewerkstelligen. Zur Realisierung des Intervallverbunds können wiederum im Prinzip alle Verbundmethoden benutzt werden. Allerdings gilt, analog zu oben, daß die Hash-Methoden aufgrund ihrer scharfen Partitionierung schlechter geeignet erscheinen als Schleifeniteration oder Mischmethode. In [DNS91] wird eine auf den Intervallverbund speziell zugeschnittene Realisierungstrategie vorgestellt und deren Überlegenheit zur auf den Intervallverbund optimierten Mischmethode gezeigt. Dieser sog. partitionierte Intervallverbund (engl. partitioned band join) benutzt eine zugeschnittene Partitionierung, um die Eingabeströme in kleinere Verbundpartitionen zu zerlegen. Diese Methode gewinnt ihre Leistungsfähigkeit dadurch, daß die Partitionierung über ein Stichprobenverfahren (engl. sampling) und damit im Gegensatz zur auf den Intervallverbund optimierten Mischmethode ohne Sortierung der Eingabeströme erreicht wird.

3.2.3.2 Universelle Quantifizierung

Die Verbundbedingung einer Verbundoperation kann auch quantifiziert sein. Man spricht dann von existentieller oder universeller Quantifizierung. Ein Beispiel für erstere ist etwa folgende Anfrage: "Finde die Angestellten, die in (mindestens) *einem* Projekt mitarbeiten". Die dazu passende Anfrage mit universeller Quantifi-

*existentielle
und universelle
Quantifizierung*

zierung lautet dann: "Finde die Angestellten, die in *allen* Projekten mitarbeiten". Betrachtet man sich diese Anfragen etwas genauer, so stellt man fest, daß dort gar keine Verbundoperation durchzuführen ist. Die Qualifikation eines Elements (hier von *Personen*) wird nur davon abhängig gemacht, daß irgend*ein* Element bzw. *alle* Elemente (hier die *Projekte*) des anderen Eingabestroms, ein gegebenes Prädikat erfüllen. Eine Kombination der gefundenen Partnerelemente, die das quantifizierte Prädikat erfüllen, zu einem Ergebniselement wird hierbei nicht verlangt. Trotzdem sind die Verbundmethoden auch im Prinzip einsetzbar für diese quantifizierten Anfrageklassen. Generell gilt für beide Quantifizierungen wiederum die Anwendbarkeit der Schleifeniteration. Im Falle der existentiellen Quantifizierung sind die vorgestellten Verbesserungen und Verfeinerungen zur Schleifeniteration (etwa Misch- und Hash-Methode) gewinnbringend, da sie das Auffinden der Partnerelemente deutlich verbessern. Speziell auf die Belange der existentiellen Quantifizierung zugeschnitten, ist der Semiverbund. In der obigen Beschreibung zum Semiverbund wurde schon auf seine Verwendbarkeit für die existentielle Quantifizierung hingewiesen.

Die für die existentielle Quantifizierung geeigneten Strategien erscheinen allerdings ungeeignet für die universelle Quantifizierung, da hier immer *alle* Elemente des anderen Eingabestroms zu berücksichtigen sind, bevor ein Element in den Ergebnisstrom geschrieben werden kann. Aus diesem Grunde ist es wichtig, spezielle, auf die universelle Quantifizierung zugeschnittene Strategien zu betrachten. In [Gr93b] werden hierzu vier Strategiearten vorgeschlagen, die entweder auf einer misch- bzw. hash-basierten direkten Methode beruhen oder eine indirekte Methode unter Verwendung einer misch- bzw. hash-basierten Aggregation anwenden. Aggregation ist deshalb von Interesse, da einerseits die universelle Quantifizierung sich durch eine entsprechende Aggregation ausgedrückt läßt und da andererseits schon effiziente misch- bzw. hash-basierte Algorithmen zur Aggregation bekannt sind (s.o.).

*spezielle Methoden für die
universelle
Quantifizierung*

3.2.3.3 Existentielle Quantifizierung

In ähnlicher Weise läßt sich auch die existentielle Quantifizierung umsetzen in eine andere Beschreibung, für die es schon effiziente Berechnungsmethoden gibt. Hierzu werden in Kapitel 6 entsprechende Restrukturierungen angegeben, die eine existentielle Quantifizierung in einen Verbund umwandeln und damit wiederum alle Verbundmethoden anwendbar machen. Eine andere Möglichkeit

*spezielle Strategien für die
existentielle
Quantifizierung*

ist die direkte Berechnung, entweder über einen Semiverbund (s.o.) oder über eine mit der existentiellen Quantifizierung verwandten Gruppe, den sog. Äußeren Verbunden [PMC92] (engl. outer join). Diese Klasse von Operatoren wird ausführlich in Kapitel 7 behandelt. Dort werden dann auch noch weitere Operatoren vorgestellt, wie z.B. Komplexobjekt-Aggregationsoperatoren [Schö92, KGM91], Interpolationsoperatoren [Ne91] sowie Rekursionsoperatoren [Yan91]. Die Diskussion dieser Operatoren und passender Realisierungsstrategien wurde aus diesem Kapitel ausgelagert, da diese Diskussionen den eigentlichen Bereich relationaler Anfragetechnik verlassen.

3.2.4 Gemeinsame Eigenschaften

Bevor im nächsten Abschnitt das Zusammenspiel mehrerer Operatoren in einem Ausführungsplan vorgestellt werden kann, ist es wichtig, die wesentlichen gemeinsamen Eigenschaften der verschiedenen Operatorklassen zu bestimmen. Bild 3.2 gibt eine, aus [Gr93b] übernommene, zusammenfassende Darstellung der Binäroperationen. Dabei kommt ganz deutlich zum Ausdruck, daß Mengen- und Verbundoperationen eng miteinander verwandt sind. Im wesentlichen unterscheiden sich beide Operatorklassen dadurch, ob sich der Vergleich von Elementen der Eingabeströme auf alle Attribute oder nur auf eine Teilmenge bzw. auf ein Attribut bezieht. Die logische Vorgehensweise bleibt dabei immer gleich: Aus den (beiden) Eingabeströmen (R und S) werden drei Elementmengen gebildet. Einmal ist das die Menge der Elemente (B) aus den (beiden) Eingabeströmen, die hinsichtlich des durchzuführenden Vergleichs zueinander passen. Zum anderen sind das die Restmengen (A und C), deren Elementen kein Partnerelement zugeordnet werden kann. Diese drei Elementmengen werden nun auf vielfältige Weise miteinander kombiniert, um die verschiedenen Operationsergebnisse zu bilden. Als Konsequenz daraus ergibt sich, daß die Realisierung dieser Operationen im wesentlichen die gleichen Schritte erfordern und somit mit den gleichen Methoden zu realisieren ist. Das heißt, zur Realisierung der Operatoren auf mehreren Eingabeströmen sind die bislang entwickelten (sowie alle zukünftig entwickelten) und insbesondere alle hier vorgestellten Methoden anwendbar, teilweise mit kleineren Anpassungen (s.o.).

Mengen- und Verbundoperationen sind eng miteinander verwandt

Aufbauend auf diesem vereinheitlichten Operatorverständnis kann eine umfassendere, allerdings ebenfalls implementierungsbezogene Sichtweise etabliert werden. Hier werden zusätzlich zu

vereinheitlichtes Realisierungskonzept

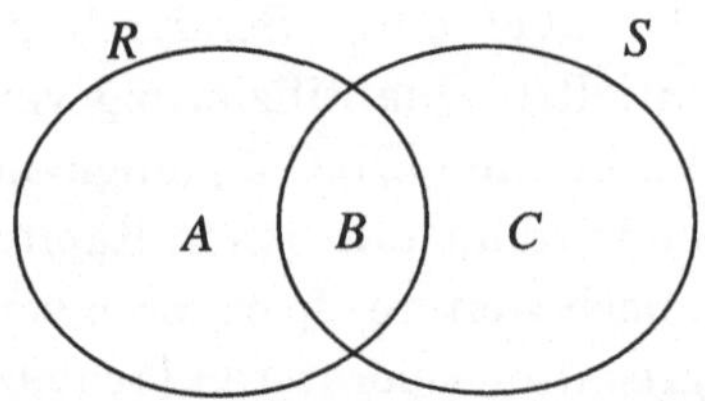

R,S   *vereinigungsverträgliche Eingabeströme*

A,B,C   *Elementmengen*

Operations-ergebnis	Vergleich auf allen Attributen	Vergleich auf einem oder mehreren Attributen
A	Differenz (R-S)	Anti-Semiverbund (S, R)
B	Durchschnitt	Verbund, Semiverbund (S, R)
C	Differenz (S-R)	Anti-Semiverbund (R, S)
A, B		linksseitiger Äußerer Verbund
A, C	Anti-Differenz	Anti-Verbund
B, C		rechtsseitiger Äußerer Verbund
A, B, C	Vereinigung	symmetrischer Äußerer Verbund

Bild 3.2: Zusammenfassende Darstellung der Binäroperationen (aus [Gr93b] entnommen)

den binären bzw. n-ären Verbund- und Mengenoperationen auch die unären Operationen Projektion und Sortierung und damit auch die Duplikateliminierung sowie die gruppierende Aggregation betrachtet. Aus Implementationssicht haben all diese Operationen folgende Gemeinsamkeit, nämlich die Tupel auf der Basis von Attributwerten zu gruppieren und dann je nach Operation verschiedene spezielle Maßnahmen anzuschließen:

- Gruppieren innerhalb von Projektion und auch Sortierung erlaubt, einfach Duplikate zu eliminieren.

- Für die Aggregation wird ein Attributwert pro Gruppe bestimmt.

- Beim Verbund ist es nützlich, die potentiellen Verbundpartner zu gruppieren (entweder in Partitionen oder in einer Sortierordnung).

- Bei Mengenoperationen können die o.g. drei Ausgangsmengen *A*, *B* und *C* gefunden und gleichzeitig auch eine Duplikateliminierung ermöglicht werden.

Zur Gruppierung wurden in den vorherigen Abschnitten einige Techniken vorgestellt, die allesamt hier angewendet werden können. Dazu zählen u.a. Sortierung, Hash-Methoden, aber auch Index-Lookup, Hash-Lookup sowie die Schleifeniteration (als allgemeinste Gruppierungstechnik).

3.3 Zusammenspiel der Operatoren und Generierung des Ausführungsplans

Nachdem die einzelnen Operatoren bzw. Operatorklassen in den obigen Abschnitten beschrieben wurden, soll nun deren Zusammenspiel innerhalb eines Ausführungsplans im Mittelpunkt der weiteren Betrachtungen stehen.

3.3.1 Zusammenspiel mehrerer Operatoren

Das Zusammenspiel mehrerer Operatoren in einem Ausführungsplan wurde schon in Abschnitt 2.7 im Zusammenhang mit dem Ausführungsmodell, welches im wesentlichen auf der Planoperatorabstraktion basiert, beschrieben. Dieses Abstraktionskonzept kennt einen Operator als abstrakte Verarbeitungszelle, die die Eingabeströme verbraucht und einen Ausgabestrom erzeugt, der dann entweder schon das Anfrageergebnis darstellt oder als Eingabestrom für nachgeschaltete Operatoren dient. Damit wird der Zusammenbau einzelner Planoperatoren zu komplexeren Ausführungsplänen ermöglicht.

Für die Methoden, die die Operatorrealisierungen darstellen, bedeutet dies, daß das allgemeine Verarbeitungskonzept für eine Verarbeitungszelle, das auf dem ONC-Protokoll und auf der Objektstromabstraktion basiert, einzuhalten ist. In der Beschreibung und Diskussion zu den verschiedenen Realisierungsstrategien in diesem Abschnitt wurde deshalb immer sorgfältig darauf geachtet, daß abstrakte Eingabeströme sowie Ausgabeströme bearbeitet werden. Die Einhaltung des abstrakten ONC-Protokolls ist in Bild 3.3 nochmals für die relationalen Operatoren zusammengefaßt. Dabei ist allgemein festzustellen, daß die abstrakte Semantik der ONC-Funktionen[*] generell garantiert wird, deren konkrete Realisierungen allerdings den einzelnen Methoden angepaßt sind. Zum Beispiel muß für die Realisierung der 'next'-Funktion beim Scan-Operator einfach das nächste Tupel aus dem Eingabestrom gelesen werden. Bei der Schleifeniteration hingegen bedeutet dies den inneren bzw. auch den äußeren Eingabestrom solange weiterzuverarbeiten, bis zwei Partnerelemente gefunden sind, die das Verbundprädikat erfüllen, für die dann ein Ausgabeelement produziert wird. Bild 3.3 zeigt weiterhin die Vielfalt der möglichen Ope-

Zusammenspiel der Operatoren basiert auf einheitlichem Ausführungsmodell (ONC-Protokoll)

---

[*] Die 'open'-Funktion initialisiert den betreffenden Planoperator, die 'next'-Funktion liefert das nächste Ergebnisobjekt, und die 'close'-Funktion schließt die Verarbeitung ab.

Operator	ONC-Protokoll			Komplexität
	Open	Next	Close	
Generisch	*Initialisieren des Planoperators* (Öffnen der Eingabestroms (ES) und des Ausgabestroms (AS))	*Berechnung des nächsten Ergebniselements* (und Bereitstellung desselben im AS)	*Abschließen der Verarbeitung* (Schließen der offenen Objektströme und Freigeben temporärer Datenbereiche)	
Scan	Öffnen des ES	Lesen des nächsten Elements aus dem ES	Schließen des ES	O(N)
Selektion	Öffnen des ES	Lesen des nächsten Elements aus dem ES, solange, bis Selektionsbedingung erfüllt ist	Schließen des ES	O(N)
Projektion[a]	Öffnen des ES	Lesen des nächsten Elements aus dem ES und anschließende Attributprojektion	Schließen des ES	O(N)
Sortierung	Öffnen des ES; Partitionieren des ES und Sortieren jeder Partition; Schließen des ES; Mischen der sortierten Partitionen, solange, bis die verbleibenden Partitionen in einem weiteren Schritt vollständig sortiert werden können; Freigeben der gemischten Partitionen; Öffnen der verbleibenden Partitionen	Bestimmen des nächsten Ergebniselements (durch Absuchen der offenen Partitionen)	Freigeben der gemischten Partitionen	O(NlogN)
Duplikateliminierung[b]	Öffnen des ES; Aufbau einer Hash-Tabelle für diesen ES, allerdings wird das Eintragen eines Duplikatelements in einem Hash-Behälter vermieden; Schließen des ES	Lesen eines Elements aus dem Hash-Behälter; wenn alle Elemente des aktuellen Hash-Behälters gelesen sind, werden die Elemente des nächsten Behälters gelesen	Freigeben der Hash-Tabelle	O(NlogN)
Aggregation[c]	... analog zu *Open* bei Sortierung	Lesen aller Elemente zu einer Gruppe und Berechnen des zugehörigen Attributwertes	Freigeben der gemischten Partitionen	O(NlogN)

a. Falls eine Duplikateliminierung durchzuführen ist, so ist auf die entsprechenden Darstellungen zum Operator Duplikateliminierung bzw. Sortierung zurückzugreifen. Die Komplexität der Projektion erhöht sich dann auf O(NlogN).

b. Zur Abwechslung wurde hier ein einfaches Hash-Verfahren zur Duplikateliminierung verwendet. In Analogie zur Beschreibung des Hash-Verbunds kann hier auch ein partitionierendes Hash-Verfahren eingesetzt werden. Die o.a. Sortierung hätte auch weitestgehend unverändert übernommen werden können.

c. Hier wird eine Gruppierungsaggregation beschrieben, die sich auf die Sortierung abstützt. Die Skalaraggregation läßt sich im wesentlichen direkt auf die Scan-Operation abbilden.

Bild 3.3: ONC-Protokoll für die relationalen Operationen

Operator	ONC-Protokoll			Komplexität
	Open	Next	Close	
Schleifen-iteration	Öffnen beider ES	Bestimme Partnerelement aus innerem ES für das aktuelle Element im äußeren ES	Schließen beider ES	$O(N^2)$
Mischverbund	Öffnen beider (schon sortierter) ES	Lesen des nächsten Elements aus innerem ES, solange VA-Wert kleiner dem VA-Wert des aktuellen Elements im äußeren ES ist bzw. bis ein Partnerelement mit gleichem VA-Wert gefunden ist	Schließen beider ES	$O(N)$
Hash-Verbund	Partitionierung des kleineren ES in p Partitionen (optional) und Aufbau der Hash-Tabelle für diesen ES bzw. für jede Partition. Schließen dieses ES; Öffnen des anderen ES zum Probing (Verbundphase)	Lesen und Überprüfen des nächsten Elements aus Probing-ES bis Partnerelement gefunden ist (dieses ist für jede Partition zu wiederholen)	Schließen des Probing-ES; Freigeben der Hash-Tabelle(n)	$O(p{\cdot}N)$
Semiverbund[a]	Projektion des äußeren ES bzgl. des VA; dieser temp. ES ist dann mit dem inneren ES über eine (frei zu wählende) Verbundmethode zu verbinden, z.B. Mischverbund	... analog zu *Next* bei Mischverbund	Schließen beider ES und Freigeben des temporären Objektstroms	$O(N\log N)$
Bitfiltern[a]	Lesen des äußeren ES; Aufbau des Bitvektors; Öffnen des inneren ES zum Probing; Schließen des äußeren ES	Lesen und Überprüfen des nächsten Elements aus Probing-ES	Schließen des inneren ES	$O(N)$
Vereinigung	siehe Verbundoperatoren (bzw. Abschnitt 3.2)			
Durchschnitt	siehe Verbundoperatoren (bzw. Abschnitt 3.2)			
Differenz	siehe Verbundoperatoren (bzw. Abschnitt 3.2)			

a. In der hier gegebenen Darstellung berechnen diese Operationen nur jeweils genau (bzw. mindestens) die Elemente des inneren ES, die am Verbund teilnehmen. Das entspricht einer existentiellen Quantifizierung bzw. eines linksseitigen Äußeren Verbundes.

Bild 3.3: ONC-Protokoll für die relationalen Operationen (Fortsetzung)

*Komplexitäts-
abschätzung
der Operatoren*

ratorrealisierungen auf. Außerdem wurde eine grobe Aufwandsabschätzung für die verschiedenen Operatoren hinzugefügt. Die dort angegebenen generellen Komplexitätsmaße sollen im wesentlichen zum Vergleich der verschiedenen Operatorklassen dienen: unäre Operatoren zeigen grundsätzlich eine Komplexität von $O(N)$, alle mit Sortierung verwandten Operatoren eine Komplexität von $O(N\log N)$ und die binären Operatoren eine Komplexität von maximal $O(N^2)$.

3.3.2 Generierung eines Ausführungsplans

*Vorgehens-
weise zur Gene-
rierung eines
Ausführungs-
plans*

Die Generierung eines vollständigen Ausführungsplans für eine gegebene Anfrage kann damit im wesentlichen wie folgt stattfinden. Für jeden Planoperator werden jeweils eine Realisierungsstrategie bestimmt und seine Eingabeströme und sein Ausgabestrom festgelegt. Je nach Stellung des Planoperators im Anfragegraphen sind die Eingabeströme entweder Basistabellen oder Zwischenergebnisse (Ausgabeströme) von vorgeschalteten Planoperatoren. Der produzierte Ausgabestrom beschreibt entweder das fertige Anfrageergebnis oder auch ein Zwischenergebnis, das als Eingabestrom von den darauffolgenden Planoperatoren konsumiert wird. Für unser durchgängiges Beispiel (Anfrage Q2 auf Seite 38) könnte sich dann der in Bild 3.4 dargestellte Ausführungsplan ergeben. Hier ist nun deutlich eine Konkretisierung gegenüber dem Planoperatorgraphen in Bild 2.18 bzw. gegenüber dem abstrakten Ausführungsplan aus Bild 2.21 zu erkennen, einmal hinsichtlich der Methodenfestlegung und auch bzgl. des Datenflusses.

*Ausführungs-
kontrolle legt
Daten- und
Kontrollfluß für
den gesamten
Ausführungs-
plan fest*

Für die eigentliche Ausführung der Anfrage müssen noch weitere Aspekte ergänzt werden. Dies ist im wesentlichen das Festlegen der sog. *Ausführungskontrolle*, in der sowohl der Daten- wie auch der Kontrollfluß für den gesamten Ausführungsplan beschrieben wird. Im einzelnen umfaßt die Ausführungskontrolle die Weitergabe der Objektstromelemente zwischen (benachbarten) Verarbeitungszellen, die Verwaltung von evtl. benötigten Objektströmen und auch die Steuerung der einzelnen Verarbeitungszellen. Diese Aspekte sind zu ergänzen unabhängig von der letztendlich gewählten Ausführungsvariante. Die vier prinzipiellen Ausführungsvarianten wurden schon in Abschnitt 2.7 kurz vorgestellt. Hierbei lassen sich die beiden Konzepte Interpretation und Kompilation mit anschließender Ausführung jeweils nochmals verfeinern hinsichtlich der Art der Abarbeitung, nämlich auftragsgetrieben oder datengetrieben.

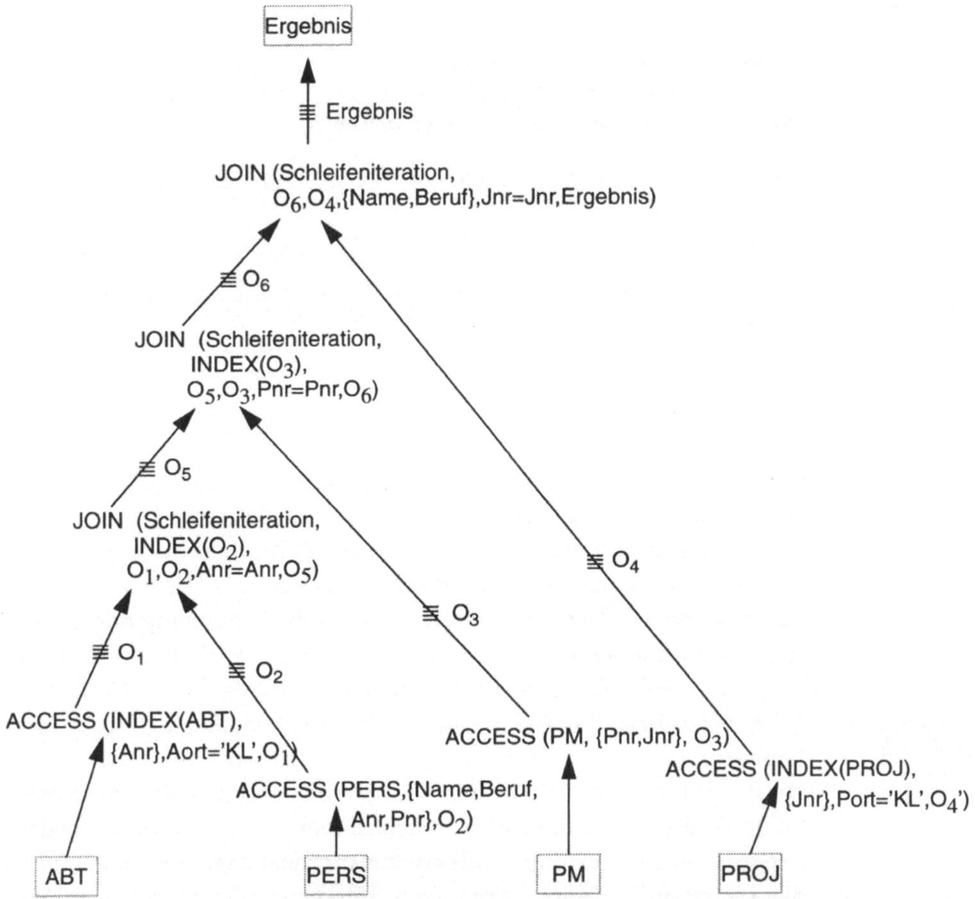

Bild 3.4: Generierter Ausführungsplan zu Anfrage Q2 auf Seite 38

Eine *auftragsgetriebene* Ausführungskontrolle kann zum Beispiel dadurch auf einfache Weise erreicht werden, daß sowohl die Weitergabe der Datenelemente wie auch die Kontrollflußübergabe implizit per eingebettetem Funktionsaufruf stattfindet. Zum Beispiel könnten in einem Verbundoperator die Aufrufe der GET_ELEMENT-Funktionen durch Aufrufe der entsprechenden Zugriffsfunktion ACCESS ersetzt werden. Für den Verbundoperator aus Bild 3.4, der den Ausgabestrom O_5 berechnet, würde sich in diesem Falle ein Codefragment, wie in Programm P7 dargestellt, ergeben. Dieser Programmcode zeigt sehr deutlich, daß immer dann, wenn ein neues Eingabeelement für die Verbundberechnung benötigt wird, ein entsprechender Funktionsaufruf erforderlich ist. Die Kontrolle geht dann über auf die gerufene Zugriffsfunktion, und als Ergebnis des Funktionsaufrufs wird das gewünschte Element

Variante 1: auftragsgetriebene Ausführungskontrolle

Programm (P7):   Codefragment zur Berechnung *eines* Elem. zu Objektstrom O_5

```
...
begin  (* Berechnung eines Ausgabeelements *)
   ea := ACCESS(INDEX(ABT), {Anr}, Aort='KL');        (* Funktionsaufruf für Ea *)
   while NOT END_OF(PERS) do     (* innere Schleife *)
      begin
      ei := ACCESS(PERS, {Name, Beruf, Anr, Pnr}, );     (* Funktionsaufruf für Ei *)
      if pred(ea, ei) then
         begin
            as := join(ea, ei);
            return(as, O5);        (* Rückgabe des Ausgabeelem. für Ausgabestrom O5 *)
         end
      end
end
...
```

Programmbei-
spiel zur auf-
tragsgetriebe-
nen Ausfüh-
rungskontrolle

zusammen mit der Ablaufkontrolle wieder zurückgegeben. Wenn schließlich ein Ausgabeelement für den Objektstrom O_5 berechnet ist, wird dieses mittels des *return*-Aufrufs an das aufrufende Programm zurückgegeben und diese Funktion zur Verbundberechnung verlassen. In diesem Szenario wird die Steuerung der gesamten Verbundberechnung von einem umgebenden Kontrollprogramm durchgeführt, das über einzelne Aufrufe der in Programm P7 dargestellten 'Funktion' die Berechnung jeweils eines Ausgabeelementes veranlaßt. Bezogen auf die in diesem Abschnitt vorgestellte Schleifeniteration (vgl. Programm P4) wurde die äußere Schleife, die die elementweise Verbundberechnung treibt, aus dem Programmcode zur Verbundberechnung herausgenommen und in das umgebende Kontrollprogramm integriert. Durch weiteres Einsetzen der Codefragmente für die beiden Zugriffsfunktionen entsteht der in Programm P1 auf Seite 29 gezeigte Programmcode, welcher, ergänzt um Variablendefinitionen und Fehlerbehandlungsroutinen, dann durch das AES ausführbar ist.

Variante 2:
datengetrie-
bene Ausfüh-
rungskontrolle

Für eine Verarbeitungszelle bedeutet die *datengetriebene* Abarbeitung, daß immer dann Ausagebeelemente produziert werden, wenn Elemente in den zu konsumierenden Eingabeströmen zur Weiterverarbeitung bereitstehen. Ein Szenario, welches diese Arbeitsweise direkt unterstützt, basiert auf einer expliziten Repräsentation des Objektstroms als Übergabepuffer zwischen produzierender und konsumierender Verarbeitungszelle. Dieser Objektstrom wirkt dann wie ein Pufferbereich, der ein unabhängiges datengetriebenes Arbeiten beider Operatoren ermöglicht. Genau diese Situation ist in Programm P8 skizziert für die konsumierende Verarbeitungszelle, die auch hinter dem Codefragment von Programm P7 steht

Programm (P8): Datengetriebene Verarbeitungszelle zur Berechnung von
Objektstrom O_5 aus Bild 3.4

```
while NOT END_OF(O1) AND NOT END_OF(O2) do   (* lokale Verarbeitungskontrolle *)
   begin
   o1 := READ(O1);          (* Zugriff auf Element in Eingabestrom O1 *)
   o2 := READ(O2);          (* Zugriff auf Element in Eingabestrom O2 *)
      if pred(o1, o2) then
         begin
         o5 := join(o1, o2);   (* Verbundberechnung für die Eingabeelemente *)
         WRITE(o5, O5);        (* Ausschreiben des Verbundelementes nach O5 *)
         end
   end
```

und Objektstrom O_5 erzeugt. Im Vergleich zur auftragsgetriebenen
Abarbeitung (dargestellt in Programm P7), erkennt man hier zum
einen den expliziten Zugriff auf die Übergabepuffer der beiden Eingabeströme und das explizite Ausschreiben der berechneten Ausgabeelemente in den Übergabepuffer für den Ausgabestrom. Zum
anderen wird durch die äußere Schleife (ähnlich zu Programm P4)
die Berechnung aller Ausgabeelemente veranlaßt. Dieses Szenario
macht deutlich, daß bei der datengetriebenen Abarbeitung Datenfluß und Kontrollfluß getrennt und explizit festgelegt werden. Jede
Verarbeitungszelle enthält eine eigene, lokale Verarbeitungskontrolle, die, solange zu konsumierende Eingabedaten vorhanden
sind, auch Ausgabedaten produziert. Der Datenfluß wird ebenfalls
explizit in Form von Objektströmen beschrieben, die zwischen produzierenden und konsumierenden Verarbeitungszellen verlaufen.

Programmbeispiel zur datengetriebenen Ausführungskontrolle

Zur Berechnung des Anfrageergebnisses müssen die um die Ausführungskontrolle verfeinerten Ausführungspläne abgearbeitet
werden. Wie zuvor schon erwähnt, bieten sich hier zum einen die
direkte Interpretation und zum anderen die Kompilation mit anschließender Ausführung an. Im ersten Falle kann der Ausführungsplan (etwa Bild 3.4) als das zu interpretierende Programm
angesehen werden. Der Interpreter, repräsentiert durch das Laufzeitsystem des AES, führt die im Plan festgelegten Operatormethoden aus unter Berücksichtigung der vorgegebenen Ausführungskontrolle (daten- oder auftragsgetrieben). Für die verschiedenen
Operatormethoden und deren Verwendung innerhalb einer Planabarbeitung stehen dabei dem Interpreter schon entsprechende
(vorübersetzte) Codefragmente zur Verfügung. Diese werden dann
gemäß der vorgegebenen Abarbeitungsstrategie einfach ausgeführt. Die Verwaltung der Objektströme samt Elementen wird
ebenfalls vom Interpreter organisiert.

Interpretation des generierten Ausführungsplans

Wie diese kurze Diskussion schon verdeutlicht, werden vom Interpreter einige Arbeiten zur Laufzeit verlangt, jedoch wird auf eine vollständige Codegenerierung verzichtet. Insbesondere im Falle von wiederholt auszuführenden Anfragen erscheint es angebracht, die mehrmalige Interpretation desselben Ausführungsplans (und auch den wiederholten Aufwand für die Realisierung der Ausführungskontrolle zur Laufzeit) durch eine vollständige Codegenerierung schon zur Übersetzungszeit zu ersetzen und den einmal erzeugten ablauffähigen Code dann entsprechend oft auszuführen. Hier gilt es nun, den Ausführungsplan (z.B. Bild 3.4) um die gewählte Ausführungskontrolle zu ergänzen und dafür Code zu generieren. Dazu werden die Operatormethoden, wie schon oben für den Interpretationsansatz beschrieben, durch entsprechende (vorübersetzte) Codefragmente ersetzt. Weiterhin wird, im Unterschied zu oben, auch Code für die Ausführungskontrolle, also für Daten- und Kontrollfluß erzeugt. Die dabei entstehenden Programme werden dann übersetzt und als Zugriffsmodule im DB-Katalog abgelegt bzw. bei Anfrageausführung direkt ausgeführt. Beispiele von generiertem Programmcode, der ein Codefragment für eine Schleifeniteration mit Zugriff auf explizite Eingabeströme und entsprechenden Code zur Steuerung dieser Verarbeitungszelle enthält, sind in Programm P7 bzw. Programm P1 auf Seite 29 gegeben.

Kompilation des Ausführungsplans und Ausführung des generierten Codes

Detailliertere Betrachtungen zur Codegenerierung sind in [Hä78a, Hä87, TGHM95] zu finden. Dort werden exemplarisch am Beispiel von System R Interna und Vorgehensweise zur Codegenerierung diskutiert. Außerdem werden die Vorteile des Kompilationsansatzes gegenüber dem Interpretationsansatz aufgezeigt und anhand praktischer Untersuchungen belegt [CAKL81]. Dabei wurden die Kosten zur Erzeugung eines Programmcodes den Einsparungen durch ihre im Vergleich zur Interpretation erheblich gesteigerten Laufzeiteffizienz gegenübergestellt. Weiterhin wird berichtet, daß der Kompilationsansatz als eines der erfolgreichsten Konzepte von System R angesehen wird und infolgedessen als wichtiges Forschungsresultat in nachfolgenden DBS-Entwicklungen Berücksichtigung fand.

3.4 Zusammenfassung

In diesem Abschnitt wurden grundlegende Implementierungsstrategien für die wichtigsten und am häufigsten vorkommenden relationalen Operatoren vorgestellt und deren Eigenschaften diskutiert. Ein für die Anfrageoptimierung ganz wichtiger Aspekt ist da-

bei die Effizienz einer Operatorimplementierung, die im wesentlichen durch die folgenden Faktoren bestimmt ist:

- Größe der Eingabeströme

- Selektivitätsfaktor der Operation (meistens über die Selektivität
  von zu berücksichtigenden Prädikaten bestimmt)

- Ausnutzen von Zugriffspfaden und Sortierordnungen (bestimmt
  gleichzeitig die Anwendbarkeit eines Verfahrens).

Für den Verbundoperator sind noch weitere effizienzbestimmende
Kriterien zu nennen:

- Festlegung von äußerem und innerem Verbundpartner

- Verbundreihenfolge bei Mehrwegverbunden bzw. Hintereinander-
  ausführung von mehreren Verbundoperatoren.

Weitere allgemeine Kriterien zur Charakterisierung von Operatormethoden (auf der Ebene der Elemente) sind etwa Erhaltung der
Duplikatfreiheit, Reihenfolgeerhaltung, elementweise bzw. mengenweise Verarbeitung oder auch Parallelisierbarkeit. Diese Kriterien sind insbesondere wichtig beim Zusammenbau von komplexen
Ausführungsplänen aus den operatorspezifischen Verarbeitungszellen.

Ein weiteres Anliegen war es, Querbeziehungen zwischen den verschiedenen Operatoren und Operatorklassen aufzuzeigen, um gemeinsame Implementierungsbasen zu erkennen. Daß dies möglich
ist, kann man besonders deutlich anhand der Operatorenspezifika-
tionen hinsichtlich des ONC-Protokolls aus Bild 3.4 entnehmen.
Bei der Beschreibung der verschiedenen Implementierungsstrategien wurde sorgfältig darauf geachtet, daß das in Abschnitt 2.7 vorgestellte Ausführungsmodell, welches auf der Planoperatorabstraktion durch ONC-Protokoll und Objektstromabstraktion basiert, eingehalten wird. Dieses abstrakte Ausführungsmodell ist
ein Garant für eine hohe Modularität und Erweiterbarkeit auf
Planoperator- und Implementierungsebene. Zudem besteht damit
eine ausreichende Flexibilität, die AV an vorgegebene Situationen
(insbesondere Systemumgebung) anzupassen. Diese Aspekte werden in den nachfolgenden Kapiteln, insbesondere im Zusammenhang mit parallelen und verteilten Systemumgebungen in Kapitel
8, auf vielfältige Art und Weise demonstriert.

Die bisherigen Diskussionen in diesem Abschnitt haben deutlich
gezeigt, daß es keine optimale Methode für alle möglicherweise
auftretenden Situationen gibt. Daher ist die zentrale Aufgabe der
Komponente Planoptimierung, eine gegebene Situation zu erkennen und dann (unter Berücksichtigung von entsprechenden Ko-

optimale Methode muß über eine Kostenabschätzung bestimmt werden

stenmaßen) die passenden Methoden auszuwählen. Diese Kostenmaße werden im sog. Kostenmodell festgelegt. Die wesentlichen Aspekte einer effektiven Kostenabschätzung werden im folgenden Kapitel 4 am Beispiel relationaler Anfragetechnik vorgestellt.

Schaut man sich die wichtigen Datenmodelle und deren Anfragesprachen an, so stellt man (erstaunt) fest, daß die relationalen Operatoren (im wesentlichen Selektion, Projektion, Mengenoperatoren und Verbunde) dort (in z.T. leicht abgewandelter Form) wiederzufinden sind. Beispielsweise besitzen viele objekt-orientierte Systeme (etwa OBJECTSTORE, ORION oder O2) mittlerweile (relationale) Anfragesprachen, die z.T. sogar in Richtung auf den SQL-Standard weiterentwickelt werden. Auch auf internen Ebenen in einem DBS können relationale Operatoren durchaus gewinnbringend angewendet werden. Man denke hier etwa an das Umsetzen von logischen (Objektidentifikatoren, OID) auf physische Identifikatoren (Tupelidentifikatoren, TID) mittels einer Umsetztabelle, die OID in TID abbildet. Hier kann z.B. das Auflösen einer OID-Menge als Semiverbund zwischen der Umsetztabelle und dieser OID-Menge angesehen werden und somit alle für den Semiverbund verwendbaren Strategien benutzt werden. Eine andere häufig auftretende Situation ist die Vereinigung (bzw. 'Oder'-Verknüpfung) oder der Durchschnitt (bzw. 'Und'-Verknüpfung) von Mengen von Identifikatoren (TID oder OID), die aufgrund von vorherigen (Selektions)Operationen schon bestimmt wurden, wie z.B. beim Ausnutzen von mehreren Indexstrukturen für eine Anfrage. Der Zugriff auf die zugehörige Elementmenge, also das Aufsuchen der Elementmenge, die zu der Identifikatormenge gehört, bedeutet dann auch wiederum eine Situation, die durch einen Semiverbund gelöst werden kann. Auch die in objekt-orientierten Systemen häufig vorkommenden Pfadausdrücke lassen sich durch Folgen von Verbund- bzw. Semiverbundoperationen beschreiben und auch optimieren.

relationale Operatoren bilden eine Basis auch für nicht-relationale DBS

Dies bestätigt eindringlich die zentrale Bedeutung der relationalen Operator- und Optimierungstechnologie nicht nur für relationale Systeme, sondern im wesentlichen für alle Systeme, die eine deskriptive Anfragesprache effizient realisieren wollen. Hierunter fallen insbesondere alle Erweiterungen relationaler Systeme, objektorientierte bzw. deduktive DBS sowie WBVS, aber auch alle andere Arten von Systemen, die einen dedizierten Anfrageprozessor benötigen. Im Verlaufe der vielfältigen Diskussionen in den nachfolgenden Kapiteln kommt dieser Aspekt immer wieder deutlich zum Vorschein.

4
Kostenmodell

Die einfachste und präziseste Kostenabschätzung eines Ausführungsplans ist das Bestimmen der realen Bearbeitungskosten durch direktes Ausführen des Plans. Da im Laufe einer Optimierung viele alternative Ausführungspläne zu bewerten sind, kann man den sich damit insgesamt ergebenden Aufwand (zur Durchführung der Kostenabschätzung) als prohibitiv hoch ansehen. Im Falle von Ad-hoc-Anfragen ist diese Vorgehensweise von vorneherein auszuschließen, da die betreffende Anfrage sowieso sofort und zudem (meistens) nur einmal berechnet werden muß. Für eingebettete Anfragen, bei denen Übersetzungszeit und Laufzeit getrennt sind, kann diese Art der Kostenabschätzung in manchen Situationen gewinnbringend sein. Natürlich würde man dies niemals für alle Ausführungspläne durchführen, sondern vielleicht nur für die wenigen interessanten Pläne, um dann auf diese Weise den kostengünstigsten zu finden und so die Ungenauigkeiten einer Kostenabschätzung durch eine Kostenberechnung zu umgehen. Im allgemeinen ist dies natürlich deutlich zu aufwendig. Außerdem können sich durch die zeitliche Trennung von Übersetzung und Ausführung maßgebende Einflußgrößen verändert haben, und der zur Übersetzungszeit noch optimale Ausführungsplan stellt sich dann zur Laufzeit als extrem schlecht heraus. Diese Abhängigkeit der Güte eines Ausführungsplans vom zum Optimierungszeitpunkt vorliegenden Systemzustand ist allerdings generell gegeben.

Im Prinzip gibt es zwei Klassen von Systemveränderungen, die direkte Auswirkungen auf die Güte eines Ausführungsplans haben. Zum einen sind das Änderungen am physischen DB-Schema[*]. Hier

---

[*] Änderungen des externen bzw. konzeptionellen Schemas bedeuten i.a. eine Invalidierung der gesamten Anfrage und können daher i.a. nicht über Anpassungen des Ausführungsplans behandelt werden.

sind insbesondere die Hinzunahme bzw. Wegnahme von Zugriffspfadstrukturen ausschlaggebend. Zum anderen sind das Änderungen der Datenbank, also der gespeicherten Daten. Im Gegensatz zu den vorgenannten Schemaänderungen beschreiben diese Datenänderungen die normale Arbeitssituation. Sie spiegeln den Fortgang der eigentlichen DB-Anwendung als Datenänderungen in der DB wider. Zur Berücksichtigung dieser Änderungen 'in kleinen Schritten' bietet sich eine DB-Statistik an, und die Behandlung von Änderungen der Zugriffspfadstrukturen kann über eine hybride Optimierung (siehe Abschnitt 2.4.1) erledigt werden. Sie ermöglicht eine Anpassung der Ausführungspläne zur Laufzeit. Das heißt, vor der eigentlichen Anfrageausführung wird eine inkrementelle Optimierung durchgeführt. Dabei werden die aktuell vorliegenden Systemparameter bestimmt und abhängig davon dann eine Laufzeitoptimierung durchgeführt. Im wesentlichen wird unter den schon zur Optimierungszeit (Kompilationszeit) bestimmten und zur Laufzeit noch verfügbaren alternativen Ausführungsplänen, die mit den aktuellen Systemparametern (etwa Vorhandensein oder Fehlen von Zugriffspfadstrukturen) verträglich sind, ausgewählt.

Als praktikablere und auch kostengünstigere Lösung zur Kostenabschätzung von Ausführungsplänen bietet sich ein Kostenmodell an, das nicht auf exakten Berechnungen beruht, sondern auf einer Abschätzung der Abarbeitungskosten eines Ausführungsplans. Diese Abschätzung stützt sich auf Statistiken, die nur die wichtigsten Parameter führen, die zur Beschreibung des Systemzustandes notwendig sind. Ein wesentlicher Teil dieser Statistiken beinhaltet die quantitative Beschreibung des konkreten Speichermodells, also der Abspeicherung der Daten in der DB, und berücksichtigt damit die Datenänderungen in der DB. Selektivitätsabschätzungen für die im Ausführungsplan zu überprüfenden Prädikate ermöglichen eine Abschätzung der Größe von Zwischenergebnissen, die für eine gute Kostenabschätzung unerläßlich ist. In den folgenden Abschnitten wird zuerst ein einfaches Kostenmodell vorgestellt, welches anschließend zur Kostenabschätzung für die in Bild 2.19 gezeigten Ausführungspläne herangezogen wird.

4.1 Bestimmung der Zugriffskosten

Um zu einer zuverlässigen Abschätzung der Abarbeitungskosten eines Ausführungsplans zu kommen, sollten solche Ressourcen in einer Kostenfunktion berücksichtigt werden, die auch für die Anfrageauswertung in Anspruch genommen werden, wie zum Beispiel benötigter Externspeicherplatz, Anzahl der Platten-Ein-/Ausgabe-operationen und benötigter Speicherplatz im Systempuffer sowie CPU-Zeit. In vielen Kostenmodellen werden daher zum einen die Externspeicherzugriffe und zum anderen der CPU-Aufwand als wesentliche Kostenidentifikatoren verwendet. Diese Vorgehens-weise wird untermauert einerseits durch schon frühe praktische Erfahrungen [CABG81, SACLP79] und (nicht unabhängig davon) andererseits durch die in manchen, auch kommerziellen DBS rea-lisierten Kostenmodelle (etwa INGRES, DB2, SQL/DS oder STAR-BURST und SYSTEM R).

Die Bearbeitungskosten für einen vollständigen Ausführungsplan werden inkrementell berechnet aus den einzelnen Kostenabschät-zungen für dessen Planoperatoren. Dabei fließen natürlich die ge-wählten Operatormethoden, Operatorreihenfolgen oder auch die Reihenfolgen der Überprüfungen von Selektionsprädikaten etc. als Parameter in die Kostenberechnungen ein.

inkrementelle Berechnung der Bearbei-tungskosten ei-nes Ausfüh-rungsplans

Eine besondere Rolle spielen hierbei die Planoperatoren an den Blättern eines Ausführungsplans. Für diese Planoperatoren gelten folgende Eigenschaften. Sie sind unär und selektieren (für die wei-tere Verarbeitung durch die nachfolgenden Planoperatoren) Tupel aus den Basisrelationen. Dazu bedienen sie sich im wesentlichen der Scan-Operatoren an der Zugriffssystemschnittstelle, durch die dann auch die entsprechenden Daten vom Externspeicher in den Datenbankpuffer eingelagert werden. Sie verursachen damit ein-mal die meisten aller Externspeicherzugriffe und zudem nicht ver-nachlässigbare Verarbeitungskosten im Zugriffssystem. Infolge-dessen sind die Kosten für solch einen Relationenzugriff durch nachstehende allgemeine Kostenformel abzuschätzen:

$$cost(R) = extspcard(R) + W \times osscard(R)$$

Hierbei bezeichnet R eine Basisrelation, die Funktion *extspcard* die Anzahl der Externspeicherzugriffe und die Funktion *osscard* die Anzahl der Zugriffssystemaufrufe, die sich aus der Anzahl der Tu-pel/Elemente ergibt, die im Planoperator bearbeitet werden und ggf. zur weiteren Verarbeitung an den zugehörigen Ausgabestrom übergeben werden. Da der weitaus größte Berechnungsaufwand im OSS (Zugriffs- und Speichersystem) geleistet wird, stellt dieser Wert damit einen guten Indikator für die CPU-Belastung durch den Planoperator dar, die zur Berechnung des Ausgabestroms not-wendig ist.

Kostenformel für den Relatio-nenzugriff

Um nun die beiden durchaus unterschiedlichen Kostenanteile zu den Gesamtkosten für den Relationenzugriff kombinieren zu kön-

nen, werden die CPU-Kosten hinsichtlich der Externspeicherzu-
griffskosten 'normiert'. Dies wird durch den Faktor W bewerkstel-
ligt, der im wesentlichen das Verhältnis des Aufwandes für einen
OSS-Aufruf zu einem Seitenzugriff auf Externspeicher beschreibt.
Durch eine entsprechende Festlegung des Faktors W läßt sich eine
Gewichtung von CPU-Belastung zu E/A-Belastung ausdrücken und
Gewichtung von damit auch die notwendige Anpassung des Kostenmodells an die
CPU-Kosten zu vorhandene Rechnerkonfiguration und Systemumgebung durch-
E/A-Kosten führen. Dabei ist es sinnvoll die folgenden beiden sehr unterschied-
lichen Systemsituationen zu berücksichtigen:

- *CPU-Beschränkung* (engl. CPU bound)
  Ist die CPU der Engpaß, so sind Zugriffspläne mit geringerem CPU-
  Aufwand (dafür aber vielleicht mit höherem E/A-Aufwand) zu bevorzugen. Dies kann durch ein relativ großes W^* erreicht werden, da
  damit der Anteil der CPU-Kosten an den Gesamtkosten vergrößert
  und somit rechenintensive Lösungen entsprechend benachteiligt
  werden.

- *E/A-Beschränkung* (engl. I/O bound)
  Falls die E/A-Kapazität den Engpaß darstellt, sind rechenintensive
  Lösungen zu bevorzugen gegenüber E/A-intensiven. Die Kostenabschätzung kann hier durch ein relativ kleines W^{**} entsprechend beeinflußt werden.

Die Festlegung des Faktors W wird somit abhängig von der jeweiligen Systemsituation über eine entsprechend angepaßte Formel berechnet. Dabei fließen konkrete Systemparameter ein, wie zum
Beispiel Abschätzung der benötigten Instruktionen für die mittlere
Pfadlänge eines OSS-Aufrufs, Abschätzung der Instruktionsanzahl
für einen E/A-Vorgang, die mittlere E/A-Zugriffszeit sowie die
MIPS-Rate des zugrundeliegenden Hardware-Systems. Weitere
Details über den genauen Aufbau der Berechnungsvorschrift, kann
der Spezialliteratur [Hä87, SACLP79] entnommen werden. Wichtig ist aber noch die Feststellung, daß die konkrete Wertebelegung
für den Faktor W für jede Systemkonfiguration (hardware- und
software-seitig) neu zu erfolgen hat und somit die jeweils aktuellen
Systemparameter entsprechend berücksichtigt werden.

---

*   In [SACLP79] wurde dafür ein Wert von etwa 0.1 bis 0.4 angesetzt, welcher sich aus dem Quotienten aus Abschätzung der benötigten Instruktionen für die mittlere Pfadlänge eines OSS-Aufrufs zu Abschätzung der
Instruktionsanzahl für einen E/A-Vorgang ergibt.

** In [SACLP79] wurde dafür ein Wert von etwa 0.01 vorgeschlagen, welcher sich aus dem gleichen Quotienten wie oben berechnet, allerdings
wird hier der Divisor um die E/A-Zugriffszeit ausgedrückt in Instruktionen (also das Produkt aus E/A-Zugriffszeit und MIPS-Rate) erhöht.

4.2 Statistiken und Selektivitätsabschätzungen

Zur Berechnung der Kosten für einen Relationenzugriff ist es nach obiger Formel notwendig, die (voraussichtliche) Anzahl der Externspeicherzugriffe sowie die Anzahl der OSS-Aufrufe zu bestimmen. Die Schätzungen zur Anzahl der E/A-Vorgänge basieren auf einem analytischen Modell der Abspeicherung (also des konkreten Speichermodells) und auf der Berücksichtigung umfangreicher *Statistiken* zur (quantitativen) Beschreibung der gespeicherten Daten. Diese Statistiken werden weiterhin für Selektivitätsabschätzungen (von zu überprüfenden Prädikaten) verwendet. Über Selektivitätsabschätzungen ist dann die Anzahl der benötigten OSS-Aufrufe bzw. auch die Größe des produzierten Ausgabestroms bzw. Zwischenergebnisses zu bestimmen. Dies dient nun wiederum als Ausgangsgröße für die Kostenabschätzungen der nachfolgenden Planoperatoren.

Statistiken als Grundlage der Kostenabschätzung

4.2.1 Statistiken

Herkömmlicherweise werden sowohl Relationenstatistiken als auch Attributstatistiken geführt. Zur Berücksichtigung des konkret vorliegenden Speichermodells werden zusätzlich auch Segment- und Zugriffspfadstatistiken aufgebaut. In Bild 4.1 sind die wichtigsten statistischen Kenngrößen des (relationalen) Speichermodells zusammengefaßt. Manche der dort angegebenen Parameter lassen sich wiederum aus anderen berechnen und sind daher optional. Zugriffspfadstatistiken können eine Attributstatistik ergänzen oder ersetzen. Aus Aufwandsgründen werden Attributstatistiken nur für die Attribute geführt, die entweder in Zugriffspfaden verwendet werden oder häufig in Anfrageprädikaten vorkommen. Fehlende Statistiken werden durch Standardannahmen (wie z.B. in Bild 4.2 gezeigt) ergänzt.

Statistiken zu Segment, Relation, Attribut und Zugriffspfad

Diese Statistiken werden in den Systemkatalogen der DB verwaltet und ergänzen dort die DB-Beschreibung des aktuellen Speichermodells. Ebenso wie die anderen Metadaten müssen auch die Statistiken aktuell gehalten werden. Es gibt natürlich einen direkten Zusammenhang zwischen der Genauigkeit einer Statistik und den dazu notwendigen Aktualisierungskosten. Eine direkte Aktualisierung bei jeder Änderung bzw. Änderungsoperation ist viel zu aufwendig (zusätzliche Schreib-, Sperr- und Log-Operationen) und kann zudem leicht dazu führen, daß der Katalog zu einem Sperr-Engpaß wird. Außerdem erscheint diese Vorgehensweise auch des-

Statistiken werden im Systemkatalog verwaltet und aktualisiert

Statistische Kenngrößen pro Segment S

Bezeichnung	*Beschreibung*
seiten (S)	Anzahl der Datenseiten in S
leerseiten (S)	Anzahl der leeren Seiten in S
$belegung\,(S)\;=\;\dfrac{leerseiten\,(S)}{seiten\,(S)}$	Belegungsfaktor (berechenbar)

Statistische Kenngrößen pro Relation R

Bezeichnung	*Beschreibung*
card (R)	Anzahl der Tupeln in R
seiten (R)	Anzahl der Seiten (in Segment S) mit Tupeln aus R
$blockung\,(R)\;=\;\dfrac{card\,(R)}{seiten\,(R)}$	Blockungsfaktor, d.h. mittlere Anzahl Tupeln pro Seite (berechenbar)

Statistische Kenngrößen pro Zugriffspfadstruktur ZP

Bezeichnung	*Beschreibung*
werte (ZP)	Anzahl der Attributwerte / Schlüsselwerte in ZP
seiten (ZP)	Anzahl der Blatt-Seiten (B*-Baum) in ZP
höhe (ZP)	Höhe von ZP (B*-Baum)

Statistische Kenngrößen pro Attribut A

Bezeichnung	*Beschreibung*
werte (A)	Anzahl der Attributwerte
hist (A)	Histogramm der Wertverteilung
min (A), max (A)	Minimaler (maximaler) Attributwert
wiederholung (A)	Wiederholungsfaktor von Attributwerten

Bild 4.1:   Statistische Kenngrößen des Speichermodells

halb unangebracht, da Statistiken ja zu Abschätzungen benutzt
werden und daher schon eine gewisse Unschärfe besitzen dürfen.

Als praktikable Alternativlösungen bietet sich einerseits eine Initialisierung der statistischen Werte zum Lade- oder Generierungszeitpunkt von Relationen und Zugriffspfadstrukturen an. Andererseits kann eine periodische Neubestimmung entweder benutzeraktiviert durch ein Systemkommando (Dienstprogramm) oder bei geringer Systembelastung bzw. zu Leerzeiten automatisch erfolgen. Bei größeren Veränderungen der neuberechneten Statistiken kann nun (auch automatisch) eine Reoptimierung von betroffenen Anfragen angestoßen werden. Dabei wird ausgenutzt, daß die Anfragen zusammen mit datenbezogenen Abhängigkeiten der gespeicherten Ausführungspläne und Zugriffsmodule auch in den Systemkatalogen verwaltet werden.

Die Berechnung der Statistiken kann i.a. recht teuer werden. Zum Beispiel müssen alle Tupel einer Relation gelesen werden, um die Relation-, Attribut- und Indexstatistik aufzubauen, und für eine effiziente Berechnung von Statistikverfeinerungen (etwa Histogramme, s.u.) kann zusätzlich noch eine Sortierung nach dem betreffenden Attribut sinnvoll werden. Eine deutliche Verbesserung dieser Situation kann durch den Einsatz von *Stichproben*-Techniken (engl. *sampling*) erzielt werden. Anstatt alle betroffenen Tupel zu lesen, wird nur eine zufällige Stichprobe gelesen und die Statistikberechnung darüber abgewickelt. Genauere Informationen zur Stichproben-Technik und deren Eigenschaften sowie erste praktische Erfahrungen können in der Literatur [LNS90, MD88, PC84] nachgelesen werden.

billige Statistik-Berechnung über Stichproben

4.2.2 Selektivitätsabschätzungen

Mit Hilfe dieser statistischen Angaben können nun *Selektivitätsabschätzungen* für die Prädikate der Planoperatoren durchgeführt werden. Die Selektivitätsabschätzungen für die zu überprüfenden Prädikate ermöglichen eine Abschätzung der Größe von Zwischenergebnissen, die für eine gute Kostenabschätzung insbesondere des Relationenzugriffs unerläßlich ist. Sie beschreiben die Auswahlschärfe (Selektivität) eines an den Operator geknüpften Prädikatterms bzw. eines Boole'schen Prädikatausdrucks. Die Selektivität[*] $s(p)$ eines Prädikats p hinsichtlich eines gegebenen Objektstroms bezeichnet den erwarteten Anteil an Elementen des Objektstroms, die das Prädikat erfüllen. Das heißt, ein Prädikat p mit einer Selektivität $s(p)$ liefert, wenn angewandt auf einen Objektstrom (Basis-

Selektivität von Prädikattermen und Prädikatausdrücken

---

[*] Der Wert von s(p) liegt im Intervall $0 \leq s(p) \leq 1$.

relation) der Kardinalität N, einen Ausgabestrom (Zwischenergebnis) der Größe $s(p){\times}N$. In Bild 4.2 sind dazu einige grundsätzliche Selektivitätsabschätzungen angegeben, die den Bereich relationaler Prädikatterme und -ausdrücke im wesentlichen abdecken. Für den Fall, daß die für die Abschätzung notwendigen statistischen Angaben nicht bekannt sind, wird ein von der konkreten DB unabhängiger Standardwert als Schätzgröße eingesetzt. Mehr Informationen zu diesen Abschätzungen und Setzungen können zum Beispiel in [SACLP79, MCS88] nachgelesen werden.

Selektivitäts-abschätzungen basieren auf der Gleichver-teilungsan-nahme und der Unabhängig-keitsannahme

Offensichtlich können mit genaueren Statistiken auch genauere Selektivitätsabschätzungen erzielt werden. Insbesondere erlauben manche Statistikverfeinerungen auch eine Behandlung der zwei schon früher (Abschnitt 2.6.2.3) genannten Problematiken, nämlich hinsichtlich Werteverteilung und Werteabhängigkeit, die in den Selektivitätsabschätzungen in Bild 4.2 durch folgende vereinfachende Annahmen ausgeklammert wurden. Zum einen ist das die Gleichverteilungsannahme (Gleichverteilung der Attributwerte über ihrem Wertebereich) und zum anderen ist das die Unabhängigkeitsannahme (Unabhängigkeit zwischen den Werten verschiedener Attribute), die beide leider in der Realität oft nicht zutreffend sind. Histogramme [PC84, Io93] können zum Beispiel dazu verwendet werden, um die konkrete Verteilung von Attributwerten aufzuzeichnen. Dazu wird der Wertebereich in Intervalle aufgeteilt und die Anzahl der auftretenden Attibutwerte für jedes Intervall vermerkt. Um die Fehler von Selektivitätsabschätzungen auf der Basis von *Histogrammen* zu minimieren, sollte gemäß [PC84] eine Intervalleinteilung auf etwa gleich viele Wertebelegungen pro Intervall achten und nicht auf gleich große Intervallbereiche. Das heißt, die Intervallänge sollte der Wertebelegung angepaßt werden. Der

Histogramme könnnen die Genauigkeit von Selektivi-tätsabschätzun-gen verbessern

Histogramm-Ansatz kann in einer mehrdimensionalen Auslegung auch dazu benutzt werden, eine Verteilung von Attributwertekombinationen darzustellen [MD88]. Damit läßt sich die Unabhängigkeitsannahme entsprechend korrigieren. Verbesserte Formeln zur Selektivitätsabschätzung werden in [SS93] für voneinander abhängige Attribute (Attribute einer Äquivalenzklasse) vorgeschlagen, und in [Ly88] werden Anpassungen hinsichtlich Ungleichverteilungen (engl. *skew* oder skewed distribution) diskutiert.

Basierend auf diesen Selektivitätsabschätzungen kann nun die Kardinalität einer Anfrage Q bzw. die Kardinalität des Zwischenergebnisstroms eines Planoperators oder Planoperatorgraphen abgeschätzt werden. Dazu dient folgende Formel:

Form des Prädikates	Selektivitätsabschätzung	Standardwert
$A = \text{konst}$	$\dfrac{1}{\text{werte}(A)}$	$\dfrac{1}{10}$
$A_1 = A_2$	$\dfrac{1}{\max(\text{werte}(A_1), \text{werte}(A_2))}$	$\dfrac{1}{10}$
$A < \text{konst}$ $A \leq \text{konst}$	$\dfrac{\text{konst} - \min(A)}{\max(A) - \min(A)}$	$\dfrac{1}{3}$
$A > \text{konst}$ $A \geq \text{konst}$	$\dfrac{\max(A) - \text{konst}}{\max(A) - \min(A)}$	$\dfrac{1}{3}$
$(A_1 \geq \text{konst}_1) \wedge (A_1 \leq \text{konst}_2)$ $(A_1 > \text{konst}_1) \wedge (A_1 < \text{konst}_2)$	$\dfrac{\text{konst}_2 - \text{konst}_1}{\max(A) - \min(A)}$	$\dfrac{1}{4}$
A IN $(\text{konst}_1, ..., \text{konst}_n)$	$\dfrac{n}{\text{werte}(A)}$	$\dfrac{1}{2}$
A IN (Unteranfrage)	$\dfrac{\text{card}(\text{Unteranfrage})}{\text{werte}(A)}$	$\dfrac{1}{2}$
NOT p	$1 - s(p)$	-
p_1 **AND** p_2	$s(p_1) \cdot s(p_2)$	-
p_1 **OR** p_2	$s(p_1) + s(p_2) - s(p_1) \cdot s(p_2))$	-

Legende:

p, p_1, p_2	Prädikate
$s(p)$	Selektivitätsabschätzung für Prädikat p
werte (A)	Anzahl der unterschiedlichen Werte, die das Attribut A in einer konkreten DB annimmt
$\max(A), \min(A)$	höchster bzw. niedrigster Wert, den das Attribut A in einer konkreten DB annimmt
A, A_1, A_2	Attribute
konst, konst_1, konst_2	Konstanten

Bild 4.2: Selektivitätsabschätzungen für Prädikate

$$card(Q) = \prod_{i=1}^{n} card(R_i) \times \prod_{j=1}^{m} s(p_j)$$

Hierbei bezeichnet Q eine Anfrage folgender Form, hier ausgedrückt in SQL-Syntax:

```
SELECT  *
FROM    R1, R2, ..., Rn
WHERE   p1 AND p2 AND ... AND pm;
```

Formel zur Abschätzung der Kardinalität einer einfachen Selektions- bzw. Verbund-Anfrage

Die R_i (i = 1, ..., n) sind Tabellen und die p_j (j = 1, ..., m) sind konjunktiv verknüpfte Boole'sche Terme. Diese Prädikate sind entweder relationenlokale Selektionsprädikate oder relationenübergreifende Verbundprädikate. Für die Selektionsprädikate wurden in Bild 4.2 schon Selektivitätsabschätzungen vorgestellt. Die Abschätzung der Selektivität eines Verbundprädikats gestaltet sich allerdings etwas komplizierter und soll daher im folgenden näher betrachtet werden.

Abschätzung der Selektivität eines Verbundprädikats

Da jede Verbundoperation auch beschrieben werden kann als eine Selektion auf dem Ergebnis des Kartesischen Produktes der beiden Verbundpartner, stellt die Kardinalitätsabschätzung für das Kartesische Produkt eine Obergrenze für die Kardinalität des eigentlichen Verbundes dar, und die Selektivität des Verbundprädikats gibt damit ein Maß für die Reduktion dieser Obergrenze an. Abhängig von der Art des Verbundes kann diese Reduktion nun genauer bestimmt werden.

Unter der Annahme eines verlustfreien Gleichverbundes können folgende Selektivitätsabschätzungen für einen Verbund V der beiden Relationen $R1$ und $R2$ mit Verbundprädikat p_v über dem Verbundattribut VA einfach abgeleitet werden:

- allgemeiner (m:n)-Verbund
    card(V) = card(R2) × card(R1) × (1 / maxwerte(VA))
  Hierbei wird jedes Tupel aus $R2$ mit *card(R1)/maxwerte(VA)* Tupeln aus $R1$ verbunden; *maxwerte(VA)* bezeichnet dabei die Anzahl der verschiedenen Werte für das Verbundattribut. Da es in $R1$ und $R2$ unterschiedlich viele verschiedenen VA-Werte geben kann, ergibt sich *maxwert(VA)* als das Maximum der relationenspezifischen Anzahlen gemäß der Formel:
    maxwerte(VA) = max(werte(VA,R1), werte(VA,R2)).
  werte(VA,Ri) bezeichnet dabei die Anzahl der verschiedenen Werte, die für das Verbundattribut in Ri vorkommen.
  Die Selektivität des Verbundattributs *s(VA)* entspricht damit dem Ausdruck:
    s(VA) = 1/maxwerte(VA)
  Dieser Ausdruck ergibt sich auch in Bild 4.2 als Selektivitätsabschätzung für das Verbundprädikat der Form *R1.VA = R2.VA*. Eine detailliertere Herleitung dieser Selektivitätsabschätzung für den Verbund wird in [SS93] beschrieben.

- Spezialfall (1:n)-Verbund[*]
  Hier ist das Verbundattribut ein Schlüsselkandidat der Relation $R1$, d.h. es gilt die Gleichheit *card(R1)=werte(VA,R1)*. Durch Einsetzen in obige allgemeine Formel erhält man dann folgende für diesen Spezial-

fall vereinfachte Kardinalitätsabschätzung:
    card(V) = card(R2)
Diese Kardinalitätsabschätzung gilt auch für den (1:1)-Verbund.

Für den allgemeinen Θ-Verbund (wobei Θ die arithmetischen Vergleichsoperatoren $\{<, \leq, >, \geq, \neq, =\}$ umfaßt) muß die Selektivitätsabschätzung für das Verbundprädikat gemäß der Form des Verbundprädikats (und wie in Bild 4.2 beschrieben) angepaßt werden. Obige Formeln können dann einfach übernommen werden. Eine genauere Diskussion dieses allgemeines Falls und insbesondere der Ungenauigkeiten dieser vereinfachten Selektivitätsabschätzungen kann der Spezialliteratur [PC84, SS93] entnommen werden. Für unsere weiteren Betrachtungen genügen die hier entwickelten Abschätzungen.

Für die oben gegebene Anfrage Q läßt sich die Anzahl der OSS-Aufrufe nun in ähnlicher Weise, wie dies für die Kardinalität des Anfrageergebnisses oben beschrieben wurde, abschätzen:

$$osscard\,(Q) \;=\; \prod_{i\,=\,1}^{n} card\,(R_i) \times \prod_{k\,=\,1}^{o} s\,(p_k)$$

Formel zur Abschätzung der OSS-Aufrufe einer einfachen Anfrage

Hier sind natürlich nur solche Selektivitäten zu berücksichtigen, die im OSS angewendet werden können ($\{p_k \mid k = 1, .., o\} \subseteq \{p_j \mid j = 1, ..., m\}$). Das sind Start- und Stoppbedingungen für Index-Scans und einfache Selektionsprädikate (vgl. Abschnitt 3.1). Dies wird in obiger Formel durch die Laufvariable $k = 1, ..., o$ ausgedrückt, deren Maximalwert o kleiner (kleinergleich) dem Maximalwert m der Laufvariable j ist.

Für den einfachen Relationenzugriff R ergibt sich damit folgende Formel zur Abschätzung der OSS-Aufrufe:

$$osscard\,(R) \;=\; card\,(R) \times \prod_{k\,=\,1}^{l} s\,(p_k)$$

Formel zur Abschätzung der OSS-Aufrufe eines einfachen Relationenzugriffs

Hier bezeichnen die p_k die Prädikate, die schon im OSS beim Relationenzugriff auf die Basisrelation R angewendet werden. Die restlichen der auf der Relation R anwendbaren Prädikate p_j werden erst im betreffenden Planoperator *access* berücksichtigt, beeinflus-

---

* Obwohl der (1:n)-Verbund hier als Spezialfall bezeichnet wird, stellt er in relationalen Systemen den Standardfall dar, da (m:n)-Beziehungen im Rahmen einer relationalen Modellierung immer als eigene Relationen mit zwei (1:n)-Beziehungen zu den Partnerrelationen dargestellt werden.

sen aber ebenfalls die Kardinalität des Ausgabestroms, die sich nun aus folgender Formel ergibt:

$$card\,(access\,(R)\,) \;=\; osscard\,(R) \times \prod_{j=1}^{r} s\,(p_j)$$

$$card\,(access\,(R)\,) \;=\; card\,(R) \times \prod_{k=1}^{l} s\,(p_k) \times \prod_{j=1}^{r} s\,(p_j)$$

Formel zur Abschätzung der Kardinalität des Ausgabestroms beim Relationenzugriff

Diese letzte verfeinerte Formel zeigt nochmals sehr deutlich, daß alle auf der Relation R anwendbaren Prädikate (das sind die Prädikate p_j und p_k) die Kardinalität des Ausgabestroms bestimmen. In diesem Zusammenhang bezeichnen wir mit *s(R)* die Selektivität aller Prädikate des Relationenzugriffs. In der Literatur nennt man die Prädikate p_k auch 'SARG-Prädikate', wobei das Acronym SARG für Suchausdruck (engl. search argument) steht, also für die Prädikate, die bei der Suche (im OSS) anwendbar sind. Die anderen Prädikate p_j heißen residuale Prädikate (engl. residual predicates), da sie nicht während der Scan-Operationen im OSS anwendbar sind und sozusagen für die Evaluation im Operator übrigbleiben. Residuale Prädikate sind etwa Vergleiche der Form '*Attr-1* Θ *Attr-2*', also z.B. der Attributvergleich '*Grundgehalt > Provision*'.

4.3 Kostenberechnung und Beispiele

Wie eingangs schon erwähnt, werden zur Kostenbestimmung für den Relationenzugriff obige Selektivitätsabschätzungen zusammen mit den Zugriffspfadstatistiken benutzt. Damit kann die allgemeine Formel aus Abschnitt 4.1 wie folgt verfeinert werden:

verfeinerte Kostenformel für den Relationenzugriff

$$cost(R) = indexcard(R) + datacard(R) + W \times osscard(R)$$

Diese Verfeinerung betrifft die Anzahl der Externspeicherzugriffe, die nunmehr bestimmt werden kann aus den Anzahlen für Indexseitenzugriffe (Funktion *indexcard*) und Datenseitenzugriffe (Funktion *datacard*). Hierbei wird vereinfachend von einem leeren DB-Puffer ausgegangen, d.h. alle Erstreferenzen von Index- und Datenseiten können im DB-Puffer nicht gefunden werden und die referenzierten Seiten müssen daher vom Externspeicher geladen werden. Nur durch die Clusterbildung in diesen Speicherungsstrukturen können Rereferenzierungen einer Seite auftreten, die sich schon im DB-Puffer befindet. In Bild 4.2 sind beispielhaft einige Kostenberechnungen (bzw. Berechnungsformeln) angegeben für die in Bild 2.19 gezeigten Ausführungspläne.

Methode	Anzahl Seitengriffe	Anzahl OSS-Aufrufe
Methode 1 ohne / mit Clusterbildung	seiten (ABT) (meistens seiten (Segment))	$\dfrac{\text{card (ABT)}}{10}$
Methode 2	$\text{höhe (Index (ABT (Aort)))} + \dfrac{\text{card (ABT)}}{\text{werte (Aort) blockung (ABT)}}$	$\dfrac{\text{card (ABT)}}{\text{werte (Aort)}}$
Methode 3 ohne Clusterbildung	$\text{höhe (Index (ABT (Aort)))} + \dfrac{\text{card (ABT)}}{\text{werte (Aort)}}$	$\dfrac{\text{card (ABT)}}{\text{werte (Aort)}}$
Methode 3 mit Clusterbildung	$\text{höhe (Index (ABT (Aort)))} + \dfrac{\text{card (ABT)}}{\text{werte (Aort) blockung (ABT)}}$	$\dfrac{\text{card (ABT)}}{\text{werte (Aort)}}$
Methode 4 ohne Clusterbildung	$\text{höhe (Index (ABT (Aort)))} + \dfrac{\text{card (PERS)}}{\text{werte (Aort)}}$	$\dfrac{\text{card (ABT)}}{\text{werte (Aort)}}$
Methode 4 mit Clusterbildung	$\text{höhe (Index (ABT (Aort)))} + \dfrac{\text{card (PERS)}}{\text{werte (Aort) blockung (PERS)}}$	$\dfrac{\text{card (ABT)}}{\text{werte (Aort)}}$

Bild 4.3: Kostenabschätzung der Ausführungspläne aus Bild 2.19 auf Seite 65

Da es sich hier um verschiedene Inkarnationen des gleichen Planoperators handelt, muß die Anzahl der OSS-Aufrufe auch jeweils die gleiche sein. Allerdings gehen wir davon aus, daß das der Methode 1 zugrundeliegende Szenario keine Attributstatistik für *Aort* enthält und infolgedessen kann die Selektivität des zu überprüfenden Prädikats nur per Standardwert (s. Bild 4.2) abgeschätzt werden. Für die anderen Methoden wird ein unterschiedliches Szenario angenommen, das über eine entsprechende Indexdefinition auch eine Attributstatistik für *Aort* liefert. Daher ist in diesen Fällen eine spezifischere Abschätzung der Anzahl der OSS-Aufrufe möglich.

Diskussion der Berechnungsbeispiele

Zwar beschreibt Methode 1 einen Relationen-Scan, allerdings muß davon ausgegangen werden, daß alle Seiten des Segments gelesen werden müssen, um alle Tupel der Relation aufzufinden. Dieser sog. Segment-Scan ist deshalb notwendig, da meistens das Segment den physischen Behälter (Container) zur Abspeicherung von Relation(en) bereitstellt. Hinsichtlich der benötigten Anzahl von Seitenzugriffen unterscheiden sich die Methoden mit bzw. ohne Clusterbildung durch den Blockungsfaktor, das Maß für den Grad an Clusterbildung. Clusterbildung bewirkt natürlich nur eine Reduktion der Anzahl an Seitenzugriffen und hat keine Auswirkung auf die Anzahl der OSS-Aufrufe. Nur bei Methode 1 und 2 wird nicht unterschieden, ob mit oder ohne Clusterbildung. Clusterbildung der Speicherungsstruktur einer Relation hat keine Auswirkungen auf einen (in Methode 1 notwendigen) Segment-Scan. Für Methode 2 werden die Tupel der Relation über die Indexstruktur verwaltet. Dort liegt der Spezialfall einer Primärspeicherungsstruktur mit Clusterbildung vor, wie es zum Beispiel in INGRES möglich ist. Das heißt, die Relation *ABT* ist über einen Index mit Clusterbildung sortiert nach *Aort* abgelegt.

Auswirkung von Clusterbildung auf die Anzahl von Seitenzugriffen

Alle Methoden, die einen Zugriffspfad verwenden, zeigen einen Anteil an Seitenzugriffen für Indexseiten auf. Dieser Wert wurde hier mit der Höhe der Zugriffspfadstruktur abgeschätzt. Das ist für das vorliegende Gleichheitsprädikat (*Aort* = '*KL*') ein gutes (minimales) Maß, das natürlich verfeinert werden kann. Zum Beispiel kann man einen Index *IND* auch ohne auszuwertende Prädikate sehr gut dafür verwenden, um alle Datenseiten der zugehörenden Relation zu bestimmen. Diese Seitenmenge ist dann insbesondere bei einer Speicherungsstruktur mit Clusterbildung (wie in Methode 2 gegeben) deutlich kleiner als die Seitenmenge des Segments, die im Falle eines Relationen-Scan alternativ dazu (wie in Methode 1) zu durchsuchen wäre. In diesem Falle ist als Wert für die Anzahl der Indexseitenzugriffe natürlich nicht *höhe(IND)* sondern *seiten(IND)* anzusetzen. Weitere Details dazu und auch zu anderen Spezialsituationen sind in [SACLP79] beschrieben.

Abschätzung der Anzahl von Indexseitenzugriffen

Zur Kostenberechnung für einen komplexen Ausführungsplan müssen ausgehend von den Kosten für den Relationenzugriff die Kosten für die Weiterverarbeitung der Zwischenergebnisströme berechnet werden, bis schließlich die Kosten für den Ergebnisstrom der Anfrage berechnet sind. Dazu werden der Einfachheit wegen die Zugriffskosten auf den Ergebnisstrom eines vorgeschalteten Planoperators/Verarbeitungszelle gleichgesetzt mit den Kosten zur

Berechnung dieses Zwischenergebnisses. Dies ist sinnvoll, da die Zwischenergebnisse i.a. direkt (bzw. indirekt über den Hauptspeicher) weitergegeben werden und damit keine teueren E/A-Kosten anfallen. Nur im Falle einer expliziten Sortierung ist der sortierte (bzw. auch der noch zu sortierende) Objektstrom zwischenzuspeichern. Bei großen Objektströmen muß man allerdings eine externe Sortierung (siehe Abschnitt 3.1.3) verwenden, welche aufgrund der notwendigen E/A-Operationen ein nicht vernachlässigbarer Parameter sein wird. Aus Gründen der einfacheren Darstellung wollen wir hier jedoch diese Situation ausschließen; für den interessierten Leser sei hier auf [Gr93b] verwiesen.

Kostenabschätzung für komplexe Ausführungspläne

Damit kann aufbauend auf den Kosten für den Relationenzugriff eine Kostenabschätzung des binären Verbundes erfolgen. Für die Schleifeniteration (SI) ergibt sich dabei folgende Kostenformel:

$$cost(R_i, R_j, SI) = cost(R_i) + (card(R_i) \times s(R_i)) \times cost(R_j)$$
$$= cost(R_i) + card(access(R_i)) \times cost(R_j)$$

Hierzu sind die Kosten zur Berechnung des äußeren Verbundpartners (also die Zugriffskosten auf Relation R_i) zu addieren zu den Kosten zur Berechnung des inneren Verbundpartners (also die Zugriffskosten auf Relation R_j) multipliziert mit der Anzahl der notwendigen Iterationen über dem inneren Verbundpartner. Der Multiplikator ergibt sich dabei aus der Kardinalitätsabschätzung für den äußeren Verbundpartner (also die Kardinalität des Ausgabestroms, der durch den Planoperator *access* berechnet wird, siehe Abschnitt 4.1), wie auch in obiger Formel angegeben.

Kostenabschätzung für den Binärverbund basierend auf der Schleifeniteration

Diese Formel kann nun recht einfach verallgemeinert werden auf den n-ären Fall, der hier durch eine Folge von Binärverbunden realisiert wird. Das heißt, sowohl der äußere Verbundpartner als auch der innere stehen schon über zuvor berechnete Verbunde und damit über deren Zwischenergebnisse bereit. Ist der innere Verbundpartner (repräsentiert durch den Objektstrom *OSj*) das Ergebnis von vorherigen Verbunden, so spricht man auch von 'buschigen' Verbunden (engl. bushy-tree joins). Die Kostenformel für die Schleifeniteration ändert sich dann wie folgt:

$$cost(OS_i, OS_j, SI) = cost(OS_i) + card(OS_i) \times cost(OS_j)$$

Kostenabschätzung für den n-ären Verbund basierend auf der Schleifeniteration

Hierbei beschreibt *card(OS$_i$)* wiederum die Anzahl der durchzuführenden Iterationen, also die Kardinalität des äußeren Verbundpartners (repräsentiert durch Objektstrom OS_i), d.h. die Menge der Elemente, die die zur Berechnung von OS_i angewendeten Prädikate erfüllen:

$$card\,(OS_i) \;=\; \prod_{k=1}^{i} card\,(R_k) \times \prod_{l=1}^{m} s\,(p_l)$$

Es wird hierbei angenommen, daß im Zwischenergebnis OS_i des äußeren Verbundpartners bislang i Relationen mit m Selektions- bzw. Verbundprädikaten berücksichtigt sind (und j Relationen beim inneren Verbundpartner). Da jeder Objektstrom stellvertretend ist für eine (Teil-)Anfrage Q, die gerade diesen Objektstrom berechnet, kann man einfach in obiger Formel *(für card(OS_i))* OS_i durch Q ersetzen und erhält damit die anfangs in Abschnitt 4.2 schon entwickelte Formel zur Abschätzung der Kardinalität des Ergebnisstroms einer Anfrage.

In analoger Weise kann man nun auch die Kosten für einen Mischverbund bzw. Hash-Verbund (hier MV bzw. HV abgekürzt) ableiten:

Kostenab-
schätzung für
den Binärver-
bund basie-
rend auf der
Mischmethode

$$cost(OS_i, OS_j, MV) = cost(OS_i) + cost(OS_j)$$

Hier nehmen wir an, daß die beiden Verbundpartner OS_i und auch OS_j bzgl. des Verbundattributs sortiert vorliegen und daß weiterhin jedes Element von OS_j und auch jede Seite, auf der OS_j-Elemente liegen, während der Verbundberechnung nur einmal zu lesen ist.

Für den Hash-Verbund ergibt sich folgende Situation:

Kostenab-
schätzung für
den Binärver-
bund basie-
rend auf der
Hash-Methode

$$cost(OS_i, OS_j, HV) = cost(OS_i) + cost(OS_j)$$

Es wird vorausgesetzt, daß der (kleinere) Objektstrom gelesen und in einer Hash-Tabelle abgelegt wird. Hash-Tabelle und Hash-Behälter werden lokal im Hauptspeicher gehalten. Der andere Objektstrom ist dann nur einmal ganz zu lesen, und dessen Verbundelemente sind dann über die Hash-Struktur direkt aufzufinden.

Vergleicht man diese Kostenformeln nun mit den in Kapitel 2 und Kapitel 3 erwähnten Optimierungsheuristiken und Leistungsaspekten, so erkennt man eine deutliche Übereinstimmnung. Insbesondere die Modellierung des Einflusses von

- Selektivitätsfaktoren

- Größe von zu verarbeitenden Objektströmen (etwa die Größe der Verbundpartner)

- Ausnutzen von Zugriffspfaden, Sortierordnungen und Clusterbildung

- Festlegung von äußerem und innerem Verbundpartner

lassen sich in den Kostenformeln sehr gut nachvollziehen.

4.4 Zusammenfassung

In diesem Kapitel wurde ein Basismodell zur Kostenabschätzung von Ausführungsplänen erarbeitet. Die wesentlichen Bestandteile des Kostenmodells sind die Statistiken, die eine umfassende Beschreibung des aktuellen Systemzustandes liefern und darauf aufbauende Selektivitätsabschätzungen für die auszuwertenden Prädikate. Die Kostenberechnung für einen Ausführungsplan wird ausgehend von den Zugriffskosten auf die Basisrelationen von einem Planoperator zum nachfolgenden inkrementell bestimmt. Hierzu werden die Aufwandsabschätzungen der gewählten Planoperatorstrategien und die Größe der Zwischenergebnisströme der vorgeschalteten Planoperatoren benutzt. Die Abschätzung der Größe von Zwischenergebnisen ist ein sehr schwieriges Unterfangen, da sich Schätzfehler (in Selektivitätsabschätzungen) multiplikativ von einer zur nächsten Abschätzung fortpflanzen [IC91]. Dies gilt insbesondere für die komplexeren Planoperationen, wie zum Beispiel den Verbund [SS93]. Für den Verbund besteht das Problem darin, die Verbundselektivität korrekt abzuschätzen. Die Verbundselektivität berücksichtigt das Verbundattribut, lokale (und auch nicht unabhängige) Prädikate auf den Verbundpartnern sowie die Art des Verbundes (1:1, 1:n oder n:m) und macht damit eine Aussage über die Korrelation zwischen den Elementmengen der Verbundpartner.

In [Mo92] wird auf den wichtigen Zusammenhang zwischen Planoptimierung und Synchronisation hingewiesen. Dort wird anhand von Beispielen gezeigt, daß eine Nichtberücksichtigung von Synchronisationskosten dazu führt, daß ein suboptimaler Ausführungsplan vom Planoptimierer gewählt wird. Als Konsequenz wird u.a. vorgeschlagen, bei den Kostenabschätzungen den Synchronisationsaufwand (für Sperranforderungen) ebenfalls zu berücksichtigen.

Kostenabschätzung soll auch den Synchronisationsaufwand berücksichtigen

Die Beschreibung dieses Kostenmodells bezog sich auf relationale Ausführungspläne, kann aber an erweiterte Ausführungspläne angepaßt werden. Zum Beispiel könnte ein Komplexobjekt-Operator [Schö92, KGM91] oder auch ein Rekursionsoperator [Schö92] berücksichtigt werden. Insbesondere bei Vorhandensein dieser komplexeren Operatoren ist es sehr wichtig, die Zwischenergebnisse, die während der Planoperatorausführungen entstehen, möglichst genau abzuschätzen. Größenabschätzungen für den Rekursionsoperator sind zum Beispiel in [LN89] enthalten, und für den Komplexobjekt-Operator findet man diesbezüglich Informationen in [Schö92, KGM91].

Durch eine Verfeinerung der Statistiken können auch genauere Kostenabschätzungen bereitgestellt werden. Natürlich steigt damit auch der Aufwand für Aufbau und Wartung derselben. Insgesamt ist der Aufwand für die Kostenabschätzung klein zu halten, da im Laufe einer Anfrageoptimierung viele vom Planoptimierer (und dessen Suchstrategie) erzeugte alternative Ausführungspläne zu bewerten sind und der Gesamtaufwand für die (Plan)Optimierung immer minimiert werden sollte.

Aufwand für die Kostenabschätzung ist klein zu halten

Für die Verwendung eines Kostenmodells ist es nicht entscheidend, daß die realen Abarbeitungskosten für einen Ausführungsplan möglichst exakt abgeschätzt werden. Vielmehr ist es wichtig, daß sich die realen Kostendifferenzen zwischen unterschiedlichen Ausführungsplänen für die gleiche Anfrage in den einzelnen Kostenabschätzungen widerspiegeln. Das heißt, daß kleine Fehler und Unschärfen in den Abschätzungen keine Auswirkungen auf die Reihenfolge der untersuchten Pläne haben. Die relative Bewertung der untersuchten Pläne und nicht die Bestimmung der exakten Kosten oder Antwortzeiten ist ausschlaggebend. Von diesem Sachverhalt geht der Planoptimierer aus, wenn er unter alternativen Ausführungsplänen auszuwählen hat. Diese zentrale Eigenschaft eines Kostenmodells läßt sich einfach überprüfen, indem man alle alternativen Ausführungspläne abarbeitet und die real aufgelaufenen Kosten direkt mißt, zueinander in Relation setzt und diese Reihenfolge mit der Reihenfolge basierend auf den Kostenabschätzungen vergleicht.

Ziel der Kostenabschätzung ist nicht die Bestimmung von exakten Kosten, sondern die Bestimmung einer kostenbasierten Reihenfolge alternativer Ausführungspläne

Die ersten genaueren Angaben zur Verwendung von Statistiken und Kostenabschätzungen für die Anfrageoptimierung in relationalen Systemen finden sich in [BE76, BE77, Hä78, SACLP79]. Ein neuerer und umfassender Überblick wird in [MCS88] gegeben. Dort wird der zentrale Begriff des *statistischen DB-Profils* (engl. statisical database profile) geprägt. Unter dem statistischen Profil einer DB werden alle Statistiken und statistischen Analysen subsumiert, die dann als Grundlage sowohl für die Anfrageoptimierung als auch für den physischen DB-Entwurf und auch für Leistungsvorhersagen benutzt werden.

5
Kopplung von Programmiersprache und DB-Sprache

Nachdem in den bisherigen Abschnitten die Aspekte der AV beschrieben wurden, soll hier nun die Schnittstelle zwischen DBS und Anwendung etwas genauer betrachtet werden. Dabei interessiert zum einen, wie die DB-Operationen und DB-Daten dem Anwendungsprogramm (AWP) zur Verfügung gestellt werden, und zum anderen, wie die prinzipielle Vorgehensweise bei Übersetzung und Abarbeitung des AWP mit der eingebetteten DBS-Schnittstelle aussieht.

Das an der DBS-Schnittstelle bereitgestellte Datenmodell mit seiner DB-Sprache kann entweder als selbständige Sprache für Ad-hoc-Anfragen (interaktiv) vom Terminal oder als eine in die Anwendungsprogramme eingebettete Sprache eingesetzt werden. In beiden Fällen müssen die DB-Anweisungen und die datenbankseitigen Datenstrukturen (zur Beschreibung eines Anfrageergebnisses) in die Wirtssprache und deren Programmierumgebung (etwa COBOL, C oder C++) eingebettet werden, in der die AWP bzw. das Terminal-Kontrollprogramm geschrieben sind[*]. Die jeweilige Programmierspracheneinbettung realisiert die AWP/DBS-Schnittstelle (engl. application programming interface, kurz API), die die Funktionalität der DB-Sprache in einer Wirtssprache bereitstellt.

Programmierspracheneinbettung realisiert die AWP/DBS-Schnittstelle

---

[*] Infolgedessen können beide Sprachansätze hinsichtlich der hier zu betrachtenden Spracheinbettung zusammen diskutiert werden. Die nachfolgenden Betrachtungen sprechen daher nur noch vom eingebetteten Sprachansatz.

Um die Kopplung von DB-Sprache und Programmiersprache besser darstellen zu können, sollen die jeweils typischen Merkmale kurz beschrieben und miteinander verglichen werden. Die zentralen Charakteristika von Programmiersprachen sind die *Operationalität* und die *Berechnungsuniversalität*. Dabei steht das zuerst genannte Kriterium meistens für einen prozeduralen Ansatz zur objektweisen (im Gegensatz zur mengenorientierten) Verarbeitung, und die Eigenschaft der Berechnungsuniversalität bedeutet, daß im Prinzip jede berechenbare Funktion mit dieser Programmiersprache realisierbar ist. Im Gegensatz dazu sind fast alle DB-Sprachen nicht berechnungsuniversell und basieren, wie im relationalen Fall, auf mengenorientierter Verarbeitung[*]. Die langjährigen Erfahrungen im Bereich der DB-Sprachen haben gezeigt, daß *Deskriptivität* und Operationalität schlecht in einer Sprache vereinbar sind. Diese Diskrepanz (engl. *impedance mismatch*[**]) drückt sich aus in dem mengenorientierten Datenzugriff mittels eines relationalen DBS und der objektweisen Verarbeitung in der Programmiersprache. Sie wird in den meisten Fällen noch weiter verstärkt durch eine *Fehlanpassung* der Basisdatentypen (z.B. INTEGER, FLOAT) und der Typkonstruktoren (etwa ARRAY, RECORD, RANGE) von DB-Sprache und Programmiersprache.

Das wesentliche Merkmal eines Kopplungsansatzes ist die Einbettung von DB-Operationen und DB-Daten in die Programmiersprache und damit unmittelbar verbunden auch eine Bewertung der Fehlanpassung. Zusätzlich ist es aber auch wichtig, noch weitere Eigenschaften eines Kopplungsansatzes zu berücksichtigen. Dazu zählen zum Beispiel:

- Aufwand der Einbettungstechnik (Änderungen am Programmiersprachen-Compiler)

- Fehleranfälligkeit und Benutzungsfreundlichkeit der Einbettung

- Flexibilität hinsichtlich Strukturänderungen in der DB (Bindezeitpunkte)

- Verfügbarkeit in einer oder mehreren Programmiersprachen (monolingual versus multi-lingual).

Im folgenden werden verschiedene Kopplungsansätze vorgestellt und hinsichtlich dieser Eigenschaften bewertet und auch miteinan-

---

[*]   Im Gegensatz zu herkömmlichen Programmiersprachen bieten DB-Sprachen über entsprechende Operationen ein Transaktionskonzept an sowie Maßnahmen zur Wiederherstellung konsistenter Zustände im Fehlerfall.

[**] Allgemein versteht man dies als Sammelbegriff für alle nicht zusammenpassenden DB- und Programmiersprachkonzepte.

der verglichen. Dabei wird zuerst ein allgemeiner Überblick über verschiedene Einbettungsalternativen gegeben, bevor sich eine detailliertere Beschreibung der vorherrschenden Einbettungsformen, insbesondere für relationale DBS und den SQL-Standard anschließt. Die hier beschriebenen verschiedenen Formen der Einbettung von DB-Anweisungen lassen sich prinzipiell bei satzorientierten und mengenorientierten Schnittstellen gleichermaßen anwenden. Die diesem Abschnitt zugrundeliegende Vorgehensweise orientiert sich an einer ähnlichen Themenstrukturierung aus [Hä87, Hä78a]. Im Unterschied dazu wird in [Ne92] der Schwerpunkt der Betrachtungen auf unterschiedliche Aspekte der Operationseinbettung gelegt und an Beispielen vorgestellt.

Kapitelüberblick

5.1 Formen der Einbettung

Eine Klassifikation der verschiedenen Kopplungsarten von DB-Sprache und Programmiersprache muß sich orientieren an den verschiedenen Formen der Einbettung von DB-Operationen und DB-Daten. Danach lassen sich die beiden Klassifikationskriterien Operationseinbettung und Dateneinbettung anwenden, wobei man jeweils den integrierten vom nicht-integrierten Ansatz unterscheidet. Es ergeben sich also die vier in Bild 5.1 gezeigten Fallunterscheidungen, die im folgenden etwas näher skizziert werden sollen.

Operationsein-bettung und Da-teneinbettung entweder integriert bzw. nicht-integriert

Hinsichtlich der Art der Operationseinbettung unterscheidet man die beiden folgenden Grundformen:

- *direkte Einbettung*
  Hier werden die DB-Operationen direkt als Zeichenketten in der Programmiersprache verfügbar gemacht. Syntaktisch besteht dann kein Unterschied mehr zwischen Programm- und DB-Anweisungen.

- *Aufruftechnik*
  Hier werden die DB-Operationen explizit durch einen speziellen Funktionsaufruf bereitgestellt, der das DBS (DBS-Laufzeitsystem bzw. AES) aufruft und die auszuführende Operation übergibt.

Im Falle der Aufruftechnik muß die auszuführende DB-Operation erst zur Laufzeit des AWP verfügbar sein, da die Bindung des DB-Aufrufs an das DBS zum aktuellen Zugriffszeitpunkt, also zur AWP-Laufzeit, passiert. Infolgedessen bleibt der Übersetzungsvorgang des AWP und auch der Wirtssprachen-Compiler unverändert, und die DB-Operation bleibt bis zur Laufzeit als modifizierbarer aktueller Parameter in seiner externen Form erhalten. Damit werden Modifikationen der DB-Anweisung noch bis zum Zugriffszeitpunkt möglich. Andererseits bedeutet dies, daß sowohl die AV (An-

Operationsein-bettung: Aufruftechnik

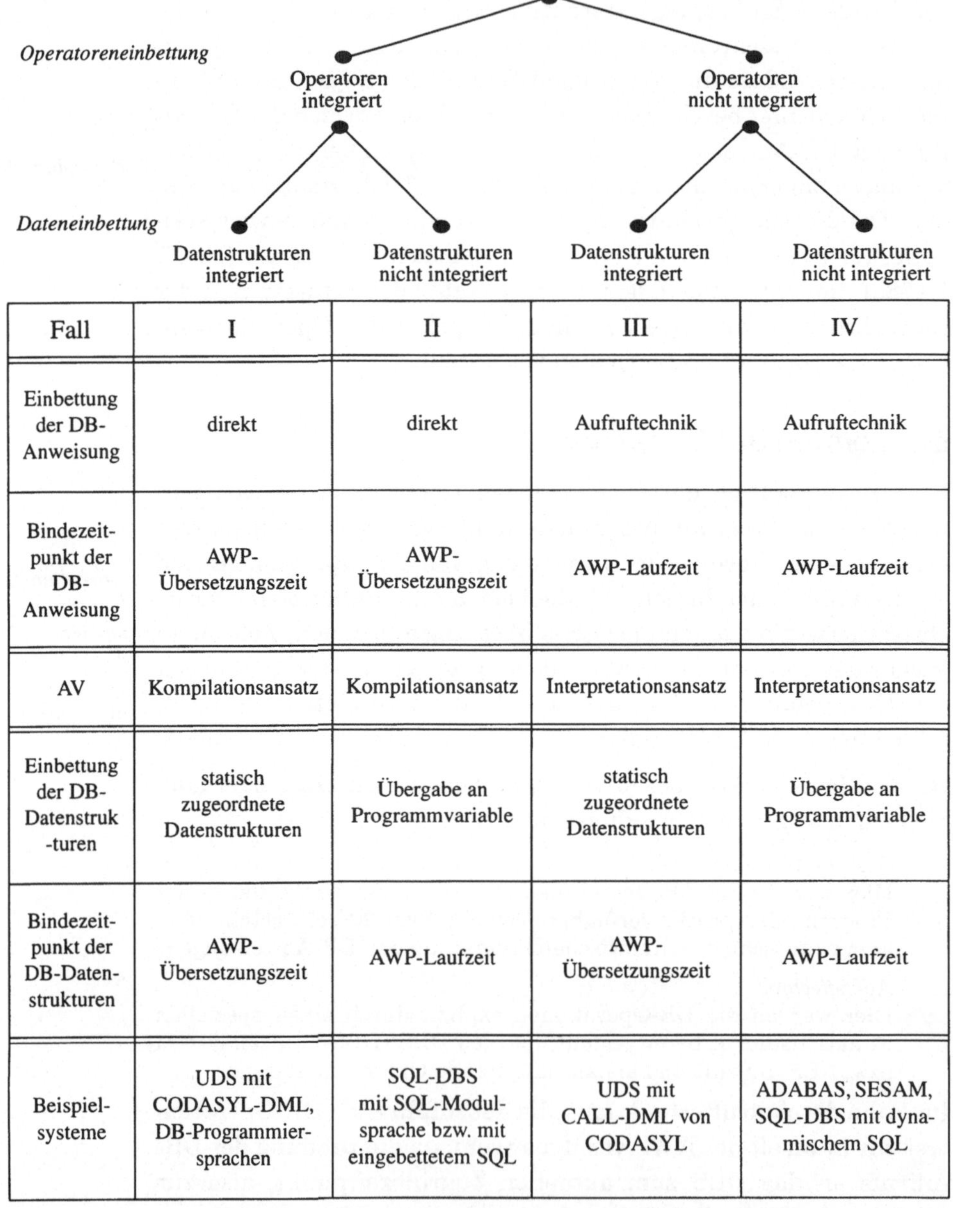

Fall	I	II	III	IV
Einbettung der DB-Anweisung	direkt	direkt	Aufruftechnik	Aufruftechnik
Bindezeit-punkt der DB-Anweisung	AWP-Übersetzungszeit	AWP-Übersetzungszeit	AWP-Laufzeit	AWP-Laufzeit
AV	Kompilationsansatz	Kompilationsansatz	Interpretationsansatz	Interpretationsansatz
Einbettung der DB-Datenstruk-turen	statisch zugeordnete Datenstrukturen	Übergabe an Programmvariable	statisch zugeordnete Datenstrukturen	Übergabe an Programmvariable
Bindezeit-punkt der DB-Daten-strukturen	AWP-Übersetzungszeit	AWP-Laufzeit	AWP-Übersetzungszeit	AWP-Laufzeit
Beispiel-systeme	UDS mit CODASYL-DML, DB-Programmier-sprachen	SQL-DBS mit SQL-Modul-sprache bzw. mit eingebettetem SQL	UDS mit CALL-DML von CODASYL	ADABAS, SESAM, SQL-DBS mit dyna-mischem SQL

Bild 5.1: Einbettungsformen von DB-Sprache in Programmiersprache

frageübersetzung und -optimierung) als auch die AE (Anfrageaus-führung) zur AWP-Laufzeit stattfinden. Dies haben wir in Abschnitt 2.4.1 als den Interpretationsansatz bezeichnet und ist in Bild 5.2a schematisch dargestellt.

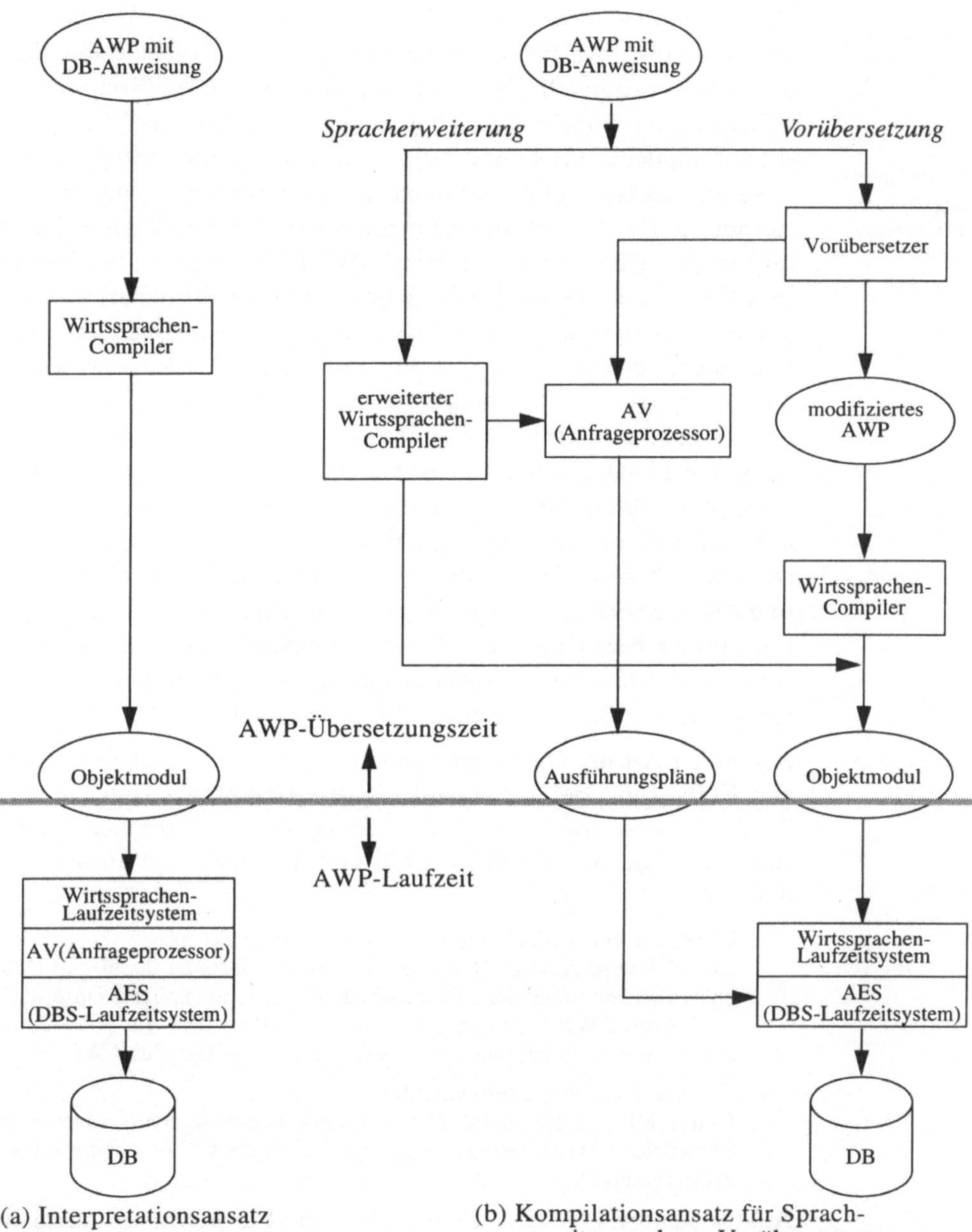

Bild 5.2: Übersetzungstechniken für AWP mit eingebetteten DB-Anweisungen

Im Gegensatz dazu hat die direkte Einbettung Rückwirkungen auf den Übersetzungsvorgang des AWP, in dem die eingebetteten DB-Anweisungen in geeigneter Weise zu behandeln sind. Hierbei lassen sich zwei Vorgehensweisen unterscheiden. Beim sogenannten

*Operationsein-
bettung: direkt*

Vorübersetzeransatz bleibt der Wirtssprachen-Compiler unverändert und alle DB-Anweisungen werden in einem vorgeschalteten Vorübersetzer behandelt. Beim alternativen *Spracherweiterungsansatz* wird auf einen Vorübersetzer*verzichtet, dafür aber der Wirtssprachen-Compiler zur Behandlung der DB-Anweisungen entsprechend erweitert. In beiden Fällen lassen sich die folgenden beiden Bindezeitpunkte für die DB-Anweisungen unterscheiden. Einmal ist es möglich, die DB-Operation erst zur AWP-Laufzeit zu binden. In diesem Falle wird zur AWP-Übersetzungszeit die DB-Operation als aktueller Parameter in einen DB-Aufruf eingesetzt und zur AWP-Laufzeit wird, wie schon oben für die Aufruftechnik beschrieben, nach dem Interpretationsansatz weiterverfahren. Die andere Möglichkeit sieht zur AWP-Übersetzungszeit auch gleich eine Übersetzung der DB-Operation vor, deren interne Darstellung (Ausführungsplan) dann zur AWP-Laufzeit direkt ausgeführt werden kann. Hier findet die Bindung der DB-Anweisung schon zur Übersetzungszeit statt. Dies bedeutet eine zeitliche Trennung von AV und AE und wird deshalb auch gemäß Abschnitt 2.4.1 als Kompilationsansatz bezeichnet. Die Übersetzungstechniken für Vorübersetzeransatz und Spracherweiterungsansatz sind für den Kompilationsansatz in Bild 5.2b schematisch dargestellt.

direkte Einbettung: Spracherweiterungsansatz

Neben der Art der Operationseinbettung wird die Vorgehensweise zur Einbettung der datenbankseitigen Datenstrukturen in das AWP als weiteres Klassifikationskriterien herangezogen (siehe Bild 5.1). Hier lassen sich ebenfalls zwei Grundformen unterscheiden:

- Übergabe via statisch zugeordneten Datenstrukturen
  Im AWP wird statisch Speicherplatz für die datenbankseitigen Datenstrukturen reserviert. Diese werden über eine explizite Datendefinition im AWP bekannt gemacht. Daraufhin sind die DB-Datenstrukturen auch symbolisch adressierbar innerhalb des AWP.

- Übergabe via Programmvariablen
  Dem AWP sind keine datenbankseitigen Datenstrukturen bekannt. Sämtliche Datenübertragungen werden explizit über normale Programmvariablen (bzw. Übergabebereiche) abgewickelt.

Dateneinbettung via zugeordneten Datenstrukturen bzw. via Programmvariablen

Analog zu oben ergeben sich je nach Einbettungsform unterschiedliche Bindezeitpunkte der DB-Datenstrukturen. Bei der Übergabe via Programmvariablen findet eine Bindung erst zur AWP-Laufzeit statt. Damit einhergehend finden auch erst zur Laufzeit eine kostspielige Interpretation der DB-Datenstrukturen sowie umfangreiche Typverträglichkeitsprüfungen statt. Andererseits können alle Änderungen der DB-Strukturen, die vor der AWP-Laufzeit erfolgen, prinzipiell berücksichtigt werden. Im Gegensatz dazu wird bei statisch zugeordneten Datenstrukturen eine Bindung schon zur AWP-Übersetzungszeit vorgenommen. Das bedeutet einerseits, daß Änderungen der DB-Strukturen meistens auch zu Laufzeitfehlern führen. Andererseits kann hier der Wirtssprachen-Compiler umfangreiche Typverträglichkeitsprüfungen (schon zur Übersetzungszeit) durchführen und auch dafür sorgen, daß entsprechend optimierter Code für den Datenzugriff erzeugt wird.

Obige Diskussionen haben deutlich gezeigt, daß es wichtig ist, Übersetzungszeit und Laufzeit für das AWP und die DB-Operationen und Datenstrukturen getrennt zu betrachten. Damit war es möglich, die Kombinationen zu erkennen, bei denen sich die gewählten Konzepte sinnvoll ergänzen. Natürlich kann jede Bindung zur Kompilationszeit auf eine Bindung zur Laufzeit verschoben werden; es stellt sich dann nur die Frage der Nützlichkeit bzw. des Gewinns. Beispielsweise läßt sich die Aufruftechnik nur mit dem Interpretationsansatz für DB-Anweisungen sinnvoll kombinieren, da die DB-Operationen zur AWP-Übersetzungszeit unberücksichtigt bleiben (weil der Bindezeitpunkt der DB-Operationen der AWP-Laufzeit entspricht). Ein Kompilationsansatz kommt hier somit gar nicht zum Tragen. Für die direkte Einbettung heißt die günstigste Kombination: Kompilationsansatz zur AWP-Übersetzungszeit. All diese Zusammenhänge sind in Bild 5.1 auch ablesbar. Im Prinzip gelten hier die gleichen Argumente hinsichtlich Übesetzungszeit- versus Laufzeitaktivitäten, die schon in Abschnitt 2.4.1 zur unterschiedlichen Bewertung von Kompilationsansatz und Interpretationsansatz geführt haben: für häufig zu wiederholende Operationssequenzen ist der Kompilationsansatz dem Interpretationsansatz vorzuziehen. Um die Vorteile aus beiden Ansätzen auszunutzen, wurde eine Mischvariante, die hybride Optimierung (siehe Abschnitt 2.4.1), entwickelt, die auch in manchen Systemen (z.B. in System R und seinen Nachfolgesystemen) eingesetzt wird.

Kombinationsmöglichkeiten für sinnvolle Einbettungsstrategien

Die Kombination der möglichen Einbettungsstrategien für DB-Anweisungen und DB-Datenstrukturen sollen im folgenden etwas näher betrachtet und am Beispiel aufgezeigt werden. Dabei werden die in Bild 5.1 aufgeführten Beispielsysteme bzw. Systemgruppen stellvertretend für ihre Klasse besprochen. Die Diskussionsreihenfolge der betrachteten Kopplungstechniken ist so gewählt, daß sich darin ein stetig wachsender Integrationsgrad zwischen DB-Sprache und Programmiersprache widerspiegelt.

In dieser Besprechung soll insbesondere der SQL-Sprachvorschlag [DD93] berücksichtigt werden, der für verschiedene Benutzungssituationen unterschiedliche Sprach- bzw. Systemschnittstellen bereitstellt. Dort wird die 'interaktive' und flexible Nutzung (zum Beispiel die Verwendung von SQL als selbständige Sprache für Ad-hoc-Anfragen vom Terminal) unterschieden von der programmierten Benutzung, die SQL als in die AWP eingebettete Sprache sieht. Aus diesem Grunde kennt der SQL-Sprachvorschlag [DD93] hinsichtlich der Spracheinbettung verschiedene Varianten:

Varianten des SQL-Sprachvorschlags

- dynamisches SQL (engl. dynamic SQL) für die interaktive Nutzung,

- eingebettetes SQL (engl. embedded SQL) für die programmierte Benutzung sowie

- SQL-Modulsprache (engl. SQL module language) ebenfalls für die programmierte Benutzung.

Diese verschiedenen Einbettungsvarianten basieren alle auf dem gleichen SQL-Sprachvorschlag, realisieren allerdings verschiedene Kopplungsarten mit unterschiedlichen Integrationsgraden. Viele der am Markt verfügbaren DBS bieten mittlerweile diese verschiedenen Sprachschnittstellen an. Aus diesem Grunde verzichten wir auf die Diskussion eines bestimmten DBS und betrachten immer die Gesamtheit der SQL-Datenbanksysteme.

5.2 Prozedurale Kopplung

Aufruftechnik stellt DB-Funktionen über externe Prozeduren bereit

Im folgenden sprechen wir von einer prozeduralen Kopplung[*] von DBS und Programmiersystem, wenn die Aufruftechnik eingesetzt wird. Datenbankfunktionen werden dabei über externe Prozeduren bereitgestellt. Diese Schnittstellenprozeduren (oder auch nur eine Universalprozedur) folgen der Syntax der aktuellen Programmiersprache. Durch Parameterübergabe werden die gewünschten Datenbankfunktionen spezifiziert, die erst zur AWP-Laufzeit vom DBS interpretiert werden. Der Datenaustausch zwischen AWP und DBS passiert dabei über fest zugeordnete Verständigungs- bzw. Kommunikationsbereiche, die meistens durch ebenfalls bereitgestellte Prozeduren bearbeitet werden können.

Gemäß der Klassifikation in Bild 5.1 kann man zwei Arten von Einbettungsstrategien mit Aufruftechnik unterscheiden, nämlich einmal eine prozedurale Kopplung ohne integrierte DB-Datenstrukturen und zum anderen eine prozedurale Kopplung mit integrierten

---

[*] Vielerorts verwendet man dafür auch den Begriff der 'Call-Schnittstelle'.

DB-Datenstrukturen. Im folgenden sollen diese beiden Möglichkeiten jeweils anhand von Beispielen vorgestellt werden.

Der generelle Nachteil von prozeduralen Kopplungen ist deren Anfälligkeit für Programmierfehler und die sehr späte Fehlererkennung erst zur AWP-Laufzeit. Als wesentlicher Vorteil ist die einfache Realisierung dieses Kopplungsansatzes zu nennen. Im Gegensatz zu den anderen Verfahren, sind hier keine Modifikationen des Wirtssprachen-Compilers vorzunehmen. Aufgrund dieses niedrigen Realisierungsaufwands wird auch die Verfügbarkeit in anderen bzw. für mehrere Programmiersprachen (multi-lingual) vereinfacht und auch entsprechend kostengünstig.

einfache Realisierbarkeit aber Anfälligkeit für Programmierfehler

5.2.1 Prozedurale Kopplung ohne integrierte DB-Datenstrukturen

Prozedurale Kopplungen ohne integrierte DB-Datenstrukturen (Fall IV in Bild 5.1) ermöglichen, die endgültige Festlegung von DB-Anweisung und datenbankseitigen Datenstrukturen bis zur AWP-Laufzeit zu verschieben. Als direkte Konsequenz dieser späten Bindung ergibt sich einmal die Möglichkeit, die aktuellen DB-Beschreibungsinformationen zu berücksichtigen. Andererseits erzwingt dies aber auch, den ineffizienten Interpretationsansatz zur Behandlung der DB-Anweisungen anzuwenden. Das heißt, die Interpretation jedes DB-Aufrufs geschieht zur AWP-Laufzeit (Bild 5.2a). Ferner sind Typüberprüfungen und das Feststellen von vielen Fehlersituationen (z.B. aufgrund von syntaktisch oder auch semantisch falschen DB-Operationen) ebenfalls erst zur AWP-Laufzeit möglich. Verallgemeinert kann man sich den DBS-Aufruf wie folgt vorstellen:

späte Bindung und Interpretationsansatz

   CALL 'DBS' (Parameterliste)

In diesem Falle gehen wir von einer universellen DBS-Prozedur aus, die über ihre Prozedurparameter mit den aktuellen Aufrufwerten versehen wird. Darunter fallen zum Beispiel der DB-Operations-Code, Operandenangaben, Suchargumente, Statusinformation und Puffer zum Datenaustausch.

Beispielsweise läßt sich das relationale DBS SESAM [SESAM86] über solch eine Prozedurschnittstelle benutzen[*]. Dabei ergibt sich folgender schematischer DBS-Aufruf:

   CALL SESAM (Verständigungsbereich).

Im Verständigungsbereich werden alle für den aktuellen Aufruf relevanten Parameter als eigene Pufferbereiche bereitgestellt. Dabei unterscheidet man

- Anweisungsbereich
  zur Spezifikation der DB-Operation

- Quittungsbereich
  für Statusmeldungen

- Antwortbereich
  für die selektierten DB-Sätze (satzweise Übergabe)

- Fragebereich
  zur Spezifikation des Anweisungsbereiches durch Vergleichswerte.

Für andere Systeme sieht die Prozedurschnittstelle ganz ähnlich aus. Etwa das (relationale) DBS ADABAS [ADAB84] kennt zusätzlich zum Kontrollblock, der u.a. die Statusmeldungen enthält, noch fünf weitere Pufferbereiche für Format- und Suchbeschreibung sowie für den Antwortbereich. Auch für das hierarchische DBS IMS [Da90] und seine Sprache DL/I sieht die Prozedurschnittstelle ganz ähnlich aus. Ein Beispiel dazu ist etwa in [Ne92] enthalten.

Für manche Anwendungssituationen mag es nicht praktikabel oder sogar unmöglich sein, alle benötigten DB-Anweisungen vorzudefinieren und im (Quell-Code des) AWP bereitzustellen. Dies ist zum Beispiel bei Ad-hoc-Anfragesystemen, flexiblen Auskunftssystemen oder DB-Entwurfswerkzeugen und generell bei interaktiver Nutzung der Fall. In diesen Situationen arbeitet der Benutzer mehr oder weniger direkt auf der DBS-Schnittstelle, also nicht mit vordefinierten, sondern mit dynamisch aufgebauten DB-Anweisungen. Solch eine typische 'Online'-Anwendung kennt im Prinzip die folgenden Verarbeitungsschritte, die nacheinander durchgeführt werden:

- Annahme eines Kommandos vom Benutzer

- Analyse des Kommandos

- Weitergeben der entsprechenden DB-Anweisung an das DBS

- Rückgabe der Ergebnisse (bzw. einer Nachricht) an den Benutzer.

Bei dieser Art von DB-Interaktion ergibt sich als Bindezeitpunkt von DB-Anweisung und DB-Datenstrukturen die AWP-Laufzeit

---

*   Relationale DBS bieten (aus Effizienzgründen) oft auch eine solche Prozedurschnitttstelle nach außen an. Diese wird dann hauptsächlich von Systemprogrammen (zur DB-Verwaltung oder zur Realisierung einer Ad-hoc-Anfrageschnittstelle) benutzt. Hingegen bevorzugen die Anwenderprogramme normalerweise eine höhere DBS-Schnittstelle, wie etwa in den nächsten Abschnitten beschrieben.

Programm (P9): PL/I-Programmausschnitt mit dynamischem SQL

```
/* schrittweise Verarbeitung einer dynamischen SQL-Anfrage */
...
DCL      SQLSOURCE   CHAR(256) VARYING;
DCL      (U, O)       FIXED DECIMAL;
...
/* Definition der SQL-Variablen */
EXEC SQL DECLARE   SQLOBJ  STATEMENT;
...
SQLSOURCE = 'DELETE FROM PROJ
             WHERE SUMME > ? AND SUMME < ?';
...
/* Kompilation der parametrisierten DB-Anweisung */
EXEC SQL PREPARE   SQLOBJ  FROM :SQLSOURCE;
...
GET LIST (U, O);
/* Ausführung der parametrisierten DB-Anweisung */
EXEC SQL EXECUTE   SQLOBJ  USING :U, :O;
...


/* unmittelbare Verarbeitung einer dynamischen SQL-Anfrage */
...
SQLSOURCE = 'DELETE FROM PROJ WHERE SUMME = 100000';
/* Kompilation mit direkt anschließender Ausführung der DB-Anweisung */
EXEC SQL EXECUTE IMMEDIATE SQLOBJ;
...
```

und damit wird dann auch eine prozedurale Kopplung als Realisierungskonzept sinnvoll. Für diese Situation stellt der SQL-Sprachvorschlag das speziell zugeschnittene Einbettungskonzept des *dynamischen SQL* zur Verfügung. Programm P9 soll zur Illustration dieser Spracheinbettung dienen. Allerdings entspricht dieses Programmbeispiel nicht vollends der Syntax des aktuellen SQL-Standards, zeigt dafür aber recht kurz und übersichtlich die wesentlichen Konzepte des dynamischen SQL.

Alle Aufrufe der SQL-CALL-Schnittstelle werden durch 'EXEC SQL' eingeleitet und durch Aufruf- bzw. Operationsparameter ergänzt. Die PL/I-Variable SQLSOURCE nimmt als Zeichenkette variabler Länge die DB-Anweisung in externer Form (SQL-Syntax) auf. In unserem Beispiel ist das eine einfache DELETE-Anweisung, die als Literal der Variable zugewiesen wird. Im Gegensatz dazu bezeichnet SQLOBJ eine SQL-Variable, die die Interndarstellung bzw. den Ausführungsplan einer DB-Anweisung aufnehmen kann. Mit dem PREPARE-Aufruf des DBS wird die durch die PL/I-Variable SQLSOURCE gegebene DB-Anweisung vom AP in den zugehörigen optimierten Ausführungsplan übersetzt und in der

SQL-Variablen SQLOBJ bereitgestellt[*]. Schließlich wird die Ausführung dieses generierten Plans durch den EXECUTE-Aufruf veranlaßt. Falls es sich, wie in unserer Beispielanfrage, hierbei um eine parametrisierte Anfrage handelt, können die aktuellen Wertebelegungen mittels der USING-Klausel im EXECUTE-Aufruf mitgegeben werden. In diesem Falle kann der einmal generierte Ausführungsplan (mit unterschiedlichen Parameterbelegungen) mehrmals ausgeführt werden. Daher ist es in dieser Situation notwendig, Übersetzung und Ausführung durch die Aufrufe PREPARE und EXECUTE zu trennen. Nur bei einmaliger Verwendung einer dynamisch aufgebauten SQL-Anweisung, erscheint es sinnvoll, durch den 'EXECUTE IMMEDIATE'-Aufruf die Übersetzung mit der sich anschließenden Ausführung direkt zu koppeln. Dies ist z.B. im zweiten Anfragebeispiel aus Programm P9 der Fall.

Beispiel: dynamisches SQL

Statusinformationen hinsichtlich der Durchführung der DB-Anweisung werden vom DBS in speziellen DBS-Parametern wie z.B. SQLSTATE oder in einem Diagnostikbereich DIAGNOSTICS hinterlegt und können im Programm abgefragt werden (z.B. *'GET DIAGNOSTICS'*-Anweisung). Im Gegensatz zu den Beispielanfragen aus Programm P9, die nur Kontrollinformationen an das AWP zurückgeben, liefern die meisten DB-Anweisungen Daten(sätze) zurück. In diesem Fall muß das AWP natürlich eine Beschreibung der Daten besitzen, um eine korrekte Weiterverarbeitung zu garantieren. Für diesen Zweck ist es möglich, ebenfalls über entsprechende DBS-Prozeduraufrufe, die benötigten Datenbeschreibungsinformationen vom DBS zu bekommen. Diese Beschreibungsdaten werden dann in dem eigens aufgebauten Bereich SQLDA (engl. SQL description area) abgelegt[**].

Genauere Information hinsichtlich dieses Kopplungsansatzes sind im SQL-Standard [SQL92] bzw. [DD93] nachzulesen.

---

[*]　Im Gegensatz zu SQL-Variablen werden Programmiersprachenvariablen bei Verwendung in einer SQL-Anweisung mit dem Präfix ':' gekennzeichnet.

[**]　Für Datentypanpassungen kann die über die DBS-Prozedur *DESCRIBE* vorbesetzte SQLDA vom Anwender mit der Anweisung *'SET DESCRIPTOR'* überschrieben werden, so daß automatische Typkonversionen bei AWP-Zugriff durchgeführt werden. Die DBS-Prozedur *'GET DESCRIPTOR'* dient zum Lesen der Beschreibungsinformationen der SQLDA.

5.2.2 Prozedurale Kopplung mit integrierten DB-Datenstrukturen

Im Unterschied zu obiger Situation kann man sich auch eine prozedurale Kopplung mit integrierten DB-Datenstrukturen (Fall III in Bild 5.1) vorstellen. Sie sieht ganz ähnlich zu oben aus, allerdings sind die datenbankseitigen Datenstrukturen nun als statisch zugeordnete Datenstrukturen im AWP deklariert und können deshalb schon zur AWP-Übersetzungszeit gebunden werden. Das heißt, viele Typüberprüfungen können dann ebenfalls zur Übersetzungszeit durchgeführt werden und somit auch häufige Fehlersituationen zur Laufzeit ausgeschlossen werden.

Als prominentes Beispiel kann hier die sogenannte *CALL-DML* von einem netzwerkartigen (CODASYL-) DBS [UDS89] angeführt werden. Dort werden die datenbankseitigen Datenstrukturen, die für das aktuelle AWP relevant sind[*], in einem fest vorgegebenen Format direkt als AWP-Datenstrukturen deklariert und sind damit über die normalen Zugriffsfunktionen der Wirtssprache symbolisch ansprechbar[**]. Diese Datenstrukturen beschreiben den Übergabebereich von Sätzen und Parametern zwischen DBS und AWP. Bei der Übersetzung des AWP durch den Wirtssprachen-Compiler werden dann alle symbolischen Adressierungen in effizienten Code umgesetzt. Die DB-Anweisungen werden über eine Prozedurschnittstelle abgesetzt und erst zur AWP-Laufzeit interpretiert. Damit kann die Parameterversorgung des Prozeduraufrufs sehr flexibel gehalten werden, wie nachfolgendes Programmfragment zeigt.

Beispiel: CALL-DML eines CODASYL-DBS

```
CALL DML USING    Funktionsname, Funktionswahl, Zusatzwahl,
                  Benutzerinformation, Satzname, Setname, ...
```

Hier wird die DB-Anweisung (des DBS-Aufrufs) über entsprechende Parameterbereiche als AWP-Datenstrukturen aufgebaut und wie eine normale Wirtssprachenprozedur aufgerufen. Vor dem DBS-Aufruf sind mittels Anweisungen der Wirtssprache die Parameterbereiche mit den gewünschten Werten zu besetzen. Nach dem DBS-Aufruf liegen die angeforderten Daten und Datensätze im Übergabebereich zur weiteren Verarbeitung bereit.

---

[*] Die für ein AWP relevante Menge an DB-Datenstrukturen bezeichnet man als *Subschema*.

[**] Zusätzlich werden Funktionen zur Verfügung gestellt, die dynamisch Zugriff auf Strukturinformationen des Subschemas gestatten. Im wesentlichen bleibt allerdings der Anwendungsprogrammierer für die Gültigkeit und Richtigkeit dieses Übergabebereiches selbst verantwortlich.

5.3 Spracherweiterung

Dieser Kopplungsansatz erweitert die Programmiersprache um
eine DB-Sprache (im wesentlichen eine Datenmanipulationssprache DML, engl. data manipulation language). Zum Informations-
und Datenaustausch werden Datenstrukturen und Variablen der
Programmiersprache bereitgestellt. Gemäß unserer Klassifikation
aus Abschnitt 5.1 realisiert die Spracherweiterung somit Fall I aus
Bild 5.1.

Beispiel:
COBOL-DML
des CODASYL-
Sprachvor-
schlags

Als bekanntes Beispiel für diesen Ansatz kann hier wiederum der
CODASYL-Sprachvorschlag, nun allerdings als sog. COBOL-DML
[CODA78], angeführt werden. In diesem Fall wurde die Programmiersprache COBOL um die entsprechenden CODASYL-Anwei-
sungen erweitert. Die bereitgestellten Funktionen der DML glie-
dern sich in fünf Gruppen und umfassen

- Eröffnen und Schließen von Transaktionen
  (Operationen READY und FINISH),

- Wiedergewinnen von Daten
  (Operationen FIND, GET, FETCH und ACCEPT),

- Ändern von Daten
  (Operationen STORE, MODIFY, ERASE, (DIS-)CONNECT),

- Schützen von Sätzen (Operationen KEEP, FREE) und

- Prüfen von Setmitgliedschaften (Operation IF).

Zudem wird dem Anwendungsprogrammierer über die USE-Anweisung die Möglichkeit gegeben, auf die Datenbanksonderzustände
mit von ihm bereitgestellten Routinen flexibel zu reagieren. Für
das angegebene Subschema werden passende COBOL-Typdefini-
tionen erzeugt, die im AWP einen statisch zugeordneten Datenbe-
reich (engl. user working area, UWA) beschreiben[*]. Die somit im
AWP definierten DB-Datenstrukturen sind nun über die normalen
Zugriffsfunktionen der Wirtssprache symbolisch ansprechbar. Für
das DBS UDS [UDS89] wird ein Ausschnitt eines COBOL-DML-
Programms in Programm P10 gezeigt.

Dieses Beispielprogramm stellt eine mögliche Transformation der
relationalen Anfrage Q1 auf Seite 28 in ein COBOL-DML-Programm nach dem Netzwerkmodell dar. Die Ähnlichkeit der Abar-
beitungsfolge dieses COBOL-DML-Programms aus Programm P10
zu dem Ausführungsplan von Anfrage Q1 (dargestellt in Programm

---

[*]   Subschema-Definition und die Typdefinition in COBOL beruhen dabei
       auf den gleichen Basistypen. Durch eine entsprechende Subschema-Ab-
       bildung wird die Fehlanpassung überdeckt.

Programm (P10): COBOL-DML-Programmausschnitt

```
        IDENTIFICATION DIVISION.
        PROGRAM-ID.
            ANFRAGE-1.
        ENVIRONMENT DIVISION.
        DATA DIVISION.
        WORKING-STORAGE SECTION.

        ...
        SUB-SCHEMA SECTION.
            DB ABTPERS-SUB WITHIN UNTERNEHMENSDATENBANK

        PROCEDURE DIVISION.
        DECLARATIVES.
        DB-SONDERZUSTAENDE SECTION.
            USE FOR DATABASE-EXCEPTION ON "04021", "04024".
        NOT-FOUND.
            EXIT.
        RESTLICHE-FEHLER SECTION.
            USE FOR DATABASE-EXCEPTION ON OTHER.
        ALLGEMEINER-FEHLER.
            DISPLAY "DB_STATUS :" DATABASE-STATUS UPON TERMINAL.

            ...
            GO TO FINISH.
        END DECLARATIVES.
        INIT SECTION.

            ...
        READY USAGE-MODE IS RETRIEVAL.

            ...
        MAIN SECTION.

            ...
            MOVE "KL" TO AORT OF ABT-RECORD.
            FIND ABT-RECORD USING AORT OF ABT-RECORD.
            IF DATABASE-STATUS = "04024" GO TO FINISH.
            PERFORM ABT-ANGEST-LESEN UNTIL DATABASE-STATUS = "04021".
        HOLE-WEITERE-ABT.
            FIND DUPLICATE ABT-RECORD USING AORT OF ABT-RECORD.
            IF DATABASE-STATUS = "04021" GO TO FINISH.
            PERFORM ABT-ANGEST-LESEN UNTIL DATABASE-STATUS = "04021".
            GO TO HOLE-WEITERE-ABT.

            ...
        ABT-ANGEST-LESEN.
            FETCH NEXT PERS-RECORD WITHIN ABT-PERS-SET.
            IF DATABASE-STATUS IS NOT = "04021"
                DISPLAY  "NAME = " NAME OF PERS-RECORD
                        "BERUF = " BERUF OF PERS-RECORD
                    UPON TERMINAL.
            ...
        FINISH.
            FINISH.
            STOP RUN.
```

P1 auf Seite 29) zeigt, daß beide Darstellungsarten im wesentlichen die gleiche Abstraktionsebene (Satzschnittstelle) haben.

Jedes COBOL-DML-Programm unterscheidet einen Datenteil und einen Prozedurteil. Alle Datendeklarationen, die in der *DATA DIVISION* zusammengefaßt sind, können im Prozedurteil (*PROCEDURE DIVISION*) dann auch angesprochen werden. Dabei werden die programmeigenen Datendefinitionen in der *WORKING-STORAGE SECTION* und die datenbankseitigen Datenstrukturen des Subschemas in der *SUB-SCHEMA SECTION* angegeben. Hier wird das Subschema *ABTPERS-SUB*, welches aus den beiden Satztypen *ABT* und *PERS* sowie dem Set-Typen *ABT-PERS-SET* besteht, in der UWA des Programms bekannt gemacht. Dieses Subschema ist definiert über der Unternehmensdatenbank, die in Anhang A beschrieben ist[*].

Der Prozedurteil ist meistens auch in verschiedene Sektionen unterteilt. Innerhalb der DECLARATIVES-Befehlsfolgen kann mittels der USE-Anweisung auf DB-Sonderzustände reagiert werden, die bei den verschiedenen DML-Anweisungen auftreten können. Daran anschließend steht die eigentliche Prozedurfolge des AWP. Nachdem die DB mittels der READY-Anweisung geöffnet wurde und der Anfrageparameter *AORT* mit dem richtigen Wert besetzt ist, können alle sich qualifizierenden Abteilungen nacheinander über eine Programmschleife (*HOLE-WEITERE-ABT*) bestimmt werden (FIND-Anweisungen). Für jeden gefundenen Abteilungssatz werden dann durch die Prozedur *ABT-ANGEST-LESEN* alle der aktuellen Abteilung zugehörigen Angestellten bestimmt und deren Name und Beruf ausgegeben. Dazu sind alle *PERS*-Sätze der aktuellen Set-Ausprägung des Set-Typen *ABT-PERS-SET* zu selektieren ('FIND NEXT'-Anweisung). Sobald alle Personen- und Abteilungssätze nacheinander bearbeitet sind, wird die DB wieder geschlossen (FINISH-Anweisung) und das Programm beendet.

Im Vergleich zur prozeduralen Kopplung (insbesondere zur CALL-DML) bietet diese Art der Spracheinbettung eine vollständige Integration von DB-Sprache und Programmiersprache. Das bedeutet, daß der Programmierer eines solchen AWP DB-Anweisungen und DB-Datenstrukturen als Bestandteile seiner Programmiersprache kennt und daher mit den (syntaktischen) Mitteln seiner Programmiersprache ansprechen kann. Durch die Bindung der DB-Opera-

vollständige Integration von DB-Sprache und Programmiersprache

---

[*]   Die Satztypen entsprechen dabei im wesentlichen den Relationen, und die Beziehung zwischen den Personen und den zugehörigen Abteilungen ist über den SET-Typ ABT-PERS-SET modelliert.

tionen und Datenstrukturen schon zur AWP-Übersetzungszeit wird einmal eine bessere und frühzeitige Fehlerkontrolle im AWP erreicht, und zudem findet der Kompilationsansatz[*] Anwendung. Diesen offensichtlichen Vorteilen stehen folgende Nachteile gegenüber. Einmal ergibt sich aufgrund des frühen Bindezeitpunktes eine verminderte Anpassungsfähigkeit hinsichtlich Strukturänderungen in der DB. Weiterhin erscheinen die Erweiterung des Wirtssprachen-Compilers um die erforderlichen DB-Aspekte recht aufwendig (Bild 5.2b). Dieser Aufwand fällt im wesentlichen für jede Wirtssprachenerweiterung an.

5.4 Einbettung einer mengenorientierten DBS-Schnittstelle

Im Gegensatz zur Einbettung von satzorientierten DB-Sprachen treffen bei der Einbettung einer mengenorientierten DBS-Schnittstelle die beiden unterschiedlichen Verarbeitungsparadigmen Operationalität und Deskriptivität aufeinander, die sich ausdrücken im mengenorientierten Datenzugriff mittels eines (relationalen) DBS und der objektweisen (satz- oder tupelweisen) Verarbeitung in der Programmiersprache. Die Operationalität charakterisiert hierbei im wesentlichen die in der Praxis vorherrschenden prozeduralen Programmiersprachen zur Anwendungsprogrammierung, und die Deskriptivität ist eine zentrale Eigenschaft einer mengenorientierten DBS-Schnittstelle.

Kombination konträrer Verarbeitungsparadigmen: Operationalität und Deskriptivitä

Zur Kopplung einer prozeduralen Wirtssprache mit einer mengenorientierten DB-Sprache betrachten wir im folgenden zwei unterschiedliche Ansätze. Zum einen ist das der vielerorts verwendete Ansatz zur Vorübersetzung, zum anderen gibt es auch den selteneren Ansatz der Sprachintegration. Beiden ist gemeinsam, daß eine Unterscheidung gemacht wird zwischen der Qualifikation der gesuchten Tupelmenge und deren Bereitstellung mit anschließender Verarbeitung in der Wirtssprache. Die dafür bereitgestellten Konzepte sind allerdings verschieden. Einmal handelt es sich um das sog. Cursor-Konzept und im anderen Fall um ein Iteratorkonstrukt. Außerdem sind die datenbankseitigen Datenstrukturen im ersten Fall nicht in die Wirtssprache eingebettet, im zweiten Fall jedoch integriert.

---

[*]   Der Gewinn durch den Kompilationsansatz hält sich hier im Gegensatz zu relationalen Sprachkopplungen sehr in Grenzen, da die COBOL-DML schon einen prozeduralen Ansatz darstellt und daher die Übersetzung auch sehr einfach ausfällt.

5.4.1 Vorübersetzung

Vorübersetzung: integrierte Operationseinbettung, nicht-integrierte Dateneinbettung

Der Kopplungsansatz über Vorübersetzer kommt ohne Modifikation des Wirtssprachen-Compilers aus. Wie in Bild 5.2b dargestellt, werden die in die Wirtssprache integrierten DB-Anweisungen durch einen Vorübersetzer bearbeitet und der AV zur Anfragekompilation übergeben. Das entsprechend modifizierte AWP wird vom normalen Wirtssprachen-Compiler in ein Objektmodul übersetzt. Die DB-Datenstrukturen werden an bereitgestellte Wirtssprachen-Programmvariablen übergeben, sind also nicht integriert. Gemäß unserer Klassifikation aus Abschnitt 5.1 realisiert die Vorübersetzung somit Fall II aus Bild 5.1.

5.4.1.1 Eingebettetes SQL

Der bekannteste Vertreter dieser Gruppe ist zweifelsohne der eingebettete Sprachansatz von SQL (engl. embedded SQL, [DD93, SQL92]). In einem kleinen einführenden Beispiel soll zuerst die prinzipielle Vorgehensweise der Spracheinbettung vorgestellt werden, bevor später auf Details Bezug genommen wird.

prinzipielle Vorgehensweise der SQL-Spracheinbettung

Analog zur Spracheinbettung für dynamisches SQL, werden auch hier alle Anweisungen mit SQL-Bezug durch den Präfix 'EXEC SQL' eingeleitet. Dies erleichtert dem Vorübersetzer, SQL-Anweisungen von anderen zu unterscheiden. Programm P11 zeigt einen Ausschnitt aus einem PL/I-AWP, in dem zwei eingebettete SQL-Anweisungen und eine SQL-Datendefinition enthalten sind. Die erste Anweisung ist eine einfache SELECT-Anfrage, und die zweite zeigt eine DELETE-Anweisung. Letztere ist gleich zu dem Anwendungsbeispiel in Programm P9, welches dort in dynamischem SQL geschrieben ist. Die SQL-Datendefinition ist eingeklammert in die Anweisungen 'EXEC SQL BEGIN DECLARE SECTION' und 'EXEC SQL END DECLARE SECTION'. Innerhalb dieses Bereiches werden die Programmvariablen definiert, die zur Aufnahme bzw. Übergabe von DB-Werten vorgesehen sind. Zusätzlich muß dort auch die Programmvariable SQLSTATE definiert werden, die die Statusinformationen[*] hinsichtlich der Durchführung einzelner DB-Anweisungen enthält und zur Fehlerbehandlung im AWP abgefragt werden kann. Variablen des AWP, die in einer SQL-Anweisung verwendet werden, sind (wie auch schon beim dynamischen

---

[*] Hat die Variable SQLSTATE den Wert '00000', so bedeutet das, daß keine Fehlersituation bei der Abarbeitung der letzten SQL-Anweisung aufgetreten ist. Alle davon verschiedenen Werte zeigen eine Sonder- bzw. Fehlersituation auf.

SQL) durch den Präfix ':' gekennzeichnet. Diese Programmvariablen können entweder zur Parametrisierung einer SQL-Anweisung verwendet werden (in Programm P11 sind das die Variablen *PNR, U, O*) oder aber zur Übernahme der Attributwerte eines selektierten Tupels (in Programm P11 sind das die Variablen *NAME, BERUF* der INTO-Klausel). Im Gegensatz zur DELETE-Anweisung liefert die SELECT-Anweisung Daten an das AWP zurück. Jedoch stellt das Anfragebeispiel aus Programm P11 hier einen Spezialfall dar, da insgesamt genau ein Tupel selektiert wird (aufgrund der Schlüsseleigenschaft des Attributs *Pnr*). Für den allgemeinen Fall, nämlich der Selektion einer Tupelmenge, ist ein weiteres Sprachkonstrukt, das *Cursor-Konzept*, vonnöten. Durch dieses Konzept wird die deskriptive DB-Sprache an die sequentielle, prozedurale Wirtssprache angepaßt. Um diese Diskussion zu detaillieren, soll zuerst ein umfangreicheres Beispiel eingeführt werden.

In Programm P12 ist ein umfassendes und vollständiges Programmbeispiel zusammengestellt, das alle Aspekte des eingebetteten SQL-Sprachvorschlags (nochmals) im Zusammenhang dar-

Programm (P11): PL/I-Programmausschnitt mit eingebettetem SQL

```
    ...
    EXEC SQL BEGIN DECLARE SECTION;
    DCL         (U, O)          FIXED DECIMAL;
    DCL         PNR             FIXED DECIMAL;
    DCL         NAME            CHAR(20);
    DCL         BERUF           CHAR(20);
    DCL         SQLSTATE        CHAR(5);
    EXEC SQL END DECLARE SECTION;
    ...
    GET LIST (U, O);
    EXEC SQL SELECT  P.Name, P.Beruf    INTO :NAME, :BERUF
                FROM    PERS P
                WHERE   P.Pnr = :PNR
    if ¬ (SQLSTATE = '00000')
        then ... /* Fehlersituation ist aufgetreten */
        else ... /* DB-Anweisung ohne Fehler abgearbeitet */

    ...
    /* weitere Programmlogik */
    ...
    EXEC SQL DELETE
                FROM    PROJ
                WHERE   SUMME > :U AND SUMME < :O;
    if ¬ (SQLSTATE = '00000')
        then ... /* Fehlersituation ist aufgetreten */
        else ... /* DB-Anweisung ohne Fehler abgearbeitet */
    ...
```

stellt. Als Wirtssprache wurde wiederum PL/I gewählt. In diesem Beispielprogramm sollen die Mitarbeiter eines Projekts bestimmt werden, und abhängig von bestimmten Kriterien sollen manche dieser Mitarbeiter eine Gehaltsaufbesserung bekommen und andere von der Projektmitarbeit entbunden werden. Das Programm liest dazu als Eingabewert eine Projektnummer PROJNR, eine Abteilungsnummer ABTNR und den Betrag der Gehaltserhöhung GERH ein. Danach werden nacheinander alle in diesem Projekt teilnehmenden Mitarbeiter bestimmt. Ist ein solcher Mitarbeiter in der Abteilung ABTNR beschäftigt, so soll seine Projektmitarbeit aufgelöst werden, andernfalls ist eine Gehaltserhöhung um den Betrag GERH einzutragen. Für die so bearbeiteten Mitarbeiter wird ein Ausgabeprotokoll erzeugt.

Cursor-Konzept zur satzweisen Verarbeitung der Ergebnismenge einer Anfrage

Zur Einbettung der mengenorientierten DB-Sprache in die prozedurale Wirtssprache muß eine mengenorientierte DB-Anweisung umgesetzt werden in eine ganze Reihe von Anweisungen, die durch die folgenden Operatoren realisiert sind:

- Qualifikationsoperator (auch Spezifikationsoperator genannt)
- Bereitstellungskonzept mit
  . Aktivierungsoperator,
  . Abholoperator und
  . Deaktivierungsoperator.

Diese Operatoren sind in Programm P12 durch entsprechende Kommentare markiert. Der Qualifikationsoperator DECLARE CURSOR FOR definiert die eigentliche DB-Anweisung und spezifiziert damit die gesuchte Ergebnismenge. Dabei wird auch gleichzeitig ein Cursor als symbolischer Name der Anweisung zugeordnet. Die Bereitstellung der durch diesen Cursor adressierten (und durch die zugehörige Anfrage qualifizierten) Tupelmenge zur anschließenden Verarbeitung durch das AWP wird durch drei weitere Cursor-Operatoren bewerkstelligt. Der Aktivierungsoperator OPEN sorgt für die Ausführung der dem Cursor zugehörigen Anweisung. Die berechneten Ergebnistupel werden mit Hilfe des Abholoperators FETCH einzeln abgeholt und in bereitgestellten Variablen eingetragen (INTO-Klausel). Schließlich besorgt der Deaktivierungsoperator CLOSE die Deaktivierung des angesprochenen Cursor. Danach kann der Cursor wieder erneut und vielleicht mit anderen Werten (je nach Parametrisierung der zugehörigen Anfrage) aktiviert werden. Wenn die durch einen Cursor verwaltete Tupelmenge änderbar ist (aktualisierbare Sicht), können die Tupeln einzeln über die Bezugnahme durch den Cursor geändert bzw. gelöscht werden. In Programm P12 ist solch eine Situation gegeben, und

Programm (P12): PL/I-Programm mit eingebettetem SQL

```
PROC OPTIONS (MAIN);
EXEC SQL BEGIN DECLARE SECTION;
   /* Programmeingabe */
   DCL  PROJNR    FIXED DECIMAL;
   DCL  ABTNR     FIXED DECIMAL;
   DCL  GERH      FIXED DECIMAL;
   /* Programmvariablen zur Aufnahme der DB-Werte */
   DCL  PNR       FIXED DECIMAL;
   DCL  NAME      CHAR(20);
   DCL  BERUF     CHAR(20);
   DCL  GEHALT    FIXED DECIMAL;
   DCL  ANR       FIXED DECIMAL;

   /* SQL-Statusinformation */
   DCL  SQLSTATECHAR(5);
EXEC SQL END DECLARE SECTION;

/* lokale Variable */
DCL  NOCH_PERS   BIT(1);

/* Deklaration der DB-Sonderzustände */
EXEC SQL WHENEVER NOT FOUND   CONTINUE;
EXEC SQL WHENEVER SQLERROR    CONTINUE;

/*Fehlerbehandlung */
ON CONDITION (DBEXCEPTION)
BEGIN;
   PUT SKIP LIST (SQLSTATE);
   EXEC SQL ROLLBACK;              /* Zurücksetzen der Transaktion */
   PUT SKIP LIST (SQLSTATE);
   GO TO QUIT;
END;

/* Qualifikationsoperator zur Anfrage- und Cursor-Definition */
EXEC SQL DECLARE Z CURSOR FOR
   SELECT  P.Pnr, P.Name, P.Beruf, P.Gehalt, P.Anr
   FROM    PERS P
   WHERE   P.Pnr IN
           (SELECT  PM.Pnr
            FROM    PM
            WHERE   PM.Jnr = :PROJNR);


/* Programmlogik */
GET LIST (PROJNR, ABTNR, GERH);

/* Öffnen des Cursor und der DB-Transaktion */
EXEC SQL OPEN Z;                               /* Aktivierungsoperator */
if ¬ (SQLSTATE = '00000') then SIGNAL CONDITION (DBEXCEPTION);
NOCH_PERS = '1'B;
do while (NOCH_PERS);                          /* Abholoperator */
   EXEC SQL FETCH Z INTO :PNR, :NAME, :BERUF, :GEHALT, :ANR;
   if (SQLSTATE = '02000') then NOCH_PERS = '0'B;     /* letztes Tupel */
   if ¬ (SQLSTATE = '02000' | SQLSTATE = '00000')
      then SIGNAL CONDITION (DBEXCEPTION);
   if (SQLSTATE = '00000') then do;
      if ANR = ABTNR
         then do /* Projektmitarbeit auflösen */
            EXEC SQL  DELETE
                      FROM    PM
                      WHERE   PM.Pnr = :PNR;
            if ¬ (SQLSTATE = '00000')
               then SIGNAL CONDITION (DBEXCEPTION);
            PUT LIST 'Projektentzug für :';
         end;
      else do /* Gehaltserhöhung eintragen */
         EXEC SQL  UPDATE PERS
                   SET Gehalt = PERS.Gehalt + :GERH
                   WHERE CURRENT OF Z;
         if ¬ (SQLSTATE = '00000')
            then SIGNAL CONDITION (DBEXCEPTION);
         PUT LIST 'Gehaltserhöhung für :';
      end;
   end;
   PUT SKIP LIST (PNR, NAME, BERUF, GEHALT, ANR);
end; /*do while */

/* Schließen des Cursor */
EXEC SQL CLOSE Z;                              /* Deaktivierungsoperator */
if (SQLSTATE = '00000') then SIGNAL CONDITION (DBEXCEPTION);
/* Schließen der Transaktion*/
EXEC SQL COMMIT;
if (SQLSTATE = '00000') then SIGNAL CONDITION (DBEXCEPTION);
QUIT: RETURN;
   end; /* MAIN */
```

deshalb ist es auch möglich, die erforderliche Gehaltserhöhung durch eine cursor-basierte Änderungsoperation durchzuführen. Im Standard wird das Cursor-Konzept um reichhaltigere Positionierungsmöglichkeiten erweitert. Es werden sequentielle, relative und absolute Cursor-Positionierungen unterstützt.

Behandlung von Fehlersituationen und DB-Sonderzuständen

Auf jede SQL-Anweisung sollte ein Test der Statusinformation folgen, um auf etwaige Fehlersituationen direkt und auch geeignet reagieren zu können. In der standardmäßig zu definierenden Programmvariable SQLSTATE (bzw. in SQL-92 auch in der Programmvariable SQLCODE) werden alle Fehlerbedingungen angezeigt, die dann in der Wirtssprache abgefragt werden können. Zur Vereinfachung kann auch eine Standardfehlerbehandlung mit Hilfe der WHENEVER-Anweisung definiert werden. Falls solche Anweisungen definiert sind, muß der Vorübersetzer die dort beschriebene Fehlerbehandlung hinter jede ausführbare SQL-Anweisung einsetzen. In unserem Beispiel (Programm P12) wird die Standardfehlerbehandlung von SQL dadurch 'inaktiviert', daß für alle Standardfehlerbedingungen ('kein Tupel gefunden' - NOT FOUND bzw. 'Fehler aufgetreten' - SQLERROR) die Aktion CONTINUE definiert wird, die besagt, daß die Fehlerbehandlung vom AWP-Programmierer durchgeführt wird und somit vom Vorübersetzer keine Fehlerbehandlung hinter den ausführbaren SQL-Anweisungen generiert wird.

5.4.1.2 SQL-Modulsprache

SQL-Modulsprache stellt alle DB-Anweisungen in eigenen DB-Prozeduren bereit

Um Vorübersetzer für die verschiedenen Wirtssprachen, in die SQL eingebettet werden soll, einzusparen, wurde die SQL-Modulsprache eingeführt. Aus Sicht des DBS sieht die SQL-Modulsprache genauso aus wie das eingebettete SQL*. Lediglich aus Sicht der Anwendung sind nun die einzelnen DB-Anweisungen in eigenen DB-Prozeduren verpackt. Diese Prozeduren halten die allgemein gültigen Prozedurkonventionen hinsichtlich Parameterübergabe, Seiteneffekte etc. ein und können daher (ohne Änderung) in verschiedene Wirtssprachen eingebunden werden. Das Ergebnis der Umsetzung von Programm P12, das eingebettetes SQL enthält,

---

*   Gemäß dem Standard wird die eingebettete Sprachversion als syntaktische Kurzschreibweise für die SQL-Modulsprache verstanden. Demzufolge definiert der Standard (implizit) eine Menge von Abbildungsregeln, mittels derer ein äquivalentes AWP gemäß SQL-Modulsprache abgeleitet werden kann. Dies gilt auch für das dynamische SQL. Auch dort wird von einer impliziten Umformung in eine Modulschreibweise und dann natürlich auch von der Modulverarbeitung ausgegangen.

in ein AWP mit SQL-Modulsprache ist in Programm P13 und Programm P14 veranschaulicht.

Ein Vergleich zwischen Programm P12 und Programm P13 bzw. Programm P14 macht die Vorgehensweise zur Umsetzung von 'embedded SQL' in die SQL-Modulsprache sehr schön deutlich. Die ursprüngliche Programmlogik des AWP bleibt dabei vollends erhalten. Die eingebetteten SQL-Anweisungen werden durch die entsprechenden Prozeduraufrufe des zugehörigen SQL-Moduls ersetzt. Hierbei werden die in den SQL-Anweisungen benötigten (Eingabe- bzw. Ausgabe-)Parameter als Prozedurparameter verfügbar gemacht. Die SQL-Fehlerbehandlung bleibt bei dieser Umsetzung unverändert.

einfache Umsetzung von eingebettetem SQL in SQL-Modulsprache

Die SQL-Modulsprache ist im Prinzip eine recht kleine und daher auch einfache Sprache zum Schreiben von Anweisungen in purer SQL-Syntax. Die Idee dabei ist, daß im wesentlichen jede Kompilationseinheit (z.B. externe Prozeduren in PL/I) ein oder mehrere SQL-Module besitzt, die selbst wiederum aus einzelnen SQL-Prozeduren bestehen. Dabei enthält jede solche Prozedur zusätzlich zu ihrem Namen eine Menge von Parameterdefinitionen sowie genau eine SQL-Anweisung, die über die Prozedurparameter parametrisiert ist. Der SQL-Parameter SQLSTATE zur Rückgabe der SQL-Statusinformation muß in der Parameterliste vorkommen. Er ist der einzige Parameter ohne den Präfix ':'. Alle anderen Parameter sind SQL-Variablen und besitzen diese Präfix-Kennzeichnung.

Durch die SQL-Modulsprache werden damit SQL-Anweisungen in herkömmlichen Programmiersprachen bereitgestellt, ohne die Programmiersprachensyntax bzw. deren Semantik anpassen zu müssen. Es werden nur die folgenden beiden Fähigkeiten benötigt: auf der Seite der Programmiersprache muß das Aufrufen von separat kompilierten und in anderen Programmiersprachen geschriebenen Prozeduren (hier sind das die SQL-Module und die SQL-Modulsprache selbst) möglich sein, und zum Zwecke der korrekten Parameterübergabe muß eine Übereinstimmung zwischen den korrespondierenden Datentypen von Modulsprache und Programmiersprache existieren. Damit wird die Kopplung zwischen einer Programmiersprache und dem SQL-Standard schließlich die gleiche wie die Kopplung zwischen zwei Programmiersprachen: die Programmiersprache ruft eine separat kompilierte Kompilationseinheit (z.B. externe PL/I-Prozeduren) auf, die zufälligerweise in der SQL-Modulsprache geschrieben ist, anstatt in der vorliegenden oder in einer anderen Programmiersprache.

SQL-Modulsprache ermöglicht eine Kopplung ähnlich zu der zwischen herkömmlichen Programmiersprachen

Programm (P13): PL/I-Programm mit SQL-Modulsprache

```
PROC OPTIONS (MAIN);

/* Programmeingabe */
DCL  PROJNR          FIXED DECIMAL;
DCL  ABTNR           FIXED DECIMAL;
DCL  GERH            FIXED DECIMAL;

/* Programmvariablen zur Aufnahme der DB-Werte */
DCL  PNR             FIXED DECIMAL;
DCL  NAME            CHAR(20);
DCL  BERUF           CHAR(20);
DCL  GEHALT          FIXED DECIMAL;
DCL  ANR             FIXED DECIMAL;

/* SQL-Statusinformation */
DCL  RETCODE         CHAR(5);

/* lokale Variable */
DCL  NOCH_PERS  BIT(1);

/* Deklaration der Einsprungadressen des SQL-Moluls */
DCL  OPEN_PROC          ENTRY (CHAR(5), FIXED DECIMAL);
DCL  CLOSE_PROC         ENTRY (CHAR(5));
DCL  COMMIT_PROC        ENTRY (CHAR(5));
DCL  ROLLBACK_PROC      ENTRY (CHAR(5));
DCL  FETCH_PROC         ENTRY (CHAR(5), FIXED DECIMAL,
                               CHAR(20), CHAR(20),
                               FIXED DECIMAL, FIXED DECIMAL,
                               FIXED DECIMAL);
DCL  DELETE_PROC        ENTRY (CHAR(5), FIXED DECIMAL);
DCL  UPDATE_PROC        ENTRY (CHAR(5), FIXED DECIMAL);

/*Fehlerbehandlung */
ON CONDITION (DBEXCEPTION)
BEGIN;
   PUT SKIP LIST (SQLSTATE);
   CALL ROLLBACK_PROC (RETCODE); /* Transaktion zurücksetzen */
   PUT SKIP LIST (SQLSTATE);
   GO TO QUIT;
END;

/* Programmlogik */
GET LIST (PROJNR, ABTNR, GERH);

/* Öffnen des Cursor und der DB-Transaktion */
CALL OPEN_PROC (RETCODE, PROJNR);        /* Aktivierungsprozedur */
if ¬ (RETCODE = '00000') then SIGNAL CONDITION (DBEXCEPTION);
NOCH_PERS = '1'B;
do while (NOCH_PERS);
     CALL FETCH_PROC  (RETCODE, PNR, NAME, BERUF,
                              GEHALT, ANR, PROJNR);   /* Abholprozedur */
     if (RETCODE = '02000')
        then NOCH_PERS = '0'B; /* letztes PERS-Tupel */
     if ¬ (RETCODE = '02000' | SQLSTATE = '00000')
        then SIGNAL CONDITION (DBEXCEPTION);
     if (RETCODE = '00000') then do
        if ANR = ABTNR
           then do /* Projektmitarbeit auflösen */
               CALL DELETE_PROC (RETCODE, PNR);
               if ¬ (RETCODE = '00000')
                  then SIGNAL CONDITION (DBEXCEPTION);
               PUT LIST 'Projektentzug für :';
           end;
           else do /* Gehaltserhöhung eintragen */
               CALL UPDATE_PROC (RETCODE, GERH);
               if ¬ (RETCODE = '00000')
                  then SIGNAL CONDITION (DBEXCEPTION);
               PUT LIST 'Gehaltserhöhung für :';
           end;
        end;
     PUT SKIP LIST (PNR, NAME, BERUF, GEHALT, ANR);
     end; /*do while */

/* Schließen des Cursor */
CALL CLOSE_PROC (RETCODE);               /* Deaktivierungsprozedur */
if (RETCODE = '00000') then SIGNAL CONDITION (DBEXCEPTION);

/* Schließen der Transaktion*/
CALL COMMIT_PROC (RETCODE);
if (RETCODE = '00000') then SIGNAL CONDITION (DBEXCEPTION);

QUIT: RETURN;
     end; /* MAIN */
```

Programm (P14): SQL-Modul zu Programm P13

```
MODULE      SQLEXMOD
   LANGUAGE      PL/I
   SCHEMA          Gehaltserh_Unternehmens_SCHEMA
   AUTHORIZATION Gehaltserh

DECLARE Z CURSOR FOR
   SELECT  P.Pnr, P.Name, P.Beruf, P.Gehalt, P.Anr
   FROM    PERS P
   WHERE   P.Pnr IN
              (SELECT  PM.Pnr
               FROM    PM
               WHERE   PM.Jnr = :PROJNR)
   FOR UPDATE OF Gehalt

PROCEDURE    OPEN_PROC
   (SQLSTATE,
    :PNR        FIXED DECIMAL);
   OPEN Z;

PROCEDURE    CLOSE_PROC
   (SQLSTATE);
    CLOSE Z;

PROCEDURE    COMMIT_PROC
   (SQLSTATE);
   COMMIT;

PROCEDURE    ROLLBACK_PROC
   (SQLSTATE);
   ROLLBACK;

PROCEDURE    FETCH_PROC
   (SQLSTATE,
    :PNR        FIXED DECIMAL,
    :NAME      CHAR(20),
    :BERUF    CHAR(20),
    :GEHALT  FIXED DECIMAL,
    :ANR        FIXED DECIMAL,
    :PROJNR  FIXED DECIMAL);
   FETCH NEXT FROM Z INTO :PNR, :NAME, :BERUF, :GEHALT, :ANR;

PROCEDURE    DELETE_PROC
   (SQLSTATE,
    :PNR        FIXED DECIMAL);
   DELETE FROM PM WHERE PM.Pnr = :PNR;

PROCEDURE    UPDATE_PROC
   (SQLSTATE,
    :GERH      FIXED DECIMAL);
   UPDATE PERS SET Gehalt = PERS.Gehalt + :GERH WHERE CURRENT OF Z;
```

5.4.2 Sprachintegration

Die Spracherweiterung einer Programmiersprache um eine mengenorientierte DB-Sprache wird häufig auch mit dem speziellen Begriff der Sprachintegration belegt. In diesem Zusammenhang spricht man dann weiterhin auch von sog. *Datenbankprogrammiersprachen.* Hier geht man von einer Programmiersprache aus und erweitert diese per Sprachentwurf um ein Datenmodell und die dazugehörigen DB-Anweisungen. Damit sind dann sowohl die Operationen als auch die datenbankseitigen Datenstrukturen als fester Bestandteil in die Programmiersprache integriert. Demzufolge repräsentieren die Datenbankprogrammiersprachen gemäß unserer Klassifikation aus Abschnitt 5.1 den Fall I aus Bild 5.1.

Datenbankprogrammiersprachen als Ansatz zur Sprachintegration

Datenbankprogrammiersprachen enthalten gleichberechtigt nebeneinander Konstrukte zur Datendefinition, Datenselektion, Datenmanipulation sowie zur algorithmischen Vor- und Weiterverarbeitung der Daten und überwinden somit die traditionelle Trennung von reinen (deskriptiven) Anfragesprachen und (prozeduralen) Datenmanipulationssprachen. In diesem Sinne verkleinern relationale Datenbankprogrammiersprachen den Abstand zwischen beiden Welten dadurch, daß sie die Datenstrukturen etwa des Relationenmodells (Relation, Tabelle, Attribut) und z.B. Teile der Relationenalgebra (Anhang C) oder des Relationenkalküls (Anhang B) per Sprachkonstrukt in der Wirtssprache verfügbar machen. Dennoch bleiben die beiden Verarbeitungsparadigmen Operationalität und Deskriptivität nebeneinander bestehen. Dies gilt im Prinzip auch für die Sprachen der 4. Generation[*] (4GL [Ma85]), die ebenfalls das Prädikat einer integrierten Sprache für sich beanspruchen. Zur Illustration dieses Kopplungsansatzes haben wir in Programm P15 ein Beispiel in der Datenbankprogrammiersprache PASCAL/R [Schm77] ausgewählt. PASCAL/R ist einer der ersten Sprachvorschläge für eine Datenbankprogrammiersprache gewesen. Andere, neuere Sprachen sind etwa MODULA/R [KMP83] oder PS-ALGOL [ABC83].

Sprachen der 4. Generation

Datenbankprogrammiersprachen wie PS-ALGOL und auch andere Sprachen wie etwa Napier-88 [DCB89] oder Galileo [ACO85] werden häufig als *persistente Programmiersprachen* bezeichnet. Der Unter-

---

[*] Zur Erhöhung der Produktivität bei der Programmierung von insbesondere einfachen DB-Anwendungen bieten 4GL-Sprachen eine Vereinigung von DB- und Programmiersprachen-Aspekten an sowie vorbereitete Konzepte zur Dialogprogrammierung wie z.B. Maskensystem, Reportgenerator oder Graphik-Bibliothek und weitere Werkzeuge.

schied zu den oben eingeführten Datenbankprogrammiersprachen ist z.T. sehr gering. Persistente Programmiersprachen arbeiten mit sog. persistenten Objekten, die über die AWP-Laufzeit hinaus erhalten bleiben. In diesen Programmiersystemen werden dann spezielle Komponenten (etwa ein eigenes Speichersystem) realisiert, die diese Persistenzeigenschaft bereitstellen (etwa durch Auslagerung auf nicht-flüchtige Speichermedien). Durch spezielle Sprachmittel der Programmiersprache können (beliebige) Objekte persistent gemacht werden. Auf das Konzept des Datenmodells und auf dessen implizite Eigenschaft, alle Objekt- oder Tupelinstanzen persistent zu halten, wird hier bewußt verzichtet. Das Wiedergewinnen persistenter Objekte ist ebenfalls mit Sprachmitteln möglich. Allerdings wird der direkte Objektzugriff (über den Objektidentifikator) mit objektweiser Verarbeitung der mengenorientierten Verarbeitung vorgezogen. Diese Erweiterungen machen aber noch längst kein vollständiges DBS, denn Transaktionsaspekte, Datensicherung, Zugriffskontrolle und Unterstützung des Mehrbenutzerbetriebs werden gar nicht oder nur sehr rudimentär bereitgestellt. Da diese Aspekte für unsere Diskussionen nicht im Vordergrund stehen, genügt es, alle hier genannten Sprachansätze zusammen unter dem oben schon eingeführten Oberbegriff der Datenbankprogrammiersprachen zu diskutieren.

persistente Programmiersprachen

Die Grundidee von PASCAL/R zur Integration der deskriptiven Operationen und ihrer Datenmengen baut auf dem ADT-Konzept auf und kennt das Relationenmodell und die relationalen Operationen (hier das Relationenkalkül, siehe Anhang B) als einen in die Programmiersprache PASCAL integrierten abstrakten Datentyp. Hierzu werden die beiden Datenstrukturen RELATION und DATABASE in der Programmiersprache verfügbar gemacht. Eine Datenbank wird in der DATABASE-Klausel definiert und als Menge von benannten Relationen angegeben. Eine Relation wird zusätzlich in der RELATION-Klausel als RECORD-Struktur über atomaren Datentypen (INTEGER, STRING etc.) definiert, und die Primärschlüsselattribute werden explizit genannt. Die Datenbank wird angesehen als eine komplexe und persistente Datenstruktur, d.h., deren Lebensdauer geht über die AWP-Laufzeit hinaus. Da die DB-Datenstrukturen nun integriert sind, können Datenbankobjekte genau so wie programmlokale Objekte in Zuweisungen und Ausdrücken der Programmiersprache verwendet werden.

PASCAL/R benutzt ADT-Konzept zur Inegration von DB-Sprache und DB-Daten

In Programm P15 wird ein PASCAL/R-Beispielprogramm gezeigt, das die gleiche Aufgabe erledigt wie die vorigen Programme (Pro-

Programm (P15): PASCAL/R-Programmbeispiel

```
PROGRAM Proj-Pers-Anpassung
        (INPUT, OUTPUT, Gehaltserh_Unternehmens_DB);

TYPE    PERS_rectyp = RECORD
                      Pnr         : INTEGER;
                      Name        : STRING;
                      Beruf       : STRING;
                      Gehalt      : INTEGER;
                      ...
                      Anr         : INTEGER
                  END;
        PERS_reltyp = RELATION <Pnr> OF PERS_rectyp;

        PM_rectyp =   RECORD
                      Pnr         : INTEGER;
                      Jnr         : INTEGER;
                      ...
                  END;

        PM_reltyp = RELATION <PM_PNR, PM_JNR> OF PM_rectyp;
VAR     Gehaltserh_Unternehmens_DB : DATABASE
                             pers_rel    : PERS_reltyp;
                             mitarb_rel  : PM_reltyp;
                             END;

        del_mitarb_rel : PM_reltyp;
        ergebnis_rel :    RELATION <Pnr> OF RECORD
                          Pnr         : INTEGER;
                          Name        : STRING;
                          Beruf       : STRING;
                          Gehalt      : INTEGER;
                          Anr         : INTEGER;
                      END;
        PROJNR, ABTNR, GERH :    INTEGER;

BEGIN
    READ(PROJNR, ABTNR, GERH);
    (* Ergebniszuweisung mit überladenem Zuweisungsoperator ':=' *)
    ergebnis_rel :=
        [EACH (Pnr, Name, Beruf, Gehalt, Anr)
            FOR pers_rec IN pers_rel
                (SOME pm_rec IN mitarb_rel
                    (pm_rec.pnr = pers_rec.pnr AND pm_rec.jnr = PROJNR))];
    (* Iteration über die Ergebnismenge *)
    FOREACH erg_rec IN ergebnis_rel DO
        if erg_rec.Anr = ABTNR
            then do (* Projektmitarbeit auflösen *)
                (* Projektmitarbeit für gegebenen Mitarbeiter bestimmen *)
                del_mitarbeit :=
                    [EACH (Pnr, Jnr, ...)
                        FOR pm_rec IN mitarb_rel
                            (pm_rec.pnr = erg_rec.Pnr)];
                (* Projektmitarbeit auflösen durch Löschen einer Tupelmenge
                    durch den Relationendifferenzoperator ':-' *)
                mitarb_rel :- del_mitarb_rel;
                Write('Projektentzug für :');
            end;
        else do /* Gehaltserhöhung eintragen */
            (* Gehaltserhöhung bestimmen *)
            erg_rec.Gehalt := erg_rec.Gehalt + GERH;
            (* Gehaltserhöhung eintragen; Tupeländerung durch den
                Ersetzungsoperator ':&' *)
            pers_rel :& [erg_rec];
            WRITE('Gehaltserhöhung für :');
            end;
        WRITELN(Pnr, Name, Beruf, Gehalt, Anr);
    END;
END.
```

gramm P12 und Programm P13 bzw. Programm P14). Dort wird die Unternehmensdatenbank aus Anhang A ebenfalls als Grundlage herangezogen und als zu verarbeitende DB in der DATA-BASE-Anweisung festgelegt[*]. In dieser Anweisung werden auch die Relationen genannt, die im AWP dann bearbeitet werden sollen. Demgemäß beschreibt die Variable *pers_rel* eine Relation vom Typ *PERS_reltyp*, die Tupel vom Typ *PERS_rectyp* aufnehmen kann. Das Attribut *Pnr* ist als Relationenschlüssel gekennzeichnet. Die Relationenvariable *ergebnis_rel* dient zur Aufnahme eines Anfrageergebnisses. Die Zuweisung an *ergebnis_rel* passiert mittels des normalen PASCAL-Zuweisungsoperators. Auf der anderen Seite dieser Zuweisung steht der Relationen-Konstruktor '[EACH ...]' als PASCAL/R-Sprachelement, das dem tupelbezogenen Relationenkalkül (Anhang B) nachempfunden ist. Zur Bearbeitung von solchen Ergebnismengen bietet PASCAL/R einen sog. *Iterator* an. Damit ist es möglich, die Tupel einer Ergebnismenge nacheinander anzusprechen. In Programm 14 wird für jeden vorselektierten Mitarbeiter überprüft, ob er eine Gehaltsaufbesserung bekommt oder aus seiner Projektmitarbeit entbunden wird. In diesem Programmbeispiel werden auch Manipulationsoperationen vorgestellt. Dabei können vorab spezifizierte Tupelmengen aus der DB gelöscht bzw. in die DB eingetragen oder aber direkt geändert werden. Dazu werden in PASCAL/R entsprechende (Relationen-)Operatoren (Differenz ':-', Ersetzung ':&', Vereinigung ':+') auf dem Datentyp RELATION verfügbar gemacht. Zusammen mit dem (überladenen) Zuweisungsoperator ':=' wird die zuvor schon erwähnte Idee des abstrakten Datentyps RELATION hiermit konkret verwirklicht.

Beispiel: PASCAL/R

Im Vergleich zu den anderen in diesem Abschnitt vorgestellten Einbettungskonzepten für mengenorientierte DBS-Schnittstellen, sind bei Datenbankprogrammiersprachen folgende Aspekte hervorzuheben. Die DB-Datenstrukturen werden im AWP über Relationenvariablen anstatt via Übergabebereichen oder einfachen Programmvariablen verfügbar gemacht. Das umständliche Cursor-Konzept ist durch einen in die Programmiersprache integrierten Iterator ersetzt. Damit können dann sowohl Relationen wie auch einzelne Tupel oder Tupelmengen mit AWP-Sprachkonstrukten angesprochen und bearbeitet werden. Dies bedeutet die Realisierung des abstrakten Datentyps RELATIONEN und damit auch

Bewertung des Integrationsansatzes Datenbankprogrammiersprache

---

[*] Für den AWP-Programmierer zählt die DB wie eine externe Programmvariable und muß daher wie z.B. externe PASCAL-Dateien als formaler Programmparameter im Programmkopf angegeben werden.

die Integration der Relationenoperatoren. Aufgrund dieses vollständigen Integrationsansatzes (DB-Operationen und DB-Operanden) muß eine Datenbankprogrammiersprache auch immer über einen eigenen Übersetzer realisiert werden (vgl. Spracherweiterung in Bild 5.2b). Dies ist recht kostenintensiv und muß für jede Wirtssprache wiederholt durchgeführt werden. Zudem ist es hier nicht möglich, eine dynamische Spracheinbettung, wie z.B. dynamisches SQL, durchzuführen, da bei diesen Sprachübersetzern der vollständige Programmtext schon zur Übersetzungszeit feststehen muß und keine Variablen zur Aufnahme von Programmtext angeboten werden. Aufgrund des sprachspezifischen Übersetzers kann eine Erkennung von Syntax-, Semantik- und auch Typfehlern schon zur AWP-Übersetzungszeit stattfinden. Damit wird auch gleichzeitig eine hohe Benutzungsfreundlichkeit erzielt. Wegen des frühen Bindezeitpunkts bedingen Strukturänderungen in der DB meistens auch Programmänderung und Neuübersetzung.

5.5 Zusammenfassung

Als wesentliche Klassifikationsmerkmale eines Kopplungsansatzes von Programmiersprache und DB-Sprache wurden die Einbettung von DB-Operationen und die Einbindung der datenbankseitigen Datenstrukturen betrachtet. Die sich daraus ergebenden verschiedenen Formen der Einbettung wurden an Beispielen vorgestellt und hinsichtlich folgender Eigenschaften bewertet:

- Realisierungsaufwand z.B. für einen eigenen oder einen erweiterten Wirtssprachen-Compiler,

- Fehleranfälligkeit und Flexibilität etwa durch entsprechende Wahl der Bindezeitpunkte,

- Benutzerfreundlichkeit und

- Grad der Fehlanpassung.

Diese Betrachtungen haben deutlich gezeigt, daß die verschiedenen Kopplungsvarianten sich darin ziemlich stark unterscheiden, wie sie die verschiedenen Einbettungseigenschaften erfüllen. Da sich alle hier diskutierten Einbettungsformen prinzipiell sowohl bei satzorientierten als auch bei mengenorientierten Schnittstellen anwenden lassen, kann für ein gegebenes Einsatzszenario die am besten passende Einbettungsvariante ausgewählt und realisiert werden. Zum Beispiel eignen sich nicht alle Ansätze zur Realisierung einer Ad-hoc-DBS-Schnittstelle, oder zur Aufwandsreduktion für eine Multi-Wirtsspracheneinbettung eignet sich eine (SQL-)Modulsprache besser als z.B. eine Sprachintegration (wie bei PASCAL/R).

Kopplungs-varianten zielen aufgrund ihrer z.T. sehr unterschiedlichen Eigenschaften auf verschiedene Anwendungsszenarien ab

Betrachtet man den Grad an Fehlanpassung, so erkennt man, daß satzorientierte Schnittstellen sehr gut in die objektweise Verarbeitung prozeduraler Wirtssprachen passen. Für mengenorientierte Schnittstellen gilt das nicht. Erst durch den Ansatz der Sprachintegration wurde ein wesentlicher Schritt in Richtung auf eine Harmonisierung der unterschiedlichen Sprachcharakteristika (Deskriptivität, Operationalität und Berechnungsuniversalität) geleistet. Integrierte Ansätze versuchen die Vorteile von DB-Sprache und Programmiersprache in einer möglichst einheitlichen Gesamtsprache zu vereinigen. Die Fehlanpassung der (Basis-)Datentypen sowie die Diskrepanz zwischen objektweiser und mengenorientierter Verarbeitung erscheint dort deshalb auch am besten gelöst.

Die Grenzen einer mengenorientierten Verarbeitung (vgl. [RSZ88]), also von nichtprozeduralen Ausdrucksmitteln, ergeben sich im wesentlichen aus der Problematik, jede Problemstellung durch genau einen nichtprozeduralen Ausdruck beschreiben zu müssen. Sobald dies nicht mehr möglich ist und komplexe Aufgaben in mehreren nichtprozeduralen Ausdrücken zu formulieren sind, braucht man wieder Mittel zur Beschreibung von Kontrollfluß, also prozedurale Ausdrucksmittel. In [RSZ88] wurden folgende Problembereiche bzw. Schwächen von nichtprozeduralen DB-Sprachen genannt:

Grenzen mengenorientierter Verarbeitung

- Sonderfallbehandlung etwa die Division durch Null bei Attributberechnungen

- Nullwerte und die Behandlung von unvollständiger oder unbekannter Information in der Wirtssprache (und manchmal auch in der DB-Sprache)

- Behandlung heterogener Strukturen.

Zudem können viele Aufgabenstellungen z.B. solche, die auf Duplikateliminierung, expliziten Reihenfolgebezug oder Rekursion aufbauen, wenn überhaupt nur sehr umständlich mit nichtprozeduralen Ausdrucksmitteln beschrieben werden. In diesem Zusammenhang sind auch die folgenden Defizitbereiche bzw. Beschränkungen von SQL bzw. des SQL-Standards zu nennen:

Grenzen von SQL

- Beschränkung auf atomare Attributwerte

- Beschränkung auf dynamisch abgeleitete Strukturen (im Gegensatz zu Materialisierungen)

- kleiner, fest vordefinierter Vorrat an Datentypen ohne Definitionsmöglichkeiten von zugehörigen Operatoren

- Beschränkung auf die Beschreibungsebene der Attributwerte und nur sehr eingeschränkte Möglichkeiten, allgemeine Regeln und Konsistenzbedingungen zu spezifizieren.

Die aktuellen Entwicklungen (auch im SQL-Standard) greifen im wesentlichen die o.g. Defizitbereiche auf und versuchen Lösungsmöglichkeiten zu erarbeiten. Hierbei sind insbesondere drei wichtige Richtungen zu nennen:

(1) Berücksichtigung von Komplexobjekten

(2) Einbeziehung von objektorientierten Konzepten

(3) Ausrichtung an der Prädikatenlogik.

Entwicklungs-
bestrebungen
des SQL-Stan-
dards verspre-
chen eine Ver-
besserung

Diese Entwicklungsbestrebungen haben insbesondere im Zusammenhang mit speziellen Systemarchitekturen (z.B. Workstation/-Server-Architektur) großen Einfluß auf das Verarbeitungsmodell zwischen Anwendung und DBS [HMNR95]. Damit nehmen sie wiederum auch Einfluß auf die Bewertung der verschiedenen Kopplungsansätze. Zum Beispiel erscheint es im Falle von Komplexobjekten aufgrund der inhärenten Komplexität der DB-Datenstrukturen und der zugehörigen Operationen unmöglich, eine Call-Schnittstelle (insbesondere ohne integrierte DB-Datenstrukturen) als Kopplungsansatz verwenden zu wollen. Vielmehr zeigen entsprechend erweiterte cursor-basierte und eingebettete bzw. erweiterte/integrierte Kopplungsvarianten eine gangbare Realisierungsstrategie auf. Durch das Vorhandensein objektorientierter Konzepte kann eine Realisierung dieser Kopplungsvariante weiter vereinfacht werden. Eine Ausrichtung hinsichtlich Prädikatenlogik erleichtert die Berücksichtigung von allgemeinen Konsistenzbedingungen, rekursiver Anfrageverarbeitung und regelbasierter Problemlösung. Eines der anvisierten Ziele all dieser Entwicklungsbestrebungen ist, die verschiedenen o.g. Richtungen in einem Modellansatz zu integrieren, so daß die einzelnen Konzepte frei miteinander kombinierbar zur Lösung komplexer Problemstellungen eingesetzt werden können [Mu93, FMV93, DOOD]. Die Berücksichtigung vieler dieser Aspekte, die deutlich über das Relationenmodell hinausgehen, findet sich in den nachfolgenden Kapiteln (insbesondere Kapitel 7).

6
Realisierungs- konzepte der AV

Nachdem in den vorangegangenen Kapiteln (insbesondere in Kapitel 2) ein grundlegendes Verständnis von AV in DBS aufgebaut und ein allgemeiner Beschreibungsrahmen dafür vorgestellt wurde, sollen nun die zentralen Realisierungskonzepte detailliert beschrieben und somit die implementierungstechnischen Grundlagen für den AV-Framework gelegt werden. Der AV-Framework stellt eine Sammlung von für die AV wichtigen Werkzeugen und Konzepten bereit. Damit ist es möglich, eine auf die konkrete Einsatzumgebung zugeschnittene AV (und damit im wesentlichen auch ein DBS) nach dem 'Baukastenprinzip' zusammenzustellen. Das bedeutet, daß geeignete Realisierungs- und Implementierungskonzepte benötigt werden, die den verschiedenen AV-Aspekten entsprechend Rechnung tragen. Flexibilität, Anpassungsfähigkeit und Erweiterbarkeit sind wesentliche Eigenschaften, die von den Implementierungskonzepten erfüllt werden müssen, um den AV-Framework nutzbar zu machen.

Aus Implementierungssicht lassen sich die ersten AP (Anfrageprozessor oder Optimierer) für relationale DBS (z.B. SYSTEM R [SACLP79], INGRES [WY76] und damit im wesentlichen auch alle am Markt befindlichen relationalen DBS) dadurch charakterisieren, daß die Regeln zur Anfragerestrukturierung und auch die gesamte Anfragetransformation (inklusive Kostenformeln, Suchstrategien, Plangenerierung und ausführbaren Planoperatoren) fest einprogrammiert sind, und infolgedessen für alle Arten von Anpassungen und Erweiterungen (etwa Berücksichtigung neuer Restrukturierungsregeln, Planoperatoren, Zugriffspfade, Statistiken) der AP-Programmcode umzuschreiben ist. Aufgrund der inhärenten Komplexität der Anfrageoptimierung sind diese Programmänderungen sehr umständlich, zudem umfangreich und daher meistens auch sehr fehleranfällig.

Die Forderung nach einfacher Änderbarkeit und Erweiterbarkeit der AP verstärkt sich zusehends durch aktuelle Entwicklungen im DBS-Bereich. Hier ist insbesondere das große Gebiet der erweiterbaren DBS zu nennen, die u.a. Erweiterungen des vorgegebenen relationalen Basisdatenmodells zulassen (STARBURST, AIM, POSTGRES) bzw. grundlegend neue Datenmodelle (EXODUS, GENESIS) zu konzipieren erlauben. Der AP in diesen Systemen muß software-technisch so ausgelegt sein, daß diese Erweiterungen verkraftet werden können. Man spricht in diesem Zusammenhang auch von *erweiterbaren AP**, die z.T. schon in einigen Prototypsystemen zum Einsatz kommen (EXODUS [GD87], VOLCANO [GM91], STARBURST [HFLP89], PRIMA [HMS92] oder [Fr87a] und [BG92]). Diese Arbeiten können als erste Schritte in die richtige Richtung angesehen werden, jedoch fehlen meistens Allgemeingültigkeit und Vollständigkeit der berücksichtigten Konzepte. Die grundsätzliche Idee zu einem erweiterbaren AP orientiert sich an einer *regelbasierten Technologie***, d.h., die Arbeitsweise und Funktionalität eines AP drückt sich in seiner aktuellen Regelmenge aus. Durch gezielte Änderung der Regelmenge läßt sich damit das Repertoire des AP steuern. Beispielsweise können neue Restrukturierungsregeln, neue Planoperatoren, Suchstrategien etc. in der Anfrageoptimierung durch die Hinzunahme entsprechender Regeln berücksichtigt werden.

Erweiterbare AP bestehen aus einem Regelinterpretierer, der die Regeln aus der Regelmenge auswählt und anwendet. Beispielsweise wird im Rahmen der Anfragerestrukturierung die Regel zum Vertauschen von Selektion und Verbund ausgewählt und zur Restrukturierung auf den aktuellen Anfragegraph angewandt, oder es wird zur Verbesserung der Anfragetransformation in einer bestimmten Situation mittels einer entsprechenden Regel eine zufallsgesteuerte Suchstrategie etabliert.

regel- bzw. transformationsbasierte Technologie zur Realisierung erweiterbarer Anfrageprozessoren

erweiterbare AP bestehen aus einem Regelinterpretierer, der Regeln aus seiner Regelmenge auswählt und anwendet

---

* In der Literatur wird in diesem Zusammenhang oftmals auch der Begriff des *modularen* AP (engl. modular optimizer) verwendet [Fr87b, SS90].

** In [RH86] wird diesbezüglich von einer *Transformations-Technologie* gesprochen (engl. transformation-based optimizers). Dabei werden die einzelnen Transformationen in Form von Regeln beschrieben. Im folgenden werden beide Begriffe (Regel und Transformation) als synonym verwendet.

Diese regelbasierte Technologie hat aber noch einen weiteren entscheidenden Vorteil: erweiterbare AP realisieren das 'Software-Wiederverwendungs'-Paradigma, welches den Kerngedanken des AV-Framework darstellt. Damit ist es möglich, bei der Entwicklung eines neuen AP (z.B. für ein neues DBS, KODBS, OODBS, XDBS, WBVS) die Regelmaschine und einige Teile der Regelmenge beizubehalten (Wiederverwendung) und nur die noch fehlenden Aspekte durch entsprechende Regeln zu ergänzen. In diesem Sinne verstehen wir auch unseren Framework-Gedanken: der AV-Framework soll eine wiederverwendbare Basis zur Entwicklung von AP in Form von Regelmenge und Regelmaschine zur Verfügung zu stellen. Damit diese Zielvorstellung erfüllt werden kann, gilt es, entsprechende Realisierungs- bzw. Implementierungskonzepte zu entwickeln und praktisch zu erproben.

erweiterbare AP ermöglichen Software-Wiederverwendung

Es ist das Ziel dieses Kapitels, die notwendige Software-Technologie für erweiterbare AP bereitzustellen. Damit direkt verbunden ist eine Detaillierung der wichtigen Komponenten aus Bild 2.22 auf Seite 76. Die zentralen Bausteine dieser Komponenten sollen bestimmt und deren Implementierungskonzepte sowie auch deren Zusammenspiel eingehend diskutiert werden.

Ziel: Bereitstellung der notwendigen Software-Technologie für erweiterbare AP

Die generelle Vorgehensweise zur AV in einem Anfrageprozessor läßt sich gemäß Kapitel 2 durch die folgenden sukzessiven Schritte beschreiben:

- Schritt 1: Überführung der Anfrage in die Interndarstellung

- Schritt 2: Anfragerestrukturierung

- Schritt 3: Anfragetransformation.

Diese Schritte beschreiben im wesentlichen aufeinanderfolgende Verarbeitungsphasen, um von einer Anfrage zu einem möglichst optimalen Ausführungsplan zu kommen, der anschließend durch die AE zur Ausführung kommt. Aus dieser Sichtweise ergeben sich die Themenpunkte, die nun in den einzelnen Abschnitten dieses Kapitels detailliert diskutiert werden.

6.1 Interndarstellung und Anfrageübersetzung

Es ist die Aufgabe der Übersetzungskomponente, eine Anfrage in eine Interndarstellung, genannt Anfragegraph (AG), zu transformieren (siehe Bild 2.21 auf Seite 73), um damit eine adäquate Ausgangsbasis für die sich anschließende Optimierungsphase bereitzustellen. Durch die Betrachtungen in Kapitel 2 untermauert, kommt hier deutlich zum Ausdruck, daß die Interndarstellung ei-

Interndarstellung als zentrale Datenstruktur für Anfrageübersetzung und -optimierung

ner Anfrage die zentrale Datenstruktur für Übersetzung und Optimierung darstellt und daß die Wahl eines entsprechenden Darstellungsschemas entscheidend für die Effizienz und Erweiterbarkeit des AP ist.

In Abschnitt 2.5 wurden einige Darstellungsschemata vorgestellt und hinsichtlich des dort aufgestellten Kriterienkatalogs (Prozeduralität, Flexibilität und Effizienz) bewertet und auch miteinander verglichen. Dabei zeigte sich deutlich die prinzipielle Eignung eines Darstellungsschema, welches auf dem Konzept der Operatorgraphen basiert.

Verwendung des Darstellungsschemas AGM

Aufgrund dieser Diskussionen wollen wir hier auch eine Operatordarstellung, genannt *Anfragegraphmodell* (AGM), verwenden. Dieses Darstellungsschema wird im folgenden detailliert beschrieben. Anschließend wird die Vorgehensweise zur Generierung eines Anfragegraphen aus einer (SQL-)Anfrage gemäß AGM betrachtet. Dort werden dann z.T. schon manche SQL-Spracherweiterungen berücksichtigt, die deutlich aufzeigen, welches Maß an Flexibilität und auch welche charakteristischen Zugriffsfunktionen vom AGM unterstützt werden. Der darauffolgende Abschnitt 6.2 behandelt die Anfragerestrukturierung und zeigt, durch weitere Beispiele verdeutlicht, die Notwendigkeit für die Einhaltung der oben genannten Eigenschaften eines geeigneten Darstellungsschemas.

6.1.1 Das Darstellungsschema AGM

Das Anfragegraphmodell ist ein Darstellungsschema für (deskriptive bzw. relationale) Anfragen. Dabei ist das erklärte Ziel, einerseits eine präzise Beschreibung der Anfragesemantik zu erreichen und andererseits eine (z.B. gegenüber SQL) handhabbarere interne Darstellungsform für die weitere Verarbeitung bereitzustellen.

AGM ist eine operatorgraphbasierte Interndarstellung

AGM gehört in die Klasse der Operatorgraphen (siehe Abschnitt 2.5.1). Operatorgraphen (siehe Bild 2.9b) spiegeln eine prozedurale Darstellung der Anfrage wider, basierend auf Operatoren- und Datenflußangaben. Die Knoten eines Graphen sind die Operatoren, und die Kanten beschreiben den Datenfluß.

Die AGM-Operatoren sind sogenannte *Tabellenoperatoren*, deren Eingaben Tabellen sind und die wiederum Ausgabetabellen bereitstellen[*]. Aufgrund dieser Tatsache werden Tabellenoperatoren in AGM

---

[*] Diese Operatorsemantik ist bewußt schon angelehnt an die Verarbeitungssemantik des Ausführungsmodells, die Verarbeitungszellen mit Ein- und Ausgabe-Objektströmen kennt (Abschnitt 2.7).

als abstrakte Datentypen (ADT) behandelt, die Tabellendarstellungen verwalten, indem sie die dem jeweiligen Operator zugrundeliegende abstrakte Berechnungsvorschrift für die Herleitung der Ausgabetabelle aus den Eingabetabellen beschreiben. AGM bietet folgende vordefinierte Tabellenoperatoren an:

AGM-Operatoren sind ADT, die Tabellendarstellungen verwalten

- *Selektion* (SELECT)
  enthält die Operationen des Relationenkalküls: Selektion, Projektion und Verbund

- *Gruppierung* (GROUP_BY)
  bildet gemäß einem gegebenen Prädikat Gruppen aus den Tupeln der Eingabetabelle und führt auf jeder Gruppe eine Aggregationsoperation aus

- *Mengenoperationen* (UNION, INTSCT, DIFF)

- *Manipulationsoperationen* (UPDATE, DELETE, INSERT)

- *Basistabellenoperator* (ACCESS)
  Zugriff auf eine gespeicherte Basistabelle

- *Wurzeltabellenoperator* (TOP)
  ermöglicht für das Wirtsprogramm den Zugriff auf das Anfrageergebnis des darunterliegenden (eigentlichen) AG.

verschiedene Tabellenoperatoren

Zudem kann der Datenbank-Implementierer[*] diese Menge an vordefinierten Operatoren durch sogenannte externe und vielleicht auf eine spezielle Situation zugeschnittene Tabellenoperatoren erweitern:

- *benutzerdefinierte* Tabellenoperatoren (z.B. Äußerer Verbund[**]).

Diese Tabellenoperatoren beschreiben im wesentlichen Spezialisierungen eines generischen Tabellenoperators, den wir im folgenden den allgemeinen Tabellen-ADT nennen. Insgesamt ergibt sich damit eine Generalisierungshierarchie der verschiedenen Tabellenoperatoren in AGM, wie in Bild 6.1 dargestellt.

Tabellen-ADT als generischer Tabellenoperator

6.1.1.1 Der Tabellen-ADT in AGM

Um diese verschiedenen Spezialisierungen besprechen zu können, ist es notwendig, den allgemeinen Tabellen-ADT zu verstehen. Dieser Tabellen-ADT stellt die Bausteine zur Konstruktion von AG in AGM bereit. Hierunter zählen genaue Angaben über die konkreten

---

[*] Es ist die Aufgabe des Datenbank-Implementierers, notwendige Erweiterungen und Anpassungen an einem DBS durchzuführen, mit dem Ziel, ein für eine konkrete Einsatzsituation zugeschnittenes DBS bereitzustellen. Diese Erweiterungen betreffen meistens das Datenmodell und die Anfragesprache und verursachen entsprechende Änderungen in verschiedenen DBS-Komponenten.

[**] In Kapitel 7 wird diese Erweiterung ausführlich behandelt.

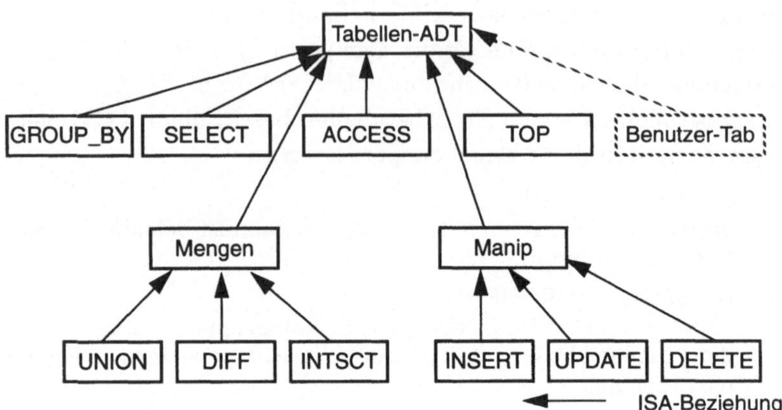

Bild 6.1:   Generalisierungshierarchie des Tabellenoperatoren in AGM

AG-Operatoren und über den Datenfluß zwischen diesen Verarbeitungseinheiten. Zum Beispiel müssen Selektions- und Verbundoperatoren durch Projektionsinformation, Verbund- und Qualifikationsprädikate ergänzt werden; Gruppierungsoperationen verlangen Angaben über das Gruppierungsprädikat und die anzuwendende Aggregatfunktion; die logische Abarbeitungsreihenfolge der Operatoren, also die eigentliche Graphstruktur des AG, muß etwa über Interoperatorbeziehungen repräsentiert werden. Da dies für alle Operatoren gilt, ist es sinnvoll, diese Angaben schon im allgemeinen Tabellen-ADT bereitzustellen. Aufgrund der Vererbungseigenschaft der Generalisierungsbeziehung (ISA-Beziehung) sind diese Aspekte dann auch für alle Spezialisierungen des Tabellen-ADT verfügbar. Eine direkte Konsequenz dieser Sichtweise ist, daß der allgemeine Tabellen-ADT als Wurzel der Generalisierungshierarchie eine ausreichende Abstraktion der konkreten Aspekte bereitstellen muß, die in den einzelnen Spezialisierungen mit der jeweils speziellen Semantik verfeinert werden.

Tabellenoperatoren geben eine abstrakte Berechnungsvorschrift für die Herleitung der Ausgabetabelle aus den Eingabetabellen

Durch diese Vorgehensweise wird zudem eine gewisse Austauschbarkeit (engl. substitutability) erreicht, die für die nachfolgenden Umformungen des AG unbedingt benötigt werden. Zum Beispiel sind im Rahmen der Anfragerestrukturierung, Operatoren eines AG durch einen bzw. mehrere andere Operatoren zu ersetzen. Dabei ist es natürlich sehr wichtig, daß wiederum konsistente AG entstehen. Die strukturelle Konsistenz der AG wird dabei direkt über die Tabellenoperatoren in ihrer Eigenschaft als Spezialisierungen des Tabellen-ADT gewährleistet, wohingegen die semantische Konsistenz nur durch die Richtigkeit der Restrukturierung garantiert werden kann.

Konsistenz eines Anfragegraphen

Im folgenden wollen wir daher die Datenstrukturen des allgemeinen Tabellen-ADT genauer betrachten und anschließend dessen Konkretisierungen bzw. Spezialisierungen in Form von Tabellenoperatoren an einem Beispiel-AG demonstrieren. Bild 6.2 zeigt eine Entity-Relationship-Beschreibung der wesentlichen Datenstrukturen, die von einem Tabellen-ADT und damit auch von allen Tabellenoperatoren verwaltet werden. Im folgenden werden die Bestandteile dieser zentralen Datenstruktur besprochen. Die Kardinalitäten der dargestellten Beziehungen ergeben sich während der Diskussion automatisch.

konkrete Tabellenoperatoren sind Spezialisierungen des generischen Tabellen-ADT

Jeder Tabellenoperator (mit Ausnahme des Basistabellenoperators *ACCESS*, der den Zugriff auf eine gespeicherte Basistabelle beschreibt) besteht aus einem Kopfteil und einem Rumpfteil. Der *Kopf* definiert die Sichtbarkeit nach außen und beschreibt daher die Ausgabetabelle oder allgemein den Ausgabe-Objektstrom, der durch den jeweils vorliegenden Operator produziert wird. Die Kopf-Informationen umfassen auch Angaben über die Attribute der Ausgabetabelle (*Kopf-Attr*), wie Attributname, Typ etc. sowie auch Informationen über wichtige Tabellen- bzw. Objektstromeigenschaften, wie z.B. Sortierung, Duplikatfreiheit. Der *Rumpf* enthält im wesentlichen die Vorschrift zur Ableitung der Ausgabetabelle aus den Eingabetabellen. Dazu wird eine übersichtliche

Informstionsstrukturierung eines Tabellenoperators

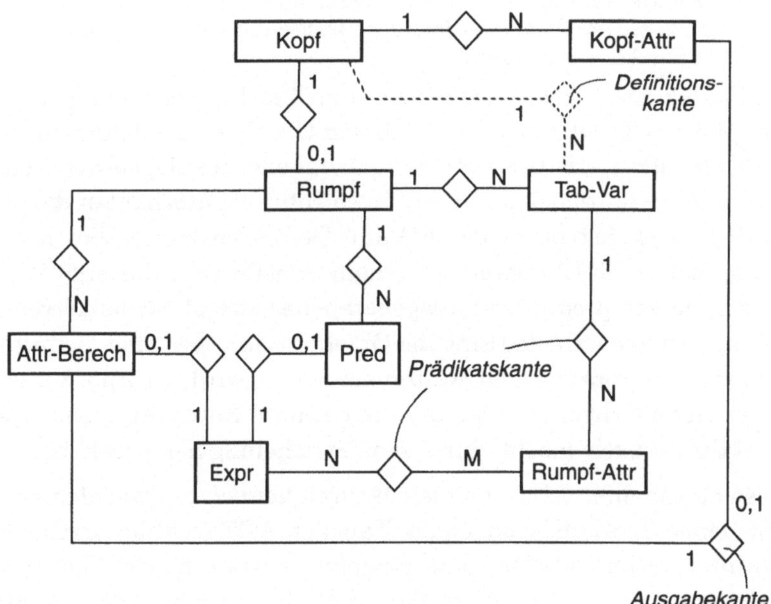

Bild 6.2: Datenstrukturen des Tabellen-ADT in AGM

Graphstruktur aufgebaut. Die Knoten dieses Graphen sind quantifizierte Tabellenvariablen (*Tab-Var*, in SQL werden diese als Tupelvariablen bezeichnet), die über den Eingabetabellen des Tabellenoperators definiert sind. Es gibt unterschiedliche Quantifizierungen, die durch verschiedene Tabellenoperatoren durchaus unterschiedlich interpretiert werden können. Die Selektion kennt z.B. drei unterschiedliche Quantifizierungen, die weiter unten am Beispiel vorgestellt werden. Die Kanten des Graphen werden gemäß ihrer Semantik in drei Klassen eingeteilt:

- Definitionskanten
  Diese Kanten verbinden Tabellenvariablen mit den zugehörigen Eingabetabellen. In den Beispiel-AG werden diese Kanten als dünne durchgezogene Linien repräsentiert.

- Prädikatskanten
  Diese Kanten beschreiben allgemeine Prädikatenausdrücke (*einzelne* Rumpfprädikate *Pred* werden zu Prädikatenausdrücken *Expr* zusammengefaßt), die zwischen den Tabellenvariablen definiert sind. In den Beispiel-AG werden diese Kanten als gepunktete Linien dargestellt. In Bild 6.2 ist diese Kanteninformation durch die Komposition von zwei Beziehungen dargestellt.

- Ausgabekanten
  Diese Kanten repräsentieren Ausdrücke, die die Berechnung von Kopfattributen (*Kopf-Attr*) beschreiben. Für jedes Kopfattribut gibt es einen entsprechenden Ausdruck, der zumindest die Tabellenvariable(n) referenziert, von der (denen) die Eingabeattribute für eine Attributberechnung (*Attr-Berech*) genommen werden. Aus Gründen der Übersichtlichkeit werden diese Kanten in vielen nachfolgenden Beispiel-AG weggelassen.

Prädikatskanten und Ausgabekanten beschreiben einen zum Rumpf eines Tabellenoperators lokalen Graphen und dokumentieren damit die Herleitung der Ausgabetabelle. Im Gegensatz dazu bauen die Definitionskanten mit ihren Interoperatorkanten die eigentliche Graphstruktur des AG auf. Definitionskanten beschreiben immer einen Übergang von einem Tabellenoperator zum Vorgänger, dessen produzierte Ausgabetabelle (Ausgabe-Objektstrom) nun als Eingabetabelle (Eingabe-Objektstrom) über eine Definitionskante referenziert und weiterverarbeitet wird. In Bild 6.2 ist *unterschiedliche Interpretationen dieser ADT-Datenstrukturen liefern die verschiedenen Spezialisierungen des Tabellen-ADT* dieser Definitionskantentyp, der die gesamte Entity-Relationship-Struktur rekursiv macht, durch eine Strichelung hervorgehoben.

Diese allgemeinen ADT-Datenstrukturen können nun von den verschiedenen Spezialisierungen des Tabellen-ADT recht unterschiedlich interpretiert werden. Zum Beispiel besitzen die Prädikate jeweils unterschiedliche Semantiken im Falle einer Selektion, einer Gruppierung oder gar bei benutzerdefinierten Operatoren. Die Selektion kennt die Prädikate als Restriktionen über der Eingabetabelle bzw. im Falle eines Verbundes als Prädikate über dem Kartesischen Produkt der Eingabetabellen. Für die Gruppierung bedeuten die Prädikate das Gruppierungskriterium, und für benutzerdefinierte Operatoren kann die Interpretation wiederum verschieden sein. Diese operatorspezifischen Semantiken lassen sich z.B. auch auf die Ebene der Prädikatskanten verfeinern.

6.1.1.2 Beispiele für AG in AGM

Alle oben eingeführten zentralen Bestandteile von AGM sind an dem Beispiel-AG in Bild 6.3 nochmals explizit aufgezeigt. Zur besseren Beschreibung wurden Kommentare angefügt, die durch gepunktete Pfeile auf besondere Bereiche im AG zeigen. In Bild 6.3 ist der AG zur Anfrage Q1 auf Seite 28 dargestellt. Aus Gründen einer besseren Übersichtlichkeit sei Anfrage Q1 hier nochmals wiederholt:

> "Finde Name und Beruf von Angestellten, deren zugehörige Abteilung sich in 'KL' befindet"
>
> | | |
> |---|---|
> | **SELECT** | Q1.Name, Q1.Beruf |
> | **FROM** | PERS Q1, ABT Q2 |
> | **WHERE** | Q2.Aort = 'KL'   /* p0 */ |
> | | AND Q1.Anr = Q2.Anr;   /* p1 */ |

Dies ist eine typische Verbundanfrage. Die beiden Eingabetabellen *PERS* und *ABT* werden über die beiden Verbundprädikate *p0* und *p1* miteinander verknüpft. Bild 6.3 zeigt die Verwendung des Tabellenoperators *SELECT* zur Repräsentation des Verbundes.

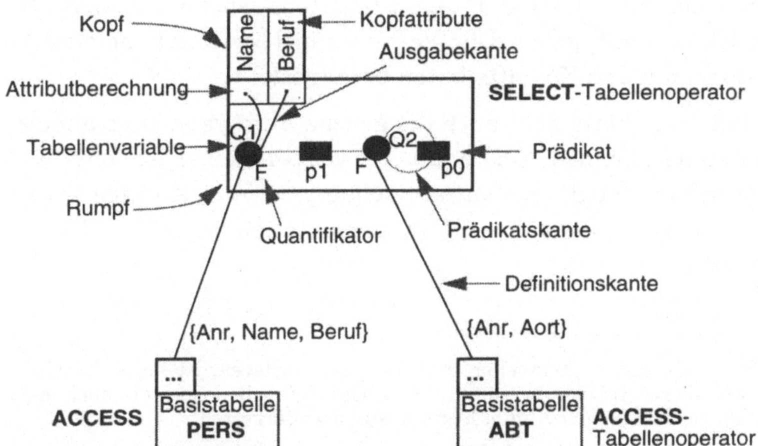

Bild 6.3: Anfragegraph zu Anfrage Q1 auf Seite 28

Der Kopf des Tabellenoperators enthält die zu projizierenden Attribute *Name* und *Beruf,* und im Rumpf ist die Vorschrift zur Ableitung der Ausgabetabelle aus den Eingabetabellen in Form eines Graphen gegeben. Für jede in der FROM-Klausel angegebene Tabellenreferenz gibt es einen Knoten. Der Knoten *Q1* ist eine Tabellenvariable, die über der Basistabelle *PERS* definiert ist. Der Knoten *Q2* repräsentiert ebenfalls eine Tabellenvariable, die die andere Basistabelle *ABT* referenziert. Die Definitionskanten sind markiert mit jeweils einer Liste bestehend aus den von der referenzierten Eingabetabelle benötigten Attributen. Die Prädikate in der WHERE-Klausel definieren die Kanten des rumpfinternen Graphen. Das Prädikat *p0* ist dabei ein zur Tabellenvariablen *Q2* lokales Prädikat und daher über eine zyklische Prädikatskante dargestellt. Im Gegensatz dazu führt das andere Prädikat *p1* zu einer Prädikatskante zwischen den beiden Tabellenvariablen *Q1* und *Q2.* Die beiden referenzierten Basistabellen sind durch *ACCESS*-Tabellenoperatoren dargestellt. Da diese gespeicherte Tabellen sind, werden sie nur durch den Operatorkopf dargestellt, und der nicht benötigte Rumpf[*] wird im AG immer nur durch eine Strichelung angedeutet. Im allgemeinen sind für Tabellenvariablen nur die referenzierten Eingabetabellen (Kopf des Tabellenoperators) und nicht deren Herleitung (Rumpf des Tabellenoperators) von Belang[**]. Die eigentliche Verbundsemantik wird durch die Quantifizierung der beiden Tabellenvariablen ausgedrückt. Dabei steht F für 'FOR EACH'. Dies bedeutet, daß jedes über die Tabellenvariable referenzierte Tupel hinsichtlich der lokalen Prädikate überprüft wird und, falls diese erfüllt sind, werden die Verbundprädikate mit Tupeln aus den anderen F-quantifizierten Tabellenvariablen berücksichtigt, und ggf. wird ein Verbundtupel bestimmt und als Ausgabetupel mit den Kopfattributen bereitgestellt.

Der Benutzer hätte aber auch die gleiche Anfrage in ganz anderer Form stellen können, z.B. unter Verwendung einer existentiellen Unteranfrage (engl. existential subquery), wie in Anfrage Q9 gezeigt. Die dazu passende AGM-Repräsentation ist in Bild 6.4 wiedergegeben.

systematische Umsetzung einer SQL-Anfrage in einen Anfragegraph gemäß AGM

---

[*]   Dadurch, daß Basistabellen materialisiert vorliegen, ist keine Herleitung dieser Tabelle im Rumpf des ACCESS-Tabellenoperators notwendig. Daher wird der Rumpf hier nur stilisiert dargestellt.

[**]   Hier wurde das Geheimhaltungsprinzip (engl. need to know bzw. information hiding) verwirklicht. Dies ist eine zentrale Eigenschaft des AGM. Es ist die Basis für dessen Darstellungsmächtigkeit und Flexibilität.

(Q9) ”Finde Name und Beruf von Angestellten, deren zugehörige Abteilung sich in
  'KL' befindet”
  SELECT Q1.Name, Q1.Beruf
  FROM   PERS Q1
  WHERE **EXISTS**   /* existentielle Unteranfrage */
        (**SELECT** *
        FROM   ABT Q2
        WHERE Q2.Aort = 'KL' **AND** /* p0 */
            Q1.Anr = Q2.Anr);   /* p1 Korrelationsprädikat */

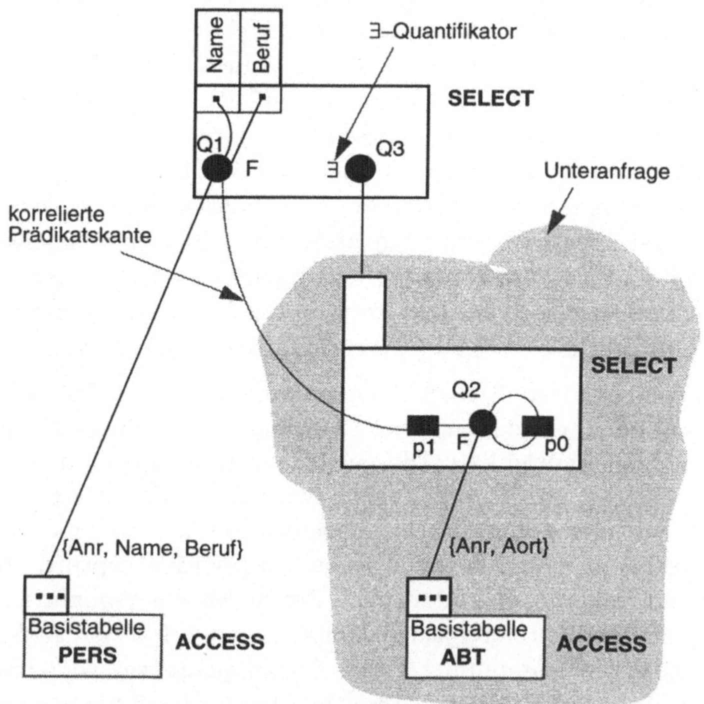

Bild 6.4: Anfragegraph zu Anfrage Q9

Dieser AG aus Bild 6.4 zeigt nun einige Unterschiede zu dem aus
Bild 6.3. Die Unteranfrage ist durch einen eigenen *SELECT*-Tabel-
lenoperator dargestellt, der sich wiederum aus Kopf und Rumpf zusammensetzt. Zur Referenzierung der Unteranfrage wird eine
neue Tabellenvariable *Q3* im oberen Tabellenoperator eingeführt.
Diese ist nun ∃-quantifiziert; '∃' steht hierbei für 'EXISTS'. Hiermit
wird die existentielle Quantifizierung ausgedrückt und keine Verbundsemantik wie im Falle der F-Quantifizierung im vorangegangenen Beispiel. Damit wird im oberen Tabellenoperator festgelegt,
daß es für jedes Tupel der Tabellenvariablen *Q1* (mindestens ein)

Tupel der Tabellenvariablen $Q3$ geben muß. Um diese Aussage zu
überprüfen, muß daher für jedes $Q1$-Tupel die Unteranfrage, gegeben durch den unteren Tabellenoperator, ausgeführt und deren Ergebnistabelle der Tabellenvariablen $Q3$ zur Verfügung gestellt werden. Dazu sind (gemäß der WHERE-Klausel der Unteranfrage) die
beiden Prädikate $p0$ und $p1$ zu überprüfen. Im Gegensatz zum lokalen Prädikat $p0$, nennt man $p1$ Korrelationsprädikat, da es zwischen Tabellenvariablen unterschiedlicher Tabellenoperatoren definiert ist und eine direkte Umsetzung der Korrelation (engl. corre-
lation) in SQL darstellt. In diesem Zusammenhang spricht man
auch von korrelierter Unteranfrage. *Korrelation* ermöglicht Variablenbindungen von einer im AG übergeordneten Tabellenoperation
an eine davon abhängige untergeordnete Tabellenoperation weiterzugeben. In unserem Beispiel werden für jedes $Q1$-Tupel die aktuellen Tupelwerte an den Tabellenoperator der Unteranfrage weitergegeben. Dieser berechnet nun die Unteranfrage unter Berücksichtigung der über die Korrelationsbeziehung erhaltenen Tupelwerte.
Anschließend wird für das $Q1$-Tupel geprüft, ob die Tupelmenge
von $Q3$ (die das Ergebnis der korrelierten Unteranfrage referenziert) nicht leer ist, und ggf. wird ein Ausgabetupel bestimmt.

Zusätzlich zu existentiellen Mengenprädikaten gibt es in SQL (und
ebenso in anderen deskriptiven Sprachen) auch universell-quanti-
fizierte Mengenprädikate. Diese All-Quantifizierung kann in AGM

durch eine $\forall$-quantifizierte Tabellenvariable repräsentiert werden.
Die $\forall$-Quantifizierung drückt, ebenso wie bei der $\exists$-Quantifi-
zierung, keine Verbundsemantik aus; es wird überprüft, ob die
Mengenbedingung für alle Tupel, der durch die $\forall$-quantifizierte
Tabellenvariable referenzierten Tupelmenge, erfüllt ist. Aufgrund
der expliziten Darstellung dieser Sprachquantoren können vom
DB-Implementierer auch weitere Quantoren eingeführt werden. In
[HP88, HCFL88] wird z.B. die Quantifzierung 'Majority' einge-
führt, die, wie der Name schon sagt, überprüft, ob die Mehrheit der
Elemente in der (durch die so quantifizierte Tabellenvariable ref-
erenzierten) Tupelmenge die gegebene Mengenbedingung erfüllt.

6.1.1.3 Semantik der Tabellenoperatoren und eines AG

Die bisherigen Diskussionen und Beispiele haben gezeigt, daß sich
hinter den AG von AGM auch ein abstraktes Ausführungsmodell
verbirgt. Dieses beschreibt die eigentliche Semantik der Anfrage[*]
und wird insbesondere durch den konkreten Tabellenoperator und
die konkrete Quantifizierung seiner Tabellenvariablen sowie durch

die konkrete Struktur des AG bestimmt. In obiger Diskussion zur korrelierten Unteranfrage wurde auch das zugehörige abstrakte Ausführungsmodell beschrieben. Die Ausführungsmodelle hinter den anderen Tabellenoperatoren werden zusammen mit deren Beschreibung in den nachfolgenden Abschnitten skizziert.

Ausführungsmodell beschreibt die Anfragesemantik

Ausgehend von diesen Ausführungsmodellen lassen sich nun Aufwandsabschätzungen durchführen, die letztendlich die Überlegenheit einer konkreten AG-Struktur gegenüber einer anderen zeigen, wohlbemerkt ohne einen konkreten Ausführungsplan oder gar eine Kostenabschätzung ableiten zu müssen. Im wesentlichen lassen sich auf dieser Basis und mit dieser Methode zur Aufwandsabschätzung die Verbesserungen vieler Regeln bzw. Heuristiken zur Anfragerestrukturierung beschreiben und auswerten. Zum Beispiel kann normalerweise davon ausgegangen werden, daß ein AG wie aus Bild 6.3, der eine Verbundoperation beschreibt, i.allg. effizienter abzuarbeiten ist als der logisch äquivalente* AG aus Bild 6.4, der eine korrelierte Unteranfrage enthält. Auf dieser Feststellung basiert die Heuristik, Unteranfragen in Verbundanfragen umzusetzen, was letztendlich zu einer entsprechenden Restrukturierungsregel führt. In Abschnitt 6.2 ist diese Regel beschrieben und an einem Beispiel (das genau die beiden AG aus Bild 6.3 und Bild 6.4 umfaßt) demonstriert.

Ausführungsmodell dient auch zur Aufwandsabschätzung

6.1.2 Anfrageübersetzung

Nachdem das Darstellungsschema AGM als Zieldatenstruktur der Übersetzungsphase eingehend diskutiert und an typischen Beispielen erläutert wurde, kann nun die eigentliche Vorgehensweise zur Übersetzung von Anfragen betrachtet werden. Dazu sind gemäß Abschnitt 2.5.2 die folgenden vier Schritte nacheinander zu durchlaufen:

- Parsen (lexikalische und syntaktische Analyse)

- Semantische Analyse (Korrektheit)

- Standardisierung (Normalisierung)
  (des Qualifikationsteils, der Anfrageebene)

- Vereinfachung.

---

* In der Logikprogrammierung (z.B. in PROLOG [CM81]) wird die Semantik des Logikprogramms ebenfalls über eine Berechnungs- und Ausführungssemantik festgelegt [Ul90].

* Wir nennen zwei AG *logisch äquivalent*, falls beide die gleiche Ergebnistabelle berechnen. Gemäß dieser Definition sind die beiden AG aus Bild 6.3 und Bild 6.4 zueinander logisch äquivalent.

Im folgenden wollen wir eine Systematik zur Konstruktion eines
AG aus einer gegebenen Anfrage beschreiben und dabei die o.g. vier
Teilaspekte der Übersetzung einarbeiten. Die nachstehenden Betrachtungen beschränken sich wie schon zuvor auf die Konstruktion von AG nach dem AGM sowie auf eine SQL-artige Anfragesprache. Wie die nächsten Kapitel zeigen werden, bleibt die hier beschriebene Vorgehensweise zur Übersetzung von Anfragen erhalten, auch im Falle massiver Spracherweiterungen (etwa Rekursion
oder Komplexobjekte).

*Ziel:
systematische
Konstruktion ei-
nes Anfragegra-
phen*

6.1.2.1 Grundlegende Vorgehensweise

Der (SQL-)Parser ist die zentrale Komponente für die Übersetzung.
In einer Einschritt-Verarbeitung wird die Umsetzung von der externen Sprachsyntax in die interne AGM-Darstellung vorgenommen. Der Parser erkennt dabei die Schlüsselwörter der Sprache
und führt entsprechende syntaktische Analysen durch, gefolgt von
der semantischen Analyse, die auch eine Überprüfung der Korrektheit und Zugriffsberechtigung mit einschließt. Dazu werden Metadaten, wie externe und konzeptuelle Schemabeschreibung sowie
auch Kataloginformationen zu Zugriffsrechten, benötigt. Innerhalb
der semantischen Analyse werden dann entsprechende Aktionen
durchgeführt, die den schrittweisen Aufbau und die Vervollständigung des zu generierenden AG bewirken. Im folgenden beschreiben
wir die wesentlichen Aktionen zur AG-Konstruktion. Eine Beschreibung der Aufgaben und Implementierungskonzepte für einen
Parser kann jedem Compilerbau-Lehrbuch (z.B. [ASU86]) entnommen werden.

Sowohl die abstrakte Beschreibung von AGM als auch die Diskussion der Beispiel-AG haben schon verdeutlicht, daß die Übersetzung und damit auch die Konstruktion des AG sich an der Struktur
der Anfrage orientieren. Sobald ein Anfrageblock vom Parser erkannt ist, wird auf der Seite der AG-Konstruktion eine Aktion ausgeführt, die einen dem Anfrageblock entsprechenden Tabellenoperator kreiert. Im Laufe der weiteren Abarbeitung erkennt der
Parser die einzelnen Bestandteile des Anfrageblocks, und falls deren Korrektheit gegeben ist, werden weitere Aktionen angestoßen,
die die Vervollständigung des Tabellenoperators (um Kopf- und
Rumpfinformationen) und damit des AG bewirken.

*Konstruktion des
AG orientiert
sich an der
Struktur der
Anfrage*

Für den *SELECT*-Anfrageblock ergeben sich dabei die folgenden
Aktionen:

(1) Beim Erkennen des *SELECT*-Anfrageblocks wird ein *SELECT*-Tabellenoperator initialisiert, der durch die nachfolgenden Aktionen in seiner Beschreibung vervollständigt wird.

(2) Anschließend wird die FROM-Klausel bearbeitet. Hierbei wird für jede referenzierte Tabelle eine F-quantifizierte Tabellenvariable im Rumpf des aktuellen Tabellenoperators definiert. Zusätzlich wird für jede referenzierte Tabelle ein neuer *SELECT*-Tabellenoperator initialisiert. Dieser wird dann im Laufe der weiteren Abarbeitung durch den Parser, in gleicher Weise wie hier beschrieben, vervollständigt.

Umsetzung des SELECT-Anfrageblocks

(3) Die Bearbeitung der WHERE-Klausel führt zum Eintragen der Prädikate und Prädikatskanten zwischen den schon existierenden Tabellenvariablen. Hier findet natürlich auch die Normalisierung und Vereinfachung statt. Falls mengenorientierte Prädikate vorkommen, werden (in Analogie zum vorigen Schritt (2)) jeweils entsprechend quantifizierte Tabellenvariablen im Rumpf des aktuellen Tabellenoperators angelegt, die wiederum auf entsprechende Tabellenoperatoren verweisen.

(4) Die SELECT-Klausel repräsentiert die Projektionsklausel des Anfrageblocks. Infolgedessen werden hier die Attributberechnungen und Kopf-Beschreibungen etabliert und die entsprechenden Ausgabekanten gesetzt.

Diese Vorgehensweise läßt sich sehr einfach anhand der im vorigen Abschnitt beschriebenen Anfragebeispiele und deren AG in Bild 6.3 und Bild 6.4 nachvollziehen. In den nächsten Abschnitten werden ähnliche Aktionen für andere charakteristische Anfrageblöcke diskutiert und anhand typischer Anfragebeispiele illustriert.

6.1.2.2 Kopplung mit der Programmierumgebung

Jeder AG besitzt einen ausgezeichneten Tabellenoperator *TOP* als Wurzel des Tabellenoperatorgraphen. Dieser Tabellenoperator repräsentiert das Wirtsprogramm (Anwendungs- bzw. Terminalkontrollprogramm) und ermöglicht den Zugriff auf das Anfrageergebnis des darunterliegenden (eigentlichen) AG. Der *TOP*-Tabellenoperator ist ebenfalls eine Spezialisierung des allg. Tabellen-ADT und daher auch in Bild 6.1 enthalten. Normalerweise gibt es drei Tabellenvariablen im Rumpf von *TOP*. Eine Tabellenvariable referenziert das Ergebnis des darunterliegenden AG, durch Referenzierung des obersten Tabellenoperators dieses AG. Diese Tabellenvariable hat die spezielle Quantifizierung *Access*, die den Zugriff auf das Anfrageergebnis (des darunterliegenden AG) beschreibt. Weiterhin wird an der Definitionskante dieser Tabellenvariablen auch eine Liste der auszugebenden Attribute vermerkt. Die Wirtssprachenvariablen der Anfrage (in Kapitel 5 manchmal auch Programmvariablen genannt) werden ebenfalls über diesen *TOP*-Op-

Beschreibung des Tabellenoperators TOP

erator verwaltet. Sowohl für die Eingabevariablen als auch für die
Ausgabevariablen werden Beschreibungsinformationen gehalten,
die über entsprechende Tabellenvariablen im Rumpf der *TOP*-Op-
erators referenziert werden. Zur Repräsentation der Eingabevariablen wird die sog. Eingabetabelle angelegt, die genau aus einem Tupel besteht, welches die Eingabevariablen sowie u.a. den Benutzer-
namen als Attribute enthält. Diese Eingabetabelle wird über eine
Tabellenvariable im Rumpf des *TOP*-Operators referenziert, die
den Quantifikator *Input* trägt. Referenzen in der Anfrage (bzw. im
AG) auf die Eingabevariablen werden dann über entsprechend korrelierte Prädikatskanten (Korrelationsprädikate) dargestellt. Eine
weitere Tabellenvariable im Rumpf des *TOP*-Operators besitzt den
Quantifikator *Output*. Diese referenziert die sog. Ausgabetabelle,
die analog zur Eingabetabelle auch aus einem Tupel besteht, welches die Ausgabevariablen (der SELECT-INTO-Klausel) als Attribute enthält. Im Unterschied zu den anderen Operatoren hat
TOP keine Ausgabetabelle zu erzeugen. Daher ist der Kopf dieses
Operators ohne Belang und, in Analogie zu dem Rumpf eines *AC-
CESS*-Tabellenoperators auf einer Basistabelle, in der graphischen
Darstellung ebenfalls nur durch eine Punktierung angedeutet. Bild
6.5 zeigt den TOP-Operator in seiner allgemeinen Form.

Zum Ausführungszeitpunkt der Anfrage (z.B. beim Öffnen des entsprechenden Cursor) wird der *TOP*-Operator aktiviert und die Eingabetabelle mit den aktuellen Eingabewerten sowie die Ausgabetabelle mit Nullwerten initialisiert. Über die 'Access'-quantifizierte
Tabellenvariable können die vom darunterliegenden AG berechneten Ergebnistupel abgeholt (z.B. mittels entsprechender Cursor-
Operationen) und in der Programmierumgebung bereitgestellt werden bzw. mittels cursor-basierten Operationen auch manipuliert

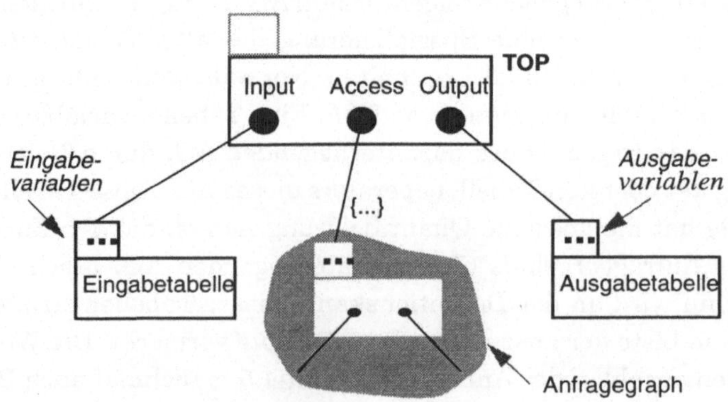

Bild 6.5:   Tabellenoperator TOP

werden. Aus Gründen der besseren Übersichtlichkeit werden alle nachfolgenden AG ohne ihren TOP-Tabellenoperator gezeigt.

6.1.2.3 Behandlung von Unteranfagen

Unteranfragen wurden auch schon am Beispiel gezeigt. Anfrage Q9 enthält eine korrelierte Unteranfrage. Der dazu von der Übersetzung konstruierte AG ist in Bild 6.4 dargestellt. Man erkennt hier deutlich, daß die Unteranfrage.in einem eigenen Tabellenoperator repräsentiert ist und eine quantifizierte Tabellenvariable im übergeordneten Anfrageblock auf die Unteranfrage verweist.

Umsetzung von Unteranfragen

Unteranfragen treten nur im Zusammenhang mit mengenorientierten Prädikaten auf, und deren Behandlung wurde daher ebenfalls schon in obigem Umsetzungsalgorithmus in Abschnitt 6.1.1.2 berücksichtigt. An dieser Stelle sei nur vermerkt, daß die (SQL-) Prädikate EXISTS, IN, ANY und SOME zu einer $\exists$-Quantifizierung führen, wohingegen das ALL-Prädikat eine $\forall$-Quantifizierung bewirkt. Vom DB-Implementierer bereitgestellte mengenorientierte Prädikate werden durch die (ebenfalls vom DB-Implementierer bereitgestellte) dazu passende Quantifizierung in AGM repräsentiert. Hierbei kommt deutlich zum Ausdruck, daß eine Spracherweiterung einerseits zu einer Erweiterung der Sprachgrammatik und damit auch des Parsers führt, aber andererseits auch durch entsprechende Aktionen, die diese Spracherweiterung im AG repräsentieren, zu ergänzen ist.

Behandlung von mengenorientierten Prädikaten

6.1.2.4 Behandlung von Sichten und allgemeinen Tabellenausdrücken

Eine *Sicht* ist eine benannte Tabelle, die über eine Anfrage abgeleitet ist. In der Sichtdefinition wird die zur Ableitung benutzte Anfrage beschrieben. Infolgedessen kann die Sichtdefinition, analog oben, in einen AG umgesetzt werden, der die Ableitungsvorschrift für die Sicht repräsentiert und als Subgraph wiederum in anderen AG, die diese Sicht in ihrer Anfrage benutzen, referenziert werden. Basierend auf diesen Überlegungen läßt sich die Verwendung einer Sicht in einer zu übersetzenden Anfrage nun wie folgt behandeln. Für die Sichtenreferenz (in der FROM-Klausel) wird eine F-quantifizierte Tabellenvariable im Rumpf des aktuellen Tabellenoperators definiert und ein neuer *SELECT*-Tabellenoperator als Platzhalter für den Sicht-AG initialisiert. Dieser wird dann durch die anschließende sog. *Sichtenexpansion* vervollständigt. Dies läuft nach dem gleichen Schema ab, wie bei Unteranfragen. Dabei wird der Platzhalter-Tabellenoperator durch den AG ersetzt, der der Sichtdefinition entspricht.

Sehr ähnlich zu Sichten sind die sog. *Tabellenausdrücke*, die ebenfalls eine über eine zugehörige Anfrage abgeleitete Tabelle definieren. Auf der einen Seite ist die Gültigkeit eines Tabellenausdrucks an die Gültigkeit der sie umgebenden Anfrage gebunden und daher nur dort lokal verwendbar. Im Gegensatz dazu ist eine Sicht so-lange gültig und in anderen Anfragen benutzbar, wie ihre Sichtde-finition es ist. Auf der anderen Seite stellen Tabellenausdrücke eine Verallgemeinerung von Sichten dar. Im Unterschied zur Sicht er-scheinen sowohl die eigentliche Definition als auch deren Verwen-dung in der gleichen Anfrage. Damit ist es dann möglich, daß sich solch ein Tabellenausdruck auf andere Tabellenvariablen der ihn umgebenden Anfrage bezieht[*]. Zum Beispiel zeigt die nachste-hende Anfrage Q10 den Tabellenausdruck *MITARB*, der über eine Korrelation mit der umgebenden Anfrage verbunden ist[**]. Das Kor-relationsprädikat *p0* verbindet die Tabellenvariablen *Q1* und *Q3* miteinander. Die Definition des Tabellenausdrucks zeigt eine klare Trennung von Beschreibung der abgeleiteten Tabelle (Kopf des Ta-bellenausdrucks) und Definition der Ableitungsvorschrift (Rumpf des Tabellenausdrucks) in Form einer Anfrage. Eine Sichtendefini-tion sieht genauso aus und kennt auch die Unterteilung in Kopf und Rumpf, die somit eine direkte Umsetzung in die AGM-Reprä-sentation erleichtert. In der Übersetzung werden deshalb Tabellen-ausdrücke wie Sichten behandelt. Das heißt, im referenzierenden Anfrageblock wird eine F-quantifizierte Tabellenvariable definiert, die auf einen Platzhalter-Operator verweist, der im weiteren Ver-lauf der Übersetzung durch den AG für den Tabellenausdruck er-setzt wird. Der AG zu Anfrage Q10 ist in Bild 6.6 dargestellt.

Tabellenaus-drücke und Sichten werden gleich behandelt

(Q10) "Finde alle Abteilungen (Anr und Budget), deren Budget größer ist als die Sum-me der Gehälter ihrer Mitarbeiter und ergänze dies durch die Angaben über das mittlere Gehalt der Mitarbeiter in der betreffenden Abteilung"

```
SELECT   Q1.Anr, Q1.Budget, Q2.aGeh, Q2.sGeh
FROM     ABT Q1,
         MITARB(aGeh, sGeh) AS            /* Kopf des Tabellenausdr. */
            (SELECT   AVG(Gehalt), SUM(Gehalt)   /* Rumpf des
             FROM     PERS Q3                       Tabellenausdr. */
             WHERE    Q1.Anr = Q3.Anr) Q2        /* p0 */
WHERE    Q1.Budget > Q2.sGeh;                    /* p1 */
```

---

[*]   Bei Sichten ist dies nicht möglich, da dort Definition und Verwendung getrennt sind.

[**] Diese Beispielanfrage enthält auch eine Gruppierung. Die Behandlung von Gruppierung und Aggregation ist Thema des nächsten Abschnitts.

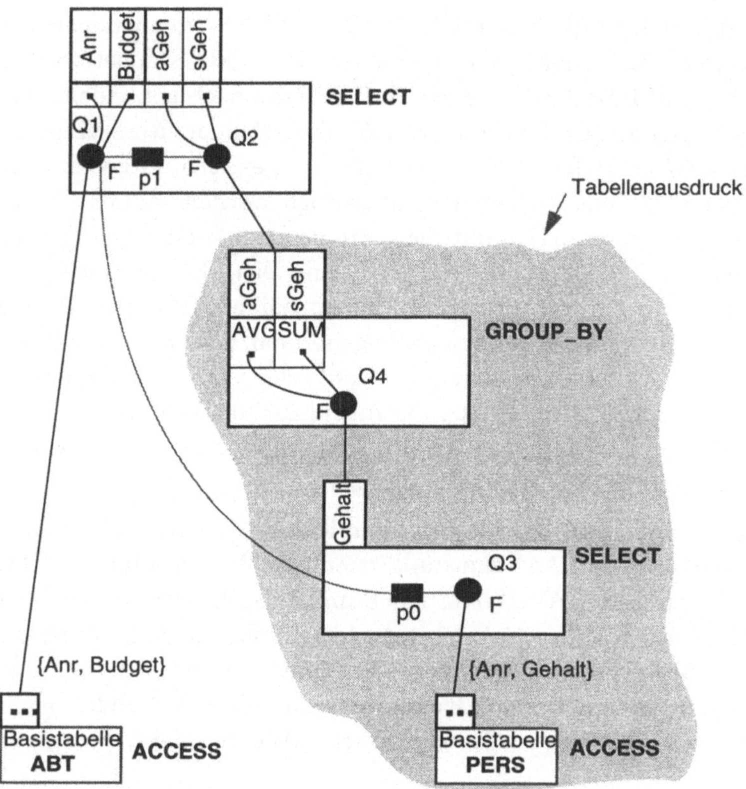

Bild 6.6: Anfragegraph zu Anfrage Q10

6.1.2.5 Behandlung von Gruppierung

Gruppierung (in SQL ausgedrückt mittels der GROUP_BY-Klausel) wird immer zusammen mit einer Aggregatfunktion (Built-in-Funktion in SQL) benutzt. Diese Berechnungsfunktion wird jeweils auf die Tupeln einer Gruppe angewendet. Zusätzlich können die gebildeten Gruppen mittels einer HAVING-Klausel einer Selektion unterzogen und somit spezifisch ausgewählt werden. Die Umsetzung dieser Sprachaspekte in AGM orientiert sich nun daran, daß die Gruppierung (und Aggregation) aus der Eingabetabelle unter Verwendung eines Gruppierungsprädikats und einer Aggregatfunktion eine Ausgabetabelle berechnet. Diese kann dann durch das Selektionsprädikat der HAVING-Klausel (oder durch andere Tabellenoperatoren) weiter qualifiziert werden[*]. Hieraus folgt, daß es für die Gruppierung (und Aggregation) einen eigenen Tabellenoperator gibt und daß die HAVING-Klausel durch einen *SELECT*-Tabellenoperator dargestellt werden kann, der (über eine

Tabellenvariable, die den *GROUP_BY*-Tabellenoperator referenziert) auf der Ergebnistabelle des *GROUP_BY*-Tabellenoperators arbeitet. Das Selektionsprädikat der HAVING-Klausel wird dabei
wie ein Prädikat in einer WHERE-Klausel behandelt und im
Rumpf des zugehörigen *SELECT*-Tabellenoperators eingetragen.
Der *GROUP_BY*-Tabellenoperator ist genauso aufgebaut wie ein
SELECT-Tabellenoperator, allerdings werden manche Teile anders interpretiert, damit die Gruppierungs- und Aggregierungsse-
mantik bereitgestellt werden kann. Das Gruppierungsprädikat
wird wie ein normales Selektionsprädikat über eine Prädikatskante an eine Tabellenvariable gebunden, aber nicht für eine Selektion der durch die Tabellenvariable referenzierten Tupel verwendet, sondern als das Gruppierungskriterium. Die Aggregatfunktionen werden wie eine Attributberechnung behandelt, wirken aber
immer auf die Tupel einer Gruppe.

Gruppierung und Aggregation sind in einem Tabellenoperator zusammengefaßt

Eine einfache Aggregatbildung (mit impliziter Gruppierung) basierend auf den Aggregatfunktionen zur Berechnung der Durch-
schnittswerte (AVG) bzw. der Summe (SUM) über einem Attribut
(hier das Attribut *Gehalt*) wurde schon oben in Anfrage Q10 gegeben und dessen zugehöriger AG in Bild 6.6 illustriert. Wenn, wie in
diesem Beispiel, kein Gruppierungsprädikat vorhanden ist, heißt
das, daß die gesamte Eingabetabelle als eine einzige Gruppe zählt.

6.1.2.6 Behandlung von Mengenoperationen

Mengenoperationen werden gemäß Bild 6.1 durch jeweils eigene
Tabellenoperatoren in AGM dargestellt. Alle diese Operatoren sind
gleich aufgebaut. Sie besitzen zwei Tabellenvariablen, die die beiden Eingabetabellen referenzieren. Die Reihenfolge der Tabellenvariablen ist hier (z.B. im Falle von Differenz), im Gegensatz zu *SE-
LECT*-Tabellenoperatoren (z.B. bei Verbunden), wesentlich. Weiterhin gibt es keine Kanten im Rumpf eines Mengenoperators, da
weder Selektionen noch explizite Projektionen anzuwenden sind.
Anfrage Q11 skizziert ein kleines Beispiel, dessen AG in Bild 6.7
dargestellt ist.

Mengenoperationen werden durch jeweils eigene Tabellenoperatoren repräsentiert

---

*   Hiermit ist gewährleistet, daß ein GROUP_BY-Tabellenoperator an je-
     der Stelle in einem AG auftreten kann. Dies ist für eine unabhängige Be-
     handlung von Tabellenausdrücken und insbesondere von Sichten not-
     wendig. Zudem wird damit ermöglicht, etwa Gruppierungen hinterein-
     ander auszuführen, um z.B. MAX(AVG(Attribut)) zu beschreiben. Das
     grundlegende Konzept, welches hier zum Ausdruck kommt, heißt 'Ortho-
     gonalitätsprinzip', das im wesentlichen auch in der Generalisierungs-
     hierarchie in Bild 6.1 enthalten ist. Dieses Prinzip ermöglicht den flexi-
     blen Zusammenbau von AG aus einzelnen Tabellenoperatoren.

(Q11) "Bestimme die Abteilung und den Wohn- bzw. den Projektort sowohl der gut-
verdienenden Mitarbeiter als auch der finanziell gut ausgestatteten Projekte ..."

```
        SELECT   Anr, Wort
        FROM     PERS
        WHERE    Gehalt > 10 000              /* p0 */
UNION ALL
        SELECT   Anr, Port
        FROM     PROJ
        WHERE    Summe > 1 000 000            /* p1 */
MINUS ALL
        SELECT ...
```

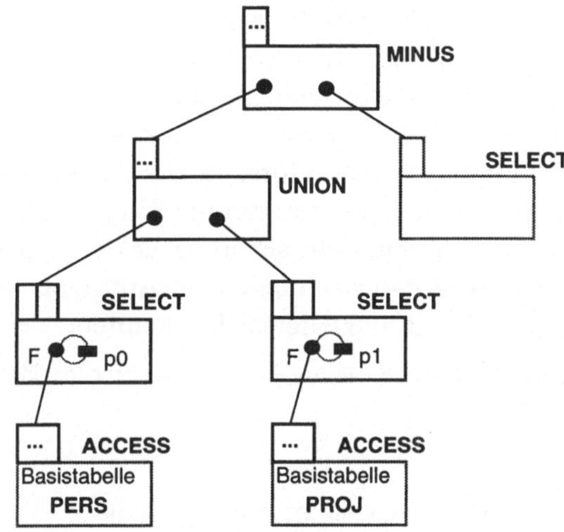

Bild 6.7:   Anfragegraph zu Anfrage Q11

6.1.2.7 Behandlung von Manipulationsoperationen

Ähnlich wie bei den Mengenoperationen, werden die Manipulationsoperationen auch durch jeweils eigene Tabellenoperatoren in
AGM dargestellt (siehe Bild 6.1). Dabei gibt es folgende Gemeinsamkeiten und Analogien zum *SELECT*-Tabellenoperator:

- Das Ergebnis eines *SELECT*-Tabellenoperators sind die selektierten Tupel.

- Das Ergebnis eines *DELETE*-Tabellenoperators sind die zu
  löschenden Tupel.

- Das Ergebnis eines *INSERT*-Tabellenoperators sind die einzus-
  peichernden Tupel.

- Das Ergebnis eines *UPDATE*-Tabellenoperators sind die zu ändernden Tupel.

In dieser Aufstellung kommt klar zum Ausdruck, daß alle vier Operatoren zuerst eine Tupelmenge bestimmen, die dann entspre-

*Manipulations-
operationen wer-
den durch je-
weils eigene Ta-
bellenoperatoren
dargestellt*

chend dem konkreten Operationstyp weiterbearbeitet wird (ausgeben, löschen, einspeichern oder ändern). Infolgedessen besitzen alle
Manipulationsoperatoren zwei Tabellenvariablen, von denen jede
eine feste Semantik hat. Der erste referenziert die vom Manipulationsoperator zu bearbeitende Tupelmenge. Das heißt, diese Tabellenvariable referenziert einen SELECT-Tabellenoperator, der genau diese Menge bestimmt. Die zweite Tabellenvariable referenziert die Zieltabelle, die durch den Manipulationsoperator geändert
werden soll. Da diese Tabellenreferenz eine Definitionskante beschreibt, die eine andere Semantik besitzt, wurde dafür in der AG-
Visualisierung eine Pfeildarstellung gewählt. Zusätzlich wurden
die Tabellenvariablen namentlich in Ein- bzw. Ausgabevariablen
unterschieden, um deren spezielle Semantik hervorzuheben. Wie
auch zuvor bei den Mengenoperationen gibt es keine Kanten im
Rumpf eines Manipulationsoperators, da alle Selektionen und Projektionen in dem Tabellenoperator, der die Eingabetabelle des Manipulationsoperators bereitstellt, schon berücksichtigt sind. Diese
Aspekte lassen sich in den nachfolgenden Anfragebeispielen und
den zugehörigen AG in Bild 6.8 deutlich erkennen.

(Q12) "Eintragen der Mitarbeiter, die in Abteilungen in KL arbeiten, in die neue Tabelle KL_MITARB"

```
INSERT
INTO KL_MITARB
     SELECT   Q1.Pnr, Q1.Name, Q1.Beruf, Q1.Gehalt
     FROM     PERS Q1
     WHERE    EXISTS  (SELECT  *
                       FROM     ABT Q2
                       WHERE    Q2.Aort = 'KL'           /* p0 */
                       AND Q1.Anr = Q2.Anr);             /* p1 */
```

(Q13) "Löschen der in die neue Tabelle KL_MITARB übernommenen Mitarbeiter in
deren Ursprungstabelle PERS"

```
DELETE
FROM PERS Q1
WHERE   EXISTS  (SELECT  *
                 FROM     ABT Q2
                 WHERE    Q2.Aort = 'KL'                 /* p0 */
                 AND Q1.Anr = Q2.Anr);                   /* p1 */
```

(Q14) "Berücksichtigung einer Gehaltserhöhung von 10% für die Informatiker aus Tabelle KL_MITARB"

```
UPDATE   KL_MITARB
SET       Gehalt = Gehalt *1.1
WHERE     Beruf = 'Informatiker';
```

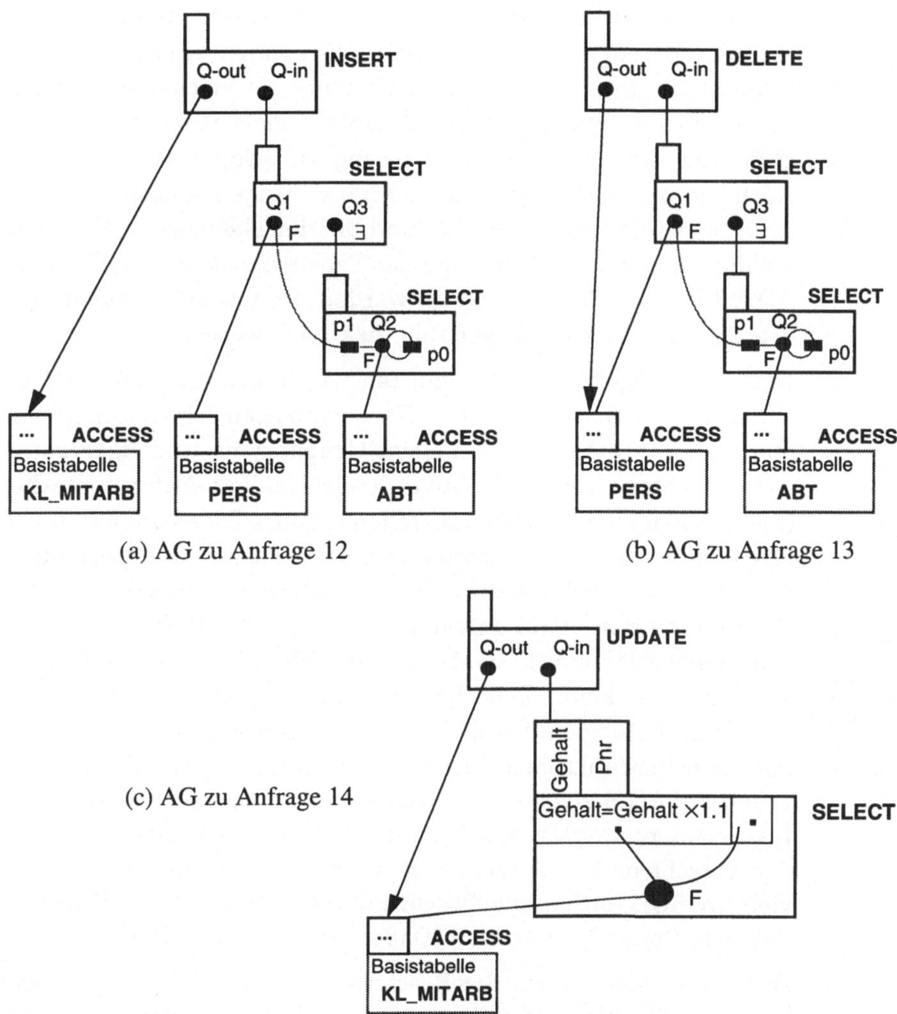

(a) AG zu Anfrage 12   (b) AG zu Anfrage 13

(c) AG zu Anfrage 14

Bild 6.8: Anfragegraphen zu den Manipulationsoperationen

6.1.3 Zusammenfassung

Mit AGM dargestellte AG spiegeln eine prozedurale Darstellung der Anfrage wider, basierend auf Tabellenoperator- und Datenflußangaben. Die Knoten eines Graphen sind die Tabellenoperatoren, und die Kanten beschreiben den Datenfluß. Da sich viele Spracherweiterungen in neuen Operatoren niederschlagen (etwa für die Realisierung spezieller Funktionen wie Rekursion, Gruppierung, Schachtelung etc. oder auch zum Aufbau von Komplexobjekten) erscheint die gewählte Operatordarstellung gewinnbringend. Aufgrund dieser prozeduralen Darstellung kann die in einem

AG repräsentierte Anfrage durch eine abstrakte Ausführungssemantik ausgedrückt werden. Dadurch können einzelne AG nun hinsichtlich ihres Ausführungsaufwandes bewertet und miteinander verglichen werden, ohne auf einen generierten Ausführungsplan und dessen Kostenabschätzung zurückgreifen zu müssen. Auch die anfangs aufgestellten Anforderungen hinsichtlich Ausdrucksmächtigkeit, Flexibilität und Effizienz können wegen der gewählten Graphdarstellung und der Tabellenabstraktion (Tabellen-ADT, Bild 6.1) ebenfalls erfüllt werden. Im folgenden sollen diese drei Aspekte noch etwas genauer diskutiert werden.

Tabellenopera-
tor-Abstraktion
ist Grundlage für
Ausdrucksmäch-
tigkeit, Flexibili-
tät, Erweiterbar-
keit und Effizienz
des AGM

In den vorangehenden Abschnitten wurde gezeigt, daß AGM die wesentlichen Sprachkonzepte (Unteranfragen, Korrelation, Existenz- und All-Quantifizierungen, Gruppierung und Aggregation sowie Sichten) von deskriptiven (relationalen) Anfragesprachen (insbesondere von SQL) darzustellen erlaubt. Dies wird durch weitere Beispiele in den nächsten Abschnitten zusätzlich untermauert. Außerdem wurde durch die geführte Diskussion und die besondere Darstellung von AGM schon motiviert, daß aufgrund der Ausdrucksmächtigkeit von AGM eine echte Obermenge von SQL dargestellt werden kann. Zum Beispiel sind allgemeine Tabellenausdrücke und über benutzerdefinierte Tabellenoperatoren auch beliebige Tabellenfunktionen in AGM realisierbar. Dies alles gilt aufgrund der AGM zugrundeliegenden Tabellenoperator-Abstraktion. Insbesondere werden damit die Orthogonalität (Unabhängigkeit) der verschiedenen Sprachkonzepte unterstützt und somit auch viele in SQL enthaltene Beschränkungen hinsichtlich Schachtelung von Sprachkonstrukten [Da84a, Da84b] eliminiert.

Durch die Unterteilung der Beschreibung eines Tabellenoperators in seine Schnittstelle (repräsentiert durch den *Kopf*) und seine Implementierung (repräsentiert durch den *Rumpf*) wird das zentrale software-technische Konzept der Abstraktion (Geheimhaltungsprinzip, engl. need to know) realisiert. Damit wird natürlich auch die Austauschbarkeit und Erweiterbarkeit von Tabellenoperatoren entscheidend unterstützt. Diese Unterteilung unterstreicht nochmals den ADT-Gedanken unserer Sicht auf die Tabellenoperatoren und findet zudem Analogien in vielen anderen Bereichen der Informatik, z.B. in der Logikprogrammierung, die ebenfalls eine Unterscheidung von Regelkopf und Regelrumpf macht oder in der Trennung von Schnittstelle und Implementierung beim Prozedur- bzw. Modulkonzept von (blockorientierten) Programmiersprachen.

Die *Tabellenoperator-Abstraktion* (Tabellen-ADT, Bild 6.1) stellt die Basis für die Flexibilität und Erweiterbarkeit des AGM dar. Da Tabellenoperatoren (als Spezialisierung) dem Tabellen-ADT-Konzept genügen, können diese einfach gegeneinander ausgetauscht werden. Diese Eigenschaft ist entscheidend für die in Abschnitt 6.2 zu beschreibenden Anfragerestrukturierungen, die einen AG in einen logisch äquivalenten, aber anders strukturierten AG umformen. Zusätzlich zu dieser Flexibilität durch Operatorenaustausch, ist es natürlich möglich, neue Tabellenoperatoren in AGM bekannt zu machen. Diese benutzerdefinierten Tabellenoperatoren (Bild 6.1) sind Spezialisierungen des allgemeinen Tabellen-ADT und können, wie andere Tabellenoperatoren auch, in AG verwendet werden, um neue Semantiken darzustellen. Solche Anpassungen werden meistens notwendig aufgrund von Spracherweiterungen. In den nachfolgenden Kapiteln werden einige interessante Erweiterungen beschrieben, die z.B. den Äußeren Verbund, Rekursion oder Komplexobjekte in AGM verfügbar machen. Schon für SQL, aber auch für viele Restrukturierungen und insbesondere für die Erweiterungen ist es sehr wichtig, daß AGM sowohl allgemeine Graphstrukturen mit gemeinsamen Teilgraphen als auch zyklische Graphen darzustellen erlaubt. Gemeinsame Teilgraphen (d.h. gemeinsame Teilausdrücke, engl. common subexpressions) entstehen z.B. dadurch, daß eine Basistabelle oder eine Sicht gleich mehrmals in der gleichen Anfrage verwendet wird. Zyklische AG entstehen durch rekursive Anfragen (siehe Kapitel 7).

benutzerdefinierte Tabellenoperatoren als Spezialisierungen des allgemeinen Tabellen-ADT

Diese Flexibilität hinsichtlich Spracherweiterungen wird ergänzt durch eine Flexibilität hinsichtlich des Kopplungsansatzes mit der Programmierumgebung. Hierzu dient der Tabellenoperator *TOP*. Dieser ermöglicht es, unterschiedliche Einbettungsvarianten (z.B. via Programmvariable oder Übergabebereich) und Bereitstellungsalternativen (etwa objektweise oder mengenweise) zu realisieren. Dies kann beispielsweise über entsprechende Anpassungen des Abholoperators erreicht werden, was im wesentlichen eine neue Semantik für die *Access*-Tabellenvariable bedeutet und über eine neue Quantifizierung (vielleicht zur 'Objekt'-Quantifizierung) eingeführt werden kann. Zudem ist der *TOP*-Operator Ausgangspunkt zum Ein- bzw. Auslagern eines ganzen AG. Dies ist z.B. dann notwendig, wenn ein AG zum Zwecke der späteren Nachoptimierung längerfristig und damit auf Externspeicher zu verwalten ist. Auch für die Realisierung der EXPLAIN-Funktion ist es notwendig, ausgehend vom *TOP*-Operator den gesamten AG zu durchlaufen und, z.B. für eine Visialisierung des AG am Bildschirm, für

Tabellenoperator TOP gewährleistet flexible Kopplung mit der Programmierumgebung

jeden besuchten Tabellenoperator entsprechende graphische Ausgabeoperationen durchzuführen.

Anfragegraphen sind als effiziente Hauptspeicherdatenstrukturen zu realisieren

Die Effizienz von AG in AGM wird dadurch gewährleistet, daß alle AG als effiziente Hauptspeicherdatenstrukturen realisiert sind. Dabei dient das in Bild 6.2 gezeigte Entity-Relationship-Diagramm sozusagen als Schemabeschreibung für eine Hauptspeicherdatenbank, die genau den AG der zu übersetzenden bzw. zu optimierenden Anfrage enthält. Das Arbeiten auf dieser Hauptspeicherdatenbank bzw. den Hauptspeicherdatenstrukturen wird durch entsprechende Funktionen erleichtert, die für den allgemeinen Tabellen-ADT definiert und daher auch von allen anderen Tabellenoperatoren geerbt werden. Zum einen sind das Zugriffsfunktionen, die eine Navigation im AG (also in diesen Hauptspeicherdatenstrukturen) erlauben, und zum anderen sind das Umbaufunktionen, die z.B. das Verschieben von Prädikaten, Attributen etc. bewerkstelligen. Diese Funktionalität wird natürlich insbesondere in der Anfragerestrukturierung ausgenutzt und ermöglicht dort ein einfaches Spezifizieren von Restrukturierungen.

Die meisten Erweiterungen des AGM begründen sich in Spracherweiterungen, die ihrerseits wiederum Erweiterungen der Sprachgrammatik bedeuten und somit entsprechende Anpassungen des gesamten Sprachübersetzers nach sich ziehen. Der Parser ist dann auf die neue Sprachgrammatik abzustimmen, und in der semantischen Analyse werden diese neuen Sprachbestandteile in entsprechende Aktionen umgesetzt, die dann die Konstruktion des zugehörigen AG veranlassen und ggf. die neu eingeführten Tabellenoperatoren zur Repräsentation der neuen Sprachsemantik benutzen. In diesem Falle bieten sich übersetzergenerierende Systeme [ASU86] an, um diese Erweiterungen der Sprache und damit auch des zugehörigen Übersetzers einfach und effektiv bewerkstelligen zu können. Einige neuere Optimierer bzw. DBS (etwa EXODUS, VOLCANO und GENESIS sowie STARBURST) nutzen bereits diesen Generierungsansatz. Auch wir werden unsere Spracherweiterungen mit Hilfe dieser fortschrittlichen Technologie umsetzen.

übersetzergenerierende Systeme zur flexiblen Behandlung von Spracherweiterungen

In der Literatur wurden ähnliche Darstellungsschemata basierend auf Operatorgraphen beschrieben [RCDF83, RH86, KZ88]. Das hier vorgestellte AGM orientiert sich hauptsächlich an dem im STARBURST-AP verwendeten Darstellungsschema [HP88, HFLP89]. Im Vergleich zu den anderen Darstellungsschemata besticht AGM (und auch das STARBURST-Darstellungsschema) durch seine Mächtigkeit und Flexibilität. AGM besitzt die volle Ausdruckskraft von SQL und kann dessen Eigenheiten wie z.B. geschachtelte Unteranfragen, Korrelation, unterschiedliche Quantifizierungen, Gruppierung und Aggregation repräsentieren. Zudem unterstützt AGM die System- und auch Spracherweiterbarkeit dadurch, daß die Sprachsemantik durch entsprechende AGM-Bestandteile explizit repräsentiert wird. Dadurch daß diese AGM-Bestandteile einfach erweitert werden können, ist es möglich, Spracherweiterungen in AGM einfach zu berücksichtigen. Dies wird eindringlich durch die nachfolgenden Kapitel belegt. Im Unterschied zu den anderen in der Literatur beschriebenen Darstellungsschemata wurde für AGM (und in der entsprechenden Literatur auch für das STAR-BURST-Darstellungsschema) eine Beschreibungsebene gewählt, die es erlaubt, Implementierungsdetails zu erkennen und zu diskutieren. Damit ist es auch möglich, genauere Angaben über die Anfragerestrukturierung zu machen. Im nächsten Abschnitt werden die Funktionsweise der Anfragerestrukturierung und die zugrundeliegenden Implementierungskonzepte beschrieben.

AGM orientiert sich am STAR-BURST-Darstellungsschema

6.2 Anfragerestrukturierung

Die Aufgabe der Komponente Anfragerestrukturierung[*] (AR) ist die Anfrageverbesserung, also eine (in Interndarstellung) gegebene Anfrage durch Anwendung von entsprechenden Restrukturierungsregeln in eine logisch äquivalente Darstellung zu transformieren. Die sich schließlich ergebende Zieldarstellung soll eine Verbesserung für die weitere Bearbeitung (Anfragetransformation, Abschnitt 6.3) versprechen und somit zu einer effizienteren Ausführung verhelfen. Daher muß es das Ziel der Regelanwendungen sein, die folgenden beiden Eigenschaften einer optimierten (AGM-)Darstellung zu garantieren:

Aufgabe der Anfragerestrukturierung: Bestimmung eines optimierten Anfragegraphen

- deklarative Ausdrucksform
  Aufgrund der Reichhaltigkeit deskriptiver Sprachen (insbesondere SQL) kann ein und dieselbe Anfrage auf viele unterschiedliche Arten und Weisen ausgedrückt werden. Dabei ist es möglich, trotz einer deskriptiven Sprache, durchaus auch sehr prozedurale Ausdrucksformen (etwa geschachtelte Unteranfragen wie in Anfrage Q9 bzw. Bild 6.4 gezeigt) anzuwenden und damit indirekt dafür zu sorgen, daß manche (herkömmlichen) Anfrageoptimierer den optimalen Ausführungsplan überhaupt nicht finden und letztendlich nur einen suboptimalen erzeugen. Durch das explizite Herleiten einer deklarativen Ausdrucksform (symmetrische, flache Ausdrücke wie z.B. in Anfrage Q1 auf Seite 28 bzw. in Bild 6.3) kann

---

[*]   Im Englischen wird dies meistens als 'query rewrite' bezeichnet.

dies umgangen werden. Im wesentlichen wird damit die in Abschnitt
2.5.2 schon geforderte Standardisierung auf Anfrageebene erreicht.

- Berücksichtigung allgemeiner Optimierungsheuristiken
  Gemäß Abschnitt 2.6.1 sollen alle allgemein anerkannten Heuristik-
  en zur Minimierung der zu bearbeitenden Tupel und Attribute sich
  in entsprechenden Restrukturierungsregeln wiederfinden, um im
  Rahmen der AR auch angewendet werden zu können.

Diesen nun auf der logischen Operatorebene optimiertlen AG gilt
es, anschließend in der Anfragetransformation (siehe Abschnitt
2.6.2 und Abschnitt 6.3) in einen effizienten Ausführungsplan zu
überführen.

Überblick

In Abschnitt 2.6.1 wurde ein Überblick über die grundlegenden
Konzepte der Anfragerestrukturierung gegeben und deren Rolle innerhalb der AV beschrieben. In diesem Abschnitt werden ergänzend dazu die implementierungstechnischen Grundlagen zur Anfragerestrukturierung im AV-Framework gelegt. Hier werden zuerst die wichtigsten Regeln zur Anfragerestrukturierung (kurz AR-
Regeln) im Kontext des Darstellungsschemas AGM (Abschnitt 6.1)
vorgestellt. Danach schließt sich eine Diskussion des zugrundeliegenden Regelsystems und Regelinterpretierers an. Erste praktische Erfahrungsberichte (mit einem ähnlichen Prototypsystem)
runden diese Betrachtungen ab.

6.2.1 Restrukturierungsregeln

In Abschnitt 2.6.1 bzw. in Bild 2.14 und Bild 2.15 wurde schon ein
Überblick über die Restrukturierungsregeln gegeben. Im folgenden
sollen die wichtigsten dieser Regeln detailliert und deren Arbeitsweise innerhalb AGM beschrieben werden. Das heißt, die Regeln
werden als semantikerhaltende AGM-Transformationen beschrieben, die zur Durchführung der notwendigen Graphtransformationen die Funktionen des allgemeinen Tabellen-ADT (bzw. der spezialisierten Tabellenoperatoren) ausnutzen. Die in diesem Abschnitt geführten Diskussionen erreichen somit eine deutlich höhere Detaillierung als die in Bild 2.14 bzw. Bild 2.15 vorgestellten
Regeln.

*Restrukturie-
rungsregeln
sind semantik-
erhaltende
AGM-Transfor-
mationen*

Zur Darstellung von *Restrukturierungsregeln* benutzen wir die allgemein anerkannte und übersichtliche Schreibweise, die den Bedingungsteil in der IF-Klausel und den Aktionsteil in der THEN-Klau-
sel angibt. Eine Restrukturierungsregel sieht damit wie folgt aus:

IF (Bedingungsteil) **THEN** (Aktionsteil)

Der Bedingungsteil besteht aus Prädikaten, die normalerweise einen bestimmten Zustand im AG beschreiben und damit festlegen, in welchen Situationen die Regel anwendbar ist. Der Aktionsteil enthält die Vorschrift, wie der von der Regel betroffene Teil des AG umzustrukturieren ist. Diese Vorschrift besteht aus einzelnen Graphtransformationen, die unter Zuhilfenahme der Tabellenoperator-Funktionen ausgedrückt sind. Bedingungsteil und Aktionsteil zusammen definieren implizit den Kontext der Regel, d.h. den von der Regel zu bearbeitenden Teil des AG.

'IF-THEN'-Darstellung der Restrukturierungsregeln

6.2.1.1 Regeln zum Verschmelzen von Tabellenoperatoren

Eine grundlegende Strategie der Restrukturierung ist, wenn immer möglich, einzelne Tabellenoperatoren (TO) zusammenzufassen (zu verschmelzen), um so zu der oben geforderten deklarativen Ausdrucksform zu gelangen und gleichzeitig die Anzahl der Tabellenoperatoren in einem AG zu minimieren (bzw. günstigenfalls zu einem einzigen Tabellenoperator zu konvertieren). Dies gilt insbesondere unter Berücksichtigung der Eigenschaften und Fähigkeiten der Komponente Anfragetransformation, die auf SELECT-Operatoren, die ausschließlich Basistabellen referenzieren und Restriktion, Projektion und Verbund beschreiben, spezialisiert (bzw. beschränkt) ist und meistens auch nur dafür eine Auswahl von effizienten Ausführungsmethoden bereithält. Zudem sind die Kostenmodelle oft auch nur auf die Optimierung solcher Situationen ausgerichtet.

Verschmelzen von Tabellenoperatoren ist grundlegende Restrukturierungsstrategie

Alle im folgenden beschriebenen Regeln dienen dem Verschmelzen von zwei benachbarten Tabellenoperatoren, die über eine Tabellenvariable und Definitionskante miteinander verbunden sind. Je nachdem, welche Quantifizierung der Tabellenvariablen vorherrscht, müssen unterschiedliche Restrukturierungen vorgenommen werden. Die wesentlichen Transformationen werden im folgenden genauer beschrieben.

Die Regel *Fusion* beschreibt das Verschmelzen von zwei SELECT-Tabellenoperatoren, die über eine F-quantifizierte Tabellenvariable miteinander verbunden sind. Es ist dabei unerheblich, ob diese Operatorschachtelung durch die Expansion eines allgemeinen Tabellenausdrucks oder einer Sichtendefinition hergeleitet wurde[*].

---

[*] Durch die vorgeschaltete Anfrageübersetzung wird garantiert, daß jede in einer Anfrage referenzierte Sicht oder Tabellenausdruck auch entsprechend expandiert ist.

Im Laufe der Diskussion werden noch weitere Möglichkeiten aufgezeigt, die ebenfalls eine solche Operatorschachtelung erzeugen.

Regel (R1):   *FUSION*

     IF   (TO-oben ist SELECT-TO mit F-quantif. Tabellenvariable Tvar-F,
              Tvar-F referenziert TO-unten,
              TO-unten ist SELECT-TO)
     THEN *Fusion*

Im Bedingungsteil der Regel wird überprüft, ob die für die Anwendung der Regel notwendige Ausgangssituation vorliegt. *TO-oben*
bezeichnet dabei den äußeren und *TO-unten* den inneren SELECT-
Tabellenoperator. Weiterhin gibt es eine F-quantifizierte Tabellenvariable *Tvar-F* im Rumpf von *TO-oben*, die *TO-unten* referenziert.
Im Aktionsteil werden dann die eigentlichen AGM-Restruktu-
rierungen angegeben. Diese lassen sich sehr einfach mit Hilfe der
generischen ADT-Funktionen der Tabellenoperatoren beschreiben.
Für die Fusion sind dabei die folgenden Umformungen notwendig:

Fusionsregel be-
schreibt das Ver-
schmelzen von
zwei SELECT-
Tabellenopera-
toren

$$Fusion = \{ \text{Rumpf-Kopieren(von: TO-unten, nach: TO-oben)}, $$
$$\text{Kopf-Kopieren(von: TO-unten, nach: TO-oben)}, $$
$$\text{Prädikatskanten-Kopieren(von: TO-unten, nach: TO-oben)}, $$
$$\text{Prädikatskanten-Anpassen(Tvar-F)}, $$
$$\text{Def-Kante-Anpassen(Tvar-F)}, $$
$$\text{TO-Löschen(TO-unten)} \}$$

Hierbei beschreibt jede Zeile eine Anweisung, ausgedrückt als
ADT-Funktion. Diese Einzelaktionen verschmelzen die beiden gegebenen SELECT-Operatoren zu einem einzigen SELECT-Operator. Dabei wird der Rumpf des referenzierten Tabellenoperators
TO-unten in den Rumpf des anderen übernommen, und die nun
nicht mehr benötigte referenzierende Tabellenvariable *Tvar-F* wird
gelöscht. Gleiches geschieht mit den Kopfattributen und deren etwaigen Attributberechnungen. Alle Prädikatskanten bleiben erhalten und können direkt übernommen werden. Nur die Prädikatskanten, die mit der zu löschenden Tabellenvariable verbunden
sind, müssen auf die neu in den Rumpf übernommenen Tabellenvariablen umverteilt werden. Dies ist immer möglich, da diese
Tabellenvariablen im Rumpf des referenzierten Tabellenoperators
ja gerade die in diesen Prädikatskanten benötigten Daten bereitgestellt haben.

Die Korrektheit dieser Regel ergibt sich aufgrund der Kommutativität von Verbund und Selektion. Dadurch können die Verbunde
und Selektionen des unteren Tabellenoperators mit denen des oberen Tabellenoperators vertauscht und gemischt werden. Auch die
Projektion wird korrekt behandelt, da durch die Fusion der beiden

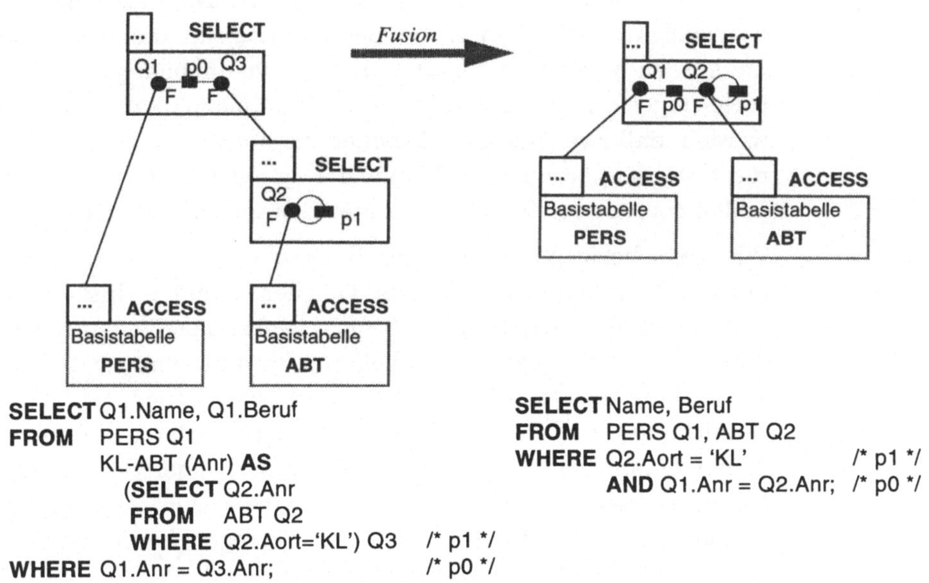

SELECT Q1.Name, Q1.Beruf
FROM PERS Q1
    KL-ABT (Anr) **AS**
      (**SELECT** Q2.Anr
      FROM ABT Q2
      WHERE Q2.Aort='KL') Q3   /* p1 */
WHERE Q1.Anr = Q3.Anr;   /* p0 */

SELECT Name, Beruf
FROM PERS Q1, ABT Q2
WHERE Q2.Aort = 'KL'   /* p1 */
     AND Q1.Anr = Q2.Anr; /* p0 */

Bild 6.9: Darstellung der Restrukturierungsregel *Fusion*

Tabellenoperatoren die Projektion des unteren Operators verzögert und mit der des oberen Operators kombiniert wird. In Bild 6.9 ist diese Situation nochmals graphisch dargestellt. Dort wird der Beispiel-AG vor und nach der Ausführung der Fusionsregel gezeigt. Die Richtigkeit der Restrukturierung läßt sich auch anhand der ebenfalls in Bild 6.9 angegebenen SQL-Anfragen zeigen, die jeweils eine direkte (Rück-)Umsetzung des zugehörigen AG in die SQL-Sprachsyntax darstellen. Dabei entspricht der linke AG einer Ausgangssituation, die etwa über einen geschachtelten Tabellenausdruck gegeben ist. Durch die Fusion konnte diese Schachtelung aufgehoben werden, was auch in der symmetrischen Notation der zugehörigen SQL-Anfrage direkt zum Ausdruck kommt.

Transformation eines Anfragegraphen in die SQL-Sprachsyntax zur Kontrolle und zur besseren Verständlichkeit

Der Gewinn aufgrund einer Fusion besteht darin, daß nun mehr Freiheiten (z.B. für Methodenwahl oder Verbundreihenfolgewahl) für die nachgeschaltete Anfragetransformation bestehen.

Diese Regel ist eigentlich sehr einfach und verkompliziert sich nur durch die korrekte Behandlung von Duplikaten. Genaueres hierzu findet sich in [PHH92]. Duplikatbehandlung wird durch sog. Sekundärregeln erledigt, die durch Weiterreichen bzw. Anpassen von Duplikatbedingungen dafür sorgen, daß die Fusionsregel anwendbar wird. Hierzu werden auch noch andere Sekundärregeln benötigt, die z.B. Schlüsselattribute (bzw. andere Tupel- bzw. Ele-

Duplikatbehandlung durch Sekundärregeln

mentidentifikatoren) ergänzen, um korrekte Duplikatbehandlung zu ermöglichen, oder weitere Sekundärregeln, die gemeinsame Teilausdrücke durch Replikate ersetzen, um unabhängige Restrukturierungen zu erhalten. Mit dieser Regelmenge kann garantiert werden, daß zwei SELECT-Tabellenoperatoren genau dann fusioniert werden, wenn ausschließlich F-quantifizierte Tabellenvariablen den unteren Tabellenoperator referenzieren [PHH92].

Wie die bisherigen Beispiele allerdings schon gezeigt haben, gibt es auch viele anders quantifizierte Tabellenvariablen, insbesondere existenz- und allquantifizierte Tabellenvariablen, die eine Anwendung der Fusionsregel ausschließen. Um nun dennoch eine Verschmelzung der Tabellenoperatoren zu ermöglichen, wurden zusätzliche Regeln definiert, die, soweit dies möglich ist, die verschiedenen Quantifizierungen zu F-Quantifizierungen konvertieren. Damit ist wieder die Ausgangsbasis für die Fusionsregel gegeben, und unter Zuhilfenahme der o.g. Sekundärregeln kann eine Fusion der beteiligten Tabellenoperatoren erzielt werden.

E-zu-F-Regel beschreibt die Transformation einer existentiell-quantifizierten Tabellenvariablen zu einer F-quantifizierten Tabellenvariablen

In diesem Zusammenhang nimmt die Transformation einer existentiell-quantifizierten Tabellenvariablen zu einer F-quantifizierten Tabellenvariablen eine zentrale Rolle ein, da z.B. Allquantifizierung wiederum zu einer Existenzquantifizierung transformiert werden kann (siehe Umformungsregeln in Bild 2.11 auf Seite 46). Diese *E-zu-F*-Regel sieht dabei wie folgt aus:

Regel (R2):   *E-zu-F*

   IF   (TO-oben ist SELECT-TO mit $\exists$-quantif. Tabellenvariable Tvar-E,
                 Tvar-E referenziert TO-unten,
                 TO-unten ist SELECT-TO)

   THEN   *E-zu-F*-Transformation

E-zu-F-Transformation =
         {Quantifizierung-Setzen(für: Tvar-E, quant: F)
         Duplikatbehandlung}

Im Bedingungsteil der Regel wird wiederum die Ausgangssituation überprüft. *TO-oben* bezeichnet den äußeren SELECT-Tabellenoperator, der durch eine existentiell-quantifizierte Tabellenvariable *Tvar-E* den SELECT-Tabellenoperator *TO-unten* referenziert. Im Aktionsteil wird die Quantifizierung der Tabellenvariable nach Existenzquantifizierung geändert und ggf. eine Duplikatbehandlung angeschlossen.

Durch die graphische Darstellung in Bild 6.10 wird deutlich gezeigt, daß diese Restrukturierungsregel im wesentlichen nur eine F-Quantifizierung einführt und damit die existentiell-quantifi-

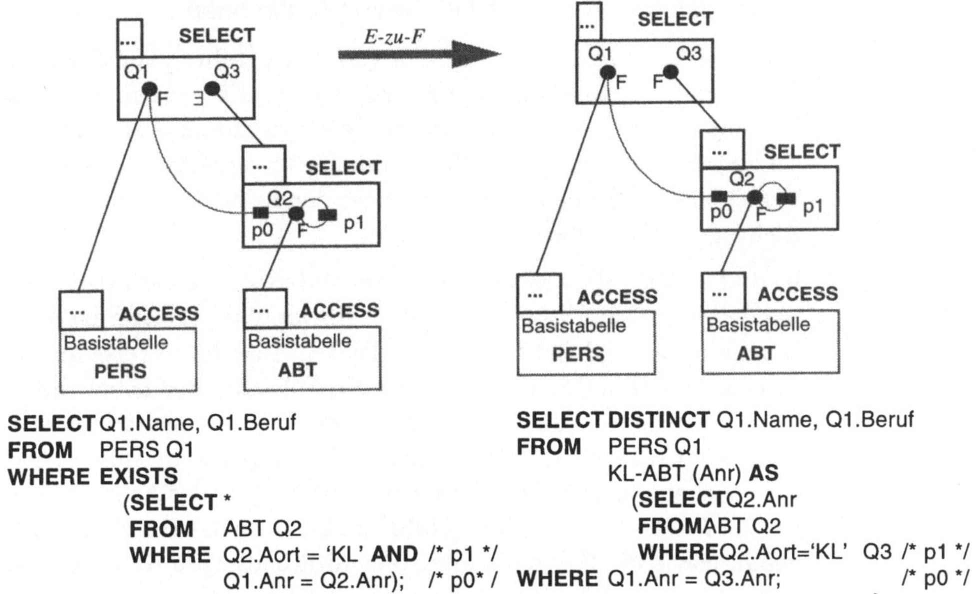


```
SELECT Q1.Name, Q1.Beruf          SELECT DISTINCT Q1.Name, Q1.Beruf
FROM   PERS Q1                     FROM   PERS Q1
WHERE EXISTS                              KL-ABT (Anr) AS
       (SELECT *                          (SELECT Q2.Anr
        FROM   ABT Q2                       FROM ABT Q2
        WHERE Q2.Aort = 'KL' AND /* p1 */   WHERE Q2.Aort='KL'  Q3 /* p1 */
              Q1.Anr = Q2.Anr);  /* p0 */  WHERE Q1.Anr = Q3.Anr;      /* p0 */
```

Bild 6.10: Darstellung der Restrukturierungsregel *E-zu-F*

zierte Unteranfrage in einen Tabellenausdruck umwandelt. Für
den resultierenden AG gilt dann natürlich wiederum die Anwendbarkeit der Fusionsregel. Dies läßt sich am Beispiel explizit zeigen,
da der resultierende AG aus Bild 6.10 genau der Ausgangssituation von Bild 6.9 entspricht. Die Korrektheit dieser Restrukturierungsregel wird ebenso durch die in Bild 6.10 enthaltenen SQL-
Anfragen verdeutlicht, die eine direkte Umsetzung der AG in die
SQL-Sprachsyntax darstellen.

Aufgrund der Umwandlung in einen Tabellenausdruck kann es
prinzipiell passieren, daß Duplikate entstehen, die natürlich das
Anfrageergebnis verfälschen würden. Da wir in unserem Beispiel
davon ausgehen, daß eine Person zu genau einer Abteilung gehört
(mitarbeitet), kann hier garantiert werden, daß keine (zusätzlichen) Duplikate durch die Einführung des Tabellenausdrucks
generiert werden. Im allgemeinen gilt dies allerdings nicht. Das
heißt, die zusätzlich entstandenen Duplikate müssen wiederum
eliminiert werden. In diesem Fall wird im Rahmen der *E-zu-F*-
Transformation zusätzlich eine DISTINCT-Klausel zur korrekten
Duplikatbehandlung generiert. Diese DISTINCT-Klausel wird im
AG (genauer im Rumpf des Tabellenoperators *TO-oben*) vermerkt
und wurde zum Zwecke der Veranschaulichung als DISTINCT-
Klausel explizit in der SQL-Anfrage eingetragen.

*Duplikatbehand-
lung am Beispiel*

6.2.1.2 Regeln zum Verschieben von Selektionen

Schon in Abschnitt 2.6.1 wurde das frühe Ausführen von Selektionen als eine wesentliche Optimierungsheuristik genannt, die das Ziel hat, die zu bearbeitende Datenmenge zu minimieren. Die Umsetzung dieser Heuristik in Restrukturierungsregeln bedeutet das Verschieben der Selektionen, genauer der Selektionsprädikate, in Richtung auf die Blattknoten des AG.

In Bild 6.11 ist diese Situation an einem Beispiel verdeutlicht. Hier handelt es sich um eine geringfügige Abwandlung zu Anfrage Q10. Dementsprechend sieht der AG in Bild 6.11 auch teilweise anders aus als der AG in Bild 6.6 zu Anfrage Q10. Anstatt des Tabellenausdrucks wurde hier die dazu (bis auf das Projektionsattribut *Anr*) äquivalente Sicht *MITARB* definiert. Diese Sicht ist in Anfrage Q15 beschrieben. Zuerst wird eine Gruppierung (über das Attribut *Anr*) auf der *PERS*-Tabelle durchgeführt und danach das Durchschnittsgehalt sowie die Gehaltssumme der Mitarbeiter pro Abteilung bestimmt.

(Q15) "Bestimme das Durchschnittsgehalt sowie die Gehaltssumme pro Abteilung"

```
CREATE VIEW MITARB(Anr, aGeh, sGeh)  AS        /* Kopf der Sichtendef.*/
   (SELECT     Anr, AVG(Gehalt), SUM(Gehalt)   /* Rumpf der Sichtendef.*/
    FROM       PERS
    GROUP BY Anr);                             /* p0 ist das Gruppierungsprädikat */
```

Auf dieser Sichtdefinition aufbauend, wird in Anfrage Q16 ein Verbund mit der *ABT*-Tabelle durchgeführt, um weitere Abteilungsinformationen für solche Abteilungen zu gewinnen, die ein entsprechend hohes Budget bzw. Durchschnittsgehalt besitzen.

(Q16) "Finde alle Abteilungen (Anr und Budget), deren Budget größer als 100000 ist und deren Mitarbeiter im Durchschnitt mehr als 10000 verdienen; ergänze dies durch die Angaben über das Durchschnittsgehalt und die Gehaltssumme"

```
SELECT    Q1.Anr, Q1.Budget, Q2.aGeh, Q2.sGeh
FROM      ABT Q1,
          MITARB Q2
WHERE     Q1.Anr = Q2Anr          /* p1; p1 soll migrieren */
          AND Q2.aGeh > 10000     /* p2; p2 kann nicht migrieren */
          AND Q1.Budget > 100000; /* p3; p3 kann nicht migrieren */
```

Der AG zu Anfrage Q16 ist in Bild 6.11 auf der linken Seite dargestellt. Zur besseren Kennzeichnung ist der aus der Sichtenexpansion sich bildende Teilgraph mit einer Schattierung hinterlegt. Innerhalb dieser Sicht werden für *alle* Abteilungen die Durchschnittsgehälter und Gehaltssummen bestimmt, obwohl dies nur für die Abteilungen notwendig ist, die letztendlich zum Anfrageergebnis gehören und die Budgetbedingung *p3*, das Prädikat *p2* auf dem berechneten Durchschnittsgehalt und das Verbundprädikat *p1* erfüllen. Diese Vorgehensweise kann recht ineffizient sein, falls sich in der DB viele Abteilungen (mit vielen Mitarbeitern) befinden, die eine dieser Bedingungen nicht erfüllen. Durch eine entsprechende Prädikatsmigration, also das Verschieben der Prädikate in die Sicht (bzw. in den AG der expandierten Sicht), kann diese Situation deutlich verbessert werden. Das migrierte Prädikat garantiert, daß nur für benötigte Abteilungen Aggregationsberechnungen durchgeführt werden. Das Ergebnis dieser Restrukturierung ist in Bild 6.11 in dem AG auf der rechten Seite illustriert.

Prädikatsmigration reduziert die weiterzubearbeitende Datenmenge

Natürlich lassen sich nur solche Prädikate in die Sicht (bzw. allgemein in andere Tabellenoperatoren) verschieben, die dort auch auswertbar sind. Für unser Beispiel aus Bild 6.11 heißt dies, daß die Prädikate *p2* und auch *p3* nicht migriert werden können, da in der Sicht keine Budgetinformationen verfügbar sind, bzw. das Durchschnittsgehalt erst berechnet werden muß. Für die Prädikate, die in die Sicht migriert werden können, muß gelten, daß deren Restriktionen die Berechnung einzelner Ergebniselemente in der Sicht (bzw. allgemein in dem betreffenden Tabellenoperator) nicht verfälschen und daß nur solche Elemente durch die Restriktion aus der weiteren Berechnung herausgenommen werden, die sonst durch dieses Prädikat mit Sicherheit später herausgenommen werden würden. Damit können dann nutzlose Berechnungen

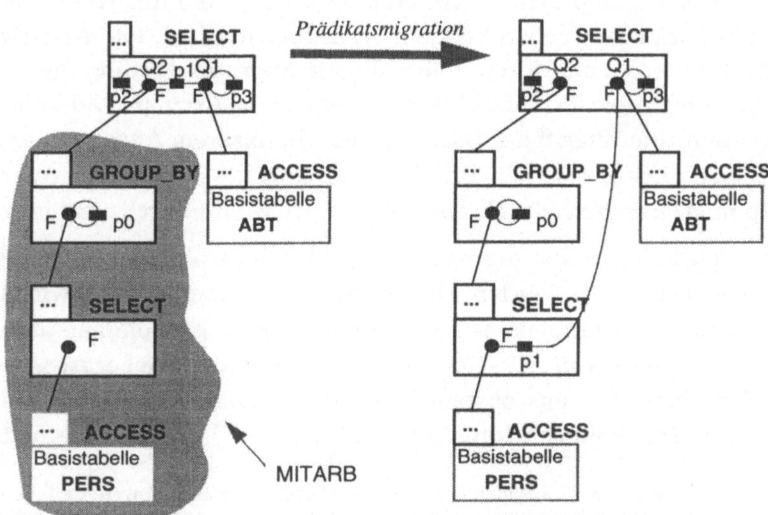

Bild 6.11: Darstellung der Restrukturierungsregeln zur
Prädikatsmigration

eliminiert und auch die Größe der Zwischenergebnisse minimiert werden. In unserem Beispiel läßt sich somit nur das Verbundprädikat *p1* migrieren. Durch dessen Verschiebung entsteht eine Korrelation, die dazu führt, daß zuerst über die Tabellenvariable *Q1* nacheinander die Abteilungstupel bestimmt werden, die das lokale Prädikat *p3* erfüllen. Aufgrund dieser Korrelation werden für jedes Abteilungstupel nur solche *PERS*-Tupel an den GROUP_BY-Tabellenoperator weitergegeben, die zur Berechnung des Durchschnittsgehalts und der Gehaltssumme genau dieser korrelierten Abteilung beitragen. Die Berechnung der Aggregatwerte von anderen Abteilungen, die das Prädikat *p3* nicht erfüllen, werden somit eingespart[*].

Migrationsprädikate können durch eine entsprechende Regel auch repliziert werden. Damit ist es möglich, das betreffende Selektionsprädikat bzw. dessen Replikate an mehrere referenzierte Tabellenoperatoren mittels der Migrationsregeln weiterzugeben, die nun allesamt von diesem Selektionsprädikat profitieren können und somit eine maximale Restriktion der Datenmenge erreicht wird. Aus einer anderen Perspektive betrachtet, erkennt man, daß die Prädikatsmigration das sog. SIP-Konzept (engl. sideways information passing) aus der Logikprogrammierung [Ul85] realisiert. Das SIP-Konzept basiert ebenfalls auf der Weitergabe von Variablenbindungen, um die weiteren Berechnungen auf das gerade notwendige zu beschränken. Im Gegensatz zu manchen Implementierungen von Logiksprachen (z.B. Nail! [MUV86]), die nur Gleichheitsprädikate weitergeben können, ist es hier möglich, alle Arten von Prädikaten zu migrieren, sofern die o.g. Migrationsbedingungen erfüllt sind. Auch SYSTEM R kannte schon eine Art von Prädikatsmigration zum Zugriff auf Basistabellen. In unserem Ansatz ist es indessen zudem möglich, Prädikate in einzelne Tabellenoperatoren zu migrieren bzw. durch Tabellenoperatoren hindurchzuschieben.

Im folgenden sollen die Regeln zur Prädikatsmigration etwas genauer betrachtet werden. Durch eine Prädikatsmigration wird ein Prädikat im Rumpf eines Tabellenoperators weggenommen und im Rumpf eines von diesem referenzierten Tabellenoperators etabliert. Wie man aus obigem Beispiel und Diskussion schon weiß, gibt es Tabellenoperatoren (etwa GROUP_BY), die zwar keine Mi-

Migrationsprädikate können ggf. durch eine entsprechende Sekundärregel repliziert werden

---

[*] Diese Situation läßt sich noch weiter optimieren z.B. dadurch, daß jede Aggregatwertberechnung für eine Abteilung nur genau einmal gemacht wird und bei Bedarf wiederverwendet werden kann. Dies läßt sich z.B. durch eine Materialisierung der berechneten Aggregate erreichen [Da87].

grationsprädikate in ihrem Rumpf zulassen, aber Prädikate durch-
zuschleusen erlauben.

Für jeden einzelnen Tabellenoperator(typ) ist daher festzulegen,
wie er sich hinsichtlich der Prädikatsmigration verhält. Um die
Anzahl der Regeln zu minimieren, unterscheidet man drei Gruppen von Regeln zur Prädikatsmigration. Das sind, zum einen sog.
VON-Regeln, die festlegen, unter welchen Bedingungen ein Prädikat einen Tabellenoperator verlassen kann. Zum anderen gibt es
die sog. *NACH*-Regeln, die festlegen unter welchen Bedingungen
ein Prädikat von einem Tabellenoperator aufgenommen werden
kann. Diese Bedingungen werden als VON- bzw. als NACH-Bedin-
gungen bezeichnet. Die dritte Klasse sind dann die sog. Durchschleusregeln, die für den betreffenden Tabellenoperator die VON-
und NACH-Regel kombinieren. Für jeden Tabellenoperator müssen daher entweder eine Durchschleusregel oder ein Paar aus
VON- und NACH-Regel definiert werden. Da diese Regeln separat
definiert werden, aber zusammen anzuwenden sind, wird eine geschachtelte Regelanwendung notwendig. Das heißt, bevor der Aktionsteil einer VON-Regel abgeschlossen werden kann, muß über
die NACH-Regeln ein Tabellenoperator bestimmt werden, in dessen Rumpf das Migrationsprädikat etabliert werden kann.

drei Gruppen von Regeln zur Prädikatsmigration: VON-Regeln, NACH-Regeln Durchschleusregeln

Prädikate werden grundsätzlich entlang der Definitionskanten ihrer (über die Prädikatskanten referenzierten) Tabellenvariablen
migriert. Damit ist gewährleistet, daß diese am Zielort prinzipiell
auch anwendbar sind. Für lokale Prädikate ist deren Migrations-
weg eindeutig vorbestimmt. Für die anderen Verbundprädikate
kann unter den über die Prädikatskanten referenzierten Tabellenvariablen gewählt werden. Durch eine Migration entstehen immer
Korrelationsprädikate, wie im Beispiel von Bild 6.11. Der Kontext
einer Migrationsregel umfaßt daher immer ein Prädikat und eine
(über deren Prädikatskante) referenzierte Tabellenvariable. Die
beiden Migrationsregeln, die in dem Beispiel in Bild 6.11 zum Tragen kommen, sollen im folgenden näher beschrieben werden. Für
andere Tabellenoperatoren ergeben sich ähnliche Migrationsregeln. In den Restrukturierungen von Bild 2.14 auf Seite 54 sind
diese Migrationsmöglichkeiten schon angedeutet.

Die folgende Regel behandelt das Verschieben von Prädikaten im
Rumpf eines SELECT-Tabellenoperators, die sich ausschließlich
auf F-quantifizierte Tabellenvariablen beziehen:

Regel (R3):   *SELECT-Prädikatsmigration*

IF   (TO-oben ist SELECT-TO,
              PRD ist Prädikat im Rumpf von TO-oben,
              PRD referenziert ausschließlich F-quantifizierte Tabellenvariablen,
              PRD referenziert durch eine Prädikatskante Tvar-1,
              Tvar-1 referenziert TO-unten)   /* VON-Bedingung */
THEN   (**IF**   NACH-Bed(PRD, TO-unten)   /* NACH-Bedingung */
              THEN *Prädikatsmigration*)

Prädikatsmigration =
              {Migrieren(prd: PRD, von: TO-oben, nach: TO-unten),
              Prädikatskanten-Anpassen(PRD)}

Hier wird das Prädikat *PRD* entlang der Definitionskante der betreffenden Tabellenvariablen *Tvar-1* migriert, falls die VON-Bedin-
gung für *TO-oben* und zusätzlich die NACH-Bedingung für *TO-un-*
ten erfüllt sind. Nach dem gleichen Muster lassen sich auch Migrationsregeln aufstellen, die anders quantifizierte Tabellenvariablen
(etwa Existenzquantifizierung) berücksichtigen. Im Gegensatz zu
SELECT-Tabellenoperatoren, die generell Migrationsprädikate ak-
zeptieren, gibt es auch solche, die dies nur eingeschränkt zulassen.
Ein Beispiel dazu ist der oben schon erwähnte GROUP_BY-Tabel-
lenoperator, der die Migrationsprädikate zwar entgegennimmt,
aber sofort zu dem ihm untergeordneten Tabellenoperator weiter-
schiebt. Die Regel zur Prädikatsmigration für diesen Tabellenoperator sieht wie folgt aus:

Regel (R4):   *GROUP_BY-Prädikatsmigration*

IF   (TO ist GROUP_BY-TO,
              PRD ist Migrationsprädikat,
              PRD referenziert via Prädikatskante
                      kein Aggregationsattribut,   /* NACH-Bedingung */
              TO referenziert TO-unten)
THEN   *Prädikatschleusen*

Prädikatschleusen =
              {Migrieren(prd: PRD, von: TO, nach: TO-unten)}

Dieses Durchschleusen funktioniert deshalb, da in diesem Fall gewährleistet ist, daß das Migrationsprädikat von dem untergeordneten Tabellenoperator *TO-unten* immer akzeptiert wird. Eine
GROUP_BY-Operation kann nämlich nur zwei Arten von Attributen bereitstellen. Zum einen sind das die Aggregationsattribute.
Da diese im Rumpf des GROUP_BY-Tabellenoperators erst berechnet werden, muß deren Migration bzw. Durchschleusen in der
NACH-Bedingung verboten werden. Aus diesem Grunde wird die
NACH-Bedingung hier nochmals im Bedingungsteil der Durchschleusregel wiederholt. In dem Beispiel in Bild 6.11 ergibt sich
diese Situation für das Prädikat *p2*, welches auf dem Aggregations-

Prädikatsmigra-
tion für den
SELECT-Tabel-
lenoperator

Durchschleus-
regel für den
GROUP_BY-Ta-
bellenoperator

attribut Durchschnittsgehalt (*aGeh*) definiert ist. Zum anderen können auch die Gruppierungsattribute im Kopf des GROUP_BY-Tabellenoperators bereitgestellt werden. Falls nun das Migrationsprädikat sich auf diese Attribute bezieht, bedeutet dies, daß ganze Gruppen selektiert werden, was natürlich auch schon vor der Gruppierung bzw. Aggregation hätte passieren können. Das heißt, das Migrationsprädikat kann problemlos an den untergeordneten Tabellenoperator *TO-unten* weitergegeben werden. Diese Situation gilt für das Prädikat *p1* im Beispiel in Bild 6.11, welches sich auf das Gruppierungsattribut *Anr* bezieht und daher durch den GROUP_BY-Tabellenoperator durchgeschleust und vom untergeordneten Tabellenoperator *TO-unten* akzeptiert und dort dann auch etabliert wird.

6.2.1.3 Regeln zum Verschieben von Projektionen

Auch das frühe Ausführen von Projektionen ist eine wichtige Optimierungsheuristik, die das Ziel hat, die zu verarbeitende Attributmenge auf die benötigten Attribute zu beschränken. Die Umsetzung dieser Heuristik in Restrukturierungsregeln bedeutet das Verschieben der Projektionen in Richtung auf die Blattknoten des AG. Dies geschieht dadurch, daß der Kopf eines Tabellenoperators gemäß den durchzuführenden Projektionen angepaßt wird. Damit wird erreicht, daß die Attributmenge in den Objektströmen des AG nur die wirklich benötigten Attribute enthält.

Häufig wird das Verschieben von Projektionen im Zusammenhang mit der Verwendung von Sichten in einer Anfrage sinnvoll, da meistens nicht alle Sichtattribute in der Anfrage benötigt werden. Hier kann ausgehend von den Attributen im Anfrageergebnis zurückverfolgt werden, welche Sichtattribute überhaupt benötigt werden, und nur diese sind dann auch zu projizieren.

Analog zu den Restrukturierungsregeln für das Verschieben von Prädikaten werden die Regeln zum Verschieben von Projektionen auch durch *VON*- und *NACH*-Regeln beschrieben. Die VON-Regeln arbeiten im Rumpf eines Tabellenoperators und eliminieren für eine Tabellenvariable die Attribute in der Attributliste der zugehörigen Definitionskante, die nicht in dem betreffenden Tabellenoperator (bzw. in den ihn referenzierenden Tabellenoperatoren des AG) benötigt werden. Die NACH-Regeln arbeiten im Kopf eines Tabellenoperators und eliminieren die Kopfattribute, die von keiner Definitionskante, die auf diesen Tabellenoperator zeigt, referenziert werden. Für jeden Typ von Tabellenoperator müssen des-

Projektionsmigration kennt ebenfalls VON- und NACH-Regeln

sen VON- und NACH-Regeln festgelegt werden. Eine entsprechende Berücksichtigung von Duplikaten bzw. notwendigen Duplikateliminationen muß hier ebenfalls stattfinden. Das nachstehende Beispiel zeigt eine VON-Regel für einen SELECT-Tabellenoperator:

Regel (R5):   *SELECT-Projektionsmigration-VON*

    IF   (TO ist SELECT-TO mit Tabellenvariable Tvar-i,
           Defkante-i ist Definitionskante von Tvar-i,
           A ist Attribut in der Attributliste zu Defkante-i,
           PRD ist Prädikat im Rumpf von TO-oben,
           A wird nicht im Kopf und Rumpf von TO benötigt)
  THEN *Projektionsmigration-VON*

Projektionsmigration-VON =
      { Attribut-Löschen(attr: A, in: Defkante-i) }

Die NACH-Regel ist in ähnlicher Weise aufgebaut. Der Kontext dieser Regeln ist, wie auch zuvor schon bei vielen anderen Regeln, auf einen Tabellenoperator beschränkt. Aufgrund der Einfachheit der Regeln wird hier auf die Diskussion eines konkreten Anwendungsbeispiels verzichtet und die allgemeine Vorgehensweise diskutiert. Eine häufig anzutreffende Situation ist, daß ein Prädikat aus einem Tabellenoperator migriert und daher die in dem Prädikat referenzierten Attribute in diesem Tabellenoperator nicht mehr benötigt werden. Mittels der VON-Regeln zum Verschieben von Projektionen lassen sich diese Attribute in dem betreffenden Tabellenoperator eliminieren. Als direkte Folge davon kann es nun dazu kommen, daß aufgrund der NACH-Regel diese Attribute nun auch im (Kopf des) referenzierten Tabellenoperators eliminiert werden können. Dies kann dann wiederum dort eine VON-Regel aktivieren usw. bis schließlich die Basisrelationen in den Blattknoten des AG erreicht sind und dort nur die insgesamt benötigten Attribute projiziert werden. Hier erkennt man sehr schön, wie eine Regelausführung andere Regeln anwendbar macht.

6.2.1.4 Regeln zum Behandeln von Mengenoperationen

Da sich Ausdrücke mit Mengenoperationen in solche basierend auf SELECT-Tabellenoperatoren konvertieren lassen, kann damit wiederum eine Ausgangssituation erzeugt werden, die eine Anwendung der in Abschnitt 6.2.1.1 beschriebenen Regeln *E-zu-F* und *Fusion* erlauben. Die Grundlage dazu wurde schon in den Umformungsregeln aus Bild 2.15 auf Seite 57 gelegt. Aufbauend auf diesen Äquivalenzen läßt sich z.B. die nachstehend beschriebene Regel *INTSCT-zu-E* entwickeln:

Regel (R6):   *INTSCT-zu-E*

    IF   (TO-oben ist INTSCT-TO mit 2 Tabellenvariablen Tvar-1
              und Tvar-2,
              Tvar-1 referenziert die erste Eingabetabelle,
              Tvar-2 referenziert die zweite Eingabetabelle)
    THEN   *INTSCT-zu-E*-Transformation

    INTSCT-zu-E-Transformation =
            {Quantifizierung-Setzen(für: Tvar-1, quant: F),
            Quantifizierung-Setzen(für: Tvar-2, quant: $\exists$),
            Tupel-Equiv-Präd-Setzen(für: Tvar-2)}

Diese Regel läßt sich erweitern, so daß auch INTSCT-Tabellenoperatoren, die beliebig viele Eingabeoperanden besitzen, in einen SELECT-Tabellenoperator mit existentiell-quantifizierten Unteranfragen umgeformt werden. Dazu wird wahlfrei eine Tabellenvariable bestimmt und zu einer F-Quantifizierung konvertiert, und alle anderen Tabellenvariablen werden dann, wie oben in der *INTSCT-zu-E*-Regel gezeigt, zu existentiell-quantifizierte Unteranfragen umgeformt.

Regel INTSCT-zu-E zur Konvertierung einer INTSCT-Tabellenoperation in eine SELECT-Tabellenoperation

Für die anderen Mengenoperatoren können ganz ähnliche Umformungsregeln entwickelt werden. Für den Spezialfall, daß es sich um gleiche Eingabetabellen handelt, sind die entsprechenden Umformungsregeln schon in Bild 2.15 auf Seite 57 enthalten. Eine beispielhafte Anwendung der *INTSCT-zu-E*-Regel ist in Bild 6.12 illustriert. Zusätzlich werden dort auch die zu den AG passenden SQL-Ausdrücke gezeigt. Insgesamt wird dadurch die Umformung der Mengenoperation in einen SELECT-Tabellenoperator mit existentiell-quantifizierten Unteranfragen beschrieben.

6.2.1.5 Regeln zum Behandeln von Manipulationsoperationen

Gemäß Bild 6.1 werden die Manipulationsoperationen durch entsprechende Tabellenoperatoren explizit dargestellt. Dabei wird über einen Teilgraphen der Eingabestrom und über einen anderen direkt die Zieltabelle, die durch den Manipulationsoperator geändert werden soll, bestimmt. Infolgedessen heißt Anfragerestrukturierung für Manipulationsoperatoren einfach Optimierung des Teilgraphen, der den Eingabestrom des Manipulationsoperators berechnet. Hierzu werden natürlich alle bislang beschriebenen Restrukturierungsregeln eingesetzt.

Anfragerestrukturierung für Manipulationsoperatoren heißt Restukturierung des AG für den Eingabestrom

6.2.1.6 Zusammenfassung

Bei der Festlegung der einzelnen Regeln wurde darauf geachtet, daß der Kontext einer Regel sehr klein und, wenn möglich, immer

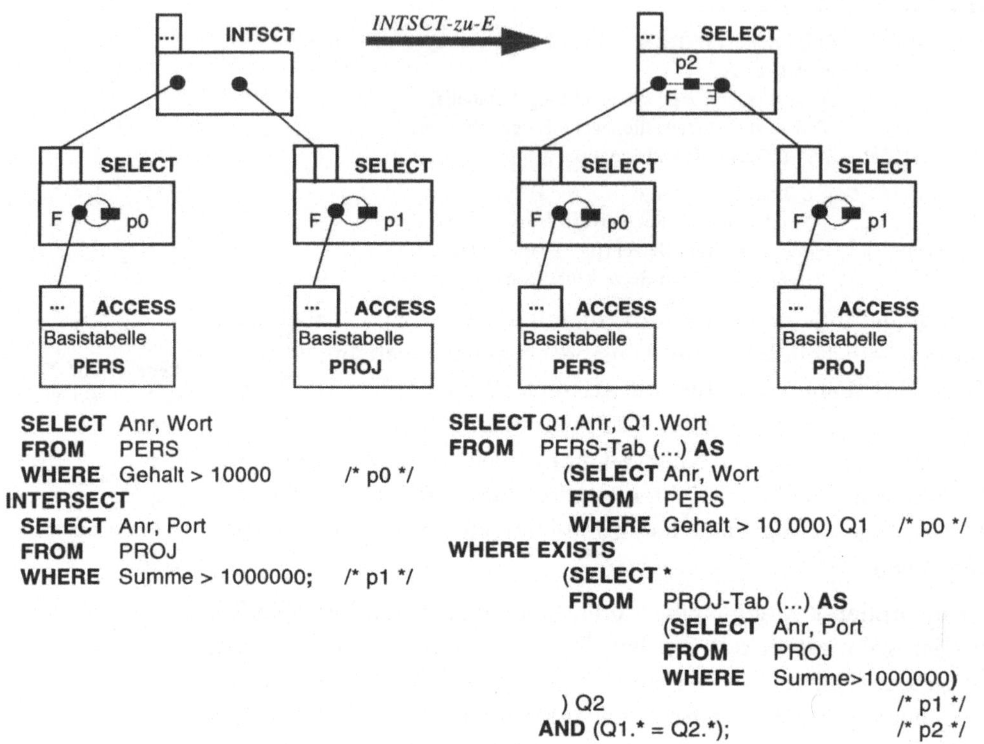


```
SELECT  Anr, Wort                    SELECT Q1.Anr, Q1.Wort
FROM    PERS                         FROM   PERS-Tab (...) AS
WHERE   Gehalt > 10000    /* p0 */          (SELECT Anr, Wort
INTERSECT                                    FROM   PERS
SELECT  Anr, Port                            WHERE  Gehalt > 10 000) Q1   /* p0 */
FROM    PROJ                         WHERE EXISTS
WHERE   Summe > 1000000;   /* p1 */          (SELECT *
                                              FROM   PROJ-Tab (...) AS
                                                     (SELECT  Anr, Port
                                                      FROM    PROJ
                                                      WHERE   Summe>1000000)
                                      ) Q2                           /* p1 */
                                      AND (Q1.* = Q2.*);             /* p2 */
```

Bild 6.12: Darstellung der Restrukturierungsregel *INTSCT-zu-E*

innerhalb eines Tabellenoperators bzw. einer Tabellenvariablen (und deren Definitionskante) bleibt. Jede Regel beschreibt somit Primitivtransformationen mit lokaler Auswirkung. Falls Transformationen notwendig sind, die mehrere Tabellenoperatoren umfassen, so werden diese über entsprechend kombinierte Regelanwendungen aus den Primitivtransformationen zusammengesetzt.

Wie in obiger Diskussion schon angedeutet, gibt es zum einen die sog. *Primärregeln*, die im wesentlichen die Transformationen beschreiben, welche die bekannten Heuristiken zur AG-Optimierung umsetzen. Diese Restrukturierungen wurden in den vorstehenden Abschnitten diskutiert. Zum anderen braucht man aber auch die sog. *Sekundärregeln*, die wichtige Hilfsdienste liefern (z.B. eine Duplikatbehandlung oder Replikations- oder Graphreduktionsregeln) und grundsätzlich dazu benutzt werden, die Anwendbarkeit der Primärregeln herzustellen. Daher bestimmen die Restrukturierungsmaßnahmen im wesentlichen Regelmengen, deren Regeln aus Primär- und Sekundärregeln bestehen. Da viele Restruktu-

Sekundärregeln garantieren Anwendbarkeit der Primärregeln

rierungen z.T. sehr ähnliche Graphtransformationen durchführen, ist es naheliegend, diese (Sekundär-)Regeln in den verschiedenen Regelmengen gemeinsam zu benutzen. Das heißt, die zugehörigen Regelmengen überlappen sich, und die Gesamtzahl der benötigten Regeln kann somit minimal gehalten werden. Dieser Sachverhalt ist in Bild 6.13 illustriert.

In Bild 6.13 wird mit graphischen Mitteln dargestellt, wie die verschiedenen Regeln aufeinander aufbauen. Die Grundlage für alle Restrukturierungen bilden die AGM-Funktionen des Tabellen-ADT bzw. dessen Spezialisierungen. Diese Funktionen erlauben einen eleganten Zugriff auf die interessierenden Teile eines AG und führen auch sehr einfache AG-Umformungen durch (etwa das Löschen/Eintragen von Kopfattributen oder isolierten Tabellenvariablen). Die Sekundärregeln lassen sich in verschiedene Gruppen einteilen. Jede dieser Regelmengen verfolgt ein Ziel, etwa die Behandlung von Duplikaten, die Replikation von Prädikaten und Projektionsattributen oder die Reduktion des AG z.B. durch die Elimination von unnötigen Tabellenoperatoren, wie es etwa in dem AG der *MITARB*-Sicht in Bild 6.11 (linke Seite) möglich wäre[*]. Auf

Aufbau und Zusammensspiel sämtlicher Restrukturierungsaktivitäten

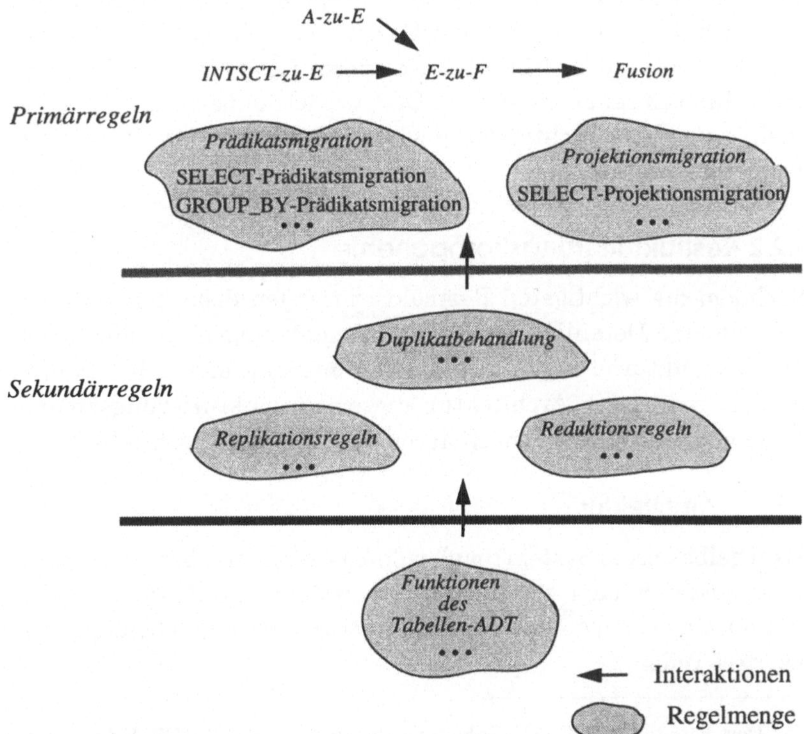

Bild 6.13: Überblick über die wichtigsten Primär- und Sekundärregeln

diesen Sekundärregeln und auf den ADT-Funktionen bauen die Primärregeln auf. Die wesentlichen Interaktionen der verschiedenen Restrukturierungsregeln sind in Bild 6.13 durch kleine Pfeile dargestellt. Dabei wird insbesondere das Zusammenarbeiten der Primärregeln deutlich. Das Ziel dieser Zusammenarbeit sind das Migrieren von Prädikaten und Projektionen sowie die Anwendung der Fusionsregel. Dies wurde eingehend in den vorstehenden Abschnitten und den Beispielen gezeigt. Die Minimalität der Primärregelmenge kommt beispielsweise auch dadurch zum Ausdruck, daß es nur eine Verschmelzungsregel (die Fusionsregel) gibt. Alle anderen bedienen sich der Fusionsregel dadurch, daß die Fusionsbedingung im Bedingungsteil erfüllt und damit die Regel anwendbar gemacht wird.

Diese hier vorgestellte Basismenge an Restrukturierungsregeln kann nun gemäß den in Bild 2.14 und Bild 2.15 skizzierten Restrukturierungen und den Umformungsregeln für quantifizierte Unteranfragen in Bild 2.11 vervollständigt werden. Diese auf relationale (SQL-)Anfragen ausgerichtete Regelmenge läßt sich hinsichtlich anderer Anfrageklassen erweitern, wie in den verschiedenen Diskussionen im nachfolgenden Kapitel 7 gezeigt wird. Dabei zeigt sich, daß die zusätzlichen Regeln sich sehr gut in die bisher beschriebene und in Bild 6.13 skizzierte Gesamtregelmenge und deren Interaktionen einpassen. Dies wiederum bestätigt die Nützlichkeit und auch Richtigkeit unseres Framework- bzw. Wiederverwendungsansatzes.

6.2.2 Restrukturierungskomponente

Nachdem die wichtigsten Restrukturierungen diskutiert wurden, soll nun eine Detaillierung der Komponente folgen, die die einzelnen Restrukturierungen zur AG-Optimierung anwendet. Hierzu werden zuerst die Architektur dieser Restrukturierungskomponente vorgestellt und danach deren Arbeitsweise beschrieben.

6.2.2.1 Architektur

Als regelbasiertes System (engl. rule-based system) bzw. als *Produktionsregelsystem* (engl. production rule system) [Ch84, Pu86, Ma91] besteht die Komponente Anfragerestrukturierung ebenfalls aus den drei Teilen:

---

*   Dort könnte der SELECT-Tabellenoperator, der vom GROUP_BY-Operator referenziert wird, ohne weiteres weggenommen werden.

- Faktenmenge
  Die von dem Produktionsregelsystem Anfragerestrukturierung zu bearbeitenden Fakten sind die (Komponenten des) AG, die die Ausgangssituationen für die Anwendung der Restrukturierungsregeln beschreiben.

- Regelmenge
  Die anzuwendende Regelmenge setzt sich aus den Restrukturierungsregeln (teilweise dargestellt in Bild 6.13) zusammen.

- Kontrollsystem
  Das Kontrollsystem (Inferenzmaschine, engl. inference engine) stellt Techniken bereit, um aus bekannten Fakten (also dem aktuellen AG) mit Hilfe der (Transformations-)Regeln neues Wissen (in Form eines restrukturierten AG) abzuleiten. Das Kontrollsystem heißt manchmal auch Problemlösungskomponente und die von ihr angewandten Techniken Problemlösungsstrategien. Unter den vielen unterschiedlichen Problemlösungsstrategien (auch Inferenztechniken genannt) [Pu86] muß für die jeweils gegebene Problemklasse (und hinsichtlich der Komplexität des Anwendungsbereichs) eine passende Strategie oder auch eine Kombination von verschiedenen Strategien ausgewählt werden.

Eine verfeinerte Darstellung dieser Sichtweise auf ein Produktionsregelsystem und damit auch eine Detailarchitektur der Restrukturierungskomponente ist in Bild 6.14 illustriert. Ein wesentlicher Bestandteil des Produktionsregelsystems ist die Erklärungskomponente (engl. explanation facility). Sie bietet eine Erklärung bzw. Herleitung der durchgeführten Restrukturierung durch ein Auflisten der angewandten Regeln und Primitivtransformationen des AG. Zusammen mit einer Visualisierung des AG (ähnlich zu den hier gezeigten Visualisierungen von AG in AGM) bzw. mit einer Rücktransformation des (restrukturierten) AG in die SQL-Schreibweise (wie das z.B. für die AG in Bild 6.9, Bild 6.10 und Bild 6.12 gemacht wurde) kann die Beschreibung des Herleitungsweges komplettiert und sehr benutzerfreundlich gestaltet werden.

Komponenten des Produktionsregelsystems
Anfragerestrukturierung:
Faktenmenge
Regelmenge
Kontrollsystem

Regelbasierte Systeme stellen mächtige Konzepte zur Repräsentation und Verarbeitung von prozeduralem Wissen bereit und sind daher auch prädestiniert zur Realisierung der Anfragerestruktu-

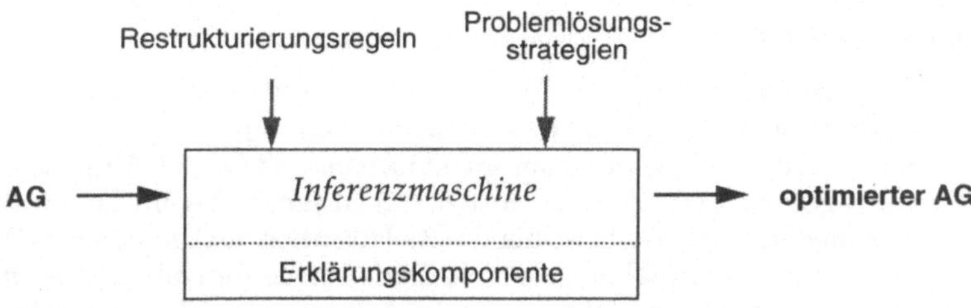

Bild 6.14: Architektur der Restrukturierungskomponente

rierung. Die Reihenfolge der Regelanwendungen und damit auch der durchgeführten Restrukturierungen des AG (Aktionsteil der Regeln) wird über Bedingungen (IF-Klausel der Regel) festgelegt, die bei Regelausführung gelten müssen. Der 'Kontrollfluß' der Regelanwendungen ist somit implizit beschrieben und ist über die Faktenbasis (hier den aktuellen AG) bestimmt. Aus diesem Grunde bezeichnet man den Programmierstil der Regelverarbeitung auch als einen datengetriebenen Ansatz. Im Gegensatz dazu ergibt sich durch eine herkömmliche programmiersprachliche Repräsentation mittels Prozeduren und Funktionen eine explizite Kontrollflußangabe. Der Vorteil der impliziten Beschreibung liegt in der Flexibilität: die Anwendung einer Regel und damit auch die Reihenfolge ergibt sich aus dem aktuellen Zustand, der vorhandenen Regelmenge und der Inferenz- bzw. Problemlösungsstrategien (z.B. Vorwärts-

regelbasierte Systeme zeichnen sich durch eine hohe Flexibilität und Erweiterbarkeit aus

verkettung, Abschnitt 6.2.2.2). Diese implizite Kontrollflußbeschreibung wird oft als die große Gefahr bei regelbasierten Systemen genannt, aber die bislang gemachten Erfahrungen (siehe Abschnitt 6.2.2.4, [PHH92, SS90, Fr89]) befanden diese Vorgehensweise als benutzbar und zudem als sehr hilfreich und förderlich. Entscheidend für die Akzeptanz regelbasierter Systeme ist, daß diese auf einfache Art und Weise Erweiterungen ermöglichen: durch neue Regeln lassen sich in einfacher Weise zum einen neue Aktionen berücksichtigen und zum anderen auch der Kontrollfluß entsprechend anpassen. Dieser Aspekt ist insbesondere wichtig hinsichtlich des hier zugrundeliegenden Framework-Ansatzes, der wesentlich auf der Eigenschaft der Erweiterbarkeit beruht.

6.2.2.2 Arbeitsweise

In diesem Abschnitt soll nun die Arbeitsweise der regelbasierten Anfragerestrukturierung näher beschrieben und anschließend auch bewertet werden. Hierzu ist es zuerst einmal wichtig, die prinzipielle Arbeitsweise des Produktionsregelsystems besser zu verstehen. Die beiden bekanntesten Problemlösungsstrategien (auch Inferenztechniken genannt) sind für unsere Betrachtungen ausreichend und sollen im folgenden kurz skizziert werden:

- Vorwärtsverkettung
  (engl. forward reasoning bzw. forward chaining)
  Hier werden ausgehend vom Ausgangszustand (AG als Ergebnis der Anfrageübersetzung, Abschnitt 6.1.2) so lange Regeln angewandt, wie dies möglich ist bzw. bis die Zielsituation (optimierter AG) erreicht oder das Problem gelöst ist. Dadurch werden alle aus der Ausgangssituation herleitbaren Schlußfolgerungen (Restrukturierungen des AG) berechnet.

- Rückwärtsverkettung
  (engl. backward reasoning bzw. backward chaining)
  Hier geht man von der (schon bekannten) Zielbeschreibung aus und versucht einen Nachweis dafür zu finden, daß diese Zielsituation mit Hilfe der Regeln aus der Ausgangssituation (der Faktenmenge) herleitbar ist. Rückwärtsverkettung entspricht somit im wesentlichen dem Aufbau eines Ableitungsbaums für die Zielbeschreibung.

Da im Rahmen der Anfragerestrukturierung von einem vorgegebenen Ausgangszustand, nämlich dem Initial-AG, der das Ergebnis der Anfrageübersetzung darstellt, ausgegangen werden muß, und die Zielsituation, also der optimierte AG, erst noch zu bestimmen ist, kommt prinzipiell nur die Vorwärtsverkettung als grundlegende Problemlösungsstrategie in Frage.

Vorwärtsverkettung als grundlegende Problemlösungsstrategie für die Anfragerestrukturierung

Aufgrund dieser Betrachtungen ergibt sich nun die in Programm P16 dargestellte prinzipielle Vorgehensweise für eine Inferenzmaschine bzw. einen Produktionsregelinterpretierer. Ausgehend von der Ausgangssituation werden so lange Regeln angewandt, bis das Terminierungskriterium erfüllt ist. Als Terminierungskriterien kommen dabei generell in Frage das Erreichen der Zielsituation bzw. einer leeren Konfliktmenge, womit zum Ausdruck kommt, daß in der aktuellen Situation keine Regel mehr anwendbar ist.

Arbeitsweise regelbasierter Anfragerestrukturierung

Für die Effizienz der Inferenzmaschine ist das Selektionsverfahren, ausgedrückt in Schritt 1 und Schritt 2, entscheidend. Zur Konfliktmenge gehören alle in der aktuellen Situation anwendbaren Regeln. Diese Menge ist bei jeder Iteration zu bestimmen bzw. zu aktualisieren. Die Konfliktauflösung geschieht durch Auswahl und anschließende Ausführung einer Regel der Konfliktmenge; die restlichen Regeln werden evtl. im Laufe der weiteren Verarbeitung berücksichtigt. Damit ändert sich die aktuelle Situation und ggf. werden wiederum andere Regeln anwendbar, die dann in Schritt 1 in die Konfliktmenge aufgenommen werden und danach in Schritt 2 zur Anwendung kommen können.

Programm (P16): prinzipielle Vorgehensweise eines Produktionsregel-Interpretierers

 Schritt 0: Feststellen der Ausgangssituation
 while NOT(Terminierungskriterium) **do**
   begin
    Schritt 1: Bestimme die Konfliktmenge der anwendbaren Regeln
    Schritt 2: Wähle eine Regel aus der Konfliktmenge aus (Konfliktauflösung);
    Schritt 3: Wende diese Regel an;
   end
 Schritt 4: Zielsituation errreicht.

Ein allgemeines Verfahren zur Implementierung von Auswahlstrategien bzw. sog. *Konfliktlösungsstrategien* ist die *Agendakontrolle*. Hierbei werden konkurrierende Alternativen (also die Regeln in der Konfliktmenge) entsprechend ihrer Priorität geordnet und die am besten bewertete Alternative ausgewählt. Damit kann dann gewährleistet werden, daß in jeder Situation der aussichtsreichste Lösungsweg verfolgt bzw. die entsprechende Regel angewendet wird.

Agendakontrolle als Konfliktlösungsstrategie

Die Erklärung, wie eine Restrukturierung zustandegekommen ist, ist wichtig für die Akzeptanz des Regelsystems und damit auch für die Akzeptanz der Anfragerestrukturierung. Die Erklärungskomponente ist insbesondere für das Überprüfen korrekter Regelanwendung und korrekter Regelkombinationen sehr wichtig. Dies ist hauptsächlich dann notwendig, wenn die Regelmenge manipuliert wird, sei es durch das Hinzu- bzw. Wegnehmen von Regeln oder Regelklassen (Regelmengen) oder durch das Ändern des Bedingungsbzw. des Aktionsteils von Regeln.

6.2.2.3 Realisierungsaspekte regelbasierter Anfragerestrukturierung

Die in den vorigen Abschnitten vorgestellte Konzeption regelbasierter Anfragerestrukturierung wurde (absichtlich) sehr allgemein formuliert, um die prinzipielle Vorgehensweise regelbasierter Verarbeitung zu zeigen. Für die Benutzbarkeit und Akzeptanz regelbasierter Anfragerestrukturierung, ist es jedoch notwendig, die Regelverarbeitung auf die konkreten Erfordernisse abzustimmen und damit die Effektivität der Regelverarbeitung zu verbessern. Hierbei sind u.a. die folgenden Aspekte relevant:

Zuschneiden der Regelverarbeitung auf die Erfordernisse der Anfragerestrukturierung

- Strukturierung der Regelmenge

- Kontrollmöglichkeiten (Konfliktlösungsstrategie)

- Terminierung und Korrektheit.

Ein weiterer wichtiger Realisierungsaspekt betrifft die eigentliche Inferenzmaschine. Hier kann entweder auf schon existierende Regelinterpreter (z.B. OPS5 [BFKM85]) bzw. auf wissensbasierte Systeme, die Regelverarbeitung unterstützen, wie z.B. ART [In87], KEE [In84] oder LOOPS [BS83] zurückgegriffen werden oder aber ein den konkreten Anforderungen angepaßter Regelinterpreter entwickelt werden. Beispielsweise wurde die regelbasierte Anfragerestrukturierung in STARBURST als Eigenentwicklung realisiert. Der wesentliche Vorteile, der sich aus diesem Ansatz ergibt, ist eine normalerweise höhere Effizienz bei der Regelverarbeitung, die auf eine Spezialisierung der Regelverarbeitung (insbesondere der Datenstrukturen und Problemlösungsstrategien) auf die konkreten Bedürfnisse der vorliegenden Anwendung zurückzuführen sind. Allerdings bedeutet dies einen erhöhten Entwicklungsaufwand. Im Laufe der nachfolgenden Diskussion soll dieser Aspekt etwas näher betrachtet und einige mögliche Spezialisierungen der Regelverarbeitung aufgezeigt werden.

Die Beschreibungen der Restrukturierungsregeln in Abschnitt 6.2.1 haben verdeutlicht, daß die Regeln trotz ihrer Lokalitätseigenschaft eine z.T. recht hohe Komplexität aufweisen können. Infolgedessen erscheint der Einsatz einer fest vorgegebenen Regelbeschreibungssprache nicht ausreichend. Vielmehr ist es sinnvoll, diese Sprache an der Interndarstellung (hier ist das AGM) zu orientieren, da die zu beschreibenden Regeln genau diese AG bearbeiten müssen. Für unser AGM bedeutet dies, die Funktionen des Tabellen-ADT bzw. von dessen Spezialisierungen zu verwenden. Dies wiederum legt nahe, den Bedingungsteil und auch den Aktionsteil als Funktionen zu programmieren und dabei die o.g. Tabellenoperator-Funktionen zu verwenden. Hierfür bieten sich viele Programmiersprachen an. In STARBURST wird beispielsweise die Sprache C (bzw. C++) verwendet. Damit läßt sich jede Restrukturierungsregel als Funktionspaar beschreiben. Die eine Funktion testet die Regelbedingung und setzt einen der Regel zugeordneten Schalter auf TRUE oder FALSE, je nachdem wie der Bedingungstest ausgegangen ist. Die andere Funktion enthält die ggf. auszuführende Aktion und besteht im wesentlichen aus o.g. Tabellenoperator-Funktionen. Wichtig für die Effizienz der Regelanwendung und des gesamten Regelsystems ist, daß diese Funktionspaare als vorkompilierter Code bereitgestellt und nicht wie bei anderen Regelsystemen interpretiert werden.

Regelinterpretierer als Eigenentwicklung erlaubt einen genauen Zuschnitt auf vorhandene Bedürfnisse

Schon in Abschnitt 6.2.1 und insbesondere durch Bild 6.13 kam zum Ausdruck, daß die Restrukturierungsregeln Gruppen bilden. Diese natürliche Strukturierung einzelner Regeln zu (auch überlappenden) Regelmengen läßt sich nun um eine entsprechend angepaßte, lokale Konfliktlösungsstrategie ergänzen. Einfache Konfliktlösungsstrategien sind etwa eine prioritätsgesteuerte Agendakontrolle oder eine strikt sequentielle Regelabarbeitung. Zum Beispiel lassen sich die mit der Fusionsregel interagierenden Primärregeln zu solch einer Regelmenge gruppieren und sehr gut durch eine sequentielle Strategie steuern. Nach Bild 6.13 ergibt sich

Regelmengen mit lokaler Konfliktlösungsstrategie

dann abhängig von dem konkreten AG etwa die folgende feste Anwendungsreihenfolge: *A-zu-E, E-zu-F, Fusion.*

Es ist i.allg. sehr schwierig, die Arbeitsweise von Produktionsregelsystemen nachzuvollziehen und zu kontrollieren. Hierzu ist es sehr von Nutzen, wenn man selektiv Regeln (oder Regelmengen) aktivieren bzw. deaktivieren kann. Auch das Verfolgen (engl. tracing) von Regelanwendungen und eine Erklärungskomponente sind hier große Hilfen. Durch das Bilden von Regelmengen bekommt man eine automatische Strukturierung (und auch Modularisierung) und damit gleichzeitig auch eine bessere Überschaubarkeit des Regelsystems. Die Regeln einer Menge und auch die zugehörige Konfliktlösungsstrategie können nun isoliert getestet werden. Weitere Kontrollmöglichkeiten ergeben sich dadurch, daß den Regeln bzw. Regelmengen der aktuell zu bearbeitende Kontext über eine Referenz (oder Zeiger) auf den aktuellen AG mitgegeben wird. Es gibt im Regelsystem entsprechende Kontrollregeln, die den Kontext im AG aktualisieren und eine neuerliche Aktivierung der Regeln dieser Menge veranlassen. Durch Ändern dieser Kontrollregeln zum Durchlaufen des AG können andere Traversierungsstrategien sehr leicht realisiert werden. Damit ist es möglich, selektiv einzelne Kontrollstrategien auszuprobieren und auch auf die konkret vorliegenden Erfordernisse abzustimmen.

Ein weiterer wichtiger Aspekt von Produktionsregelsystemen ist die Terminierung der Regelverarbeitung. Da die Regelverarbeitung im Rahmen der Anfragerestrukturierung zielgerichtet ist, kann i. allg. davon ausgegangen werden, daß es in der Regelmenge keine Teilmengen gibt, die sich in ihrer Wirkung (AG-Restrukturierung) neutralisieren. In diesem Falle ist dann immer auch eine Terminierung garantiert. Zusätzlich ist es speziell für die Anfragerestrukturierung interessant, den Restrukturierungsaufwand vorab festzulegen und die Restrukturierung bei Erreichen dieser Marke automatisch zu beenden. Dies ist z.B. immer dann möglich, wenn garantiert werden kann, daß jede Regeltransformation (bestehend aus Primitivtransformationen) einen konsistenten und gültigen AG in einen anderen konsistenten und gültigen AG umformt und somit im Prinzip nach jeder Regeltransformation mit einem gültigen AG terminiert werden kann. Durch die Vorgabe einer Maximalzahl von Regelanwendungen kann der Aufwand der Anfragerestrukturierung vorab und damit auch genau kalkuliert werden.

6.2.2.4 Einsatzerfahrung

In der Literatur findet man mittlerweile einige Informationen über regelbasierte Anfrageoptimierer[*] [BG92, DS89, Gr89b, HMS92, SS90, RS93]. Jedoch sind die dort gegebenen Beschreibungen manchmal recht abstrakt, und zudem fehlen meistens die Implementierungskonzepte, Einsatzerfahrung und Bewertung. Zum Teil liegt das einfach daran, daß viele dieser regelbasierten Anfrageoptimierer noch nicht entsprechend erprobt wurden oder sich gerade in Erprobung befinden. Für den regelbasierten Anfrageoptimierer des STARBURST-Systems gibt es allerdings eine recht detaillierte Beschreibung mit (ersten) Erfahrungswerten [HFLP89, HCLM90, LFL88, LLPS91, MFPR90, PHH92, PKAL92]. Aus diesem Grunde wollen wir hier die konkrete Auslegung und die ersten Erfahrungen des STARBURST-Optimierers vorstellen, sozusagen stellvertretend für die anderen Ansätze [BG92, DS89, Gr89b, RS93], die ebenfalls die regelbasierte Technologie einsetzen und erste positive Erfahrungen gemacht haben.

Eines der gesetzten Forschungsziele des STARBURST-Projektes war es, die prinzipielle Eignung von Produktionsregelsystemen als Realisierungskonzept für erweiterbare Optimierer zu untersuchen. Hier konzentrieren wir uns auf die Komponente zur Anfragerestrukturierung, die in [PHH92] detailliert vorgestellt wird; dort werden auch erste Erfahrungen und Leistungsbetrachtungen gegeben. Die Anfragerestrukturierung von STARBURST ist eine Eigenentwicklung. Der Regelinterpretierer ist so entworfen, daß entsprechende Schnittstellen bereitstehen, um Detailuntersuchungen hinsichtlich Kontrollmöglichkeiten, Terminierung und Konfliktlösungsstrategien zu ermöglichen. Verarbeitungsgrundlage bilden ein Darstellungsschema ähnlich zu AGM sowie gruppierte Transformationsregeln, denen Konfliktlösungsstrategien zugeordnet werden. Die Erfahrungswerte mit dem STARBURST-Regelsystem sind durchweg sehr positiv. Das Einbringen und Testen neuer Regeln war aufgrund der Strukturierung in Regelmengen und der selektiven Kontrollmöglichkeiten sehr einfach. Die Effizienz des Produktionsregelsystems ist abhängig von der Effektivität der Bestimmung der Konfliktmenge. Durch den Einsatz spezieller Algorithmen, wie z.B. des RETE-Algorithmus [Fo82], durch eine Vorabver-

positive Erfahrungswerte mit dem eigenentwickelten STARBURST-Regelsystem

---

[*] Hier interessieren wir uns insbesondere für die Anfragerestrukturierung. Eine klare konzeptionelle Trennung zwischen den Aspekten der Anfragerestrukturierung und der Anfragetransformation wird allerdings nur bei wenigen Optimierern gemacht.

kettung von Regeln oder durch Indexieren von Regeln kann diese kritische Operation beschleunigt werden. Die STARBURST-Untersuchungen haben weiterhin gezeigt, daß die beiden aufeinanderfolgenden Phasen Anfragerestrukturierung und Anfragetransformation nicht unabhängig und isoliert voneinander zu sehen sind. Im folgenden soll daher der Zusammenhang bzw. das Zusammenspiel beider Phasen genauer und auch allgemein betrachtet werden.

Während der Anfragerestrukturierung können sich zu einem AG natürlich alternative Restrukturierungen ergeben. Anschauliche Beispiele hierzu sind:

- Ein Verbundprädikat kann über jede von ihm referenzierte Tabellenvariable und dessen Definitionskante zu einem darunterliegenden Tabellenoperator migrieren.

- Wenn eine Sicht mehrmals in einer Anfrage verwendet wird, kann die Sicht entweder jedesmal expandiert oder genau einmal expandiert, materialisiert und anschließend entsprechend oft referenziert werden.

- Eine materialisierte Sicht kann entweder direkt benutzt (als Basistabelle referenziert) oder durch Restrukturierungsmaßnahmen fusioniert werden.

Die Behandlung von Alternativen kann nun auf zweierlei Arten geschehen. Entstehende Alternativen können einmal im AG berücksichtigt werden. Dazu ist ein weiterer spezieller Tabellenoperator *ALT* bereitzustellen, der die Alternativen (Teil-)Graphen repräsentiert. Die Auswahl der besten Alternative geschieht dann erst im Rahmen der Anfragetransformation (oder erst zur Laufzeit). Der offensichtliche Nachteil dieses Ansatzes ist, daß die Anfragerestrukturierung für jede Alternative durchzuführen ist und sich der AG deutlich vergrößert. Die andere Möglichkeit der Alternativenbehandlung beruht auf einer kostenbasierten Anfragerestrukturierung, da zur Auswahl der günstigsten Alternative i.allg. eine Kostenanalyse derselben benötigt wird. Zur Kostenabschätzung werden allerdings Informationen des von der Anfragetransformation erst später generierten Ausführungsplans gebraucht. Das heißt, für die Alternativen ist die Plangenerierung und deren Kostenanalyse anzuwenden. Dazu wird (nur in diesen Situationen) die Komponente Anfragetransformation aufgerufen, um eine Kostenanalyse für die verschiedenen Alternativen abzugeben. Die günstigste wird dann ausgewählt, und anschließend wird im Rahmen der normalen Anfragerestrukturierung weitergearbeitet. Bei diesem Ansatz kann auf den Tabellenoperator *ALT* verzichtet werden. Weiterhin werden sowohl die Anzahl und der Aufwand an Restruktu-

Zusammenspiel von Anfragerestrukturierung und Anfragetransformation

rierungen als auch die Größe des AG klein gehalten. Durch die dann notwendige Verzahnung der Phasen zur Anfragerestrukturierung und Anfragetransformation wird allerdings eine Verkomplizierung der Anfrageoptimierung in Kauf genommen.

6.2.3 Zusammenfassung

Entscheidend für die Akzeptanz der Restrukturierungsmaßnahmen ist die Erfüllung der folgenden Forderungen an die Eigenschaften der Transformationsregeln:

- Korrektheit
  Die Korrektheit einzelner Restrukturierungsregeln hinsichtlich ihrer AGM-Transformationen ist immer zu gewährleisten. Die Korrektheit einer Transformation heißt, ausgehend von einem konsistenten AG wiederum einen konsistenten, restrukturierten, äquivalenten AG zu erzeugen. Darauf aufbauend ist es möglich, zuerst die korrekte Anwendung bzw. Interaktion von den Regeln zu zeigen und dann erst die Korrektheit der gesamten Regelmenge.

- Erweiterbarkeit
  Die Vollständigkeit der Gesamtregelmenge hinsichtlich einer festgelegten Anfragesprache ist nicht die wichtigste Forderung. Vielmehr ist es wichtig, die einfache Erweiterbarkeit der Regelmenge zu gewährleisten.

- Minimalität
  Durch die Gruppierung von Regeln in Regelmengen sowie durch überlappende Regelmengen läßt sich eine Strukturierung und Modularisierung sowie auch die Minimalität der gesamten Regelbasis erzielen. Insgesamt kann damit die Komplexität verringert und auch die Effizienz der Regelverarbeitung entscheidend verbessert werden.

Die Benutzbarkeit und Akzeptanz der regelbasierten Anfragerestrukturierung ist natürlich auch abhängig von den Eigenschaften der Regelverarbeitung und damit auch abhängig von der Inferenzmaschine:

Kriterien für die Benutzbarkeit und Akzeptanz einer regelbasierten Anfragerestrukturierung

- korrekte Regelanwendung
  Zusätzlich zu korrekten Restrukturierungsregeln muß die korrekte Regelanwendung gewährleistet werden. Das heißt, die Bestimmung und Verwaltung der Konfliktmenge sowie die Konfliktlösungsstrategien müssen korrekt sein. Ferner muß durch übergeordnete Kontrollstrategien gewährleistet sein, daß alle möglichen bzw. sinnvollen Restrukturierungen untersucht werden. Die Integration einer Erklärungskomponente ist ebenfalls von großer Wichtigkeit, insbesondere dann, wenn die Regelbasis zu ändern ist.

- Terminierung
  Mit den Kontrollstrategien eng verbunden ist die Eigenschaft der Terminierung der Regelverarbeitung. Durch die Forderung nach

korrekten Transformationsregeln, kann eine Terminierung jederzeit erzwungen werden. Auch kann dann schon im vorhinein festgelegt werden, wie groß der Aufwand zur Restrukturierung sein soll, und bei Erreichen dieser Grenze kann sofort terminiert werden.

- Effizienz
  Wichtige Maßnahmen zur Effizienzsteigerung sind die Strukturierung der Regelbasis in Regelmengen, das Ausnutzen von angepaßten Konfliktlösungs- und Kontrollstrategien sowie der Einsatz optimaler Algorithmen zur Bestimmung der Konfliktmenge. Durch eine entsprechende Abstimmung zwischen AGM und den Restrukturierungsregeln läßt sich ein eventueller Reibungsverlust an dieser Schnittstelle vermeiden.

Anfragerestrukturierung beschreibbar alsFolge von AGM-Funktionen

Die Verwendung von Produktionsregeln zur Modellierung der Restrukturierungen hat sich als sehr nützlich erwiesen. Produktionsregeln sind gut lesbar, leicht verständlich und zumindest im Rahmen der Anfragerestrukturierung auch gut handhabbar. Aufgrund seiner Einfachheit und funktionalen Mächtigkeit trägt AGM zu einer erheblichen Komplexitätsreduktion der Anfragerestrukturierung bei: die Restrukturierungsregeln lassen sich durch eine Folge von AGM-Funktionen beschreiben.

Effektivität der Anfragerestrukturierung

Am Beispiel der regelbasierten Restrukturierungskomponente von STARBURST läßt sich sehr schön zeigen, inwieweit spezielle Anpassungen notwendig bzw. sinnvoll werden, um das Regelsystem an die konkret vorhandenen Bedürfnisse anzupassen. Das gemeinsame Ziel dieser Anpassungen ist, die Effektivität des Regelsystems zu steigern. Mit der regelbasierten Restrukturierungskomponente von STARBURST wurden auch intensiv Leistungsuntersuchungen durchgeführt und in [PHH92, MFPR90] berichtet. In Bild 6.15 sind die Ergebnisse aus [PHH92] zusammengefaßt. Dort wurde eine Datenbank ähnlich zu unserer Unternehmensdatenbank aus Anhang A aufgebaut. Die Datenbank besteht aus 5 Tabellen mit ca. 3.3 Millionen Tupel und einem Datenvolumen von ca. 32MByte sowie 8 Indexstrukturen. Hier interessieren wir uns nur für die Auswirkungen, die eine geschickte Anfragerestrukturierung auf das Gesamtergebnis der Leistungsbetrachtungen hat. Daher zeigt die Tabelle in Bild 6.15 einmal den zu optimierenden Anfragetyp mit den dort angewandten Restrukturierungsregeln. Weiterhin wird die zur Ausführung der Anfrage benötigte CPU-Zeit sowohl für die initiale, nicht-restrukturierte Anfrage als auch für die entsprechend restrukturierte Anfrage angegeben sowie der Leistungsgewinn bzw. Leistungsfaktor ausgedrückt als Quotient der beiden CPU-Zeiten.

Anfragetyp	angewendete Restrukturie- rungsregeln	initial (CPU-Zeit)	restrukturiert (CPU-Zeit)	Leistungs- faktor
Anfrage auf eine Sicht (ähnlich zu Bild 6.9)	Fusionsregel	20 Min.	1.1 Sek.	1100
Anfrage mit existentieller Unter- anfrage (ähnlich zu Bild 6.10)	E-zu-F Fusionsregel	88 Min.	2:43 Min.	32
Mengenoperation (ähnlich zu Bild 6.12)	INTSCT-zu-E E-zu-F Fusionsregel	13.9 Sek.	1.7 Sek.	8

Bild 6.15: Leistungsuntersuchungen zur Effektivität der Anfragerestrukturierung

Jeder in Bild 6.15 angegebene Anfragetyp wurde auch in der Diskussion dieses Abschnitts behandelt. Die entsprechenden Verweise dazu sind in Bild 6.15 enthalten. Die Leistungsangaben in Bild 6.15 sind charakteristisch für die Effektivität der Anfragerestrukturierung. Natürlich ist der erzielte Leistungsgewinn auch direkt abhängig von dem Speicherungsmodell der Datenbank, d.h. von den vorhandenen Zugriffspfaden und Clustereigenschaften. Zum Beispiel wird im Falle der Sichtenanfrage erst durch die Fusionsregel ermöglicht, daß zum einen ein sehr selektiver Index für eine Verbundoperation benutzt werden kann und zum anderen nur der wirklich benötigte Teil der Sichtenberechnung durchgeführt werden muß. Ohne die Fusion mußte zuerst die vollständige Sicht berechnet werden, bevor der selektive Verbund darüber durchgeführt werden konnte. Weitere Einzelheiten zu diesen Effizienzuntersuchungen können [PHH92] entnommen werden.

Insbesondere durch diese Leistungsbetrachtungen wird deutlich belegt, daß (bei gegebenem Anfrageoptimierer und gegebener DB) äquivalente Anfrageausdrücke zu in Größenordnungen unterschiedlichen Ausführungszeiten führen können. Dies ist ein weiterer Grund für die Wichtigkeit der Anfragerestrukturierung innerhalb der Anfrageoptimierung. Durch die Anfragerestrukturierung wird letztendlich erreicht, daß der optimierte AG nunmehr unabhängig von der Form des (vom Benutzer) an das DBS übergebenen Anfrageausdrucks ist. Dies ist ein wesentliches Ziel der Anfrageoptimierung. Durch den Einsatz einer ausgereiften Technik zur Anfragerestrukturierung können Anfragen, die sonst Stunden laufen

Anfragerestruk- turierung ver- mag aus 'off- line'-Anfragen interaktive An- fragen zu ma- chen

und daher meistens off-line und über Nacht abgearbeitet werden,
nun im Sekundenbereich liegen und damit zu interaktiven Anfragen werden. Dies wird eindringlich durch die hier gegebenen Lei-
stungsmessungen unterstrichen. In vielen kommerziell verfügbaren relationalen DBS sind die Möglichkeiten der Anfragerestrukturierung sehr beschränkt. Infolgedessen können i.allg. nicht die
volle Palette der hier vorgestellten Umformungen zur Anwendung
kommen und damit auch nicht alle Optimierungen und Leistungs-
gewinne, wie beispielsweise in Bild 6.15 dargestellt, erzielt werden.

Das hier vorgestellte Regelsystem zur Anfragerestrukturierung
kann nun als Grundlage für Erweiterungen benutzt werden. Im
nachfolgenden Kapitel werden Spracherweiterungen (z.B. Rekursion, Komplexobjekte) diskutiert, die die Integration von neuen
Tabellenoperatoren in AGM und zugehörigen Restrukturierungsregeln zur Folge haben.

6.3 Anfragetransformation

Die Anfragetransformation umfaßt die Umsetzung des durch die
vorgeschaltete Anfragerestrukturierung optimierten AG in einen
effizient abzuarbeitenden Ausführungsplan. Der zu generierende
Ausführungsplan kann durchaus als Verfeinerung eines Anfragegraphen um interne, ausführbare Operationen angesehen werden.
Dieser Verfeinerungsschritt wird oft einfach *Planoptimierung* genannt, und der generierte Ausführungsplan heißt auch Anfrageevaluierungsplan, kurz AEP.

Das Ziel dieses Abschnitts ist es, zu einem besseren und umfassen-
deren Verständnis der Arbeitsweise der Planoptimierung zu kommen und damit auch gleichzeitig eine Detaillierung dieser Komponente zu gewinnen. Die wesentlichen Bausteine der Komponente
Planoptimierung gilt es zu beschreiben, geeignete Realisierungskonzepte aufzuzeigen und auch das Zusammenspiel dieser Bausteine zu diskutieren.

Schon in Abschnitt 2.6.2 wurde festgestellt, daß die Anfragetransformation aus folgenden drei Bausteinen besteht:

*Komponenten
der Anfrage-
transformation*

- Plangenerierung
  Hier werden alternative Ausführungspläne erzeugt. Dazu sind die
  Tabellenoperatoren (logischen Operatoren) eines Anfragegraphen
  systematisch umzusetzen in ausführbare physische Operatoren,
  Planoperatoren (kurz PO) genannt.

- Suchstrategie
  Die Reihenfolge für die Generierung von Alternativplänen und auch

die Anzahl von Alternativplänen wird durch die Suchstrategie festgelegt.

- Kostenabschätzung
Zur Bewertung der generierten Alternativen wird eine Kostenabschätzung durchgeführt. Der günstigste Ausführungsplan wird
dann ausgewählt.

In Analogie zum vorherigen Abschnitt 6.2, in dem die zentralen
Entwurfskonzepte für eine erweiterbare Anfragerestrukturierung
vorgestellt wurden, sollen in diesem Abschnitt die wesentlichen
Konzepte eines *erweiterbaren Planoptimierers* beschrieben werden.
Hierbei ist es entscheidend, daß die einzelnen o.g. Komponenten
klar voneinander getrennt sind, um isoliert Änderungen und Ergänzungen an einer Komponente durchführen zu können, ohne die
anderen anschließend anpassen zu müssen. Trotz dieser Isolation
muß allerdings gewährleistet sein, daß alle Komponenten effizient
zusammenarbeiten, um die Planoptimierung durchzuführen und
so den besten Ausführungsplan zu einer gegebenen Anfrage zu bestimmen. Im folgenden wird dazu ein Systementwurf beschrieben.
Nach einem kurzen Überblick wird jede Komponente zusammen
mit ihrer Arbeitsweise in jeweils eigenen Unterabschnitten vorgestellt. Im letzten Unterabschnitt werden diese einzeln beschriebenen Bausteine dann zu der Gesamtkomponente Planoptimierer
kombiniert und deren Funktionsweise kurz skizziert. Damit wird
ein allgemeines Modell zur Planoptimierung vorgestellt, das direkt
als Implementierungsrahmen verwendet werden kann.

*Ziel:
Implementie-
rungskonzepte
für einen
erweiterbaren
Planoptimierer*

6.3.1 Überblick

Um das erforderliche Maß an Flexibilität zu bekommen, dürfen die
Aspekte Plangenerierung, Kostenabschätzung und Suchstrategie
nicht wie bei den meisten früheren bzw. z.T. noch verwendeten
Planoptimierern im Programmcode des Optimierers festgeschrie-
ben sein, sondern es müssen Möglichkeiten für die Spezifikation
und Integration eines reichhaltigen Repertoires an alternativen
Ausführungsplänen sowie angepaßten Suchstrategien und Kostenmodellen geschaffen werden. Um ein Höchstmaß an Flexibilität zu
erreichen, werden die drei Aspekte unabhängig voneinander entworfen, so daß sie damit auch unabhängig voneinander verändert
werden können.

In Analogie zur Anfragerestrukturierung läßt sich auch hier die regelbasierte Technologie als grundlegendes Entwurfskonzept anwenden. In Bild 6.16 ist die Grobarchitektur der Komponente zur

Anfragetransformation, also des Planoptimierers, dargestellt. Als regelbasiertes System besteht der Planoptimierer, wie auch die zuvor in Bild 6.14 gezeigte Komponente Anfragerestrukturierung, aus folgenden Teilen:

- Faktenmenge
  Die zu bearbeitenden Fakten sind die logischen Operatoren des (durch die Anfragerestrukturierung) optimierten AG, die auf ausführbare Operationen zu verfeinern sind. Diese Ausgangssituation ist zu transformieren in einen Ausführungsplan, der eine korrekte/effiziente Berechnungsvorschrift für die gegebene Anfrage festlegt.

- Regelmenge
  Die anzuwendende Regelmenge setzt sich aus den Regeln zur Plangenerierung zusammen. Plangenerierung bedeutet, die Tabellenoperatoren des AG durch Planoperatoren zu ersetzen.

- Kontrollsystem
  Die Inferenzmaschine wendet die (Transformations-)Regeln zur schrittweisen Verfeinerung des AG in (Ausführungs-)Pläne an. Zur Steuerung dieser Umsetzung dienen die Problemlösungsstrategien, die sich hier als Kombination von Suchstrategien und Kostenabschätzung (basierend auf Kostenmodell und Statistiken) darstellen. Ziel ist es, den besten Ausführungsplan möglichst schnell und auf direktem Wege zu erhalten.

- Erklärungskomponente
  Für den praktischen Einsatz eines regelbasierten Planoptimierers ist eine Erklärungskomponente unverzichtbar. Damit lassen sich die einzelnen Verfeinerungsschritte nachverfolgen bzw. validieren. Auch kann die Überprüfung der Plangenerierung (bzw. der entsprechenden Regeln oder Regelkombinationen) hinsichtlich Vollständigkeit und Korrektheit entscheidend unterstützt werden.

In den nachfolgenden Unterabschnitten werden die Aspekte der Plangenerierung (Regeln und Arbeitsweise) diskutiert und die wesentlichen Suchstrategien vorgestellt. Abschließend werden diese einzeln diskutierten Bausteine dann zu der Gesamtkomponente Planoptimierer kombiniert und deren Funktionsweise, also das Zusammenspiel von Plangenerierung, Kostenabschätzung und Suchstrategie, beschrieben.

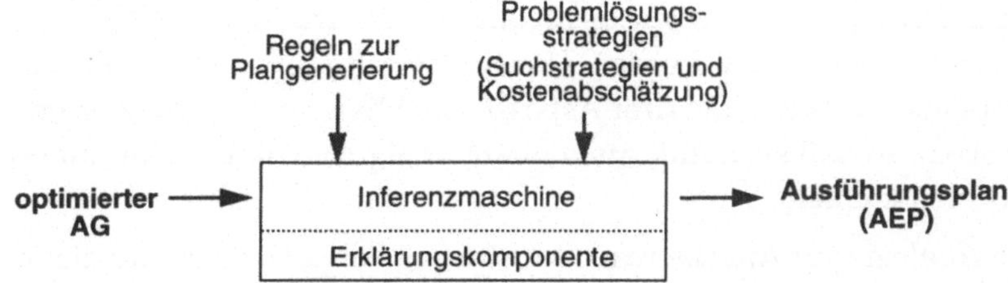

Bild 6.16: Grobarchitektur der Komponente zur Anfragetransformation (Planoptimierer)

6.3.2 Plangenerierung

Im folgenden soll der Baustein Plangenerierung erklärt werden. Die Aufgabe der Plangenerierung ist es, Tabellenoperatoren (logische Operatoren) eines Anfragegraphen systematisch umzusetzen in eine Folge von Planoperatoren (ausführbare physische Operatoren). Hierbei bezeichnen wir jede (sinnvolle) Folge von Planoperatoren als *Plan* und jede vollständige Folge von Planoperatoren, die die gegebene Anfrage berechnet, als *Ausführungsplan* (AEP).

Aufgabe der Plangenerierung: Ersetzen der Tabellenoperatoren (logische Operatoren) eines Anfragegraphen durch eine Folge von Planoperatoren (ausführbare physische Operatoren)

In Bild 6.17 ist beispielhaft ein möglicher AEP für Anfrage Q1 auf Seite 28 dargestellt[*]. Aus Gründen einer besseren Übersichtlichkeit sei Anfrage Q1 hier nochmals wiederholt:

"Finde Name und Beruf von Angestellten, deren zugehörige Abteilung sich in 'KL' befindet"

SELECT	Q1.Name, Q1.Beruf
FROM	PERS Q1, ABT Q2
WHERE	Q2.Aort = 'KL' /* p0 */
	AND Q1.Anr = Q2.Anr; /* p1 */

Dies ist eine typische Verbundanfrage, deren AG schon in Bild 6.3 dargestellt und dort in Abschnitt 6.1 auch diskutiert wurde. Ein Vergleich dieser AGM-Darstellung mit der graphischen AEP-Darstellung in Bild 6.17 zeigt beispielhaft eine mögliche Umsetzung von Tabellenoperatoren in Planoperatoren. Da hier u.a. die Parametrisierungen der Planoperatoren von besonderem Interesse sind, wird eine gegenüber dem Planoperator(graphen) aus Bild 2.18 verfeinerte Darstellung benutzt: die Planoperatoren sind die Graphknoten, und die Kanten beschreiben den Datenfluß, also die Objektströme (s. Abschnitt 2.7); beide sind über gewählte Parametrisierungen und weitere Eigenschaften genauer spezifiziert.

Im folgenden werden die wichtigsten Planoperatoren, die Regeln zur Plangenerierung und die Plangenerierung selbst vorgestellt. Dabei dient der AEP aus Bild 6.17 als Bezugsbeispiel.

6.3.2.1 Planoperatoren

Planoperatoren (PO) sind die primitiven Bausteine von (Ausführungs-)Plänen. In Abschnitt 2.7 wurden die wesentlichen Abstraktionen des PO-Konzeptes schon beschrieben: die Planoperator-Ab-

---

[*] Da Anfrage Q1 als Teilanfrage in Anfrage Q2 auf Seite 38 enthalten ist, zeigt der Plan von Bild 6.17 auch einen Teilausschnitt des AEP zu Anfrage Q2, nämlich genau die Berechnung von Ausgabestrom O_5 dargestellt in Bild 2.21 bzw. Bild 2.18.

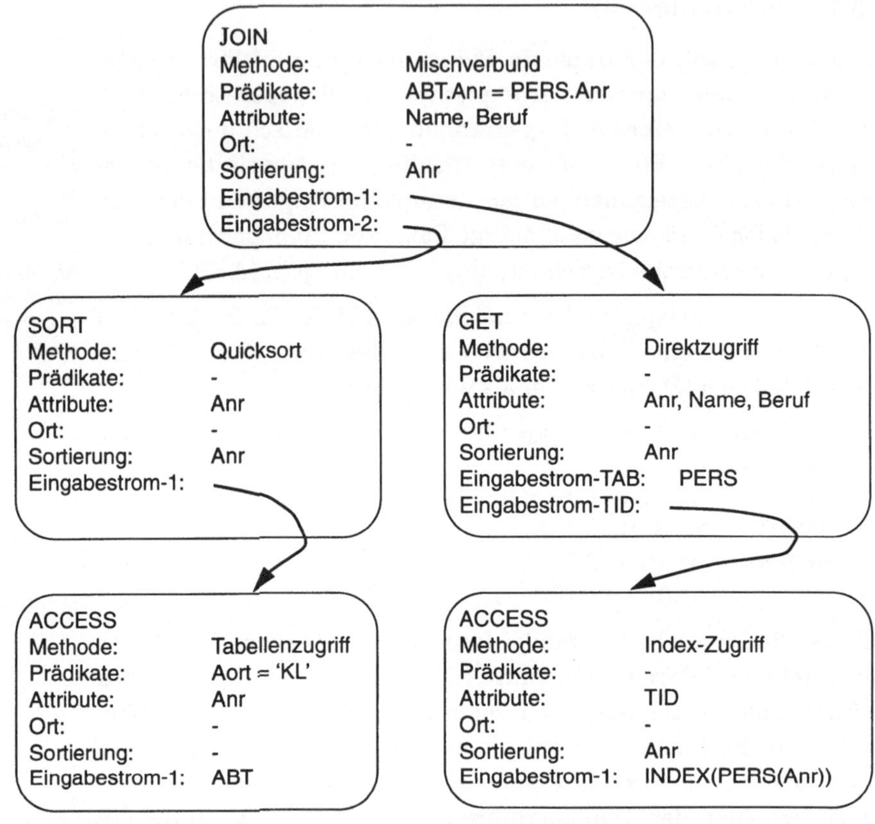

Bild 6.17: Ausführungsplan zu Anfrage Q1 auf Seite 28

Planoperatoren sind die primitiven Bausteine der (Ausführungs-)Pläne

straktion kennt jeden Operator als Verbraucher bzw. Erzeuger von Objektströmen, welche die konkreten Datenstrukturen und Übergabeformalismen verbergen (Objektstrom-Abstraktion). Damit kann ein PO verstanden werden als abstrakte Verarbeitungszelle, die die Eingabeströme verbraucht und einen Ausgabestrom erzeugt, der dann als Eingabestrom für nachgeschaltete PO dient (bzw. das Anfrageergebnis darstellt). Durch die Kombination von PO entstehen (Teil-)Pläne, die im Rahmen der Plangenerierung meistens zu mehreren alternativen AEP vervollständigt werden.

Die PO stellen eine direkte Verbindung zu dem Anfrageevaluierungssystem (AES) her. Hinter den PO verbergen sich immer vom AES ausführbare Funktionen, die Objektstromelemente konsumieren und produzieren. Durch eine entsprechende Parametrisierung der PO wird exakt festgelegt, welche konkrete Funktion mit welchen Eigenschaften auszuführen ist. Im wesentlichen unterscheidet man dabei die folgenden Parameter[*]:

- Methode (M)
  Hier wird festgelegt, welche konkrete Methode zur Realisierung des betreffenden PO benutzt werden soll. In Kapitel 3 wurden eine Menge von unterschiedlichen Methoden z.B. für den Verbundoperator oder den Zugriffsoperator vorgestellt, die jeweils spezielle Realisierungsstrategien (z.B. Misch- oder Hash-Verbund oder Tabellenzugriff über Index-Strukturen) des betreffenden Operators implementierten.

- Prädikate (P)
  In dem PO können Prädikate zur Anwendung kommen, etwa als Selektions- bzw. Verbundprädikate.

- Attribute (A)
  Hier werden die in den Ausgabestrom zu projizierenden Attribute angegeben.

- Ort (O)
  Es wird der Rechner bzw. Prozessor angegeben, an dem die betreffende Operation durchzuführen ist. Dieser Aspekt ist besonders wichtig für eine verteilte bzw. parallele Anfrageverarbeitung.

- Sortierung (S)
  Hier wird ggf. eine vorhandene oder aufgrund der Operation sich ergebende Sortierung vermerkt.

- Eingabeströme (OS)
  Die Eingabeströme werden festgelegt. Für Zugriffsoperatoren werden hier die Basistabellen oder Indizes, über die zugegriffen wird, festgelegt.

Parametrisierung der vom Planoperator auszuführenden Funktion

Für die PO in Bild 6.17 sind die Parameter zur Spezifikation von bestimmten Funktionen entsprechend gesetzt. Zum Beispiel repräsentiert der linke PO ACCESS einen Tabellenzugriff (Parameter *Methode*) auf die Basistabelle *ABT*, mit lokalem Prädikat (*Aort = 'KL'*) und Projektion (Attribut *Anr*). Im Gegensatz dazu handelt es sich bei dem rechten ACCESS-PO um einen Index-Zugriff (Parameter *Methode*). Im Parameter *Sortierung* wird festgehalten, daß diese Zugriffsfunktion aufgrund der Eigenschaften der benutzten Index-Struktur eine Sortierordnung (z.B. aufsteigend nach den Werten des Attributs *Anr*) gewährleistet. Der Planoperator GET beschreibt einen TID-basierten Tabellenzugriff auf die Basistabelle PERS, wobei der TID-Eingabestrom durch den o.g. Index-Zugriff bereitgestellt wird. Zusätzlich wird im GET-PO auch eine Attributprojektion (*Anr, Name, Beruf*) durchgeführt. Der oberste PO in Bild 6.17 zeigt einen Mischverbund mit Verbundattribut (*ABT.-Anr = PERS.Anr*) und Projektion der Attribute *Name* und *Beruf*.

Diskussion des Beispiel-AEP

---

* In Klammern sind jeweils Abkürzungen für die betreffenden Parameter angegeben. Diese Kurzschreibweise wird insbesondere in den nachfolgenden Abschnitten bei der Spezifikation der Plangenerierungsregeln verwendet.

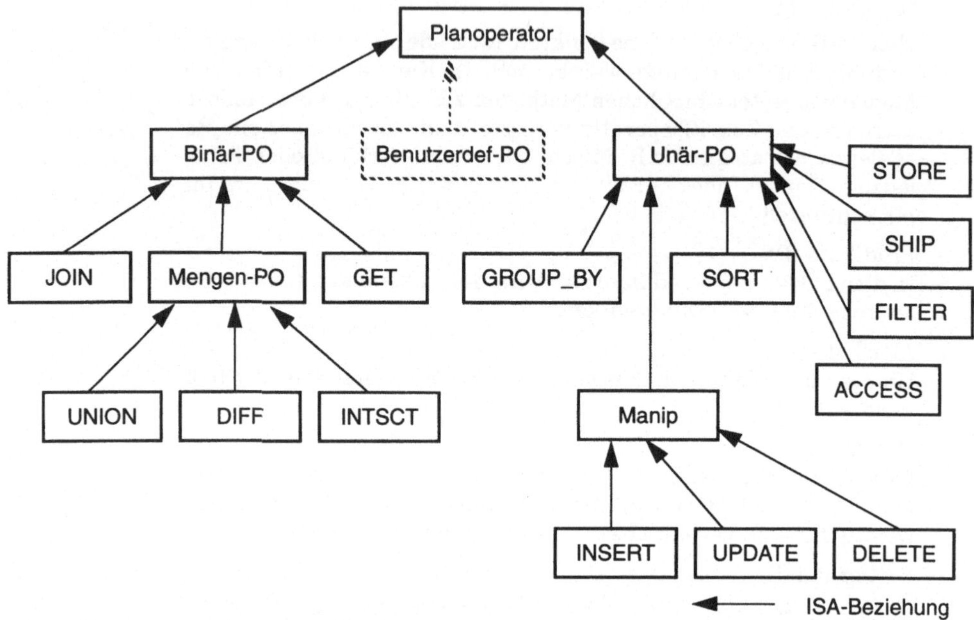

Bild 6.18: Klassenhierarchie der Planoperatoren

Wie diese Diskussion deutlich zeigt, lassen sich alle PO durch die
hier angegebene Parameterliste spezifizieren. Dieser direkte Zusammenhang zwischen den PO ist in der Klassenhierarchie in Bild
6.18 explizit ausgedrückt: PO-Klassen werden als Spezialisierungen anderer allgemeinerer PO-Klassen beschrieben. Zum Beispiel
stehen entweder direkt oder indirekt alle PO-Klassen in einer Sub-
klassen-Beziehung zu der allgemeinsten Klasse, einfach *Planoperator* genannt. Diese Klasse besitzt die oben beschriebene Parameterliste, die aufgrund der Vererbung nun auch für alle Subklassen
verfügbar wird. Natürlich sind für manche PO bestimmte Parameter optional. Beispielsweise nutzen unäre Operatoren (etwa AC-
CESS und GROUP_BY) nur einen Eingabestrom, hingegen benöti-
erweiterbare gen binäre PO (etwa der Verbund-PO oder die Mengen-PO) zwei;
Klassenhierar- auch die Verwendung der Parameter *Prädikate* und *Attribute* sind
chie der Planop- optional. Ein Vergleich der PO-Klassenhierarchie aus Bild 6.18 mit
eratoren der Klassenhierarchie für Tabellenoperatoren aus Bild 6.1 zeigt,
daß jeder Tabellenoperator-Klasse auch eine entsprechende PO-
Klasse zugeordnet ist. Dies gilt auch für den benutzerdefinierten
PO, der die Erweiterbarkeit der Klassenhierarchie demonstriert.
Diese Übereinstimmung der beiden Klassenhierarchien ist auch
der Grund für die direkte Umsetzung von den Tabellenoperatoren
in einem AG zu den PO in einem AEP. Dadurch, daß in einer PO-
Klassenhierarchie auch physische bzw. ausführungsspezifische

Aspekte zum tragen kommen, gibt es dort zusätzliche Klassen, die kein direktes Pendant in der Klassenhierarchie der Tabellenoperatoren besitzen. In Bild 6.18 sind dies die PO FILTER, SORT, GET, STORE und SHIP, die folgende Funktionen bereitstellen:

- FILTER
  Der PO FILTER berücksichtigt die residualen Prädikate, die nicht im Rahmen von anderen PO (insbesondere der ACCESS-PO) anwendbar sind (s. Abschnitt 3.1.2).

- SORT
  Dieser unäre PO realisiert eine Sortierung.

- GET
  Der in Abschnitt 3.1.2 vorgestellte TID-basierte Tabellenzugriff wird durch den PO GET bereitgestellt.

- STORE
  Manchmal ist es sinnvoll bzw. sogar notwendig, den Ausgabestrom eines Plans explizit als Zwischenergebnis (auf Externspeicher) zu verwalten. Diese Funktion wird durch den PO STORE realisiert.

- SHIP
  Der PO SHIP dient dazu, Objektströme von einem Rechner auf einen anderen zu verschieben. Dies ist eine sehr wichtige Funktion für die Realisierung einer verteilten Anfrageverarbeitung.

spezielle Planoperatoren, die kein Pendant in der Klassenhierarchie der Tabellenoperatoren besitzen

Diese Liste von PO bzw. PO-Klassen kann einfach erweitert werden, beispielsweise um besondere Ausführungsstrategien bereitzustellen. Zum Beispiel können entsprechende PO zur Manipulation von TID-Listen[*] vorgesehen werden oder etwa PO für besondere Spracherweiterungen hinzugefügt werden. In Kapitel 7 wird dies am Beispiel des Äußeren Verbundes gezeigt.

6.3.2.2 Plangenerierungsregeln

Das Generieren eines AEP bedeutet, einzelne PO miteinander zu kombinieren, so daß die sich ergebende Folge von PO das in der Anfrage spezifizierte Ergebnis berechnet. Eine solche PO-Folge kann nun entweder, wie in Bild 6.17 gezeigt, als PO-Graph angegeben oder aber in der dazu äquivalenten funktionalen Darstellung ausgedrückt werden. Für den PO-Graphen aus Bild 6.17 ergibt sich dabei die folgende funktionale Darstellung[**]:

graphische vs. funktionale Darstellung von AEP

---

[*] Die Manipulation von TID-Listen heißt, die Eingabeströme im Falle einer Disjunktion miteinander zu vereinigen bzw. im Falle einer Konjunktion den Durchschnitt zu bestimmen. Dazu können entweder Spezialoperatoren oder die allgemeinen Mengenoperatoren verwendet werden.

[**] Hier verwenden wir im Prinzip die gleiche funktionale Darstellung wie schon in den vorherigen Kapiteln (Kapitel 2 und Kapitel 3); es werden nicht alle, sondern nur die wesentlichen Parameter und deren Belegungen angegeben.

```
JOIN(     Mischverbund,
          ABT.Anr = PERS.Anr,
          {Name, Beruf},
          SORT(                                    (* Sortierung *)
                Quicksort,                         (* Sortiermethode *)
                Anr,
                {Anr},
                ACCESS(                            (* Tabellenzugriff *)
                        ABT,
                        Aort = 'KL',
                        {Anr})
          ),
          GET(                                     (* TID-Zugriff *)
              PERS,
              {Anr, Name, Beruf},
              ACCESS(                              (* Index-Zugriff *)
                      INDEX(PERS(Anr)),
                      Start_Bedingung(), Stop_Bedingung(),
                      {TID, Anr})
          ),
     );
```

Wenn man sich nun diese funktionale Darstellung etwas genauer anschaut, so stellt man fest, daß an den Stellen, wo Objektstrom-Parameter auftreten müssen, jeweils Planoperatoren stehen, die als ihr Berechnungsergebnis genau die geforderten Objektströme liefern. Diese Schachtelung von PO kann nun einfach dadurch aufgelöst werden, daß anstelle des PO dessen benanntes Ergebnis (der benannte Objektstrom) eingetragen wird. Diese Entschachtelung verbessert auch die Lesbarkeit des gesamten Plans. Wendet man diese Vorgehensweise nun auf die o.g. Darstellung an, so ergibt sich folgende entschachtelte, funktionale Repräsentation:

entschachtelte, funktionale Darstellung

```
JOIN(     Mischverbund,
          ABT.Anr = PERS.Anr,
          {Name, Beruf},
          Sortierter-OS-1,
          Sortierter-OS-2);

Sortierter-OS-1 =
          SORT(                                    (* Sortierung *)
                Quicksort ,                        (* Sortiermethode *)
                Anr,
                {Anr},
                ACCESS(                            (* Tabellenzugriff *)
                        ABT,
                        Aort = 'KL',
                        {Anr})
          );
```

```
Sortierter-OS-2 =
    GET(                                    (* TID-Zugriff *)
        PERS,
        {Anr, Name, Beruf},
        ACCESS(                             (* Index-Zugriff *)
                INDEX(PERS(Anr)),
                Start_Bedingung(), Stop_Bedingung(),
                {TID, Anr})
    );
```

Hierbei kommt deutlich zum Ausdruck, daß die beiden sortierten Eingabeströme, die für den Mischverbund Voraussetzung sind, auf sehr unterschiedliche Weisen bereitgestellt werden können. Der erste Eingabestrom *Sortierter-OS-1* wird über einen Tabellenzugriff hergeleitet. Im Gegensatz dazu wird der andere Eingabestrom *Sortierter-OS-2* durch ein TID-Verfahren über Index-Zugriff (Index *ind* über der Basistabelle bzw. dem Objektstrom *OS*) bereitgestellt. Die Berücksichtigung der Sortiereigenschaft geschieht dabei einmal implizit durch Ausnutzen der vorhandenen Sortierordnung beim Index-Zugriff und das andere Mal explizit über einen SORT-PO. Es bestehen natürlich auch andere Möglichkeiten, eine benötigte Sortierung zu erzielen. Wichtig für eine systematische Plangenerierung ist, alle alternativen Herleitungen für sortierte Eingabeströme zu berücksichtigen. Durch Ausnutzen der Parametrisierung ergibt sich dabei für dieses Beispiel die folgende *Herleitungsregel* für sortierte Objektströme:

$$
\textit{Sortierter-OS}\ (P, A, S, OS) = \begin{cases} \textbf{SORT}(\ \textbf{ACCESS}(OS,P,A),\ S) \\ \textbf{GET}(OS,\ P,\ A,\ \textbf{ACCESS}(ind,\ ,\ \{TID\})) \end{cases}
$$

IF (ind ∈ I(OS) und Sortierung)

Die verschiedenen Herleitungen werden durch unterschiedliche *Vervollständigungen* ermöglicht, die hinter der geschweiften Klammer als Alternativen angegeben werden. Wie dieses Beispiel zeigt, ist es dabei durchaus erlaubt, daß die Anwendbarkeit einer Vervollständigung von der Erfüllung einer gegebenen Bedingung abhängig ist. In obigem Beispiel wird für die Anwendung des TID-Verfahrens verlangt, daß ein Index mit entsprechender Sortiereigenschaft vorhanden ist. Die andere angegebene alternative Vervollständigung via Tabellenzugriff mit anschließender expliziter Sortierung ist immer anwendbar; dies wird durch das Fehlen eines Bedingungsprädikats angezeigt.

Herleitungsregel zur Generierung der Alternativen für sortierte Objektströme

In gleicher Weise, wie hier für sortierte Objektströme gezeigt wurde, kann nun auch z.B. der Index-Zugriff aus der o.a. Herlei-

tung (bzw. Vervollständigung) herausgelöst und in einer eigenen
Herleitungsregel allgemein formuliert werden:

$$\textit{Index-Zugriff}\,(P, A, S, OS) \;=\; \big\{\, \textbf{ACCESS}(\text{ind}\,,\,\{\text{TID}\},\,S) \qquad \text{für alle ind} \in I(OS)$$

Herleitungsregel
für den
Index-Zugriff

Diese Regel soll ausdrücken, daß alle Index-Strukturen des betreffenden Objektstroms (ausgedrückt durch *ind* ∈ *I(OS)*) als alternative Vervollständigungen und damit als Herleitungen für einen Index-Zugriff betrachtet werden.

Die hier entwickelte Darstellungsweise von Herleitungsregeln
gleicht einer Grammatikbeschreibung. Die Terminalsymbole der
Grammatik sind die PO, und die Nicht-Terminalsymbole sind die
Konstrukte auf der linken Seite einer solchen Grammatikregel. Die
Anwendung einer Regel heißt, die über die Grammatikproduktion
beschriebene Transformation durchzuführen, also das Nicht-Terminalsymbol durch eine Vervollständigung zu ersetzen. Eine Ver-

grammatik-
basierte Darstel-
lungsweise und
Vorgehensweise
zur Plangene-
rierung

vollständigung besteht entweder nur aus Terminalsymbolen oder
aber aus Nicht-Terminal- und Terminalsymbolen. Durch Vervollständigung, also Anwendung von Grammatikregeln, werden Nicht-
Terminalsymbole sukzessive in Terminalsymbole überführt und so
schrittweise PO in die Pläne eingebaut. Auf diese Weise werden die
Pläne vervollständigt, bis alle Nicht-Terminalsymbole durch Terminalsymbole ersetzt sind und somit schließlich ein AEP generiert
ist. Da es zum Zwecke der Optimierung wichtig ist, alle möglichen
Alternativen zu betrachten, werden im Rahmen der Plangenerierung, im Gegensatz zur normalen Anwendung von Grammatikproduktionen, immer *alle* Vervollständigungen berücksichtigt.

Diese hier entwickelte grammatik-basierte Darstellungsweise und
Vorgehensweise soll im folgenden zur allgemeinen Beschreibung
sowohl der Plangenerierungsregeln als auch der Plangenerierung
selbst eingesetzt werden.

6.3.2.3 Eigenschaften

Für die Kostenabschätzung der generierten Pläne ist es wichtig, die
Eigenschaften der von ihnen berechneten Ausgabeströme zu bestimmen. Ausgehend von diesen Eigenschaften können dann die
Kosten abgeleitet werden, die letztendlich zur Bewertung der Pläne
herangezogen werden.

Jeder Objektstrom läßt sich durch eine Menge von Eigenschaften
beschreiben, die im wesentlichen die zu seiner Berechnung (i.allg.
durch eine Folge von PO berechnet) benötigten Kosten subsumie-

ren. Diese Angaben liefern die Basiswerte für die Kostenabschätzung. Es hat sich als sinnvoll erwiesen, drei Arten von OS-Eigenschaften zu unterscheiden:

- Informationsgehalt
  Hierunter fallen alle Eigenschaften, die die logischen Aspekte der OS-Daten (Elemente oder Objekte) beschreiben. Das sind beispielsweise die in die Berechnung dieses OS involvierten (Basis-)Tabellen und Attribute sowie auch die bislang angewendeten Prädikate.

- Speichermodell
  Im Speichermodell werden alle physischen Aspekte des OS beschrieben. Hierzu zählen Sortierordnungen, der Ort, an dem der OS produziert wird, Information darüber, ob der OS durch eine Basistabelle oder eine Index-Struktur realisiert ist. Weiterhin wird festgehalten, ob der OS als Zwischenergebnis entweder materialisiert vorliegt (durch einen zuvor ausgeführten STORE-PO) oder dynamisch produziert wird.

- Schätzwerte
  Hier werden die aus den zuvor genannten beiden Arten von OS-Eigenschaften abgeleiteten Schätzwerte für die Kardinalität und die bisherigen Berechnungskosten berücksichtigt.

All diese OS-Eigenschaften werden in einem sog. *Beschreibungsvektor* zusammengefaßt[*]. Anfangs gibt es nur die Basistabellen und Index-Strukturen. Deren Beschreibungsvektoren werden aus den Metadaten und den im DB-Katalog geführten Statistiken geladen. Dabei werden nur die Eigenschaften gesetzt, für die Informationen vorhanden sind; alle anderen Parameter des Beschreibungsvektors bleiben offen. Durch das Anwenden von Plangenerierungsregeln werden PO hinzugefügt. Diese konsumieren vorhandene OS und produzieren neue OS, deren Beschreibungsvektor dann zu bestimmen ist. Dabei berechnen sich die Eigenschaften des neuen OS aus den Beschreibungsvektoren der Eingabeströme und der aktuellen Parametrisierung des PO. Zum Beispiel ändert ein SHIP-PO nur den Ortsparameter und der SORT-PO nur die Sortierordnung im Speichermodell. Zusätzlich müssen jeweils die Berechnungskosten abhängig von der OS-Kardinalität angepaßt werden. Der PO ACCESS ändert deutlich mehr Eigenschaften: aus einem gespeicherten Eingabestrom wird ein temporärer Ausgabestrom, der entsprechend der Projektions- und Selektionsparameter des PO auch im Informationsgehalt variieren kann und damit auch in der Kardinalität anzupassen ist. Diese Änderungen sind direkt abhängig

OS-Beschreibungsvektor liefert Basiswerte für die Kostenabschätzung

---

[*] Dieser Vektor gruppiert die für die Plangenerierung und Planoptimierung benötigten Eigenschaften in einer ggf. einfach zu verändernden Datenstruktur z.B. für die Hinzunahme bzw. Wegnahme von einzelnen Eigenschaften.

Beschreibungs-vektoren werden über die PO-Eigenschaftsfunktionen aktualisiert

vom konkreten PO und können daher als sog. *Eigenschaftsfunktion* einem PO zugeordnet werden. Bei Hinzufügen des PO zu einem Plan wird dessen Eigenschaftsfunktion ausgeführt und so der Beschreibungsvektor für den neuproduzierten Ausgabestrom berechnet. Die Eigenschaftsfunktion wird über die PO-Klassenhierarchie (dargestellt in Bild 6.18) an alle PO-Klassen und damit auch an alle PO-(Instanzen) vererbt. Dabei wird die Eigenschaftsfunktion entsprechend der Parametrisierung der PO bzw. PO-Klassen angepaßt[*].

Unterscheidung zwischen Transformationsregel und Ergänzungs-regel

Wie oben beschrieben, bestimmt die für einen konkreten PO festgelegte Parametrisierung einerseits die Eigenschaften des produzierten Ausgabestroms, setzt aber auch andererseits bestimmte Eigenschaften der zu konsumierenden Eingabeströme voraus. Zum Beispiel wird in Bild 6.17 aufgrund der Methodenwahl *Mischverbund* schon festgelegt, daß beide Eingabeströme nach dem Verbundattribut *Anr* sortiert sein müssen. In ähnlicher Weise muß für alle Binär-PO (etwa Verbund, GET, UNION) gelten, daß beide Eingabeströme am gleichen Ort verfügbar sind. Um dies zu gewährleisten, gibt es besondere Plangenerierungsregeln, die aufgrund ihrer Verwendung im folgenden *Ergänzungsregeln*, kurz *E-Regeln*, genannt werden. Diese E-Regeln werden mit der gleichen Syntax und Semantik dargestellt wie die anderen Plangenerierungsregeln auch. Letztere heißen zur besseren Unterscheidung einfach *Transformationsregeln* oder kurz *T-Regeln*.

Ergänzungsregeln garantieren die Anwendbarkeit von Transformationsregeln und erzeugen weitere Alternativen

Durch Einsatz der E-Regeln werden meistens zusätzliche alternative Pläne generiert. Für das Beispiel in Bild 6.17 können durch Einsatz der E-Regeln zur Angleichung der Sortierordnung und des Ortsparameters weitere Alternativpläne für den äußeren Eingabestrom des Verbund-PO generiert werden. Dies ist in Bild 6.19 dargestellt.

In dem Beispiel in Bild 6.19 wird davon ausgegangen, daß die Basistabelle *PERS* unsortiert und nur am Ort 'F' verfügbar (gespeichert) ist. Für diese Basistabelle gibt es dort zusätzlich eine Index-Struktur über dem Attribut *Anr*. Durch die Parametrisierung des JOIN-PO existieren folgende Festlegungen: als Verbundmethode wurde der Mischverbund bestimmt, und Ort der Verbundberechnung ist 'KL'. Daraus ergibt sich als direkte Konsequenz, daß beide Eingabeströme gemäß dem Verbundattribut *Anr* sortiert und zudem am Operationsort (KL) verfügbar sein müssen. Durch Anwen-

---

[*] Im wesentlichen geschieht diese Anpassung durch ein Überschreiben (engl. overriding) der ererbten Eigenschaftsfunktion in der jeweiligen Sub-Klasse.

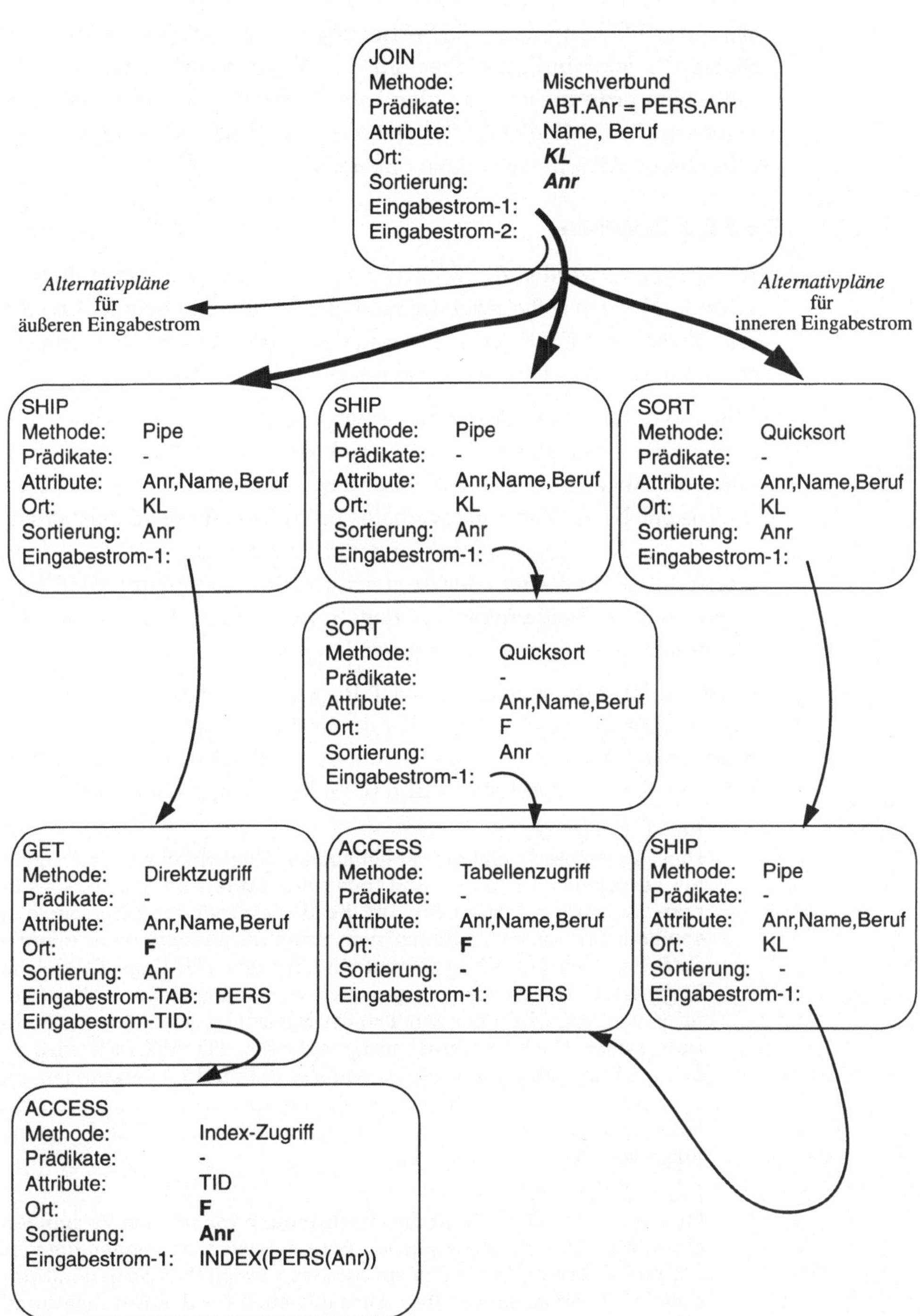

Bild 6.19: Ergänzter Ausführungsplan zu Anfrage 1 auf Seite 35

dung entsprechender E-Regeln und damit durch Hinzufügen bestimmter PO kann dann die Sortierung (entweder direkt durch den SORT-PO oder indirekt über ein TID-Zugriffsverfahren, welches auf einem ordnungserhaltenden Index basiert) und auch die Ortseigenschaft (SHIP-PO) erfüllt werden. In Bild 6.19 sind die verschiedenen Alternativen dazu angegeben.

6.3.2.4 Beispiele

Im folgenden werden die wichtigsten Plangenerierungsregeln vorgestellt. Hierbei soll ein relationales AES zugrunde liegen, d.h., die ausführbaren AES-Funktionen und damit die PO sind im wesentlichen die in Kapitel 3 beschriebenen relationalen Operatoren.

Klassen von Plangenerierungsregeln: T-Regeln und E-Regeln

Wie im vorstehenden Abschnitt schon erwähnt, unterscheidet man zwei große Klassen von Plangenerierungsregeln. Zum einen sind das die T-Regeln, die ausschließlich Transformationen durchführen und dabei Nicht-Terminalsymbole durch Terminalsymbole ersetzen. Die andere Gruppe von Plangenerierungsregeln, die E-Regeln, dienen einzig und allein der Angleichung und Ergänzung von Planeigenschaften. Beide Arten von Regeln werden mit den gleichen Beschreibungsmechanismen dargestellt.

In Bild 6.20 sind die wichtigsten T-Regeln zur Plangenerierung zusammengestellt. Dabei werden nur die hier wichtigen Parameter angegeben. Im folgenden sollen die einzelnen Regeln (in der Reihenfolge ihres Auftretens in Bild 6.20) kurz besprochen werden:

wichtigsten Transformationsregeln

- Regel: *T-Zugriff*
  Diese Regel beschreibt die verschiedenen Möglichkeiten zum Zugriff auf gespeicherte Tabellen und Index-Strukturen. Hierbei ist der direkte Zugriff (PO ACCESS) auf die Basistabelle zu unterscheiden von dem TID-basierten Zugriffsverfahren (Kombination der PO ACCESS für den Index-Zugriff und GET für den TID-Zugriff). Welche Zugriffsfunktionen wirklich generiert und später dann auch ausgeführt werden, wird über den Typ der Speicherungsstruktur (z.B. B-Baum oder Hash-Struktur) festgelegt. Der PO ACCESS wird in diesem Sinne als generische (polymorphe) Funktion verstanden, da er Index-Scan und Tabellen-Scan subsumiert (s. Abschnitt 3.1). Mit Hilfe dieser Regel läßt sich der Tabellenoperator ACCESS (in eine Folge von PO) transformieren.

- Regel: *L-Verbund*
  Hier wird der PO JOIN für die Beschreibung von lokalen Verbunden eingesetzt. Durch entsprechende Parametrisierung können die verfügbaren Verbundmethoden spezifiziert werden. Die Schleifeniteration *SI* ist immer anwendbar. Dies gilt auch für den Mischverbund *MV*, allerdings setzt dieser eine Sortierung der beiden Eingabeströme voraus. Diese vom PO benötigten Eigenschaften werden den

$$T\text{-}Zugriff\,(P, A, OS) \;=\; \begin{cases} \textbf{ACCESS}(OS, P, A) & \text{für alle sp-str} \in S(OS) \\ \textbf{GET}(OS, P, A, \textbf{ACCESS}(ind, P, A)) & \text{für alle ind} \in I(OS) \end{cases}$$

$$L\text{-}Verbund\,(P, A, OS1, OS2)=\begin{cases} \textbf{JOIN}(SI, P, A, T\text{-}Zugriff\,(P1, A1, OS1)\;\; T\text{-}Zugriff\,(P2, A2, OS2)) \\ \textbf{JOIN}(MV, P, A, T\text{-}Zugriff(P1, A1, OS1)[S]\;\; T\text{-}Zugriff(P2, A2, OS2)[S]) \\ \textbf{JOIN}(HV, P, A, T\text{-}Zugriff\,(P1, A1, OS1)\;\; T\text{-}Zugriff(P2, A2, OS2)) \end{cases}$$

$$F\text{-}Verbund\,(P, A, O, OS1, OS2) = \big\{\, L\text{-}Verbund\,(P, A, OS1[O], OS2[O]) $$

$$P\text{-}Verbund\,(P, A, OS1, OS2) = \begin{cases} L\text{-}Verbund\,(P, A, OS1, OS2) & \text{IF } Ort(OS1)=Ort(OS2) \\ F\text{-}Verbund\,(P, A, O, OS1, OS2) & \text{sonst, für alle Orte } O \end{cases}$$

$$Start\text{-}Verbund\,(P, A, OS1, OS2) = \begin{cases} P\text{-}Verbund\,(P, A, OS1, OS2) \\ P\text{-}Verbund\,(P, A, OS2, OS1) \end{cases}$$

Legende:

Ort(OS)	Wert des Ortsparameters von OS	S(OS)	alle Speicherungsstrukturen von OS
O	Parameter Ort	*SI*	Schleifeniteration
S	Parameter Sortierordnung	*MV*	Mischverbund
I(OS)	alle Index-Strukturen von OS	*HV*	Hash-Verbund

Bild 6.20: T-Regeln zur Generierung von Zugriffsplänen

Herleitungen für die Eingabeströme in eckigen Klammern ([...]) angefügt und müssen bei der Generierung der Zugriffspläne durch Anwendung entsprechender E-Regeln (s.u.) berücksichtigt werden. Für den Mischverbund ist das der Sortierungsparameter *S*. Falls die Verbundspezifikation gewisse Bedingungen[*] (z.B. das Verbundattribut ist ein 'hash'-bares Attribut) erfüllt, so kann auch der Hash-Verbund *HV* eingesetzt werden.

- Regel: *F-Verbund*
  Diese Regel sorgt durch die Vorgabe des Ortsparameters dafür, daß die beiden durch einen lokalen Verbund zu verknüpfenden Eingabeströme *OS1* und *OS2* am gleichen Ort *O* verfügbar sind. Damit wird der Fern-Verbund (engl. remote join) in einen lokalen Verbund transformiert. Mögliche sinnvolle Erweiterungen wären etwa die Verwendung von alternativen Verbundstrategien, die etwa auf dem Semiverbund oder dem Bitfiltern aufbauen. Hierzu müßten dann evtl. neue PO und entsprechende Generierungsregeln hinzugefügt werden.

- Regel: *P-Verbund*
  In dieser Regel wird durch Auswertung des Ortsparameters entschieden, ob für die weitere Plangenerierung ein *F-Verbund* oder ein *L-Verbund* benötigt wird.

---

[*] Auf das Eintragen dieser Bedingungen in die Plangenerierungsregel in Bild 6.20 wurde aus Gründen der Übersichtlichkeit verzichtet.

- Regel: *Start-Verbund*
  Dies ist die Ausgangsregel für die Generierung von Plänen für die
  Verbundoperation, d.h. zur Transformation des Tabellenoperators
  SELECT. Hier werden auch die möglichen Variationen für äußeren
  und inneren Objektstrom berücksichtigt. Diese werden als Verbund-
  permutationen (*P-Verbund*) bezeichnet.

Weitere T-Regeln wie z.B. zum Materialisieren von Zwischenergebnissen oder zum dynamischen Aufbau von Index-Strukturen sind
einfach hinzuzufügen [Lo88]. Hier ist prinzipiell in ähnlicher Weise
vorzugehen, wie oben beispielhaft für alternative Verbundstrategien (basierend auf Semiverbund bzw. Bitfiltern) beschrieben
wurde. Auf die Darstellung der T-Regeln zur Umsetzung der anderen Tabellenoperatoren (etwa der Mengenoperatoren oder der Manipulationsoperatoren) wurde verzichtet, da in diesen Fällen eine
weitestgehende direkte Ersetzung des Tabellenoperators durch den
entsprechenden Planoperator stattfindet.

wichtigsten Er-
gänzungssregeln

In Bild 6.21 sind einige wichtige E-Regeln zusammengestellt. Wie
schon bei der Beschreibung der T-Regeln in Bild 6.20 sind hier auch
nur die wichtigsten Parameter angegeben, die auch für die nachfolgende Diskussion der Regeln benötigt werden. Die ersten vier Regeln in Bild 6.21 benutzen entsprechende PO (SHIP, SORT, STORE
und INDEX[*]), um die geforderten Eigenschaften des betreffenden
OS zu gewährleisten. Diese Regeln werden als Alternativen in der
E-Regel geführt und abhängig von den geforderten (und noch nicht
erfüllten) Eigenschaften des Beschreibungsvektors *Bvek* eingesetzt. Die *E-Regel* ist eine rekursive Regel. Dies ist notwendig, da
zum einen in jeder Anwendung der *E-Regel* immer nur genau eine
der geforderten Eigenschaften durch Anwendung der entsprechenden Alternativen erfüllt wird, d.h., durch wiederholtes Anwenden
der *E-Regel* werden dann nacheinander alle geforderten Eigenschaften garantiert. Diese Situation ist in unserem Beispiel aus
Bild 6.19 gegeben, da dort sowohl der Ortsparameter als auch die
Sortierung anzupassen sind. Der andere wichtige Grund für die
rekursive Schreibweise ist die Notwendigkeit, alle sinnvollen Her-

rekursive
Schreibweise der
E-Regel ist eine
elegante Me-
thode zur Gene-
rierung aller Er-
gänzungen und
Alternativen

leitungen generieren zu können. Hierzu sind alle möglichen PO-
Kombinationen zu generieren, die zur Erfüllung der geforderten Ei-
genschaften beitragen. Zum Beispiel bedeutet dies für den Plan in
Bild 6.19, daß sowohl die PO-Folge 'SHIP(SORT ...) ...)' als auch
'SORT(SHIP ...) ...)' betrachtet werden. Die rekursive Schreibweise
stellt sich dabei als adäquates Ausdrucksmittel dar. Die Rekursion

---

[*]   Der Planoperator INDEX generiert für den gegebenen Eingabestrom die
      spezifizierte Indexstruktur.

stoppt, wenn alle im Beschreibungsvektor *Bvek* geforderten Eigenschaften vom betreffenden Objektstrom und damit auch von dem Plan, der den Objektstrom erzeugt, erfüllt sind. Dies wird in der *E-Regel* dadurch ausgedrückt, daß es eine Alternative gibt, die nicht mehr rekursiv die *E-Regel* aufruf, sondern den Objektstrom (bzw. den Plan, der den Objektstrom erzeugt) unverändert läßt.

$$Ort\text{-}Regel\ (OS,\ O) = \{\,\mathbf{SHIP}(OS,\ O)$$

$$Sort\text{-}Regel\ (OS,\ S) = \{\,\mathbf{SORT}(OS,\ S)$$

$$Speicher\text{-}Regel\ (OS,\ temp) = \{\,\mathbf{STORE}(OS,\ temp)$$

$$Index\text{-}Regel\ (OS,\ ind) = \{\,\mathbf{INDEX}(OS,\ ind)$$

$$E\text{-}Regel\ (OS,\ Bvek) = \begin{cases} OS & \text{IF alle Beding. } b \in Bvek \text{ erfüllt} \\[4pt] E\text{-}Regel\ (Ort\text{-}Regel\ (OS,\ O)) & \text{IF Ort(OS)} \neq O \text{ und } O \in Bvek \\[4pt] E\text{-}Regel\ (Sort\text{-}Regel\ (OS,\ S)) & \text{IF Sort(OS)} \neq S \text{ und } S \in Bvek \\[4pt] E\text{-}Regel\ (Speicher\text{-}Regel\ (OS,\ temp)) & \text{IF NOT(Mat(OS)) und } temp \text{ ist Speicherungsstruktur-Typ} \\[4pt] E\text{-}Regel\ (Index\text{-}Regel\ (OS,\ ind)) & \text{IF NOT}(ind \in I(OS)) \text{ und } ind \text{ ist Zugriffspfadstruktur-Typ} \end{cases}$$

Legende:

Ort(OS)	Wert des Ortsparameters von OS	Sort(OS)	Wert des Sortierparameters von OS
O	Parameter O	Mat(OS)	Wert des Param. Materialisierung von OS
S	Parameter Sortierordnung	I(OS)	alle Index-Strukturen von OS

Bild 6.21: E-Regeln zur Berücksichtigung von gesetzten Parameterbelegungen

6.3.2.5 Arbeitsweise des Regelinterpreters

Im folgenden soll die Komponente zur Plangenerierung vorgestellt werden. Diese besteht im wesentlichen aus einem Regelinterpretierer, der die zuvor beschriebenen T- und E-Regeln zur Plangenerierung anwendet, um einen Tabellenoperator (aus dem gegebenen AG) in eine Folge von PO zu transformieren. Dabei ist es wichtig, alle sinnvollen und unterscheidbaren Pläne zu generieren.

Zur effizienten Durchführung dieser Maßnahmen benötigt der Regelinterpretierer die folgenden vier Datenstrukturen:

Datenstrukturen der Plangenerierung

- *Regel-IS*
  Diese Datenstruktur speichert die Plangenerierungsregeln in einer Interndarstellung. Alle Regeln werden in einer Liste verwaltet. Ein Listenelement zeigt auf alle alternativen Vervollständigungen der betreffenden Regel. Jede solche Alternativenbeschreibung besteht aus Verweisen auf andere Regeln oder PO und enthält zusätzlich noch einen Verweis auf die zugehörige Bedingungsfunktion, die als übersetzte C-Funktion vorliegt und die Anwendbarkeit der betreffenden Alternativen testet.

- *Best-Plan*
  Mit dieser Datenstruktur werden die besten der bislang generierten
  Pläne verwaltet. Falls Pläne generiert werden, deren Ergebnis-
  ströme genau gleiche Beschreibungsvektoren haben und sich nur im
  berechneten Kostenschätzwert unterscheiden, so wird immer nur
  der kostengünstigste vermerkt.

- *Aufrufstruktur*
  Hier werden die bisher angewandten Plangenerierungsregeln vermerkt. Als Datenstruktur wird eine Baumdarstellung gewählt.
  Damit lassen sich sowohl die generierten Alternativen als auch die
  noch durchzuführenden Verfeinerungen bzw. Vervollständigungen
  durch weitere Regelanwendungen übersichtlich darstellen.

- *Arbeitsliste*
  Die *Arbeitsliste* ist eine Liste bestehend aus Verweisen auf noch zu
  vervollständigende Pläne, die in der Aufrufstruktur enthalten sind.
  Diese Verweise zeigen auf solche Knoten in der *Aufrufstruktur*, die
  noch Nicht-Terminalsymbole beschreiben. Die Reihenfolge in der
  Arbeitsliste wird über den Regeln zugeordnete Prioritäten organisiert. Damit wird auch die Reihenfolge der Regelanwendungen gesteuert. Durch Änderung der Regelprioritäten läßt sich diese Regel-
  evaluierungsreihenfolge sehr einfach korrigieren.

Die letzten beiden beschriebenen Datenstrukturen sind im Gegensatz zu den ersten beiden nur temporär. Sie werden jeweils nur für
die Transformation eines Tabellenoperators benutzt und zu Anfang
einer neuen Transformation jeweils neu initialisiert.

Phasen der
Plangenerierung

Unter Verwendung dieser Datenstrukturen arbeitet der Regelinterpretierer in folgenden vier Phasen:

(1) Initialisierung der Regelanwendung
    Die beiden temporären Datenstrukturen *Arbeitsliste* und *Aufruf-*
    struktur werden initialisiert. Dazu wird in die *Arbeitsliste* die entspre-
    chend parametrisierte Startregel zur Transformation eines gegebe-
    nen Tabellenoperators eingetragen; die *Aufrufstruktur* ist im Gegen-
    satz dazu leer. Es wird davon ausgegangen, daß die anderen beiden
    langfristigen Datenstrukturen schon beim Start des Anfrageprozes-
    sors bzw. des Regelinterpretierers (aus dem DB-Katalog) geladen
    wurden.

(2) Generierung der Alternativpläne
    Die Generierung der Alternativpläne geschieht durch schrittweise
    Reduktion der Nicht-Terminalsymbole durch PO. Dazu arbeitet der
    Regelinterpreter in dieser Phase wie ein Makroprozessor und inner-
    halb einer Iterationsschleife. In jedem Iterationsschritt werden nach-
    einander folgende Aktionen ausgeführt: Das Element mit der höch-
    sten Priorität wird aus der *Arbeitsliste* entfernt und der durch dieses
    Element referenzierte Knoten der *Aufrufstruktur* wird evaluiert. Die-
    se Evaluation bedeutet im wesentlichen die Durchführung einer Ma-
    kroexpansion, wobei das Makro nun die Plangenerierungsregel ist,
    auf die durch das Nicht-Terminalsymbol im Knoten verwiesen wird.
    Dabei wird dieser Knoten durch (eine Liste) aller anwendbaren alter-

nativen Vervollständigungen ersetzt. Für diese Reduktion des Nicht-Terminalsymbols wird die Datenstruktur *Regel-IS* benötigt, da dort zum einen alle Alternativen zu einer Regel und zum anderen auch alle Bedingungsfunktionen beschrieben sind. Das Eintragen einer anwendbaren Ersetzung bedeutet, für jedes weitere Nicht-Terminalsymbol und Terminalsymbol (PO) einen neuen Knoten in der *Aufrufstruktur* anzulegen. Damit die Nicht-Terminalsymbole in einem nächsten Iterationsschritt zu Terminalen reduziert werden, sind entsprechende Verweise in die *Arbeitsliste* an der durch die zugeordnete Priorität festgelegten Stelle einzutragen. Bei dieser Reduktion werden die Parameter entsprechend der Plangenerierungsregel substituiert. Nachdem schließlich alle Nicht-Terminalsymbole vollständig reduziert sind, enthält die *Aufrufstruktur* alle bislang generierten Alternativpläne, die jeweils aus Folgen von PO-Knoten bestehen.

(3) Bestimmung der Planeigenschaften
Zur Bestimmung der Planeigenschaften sind die generierten PO in ihrer späteren Evaluierungsreihenfolge zu betrachten. Dazu wird von den Blattknoten der *Aufrufstruktur* ausgegangen und nacheinander für jeden PO dessen Eigenschaftsfunktion aufgerufen und so schließlich der Beschreibungsvektor (und damit auch kumulativ die Kostenschätzung) des Ergebnisstroms für den betreffenden Plan bestimmt. Nachdem auf diese Weise die Beschreibungsvektoren aller Alternativpläne berechnet sind, werden diese Pläne in die Liste *Best-Plan* eingetragen, sofern für einen Plan kein günstigerer äquivalenter Plan schon in der Liste existiert.

(4) Freigeben der temporären Datenstrukturen
Damit ist die alternative Plangenerierung für diesen Tabellenoperator abgeschlossen, und die temporären Datenstrukturen *Arbeitsliste* und *Aufrufstruktur* können gelöscht werden.

Die Kontrolle geht dann wieder zurück auf die (oberste Ebene der) Komponente Planoptimierung (s. Abschnitt 6.3.3 und Abschnitt 6.3.4). Dort wird der nächste zu transformierende Tabellenoperator ausgewählt. Auf diese Weise werden nacheinander alle Tabellenoperatoren eines gegebenen AG in alternative Pläne umgesetzt.

Die hier beschriebene Arbeitsweise des Regelinterpretierers zur Plangenerierung kann anhand Bild 6.19 leicht nachvollzogen werden. Dort sind zwei alternative Pläne dargestellt für den Zugriff auf die Basistabelle *PERS*. Diese Alternativpläne wurden erzeugt durch Anwendung der T-Regel *T-Zugriff*, beschrieben in Bild 6.20. Um die vom JOIN-PO geforderten Planeigenschaften für den Eingabestrom zu erfüllen, werden die E-Regeln benutzt. Die *E-Regel* erzeugt einmal den PO SHIP zur Angleichung des Ortsparameters und durch mehrfache Iterationen im Regelinterpretierer (aufgrund des rekursiven Aufrufs der *E-Regel* und wegen des Fehlens sowohl der Orts- als auch Sortierungseigenschaft) die beiden Kombinationen der PO SHIP und SORT.

Beispiel zur Plangenerierung

6.3.2.6 Zusammenfassung

Die hier vorgestellte Konzeption zur Plangenerierung zeichnet sich
einerseits durch ihre Erweiterbarkeit und andererseits durch ihre
Einfachheit und damit auch Effizienz aus. Eine wesentliche Grundlage dazu ist der bereitgestellte Formalismus zur expliziten Beschreibung von Herleitungen und auch alternativen Herleitungen.
Durch das Hinzu- bzw. Wegnehmen von einzelnen Vervollständigungen kann die Alternativenherleitung einfach verändert werden.
Durch die Hinzunahme neuer Nicht-Terminalsymbole und zugehöriger Grammatikproduktionen können sehr einfach neue Herleitungsregeln gezielt in die Plangenerierung eingebaut werden; gleiches gilt natürlich auch für die Wegnahme einzelner Produktionen
bzw. deren Änderung. Andere, unabhängige Herleitungspfade sind
von diesen Änderungen nicht beeinflußt. Dies wiederum ist sehr
wichtig für den inkrementellen Aufbau und Test der Plangenerierungsregeln. Das Hinzufügen von neuen PO ist ebenfalls sehr
einfach. Zusätzlich zur Installation der entsprechenden ausführbaren Funktion im AES muß die PO-spezifische Eigenschaftsfunktion
bereitgestellt werden. Diese ist dann etwa als übersetzte C-Funktion zusammen mit dem PO und den ihn benutzenden Plangenerierungsregeln in die Datenstrukturen des Regelinterpretierers einzutragen.

*Plangenerierung
basierend auf
Grammatikre-
geln und Inter-
pretationsansatz
zeigt Effizienz
und hohes Maß
an Erweiterbar-
keit*

Durch die Verwendung von Grammatikproduktionen können sowohl die Alternativenherleitung als auch die Verkettung (und Anwendbarkeit einer Produktionsregel) explizit beschrieben und in
den Grammatikproduktionen kodiert werden. Zum einen wird die
Alternativenherleitung auf natürliche Weise in Form von alternativen Vervollständigungen in die Transformationsregeln integriert.
Zum anderen wird die Anwendbarkeit einer Grammatikproduktion
im wesentlichen durch das Auftreten des entsprechenden Nicht-
Terminalsymbols in dem zu vervollständigenden Ausdruck festgelegt. Dies wird auch in erheblichem Maße dadurch unterstützt, daß
die Plangenerierungsregeln eigentlich Kompositionsregeln darstellen, die die durchzuführende Transformation als Komposition von
anderen Regeln (repräsentiert durch deren Nicht-Terminalsymbol)
und/oder PO beschreiben. Der große Nutzen davon ist, daß sowohl
die Bestimmung der Konfliktmenge (Menge aller anwendbaren
Produktionen/Regeln) und die Konfliktlösungsstrategie sehr einfach und effizient werden (s. allg. Bemerkungen zur regelbasierten
Verarbeitung in Abschnitt 6.2.2).

Diese Art der Regeldarstellung und diese Vorgehensweise zur Plangenerierung wurden mit kleinen Abwandlungen im Planoptimierer von STARBURST realisiert und in [Lo88, LFL88, OL90] ausführlich beschrieben. Die dort gemachten Erfahrungen haben gezeigt, daß dieses Konzept basierend auf Grammatikregeln und Interpretationsansatz effizient zu realisieren und auch praktisch einsetzbar ist. Dies wird in eindrucksvoller Weise dadurch demonstriert, daß diese Technologie mittlerweile auch in kommerziellen DBS eingebaut ist. Natürlich sind auch andere Realisierungsansätze möglich. Zum Beispiel kann man, anstatt einen Regelinterpretierer zu verwenden und die Plangenerierungsregeln jeweils zu interpretieren, die Plangenerierungsregeln auch direkt in ausführbaren Code übersetzen und damit sozusagen einen Planoptimierer generieren. Dieser Ansatz wird etwa in EXODUS [GD87] und VOLCANO [Gr89b] verfolgt. In anderen Systemen bzw. Konzeptionen zur Plangenerierung wurden z.T. auch andere Arten der Regeldarstellung vorgeschlagen bzw. am System ausprobiert. Zum Beispiel benutzen [Fr87b] und [Bat88] eine mehr funktionsbasierte (LISP-ähnliche) Schreibweise für die Transformationsregeln.

prinzipielle Übereinstimmung mit dem STARBURST-Planoptimierer

andere Realisierungsansätze

6.3.3 Suchstrategie

Um die konkrete Aufgabe der Suchstrategie zu verstehen, muß zuerst ein Gesamtverständnis für den prinzipiellen Ablauf der Anfragetransformation gegeben werden. Dazu dient der nachfolgende Unterabschnitt. In den restlichen Unterabschnitten werden dann wichtige Klassen von Suchstrategien beschrieben und deren Charakteristika aufgezeigt.

6.3.3.1 Vorgehensweise zur Planoptimierung

Im vorigen Abschnitt 6.3.2 wurde die Plangenerierung beschrieben, deren Einsatzbereich sich auf die Erzeugung einer Menge von Alternativplänen für einen gegebenen Tabellenoperator beschränkt. Jeder so generierte Plan unterscheidet sich in mindestens einer Eigenschaft des durch ihn bestimmten Ausgabestroms von den Eigenschaften der Ausgabeströme der anderen Pläne. Bei sonst gleichen Eigenschaften wird immer der kostengünstigste übernommen[*]. Die Plangenerierung wurde als 'top-down'-Ansatz beschrieben, die ausgehend von einem gegebenen Tabellenoperator

---

[*] Dieser Aspekt wird weiter unten im Rahmen der Suchstrategie-Diskussion aufgegriffen und als eigenes Strategiekonzept (dynamisches Programmieren) detailliert.

einen Plan, bestehend aus einer Folge von Planoperatoren, schrittweise durch Ersetzen von Nicht-Terminalsymbolen generiert. Dieser Ersetzungsprozeß wird jeweils durch eine entsprechende Startregel eingeleitet (z.B. für den ACCESS-Tabellenoperator ist die Regel *T-Zugriff* die Startregel, und für den Tabellenoperator SELECT ist es die Regel *Start-Verbund*). Dabei (insbesondere bei der Generierung von Plänen für einen Verbund) wird auf schon generierte Pläne, die alle in der Datenstruktur *Best-Plan* verwaltet werden, wenn immer möglich zurückgegriffen. Dies wird insbesondere durch die *E-Regeln* garantiert.

Um nun für eine gegebene Anfrage, bestehend aus einem AG mit mehreren Tabellenoperatoren einen (oder auch eine Menge von alternativen) AEP zu bestimmen, ist es notwendig, alle Tabellenoperatoren in Pläne umzusetzen und diese in geeigneter Weise miteinander zu verknüpfen. Dazu wird innerhalb der Planoptimierung ein übergeordneter Algorithmus bereitgestellt, der diese Aufgabe durch entsprechende Aufrufe der Plangenerierung durchführt und somit die gesamte AEP-Generierung steuert. Dieser übergeordnete Algorithmus realisiert die in Bild 6.16 gezeigte Problemlösungsstrategie bestehend aus Suchstrategie und Kostenabschätzung. Im wesentlichen wird im Rahmen der Suchstrategie festgelegt, für welche Situationen überhaupt Pläne zu generieren sind, und die Kostenabschätzung dient der Bewertung der aktuellen Situation und damit der (frühzeitigen) Erkennung einer Ziel- bzw. Terminierungssituation.

Im Gegensatz zur Plangenerierung arbeitet der übergeordnete Algorithmus der Planoptimierung 'bottom-up' (induktiv). Das heißt, ausgehend von schon generierten Plänen für Teilgraphen des zu betrachtenden AG werden Pläne für größere Teilgraphen kombiniert und so schrittweise alle Tabellenoperatoren durch Pläne ersetzt. Diese Iteration beginnt bei den Zugriffsplänen auf die Basisrelationen und endet bei den Alternativplänen, deren Ausgabeströme genau das Anfrageergebnis beschreiben. Im folgenden soll dieser übergeordnete Algorithmus der Planoptimierung, der eine systematische Plangenerierung durchführt und im wesentlichen aus der Suchstrategie besteht, näher betrachtet und durch konkrete Strategien bzw. Strategieklassen beschrieben werden.

Für die nachfolgenden Betrachtungen konzentrieren wir uns auf die lesenden Anfragen[*]. Als direkte Konsequenz davon kommen in dem von der Anfragerestrukturierung bereitgestellten optimierten AG im wesentlichen nur Operatoren zum Tabellenzugriff (AC-

CESS) oder zum Verbund inklusive Projektion und Selektion (SE-LECT) vor[*]. Für dieses beschränkte Szenario gibt es einige Gründe. Zum einen ist der Prozentsatz an lesenden Anfragen sehr hoch und zum anderen verbergen sich (teilweise gerade deshalb) hinter diesen beiden Tabellenoperatoren sehr viele Planoperatoren mit recht unterschiedlichen Eigenschaften aufgrund der vielen unterschiedlichen Implementierungsmethoden (s. Kapitel 3). Insbesondere für den Verbund gibt es ein reichhaltiges Sortiment an unterschiedlichsten PO-Implementierungen, die auf die verschiedensten Einsatzbereiche zugeschnitten sind.

Da es das erklärte Ziel der Anfragerestrukturierung ist, eine möglichst deklarative Ausdrucksform (s. Abschnitt 6.2) und damit 'flache' AG für eine erschöpfende Planoptimierung zu erzeugen, beschreiben die SELECT-Tabellenoperatoren meistens Mehrwegverbunde[**]. Da jedoch auf der Seite der Planoptimierung fast ausschließlich binäre JOIN-PO zur Verfügung stehen, müssen die Mehrwegverbunde in Folgen von Binärverbunden zerlegt werden, um Pläne für solche SELECT-Tabellenoperatoren zu bekommen. Die richtige Wahl dieser Verbundreihenfolge ist entscheidend für die Effizienz des resultierenden (Anfrageevaluierungs-)Plans. Diese Zerlegung in Binärverbunde und (damit auch) die Festlegung der Verbundreihenfolge sind die zentralen Aspekte, die durch eine entsprechende Suchstrategie festgelegt werden. Aufgrund dieser Aspekte ergibt sich als zentrale Problemstellung für die Suchstrategie innerhalb der Planoptimierung: den Suchraum möglichst klein zu halten, jedoch groß genug, so daß die optimale Verbundreihenfolge darin enthalten und auch zu finden ist.

Suchstrategie muß den Suchraum möglichst klein halten, jedoch groß genug, so daß die optimale Verbundreihenfolge darin gefunden wird

Für die Vorgehensweise zur Planoptimierung unter Einbeziehung der Plangenerierung und der steuernden Suchstrategie ergibt sich damit folgender abstrakte Arbeitsplan:

---

[*]   Eine Anpassung auf den allgemeinen Fall, der auch andere Tabellenoperatoren (etwa Mengen- oder Manipulationsoperatoren) involviert, ist sehr einfach möglich und wird aus diesem Grunde dem interessierten Leser überlassen. Die Einfachheit begründet sich auf der Tatsache, daß in diesen Fällen die Tabellenoperatoren sehr direkt in Planoperatoren umzusetzen sind.

[*]   Gruppierung und Aggregation können ebenfalls einfach angepaßt werden.

[**] Flache AG erlauben viele verschiedene Verbundmöglichkeiten zu betrachten, wodurch sich einerseits der Suchraum vergrößert, andererseits sich aber auch die Chancen verbessern, daß sich in diesem erweiterten Suchbereich günstigere Pläne bzw. der optimale Plan befinden.

(1) Generierung der alternativen Zugriffspläne für die ACCESS-Tabellenoperatoren (Blattknoten des AG). Hierzu wird die Plangenerierung mit der entsprechend parametrisierten Startregel *T-Zugriff* aufgerufen. Alle generierten Alternativpläne werden (zur weiteren Verwendung für die umfassenden Pläne) in der Datenstruktur *Best-Plan* verwaltet.

(2) Generierung der Alternativpläne für die SELECT-Tabellenoperatoren. Hierbei wird im AG von unten nach oben fortgeschritten, d.h., der Wurzel-Tabellenoperator kommt zum Schluß an die Reihe. Zur Transformation eines SELECT-Tabellenoperators werden folgende Schritte angewendet:

- Festlegung der zu betrachtenden Binärverbunde durch die Suchstrategie

- Generierung der Alternativpläne für die gewählten Binärverbunde. Hierzu wird die Plangenerierung mit der entsprechend parametrisierten Startregel *Start-Verbund* aufgerufen.

- Kombination der schon berechneten Pläne bis schließlich die Pläne für den geforderten Mehrwegverbund generiert sind.

Auf diese Weise werden schließlich Alternativpläne für den Wurzel-Tabellenoperator generiert. Diese sind hinsichtlich des gegebenen AG vollständig und repräsentieren daher die gesuchten AEP für die gegebene Anfrage.

(3) Aufgrund der mitgeführten Kostenabschätzung kann nun der kostengünstigste AEP für die spätere Ausführung bestimmt werden. Damit ist die Planoptimierung für den zugehörigen AG bzw. die gegebene Anfrage abgeschlossen, und die Datenstruktur *Best-Plan* kann gelöscht werden. Lediglich die Datenstruktur *Regel-IS* zur Speicherung der Plangenerierungsregeln kann beibehalten und für nachfolgende Planoptimierungen verwendet werden.

Nachdem nun die übergeordnete Vorgehensweise und damit auch das Zusammenspiel mit der Plangenerierung skizziert wurde, kann in den nun folgenden Unterabschnitten auf die eigentlichen Suchstrategien und deren Charakteristika eingegangen werden.

6.3.3.2 Charakterisierung von Suchstrategien für die Planoptimierung

Aufgrund der bisherigen Diskussionen ist deutlich geworden, daß die Suchstrategie die treibende Kraft (der Motor) in der Planoptimierung darstellt. Sie bestimmt, für welche logischen Operatoren (Zugriffsoperatoren oder Binärverbunde) Pläne von der Plangenerierung bereitzustellen sind, wählt die (hinsichtlich der Eigenschaften und insbesondere der Kosten) interessanten aus und steuert so den gesamten Prozeß der Planoptimierung. Das eigentliche Suchproblem konzentriert sich dabei auf die (systematische) Bestimmung von Verbundreihenfolgen, und die Größe des potentiell zu betrachtenden Suchraums ergibt sich aus der Anzahl der möglichen Verbundreihenfolgen. Für einen N-ären Verbund (auf demselben Wertebereich) bedeutet dies einen Suchraum der Größe N! (N Fakultät), da es N! verschiedene Permutationen zur Anordnung von N Verbunden gibt.

Die eigentliche Suche, die von einer Suchstrategie organisiert wird, läßt sich durch folgende allgemeine Eigenschaften charakterisieren:

Charakterisierung von Suchstrategien

- *Terminierungskriterium*
  Hier wird festgelegt, wann die Suche (und damit auch die Planoptimierung) beendet ist.

- *Weitersuchkriterium*
  Mit diesem Kriterium wird spezifiziert, wie weitergesucht werden soll, falls mehrere Möglichkeiten sich ergeben.

- *Reduzierkriterium*
  Dieses Kriterium ermöglicht, bestimmte Situationen aus der weiteren Betrachtung auszuschließen. Damit wird der Suchraum entsprechend reduziert.

Im Gegensatz zu den anderen Kriterien, die notwendigerweise innerhalb einer Suchstrategie spezifiziert sein müssen, gilt das Reduzierkriterium als optional. Diese Aspekte werden in den im folgenden betrachteten Klassen von Suchstrategien noch eingehend diskutiert und auch demonstriert.

6.3.3.3 Enumerative Suchstrategien

Schon in Abschnitt 2.6.2.2 wurden die mit einer systematischen Enumeration arbeitenden Suchstrategien in folgende zwei Gruppen unterteilt: voll-enumerative Suchstrategien und beschränkt-enumerative Suchstrategien. Für beide Gruppen sollen hier nun die jeweils charakteristischen Strategien kurz skizziert werden.

Die erste Gruppe umfaßt die sog. *voll-enumerativen Suchstrategien*. Hier ist schon aus dem Namen zu ersehen, daß der gesamte Suchraum abgearbeitet wird. Das heißt, es gibt kein Reduzierkriterium, und die eigentliche Suchstrategie besteht darin, systematisch alle Elemente des Suchraums zu berücksichtigen. Dazu sind alle Permutationen zu bestimmen, d.h., sowohl das Weitersuch- als auch das Terminierungskriterium sind durch den Permutationsalgorithmus gegeben. In diesem Fall spricht man dann von dem sog. *Verbund-Enumerator* (engl. join enumerator), der durch einen Permutationsalgorithmus realisiert ist und nacheinander alle Verbundreihenfolgen als Permutationen aufzählt (enumeriert).

Verbund-Enumerator realisiert voll-enumerative Suchstrategie

"Finde Name und Beruf von Angestellten aus 'KL', an deren Wohnort sowohl eine Abteilung als auch ein Projekt etabliert ist."

```
SELECT    p.Name, p.Beruf
FROM      ABT a, PERS p, PROJ pj
WHERE     p.Wort = 'KL' AND          /* p1 */
          a.Aort = p.Wort AND        /* p2 */
          pj.Port = p.Wort;          /* p3 */
```

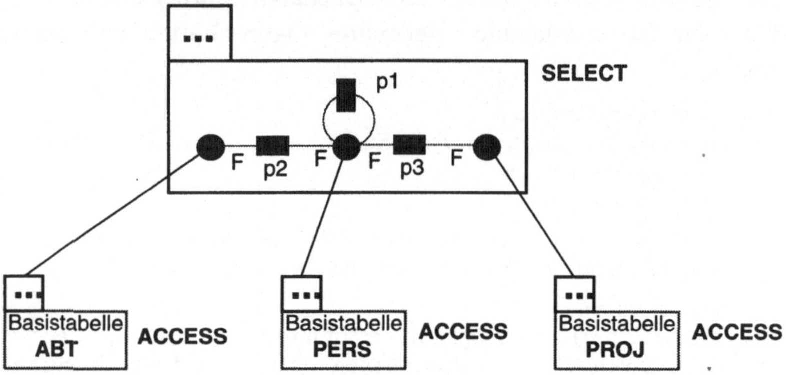

Bild 6.22: Anfragegraph zur Anfrage Q7 auf Seite 49

Am Beispiel der sehr einfachen Anfrage Q7 auf Seite 49 läßt sich die Vorgehensweise des Verbund-Enumerators demonstrieren. Die Ausgangssituation ist in Bild 6.22 dargestellt, einmal als SQL-Anfrage und das andere Mal in Form des zugehörigen AG als Ergebnis der Anfragerestrukturierung und damit als Eingabe für die Planoptimierung[*].

Beispiel zur Verbund-Enumeration

Diese Graphdarstellung illustriert anschaulich den 3-fach-Verbund in Form des SELECT-Tabellenoperators, und die Prädikatskanten visualisieren die beiden Verbundprädikate $p2$ und $p3$ sowie das lokale Selektionsprädikat $p1$. Der Verbund-Enumerator erzeugt für diese Anfrage die folgenden (insgesamt 3! = 6) unterschiedlichen Verbundreihenfolgen:

(1) ABT ∞ PERS ∞ PROJ   (4) PERS ∞ PROJ ∞ ABT

(2) ABT $\times$ PROJ ∞ PERS   (5) PROJ $\times$ ABT ∞ PERS

(3) PERS ∞ ABT ∞ PROJ   (6) PROJ ∞ PERS ∞ ABT

---

[*] Durch die in Abschnitt 2.5.2 beschriebene Vorgehensweise zur Hüllenbildung der Qualifikationsprädikate wird die Konstante *'KL'* auch in hinzugefügten lokalen Selektionsprädikaten der anderen Tabellenvariablen im AG auftauchen. Da dieser Aspekt für die Diskussion der Suchstrategien irrelevant ist, wird darauf verzichtet und der einfachere AG für die weiteren Betrachtungen verwendet.

Hierbei repräsentiert das Operationssymbol 'ｘ' das Kartesische Produkt und das Symbol '∞' den Verbundoperator. Vom Verbund-Enumerator sind natürlich auch die anzuwendenden Verbundprädikate zu bestimmen sowie etwaige Möglichkeiten (bzw. Beschränkungen, z.B. aufgrund von Korrelation), die Verbundoperanden (also die Eingabeströme) zu vertauschen. Für die 4-fach-Verbundoperation von Anfrage Q2 auf Seite 38 gäbe es insgesamt 24 (also 4!) zu berücksichtigende Verbundreihenfolgen. Für größere Mehrwegverbunde vergrößert sich der Suchraum entsprechend schnell, da die Fakultätsfunktion exponentielles Wachstum zeigt. Daher eignet sich diese Strategie im wesentlichen nur für kleine Mehrwegverbunde; in der Literatur [SACLP79, OL90] spricht man von einfachen Anfragen, die weniger als ca. 10 Relationen bzw. (Verbund-)Operationen involvieren. Der Verbund-Enumerator zählt bei 10 Relationen 10! = 3628800 unterschiedliche Verbundreihenfolgen auf. Für jede enumerierte Verbundreihenfolge ist dann ein AEP zu erstellen und dessen Kosten anschließend abzuschätzen. Der kostengünstigste wird schließlich zur späteren Ausführung bestimmt. Offensichtlich kann hierbei der in die Planoptimierung zu investierende Aufwand (in Form von Speicherplatz und Zeit) sehr schnell sehr groß werden, allerdings wird aufgrund der erschöpfenden Suche auch garantiert der optimale, also kostengünsigste AEP gefunden.

Aufwandsbetrachtungen zur voll-enumerativen Suche

Durch Beschränkungen des Suchraums bzw. der zu berücksichtigenden Elemente im Suchraum kann der Aufwand entscheidend reduziert werden. Diese Vorgehensweise charakterisiert die Gruppe der *beschränkt-enumerativen Suchstrategien*. Im Gegensatz zu oben werden hier nicht alle Permutationen enumeriert, sondern über eine entsprechende Parametrisierung des Verbund-Enumerators gezielt nur gewisse Verbundreihenfolgen erzeugt und andere, durchaus zulässige, dabei übergangen. Sinnvolle beschränkende Parameter bzw. Parametergruppen sind z.B. die folgenden:

beschränkt-enumerative Suchstrategien reduzieren bewußt den Suchraum

- Vermeiden bzw. Hinausschieben von Kartesischen Produkten
  Ein sehr effektives Kriterium entscheidet darüber, ob Kartesische Produkte in Betracht gezogen werden sollen. In obigem Beispiel kann vollends auf das Kartesische Produkt verzichtet werden, da alle zu verknüpfenden Tabellen über Verbundprädikate (s.u.) zusammenhängen (d.h., der Prädikatengraph im Rumpf des SELECT-Tabellenoperators ist zusammenhängend und umfaßt alle Tabellenvariablen). Aufgrund dieses Kriteriums würden dann die Verbundreihenfolgen (2) und (5) gar nicht betrachtet werden. Falls allerdings die zu verknüpfenden Tabellen nicht über Verbundprädikate miteinander zusammenhängen (d.h., der Prädikatengraph im

Rumpf des SELECT-Tabellenoperators, der alle Tabellenvariablen umfaßt, ist nicht zusammenhängend), kann auf das Kartesische Produkt nicht verzichtet werden. In diesem Fall werden die Verbundreihenfolgen mit Kartesischem Produkt erst zum Schluß betrachtet. Natürlich gibt es auch Situationen, in denen Kartesische Produkte gewinnbringend eingesetzt werden können. Das ist z.B. der Fall bei kleinen Eingabeströmen oder wenn anschließend etwa ein sehr selektiver (Mehrattribut-)Zugriffspfad auf dem produzierten Ergebnis anwendbar wird.

- Bestimmung von Verbundprädikaten
  Durch ein flexibles Festlegen der berücksichtigungsfähigen Verbundprädikate läßt sich die Anzahl der Verbundoperationen (bzw. der Kartesischen Produkte) kontrollieren. Diese Festlegung von Verbundprädikaten kann leicht über entsprechende Parameter gesteuert werden. Zum Beispiel können ausschließlich Gleichheitsprädikate[*] oder auch über eine Hüllenbildung implizierte bzw. transitiv bestimmte Prädikate berücksichtigt werden.

Maßnahmen zur Suchraumreduktion

- Charakterisierung der Verbundfolgen
  Eine Verbundfolge läßt sich dadurch charakterisieren, ob sowohl der äußere Verbundpartner als auch der innere schon über zuvor berechnete Verbunde und damit über deren Zwischenergebnisse bereitstehen. Man spricht von 'buschigen' Verbunden (engl. bushy-tree joins), falls der innere Verbundpartner das Ergebnis von vorherigen Verbunden ist.

- Ort der Verbundausführung
  In einer verteilten Anfrageverarbeitung ist der Ausführungsort einer Verbundoperation ein wichtiger Parameter, der direkt auch die Größe des Suchraums mitbestimmt. Man kann zum einen beispielsweise nacheinander (alle) verschiedenen Orte für eine Verbundausführung festlegen und dafür dann die besten Pläne generieren. Schließlich wird durch den besten Plan implizit auch der günstigste Ausführungsort bestimmt. Zum anderen kann der Suchraum durch explizite Vorgaben des Ortsparameters entsprechend eingeschränkt werden. Zum Beispiel kann es sinnvoll sein, nur solche Orte zu betrachten, an denen die zu verarbeitenden Daten (also die benötigten Eingabeströme) schon vorliegen.

Diese Parameter definieren das Reduzierkriterium, da alle Parametrisierungen zu entsprechenden Beschränkungen des Suchraums und damit auch des Aufwands führen.

Aus diesen Diskussionen wird deutlich, daß es sinnvoll ist, die Parametrisierung und damit den Suchraum an die konkret vorliegende Situation anzupassen. Dabei sind die wichtigsten situationsbestimmenden Merkmale die vorhandenen Verbundstrategien, der

---

[*]   Dies ist z. B. sinnvoll, um manchen Verbundmethoden (etwa Hash-Verbund), die auf Gleichheitsprädikate spezialisiert sind, den Vorrang zu geben oder nur diese zu betrachten.

maximal zu investierende Optimierungsaufwand und natürlich die Komplexität der Anfrage, ausgedrückt durch die Anzahl der durchzuführenden Verbunde bzw. Kartesischen Produkte. Auch ist entscheidend, ob es sich um eine 'ad-hoc'-Anfrage mit Interpretationsansatz oder um eine eingebettete Anfrage mit Kompilationsansatz (s. Kapitel 4) handelt. Für interaktive Anwendungen sind Übersetzungs- und Ausführungszeiten gleich wichtig, hingegen toleriert man für eingebettete Anfragen i.allg. höhere Übersetzungszeiten, um schließlich bessere Ausführungszeiten zu erhalten. Je komplexer die Anfragen werden, desto wichtiger ist die dynamische und flexible Anpassung der Suchstrategie.

Anpassen des Reduzierkriteriums an die jeweils vorhandene Ablaufumgebung

6.3.3.4 Heuristische Suchstrategien

Eine andere, oft zusätzlich verwendete Beschränkungsmaßnahme besteht darin, die großen Kostenschwankungen zwischen den zueinander alternativen Plänen schon frühzeitig zu erkennen und nur noch die interessanten und kostengünstigen in der weiteren Verarbeitung zu berücksichtigen. Das heißt, es wird ein zielgerichtetes Weitersuchen basierend auf der Kostenabschätzung verfolgt. Damit läßt sich die Heuristik umsetzen, nur die gewinnbringenden Situationen weiterzuverfolgen und die schon (durch die Kostenbewertung) bekannt ungünstigen Verbundreihenfolgen vorab zu vermeiden. Durch diese Heuristik kann der Suchraum zielgerichtet reduziert werden. Die Kostenabschätzung dient somit als Grundlage sowohl für das Weitersuchkriterium als auch für das Reduzierkriterium. Diese Vorgehensweise wird als *dynamisches Programmieren* bezeichnet. Der dazu passende Verbund-Enumerator läßt sich wie folgt skizzieren:

heuristische Suchstrategien nutzen eine Kostenabschätzung als Grundlage sowohl für das Weitersuch- als auch für das Reduzierkriterium

Verbund-Enumerator mit Dynamischem Programmieren

- Begonnen wird mit 1-fach-Verbunden. Die dazu von der Plangenerierung bestimmten Pläne werden in der Datenstruktur *Best-Plan* verwaltet und stehen für die nächsten Iterationen zur Verfügung.

- Danach werden nacheinander immer größere Verbundreihenfolgen betrachtet. Unter der Annahme, daß die Verbundreihenfolgen der Größe k-1 und die besten Pläne dazu schon bestimmt sind, können nun einfach die Alternativpläne für die Verbundreihenfolgen der Größe k berechnet werden. Dazu sind alle Verbundreihenfolgen der Größe i mit denen der Größe k-i (wobei $1 \leq i \leq \lfloor k/2 \rfloor$) zu verknüpfen. Entsprechend dieses Binärverbundes werden dann natürlich auch die zugehörigen Pläne miteinander kombiniert zu einem Plan der Größe k. Nachdem dessen Kosten abgeschätzt sind und kein kostengünstigerer Alternativplan in *Best-Plan* existiert, wird dieser dort eingetragen und ist damit für die weitere Planoptimierung verwendbar.

- Diese Iterationen werden solange wiederholt, bis schließlich Verbundreihenfolgen der Größe N und die dazugehörigen besten Pläne bestimmt sind.

Nachwievor handelt es sich zum einen um ein exponentielles Verfahren, allerdings mit einem gegenüber der vollen Enumeration deutlich kleineren Suchraum von 2^N und zum anderen wird ebenfalls die (hinsichtlich des eingesetzten Kostenmodells) optimale Verbundreihenfolge gefunden. Die o.g. Parameter zur Suchraumreduktion können hier in gleicher Weise angewandt werden.

deutliche Suchraumreduktion durch 'Gierige Methode'

Eine weitere deutliche Reduktion des Suchraums kann durch die sog. *Gierige-Suchmethode* erzielt werden. Hier werden ähnlich zur dynamischen Programmierung auch schrittweise immer größere Verbundreihenfolgen betrachtet, allerdings wird bei jeder Iteration nur der kostengünstigste Plan weiterverfolgt. Das heißt, bei jedem Iterationsschritt passiert eine vollständige Reduktion auf den bislang besten Plan. Auf diese Weise entsteht ein heuristisches Verfahren mit polynomialer Komplexität. Der offensichtliche Nachteil dabei ist allerdings, daß das Finden der (hinsichtlich des eingesetzten Kostenmodells) optimalen Verbundreihenfolge nun nicht mehr garantiert werden kann.

Ein Beispiel für eine solche Suchstrategie ist der sog. KBZ-Algorithmus [KBZ86]. Er ist eine Verbesserung zu der Arbeit in [IK84] und benutzt eine prioritätsgesteuerte Reihenfolge für die zu verbindenden Relationen. In diese Prioritäten werden der Selektivitätsfaktor und die gewählte Verbundstrategie eingerechnet. Dieser Algorithmus ist von polynomialer Komplexität: $O(N^2)$ bei N zu verknüpfenden Relationen. Der KBZ-Algorithmus ist nicht allgemein einsetzbar, da bestimmte Voraussetzungen an die Form der zu optimierenden Anfrage gestellt werden (etwa azyklischer Anfragegraph, keine Kartesischen Produkte anwendbar, Sortierungen werden nicht betrachtet). Aus diesem Grunde wurden neue Algorithmen (etwa [SI93]) entwickelt, die dann meistens die Einschränkungen des KBZ-Algorithmus durch entsprechende Erweiterungen korrigieren, dabei aber immer auf dem KBZ-Algorithmus und dessen Effizienz aufbauen und oftmals dann Kombinationen von unterschiedlichen Suchstrategien darstellen.

weitere Verfahren zur Suchraumreduktion

Auch der aus dem Bereich der Künstlichen Intelligenz stammende A*-Algorithmus muß als heuristisches Verfahren (oder auch Verfahrensklasse) hier genannt werden. Im Datenbankbereich wurde dieses allgemeine Suchverfahren schon angewendet, um beispielsweise die Optimierung von Multi-Anfragen (engl. multi-query optimization, also von mehreren verschiedenen Anfragen, die zusammen optimiert werden sollen) zu steuern [Se88].

6.3.3.5 Zufallsgesteuerte Suchstrategien

Im Gegensatz zu enumerativen Strategien, die im wesentlichen den gesamten Suchraum berücksichtigen, konzentrieren sich die *zufallsgesteuerten Suchstrategien* auf einige (gute Start-)Punkte im Suchraum und versuchen davon ausgehend ein (lokales) Optimum zu finden. Aus diesem Grunde bestehen diese Strategien immer aus zwei Schritten.

zweischrittige Vorgehensweise zufallsgesteuerter Suchstrategien

- Startsituation
  Zuerst gilt es, einige Startsituationen zu bestimmen. Dazu kann ein beliebiges Verfahren benutzt werden, jedoch verwendet man meistens ein bekanntes heuristisches Verfahren, also z.B. die Gierige-Methode oder den KBZ-Algorithmus. Jede (Start)Situation gibt eine (initiale) Lösung des Suchproblems. Das heißt, daß hier im Rahmen der Planoptimierung die Verbundreihenfolge und meistens auch die Verbundmethoden für die Binärverbunde festgelegt sind.

- Verbesserung
  Im zweiten Schritt werden die vorgegebenen Lösungen verbessert, bis die (lokalen) Optima gefunden sind. Diese Verbesserung (besser: Veränderung) geschieht meistens dadurch, daß *zufällig* einige Situationsparameter variiert werden. Für die Planoptimierung bedeutet dies etwa das Ändern der Verbundmethode für einen Binärverbund oder das Variieren der Verbundreihenfolge.

In Schritt zwei wird dann so lange iteriert, bis ein lokales Optimum erkannt oder eine vorgegebene Zeitschranke erreicht ist. Die beiden bekanntesten Vertreter dieser Klasse von Suchstrategien (zumindest im Bereich der Planoptimierung) sind das sog. 'Iterative Improvement', hier als II-Algorithmus bezeichnet, und das sog. 'Simulated Annealing', hier SA-Algorithmus genannt. Im folgenden sollen beide Verfahren kurz skizziert werden.

Der *II-Algorithmus*, beschrieben in Programm P17 (nach [SG88]), stellt im wesentlichen eine direkte Umsetzung der oben angegebenen zweischrittigen Vorgehensweise dar.

Um eine gute Startsituation zu bekommen, wird meistens ein effizientes heuristisches Verfahren wie z.B die Gierige-Methode verwendet. Über eine Iterations- oder Zeitbeschränkung kann der Suchaufwand vorgegeben und auch eine Terminierung erzwungen werden. Die Funktion *MOVE* führt eine Situationsänderung herbei, indem zufällig die Parameter Verbundmethode bzw. Verbundreihenfolge für einen Binärverbund variiert werden. Diese so erreichte Folgesituation bezeichnet man auch als Nachbar-Situation

'Iterierte Verbesserung' als direkte Umsetzung zufallsgesteuerter Strategie

Programm (P17): II-Algorithmus

```
S = INIT;                      /* Bestimme Startsituation */
min-S = S;                     /* aktuelles Optimum */
repeat
  repeat
    Akt-S = MOVE(S);           /* Bestimme zufällig neue Situation durch Variation der
                                  Parameter Verbundmethode bzw. Verbundreihenfolge */
    if COST(Akt-S) < COST(S) then S = Akt-S;
  until (Lokales Minimum erreicht);
  if COST(S) < COST(min-S) then min-S = S; /* neues Optimum gefunden */
  S = INIT;                    /* Bestimme neue Startsituation */
until (Zeitschranke oder Anzahl der Iterationen erreicht);
```

(zu einer gegebenen Situation). Da es abhängig von der Anzahl der Verbundmethoden und Verbundpartner sehr viele mögliche Nachbar-Situationen gibt, wird meistens über ein Sampling-Verfahren eine für den Algorithmus spezifizierbare Menge an Nachbar-Situationen getestet und die kostengünsigste davon als Folgesituation (*Akt-S*) gewählt. Damit kann zum einen die Suche eines lokalen Minimums gesteuert und zum anderen die Situation, die das Minimum darstellt, auch gefunden werden; ein lokales Minimum erkennt man dadurch, daß alle innerhalb des Sampling überprüften Nachbar-Situationen höhere Kosten haben als das bisherige Minimum *min-S*.

In ganz ähnlicher Weise läßt sich der *SA-Algorithmus* beschreiben. Programm P18 zeigt dazu eine an [SG88] angelehnte abstrakte Darstellung. Der SA-Algorithmus arbeitet nach dem gleichen Muster wie der oben beschriebene II-Algorithmus. Allerdings werden im Gegensatz zu oben beim SA-Algorithmus auch solche Situationsänderungen als 'Verbesserungen' akzeptiert, die gering höhere Kosten besitzen, solange die 'Temperatur' entsprechend hoch ist. Dieser Wahrscheinlichkeitswert wird über eine Exponentialfunktion bestimmt, die im wesentlichen den Effekt des 'Aushärtens' (z.B. von Metallen) modelliert und daher einen negativen Exponenten besitzt, der dem Quotienten aus Differenzkosten *delta-Cost* zu aktueller Temperatur T entspricht. Mit dieser Funktion können, solange noch eine hohe Temperatur herrscht, größere Kostenunterschiede akzeptiert werden, die mit den Temperaturen ebenfalls sinken müssen, um weiterhin akzeptiert zu werden. Damit werden über diese beiden Größen die Verbesserungsschritte kontrolliert. Das Setzen der Initialtemperatur sowie die Bestimmung der Temperaturreduktion beim Wechsel in eine neue Berechnungsfolge (innere Schleife) können der einschlägigen Literatur z.B. [SW88] entnommen werden. Der SA-Algorithmus terminiert entweder bei Er-

'Simuliertes Ausglühen' als Weiterentwicklung des II-Algorithmus

reichen einer vorgegebenen Zeitschranke oder bei einer entsprechend niedrigen Temperatur, die im wesentlichen dafür sorgt, daß weitere Verbesserungen nicht mehr zugelassen werden. In diesem Zustand bezeichnet man das Gesamtsystem auch als 'eingefroren'.

Die Ausgangssituation kann nun wie beim II-Algorithmus über ein effizientes heuristisches Verfahren gewonnen werden oder aber durch Anwenden einiger weniger Iterationen des II-Algorithmus, wie z.B. in [IK90] vorgeschlagen. Damit ist es sogar möglich, die beiden zufallsgesteuerten Suchstrategien miteinander zu kombinieren und damit den reinen SA-Algorithmus zu verbessern.

Kombination von II- und SA-Verfahren

Zufallsgesteuerte Suchstrategien können als Spezialisierungen eines allgemeinen genetischen Algorithmus beschrieben werden. *Genetische Strategien* starten ebenfalls mit einer Population von (initialen) Lösungen, von denen dann neue Generationen abgeleitet werden. Bei der 'Kreuzung' zweier 'Elternteile' können deren (Gen) Eigenschaften ausgetauscht werden und somit prinzipiell die gleichen Änderungen durchgeführt werden, wie im Verbesserungsschritt für die zufallsgesteuerten Strategien schon beschrieben. Falls dabei 'Mutationen' erlaubt werden, können zusätzlich zu den Aktivitäten im Rahmen der 'normalen Kreuzung' noch weitere mutationsbedingte Änderungen vorgenommen werden. Genetische Strategien sind damit sehr einfach adaptierbar an eine bestimmte Problemstellung. Auch erlaubt z.B. der Parameter 'Anzahl der Generationen' den Aufwand für die Suche situationsabhängig schon vorab festzulegen. Für die beiden oben vorgestellten zufallsgesteuerten Suchstrategien (II- und SA-Algorithmus) werden in [LV91]

zufallsgesteuerte Suchstrategien sind Spezialisierungen eines allgemeinen genetischen Algorithmus

genetische Strategien sind einfach adaptierbar an eine bestimmte Problemstellung

Programm (P18): SA-Algorithmus

```
S = INIT;              /*  Bestimme Startsituation */
min-S = S;             /*  aktuelles Optimum */
T = INIT-Temp;         /*  Setzen der Initialtemperatur */
repeat
  repeat
    Akt-S = MOVE(S);   /*  Bestimme zufällig neue Situation durch Variation der
                           Parameter Verbundmethode bzw. Verbundreihenfolge */
    delta-Cost = COST(Akt-S) - COST(S);
    if delta-Cost < 0
      then S = Akt-S
      else S = Akt-S [mit einer Wahrscheinlichkeit abhängig von der
                       Temperatur T und den Differenzkosten delta-Cost];
    if COST(S) < COST(min-S) then min-S = S;      /* neues Optimum gefunden */
  until (vorgegebene Iterationsanzahl erreicht);
  T = REDU-Temp;       /*  Reduzieren der Temperatur */
until (System 'eingefroren' oder Zeitschranke erreicht);
```

entsprechende Verfeinerungen des allgemeinen genetischen Algorithmus angegeben.

genereller Vorteil zufallsgesteuerter Suchstrategie ist die erhebliche Reduktion des Suchaufwands

Insgesamt betrachtet und ähnlich zu vielen heuristischen Verfahren können zufallsgesteuerte Suchstrategien nicht das Finden der besten Lösung (globales Optimum) garantieren, jedoch können zum einen der potentiell sehr hohe Suchaufwand deutlich reduziert und zum anderen auch die schlechten Lösungen (durch das Finden eines lokalen Optimums) vermieden werden. Für weitere Detailinformationen über die verschiedenen genetischen Algorithmen (und damit auch über den hier vorgestellten SA-Algorithmus und den II-Algorithmus) wird auf die entsprechende Literatur verwiesen ([IW87,IK90, SG88,Sw89]). Dort werden auch erste vergleichende Analysen von diesen Algorithmen gegeben. Zum Beispiel wird in [SG88] empirisch ermittelt, daß der sehr einfache II-Algorithmus die besten Ergebnisse unter den dort untersuchten zufallsgesteuerten Suchstrategien liefert. In [Sw89] werden erste Kombinationen von zufallsgesteuerten Suchstrategien und einfachen heuristischen Suchstrategien miteinander verglichen und ebenfalls die Überlegenheit der Verfahren festgestellt, die auf dem II-Algorithmus beruhen bzw. damit kombiniert sind.

Einsatzerfahrungen sprechen für II-Strategie

6.3.3.6 Zusammenfassung

Entscheidend für die Effektivität der Optimierung sind die Charakteristika der dort realsierten Suchstrategie. Dabei zeigt sich deutlich, daß für einfache Anfragen, die weniger als ca. 10 Relationen miteinander verknüpfen, solche Strategien angewandt werden können, die den vorgegebenen Suchraum vollständig abarbeiten, um so die optimale Verbundreihenfolge zu finden. Für komplexere Anfragen sind diese Strategien prinzipiell ungeeignet. Nur durch eine deutliche Beschränkung des Suchraums, meistens kombiniert mit verbesserten Algorithmen (dynamisches Programmieren bzw. Gierige-Methode), lassen sich diese komplexeren Anfragen optimieren.

für einfache Anfragen reichen enumerative Suchstrategien, jedoch verlangen komplexere Anfragen zufallsgesteuerte Strategien

Aktuelle Forschungsarbeiten versuchen auch zufallsgesteuerte Strategien hierzu einzusetzen, die oftmals mit anderen kombiniert werden. Solch ein kombiniertes Verfahren wird z.B. in [SI93] beschrieben. Dort werden auch vergleichende Betrachtungen und empirische Untersuchungen mit anderen Verfahren durchgeführt und analysiert. Insbesondere im Vergleich zum Standardverfahren dynamisches Programmieren zeigt das dort vorgestellte Kombinationsverfahren ähnlich gute Ergebnisse, jedoch bei deutlich kleinerer Speicherplatz- und Zeitkomplexität. Insgesamt ergibt sich damit folgende Situation: für einfache Anfragen beispielsweise die Standard-Suchstrategie zu verwenden und für deutlich komplexere Anfragen auf dieses Kombinationsverfahren zurückzugreifen.

Eine schöne Übersicht zu Suchstategien ist in [LV91] zu finden. Dort werden die verschiedenen (Klassen von) Suchstrategien in einer gemeinsamen Abstraktionshierarchie beschrieben. Diese Klassenhierarchie umfaßt die enumerativen, heuristischen und zufallsgesteuerten Verfahren und beschreibt alle Verfahren in einer durch die Vererbung innerhalb der Klassenhierarchie gegebenen einheitlichen Darstellung. Dazu werden generische Funktionen z.B. zum Setzen eines Initialzustandes, zum Bestimmen des Folgezustandes oder für das Terminierungskriterium im Laufe der Spezialisierung innerhalb der Klassenhierarchie verfeinert[*] und auf die konkreten Belange bestimmter Suchstrategien oder Klassen abgestimmt. Mit dieser Darstellungsweise wird ein hohes Maß an Erweiterbarkeit erkennbar und damit eine gute Ausgangsbasis zur Diskussion und Entwicklung eines allgemeinen Implementierungsrahmens für die gesamte Planoptimierung inklusive Suchstrategie, Kostenmodell und Plangenerierung geliefert.

Klassenhierarchie zur vereinheitlichten Beschreibung sämtlicher Suchstrategien

6.3.4 Zusammenfassung

Aufbauend auf der bisher erarbeiteten Modellvorstellung stellt sich nun die Frage, ob man einen allgemeinen Implementierungsrahmen für die Anfragetransformation (Planoptimierung) festlegen kann, in dem (wie zuvor in der Einleitung in Abschnitt 6.3.1 erwähnt) sowohl eine flexible Plangenerierung, eine parametrisierbare Kostenabschätzung und Suchstrategie (oder besser eine Auswahl von Suchstrategien) als auch deren Interaktionen beschrieben werden können. Eine diesbezüglich verallgemeinerte Darstellung in Richtung auf eine integrierte Gesamtkonzeption zur Planoptimierung ist in Bild 6.23 wiedergegeben.

orthogonale Integration von Plangenerierung, Suchstrategie und Kostenabschätzung in eine Gesamtkonzeption zur Planoptimierung

Bild 6.23 zeigt einerseits eine Verfeinerung gegenüber der Grobarchitektur eines Planoptimierers (dargestellt in Bild 6.16) und verdeutlicht andererseits die Unabhängigkeit von Plangenerierung, Suchstrategie und Kostenabschätzung, die dadurch erreicht wird, daß diese in jeweils separaten Komponenten realisiert sind. Diese realisierungstechnische Modulbildung basiert auf einer sorgfältigen konzeptionellen Strukturierung der modulspezifischen Aufga-

---

[*] Diese Art der (Methoden-)Verfeinerung bezeichnet man (im englischen) als 'overriding'.

ben, wie dies in den vorangegangenen Unterabschnitten zu Abschnitt 6.3 beschrieben wurde.

Die zentralen Datenstrukturen der Planoptimierung beschreiben den Suchraum und die bislang generierten Pläne (zuvor wurde diese Datenstruktur *Best-Plan* genannt). Allgemein kann man sich eine graphstrukturierte Darstellung für den Suchraum vorstellen, wobei die Knoten des Graphen bestimmte Zustände/Situationen im Suchraum darstellen, und die Kanten allgemeine Zusammenhänge zwischen den zu verbindenden Knoten beschreiben. Beide Datenstrukturen sind dadurch miteinander verbunden, daß von den einzelnen schon bearbeiteten Situationen im Suchraum auf den zugehörigen besten Plan verwiesen wird. Insgesamt wird damit der Fortschritt innerhalb der Optimierung eines gegebenen Anfrage-

*graphstruktu-
rierte Darstel-
lung für Such-
raum und bereits
generierte Pläne*

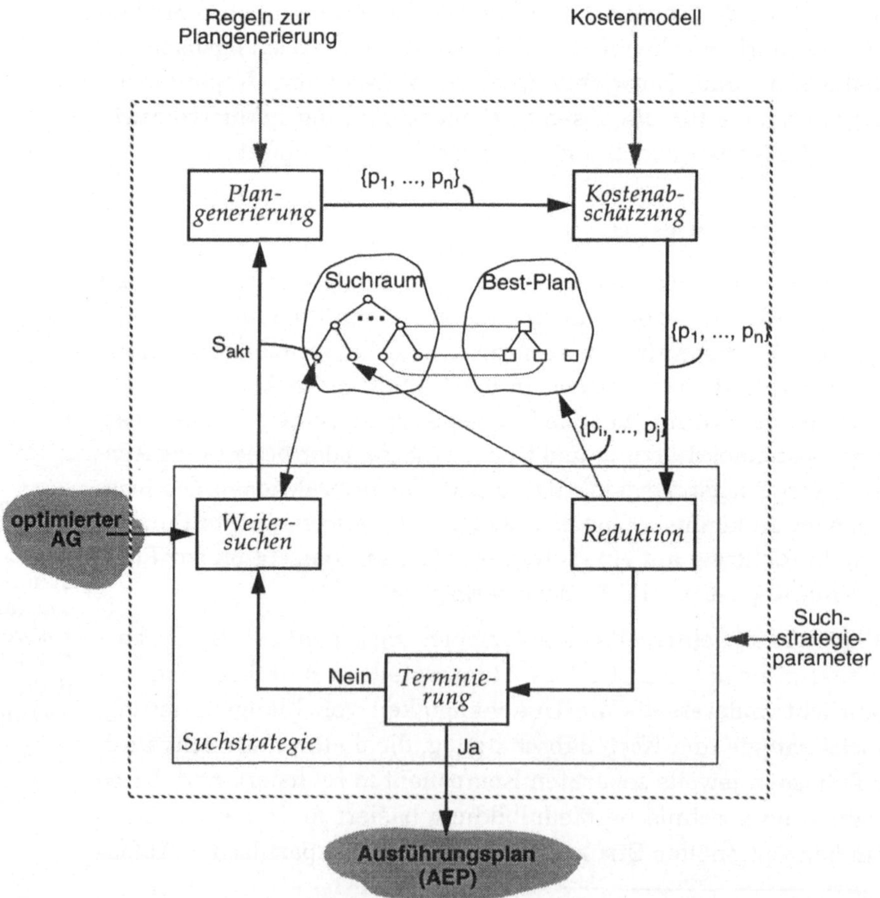

Bild 6.23: Systemarchitektur der Komponente zur Anfragetransformation

graphen (AG) beschrieben. Die genauen Informationen, die zu der Beschreibung einer bestimmten Situation im Suchraum und der zugehörigen Pläne gehören, sind abhängig von der konkreten Realisierung des Planoptimierers und der gesamten AV-Umgebung.

Die Vorgehensweise zur Planoptimierung soll im folgenden anhand der Interaktionen zwischen den verschiedenen Komponenten erklärt werden. Zu Beginn wird der Planoptimierung ein im Rahmen der Anfragerestrukturierung optimierter AG übergeben. Aus dieser Aufgabenstellung heraus werden (durch die Komponente *Weitersuchen*) der Suchraum initialisiert und die Komponente *Plangenerierung* beauftragt, die (besten) Alternativpläne (*p1,..., pn*) für die (von der Komponente *Weitersuchen*) ausgewählte (Start-)Situation *Sakt* zu bestimmen. Innerhalb der Plangenerierung kann natürlich auf die in der Datenstruktur *Best-Plan* vorhandenen Pläne zurückgegriffen werden. Anschließend werden die neu generierten Pläne durch die Komponente *Kostenabschätzung* bewertet und an die Komponente *Reduktion* weitergegeben. Dort wird für jeden Alternativplan entschieden, ob dieser in die Datenstruktur *Best-Plan* übernommen und ggf. auch der (weitere) Suchraum modifiziert werden kann. Bevor die nächste Plangenerierung angestoßen wird, entscheidet die Komponente *Terminierung*, ob das Terminierungskriterium schon erreicht ist, und die gesamte Planoptimierung für diesen AG beendet werden kann. Als Ergebnis der Planoptimierung wird dann der kostengünstigste Anfrageevaluierungsplan *AEP* zurückgeliefert.

Diese abstrakte Beschreibung der Komponenteninteraktion innerhalb der Planoptimierung kann sehr einfach konkretisiert werden hinsichtlich der spezifischen Belange der unterschiedlichsten Komponentenrealisierungen. Insbesondere erlaubt die Komponentenbildung innerhalb der Suchstrategie eine sehr flexible Anpassung an die von außen vorgegebenen Suchstrategieparameter, wie z.B. Terminierungs-, Weitersuch- und Reduzierkriterium. Zum Beispiel lassen sich auch die Aspekte der dynamischen Programmierung oder die Gierige Methode einfach innerhalb der Komponente Reduktion etablieren. Insgesamt bleiben die oben beschriebenen Interaktionen der Suchstrategiekomponenten von diesen Konkretisierungen unbeeinflußt. Gleiches gilt natürlich auch für die anderen beiden Komponenten (die durch entsprechende Plangenerierungsregeln bzw. ein Kostenmodell parametrisiert werden können) und insbesondere für die Interaktionen zwischen Suchstrategie, Plangenerierung und Kostenabschätzung.

ähnliche Ansätze zur Systembildung für die Planoptimierung

Damit wird die anfangs aufgestellte Forderung hinsichtlich eines flexiblen und parametrisierbaren Implementierungsrahmens für die Planoptimierung erfüllt und somit eine wesentliche Grundlage für eine an die konkrete Problemstellung anpaßbare Planoptimierung bereitgestellt. Eine sehr ähnliche Sichtweise wird in [Fr89] beschrieben. Dort wird auch gezeigt, wie sich die konkreten Planoptimierungskomponenten von einigen teilweise am Markt käuflichen DBS in diesen allgemeinen Implementierungsrahmen einpassen. Für die speziellen Belange der Suchstrategie, als 'Motor' der gesamten Planoptimierung, wird in [LV91] ein ebenfalls allgemeiner Beschreibungsrahmen vorgestellt, der insbesondere die hier vorgestellte Strukturierung der Suchstrategiekomponente nochmals unterstreicht.

6.4 Zusammenfassung

Realisierungskonzepte stützen sich auf existierende DBS-Implementierungen

Das Ziel der AV ist es, für eine gegebene Anfrage den optimalen Ausführungsplan zu bestimmen. Da dies i. allg. sehr aufwendig werden kann, reduziert man zumindest in der Praxis die Anforderungen darauf, schlechte Ausführungspläne zu vermeiden. Nur solche Anfrageprozessoren (AP), die dies (fast) immer gewährleisten, werden als praxistauglich angesehen. In diesem Kapitel wurden die dazu notwendigen und grundlegenden Konzepte, Arbeitsweisen und auch mögliche Realisierungsaspekte besprochen. Die hier vorgestellten Implementierungskonzepte und Implementierungserfahrungen stützen sich im wesentlichen auf folgende DBS bzw. anfrageverarbeitende Systeme: STARBURST, PRIMA und KRISYS sowie VOLCANO und EXODUS.

Insgesamt wurden damit die Grundlagen für erweiterbare AP und damit auch für den geforderten AV-Framework gelegt. Im nachfolgenden Kapitel 7 werden verschiedene Erweiterungen für diesen Framework vorgestellt und auch über erste Validierungen und praktische Erfahrungen berichtet. Damit läßt sich schließlich die Nützlichkeit des Framework-Ansatzes demonstrieren.

6.4.1 Entwurfsregeln für eine erweiterbare AV

Konzeption erweiterbarer Anfrageoptimierer (AP) bzw. Anfrageverarbeitung (AV)

Die zentrale Idee, die dem Konzept der erweiterbaren AP oder auch Anfrageoptimierer zugrundeliegt, ist das Herauslösen einzelner wesentlicher Optimierungsaspekte aus dem eigentlichen AP-Code und deren Bereitstellung in eigenen, modularen Optimierungskomponenten, die über entsprechende Parametrisierungen das notwendige Maß an Flexibilität und Erweiterbarkeit besitzen. Der AP-Code besteht dann im wesentlichen nur noch aus einem Kontrollprogramm, mit dem das Zusammenspiel der separaten AV-Komponenten organisiert wird.

Aufgrund der phasenorientierten Vorgehensweise zur AV (siehe Abschnitt 2.3) ergab sich auf natürliche Weise die in diesem Kapitel vorgestellte Modularisierung eines AP, die auch explizit in Bild 2.22 auf Seite 76 zum Ausdruck kommt. Im Rahmen der in diesem Kapitel durchgeführten Diskussionen zu den einzelnen AP-Komponenten wurden entsprechend verfeinerte Komponentenbeschreibungen vorgestellt und auch das Zusammenspiel auf Komponentenebene beschrieben. Dabei ergab sich auf oberster Ebene eine Unterteilung in Anfrageübersetzung und Anfrageoptimierung. Letztere wurde weiter unterteilt in die Anfragerestrukturierung (siehe Bild 6.14) und die sich anschließende Anfragetransformation. Wegen der Komplexität der Anfragetransformation war es notwendig, dort eine weitere Komponentenseparierung (siehe Bild 6.23) vorzunehmen und so die Aspekte der Plangenerierung, der Kostenabschätzung und der Suchstrategie in eigenen Komponenten zu konzentrieren und voneinander zu isolieren. Insgesamt wurden damit die zentralen Aspekte innerhalb der AV in jeweils eigene Komponenten separiert, deren Anpaßbarkeit und Erweiterbarkeit die Grundlage für die erforderliche Flexibilität der gesamten AV liefern.

Modularisierung des AP

Die konzeptionelle Basis für Anpaßbarkeit und Erweiterbarkeit der Komponenten beruht auf entsprechend bereitgestellten Abstraktionen. Für die AV sind dabei die folgenden von besonderer Wichtigkeit:

erforderliche Flexibilität des AP ergibt sich aufgrund bestimmter Abstraktionen

- Tabellenoperator-Abstraktion,

- Planoperator-Abstraktion und

- Objektstrom-Abstraktion.

Die Tabellenoperator-Abstraktion ist entscheidend für die Erweiterbarkeit und Anpaßbarkeit sowohl der Interndarstellung und Anfrageübersetzung als auch der Anfragerestrukturierung. Die Planoperator-Abstraktion ist die konzeptionelle Grundlage der erweiterbaren und flexiblen Anfragetransformation. Planoperator- und Objektstrom-Abstraktion zusammen liefern die Basis für ein flexibles Ausführungsmodell, welches Planoperatoren als isolierte Verarbeitungszellen kennt. Diese Aspekte wurden in den Diskussionen innerhalb dieses Kapitels (bzw. hinsichtlich der Objektstrom-Abstraktion in Abschnitt 2.7) eingehend beschrieben.

*Implementie-
rungskonzepte
realisieren diese
Abstraktionen*

Aufbauend auf diesen AV-Abstraktionskonzepten konnten entsprechend flexible Implementierungskonzepte etabliert werden. Hier wurde die regelbasierte (bzw. transformationsbasierte) Technologie umfassend eingesetzt, die ein Höchstmaß an Anpaßbarkeit und Erweiterbarkeit gestattete: durch gezielte Änderung der Regelmenge läßt sich das Repertoire einer Komponente explizit anpassen und steuern. Die Komponenten bestehen damit im wesentlichen aus einem Regelinterpretierer, der die Regeln aus der verfügbaren Regelmenge auswählt und entsprechend anwendet. Ein weiterer entscheidender Vorteil dieser regelbasierten Technologie ist die direkte Umsetzung des Wiederverwendungs-Paradigmas: eine Anpassung der Regelmenge führt einerseits zu einer neuen Komponente mit entsprechend angepaßten Eigenschaften, bedeutet aber andererseits die Wiederverwendung des Regelinterpretierers und der ursprünglichen Regelmenge. Dieser Aspekt ist zentral für den Framework-Gedanken und ermöglicht bei der Entwicklung eines neuen AP (z.B. für ein neues DBS, KODBS, OODBS, XDBS, WBVS), die Regelmaschine und einige Teile der Regelmenge beizubehalten (Wiederverwendung) und nur die noch fehlenden Teile (z.B. neue Tabellen oder Planoperatoren) zu ergänzen und durch entsprechende Regeln in die AV zu integrieren. Im nachfolgenden Kapitel 7 wird dies anhand verschiedener Erweiterungen des bisherigen AV-Framework verdeutlicht.

*regelbasierte
(transformati-
onsbasierte)
Technologie lie-
fert Höchstmaß
an Anpaßbarkeit
und Erweiter-
barkeit*

Während dieser Diskussionen wurde immer auch darauf geachtet, welche Auswirkungen bestimmte Konzeptentscheidungen und Implementierungsaspekte auf die Effizienz einer Komponente haben. Hierbei stellte sich insbesondere heraus, daß folgende Bereiche großen Einfluß auf die Komponenteneffizienz haben:

*leistungsbestim-
mende Faktoren*

- Interndarstellung
  Die Effektivität von Übersetzungs- und Restrukturierungskomponente sind direkt abhängig von der Effizienz der Interndarstellung und den dort angebotenen Zugriffs- und primitiven Transformationsfunktionen.

- Regelsystem
  Die Benutzbarkeit und Akzeptanz der regelbasierten Technologie ist natürlich auch abhängig von den Eigenschaften der Regelverarbeitung, wie Korrektheit und Terminierung sowie von der Effizienz des Regelsystems. Diese ist bestimmt durch die Form der Regeldarstellung, die Regelevaluierung und insbesondere die Problemlösungsstrategie.

- Suchraumeinschränkung
  Die Effektivität eines regelbasierten Systems ist direkt abhängig von der Größe des gegebenen Suchraums, welcher sich durch Para-

metrisierungen gezielt auf die gegebene Problemstellung anpassen
und dadurch auch entsprechend einschränken läßt.

Aufgrund der hier geführten Diskussion kam deutlich zum Ausdruck, daß die Konzepte zur AP-Modularisierung, die AV-Abstraktionen sowie flexible Implementierungskonzepte basierend auf einer regelbasierten (bzw. transformationsbasierten) Technologie
die notwendige Grundlage zur Beherrschung der inhärenten Komplexität der AV und insbesondere der Anfrageoptimierung darstellen und somit die zentralen Entwurfsregeln für einen erweiterbaren AP bereitstellen.

Entwurfsregeln für einen erweiterbaren AP

6.4.2 Werkzeuge zur AP-Entwicklung

Innerhalb der Diskussionen in diesem Kapitel wurden schon an
vielen Stellen mächtige und flexible Realisierungs- und Implementierungskonzepte für den AV-Framework beschrieben. Aus Sicht
des DB-Implementierers stellen diese im wesentlichen Werkzeuge
zur AP-Entwicklung dar, mit deren Hilfe ein konkreter AP systematisch konstruiert werden kann. Damit ist es dann auch möglich,
sehr einfach und schnell eine auf die konkrete Einsatzumgebung
zugeschnittene AV zusammenzustellen. Als zentrale Werkzeuge
zur AP-Entwicklung wurden bislang folgende Systeme eingesetzt:

Entwicklungs-werkzeuge

- übersetzergenerierendes System
  Alle notwendigen Anpassungen und Erweiterungen im Rahmen der
  Anfrageübersetzung lassen sich sehr einfach mittels eines übersetzergenerierenden Systems bewerkstelligen. Natürlich spielt
  hierbei, wie weiter oben schon erwähnt, die Tabellenoperator-Abstraktion eine entscheidende Rolle hinsichtlich notwendiger Flexibilität der Interndarstellung.

- regelbasiertes System
  Für die Aufgaben der Anfrageoptimierung, also Anfragerestrukturierung und Anfragetransformation, lassen sich prinzipiell existierende Produktionsregelsysteme oder sog. Expertensystem-Umgebungen[*] einsetzen. In Abschnitt 6.2.2.3 und auch in Abschnitt
  6.3.2.6 wurde schon argumentiert, daß die von diesen Werkzeugen
  zur Verfügung gestellten Regelinterpreter und Regeldarstellungen,
  den spezifischen Anforderungen innerhalb der Anfrageoptimierung
  nicht entsprechen. Aus diesem Grunde werden meistens eigene
  Produktionsregelsysteme mit angepaßter Regeldarstellung, Infe-

---

[*] Expertensystem-Umgebungen (engl. expert system shell) [Pu86] trennen das Steuersystem (engl. shell), bestehend aus Inferenz- und Problemlösungskomponente, von der anwendungsspezifischen Wissensba-
sis und ermöglichen dadurch verschiedene Wissensbasen mit dem
gleichen Steuersystem zu koppeln und dieses somit für verschiedene Anwendungen gemeinsam zu verwenden.

renz- und Problemlösungssstrategie sowie einem eigenen Regelinterpreter entwickelt.

Der wesentliche Unterschied zwischen beiden Werkzeugtypen ist, daß ein regelbasiertes System im wesentlichen Konzepte zur Spezifikation einer konkreten Verarbeitung anbietet, die dann später einfach durch eine Interpretation dieser gegebenen Spezifikationen (durch den Regelinterpreter) ausgeführt werden. Im Gegensatz dazu realisiert ein übersetzergenerierendes System das sog. *Generatorparadigma*, d.h., aus einer gegebenen Spezifikation wird eine Ausführungskomponente generiert, die die spezifizierte Verarbeitung direkt ausführt.

verschiedene Generierungsansätze

Obwohl erste praktische Erfahrungen zeigen, daß der Interpretationsansatz effizient zu realisieren und damit auch praktisch einsetzbar ist, gibt es Ansätze, das Generatorparadigma generell anzuwenden und einen sog. *AP-Generator*[*] bereitzustellen, der über entsprechende Modellspezifikationen einen vollständigen AP generiert. Zum Beispiel bietet der AP-Generator von EXODUS [GD87] bzw. dessen Weiterentwicklung für VOLCANO [GM91] die Möglichkeit, aus den Eingaben (bestehend aus Datenmodell-Spezifikation, Menge der logischen Operatoren, Menge der physischen Operatoren, Restrukturierungsregeln, Transformationsregeln, Kostenmodell und Vorschriften zur Selektivitätsabschätzung) eine vollständige AV-Komponente zu generieren. Für weitere Details hinsichtlich Konzeption und Arbeitsweise eines AP-Generators wird auf [GM91] verwiesen. Auch die Arbeiten im Rahmen des GENESIS-Systems [Bat88, BBGS88], welches einen sog. DBS-Übersetzer (engl. database system compiler) bereitstellt, basieren auf dem Generatorparadigma, um für eine gegebene DBS-Spezifikation und eine vorhandene Menge an wiederverwendbaren Systembausteinen (etwa für Zugriffspfade und Speicherungsstrukturen) ein DBS zu generieren. In [SS90] wird ebenfalls die Verwendung des Generatorparadigmas für die AV vorgeschlagen. Die dabei zugrundeliegende Idee ist, ausgehend von einer AV-Modularisierung und einer Sprache zur Modulspezifikation und Modulinteraktion einzelne AV-Komponenten zu generieren. Dazu werden die oben schon genannten Konzepte eingesetzt.

---

[*] Anstatt einen Regelinterpretierer zu verwenden und die Regeln jeweils zu interpretieren, werden die Regeln direkt in ausführbaren Code übersetzt und damit sozusagen ein Optimierer generiert.

7
Erweiterungen der Anfrageverar-beitung

In den vorangehenden Kapiteln und insbesondere in Kapitel 6 wurde ein grundlegendes Verständnis für die AV vermittelt, welches in anfrageverarbeitenden Systemen oder Systemkomponenten generell Anwendung findet. Dort wurde ein 'universell einsetzbarer' AV-Framework inklusive der zugrundeliegenden Realisierungs- und Implementierungskonzepte vorgestellt, der hier nun für verschiedene Einsatzumgebungen angepaßt und um entsprechende Sprach- und Verarbeitungsaspekte erweitert wird.

Die meisten Erweiterungen des AV-Framework betreffen die verschiedenen Verarbeitungsebenen des Framework:

- Sprachgrammatik und Sprachübersetzer
  Spracherweiterungen bedeuten meistens auch Anpassungen der Sprachgrammatik und ziehen somit entsprechende Anpassungen des gesamten Sprachübersetzers nach sich. Der Parser ist dann auf die neue Sprachgrammatik abzustimmen, und in der semantischen Analyse werden diese neuen Sprachbestandteile in entsprechende Aktionen umgesetzt, die die Konstruktion des zugehörigen AG veranlassen und ggf. neu eingeführte Tabellenoperatoren zur Repräsentation der neuen Sprachsemantik benutzen.

- Tabellenoperatoren und Restrukturierungsvorschriften
  Um eine erweiterte Sprachsemantik darstellen zu können, müssen meistens neue Tabellenoperatoren in die Interndarstellung (AGM) aufgenommen werden. Infolgedessen werden auch entsprechend ergänzte Restrukturierungsvorschriften notwendig, um diese neuen Tabellenoperatoren in die Anfragerestrukturierung einzubinden.

- Planoperatoren und Implementierungsmethoden
  Aufgrund neuer Tabellenoperatoren werden in vielen Fällen auch neue Planoperatoren mit entsprechenden Implementierungsmethoden erforderlich. Diese sind über neue Plangenerierungsregeln in die Anfragetransformation zu integrieren. Manchmal ist es auch wünschenswert, die vorhandenen Methoden eines Planoperators um neue Implementierungsmethoden zu ergänzen. Dies ist zum Beispiel sinnvoll für neu entwickelte oder an eine konkrete Anforderung speziell angepaßte Zugriffspfadstrukturen. Über entsprechend erweiterte bzw. neue Plangenerierungsregeln müssen diese Ergänzungen in die Plangenerierung und somit auch in die Anfragetransformation eingebunden werden.

AV-Erweiterungen resultieren meistens aus Spracherweiterungen

Die meisten dieser AV-Erweiterungen resultieren aus entsprechenden Spracherweiterungen. Im Rahmen diese Kapitels werden, jeweils in eigenen Abschnitten, verschiedene Erweiterungen vorgestellt und hinsichtlich ihrer AV-Konzepte sowie der notwendigen Framework-Erweiterungen beschrieben. Der erste Abschnitt (Abschnitt 7.1) behandelt verschiedene SQL-Spracherweiterungen bzw. Erweiterungen des Relationenmodells und berücksichtigt damit viele Sprachaspekte, die entweder schon im SQL-Standard enthalten sind oder sich aktuell in der Standardisierungsdiskussion befinden. Detailliert diskutiert werden der Äußere Verbund und die Rekursion. Viele existierende DBS bieten diese Erweiterungen mittlerweile schon an. Abschnitt 7.2 behandelt Komplexobjekte, zum einen in einer zu SQL vollständig aufwärtskompatiblen Form

Kapitelüberblick

(Objektgesellschaften in Abschnitt 7.2.1) und zum anderen in einem mehr progressiven Ansatz (Moleküle in Abschnitt 7.2.2). Hierauf aufbauend können dann im dritten Abschnitt die wichtigsten objektorientierten Konzepte betrachtet werden. Die Auswirkungen eines flexiblen Typsystems (Abschnitt 7.3.1) und der Abstraktionskonzepte (Abschnitt 7.3.2) auf die AV und den AV-Framework werden hier behandelt. Abschnitt 7.4 faßt die Betrachtungen zu AV-Erweiterungen zusammen und schließt mit einem Resümee ab.

7.1 Erweiterte relationale Konzepte

Das Relationenmodell und der SQL-Sprachstandard haben sich mittlerweile im praktischen Einsatz bewährt und werden in den verschiedensten Anwendungsbereichen eingesetzt. Damit sind natürlich auch immer wieder neue Anforderungen an relationale Systeme herangetragen worden, die dann zu entsprechenden Erweiterungen der Sprache und damit auch DBS-Implementierungen führten. Einige der wichtigsten Erweiterungen werden im folgenden beschrieben, und effiziente Realisierungen derselben werden als Ergänzungen des AV-Framework (aus Kapitel 6) vorgestellt; soweit schon möglich, wird auch über erste Erfahrungen berichtet.

7.1.1 Äußerer Verbund

Mittlerweile gehört der Äußere Verbund (engl. outer join, kurz OJ-Verbund) zu dem (Standard-)Repertoire von praxistauglichen DBS und ist auch schon in den SQL-Standard SQL-92 [SQL2, Me93, DD93] eingearbeitet. Im folgenden soll daher zuerst die Sprachsyntax und Semantik des Äußeren Verbundes beschrieben werden, bevor dessen Realisierung und Integration in unseren AV-Framework vorgestellt wird.

7.1.1.1 Beschreibung der Operation

Auf einer rein konzeptionellen Ebene läßt sich die Semantik einer SQL-SELECT-Anweisung wie folgt beschreiben: zuerst wird das Kartesische Produkt aller in der FROM-Klausel angegebenen Relationen ermittelt, und danach werden aus diesem Zwischenergebnis die Tupel selektiert, die das Prädikat der WHERE-Klausel erfüllen. Für die Ergebnistupel gilt, daß dort Komponenten von jeder Eingaberelation eingeflossen sind. In diesem Sinne kann man sagen, daß hierbei immer gemäß der Eingaberelationen vollständige Ergebnistupel produziert werden[*]. Falls nun ein (Zwischenergebnis-) Tupel die Selektionsbedingung nicht erfüllt, so wird das ganze Tupel verworfen, obwohl Teile dieses Tupels einen Teil der Prädikate der Selektionsklausel erfüllen können und somit durchaus auch sinnvolle Informationen zum Ergebnis beisteuern könnten.

operationale Semantik der SELECT-Anweisung

Man spricht von einer *verlustbehafteten* Operation (hinsichtlich der Eingaberelationen), falls Tupel mancher Eingaberelationen nicht in die Ergebnisrelation übernommen werden. Um alle Tupel einer Eingaberelation bzw. aller Eingaberelationen zu erhalten (engl. preserve) und somit einen verlustfreien Verbund zu erzwingen, wird ein neue Operation, der *Äußere Verbund* (engl. outer join), eingeführt. Damit ist es zudem möglich, in obigem Sinne unvollständige Ergebnistupel in die Ergebnismenge aufzunehmen. Diese unvollständigen Tupel enthalten einerseits Komponenten, die aus den Tupel einer Eingaberelation abgeleitet sind, die die zugehörigen Prädikate der Selektionsklausel erfüllen und andererseits

Äußerer Verbund liefert einen verlustfreien Verbund

---

[*] Man spricht hierbei auch von einem vollständigen Pfad, der Tupel (oder Komponenten) aus allen Eingaberelationen enthält und somit auch einen Pfad über alle Eingaberelationen definiert.

Nullwerte für die Komponenten, für die keine passenden Eingabetupel gefunden werden konnten.

Am Beispiel der nachstehenden Anfrage Q17 läßt sich diese Situation recht einfach beschreiben.

(Q17) "Finde die Abteilungsinformationen mit zugehörigen Projektinformationen"

    SELECT   *
    FROM   ABT a, PROJ pj
    WHERE   a.Anr = pj.Anr;

Die Ergebnistupel dieser Anfrage bestehen jeweils aus zwei Komponenten: die eine Komponente umfaßt die Abteilungsinformationen und ist aus einem Tupel der Eingaberelation *ABT* abgeleitet,
die zweite Komponente enthält die Projektinformationen, die von
einem Tupel der Eingaberelation *PROJ* genommen sind, und beide
Eingabetupel erfüllen das gegebene Verbundprädikat über dem
Verbundattribut *Anr.* In manchen Situationen kann es nützlich
sein, in dem Anfrageergebnis einerseits auch Informationen über
Abteilungen zu bekommen, die momentan kein Projekt besitzen
oder andererseits auch Informationen über Projekte zu sehen, die
aktuell keiner Abteilung zugeordnet sind. Das heißt, zusätzlich zu
den vollständigen Ergebnistupel sollen auch unvollständige Tupel
hinzugenommen werden. Um weiterhin ein konsistentes Anfrageergebnis im Sinne des Relationenmodells zu bekommen, müssen
die fehlenden Komponenten durch Nullwerte aufgefüllt werden.

Äußerer Ver-
bund erzeugt
vollständige
Ergebnistupel
durch Auffüllen
von fehlenden
Partnertupel mit
Nullwerten

Diese erweiterte Anfragesemantik läßt sich in herkömmlichem
SQL nur durch unabhängige Teilanfragen[*] ausdrücken, deren Ergebnisse dann zuerst noch durch Auffüllen von Nullwerten vereinigungsverträglich zu machen sind, bevor sie dann über eine
UNION-Operation zu dem gewünschten Ergebnis vereinigt werden
können. Da diese Art von erweiterter Anfragesemantik sehr häufig
benutzt wird, hat man dafür eine entsprechende Spracherweiterung definiert, die Äußerer Verbund genannt wird. Die allgemeine
Form des Äußeren Verbundes ist in Anfrage Q18 wiedergegeben.

Als Erweiterung des normalen Verbundes kennt der Äußere Verbund (bzw. die allgemeine Form des Äußeren Verbundes) einen lin-

---

[*] Für das Beispiel in Anfrage Q17 sind drei Teilanfragen notwendig: zum
einen ist das die in Anfrage Q17 dargestellte Verbundoperation, zum
zweiten ist das eine Anfrage, die alle Abteilungen bestimmt, die nicht
schon in der Verbundoperation selektiert wurden (das sind die Abteilungen, die momentan keine Projekte besitzen) und zum dritten ist das eine
Anfrage, die die Projekte selektiert, die bislang nicht berücksichtigt wurden (das sind solche Projekte, die aktuell keiner Abteilung zugeordnet
sind).

ken und einen rechten Eingabestrom. Zusätzlich zum eigentlichen Verbundprädikat *pred-oj* gibt es noch lokale Prädikate (*pred-l1* und *pred-l2*) zur Vorselektion der Eingabeströme. Diese Prädikate beschreiben allgemeine Selektionsbedingungen und haben daher das gleiche Format wie die Prädikate der WHERE-Klausel.

Definition des Äußeren Verbundes

(Q18) "Allgemeine Syntax des Äußeren Verbundes"

SELECT   *

FROM   (**SELECT FROM** *T1* **WHERE** *pred-l1*)

oj-Typ **JOIN**

(**SELECT FROM** *T2* **WHERE** *pred-l2*)

ON *pred-oj*

WHERE   pred;

dabei *ist*   *oj-Typ* = {**LEFT, FULL, RIGHT**}.

Man unterscheidet drei Arten von Äußerem Verbund:

Variationen des Äußeren Verbundes

- *Linksseitiger Äußerer Verbund* (kurz *LOJ-Verbund*, engl. left outer join) Bei dieser Operation bleibt der linke Eingabestrom verlustfrei, d.h., bei Bedarf wird ein Element durch Nullwerte 'nach rechts' aufgefüllt. Es werden nur solche Pfade gebildet, die am 'linken Rand' durch Elemente des linken Eingabestroms definiert sind.

- *Rechtsseitiger Äußerer Verbund* (kurz *ROJ-Verbund*, engl. right outer join) Symmetrisch zum linksseitigen Äußeren Verbund bleibt hier der rechte Eingabestrom verlustfrei, d.h., fehlende Partnerelemente werden durch Auffüllen mit Nullwerten 'nach links' ergänzt, und es werden Pfade gebildet, die am 'rechten Rand' durch Elemente des rechten Eingabestroms definiert sind.

- *Vollständiger Äußerer Verbund* (kurz *FOJ-Verbund*, engl. full outer join) Der vollständige Äußere Verbund heißt auch beidseitiger Äußerer Verbund und ist eine Kombination der beiden zuvor eingeführten Varianten. Fehlende Partnerelemente werden durch Auffüllen mit Nullwerten ggf. 'nach links' oder 'nach rechts' ergänzt. Es wird die maximale Information hinsichtlich der Eingabeströme geliefert: selbst isolierte Eingabeelemente werden zu einem über Nullwerte vervollständigten Pfad expandiert. Im Gegensatz dazu erbringt der herkömmliche Verbund ein Minimum an Information dadurch, daß dort nur über die Eingabeelemente vollständig definierte Pfade ins Ergebnis übernommen werden.

Die zuvor diskutierten sinnvollen Erweiterungen zur Verbundoperation in Anfrage Q17 können nun sehr kompakt unter Verwendung des Äußeren Verbundes ausgedrückt werden. Anfrage Q19 zeigt einen vollständigen Äußeren Verbund, der nun beide Eingabeströme erhält und damit maximale Information bereitstellt. Dieser FOJ-Verbund ist äquivalent zu der oben vorgestellten Umschreibung mittels dreier zu vereinigender Teilanfragen.

(Q19) "Finde alle Abteilungsinformationen ggf. ergänzt um zugehörige Projektinformationen bzw. alle Projektinformationen ergänzt um zugehörige Abteilungsinformationen"

SELECT   *

FROM   ABT a **FULL JOIN** PROJ pj **ON** (a.Anr = pj.Anr);

7.1.1.2 Integration in den AV-Framework

Nachdem nun Syntax und Semantik des Äußeren Verbundes besprochen sind, sollen nun die wichtigsten Schritte zur Integration
dieser Spracherweiterung in den AV-Framework vorgestellt werden.

*Anpassung von
Sprachgramma-
tik und Sprach-
übersetzer*

Gemäß dem Überblick am Kapitelanfang bedeutet die Realisierung
dieser Spracherweiterung zum einen eine entsprechende Anpassung der Sprachgrammatik und des Sprachübersetzers, so daß
auch die neuen Sprachbestandteile des Äußeren Verbundes nun in
entsprechende AGM-Konstrukte umgesetzt werden.

*AGM-Realisie-
rung als Erwei-
terung des SE-
LECT-Tabellen-
operators*

Aufgrund seiner Ähnlichkeit zum herkömmlichen Verbund kann
der Äußere Verbund auch innerhalb des schon vorhandenen SE-
LECT-Tabellenoperators dargestellt werden. Um allerdings die
spezielle Semantik des Äußeren Verbundes zu beschreiben, muß
eine neue Quantifizierung eingeführt werden: der Quantor PF berücksichtigt die geforderte 'Preserve'-Semantik. Das heißt, ein Element einer über eine PF-quantifizierte Tabellenvariable referenzierte Eingabetabelle wird, falls das lokale Prädikat erfüllt ist und es
keinen Verbundpartner gibt, mit Nullwerten ergänzt und im Aus-

*Erhaltung eines
Eingabestroms
wird durch
neuen PF-Quan-
tor erreicht*

gabestrom bereitgestellt. Damit lassen sich die 3 Varianten des Äußeren Verbundes durch drei verschiedene Quantor-Kombinationen
der beiden über die Prädikatskante mit Verbundprädikat *pred-oj*
verbundenen Tabellenvariablen, die die beiden Eingabeströme referenzieren, darstellen. Die drei zugehörigen AG sind in Bild 7.1 zusammengefaßt, welches eine direkte Umsetzung der allgemeinen
SQL-Syntax des Äußeren Verbundes aus Anfrage Q18 in das um
die *PF*-Quantifizierung erweiterte AGM beschreibt. Die lokalen Selektionsprädikate *pred-l1* und *pred-l2* sind, wie sonst auch, als lokale Prädikate der zugehörigen Tabellenvariablen wiederzufinden.

Nachdem nun die semantikerhaltende Übersetzung in einen AG
bewerkstelligt ist, müssen die Restrukturierungsregeln (siehe Abschnitt 6.2.1) hinsichtlich der neuen Quantifizierung ergänzt werden. Davon betroffen sind nur die Regeln zu Prädikatsmigration
und hier wiederum nur die Regel *SELECT-Prädikatsmigration*, da
diese die konkrete Quantifizierung interpretiert; die anderen Re-

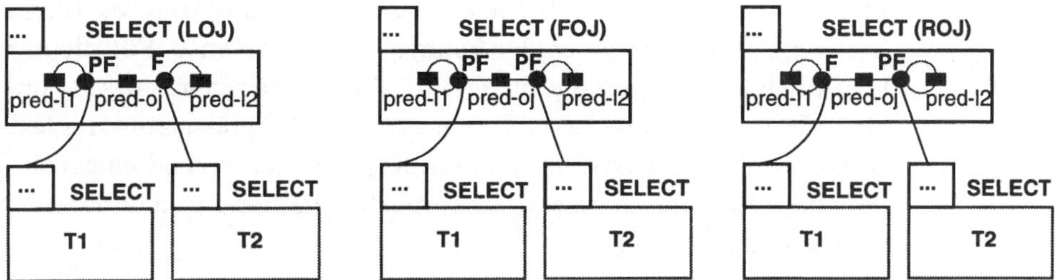

Bild 7.1: Beispiel-AG für die Varianten des Äußeren Verbundes

strukturierungsregeln, etwa die *Fusionsregel* oder die Regeln zur *Projektionsmigration* bleiben unberührt. Im wesentlichen sind folgende Aspekte zu beachten und in der Regel zur *SELECT-Prädikatsmigration* entsprechend zu reflektieren:

- Die VON-Regeln, die festlegen, unter welchen Gegebenheiten ein Prädikat einen Tabellenoperator verlassen kann, bleiben für den SELECT-Tabellenoperator unverändert.

- Die NACH-Regeln, die angeben, unter welchen Umständen ein Tabellenoperator ein Prädikat aufnimmt, sind für den SELECT-Tabellenoperator hinsichtlich der *PF*-Quantifizierung entsprechend anzupassen. Hier gilt, daß nur solche Prädikate akzeptiert werden, die durchgeschleust werden können, da ein lokales Prädikat innerhalb einer Äußeren-Verbund-Operation keinen Effekt auf das Ergebnis hat und aufgrund der VON-Regel gleich wieder über die Definitionskante der Tabellenvariable migriert. Nicht-lokale Prädikate, die eine *PF*-quantifizierte Tabellenvariable betreffen, können nicht akzeptiert werden, da sie nicht durchgeschleust werden können und im Tabellenoperator selbst eine falsche Semantik ausdrücken würden.

Ergänzung der Restrukturierungsregel SELECT-Prädikatsmigration hinsichtlich PF-Quantifizierung

Mittels dieser beiden geringfügigen Ergänzungen kann die neue Quantifizierung und damit auch die Semantik des Äußeren Verbundes etabliert werden. Ähnliche Restrukturierungsregeln werden auch in [RR84, Da87, RGL90, PH88] vorgestellt.

Diese neue Semantik muß nun durch ausführbare Operatoren implementiert werden. Hierzu bietet es sich an, einen neuen Planoperator mit zugeschnittenen PO-Methoden einzuführen und über neue Plangenerierungsregeln in die Anfragetransformation zu integrieren. Dieser Aspekt soll im folgenden etwas genauer vorgestellt werden.

Eine Methode zur Implementierung des Äußeren Verbundes nennen wir allgemein auch OJ-Algorithmus bzw. abhängig von der konkreten Variante auch LOJ-, FOJ- oder ROJ-Algorithmus. Eine weitere sehr wichtige Eigenschaft eines OJ-Algorithmus ist dessen

Flexibilität hinsichtlich der Wahl des äußeren und inneren Eingabestroms unabhängig von der konkreten OJ-Variante. Für die herkömmlichen Verbundalgorithmen (Schleifeniteration, Misch- und Hash-Verbund) kann der äußere und innere Eingabestrom frei festgelegt werden. Die Diskussionen in Kapitel 3 haben zudem gezeigt, daß diese Entscheidung sehr leistungsbestimmend und daher auch sehr wichtig ist.

Implementierung des Äußeren Verbundes durch Erweiterungen bekannter Verbundmethoden

Soll der äußere Eingabestrom erhalten werden, dann können die Algorithmen aus [RR84] eingesetzt werden. Diese OJ-Algorithmen sind einfache Erweiterungen der bekannten Verbundmethoden, wie Schleifeniteration, Mischverbund und Hash-Verbund. Bei allen diesen Algorithmen wird immer in ähnlicher Weise vorgegangen:

- Im Laufe der Abarbeitung wird der äußere Eingabestrom einmal durchlaufen (ACCESS-Operation) und die dazu passenden Elemente des inneren Eingabestroms gesucht.

- Innerhalb der OJ-Erweiterungen zu diesen Algorithmen werden auch die Elemente des äußeren (zu erhaltenden) Eingabestroms, für die kein Verbundpartner gefunden wird, mit Nullwerten ergänzt in den Ausgabestrom eingetragen.

Diese Algorithmen behandeln nicht den Fall, daß der innere Eingabestrom erhalten (preserve) werden soll. Zu diesem Zwecke wurden neue OJ-Algorithmen definiert [PMC92]. Diese stellen die oben geforderte Flexibilität bereit, unabhängig von der konkreten OJ-Variante, aber abhängig von der konkreten Situation, entweder den inneren oder den äußeren Eingabestrom erhalten zu können.

Erhaltungs-Problematik für den inneren Eingabestrom

Die Schwierigkeit, die existierenden Verbundalgorithmen auch auf diese Situation zu erweitern, kommt daher, daß es bei Erhaltung des äußeren Eingabestroms einfach ist, zu entscheiden, ob das aktuelle äußere Element einen Verbundpartner hat oder nicht. Abhängig davon wird dann entweder ein Verbundtupel generiert und in den Ausgabestrom geschrieben oder dieses äußere Element mit Nullwerten aufgefüllt und ebenfalls im Ausgabestrom verfügbar gemacht. Für ein Element des inneren Eingabestroms ist diese Entscheidung nicht so einfach zu treffen, da man, falls dieses Element mit dem aktuellen äußeren Tupel nicht kombiniert, in dieser Situation auch i.allg. nicht weiß, ob dieses Element mit einem vorangehenden schon verbunden wurde oder mit einem der noch zu betrachtenden Elemente sich verbinden wird. Aus diesem Grunde wird hier mehr Information benötigt, um zu entscheiden, ob dieses innere Element zu erhalten und damit mit Nullwerten zu ergänzen ist oder ob es mit einem Element des äußeren Eingabestroms zu einem Verbundtupel zu kombinieren ist. Für den Fall des FOJ müssen sowohl der äußere als auch der innere Eingabestrom erhalten werden. Da die bisherigen OJ-Algorithmen die Erhaltung des inneren Eingabestroms nicht behandeln konnten, gab es auch keinen Algorithmus für den FOJ.

Hier werden nun Algorithmen beschrieben, die diese Erhaltungs-Problematik (für den inneren Eingabestrom) lösen und damit auch Algorithmen für den FOJ-Verbund verfügbar machen. Anstatt einen vollständigen und detaillierten Algorithmus (ähnlich zu denen aus Kapitel 3) anzugeben, bietet es sich hier für den Äußeren Verbund an, eine abstraktere Beschreibungsebene zu wählen. Dies ist gerade auch deshalb sinnvoll, da jede Verbundmethode als Basisalgorithmus für den Äußeren Verbund genommen werden kann. Demzufolge setzt sich der allgemeine OJ-Algorithmus auch aus zwei aufeinanderfolgenden Phasen zusammen, wie in Programm P19 beschrieben. In der ersten Phase wird, anstatt den geforderten Äußeren Verbund zu berechnen, der herkömmliche Verbund der beiden Eingabeströme bestimmt unter Berücksichtigung der lokalen Selektionsprädikate und des Verbundprädikats. Zusätzlich zum normalen Verbund werden für jeden zu erhaltenden Eingabestrom eine TID-Liste der Elemente dieses Eingabestroms, die am Verbund teilnehmen, aufgebaut. Dies ist notwendig, um später die Elemente einfach bestimmen zu können, für die eine Erhaltung notwendig ist. In der zweiten Phase wird die Erhaltung der nicht am Verbund teilnehmenden Elemente durchgeführt. Hierzu wird für jeden zu erhaltenden Eingabestrom und dessen zuvor aufgebaute TID-Liste wie folgt verfahren. Der Eingabestrom wird erneut gelesen (ACCESS-Operation); dabei werden die Elemente herausgefiltert, die das lokale Selektionsprädikat erfüllen. Falls dieses Element nicht schon im Rahmen des Verbundes in Phase 1 in den Ausgabestrom gelangt ist (hierzu wird die TID dieses Elements in der TID-Liste gesucht; um diese Suche zu beschleunigen wurde die TID-Liste zuvor in TID-Reihenfolge sortiert), muß das mit Nullwerten ergänzte Element in den Ausgabestrom geschrieben werden.

Der Vorteil dieses OJ-Algorithmus ist seine Allgemeingültigkeit und daher auch seine generelle Einsetzbarkeit. Die folgenden Parameter können je nach vorliegender Situation frei gewählt und auch frei miteinander kombiniert werden:

- OJ-Variante
- zugrundeliegende 'normale' Verbundmethode
- Wahl von innerem und äußerem Verbundpartner.

Programm (P19): Allgemeiner OJ-Algorithmus

Phase 1: Berechne Verbund (anstatt Äußeren Verbund)

Führe reguläre Verbundoperation zwischen Ea und Ei durch
- unter Anwendung der lokalen Selektionsprädikate *pred-l1* und *pred-l2* sowie auch des OJ-Prädikats *pred-oj* ;
- **for each** (zu erhaltenden Engabestrom) **do**
  Berechne TID-Liste der Tupel dieses Eingabestroms, die am Verbund teilnehmen;
- Schreibe in Ausgabestrom AS die Verbundtupel, die zusätzlich noch das Selektionsprädikat *pred* erfüllen;

Phase 2: Berücksichtige die zu erhaltenden Tupel im Äußeren Verbund

for each TID-Liste **do**
- Sortiere TID-Liste;
- ACCESS Eingabestrom und wende lokales Selektionsprädikat an;
- **for each** (qualifiziertes Tupel) **do**
  if (TID des qualifizierten Tupels nicht in TID-Liste) **then do**
  Bilde Ergebnistupel durch Ergänzung mit Nullwerten für die fehlenden Verbundattribute des anderen Eingabestroms;
  if (Selektionsprädikat *pred* für Ergebnistupel gilt) **then do**
  Schreibe Verbundtupel in Ausgabestrom;
  end
  end
end

Zudem ist dieser allgemeine OJ-Algorithmus in der Lage, beliebig komplexe Verbundprädikate zu berücksichtigen. Diesen Vorteilen stehen allerdings auch Nachteile gegenüber. Das zweimalige Lesen (einmal in Phase 1 und das andere Mal in Phase 2) der zu erhaltenden Eingabeströme beeinflußt direkt die Effizienz des Verfahrens und erfordert zudem ein kostspieliges Zwischenspeichern dieser Eingabeströme. Dies wiederum hat direkte Auswirkungen auf das Ausführungsmodell[*].

für häufig vorkommende Situationen gibt es effizientere Spezialalgorithmen

In vielen praxisrelevanten Anwendungsszenarien für den Äußeren Verbund wird nicht die allgemeinste Form des Äußeren Verbundes mit beliebig komplexer Verbundbedingung benötigt, sondern deutlich einfachere Qualifikationsbedingungen (etwa einfache konjunktiv verknüpfte Gleichheitsprädikate). In diesen Fällen kann auf Spezialalgorithmen zurückgegriffen werden, die eine höhere Effizienz zeigen als der allgemeine OJ-Algorithmus. In [PMC92] wer-

---

[*] Aufgrund der Zwischenspeicherung der Eingabeströme kann keine tupelorientierte Verarbeitungsform zwischen dem produzierenden und dem konsumierenden PO (hier ist das der OJ-Operator) etabliert werden. Die Zwischenspeicherung macht eine mengenorientierte Verarbeitungsform erforderlich. Mehr Informationen zu den beiden Verarbeitungsformen sind in Abschnitt 2.7 zu finden.

den diesbezüglich zwei effizientere Spezialalgorithmen vorgestellt, die im wesentlichen das nochmalige Lesen eines Eingabestroms vermeiden und damit die o.g. Nachteile des Standardverfahrens umgehen.

Zur Integration der OJ-Algorithmen in den AV-Framework muß ein neuer Planoperator OJ-JOIN mit zugehöriger Eigenschaftsfunktion (zum Ändern des Beschreibungsvektors bei Verwendung dieses PO in einem Plan) und inklusive seiner verschiedenen Implementierungen als alternative Vervollständigungen (z.B. der OJ-JOIN basierend auf der Schleifeniteration oder dem Misch- bzw. Hash-Verbund) bereitgestellt werden. Dieser wird sozusagen als Spezialisierung des Planoperators JOIN in die PO-Klassenhierarchie aus Bild 6.18 auf Seite 236 eingetragen. Der neue PO kann dann etwa als eine zusätzliche Vervollständigung der T-Regel für den lokalen Verbund *L-Verbund* (siehe Bild 6.20 auf Seite 245 sowie Abschnitt 6.3.2) eingetragen werden. Da zumindest für die Anwendung des allgemeinen OJ-Algorithmus (in Programm P19) einige Eigenschaften unbedingt erforderlich sind (etwa das Zwischenspeichern der zu erhaltenden Eingabeströme oder das Sortieren der dynamisch erzeugten TID-Listen), müssen auch die E-Regeln entsprechend ergänzt werden. Insgesamt werden damit die Plangenerierungsregeln zur korrekten Behandlung des Äußeren Verbundes erweitert. Wie für andere Planoperatoren auch, müssen hier ebenfalls passende Kostenfunktionen zur Aufwandsabschätzung des neuen Planoperators hinzugefügt werden. Hinsichtlich der Suchstrategie wird der OJ-Verbund wie der normale Verbund behandelt, d.h., die verschiedenen Suchstrategien versuchen die im Laufe der Anfragetransformation zu betrachtenden Verbund- bzw. OJ-Verbundreihenfolgen geschickt einzuschränken.

Bereitstellung eines neuen Planoperators OJ-JOIN

Anpassungen von Plangenerierungsregeln, Kostenfunktion und Suchstrategie

7.1.1.3 Zusammenfassung

In diesem Abschnitt wurde eine Erweiterung des AV-Framework um den Äußeren Verbund vorgestellt. Von dieser Erweiterung betroffen waren alle drei zentralen Komponenten des AV-Framework:

- der Sprachübersetzer,
- die Anfragerestrukturierung und
- die Anfragetransformation.

In jeder dieser AV-Komponenten mußten entsprechende Ergänzungen zur korrekten Behandlung des Äußeren Verbundes durchgeführt werden. Insgesamt wurde damit auch die Richtigkeit und

Tauglichkeit des AV-Framework als Implementierungsrahmen und der darin etablierten Konzepte zur Garantie der Erweiterbarkeit und Wiederverwendung demonstriert. Zur einfachen Integrierbarkeit hat auch beigetragen, daß die OJ-Algorithmen auf den regulären Verbundalgorithmen aufbauen und somit auch von der großen Variationsbreite dieser schon praxiserprobten und effizienten Verbundalgorithmen profitieren können. Analog zu den herkömmlichen Verbundmethoden können diese OJ-Algorithmen in gleicher Weise parallelisiert werden. Erste Betrachtungen dazu sind [PMC92] zu entnehmen. Für die Praxistauglichkeit von DBS sind effiziente OJ-Algorithmen ebenso wichtig wie leistungsfähige reguläre Verbundalgorithmen.

Der Äußere Verbund spielt nicht nur eine wichtige Rolle innerhalb der herkömmlichen Verbundanfragen sondern in immer stärkerem Maße auch in anderen Anwendungsbereichen. Zum einen ist hier der Bereich von komplexen Anfragen zu nennen, die existentiell und universell quantifizierte Unteranfragen verwenden. Hier können Variationen der OJ-Algorithmen zur effizienten Berechnung solcher Unteranfragen eingesetzt werden. Entsprechende Algorithmen dazu werden in [PMC92] vorgestellt. Zu diesen Algorithmen können angepaßte Restrukturierungen definiert werden, so daß später in der Plangenerierung eine direkte Transformation zu dem OJ-Planoperator möglich wird. Diese alternativen Restrukturierungen können in Form von ergänzenden Restrukturierungsregeln bereitgestellt werden und somit die Anfragerestrukturierung (insbesondere hinsichtlich der Behandlung von quantifizierten Unteranfragen), beschrieben in Abschnitt 6.2, komplettieren.

Anfragen mit quantifizierten Unteranfragen sind sehr ähnlich zu den sog. *Pfadanfragen* (engl. path queries oder path expressions) [KKS92, LLOW91, PHH92]. Das sind Anfragen, die ausgehend von einer Eingabetabelle (Eingabestrom) weitere Eingabetabellen (Eingabeströme) zu immer längeren Pfaden kombinieren. Infolgedessen lassen sich die hier vorgestellten OJ-Algorithmen bzw. deren Anpassungen für quantifizierte Unteranfragen auch gewinnbringend zur Optimierung von Pfadanfragen einsetzen. Diese Art von Anfragen sind häufig in objektorientierten Anwendungsbereichen (bzw. in objektorientierten Anfragesprachen) zu finden und werden in ihrer allgemeinen Form auch als Komplexobjekt-Anfragen (engl. complex object queries oder composite object queries) [MPPLS93, Mi88] bezeichnet. Eine ausführlichere Behandlung dieser Thematik ist in Abschnitt 7.2 zu finden.

7.1.2 Rekursion

In immer mehr DB-Anwendungen wird die Behandlung von rekursiven Anfragen erforderlich. Dies trifft sowohl für die Non-Standard-Anwendungen aus den Ingenieurbereichen als auch für die Unterstützung von Expertensystemen [Ri88] und wissensbasierten Systemen [Ma91] zu. Auch zur Integration von Logikprogrammierung und Datenbanken [CGT90] in Deduktiven DBS (DDBS) ist die Behandlung rekursiver Anfragen unerläßlich.

Die meisten relationalen Sprachen und insbesondere der SQL-Sprachvorschlag sowie die relationale Algebra (siehe Anhang C) besitzen jedoch keine Sprachkonstrukte, um rekursive Anfragen auszudrücken. Aus diesem Grunde soll im Rahmen dieses Abschnitts SQL um das Konzept der rekursiven Anfragen erweitert und dessen Realisierung und Integration in unseren AV-Framework vorgestellt werden. Dazu sind, ähnlich wie zur Behandlung des Äußeren Verbundes in Abschnitt 7.1.1, wiederum eine Spracherweiterung notwendig sowie entsprechende Ergänzungen der Anfragerestrukturierung und der Anfragetransformation.

Erweiterung des AV-Framework um eine allgemeine Rekursionsbehandlung

Da es noch keinen allgemeingültigen Sprachansatz für rekursive Anfragen und auch noch keine umfassende Standardisierung[*] dazu gibt, beziehen wir uns in den nachfolgenden Betrachtungen und Beispielen auf die im DBS STARBURST realisierte SQL-Spracherweiterung hinsichtlich rekursiver Anfragen [MFPR90, PKAL92].

7.1.2.1 Beschreibung des Konzeptes

Um zu einer natürlichen Spracherweiterung für die Behandlung der Rekursion zu gelangen, hat es sich als sinnvoll erwiesen, von einer logikbasierten, deklarativen Schreibweise (bzw. Sprache) auszugehen. Wie das nachstehende Beispiel deutlich zeigt, lassen sich rekursive Anfragen sehr elegant mit Hilfe solch einer regelbasierten Sprache formulieren:

regelbasierte Sprache zur Formulierung rekursiver Anfragen

```
m-org(pnr, name, mgr) ← pers(pnr, name, mgr), eq(name, 'Müller')     /*Regel 1*/

m-org(pnr, name, mgr) ← pers(pnr, name, mgr), m-org(mgr, -, -)       /*Regel 2*/
```

---

* Rekursive Anfragen sollen in den SQL3-Standard, der aktuell diskutiert wird, aufgenommen werden. Als wesentliche Spracherweiterung kommt das Konstrukt 'RECURSIVE UNION' hinzu, welches im wesentlichen 'Transitive-Hüllen'-Berechnungen sowie Pfadanfragen unterstützt und damit weniger mächtig ist als die hier vorgestellte Spracherweiterung, die generelle Rekursion berücksichtigt.

Dies ist ein Logikprogramm bestehend aus zwei Regeln, welches ausgehend von den Prädikaten *pers* und *eq* das Prädikat *m-org* berechnet. Dieses Programm ist wie folgt über unserer Unternehmensdatenbank (siehe Anhang A) definiert:

Interpretation des Beispiel-Logikprogramms

- Die DB-Relationen lassen sich als Extensionen von Logik-Prädikaten auffassen, deren Erfülltsein durch die gespeicherten Tupel ausgedrückt ist und nicht abgeleitet werden muß. Das Prädikat *pers* bezeichnet die Basisrelation *PERS*, und die Variablennamen in der Argumentliste des Prädikats können über deren Position auf die Relationenattribute abgebildet werden; nicht relevante Argumentpositionen werden durch einen Strich ('-') angedeutet. Dieses (Basis-) Prädikat stellt die Faktenbasis (als Ausschnitt der extensionalen DB) für das Logikprogramm dar. Das Prädikat *eq* ist das Gleichheitsprädikat, und *m-org* ist ein abgeleitetes und rekursives Prädikat (der intensionalen DB), da es von sich selbst abhängig ist. Abgeleitete Prädikate können ebenfalls als abgeleitete, intensionale Relationen aufgefaßt werden.

- Eine Regel besteht aus Regelkopf, links vom Implikationszeichen, und Regelrumpf, rechts vom Implikationszeichen. Die Prädikate des Rumpfes beschreiben eine Konjunktion, die zusammen die Implikation bestimmen. Durch die Verwendung gleicher Variablennamen werden Prädikate miteinander verknüpft, und durch die Festlegung von Konstanten oder etwa auch durch Vergleichsprädikate wird die Extension eines Prädikats entsprechend eingeschränkt.

- Somit beschreibt dieses Logikprogramm die 'Manager-Organisation', d.h. die Personen, die an den (die) Manager(in) 'Müller' berichten. Dies läßt sich sprachlich auch sehr einfach in folgender Anfrage formulieren: "Finde alle Personen (Mitarbeiter), die direkt oder auch indirekt für die Person (bzw. den Manager) mit Namen 'Müller' arbeiten". Diese Sprechweise verdeutlicht eine weitestgehend direkte Umsetzung der Regeldarstellung.

In einem Logikprogramm sind die Regeln miteinander konjunktiv verknüpft. Somit läßt sich das nachstehende Logikprogramm (als Vereinfachung obigen Beispielprogramms) mit seinen beiden auf die Prädikatssymbole reduzierten Regeln

alternative Schreibweisen: prädikatenlogisch bzw. als Implikation

    m ← (p **AND** eq)   /*Regel 1*/

    m ← (p **AND** m)   /*Regel 2*/

auch wie folgt ausdrücken:

    (m ← (p **AND** eq)) **AND** (m ← (p **AND** m)).

Diese prädikatenlogische Schreibweise kann nun einfach wieder in eine Implikation und damit in eine regelbasierte Schreibweise umgeformt werden:

    m ← ((p **AND** eq) **OR** (p **AND** m)).

In dieser Herleitung kommt nun deutlich zum Ausdruck, daß die Regeln eines Logikprogramms (also konjunktiv verknüpfte Implikationen), deren Regelköpfe identisch sind, sich zu einer Regel zusammenfassen lassen, in dem der gemeinsame Regelkopf beibehalten und die Regelrümpfe disjunktiv zu verknüpfen sind[*].

Ausgehend von dieser kompakten Darstellungsform und der zuvor beschriebenen Interpretation des Logikprogramms über unserer Unternehmensdatenbank kann nun sehr einfach und direkt eine Umsetzung nach SQL durchgeführt werden. Dabei wird eine SQL-Anfrage generiert, die die Extension des Kopfprädikats (*m-org*) bestimmt. Hierzu ist die Disjunktion im Regelrumpf in eine UNION-Operation umzusetzen, wobei die Operanden der Vereinigung den Disjunktionstermen, also den ursprünglichen Regelrümpfen, entsprechen. Jeder solche Disjunktionsterm wird als eigener Tabellenausdruck geschrieben. Als SQL-Äquivalent zu dem gegebenen Logikprogramm ergibt sich somit die nachstehende Anfrage Q20:

direkte Umsetzung der Regelschreibweise nach SQL

(Q20) Finde alle Personen (Mitarbeiter), die direkt oder auch indirekt für die Person (bzw. den Manager) mit Namen 'Müller' arbeiten"

```
SELECT  Pnr, Name, Mgr
FROM    M-ORG (Pnr, Name, Mgr) AS        /* gemeinsamer Regelkopf */
        (SELECT  Pnr, Name, Mgr          /* Rumpf der Regel 1 */
        FROM     PERS
        WHERE    Name = 'Müller')         /* p1 */
    UNION
        SELECT  Q1.Pnr, Q1.Name, Q1.Mgr  /* Rumpf der Regel 2 */
        FROM    PERS Q1, M-ORG Q2         /* Rekursion über M-ORG */
        WHERE   Q1.Mgr = Q2.Pnr           /* p2 */
        );
```

Anhand dieses einfachen Beispiels kann nun sehr schön verdeutlicht werden, wie sich regelbasierte Logikprogramme als SQL-Anfragen ausdrücken lassen:

Umsetzung eines Logikprogramms in SQL-Anfragen

- Regeln mit gleichem Kopfprädikat sind, wie oben gezeigt, zusammenzufassen.

- Jede Regel, die keinen leeren Rumpf hat, wird in einen benannten Tabellenausdruck transformiert. Dabei beschreibt die abgeleitete

---

[*] In der herkömmlichen Regelschreibweise, z. B. in DATALOG [Ll87, No92, Ul85], werden die Regeln mit gleichem Regelkopf nicht zusammengefaßt. Das hat seinen Grund in der einfacheren Regelsprache, die auf Horn-Klausel-Darstellung beruht und keine Disjunktionen im Regelrumpf zuläßt. Hingegen ist es für unsere Zwecke vorteilhaft, die Regeln mit gleichem Regelkopf in einem gemeinsamen Regelausdruck zusammenzufassen, da diese Darstellungsform sich im wesentlichen direkt in eine SQL-Schreibweise umsetzen läßt.

Ergebnistabelle des Tabellenausdrucks das abgeleitete Prädikat im Regelkopf, und die Prädikate des Regelrumpfes ergeben die im Anfrageteil dieses Tabellenausdrucks zu verbindenden Relationen der FROM-Klausel.

- Falls der Regelrumpf abgeleitete Prädikate enthält, müssen diesen Prädikaten, wie oben gezeigt, ebenfalls entsprechende Tabellenausdrücke zugeordnet werden[*]. Damit werden die Abhängigkeiten zwischen den Prädikaten und deren Ableitungen, dargestellt als Regeln, in entsprechende Schachtelungen von Tabellenausdrücken übernommen.

Umsetzung rekursiver Logikprogramme in rekursive SQL-Anfragen

Da es sich bei diesem Logikprogramm zudem um ein rekursives Programm handelt, kann hier weiterhin vorgeführt werden, wie sich rekursive Logikprogramme als rekursive SQL-Anfragen ausdrücken lassen:

- Eine rekursive Anfrage wird, wie im allgemeinen Fall auch, als benannter Tabellenausdruck dargestellt. Die Rekursion drückt sich dadurch aus, daß die durch den rekursiven Tabellenausdruck produzierte rekursive Tabelle (hier ist das die Tabelle *M-ORG*) im Tabellenausdruck selbst benutzt wird. Der rekusive Tabellenausdruck besteht aus mindestens zwei Operanden in Form von Unteranfragen, die durch eine UNION-Operation (bzw., falls mehr als zwei Unteranfragen, durch entsprechend mehr UNION-Operationen) miteinander verknüpft sind.

- Die erste Unteranfrage, der Initialisierungsoperand, initialisiert die Rekursion, indem dort eine initiale 'Saat' berechnet wird. In obiger rekursiven Beispielanfrage ist das der Tabellenausdruck, der den Rumpf der ursprünglichen Regel 1 beschreibt.

- Die zweite Unteranfrage, der Rekursionsoperand, ist rekursiv, da dessen FROM-Klausel eine Referenz auf den Gesamttabellenausdruck enthält. In obiger rekursiver Beispielanfrage ist das der Tabellenausdruck, der den Rumpf der ursprünglichen rekursiven Regel 2 beschreibt. In der zugehörigen FROM-Klausel wird die abzuleitende Relation *M-ORG* eingetragen, deren Zwischenergebnisse zur Berechnung dieses Tabellenausdrucks benötigt werden. Damit wird eine rekursive Abhängigkeit aufgebaut.

- Weitere Unteranfragen sind möglich. Diese entsprechen wiederum den Rekursionsoperanden und drücken weitere rekursive Abhängigkeiten aus.

Falls ein rekursiver Tabellenausdruck (bzw. eine rekursive Regel) nur einen Rekursionsoperanden (rekursives Prädikat) besitzt, so nennt man dies auch *lineare Rekursion*, und bei mehreren Rekursionsoperanden (mehrere rekursive Prädikate) spricht man dann von *nicht-linearer Rekursion*, die den allgemeinen Fall darstellt.

---

[*] Diese Situation ist in dem bislang gezeigten Logikprogramm nicht gegeben, da alle Prädikate bis auf das abgeleitete Prädikat *m-org* Basisprädikate sind.

Ein wichtiger, praxisrelevanter Spezialfall der allgemeinen Rekursion ist die Berechnung der *'transitiven Hülle'* (engl. transitive closure, kurz TC) einer Relation (bzw. eines rekursives Prädikats). Die TC-Rekursion ist eine relativ einfache Untermenge des allgemeinen Rekursionsproblems, reicht aber für viele Anwendungen, wie z.B. die Stücklistenberechnung, Terminplanung und Scheduling sowie für die Ableitung von Berichtshierachien oder etwa Vorfahren/Nachfahren-Beziehungen, aus. In obiger Anfrage Q18 und natürlich auch in dem zugehörigen regelbasierten Logikprogramm wird die Berichtshierachie *'wird-geleitet-von'* als transitive Hülle berechnet. Ausgehend von einem Basisprädikat (hier ist das das Prädikat *pers*) wird ein abgeleitetes Prädikat (hier ist das das Prädikat *m-org*) bestimmt, welches anschließend wiederverwendet wird, um zusammen mit dem Basisprädikat wiederum neue Ableitungen (für sich selbst) zu bestimmen. Das heißt, das abgeleitete Prädikat wird rekursiv zur eigenen Beschreibung verwendet. Innerhalb einer Hüllenberechnung gibt es somit immer eine Regel (im Beispiel ist dies Regel 1) bzw. einen Tabellenausdruck (den Initialisierungsoperand) zur Initialisierung der Hülle und eine zweite Regel (im Beispiel ist dies Regel 2) bzw. einen zweiten Tabellenausdruck (den Rekursionsoperand) als Berechnungsvorschrift zur Vervollständigung der Hüllenbildung.

Transitive Hülle als praxisrelevanter Spezialfall der allgemeinen Rekursion

Eine ebenfalls in der Praxis wichtige Rekursionsklasse sind die sog. *Pfadanfragen*, eine Verallgemeinerung der TC-Rekursion, die oftmals auch als *generalisierte transitive Hülle* (engl. generalized TC, kurz GTC) bezeichnet werden. Für Pfadanfragen wird die TC-Rekursion als ein Graphproblem beschrieben, wobei die transitive Hülle (als Graph), gerade die Elemente (als Knoten) umfaßt, die über die rekursive Berechnungsvorschrift erreichbar bzw. ableitbar sind. Die Elemente, die über diese Berechnung direkt auseinander hervorgegangen sind, beschreiben sog. Pfade, die im Laufe der Rekursionsberechnung vervollständigt werden. Diese Pfade repräsentieren die Kanten im 'Hüllengraphen'. Im Rahmen der GTC-Rekursion wird die Vervollständigung der Hülle überlagert mit sog. Pfadberechnungen bzw. auch Pfadqualifikationen, die zusätzliche Informationen im wesentlichen über die bislang gebildeten Pfade und die in den Pfaden vorhandenen Elemente bereitstellen bzw. abfragen. Häufig genannte Pfadanfragen betreffen z.B. die Bestimmung des kürzesten (oder längsten) Weges zwischen zwei Graphknoten (des Hüllengraphen) oder etwa die Bestimmung aller Pfade zwischen zwei gegebenen Knoten, die etwa über einen dritten Knoten laufen. Eine eingehende Diskussion der GTC-Rekur-

Generalisierte Transitive Hülle zur Behandlung von Pfadanfragen

sion sowie viele anschauliche Beispiele finden sich in [DA93, DS86, PKAL92, Re87].

Die Semantik eines Logikprogramms läßt sich nach [No92, Ul88] entweder beweistheoretisch, modelltheoretisch oder über eine operationale Semantik, also eine Berechnungsvorschrift (z.B. die SLD-Resolution von PROLOG), definieren. Für einen großen Teil der auch für DBS relevanten Logikprogramme führen alle drei Semantiken zum gleichen Ergebnis. Am nächsten zur DB-Verarbeitung ist der beweistheoretische Interpretationsansatz für Logikprogramme, der einen algorithmischen Zugang zur Semantik von Logikprogrammen liefert. Hier werden alle 'beweisbaren' Fakten, die

Semantik eines Logikprogramms mit der gegebenen Fakten- und Regelmenge ableitbar sind, bestimmt. Damit ist im wesentlichen eine Ableitungsvorschrift verbunden, die die Regeln in 'Vorwärtsrichtung' anwendet und so neue Fakten aus bislang abgeleiteten oder in der DB gegebenen Fakten über Inferenz bestimmt. Aus dieser impliziten Ableitungsvorschrift können effizientere Berechnungsvorschriften entwickelt werden, die zu genau dem gleichen Ergebnis führen. Die rekursiven Anfragen zugrundeliegende und daher auch hier verwendete (Auswerte) Semantik nennt man auch *Fixpunktsemantik*. Hier gilt es so lange neue Ableitungen durchzuführen, bis keine neuen Extensionen bzw. Tupel mehr generiert werden, d.h., bis die abgeleiteten Relationen/Tabellen nicht mehr wachsen, also ein Fixpunkt (engl. fixed point) erreicht ist.

In unserem SQL-Derivat lassen sich alle hier erwähnten Rekursionsprobleme ausdrücken. Beispiele hierzu finden sich etwa in [MFPR90, PKAL92]. Das Ergebnis einer rekursiven Anfrage bzw. eines rekursiven Tabellenausdrucks kann als reguläre, abgeleitete

Abgeschlossenheit unseres SQL-Derivats hinsichtlich Rekursion Tabelle betrachtet werden, die durch nachfolgende SQL-Operationen (etwa Sortierung oder Selektion) weiterverarbeitet werden kann. Damit bleibt die SQL-Sprache abgeschlossen auch bzgl. rekursiver Anfragen. Zudem ist es möglich, rekursive Anfragen innerhalb einer Sichtdefinition zu verwenden und somit rekursive Sichten zu definieren.

7.1.2.2 Integration in den AV-Framework

Nachdem nun Syntax und Semantik der rekursiven SQL-Anfragen beschrieben sind, soll hier deren Realisierung und Integration in den AV-Framework mit seinen drei Komponenten Übersetzung, Anfragerestrukturierung und Anfragetransformation vorgestellt werden.

Die Übersetzungskomponente bleibt dabei im wesentlichen unverändert, da rekursive Anfragen durch (rekursive) Tabellenausdrücke dargestellt werden und in Kapitel 6 (insbesondere Abschnitt 6.1.2.4) bei der Beschreibungdes AV-Framework schon allgemeine Tabellenausdrücke berücksichtigt sind. Das bedeutet, daß die Beschreibungsmächtigkeit des internen Darstellungsmodells AGM zur Abbildung rekursiver Anfragen in entsprechende Anfragegraphen (AG) ausreicht. Bei der Übersetzung rekursiver Anfragen muß lediglich im Rahmen der semantischen Analyse überprüft werden, ob die angegebene Rekursion semantisch korrekt ist. Hiermit soll beispielsweise erkannt werden, ob der Initialisierungsoperand fehlt, um dann ggf. durch das Zurückweisen solch inkorrekter Anfragen eine u.U. nicht terminierende Ausführung auszuschließen[*]. Zur Übersetzung in einen AG müssen keine neuen Tabellenoperatoren definiert werden. Dies wird in Bild 7.2 deutlich gezeigt. Dort ist der AG als Ergebnis der Übersetzung der rekursiven Anfrage Q20 dargestellt.

nur minimale Anpassungen der Übersetzungskomponente (semantische Analyse) notwendig

Dieser AG besteht aus der Basistabelle *PERS* und den über die verschiedenen SELECT-Tabellenoperatoren bzw. den UNION-Tabellenoperator abgeleiteten Zwischenergebnis- bzw. Ergebnistabellen. Betrachtet man die Struktur des Graphen, so stellt man fest, daß die (Definitions-)Kanten des AG einen Zyklus beschreiben. Man kann leicht erkennen, daß der rechte SELECT-Tabellenoperator, der Initialisierungsoperand, eine einfache Selektion der Basistabelle *PERS* und damit die ursprüngliche Regel 1, genauer den

Diskussion des Beispiel-AG

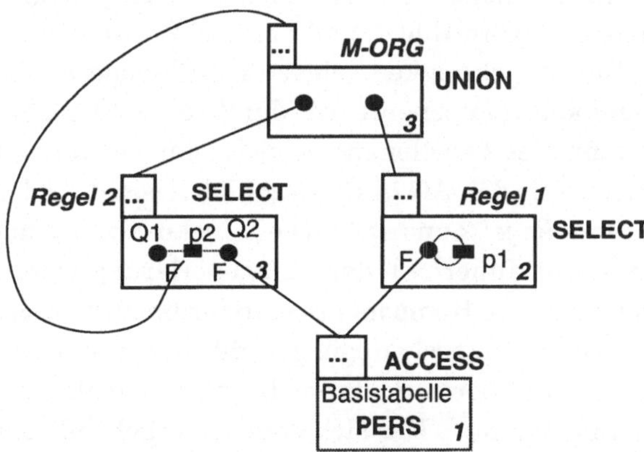

Bild 7.2: Anfragegraph zur rekursiven Anfrage Q20

---

[*] Für den allgemeinen Fall sind z.B. auch Stratifizierungsansätze zu berücksichtigen, um Nicht-Terminierung frühzeitig zu erkennen [Ul89].

Rumpf bzw. die Herleitung der Regel 1 darstellt, und der linke SE-
LECT-Tabellenoperator, der Rekursionsoperand, der Herleitung
(des Rumpfes) von Regel 2 entspricht. Diese Herleitung besteht (gemäß der Definition in Regel 2 und natürlich auch gemäß des zugehörigen rekursiven Tabellenausdrucks in Anfrage Q20) aus einem
Verbund, dessen Verbundpartner zum einen der Eingabestrom aus
der Basistabelle *PERS* und zum anderen das bislang berechnete
Ergebnis der abgeleiteten Tabelle *M-ORG* ausmachen. Das heißt,
der Ausgabestrom des UNION-Tabellenoperators *M-ORG* ist zugleich Eingabestrom für den Tabellenoperator von Regel 2 und
auch als gemeinsamer Regelkopf (siehe Anfrage Q20 bzw. deren regelbasierte Darstellung) der Ergebnisstrom des gesamten AG.

Allgemein läßt sich sagen, daß die Übersetzung rekursiver Anfragen durch eine direkte Umsetzung der Tabellenausdrücke bewerkstelligt werden kann. Dabei entstehen zyklische AG. Im Gegensatz
dazu sind die AG zu nicht-rekursiven Anfragen nicht-zyklisch. Da
die rekursiven AG aus genau den gleichen Tabellenoperatoren bestehen wie die nicht-rekursiven, kann auch die Komponente Anfragerestrukturierung im Prinzip unverändert bleiben.

Komponente An-
fragerestruktu-
rierung kann
unverändert
bleiben

Zur korrekten Behandlung von rekursiven AG muß lediglich dafür
gesorgt werden, daß die Anfragetransformation die rekursiven
Teile des AG (also die durch die zyklusbildenden Definitionskanten
referenzierten Tabellenoperatoren) erkennt und entsprechend behandelt. Diese rekursiven Teilgraphen entsprechen Zusammen-
hangskomponenten (im AG) mit mehr als einem Element und lassen sich einfach mittels einer AG-Traversierung bestimmen. In unserem Beispiel-AG in Bild 7.2 gibt es drei Zusammenhangskompo-
nenten. Die Zugehörigkeit eines Tabellenoperators zu seiner
Zusammenhangskomponente ist durch eine Identifikationsnum-
mer im Rumpf des Tabellenoperators (in der rechten unteren Ecke)
ausgedrückt. Für den AG in Bild 7.2 bilden somit die beiden Tabellenoperatoren *Regel 2* und *M-ORG* eine rekursive Komponente (mit
der Nummer 3). Innerhalb der Plangenerierung werden dann für
solch eine rekursive Komponente standardmäßig die Schleifeniteration[*] als Ausführungsstrategie gewählt und der rekursive Eingabestrom als der äußere und der nicht-rekursive als der innere Eingabestrom bestimmt[**]. Der sich dadurch ergebende Ausführungsplan kann etwa wie in Bild 7.3 gezeigt aussehen.

Anfragetransfor-
mation muß die
rekursiven Teile
des AG erkennen
und dafür ent-
sprechende Aus-
führungspläne
generieren

---

[*] Andere Verbundmethoden bieten sich in diesem Fall nicht automatisch
an, da der rekursive Eingabestrom ja über den Ableitungszyklus inkrementell ergänzt wird.

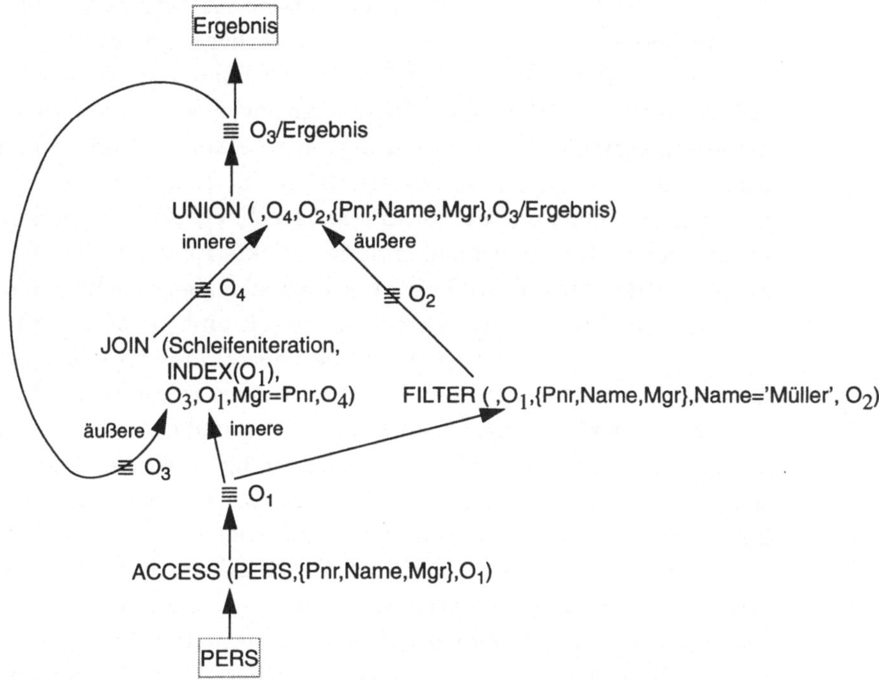

Bild 7.3: Generierter Ausführungsplan zum AG von Anfrage Q20 aus Bild 7.2

Die für den Ausführungsplan gewählte Darstellung orientiert sich
an der in Abschnitt 3.3.2 und Bild 3.4 verwendeten. In Bild 7.3 werden nicht der vollständig generierte Ausführungsplan mit allen Parametern gezeigt, sondern im wesentlichen nur die von der Plangenerierung erzeugten Planoperatoren, deren wichtige Parameter
und deren Ein- bzw. Ausgabeströme (O_i).

In Bild 7.3 sind unterschiedliche Arten von Objektströmen enthalten. Einmal unterscheidet man Objektströme danach, ob es einen
oder mehrere Konsumenten des betreffenden Objektstroms gibt.
Objektströme mit mehreren Konsumenten heißen auch gemeinsam (engl. shared) oder auch *mehrfachbenutzte Objektströme*. In Bild
7.3 sind die Objektströme O_1 und O_3 mehrfachbenutzt. Weiterhin
gibt es zyklusbildende Objektströme (hier ist das der Objektstrom
O_3), die man auch als *rekursive Objektströme* bezeichnet.

*Charakterisie-
rung von Objekt-
strömen*

** Da der rekursive Eingabestrom im Laufe der Rekursionsberechnung
inkrementell ergänzt wird (im Gegensatz zu dem nicht-rekursiven, den
man ggf. vorab berechnen kann), ist die einzig sinnvolle Zuordnung diesen nicht-rekursiven als den inneren zu wählen, zu materialisieren und,
wenn möglich, durch einen (dynamischen) Zugriffspfad unterstützt gezielt darauf zuzugreifen (etwa durch eine indexbasierte Schleifeniteration, siehe Abschnitt 3.2.1.1).

Aufgrund der Objektstromabstraktion (siehe Abschnitt 2.7) bleibt auf der Beschreibungsebene von Bild 7.3 verborgen, wie die Objektströme realisiert sind. Sowohl für mehrfachbenutzte als auch für rekursive Objektströme muß zwischengespeichert werden, da hier keine tupelorientierte Verarbeitungsform[*] etabliert werden kann. Das heißt, diese Zwischenergebnisströme sind zu materialisieren und können somit anstatt nochmals berechnet, einfach wiederbenutzt werden. Für mehrfachbenutzte Objektströme ist dies zudem auch deshalb sinnvoll, weil die verschiedenen Konsumenten i.allg. ihre Eingabeströme unterschiedlich schnell und unabhängig voneinander abarbeiten wollen. Im Falle von rekursiven Objektströmen ist es ganz ähnlich. Der Produzent eines rekursiven Objektstroms und der Konsument sollen ebenfalls unabhängig voneinander arbeiten können. Ferner ist es notwendig, daß vom Produzenten so lange in den rekursiven Objektstrom geschrieben werden kann, wie noch neue Ergebnisse innerhalb der Rekursion anfallen, also noch kein Fixpunkt erreicht ist. Die Abarbeitung eines Objektstroms kann man sich so vorstellen, daß für jeden Konsumenten ein (logischer) Zeiger geführt wird, der dessen aktuellen Abarbeitungszustand bezeichnet. Ferner gibt es noch einen Zeiger für den einzigen Produzenten, der das aktuelle Ende des Objektstroms anzeigt. Während der Abarbeitung dürfen dann Konsumenten- und Produzentenzeiger sich nicht treffen oder gar überholen. In diesem Sinne besitzen mehrfachbenutzte Objektströme zusätzlich zu dem Endezeiger mehrere Abarbeitungszeiger. Sobald der Abarbeitungszeiger eines Konsumenten den Endezeiger getroffen hat, ist gewährleistet, daß der Konsument den gesamten bisherigen Eingabestrom gelesen hat. Da nur der Produzent weiß, wann alle Elemente seines Ausgabestroms bereitgestellt sind, ist es notwendig, eine explizite Endekennung für einen Objektstrom zu haben, die auch nur von dem Produzenten gesetzt werden kann. Für einen rekursiven Objektstrom ist dies genau dann der Fall, wenn der Produzent (hier der UNION-Operator) keine Elemente mehr erzeugt und der Objektstrom schon vollständig konsumiert ist (hier ist der JOIN-Planoperator der Konsument), d.h., ein Fixpunkt ist erreicht. Ansonsten werden die vom JOIN-Planoperator erzeugten Elemente im UNION-Operator auf Duplikatfreiheit gegenüber der bisher erzeugten Ergebnismenge (hier ist das der rekursive Objektstrom O_3 bzw. *Ergebnis)* überprüft und ggf. als neue Elemente in den rekur-

Abarbeitung rekursiver Objektströme

Abarbeitungszeiger und Endekennung von Objektströmen

---

    *   Unter einer tupelorientierten Verarbeitungsform verstehen wir gemäß Abschnitt 2.7 ein direktes Weitergeben und Weiterverarbeiten eines produzierten Elementes durch seinen Konsumenten.

siven Objektstrom eingetragen; sie werden infolgedessen später im äußeren Eingabestrom des JOIN-Operators sichtbar und auch weiterverarbeitet.

Aufgrund dieser ausführlichen Beschreibung wird nun deutlich, daß die hier vorgestellte Objektstromabarbeitung und die zugrundeliegende Objektstromsemantik die Ausführung von rekursiven Anfragen und auch von gemeinsamen Teilausdrücken direkt unterstützen. Weiterhin hilft die hier beschriebene Objektstromsemantik, einen Fixpunkt sofort zu erkennen, so daß die Rekursionsberechnung auch gleich abgebrochen werden kann und unnötige Berechnungen eingespart werden. Zusammen mit der UNION-Operation und deren Eigenschaft, keine Duplikate im Ausgabeobjektstrom zuzulassen, implementiert diese Objektstromabarbeitung die sog. *Seminaive-Evaluierungsmethode* [Ya91, BR86][*] und damit auch die zur Auswertung der Rekursion notwendige Fixpunktsemantik (siehe Abschnitt 7.1.2.1).

Objektstromabarbeitung implementiert Seminaive-Evaluierungsmethode

Objektströme ähnlichen Typs werden im DBS STARBURST als TQ (engl. table queue) bezeichnet, und das hier vorgestellte Abarbeitungskonzept heißt dort TQE (engl. table queue evaluation). Ein ähnliches Abarbeitungskonzept findet sich im VOLCANO-System und auch in der AV-Komponente des KBMS KRISYS [TMM93]. Dort wird dieses Abarbeitungskonzept für Objektströme noch allgemeiner gefaßt, um zusätzlich zur rekursiven Abarbeitung auch ein unabhängiges und gleichzeitiges (also paralleles) Arbeiten von Produzenten und Konsumenten, die auch auf unterschiedlichen Rechnern laufen können, zu erlauben.

Abarbeitungskonzept wird eingesetzt

Die bislang beschriebene Vorgehensweise zur Integration der Rekursion in den AV-Framework versuchte mit möglichst wenig Ergänzungen, eine effektive Behandlung rekursiver Anfragen zu erreichen. Daß dieses Ziel erreicht werden kann, zeigen die experimentellen Ergebnisse aus [PKAL92]. Das dort evaluierte DBS ist das STARBURST-System. Dieses entspricht in der dort vorgestellten Form zumindest hinsichtlich der AV-Komponente im wesentlichen dem hier ergänzten AV-Framework, so daß die Evaluierungsergebnisse prinzipiell übertragbar sind.

erste Erfahrungswerte deuten auf Praktikabilität des beschriebenen Ansatzes

---

[*] Die Seminaive-Evaluierungsmethode ist eine Erweiterung der sog. Naive-Evaluierungsmethode dahingehend, daß die redundanten Berechnungen der naiven Strategie entsprechend reduziert werden. Dies wird dadurch erreicht, daß nur die neu erzeugten und somit neu in den rekursiven Objektstrom gelangten Elemente weiter bearbeitet werden.

Da die Behandlung von Rekursion schon seit Jahren ein sehr aktives Forschungsgebiet darstellt, gibt es dafür mittlerweile sehr viele verschiedene Algorithmen und Konzepte [BR86, Mu92, Ya91]. Es würde den Rahmen dieser Arbeit sprengen, alle Strategien vorzustellen und deren Integration in den AV-Framework zu beschreiben. Stattdessen erscheint es sinnvoller, die verschiedenen Strategien nach gleichen Eigenschaften zu gruppieren und dann aufzuzeigen, wie diese Gruppen innerhalb des AV-Framework zu berücksichtigen sind.

Rekursionsstrategien lassen sich durch die nachstehenden effizienzbestimmenden Merkmale charakterisieren:

Charakterisierung von Rekursionsstrategien

- Vermeidung redundanter Arbeit
  Redundante Arbeit entsteht dann, wenn mehrmals eine Regel (oder allgemein eine Teilaufgabe innerhalb der Rekursion) mit den gleichen Daten evaluiert wird. Zum Beispiel kann es vorkommen, daß manche iterativen Algorithmen (etwa die Naive-Evaluierungsmethode) die Berechnung vorangegangener Durchläufe ganz oder teilweise wiederholen.

- Beschränkung auf relevante Daten
  Unter den relevanten Daten versteht man die zur Ableitung des Rekursionsergebnisses unbedingt benötigten Daten. Das heißt, es werden Strategien gesucht, die sich in ihrer Berechnung nur auf die relevanten Daten beschränken. Dieser Aspekt kommt insbesondere dann zum Tragen, wenn die rekursive Anfrage durch Selektionskriterien ergänzt ist.

- Schnelle Konvergenz
  Je kleiner die Anzahl von Iterationsschritten oder Rekursionsstufen ist, desto höher ist die Konvergenz des Verfahrens und desto früher kann die Auswertung beendet werden.

- Behandlung von Zyklen in den Daten
  Bei zyklischen Daten (etwa netzartig verknüpfte Daten wie z.B. Verkehrsverbindungen) kehrt die Auswertung immer zum Ausgangspunkt zurück. Falls die Strategie dies nicht erkennt, kann dies einerseits zu einem erheblichen Maß an redundanter Arbeit führen und andererseits kann die Auswertung in eine Endlosschleife geraten.

leistungsbestimmende Merkmale

Mit dieser Aufzählung kommt deutlich zum Ausdruck, daß die hier beschriebenen Charakteristika unmittelbaren Einfluß auf das Leistungsverhalten einer Rekursionsstrategie ausüben und daher als wünschenswerte Strategiemerkmale zu bezeichnen sind.

Man kann die Rekursionsstrategien in zwei große Gruppen aufteilen:

- Evaluierungsstrategien
  Eine Evaluierungsstrategie beschreibt einen Algorithmus, mit dessen Hilfe eine Rekursion berechnet werden kann. Man unterschei-

det hier zudem noch zwischen den generell anwendbaren Strategien für die allgemeine Rekursion und den Spezialisierungen für die GTC-Rekursion. Zu den bekanntesten Evaluierungsstrategien gehören die Naive- bzw. die deutlich effizientere Seminaive-Methode. Beide sind generell anwendbar. Ein Beispiel für eine speziell für das TC-Problem entwickelte Strategie mit schneller Konvergenz ist die Methode *LOGA+* [YM89]. Sie zeichnet sich insbesondere durch eine Kombination von schneller Konvergenz und Beschränkung auf die relevanten Daten aus, allerdings müssen Leistungseinbußen bei hochgradig vermaschten Daten und vorhandenen Zyklen in Kauf genommen werden.

Evaluierungsstrategie beschreibt einen Berechnungsalgorithmus

- Optimierungsstrategien
Optimierungsstrategien sind im wesentlichen Restrukturierungsregeln innerhalb der Anfragerestrukturierung. Sie restrukturieren die rekursive Anfrage (bzw. die ursprüngliche Regelmenge), so daß eine auf die relevanten Daten beschränkte Auswertung durch eine effiziente Evaluierungsstrategie möglich wird. Die Beschränkung auf die relevanten Daten bedeutet dabei meistens, die Selektionen, die sich aus den Bindungen der Anfrage ergeben, in die Rekursion hineinzuschieben (engl. sideways information passing), um damit die Selektion so früh wie möglich durchzuführen[*]. Dies wird häufig auch als Selektionspropagierung [AU79] bezeichnet und wurde schon in Abschnitt 2.6.1 als ein zentrales Optimierungskriterium erkannt. Zu den bekanntesten Optimierungsstrategien gehört zweifelsohne die Klasse der *'Magic-Set'-Strategien* [BMSU86, BR91, MP94b]. Diese Strategien führen zuerst eine Propagierung von Variablenbindungen durch und stellen die so erhaltenen Selektionsbedingungen als zusätzliche Prädikate der Regelmenge dar. Diese Prädikate nennt man auch die 'Magic-Set'-Prädikate, und die durch sie bestimmten (Werte-)Mengen heißen 'Magic-Sets', da sie die während der Rekursionsberechnung zu betrachtenden Daten auf die relevante (magische) Datenmenge beschränken. Den 'Magic-Set'-Prädikaten der Logikprogrammierung entsprechen auf der AV-Seite Selektionen, die durch entsprechende SELECT-Tabellenoperatoren repräsentiert sind, und deren Ausgabeobjektstrom gerade die 'Magic-Sets' bestimmen, die dann als entsprechend eingeschränkte Eingabeströme innerhalb der Rekursion die geforderte Beschränkung auf die relevanten Daten garantieren. Einzelheiten zur 'Magic-Set'-Restrukturierung können [Mu92] entnommen werden.Weitere Optimierungsstrategien werden in [Ya91] diskutiert.

Optimierungsstrategien beschreiben Restrukturierungen

Innerhalb der Diskussionen in diesem Abschnitt wurde die Integration der Rekursion sowohl für die Anfragerestrukturierung als auch für die Anfragetransformation behandelt: in der Anfragetransformation wurde die Seminaive-Evaluierungsmethode be-

---

[*] Diese Art der Weitergabe von Bindungen (bzw. von Werten) ist sehr ähnlich zu der Vorgehensweise von Semi-Verbunden (siehe Abschnitt 3.2.1.6), die ebenfalls Bindungsinformationen in Form von Verbundattributwerten weitergeben, um die anschließend zu verarbeitenden Datenmengen einzuschränken.

rücksichtigt und in der Anfragerestrukturierung eine direkte Abbildung, die Selektionen in die rekursive Komponente zu verschieben erlaubt und damit eine der ersten vorgeschlagenen Restrukturierungen für rekursive Anfragen [AU79], die sog. Selektionspropagierung, realisiert. Somit wurde je ein (wichtiges) Verfahren aus der Gruppe der Evaluierungsstrategien und aus der Gruppe der Optimierungsstrategien in den AV-Framework integriert. Eine Integration der anderen Strategien würde nach dem gleichen Schema ablaufen:

Vorgehensweise zur Integration von Optimierungs- bzw. Evaluierungsstrategien in den AV-Framework

- Optimierungsstrategien führen im wesentlichen zu einer neuen Restrukturierungsregel und

- Evaluierungsstrategien basieren entweder auf einem (neuen) Abarbeitungskonzept für Objektströme (wie im hier gezeigten Fall der seminaiven Methode) oder verlangen die Einführung eines neuen Planoperators, der diese Methode oder auch Alternativmethoden bereitstellt. Ein neuer Planoperator verlangt natürlich noch zusätzliche Maßnahmen zu dessen Integration in die Anfragetransformation (siehe hierzu etwa die Integration des Planoperators OJ-JOIN für den Äußeren Verbund in Abschnitt 7.1.2.2). Einen Planoperator für Evaluierungsstrategien nennt man auch LFP-Operator (engl. least fixed point operator), da dieser den kleinsten Fixpunkt berechnet [KG90, Ya91].

Aus diesem Grunde kann man sich hier eine ausführliche Diskussion weiterer Strategien und deren Integration in den AV-Framework ersparen.

7.1.2.3 Zusammenfassung

Mittlerweile gehört auch die Unterstützung von rekursiven Anfragen zu dem (Standard-) Repertoire praxistaugliche DBS, obwohl die Rekursion noch nicht in den SQL-Standard eingebracht ist.

Integration von Optimierungsstrategien in die Anfragerestrukturierung und von Evaluierungsstrategien in die Anfragetransformation

Die Einteilung der Rekursionsverfahren in Optimierungs- und Evaluierungsstrategien entspricht der Aufteilung der AV in die Anfragerestrukturierung und Anfragetransformation. Zusammen mit der Integration der Rekursion in den AV-Framework wurden somit auch einerseits die Integration einer Optimierungsstrategie in die Anfragerestrukturierung und andererseits die Integration einer Evaluierungsstrategie in die Anfragetransformation betrachtet. Da die meisten Optimierungsstrategien eine Selektionspropagierung durchführen, sind diese Restrukturierungsregeln im Prinzip auch bei nicht-rekursiven Anfragen anwendbar. In [MFPR90, MP94b] wurde dieser Aspekt explizit untersucht, und die Ergebnisse zeigen deutlich, daß die dort verwendete Erweiterte 'Magic-Set'-Transformation (engl. extended magic set transformation, kurz EMST) im nicht-rekursiven Fall ebenfalls sehr leistungssteigernd wirkt und daher zum Standardrepertoire auch eines (herkömmlichen) relationalen DBS gehören sollte. EMST ist eine Erweiterung der ursprünglichen 'Magic-Set'-Strategie (die für die Logikprogrammierung entwickelt wurde) auf den Bereich relationaler Sprachen, die auch Duplikate, Gruppierung und Aggregation umfassen. Weiterhin erlaubt die EMST-Strategie auch sog. 'Conditions', also nicht nur Gleichheitsprädikate, zu verschieben und in die Rekursionsberechnung hineinzunehmen, um die weiterzuverarbeitenden Datenmengen schon so früh wie möglich zu beschränken.

Optimierungsstrategien können auch im nicht-rekursiven Fall einen Leistungsgewinn erzielen

Ein umfassender Überblick über die bekanntesten Strategien und über deren günstigsten Einsatzszenarien wird in [Ya91] gegeben. Zusätzlich werden dort auch vergleichende Leistungsbetrachtungen der verschiedenen Verfahren diskutiert. In diesen eingehenden Untersuchungen wird weiterhin festgestellt, daß die meisten Rekursionsstrategien auf bestimmte Situationen zugeschnitten und teilweise auch nur dort (effektiv) anwendbar sind. Hieraus ergibt sich nun eine zusätzliche Anforderung an den AV-Framework. Um die beste Rekursionsstrategie (also die Kombination von Optimierungs- und Evaluierungsmethode) für eine gegebene Problemstellung zu bestimmen, sind detaillierte Informationen über die gegebene Situation auszuwerten. Zu den situationsbestimmenden Merkmalen zählen die Art der (rekursiven) Anfrage und der aktuelle DB-Zustand, also Informationen über die zu bearbeitenden Daten wie z.B. vorhandene Zyklen, Grad der Vermaschung, Datenvolumen. Um diese Informationen verfügbar zu machen, sind die DB-Statistiken (siehe Abschnitt 4.2) entsprechend zu erweitern. Die AV hat damit die Möglichkeit, die zur Wahl der richtigen Methode erforderlichen Informationen aus den Statistiken abzurufen.

Wahl der besten Rekursionsstrategie ist problem- und situationsabhängig

7.1.3 Zusammenfassung und Erweiterungen

In diesem Abschnitt wurde eine erste Validierung des AV-Framework-Ansatzes durchgeführt. Zwei für die Praxistauglichkeit von (relationalen) DBS wichtige Erweiterungen wurden vorgestellt und deren Integration in den AV-Framework detailliert beschrieben. Zum einen handelte es sich hierbei um den Äußeren Verbund (siehe Abschnitt 7.1.1) und zum anderen um die Rekursion (siehe Abschnitt 7.1.2). Die Berücksichtigung dieser (Sprach-)Erweiterungen im AV-Framework hat sich auf alle drei zentralen Framework-Komponenten ausgewirkt: auf den Sprachübersetzer, die Anfragerestrukturierung und die Anfragetransformation. In jeder dieser AV-Komponenten mußten entsprechende Ergänzungen (etwa in Form von neuen Tabellenoperatoren und Restrukturierungsregeln oder neuen Planoperatoren und Plangenerierungsregeln) zur korrekten Behandlung der Erweiterungen durchgeführt werden. Daß sich diese Ergänzungen und der dafür nötige Aufwand sehr in Grenzen hielten, ist ausschließlich der hohen Wiederverwendbarkeit und Erweiterbarkeit der bereitgestellten Framework-Konzepte (siehe Kapitel 6) zu verdanken. Insgesamt wurde damit auch die Richtigkeit und Tauglichkeit des AV-Framework als flexibler und erweiterbarer Implementierungsrahmen demonstriert.

Tauglichkeit der Framework-Konzepte hat sich deutlich gezeigt

Die hier beschriebenen Ergänzungen um die Konzepte Äußerer Verbund und Rekursion stellen wichtige Schritte dar, auf dem Weg die Einsatzgebiete und Praxistauglichkeit von (relationalen) DBS zu erweitern. Natürlich sind auch andere Framework-Erweiterungen sinnvoll, wie die nachstehende Aufzählung vermittelt:

weitere, sinnvolle relationale Erweiterungen des AV-Framework

Interpolationsfunktionen
In [Ne91] werden Interpolationsfunktionen als SQL-Erweiterungen definiert und deren Behandlung innerhalb der AV beschrieben. Die dort untersuchten Auswirkungen auf die Anfrageoptimierung und Anfrageevaluierung sind sehr ähnlich zu denen, die hier im Rahmen der Behandlung des Äußeren Verbundes diskutiert wurden. Daher können die Ergebnisse aus [Ne91] im wesentlichen direkt als Erweiterungen in unserem AV-Framework (und analog zur Beschreibung in Abschnitt 7.1.1 für den Äußeren Verbund) eingebracht und somit unser Framework hinsichtlich Interpolationsfunktionen erweitert werden. Zu ganz ähnlichen Ergebnissen kommt [WG93]. Dort wird der AP-Generator VOLCANO [GM91] (siehe Abschnitt 6.4.2) benutzt, um die neuen Operatoren zur Behandlung von numerischen Berechnungen (etwa auf Meßdaten) in die AV zu integrieren.

- Semi-Verbund
Die Operationen des Semi-Verbundes (siehe Abschnitt 3.2.1.6) sind insbesondere für eine auf mehrere Rechner verteilte AV (etwa in Falle von verteilten DBS) sinnvoll einzusetzen. Die Integration des Semi-Verbundes in den AV-Framework geschieht analog zu der in Abschnitt 7.1.1 gegebenen Beschreibung für den Äußeren Verbund. In Abschnitt 6.3.2.1 wurde diesbezüglich auch schon der Planoperator SHIP zum Verschieben von Objektströmen über Rechnergrenzen eingeführt.

- Referentielle Integrität, Assertions und Trigger
Referentielle Integrität (RI) ist mittlerweile im SQL-Standard SQL-92 enthalten, und Assertions sowie auch Trigger werden momentan als Teil des nächsten SQL-Standards [SQL3] diskutiert. Die Behandlung von RI-Konzepten kann sehr elegant im Rahmen der AV berücksichtigt werden. Zum Beispiel läßt sich ein kaskadierendes

Löschen dadurch realisieren, daß im Rahmen der Übersetzung die eigentliche Löschanweisung durch einen Anhang ergänzt wird, der über eine Rekursion alle von der Kaskadierung betroffenen Elemente bestimmt und ebenfalls der DELETE-Operation zuführt. Hierzu ist natürlich ein hinsichtlich Rekursion erweiterter AV-Framework (siehe Abschnitt 7.1.2) Voraussetzung. *Assertions* sind in gewissem Sinne Verallgemeinerungen der RI-Konzepte und lassen sich daher mit den gleichen Mitteln umsetzen. In [De91, De93] wird dazu ein allgemeiner Rahmen beschrieben, der prinzipiell auch als Erweiterung des AV-Framework realisierbar ist. Zur flexiblen Behandlung von Triggern bietet sich ebenfalls die Ebene der AV an, wie etwa in [SPAM91] ausführlich gezeigt wurde. Dort wird am Beispiel von STARBURST demonstriert, wie ein normalerweise passives DBS zu einem aktiven DBS werden kann, ausschließlich mittels Erweiterungen der Anfrageverarbeitung. Hierzu werden 'aktive' Tabellen und 'aktive' Anfragen zur Darstellung von Triggern eingeführt, die alle durch die bekannten Konzepte ausgedrückt, aber in ihrer Semantik entsprechend erweitert sind.

Ein weiteres immer wichtiger werdendes Einsatzgebiet von DBS ist die Unterstützung von wissensbasierten Systemen und deduktiven Anwendungen. Hierbei kann die effiziente Behandlung rekursiver Anfragen (siehe Abschnitt 7.1.2) als ein wesentlicher Schritt von konventionellen DBS hin zu Deduktiven DBS (DDBS) angesehen werden. Im folgenden wollen wir zeigen, daß unser AV-Framework aus Kapitel 6 mit den in Abschnitt 7.1.2 beschriebenen Erweiterungen hinsichtlich Rekursion eine durchaus akzeptable Realisierungsbasis für ein DDBS darstellt. Dies wird insbesondere durch die detaillierten Arbeiten in [Mu92, Ya91] und auch durch erste Implementierungsversuche [PKAL92, MP94b] untermauert. Dazu werden zuerst die wichtigen Konzepte von DDBS aus deren Sicht betrachtet und anschließend in entsprechende Konzepte unseres AV-Framework umgesetzt.

AV-Framework mit integrierter Rekursion stellt eine akzeptable Realisierungsbasis für ein DDBS dar

Nach [KG90] sollte ein DDBS mindestens folgenden Leistungsumfang anbieten können:

Charakterisierung von DDBS

- Volle Funktionalität eines modernen relationalen DBS.

- Eine mächtige deklarative Regelsprache, welche die Definition von komplexen virtuellen Relationen (auch Sichten oder intensionale Relationen genannt) gestattet.

- Einen leistungsfähigen Deduktionsmechanismus zur Beantwortung von Anfragen an solche Logik- bzw. Regelprogramme.

Im wesentlichen kommen also im Vergleich zu relationalen DBS bei DDBS noch Punkt 2 und insbesondere Punkt 3 hinzu. Hinsichtlich der Wahl einer geeigneten deklarativen Regelsprache hat sich die Einbettung der Logikprogrammierung in die relationale DB-

Umgebung als ein geeigneter Ansatz herausgestellt. Anders als bei PROLOG ist hier sowohl Semantik als auch Performanz eines deklarativen Regelprogramms invariant sowohl hinsichtlich Reihenfolge der Regeln als auch bzgl. der Reihenfolge von Prädikaten innerhalb eines Regelrumpfes, also rein deklarativ. Dadurch wird der Anwender von problemirrelevanten Kenntnissen prozeduraler Aspekte, wie etwa der SLD-Resolution bei PROLOG befreit. Es ist die Aufgabe der Deduktionsoptimierung, die beste Auswertung des Regelprogramms zu bestimmen. Hierbei stellt die Rekursionsoptimierung eine der großen Herausforderungen dar. In [KG90] wird dazu ein 'optimierender Regel-Compiler' vorgeschlagen, dessen Aufgabe es ist, entsprechende Rekursionsanalysen vorzunehmen, den jeweiligen Rekursionstyp zu bestimmen und zu ermitteln, ob für die vorliegende Klasse ein Spezialalgorithmus in seinem Deduktionsrepertoire vorhanden ist. Dieser kann dann für die vorliegende Anfrage (oder Teilanfrage) herangezogen werden. Weiterhin wird der Einsatz eines LFP-Operators als Ergänzung zu den relationalen Operatoren diskutiert. Da ein DDBS in erster Linie auch ein relationales DBS ist, können die bisherigen relationalen Teilsprachen DDL und DML zur Definition und Manipulation der relationalen (Faktenmenge) beibehalten werden. Bei der neu hinzukommenden Regelkomponente ist eine wichtige Entscheidung hinsichtlich der Kopplungseigenschaften zwischen diesem Deduktionsmechanismus und dem relationalen DBS zu treffen: im Prinzip bieten sich der Kopplungs- und der Integrationsmodus an.

AV-Framework kann die wichtigsten DDBS-Konzepte als Erweiterung integrieren

Die hier beschriebenen DDBS-Konzepte lassen sich im wesentlichen direkt als Erweiterungen des AV-Framework bereitstellen:

- Rekursionsmethoden sind entweder als Optimierungsstrategien oder als Evaluierungsstrategien realisierbar (siehe Abschnitt 7.1.2).

- Die Regelsprache läßt sich direkt in ein SQL mit rekursiven Anfragen und flexiblem Sichtenkonzept umsetzen. Damit ist es auch möglich, rekursive Sichten zu verwenden (siehe Abschnitt 7.1.2.1).

- Alle Aspekte eines optimierenden Regel-Compilers wurden ausführlich im Rahmen der Rekursionsbehandlung innerhalb der AV behandelt (siehe Abschnitt 7.1.2.2).

Insgesamt läßt sich also die Regelkomponente mit ihrem Deduktionsmechanismus im wesentlichen durch ein flexibles Sichtenkonzept (siehe Kapitel 6) zusammen mit einer effizienten Rekursionsbehandlung (siehe Abschnitt 7.1.2) realisieren. Damit ist ebenfalls deutlich geworden, daß die Integration ein tragbares Architektur- bzw. Kopplungskonzept für DDBS darstellt.

7.2 Komplexobjekte

Es ist mittlerweile allgemein akzeptiert, daß viele Non-Standard-Anwendungen (etwa Ingenieuranwendungen oder wissensbasierte Anwendungen) von einem DBS, das Komplexobjekte an seiner Schnittstelle anbietet, enorm profitieren können [FMV93, Hä89, HS93, KW87, Mi88]. Gemäß einer allgemeinen, abstrakten Charakterisierung [AGO91, BB84, Ki91, Mi88] besteht ein *Komplexobjekt* (kurz KO, engl. complex/composite object) aus einer Menge von Komponenten (möglicherweise unterschiedlichen Typs), die über Beziehungen miteinander (zum Gesamtobjekt) verbunden sind.

Definition von Komplexobjekt

Es gibt viele unterschiedliche Vorgehensweisen und Konzepte zur Realisierung von Komplexobjekten. Hier betrachten wir zwei KO-Konzepte, die aus dem relationalen Ansatz heraus entwickelt wurden. Zum einen sind das die sog. Objektgesellschaften (Abschnitt 7.2.1), die einen zu SQL vollständig aufwärtskompatiblen Ansatz darstellen und somit das Einsatzgebiet für relationale DBS entsprechend vergrößern. Zum anderen sind das die sog. Moleküle (Abschnitt 7.2.2), die im Vergleich zu den Objektgesellschaften eine progressivere Erweiterung des relationalen Ansatzes darstellen. Hier werden erste Grundlagen zum Aggregationskonzept gelegt, welches in objektorientierten Ansätzen (siehe Abschnitt 7.3) als ein zentrales Konzept wiederzufinden ist. Beide Ansätze stellen umfangreiche SQL-Spracherweiterungen dar. In den Diskussionen zu den jeweils zugrundeliegenden Realisierungsaspekten innerhalb des AV-Framework kommt die Leistungsfähigkeit des Framework als flexibler und erweiterbarer Implementierungsrahmen deutlich zum Ausdruck.

Komplexobjekt-Erweiterungen zeigen die Leistungsfähigkeit des Framework-Ansatzes

7.2.1 Objektgesellschaften

Als Erweiterung von SQL liefert das Konzept der *Objektgesellschaften* flexibel spezifizierbare KO als (erweiterte) Sichten über einer zugrundeliegenden relationalen DB. Hier werden KO über eine Menge von SQL-Anfragen spezifiziert und als KO bzw. als KO-Sicht für die weitere (Sichten-)Verarbeitung bereitgestellt. Im folgenden soll zuerst die Sprachsyntax und Semantik dieser SQL-Erweiterung beschrieben werden, bevor deren Realisierung und Integration in unseren AV-Framework vorgestellt wird. Dieser Ansatz erzielt sowohl eine sprachliche als auch eine implementierungstechnische Integration von KO und relationaler Technologie und betont somit insbesondere den Wiederverwendungsaspekt.

Objektgesellschaften sind KO, definiert als (erweiterte) Sichten über einer relationalen DB

*Objektgesell-
schaften imple-
mentiert als
SQL/XNF*

Die Beschreibungen in diesem Abschnitt stützen sich auf verschiedene Literaturreferenzen zu dem Konzept der Objektgesellschaften[*]. Eine übersichtliche Zusammenstellung der Sprachkonzepte ist in [MPPLS93] zu finden. Objektgesellschaften sind als eine Erweiterung des DBS STARBURST realisiert. Ein Überblick über die Implementierungskonzepte ist in [PMSL94, MP94] enthalten. Ebenfalls in [PMSL94], aber auch in [LSCP93] werden über erste praktische Erfahrungen mit Objektgesellschaften berichtet. Im Rahmen dieser Arbeiten wurde das Konzept der Objektgesellschaften auch als 'SQL Extended Normal Form', kurz SQL/XNF oder einfach als XNF bezeichnet. Aus diesem Grunde wählen wir für die weitere Diskussion die zuletzt genannte Abkürzung und sprechen daher vom XNF-Konzept, der XNF-Sprache bzw. der XNF-Implementierung.

7.2.1.1 Beschreibung des Konzeptes

Die Sprachkonzepte des XNF-Ansatzes lassen sich zweckmäßig anhand einer einfachen Beispielanfrage verdeutlichen. Für die nachstehende XNF-Anfrage gilt wiederum die in Anhang A beschriebene relationale Unternehmensdatenbank.

(Q21) "Finde für die Abteilungen aus 'KL' deren Abteilungsinformationen mit zugehörigen Projekt- und Personalinformationen"

> **OUT OF**
>
> | | | |
> |---|---|---|
> | Xabt | **AS** | (**SELECT * FROM** ABT **WHERE** Aort='KL'), |
> | Xmarb | **AS** | PERS, |
> | Xproj | **AS** | PROJ, |
> | Abt-Zugeh | **AS** | (**RELATE** Xabt, Xmarb |
> | | | **WHERE** Xabt.Anr = Xmarb.Anr), |
> | Proj-Zugeh | **AS** | (**RELATE** Xabt, Xproj |
> | | | **WHERE** Xabt.Anr = Xproj.Anr) |
>
> **TAKE *;**

*XNF-Anfrage-
beispiel*

Mit dieser Anfrage sollen alle Informationen sämtlicher 'KL'-Abteilungen, bestimmt werden. Zusätzlich zu den Abteilungsinformationen sollen, soweit vorhanden, weitere Informationen über die einer Abteilung zugehörigen Projekte und über die Abteilungsmitarbeiter gewonnen werden. Damit besteht das spezifizierte Anfrageergebnis aus folgenden Informationsmengen:

---

[*]   Die Arbeiten am Sprachkonzept und auch am Implementierungskonzept wurden im wesentlichen am IBM Almaden Research Center in San Jose, Kalifornien im Rahmen des STARBURST-Projektes geleistet.

- die Menge der Abteilungen, deren Abteilungsort 'KL' ist (Anfrage-komponente Xabt)

- die Menge der zugehörigen Abteilungsmitarbeiter (Anfragekomponente Xmarb)

- die Menge der zugehörigen Abteilungsprojekte (Anfragekomponente Xproj)

- die Menge der Beziehungen (Abteilungs-Zugehörigkeit) zwischen den Abteilungs- und Personenobjekten (Anfragekomponente Abt-Zugeh)

- die Menge der Beziehungen (Projekt-Zugehörigkeit) zwischen den Abteilungs- und Projektobjekten (Anfragekomponente Proj-Zugeh).

Jede dieser Objektmengen findet sich als eigene *Komponente* im Anfrageausdruck wieder. Der jeweils zugehörige Komponentenname ist als Klammerausdruck obiger Aufzählung hinzugefügt. Das so spezifizierte Anfrageergebnis beschreibt eine Objektgesellschaft, die (wie der Name schon ausdrückt) aus einzelnen separaten Komponenten (Instanzen) besteht, die normalerweise über Beziehungen miteinander verbunden sind. Beziehungen werden im folgenden auch als *Assoziationen* bezeichnet. Man kann sich daher eine XNF-Anfrage und auch deren Ergebnismengen als Graphstrukturen vorstellen, wie etwa in Bild 7.4 für die Anfrage Q21 gezeigt.

Die allgemeine Syntax für eine XNF-Anfrage ist in Anfrage Q22 dargestellt und soll im folgenden, mit Anfrage Q21 als Beispiel, etwas näher erläutert werden.

XNF-Anfrage-schema

(Q22) "Allgemeine Syntax einer XNF-Anfrage"

```
        OUT OF
            KnotenName1   AS  <Tabellenausdruck>,
            KnotenName2   AS  (SELECT ... FROM ... WHERE ...),
            ...
            KantenName1   AS  (RELATE   KnotenName1, KnotenName2
                               WHERE   ...  /* Prädikat der Beziehung*/  ...),
            ...
        TAKE *
```

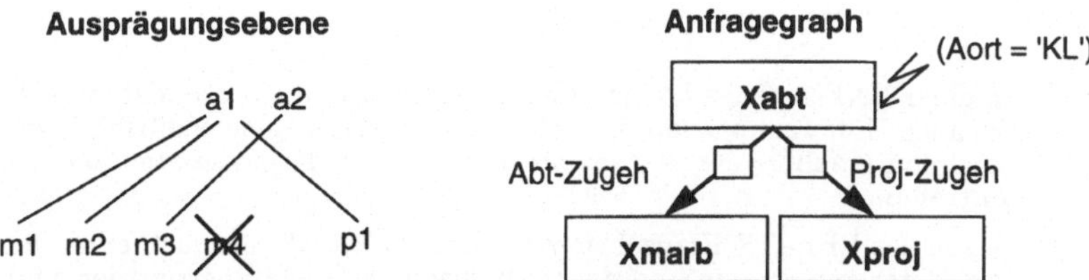

Bild 7.4: Graphische Darstellung von XNF-Anfrage und resultierender Objektgesellschaft

Komplexobjekt-Konstruktor definiert XNF-Anfrage, spezifiziert also eine Objektgesellschaft

Eine XNF-Anfrage wird durch den sog. KO-Konstruktor 'OUT OF' eingeleitet und besteht aus einer Menge von benannten Komponententabellen, teilweise durch Komponentenbeziehungen miteinander verbunden[*]. Das Ergebnis einer XNF-Anfrage heißt Objektgesellschaft und besteht aus Komponententupel und Beziehungen/Assoziationen, die jeweils über ihre Komponentenausdrücke spezifiziert sind. Damit läßt sich eine XNF-Anfrage wie folgt 'lesen':

OUT OF .... (aus der) Objektgesellschaft, die durch den
KO-Konstruktor spezifiziert ist

TAKE ... (nehme oder projiziere) die angegebenen
Komponenten und Attribute.

SQL-Tabellenausdruck dient als Komponentenkonstruktor

Als Komponentenkonstruktor für die Komponententabellen werden herkömmliche SQL-Tabellenausdrücke der Form 'SELECT ... FROM ... WHERE ...' (siehe auch Abschnitt 6.1.2.4) verwendet. Ein Tabellenausdruck gibt an, wie die Tupel (Instanzen) einer Komponententabelle hergeleitet werden. Dabei sind die Tabellenausdrücke über der zugrundeliegenden relationalen DB definiert. Komponentenbeziehungen werden über einen neuen Konstruktor, den Beziehungskonstruktor *RELATE* ausgedrückt. Der Beziehungskonstruktor kennt ähnlich wie die Definition einer Komponententabelle einen Kopf, der den Komponentennamen enthält und

Beziehungskonstruktor RELATE basiert auf SQL-Prädikaten

einen Rumpf, der die Herleitung spezifiziert. In der RELATE-Klausel werden die (beiden) Beziehungspartner[**] angegeben, und in der zugehörigen WHERE-Klausel wird das eigentliche Beziehungsprädikat als herkömmliches SQL-Prädikat angegeben. Damit wird festgelegt, für welche Tupel (der Beziehungspartner) Assoziationen zu bilden sind.

XNF-Anfrage beschreibt Anfrage- bzw. Schemagraph

Aus der XNF-Anfrage kann direkt der sog. Anfrage- bzw. Schemagraph abgeleitet werden. Dabei sind die Knoten des Anfragegraphen die Komponententabellen der XNF-Anfrage, und die Kanten des Graphen sind die Komponentenbeziehungen. Die Kanten sind gerichtet und zeigen von Vater- zu Kindkomponente. Dieser ist normalerweise ein Teilgraph des DB-Schemas der zugrundeliegenden

---

[*]   In einer XNF-Anfrage können im allgemeinen Fall Komponententabellen auch ohne Komponentenbeziehungen existieren; jedoch dürfen Komponentenbeziehungennur zusammen mit ihren Komponententabellen auftreten.

[**] Der in der RELATE-Klausel zuerst genannte Beziehungspartner ist die sog. Vaterkomponente und die nachfolgenden Beziehungspartner sind Kindkomponenten. In der allgemeinen Form sind n-äre Beziehungen möglich, allerdings beschränken wir hier unsere Betrachtungen auf den wichtigen Fall der Binärbeziehung.

DB (siehe Anhang A). Der Anfragegraph für die Anfrage Q21 ist in Bild 7.4 auf der rechten Seite zu finden.

Das Ergebnis der XNF-Anfrage ist die Ausprägungsebene, die letztendlich die Objektgesellschaft (hier als heterogene Tupelmenge) manifestiert. Sie läßt sich ebenfalls als Graphstruktur beschreiben. Die Knoten dieser Instanzengraphen sind die Tupel (oder allgemein Objekte) der Komponententabellen, und die Kanten sind die Assoziationen der Komponentenbeziehungen. Die Zugehörigkeit eines Komponententupels zur Objektgesellschaft wird i.allg. definiert als die *Erreichbarkeit* (engl. reachability) des Tupels über existierende Assoziationen von anderen schon zu der Objektgesellschaft gehörenden Komponententupel. Automatisch erreichbar sind immer die Tupel von Wurzelkomponenten[*]. Das sind solche (Vater-)Komponenten, die nicht als Kindkomponente an einer Beziehung teilnehmen. Im Beispiel von Bild 7.4 gehört das Mitarbeitertupel *m4* nicht zur Objektgesellschaft, weil es dort keine Assoziation gibt, die dieses Tupel mit einem Abteilungstupel (der Wurzelkomponente *Xabt*) verbindet.

In diesem Anfragebeispiel und in der zugehörigen Objektgesellschaft kommt deutlich zum Ausdruck, daß abhängig von der abgeleiteten Beziehung einzelne Komponententupel über Assoziationen mit mehreren anderen Komponententupel verbunden sind. Zum Beispiel ist die Beziehung *Abt-Zugeh* eine funktionale Beziehung ((1:n)-Beziehung), d.h., ein Mitarbeiter (*m2*) kann zu mehreren Abteilungen (*a1* und *a2*) gehören. Es ist aber auch möglich, komplexe Beziehungen ((n:m)-Beziehungen) direkt darzustellen. In der *USING*-Klausel können weitere Tabellen zur Herleitung einer XNF-Beziehung und der zugehörigen Assoziationen angegeben werden. Dies ist meistens für komplexe XNF-Beziehungen (vom Typ n:m) notwendig, da in der XNF zugrundeliegenden relationalen DB (n:m)-Beziehungen zerlegt werden in eine Hilfsrelation (zum Aufnehmen der Beziehungsinstanzen) und in zwei funktionale Beziehungen (jeweils von der Hilfsrelation zu den Partnerrelationen der komplexen Beziehung). Zur Erhöhung der Lesbarkeit von Beziehungen gibt es eine sog. *VIA*-Klausel, die es ermöglicht, den Beziehungspartnern Rollennamen zu geben. Beispiele für komplexe Beziehungen, die auch die Verwendung der USING- und der VIA-Klausel zeigen, sind weiter hinten in Anfrage Q25 gegeben.

---

[*]   Der Anfragegraph einer XNF-Anfrage muß nicht zusammenhängend sein und kann daher mehrere Wurzelkomponenten aufweisen.

unterschiedliche Ergebnisbeschreibung für XNF- und SQL-Anfragen

Eine Objektgesellschaft als Ergebnis einer XNF-Anfrage ist sehr unterschiedlich zu dem Ergebnis einer herkömmlichen SQL-Anfrage: eine SQL-Anfrage würde als Ergebnis keine Objektgesellschaft als strukturierte Objektmenge zurückliefern, sondern eine einzige große (und flache) Ergebnistabelle mit vielen Attributen als Folge der Konkatenation der Komponententabellen. Aufgrund dieser (strukturellen) Normalisierung gibt es in der SQL-Ergebnistabelle viel Redundanz. Im Gegensatz dazu liefern XNF-Anfragen dynamisch gebildete KO-Sichten, die gemäß der Spezifikationen in den Komponentenausdrücken aus der zugrundeliegenden relationalen DB abgeleitet werden. Komponententabellen und Komponentenbeziehungen zusammen bilden den KO-Konstruktor, der auch als Erweiterung von SQL in Richtung auf ein Konzept für 'zusammengesetzte' (SQL-)Anfragen (engl. compound query statement [Ga92]) angesehen werden kann. Analog zum Sichtenkonzept von SQL kann man das Ergebnis einer XNF-Anfrage mit einem Namen versehen und dann auch in anderen XNF-Anfragen wiederverwenden. Damit wird die wichtige Eigenschaft der Abgeschlossenheit

Abgeschlossenheit des XNF-Modells hinsichtlich seiner Anfragesprache

des XNF-Modells hinsichtlich seiner Anfragesprache gewährleistet. Die Komponenten einer KO-Sicht können dann über hierarchisch qualifizierte Namensgebung angesprochen werden. In nachstehender Anfrage Q23 wird eine Sicht *XAPM* definiert, die anschließend in der Anfrage Q24 durch ein Selektionsprädikat eingeschränkt wird.

(Q23) "Betimme die XNF-Sicht *XAPM*, die alle Abteilungsinformationen mit zugehörigen Projekt- und Personalinformationen umfaßt"

```
CREATE VIEW XAPM AS
   OUT OF
              Xabt        AS  ABT,
              Xmarb       AS  PERS,
              Xproj       AS  PROJ,
              Abt-Zugeh   AS  (RELATE   Xabt, Xmarb
                               WHERE    Xabt.Anr = Xmarb.Anr),
              Proj-Zugeh  AS  (RELATE   Xabt, Xproj
                               WHERE    Xabt.Anr = Xproj.Anr)
   TAKE *;
```

Selektionsklausel erlaubt Knoten- und Kantenrestriktionen

Anfrage Q24 zeigt weiterhin die Verwendung der Selektionsklausel *WHERE* und der Projektionsklausel *TAKE*. In der Selektionsklausel können einzelne Komponenten der KO-Sicht angesprochen und über SQL-ähnliche Prädikate in der 'SUCH-THAT'-Klausel qualifiziert werden. Hierbei unterscheidet man die Knotenrestriktion von der Kantenrestriktion. Eine Knotenrestriktion bewirkt, daß die Tupel des betreffenden Knotens, die das angegebene Prädikat nicht erfüllen, aus der Ergebnismenge herausgenommen werden. Als direkte Konsequenz davon müssen alle Assoziationen, an denen solche nicht-qualifizierten Tupel teilnehmen, ebenfalls weggenommen werden. Dies wiederum kann bewirken, daß andere Komponenten nicht erreichbar werden und daher ebenfalls zu entfernen sind. Für Kantenrestriktionen gilt im wesentlichen das gleiche. Für jede Assoziation der betreffenden Kante wird das Selektionsprädikat überprüft und ggf. die Assoziation aus der Objektgesellschaft entfernt. Dadurch, daß Assoziationen weggenommen werden, kann es analog oben notwendig werden, andere Tupel und Assoziationen ebenfalls zu entfernen. Durch diese Folgeänderungen wird die Konsistenz (Erreichbarkeitseigenschaft) der Objektgesellschaft garantiert. Die Projektionsklausel ermöglicht zum einen eine Komponentenprojektion, also die Projektion von einzelnen Komponententabellen und Komponentenbeziehungen. Aus Gründen der strukturellen Korrektheit müssen zusammen mit einer Komponentenbeziehung immer auch deren sämtliche Partnertabellen projiziert werden. Zum anderen können innerhalb einer Komponente die aus SQL übernommene Attributprojektion bzw. auch die Attributberechnung angewendet werden.

Projektionsklausel erhält strukturelle Konsistenz

(Q24) "Beschränke die Abteilungen in der XNF-Sicht *XAPM* auf solche aus 'KL' und auf solche Mitarbeiter, deren Gehalt weniger als 1% des Abteilungsbudgets beträgt; weiterhin projiziere sämtliche Abteilungsinformationen, an Mitarbeiterdaten nur den Namen und das Gehalt sowie die Beziehung *Abt-Zugeh*"

```
       OUT OF
              XAPM
       WHERE  Xabt a SUCH THAT a.Aort= 'KL' AND
              Abt-Zugeh (a, m) SUCH THAT m.Gehalt < a.Budget/100
       TAKE   Xabt(*),
              Xmarb(Name, Gehalt),
              Abt-Zugeh;
```

Die den Objektgesellschaften zugrundeliegende Strukturierung kann zum Komponentenzugriff ausgenutzt werden. Dazu werden sog. Pfade entlang von Beziehungen definiert, die ein elegantes Traversieren der XNF-Struktur erlauben. Durch zusätzliche Prädikate in den Pfadsegmenten ist es sogar möglich, einen qualifizierten Komponentenzugriff zu spezifizieren. Man spricht dann von qualifizierten Pfadausdrücken (engl. path expressions), wie sie auch in vielen objektorientierten Ansätzen zu finden sind [KKS92, LLOW91].

Komponentenzugriff mittels qualifizierter Pfadausdrücke

Zusätzlich zu den Retrieval-Operationen gibt es auch Manipulationsoperationen zum Löschen bzw. Einspeichern von ganzen Ob-

Manipulations-
operationen

jektgesellschaften und Änderungsoperationen, die auf Komponentenebene zu spezifizieren sind. Mehr Details zur Sprachsyntax und
Sprachsemantik sind [MPPLS93] zu entnehmen.

7.2.1.2 Integration in den AV-Framework

Für die Realisierung des XNF-Ansatzes sind die folgenden drei
Aspekte von übergeordneter Wichtigkeit:

(1) Objektgesellschaften sind strukturierte Sichten, die über einer zugrundeliegenden relationalen DB abgeleitet werden.

(2) Diese Ableitungsvorschriften werden im wesentlichen mit relational-
en Mitteln (z.B. Tabellenausdrücke und Prädikate) ausgedrückt.

(3) Der KO-Konstruktor faßt eine Menge von Komponentenspezifikationen (im wesentlichen als SQL-Anfragen) zusammen.

XNF-Integra-
tion in den AV-
Framework
heißt Integra-
tion des Kom-
plexobjekt-Kon-
struktors

Die direkte Konsequenz aus diesen Aussagen ist zum einen, daß
das relationale Anfrageevaluierungssystem (in Abschnitt 2.2 auch
als der physische DB-Prozessor oder kurz als das AES bezeichnet),
welches unserem AV-Framework zugrundeliegt, unverändert
bleibt. Zum anderen folgt aus den Punkten (2) und (3), daß der logische DB-Prozessor, also die Anfrageverarbeitung (kurz AV), nur
hinsichtlich der (SQL-)Erweiterungen anzupassen ist. Das heißt,
die Komponentenspezifikationen können vom AV-Framework im
wesentlichen schon behandelt werden, und es bleibt nur noch der
KO-Konstruktor zu ergänzen.

Vorgehensweise
zur XNF-Inte-
gration

Die Vorgehensweise zur Integration des XNF-Ansatzes und damit
auch des KO-Konstruktors läßt sich nun wie folgt skizzieren:

- Ergänzung der Sprachgrammatik und des Übersetzers, so daß die
  neu hinzugekommenen Sprachklauseln erkannt und korrekt in die
  Interndarstellung übersetzt werden.

- Ergänzung des internen Darstellungsschemas AGM um ein Darstel-
  lungskonzept für den KO-Konstruktor.

- Ergänzung der Anfragerestrukturierung um eine Regelmenge, die
  eine spezielle *XNF-Restrukturierung* durchführt und dafür sorgt, daß
  der resultierende äquivalente interne Anfragegraph keine KO-Kon-
  strukte mehr enthält und nur noch aus den Basiskonstrukten des
  AGM aus Kapitel 6 besteht.

- Dieser Ergebnis-AG aus der XNF-Restrukturierung kann nun ganz
  normal, wie schon in Kapitel 6 beschrieben, im Rahmen des bisherigen AV-Framework und dessen Anfragerestrukturierung und Anfragetransformation weiterverarbeitet werden.

Der wesentliche Schritt dieser Integrationsstrategie ist die Umsetzung eines XNF-basierten AG, der XNF-Konstrukte mit XNF-Semantik enthält, in einen relationalen AG, der dem in Abschnitt

6.1.1 beschriebenen AGM entspricht und ausschließlich relationale Darstellungskonstrukte mit relationaler Semantik enthält. Dadurch, daß diese Umsetzung als regelbasierte XNF-Restrukturierung ausgedrückt werden kann, ist einerseits eine einfache Integration in die Anfragerestrukturierung möglich und andererseits eine direkte Übernahme (also Wiederverwendung) der Anfragetransformation und des gesamten relationalen Anfrageevaluierungssystems gegeben.

Integrationsstrategie: direkte Umsetzung eines XNF-basierten AG in einen relationalen AG in AGM

Im folgenden soll diese Vorgehensweise zur Integration des XNF-Ansatzes etwas genauer und zum besseren Verständnis anhand eines ausführlicheren XNF-Anfragebeispiels verdeutlicht werden. Dazu verwenden wir das nachstehende Beispiel von Anfrage Q25, welches eine Erweiterung von Anfrage Q21 darstellt. Der zugehörige Anfragegraph und die skizzierte Ausprägungsebene sind in Bild 7.5 visualisiert.

(Q25) "Bestimme alle Abteilungen aus 'KL' und die jeweils zugehörigen Mitarbeiter und deren Fähigkeiten sowie die Abteilungsprojekte zusammen mit den dort benötigten (Projekt-)Fähigkeiten"

```
CREATE VIEW XAMPF AS
    OUT OF
                Xabt       AS (SELECT * FROM ABT WHERE Aort='KL'),
                Xmarb      AS PERS,                        /* po */
                Xproj      AS PROJ,
                Xfaeh      AS FAEH,
                Abt-Zugeh  AS (RELATE    Xabt, Xmarb
                               WHERE      Xabt.Anr = Xmarb.Anr),     /* p1 */
                Proj-Zugeh AS (RELATE    Xabt, Xproj
                               WHERE      Xabt.Anr = Xproj.Anr),     /* p2 */
                Proj-Faeh  AS (RELATE    Xproj VIA benoetigt,
                                         Xfaeh USING PF pf
                               WHERE      Xproj.Jnr = pf.Jnr AND
                                          pf.Fnr = Xfaeh.Fnr),       /* p3 */
                Marb-Faeh  AS (RELATE    Xmarb VIA besitzt,
                                         Xfaeh USING MF mf
                               WHERE      Xmarb.Pnr = mf.Pnr AND
                                          mf.Fnr = Xfaeh.Fnr)        /* p4 */
    TAKE *
```

Innerhalb der Übersetzung sind folgende z.T. aus den vorangegangenen Diskussionen schon bekannte Maßnahmen durchzuführen. Wie bei jeder Spracherweiterung ist der Parser auf die neue Sprachgrammatik abzustimmen. In der semantischen Analyse werden die neuen Sprachklauseln in entsprechende Aktionen umgesetzt, die die Konstruktion des zugehörigen XNF-AG veranlassen. Zur Repräsentation der KO-Semantik wird ein neuer Tabel-

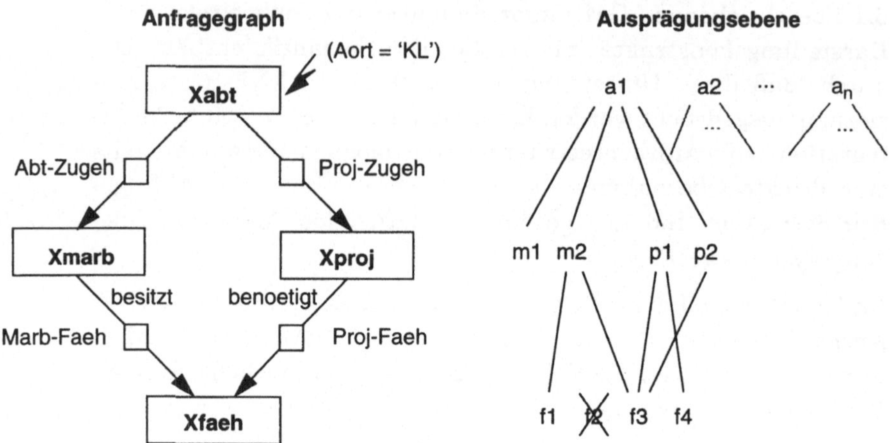

Bild 7.5: Anfragegraph und Ausprägungsebene zu Anfrage Q25

lenoperator, der sog. *XNF-Operator* eingeführt, der $n \geq 1$ Eingabeströme akzeptiert und $m \geq 1$ Ausgabeströme erlaubt, die die abgeleitete Objektgesellschaft repräsentieren. Zusätzlich ist eine Anpassung des TOP-Operators (siehe Abschnitt 6.1.2.1) an die nun strukturierte und heterogene Ergebnismenge erforderlich. In Bild 7.6 ist das Ergebnis der Übersetzung von Anfrage Q25 als XNF-AG visualisiert. Der Bereich des AG, in dem XNF-Semantik gilt (das ist im wesentlichen der XNF-Operator), ist durch eine Schattierung gekennzeichnet. Der Übersichtlichkeit wegen sind nicht alle Tabellenoperatoren in Kopf und Rumpf des XNF-Operators angegeben.

Komplexobjekt-Konstruktor wird durch XNF-Operator im AGM repräsentiert

Im folgenden werden die einzelnen Schritte aufgezählt, die im Rahmen der Übersetzung zur Konstruktion eines XNF-AG notwendig sind:

Konstruktion eines XNF-Anfragegraphen

(1) Initialisierung des XNF-AG
Sobald ein KO-Konstruktor in einer Anfrage erkannt ist, werden ein XNF-Operator und ein TOP-Operator in die zugehörige Interndarstellung eingetragen und initialisiert. Analog zu den anderen Tabellenoperatoren besteht der XNF-Operator auch aus Kopf und Rumpf. Der Kopf beschreibt die Komponenten, die die Objektgesellschaft konstituieren, und im Rumpf wird die Herleitung dieser Komponenten aus den Eingabedaten (Eingabetabellen) angegeben.

(2) Herleitung der Komponenten
Jede Komponentenspezifikation innerhalb der OUT-OF-Klausel wird in eine entsprechende Herleitung umgesetzt. Hierbei unterscheidet man

- Herleitung einer Komponententabelle
Da eine Komponententabelle über einen Tabellenausdruck spezifiziert ist, kann hier die schon in Abschnitt 6.1.2 beschriebene Vorgehensweise zur Übersetzung eines Tabellenausdrucks angewendet

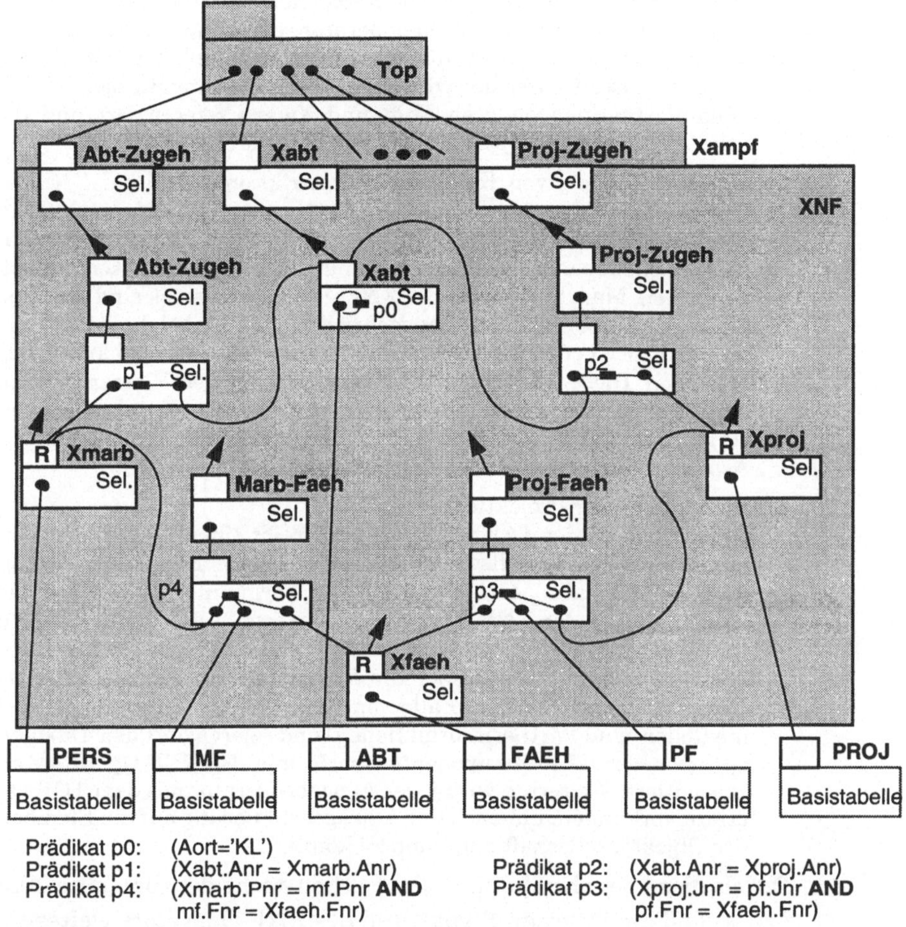

Prädikat p0:	(Aort='KL')
Prädikat p1:	(Xabt.Anr = Xmarb.Anr)
Prädikat p4:	(Xmarb.Pnr = mf.Pnr **AND**
	mf.Fnr = Xfaeh.Fnr)

Prädikat p2:	(Xabt.Anr = Xproj.Anr)
Prädikat p3:	(Xproj.Jnr = pf.Jnr **AND**
	pf.Fnr = Xfaeh.Fnr)

Bild 7.6: XNF-AG als Ergebnis der Übersetzung von Anfrage Q25

werden. Auf diese Weise entsteht etwa der SELECT-Tabellenoperator *Xabt*, dessen Tabellenvariable die Basistabelle ABT referenziert und der ein lokales Prädikat *p0* zur Qualifikation der Abteilungen aus 'KL' enthält.

- Herleitung einer Komponentenbeziehung
Komponentenbeziehungen sind ebenfalls abgeleitete Tabellen, deren Tupel die Assoziationen darstellen. Die Herleitung dieser Tupel kann ebenfalls als ein Tabellenausdruck repräsentiert werden, in dem die Partnertabellen über das Beziehungsprädikat miteinander verbunden werden. Dieser Tabellenausdruck ergibt analog oben einen SELECT-Tabellenoperator, der die beiden Partnerkomponenten referenziert und das Beziehungsprädikat als Verbundprädikat nutzt. Tabellen in der USING-Klausel treten dabei als weitere Tabellenvariablen in diesem Tabellenausdruck auf. Dieser Tabellenoperator wird dann von einem weiteren SELECT-Tabellenoperator referenziert, der die eigentliche Komponentenbeziehung reprä-

sentiert. Zum Beispiel ist die Komponentenbeziehung *Abt-Zugeh*
durch einen SELECT-Tabellenoperator repräsentiert, der auf einen
Tabellenausdruck, ebenfalls als SELECT-Tabellenoperator dargestellt, verweist, welcher wiederum über Tabellenvariablen die beiden Partnerkomponenten *Xabt* und *Xmarb* referenziert und das
Beziehungsprädikat *p1* als Verbundprädikat besitzt.

(3) Berücksichtigung von Komponentenrestriktionen und der XNF-Anfragesemantik
Komponentenrestriktionen werden einfach als lokale Prädikate an
die Tabellenoperatoren angefügt, die die betreffende Komponente
darstellen. Manche Aspekte der XNF-Anfragesemantik sind über spezielle (implizite) Prädikate ausgedrückt. Zum Beispiel sind wir bislang immer von der Eigenschaft der Konponentenerreichbarkeit ausgegangen. Diese Semantik wird über einen eigenen Eintrag im Kopf
eines Tabellenoperators vermerkt (in Bild 7.6 mit 'R' angezeigt) und
sorgt dafür, daß im weiteren Verlauf der Anfrageverarbeitung diesem
Aspekt entsprechend Rechnung getragen wird.

(4) Behandlung der Projektion
Jedes Element der TAKE-Klausel beschreibt einen Teil der zu projizierenden Objektgesellschaft. Für jedes solche Projektionselement
wird ein 'Ausgabeoperator' ebenfalls in Form eines SELECT-Tabellenoperators in den XNF-Operator eingetragen. Alle Ausgabeoperato-
ren zusammen bilden den Kopf des XNF-Operators. Jeder Ausgabeoperator beschreibt wie bisher die Komponentenprojektion (also die
Ausgabeattribute und im Falle von Komponentenbeziehungen auch
die Rollen- und Partnerinformationen) und referenziert den Tabellenoperator, der diese Komponenten im Rumpf des XNF-Operators repräsentiert. Weiterhin wird jeder Ausgabeoperator mit dem TOP-Operator verbunden, um nach der Anfrageevaluierung auf die Elemente
der Objektgesellschaft zugreifen zu können.

*XNF-Operator
läßt sich in AGM
weitestgehend
darstellen und
verspricht daher
eine einfache
und direkte Inte-
gration*

Durch diese Beschreibung kommt schon recht deutlich zum Ausdruck, daß die internen Strukturen des XNF-Operators weitestgehend durch das bisherige AGM repräsentiert werden können. Damit ist natürlich schon die Grundlage für die Durchführbarkeit der
Umsetzung eines XNF-AG in einen relationalen AG gegeben. Insbesondere deutet dies auf eine einfache Integrierbarkeit des XNF-
Ansatzes in den AV-Framework hin. Ein weiterer Vorteil hierbei
ist, daß die Interpretation eines XNF-AG nun auf der schon bekannten Interpretation eines relationalen AG aufbauen kann: der
Rumpf eines XNF-Operators wird als ein Block angesehen, der die
Komponentenherleitung, ausgedrückt in relationaler AGM-Seman-
tik, beschreibt, und der Kopf des XNF-Operators macht die projizierten Komponenten nach außen sichtbar.

Wie zuvor im Überblick schon erwähnt, ist die Anfragerestrukturierung um eine Regelmenge zu erweitern, die die Umsetzung eines
XNF-AG in einen relationalen AG bewerkstelligt. Im Rahmen die-

ser XNF-Restrukturierung müssen folgende zwei Schritte durchgeführt werden:

Restrukturierungsregeln zur Umsetzung eines XNF-AG in einen relationalen AG

- Berücksichtigung der XNF-Anfragesemantik (im wesentlichen die Komponentenerreichbarkeit) mit relationalen AGM-Darstellungsmitteln

- Löschen des nicht mehr benötigten XNF-Operators.

Die Restrukturierungsregel zum Löschen eines XNF-Operators ist sehr einfach:

Löschen eines XNF-Operators

Regel (R7):	*XNF-Operator*
IF	(XNF-Anfragesemantik mit relationalen AGM-Darstellungsmitteln berücksichtigt)
THEN	*Lösche-XNF-*Transformation

*Lösche-XNF-*Transformation =
{Löschen des XNF-Operators,
Beibehalten aller internen Tabellenoperatoren}

Die Berücksichtigung der Komponentenerreichbarkeit im relationalen Teil des AG läßt sich ebenfalls einfach als Restrukturierungsregel formulieren und graphisch sehr anschaulich aufzeigen. Komponentenerreichbarkeit heißt, daß ein Tupel der betreffenden Komponente von der Existenz (mindestens) einer Assoziation zu einem Tupel einer Vaterkomponente abhängig ist. Diese Aussage läßt sich direkt in die nachstehende Regel *Komponentenerreichbarkeit* umsetzen.

Komponentenerreichbarkeit

Regel (R8):	*Konponentenerreichbarkeit*
IF	(TO-R ist SELECT-Tabellenoperator mit Kennung 'R' im TO-Kopf, TO-i ist eine Vaterkomponente, die TO-R referenziert)
THEN	*Erreichbarkeit-*Transformation

*Erreichbarkeit-*Transformation =
{**for each** TO-i **do**
(Tabellenvariable-Eintragen(in: TO-R, referenziert: TO-i),
Quantifizierung-Setzen(für: Tvar-i, quant: ∃),
Disjunktion-Setzen(zwischen allen: Tvar-i)
)}

Das Ergebnis der wiederholten Anwendung dieser Restrukturierungsregel für alle Komponenten unseres Beispiel-AG, die im Kopf ihres Tabellenoperators das Zeichen 'R' haben, ist in Bild 7.7 dargestellt. Durch einen Vergleich mit der Darstellung des Ausgangsgraphen in Bild 7.6 läßt sich der Effekt dieser Regel deutlich erkennen.

Nachdem als Ergebnis der XNF-Restrukturierung ein relationaler AG entstanden ist, kann im Rahmen der sich anschließenden relationalen Anfragerestrukturierung ein (nach-)optimierter relatio-

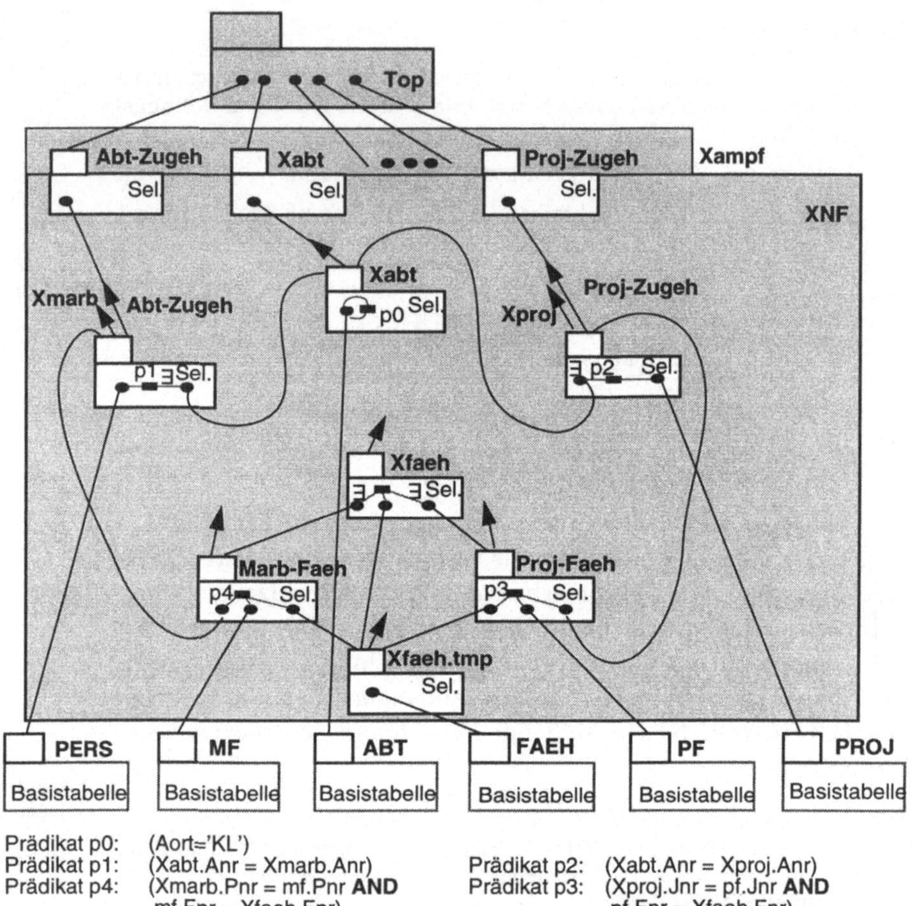

Prädikat p0:   (Aort='KL')
Prädikat p1:   (Xabt.Anr = Xmarb.Anr)   Prädikat p2:   (Xabt.Anr = Xproj.Anr)
Prädikat p4:   (Xmarb.Pnr = mf.Pnr **AND**   Prädikat p3:   (Xproj.Jnr = pf.Jnr **AND**
                mf.Fnr = Xfaeh.Fnr)   pf.Fnr = Xfaeh.Fnr)

Bild 7.7: Relationaler AG als Ergebnis der XNF-Restrukturierung des XNF-
AG aus Bild 7.6

naler AG gebildet werden. Das Ergebnis dieser relationalen Anfragerestrukturierung für den in Bild 7.7 dargestellten AG ist in
Bild 7.8 zu sehen. Wiederum durch einen Vergleich mit der Darstellung des Ausgangsgraphen in Bild 7.7 läßt sich der Effekt dieser
nachträglichen relationalen Restrukturierung deutlich erkennen.
Mit dem Löschen des XNF-Operators ergibt sich die Situation, daß
jeder Ausgabeoperator mit seinem SELECT-Tabellenoperator, den
er referenziert, fusioniert werden kann durch Anwendung der *Fusionsregel* (siehe Abschnitt 6.2.1.1). Weiterhin ist es aufgrund der
Komponentenprojektion oftmals der Fall, daß nicht alle Komponenten im Rumpf des XNF-Operators in das Ergebnis übernommen

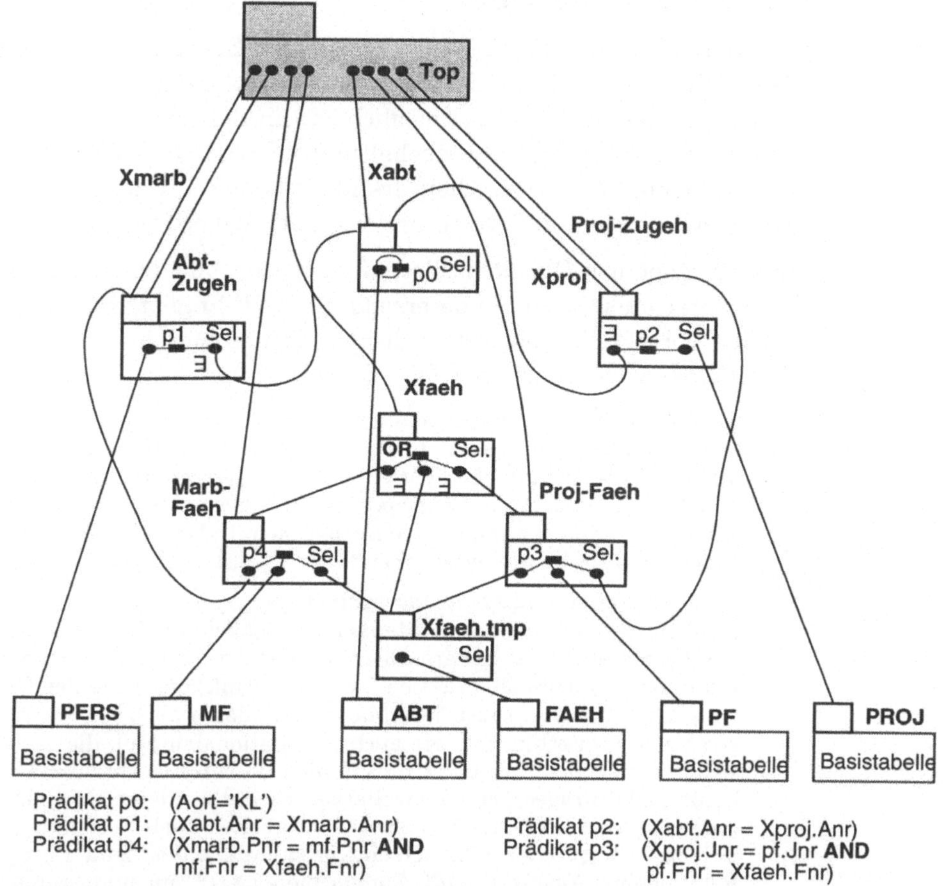

Bild 7.8: Optimierter relationaler AG als Ergebnis der Restrukturierung des relationalen AG aus Bild 7.7

werden. Diese Situation kommt meistens bei Verwendung von XNF-Sichten vor. Dann ist es die Aufgabe der relationalen Restrukturierung, die nicht mehr benötigten Komponenten und deren Tabellenoperatoren zu entfernen.

Für den sich schließlich ergebenden optimierten relationalen AG läßt sich im weiteren Verlauf der Anfrageoptimierung ein optimaler Ausführungsplan bestimmen. Hierzu kann die Anfragetransformation aus Abschnitt 6.3, die im wesentlichen auf relationale AG ausgerichtet ist, unverändert eingesetzt werden. Das relationale Anfrageevaluierungssystem, welches unserem AV-Framework zugrundeliegt, kann dann zur Abarbeitung des generierten Ausführungsplans und zur Bestimmung der in der XNF-Anfrage spezifizierten Objektgesellschaft unverändert übernommen werden.

unveränderte Komponente
Anfragetransformation

7.2.1.3 Zusammenfassung

Ein zentrales Ziel aller Untersuchungen im Zusammenhang mit dem XNF-Ansatz zur Realisierung von Objektgesellschaften war herauszufinden, inwieweit es möglich ist, ein KO-Konzept zu realisieren unter weitgehender Beibehaltung der relationalen Konzepte (insbesondere Wertebasiertheit des Modells und davon direkt abhängig deklarative, auf Wertevergleich aufbauende Sprache).

Das Konzept der Objektgesellschaften wurde hier einerseits als XNF-Sprachansatz und andererseits als XNF-Implementierungsansatz vorgestellt. Die wesentlichen Eigenschaften des XNF-Sprachansatz lassen sich wie folgt zusammenfassen:

Charakteristika des XNF-Ansatzes für Komplexobjekte

- Strukturierte Sichten über relationaler DB
  Objektgesellschaften sind durch Anfragen dynamisch definierte strukturierte Sichten, die über einer zugrundeliegenden relationalen DB abgeleitet werden. Zur Spezifikation dieser Ableitungen werden im wesentlichen relationale Ausdrucksmittel (z.B. Tabellenausdrücke und Prädikate) verwendet.

- KO-Abstraktion und Abgeschlossenheit
  Ähnlich zum relationalen Sichtenkonzept realisieren die Objektgesellschaften auch eine höhere Abstraktionsebene. Im Gegensatz zur relationalen Sichtenabstraktion ist die Abstraktionsebene der Objektgesellschaften strukturiert. Man spricht daher auch von KO-Abstraktion. Weiterhin gilt, wie auch im relationalen Fall, die Abgeschlossenheit des Konzeptes hinsichtlich der Anfragesprache. Das heißt, daß Anfrageergebnisse weiterverarbeitet werden können. Dadurch, daß im XNF-Ansatz neben den Tabellen auch Beziehungen berücksichtigt sind, ergibt sich eine große Ähnlichkeit zum 'Entity-Relationship'-Ansatz [Ch76]. Zudem bietet XNF ein umfassendes Sprachkonzept zur Bearbeitung der Modellobjekte (KO) an, was bei vielen 'Entity-Relationship'-Ansätzen in diesem Maße nicht vorhanden ist.

- Multi-Query-Ansatz
  Die im KO-Konstruktor zusammengefaßten Komponentenspezifikationen können auch als normale und (unabhängige) SQL-Anfragen angesehen werden. Damit läßt sich XNF auch als Multi-Query-Ansatz interpretieren.

Hinsichtlich der hier beschriebenen XNF-Implementierung und Integration in den AV-Framework sind ebenfalls wichtige Ergebnisse hervorzuheben:

Charakteristika der XNF-Implementierung im AV-Framework

- Wiederverwendung relationaler Technologie
  Dadurch, daß der XNF-Sprachansatz eine SQL-Erweiterung darstellt, wurde es möglich, den gesamten AV-Framework zur Realisierung des XNF-Ansatzes einzusetzen. Es waren lediglich Erweiterungen innerhalb des Übersetzers und der Anfragerestrukturierung notwendig. Aufgrund der Umsetzung eines XNF-AG in

einen relationalen AG im Rahmen der XNF-Restrukturierung konnte die gesamte Anfragetransformation und das relationale Anfrageevaluierungssystem unverändert übernommen werden.

- Multi-Query-Optimierung
  Die XNF-Implementierung faßt die einzelnen über Tabellenausdrücke gegebenen Komponentenherleitungen in einem gemeinsamen AG zusammen, der als Ganzes im Rahmen der (relationalen) Anfragerestrukturierung und -transformation optimiert wird.

- API für KO-Konzept
  Dadurch, daß an der Schnittstelle von KODBS nun Komplexobjekte in Form von strukturierten und heterogenen Objektmengen bereitstehen (erweiterter TOP-Operator), ist es zweckmäßig, auch die Schnittstelle zu den Anwendungsprogrammen den geänderten Verhältnissen anzupassen. Hier kann man sich zum einen eine gegenüber dem SQL-Cursor-Konzept erweiterte Cursorschnittstelle (vielleicht ein hierarchisches Cursor-Konzept) vorstellen. Zum anderen erscheint es insbesondere im Rahmen eines Client/Server-Systems gewinnbringend, Transfermechanismen anzubieten, um die im Server-DBS abgeleiteten KO (als Ganzes) in entsprechenden Arbeitsbereichen auf Client-Seite für die Client-Anwendung verfügbar zu machen.

Insgesamt wurde mit dem Konzept der Objektgesellschaften eine umfangreiche und für die Diskussion von KO-Konzepten wichtige Spracherweiterung vorgestellt. Wichtig für eine allgemeine Akzeptanz des XNF-Ansatzes sind insbesondere die beiden zuletzt genannten Aspekte, die im folgenden etwas genauer diskutiert und bewertet werden sollen.

Der XNF-Ansatz stellt eine Erweiterung relationaler Technologie (sowohl als Sprach- wie auch als Implementierungsansatz) hinsichtlich der Behandlung von Multi-Anfragen dar. Der Effekt dieser AV-Technologie für Multi-Anfragen läßt sich sehr anschaulich durch einen Vergleich mit herkömmlicher relationaler Anfragetechnologie demonstrieren. In Bild 7.9 sind einander tabellarisch gegenübergestellt

XNF ist ein Ansatz zur Behandlung von Multi-Anfragen

- der Aufwand für die XNF-Verarbeitung (als XNF-Ableitung bezeichnet) von Anfrage Q25, die im vorangegangenen Abschnitt ausführlich besprochen wurde und

- der Aufwand für die Herleitung der gleichen Ergebnismenge mit ausschließlich relationaler Technologie (SQL-Ableitung genannt).

Der Vergleich von SQL-Ableitung und XNF-Ableitung spiegelt im wesentlichen den Unterschied zwischen Ein-Komponenten-Berechnung auf der SQL-Seite und KO-Berechnung auf der XNF-Seite wider. Dabei tritt insbesondere der Effekt der Ausnutzung gemeinsamer Teilausdrücke zum Vorschein. Im Rahmen der SQL-Ableitung muß jede Komponente für sich berechnet werden. Für

Komponenten	SQL- Ableitung	Replizierte Ableitungen	XNF- Ableitung
Xabt	1	0	1
Xmarb	2	1	1
Xproj	2	1	1
Abt-Zugeh	3	3	0
Proj-Zugeh	3	3	0
Xfaeh	6	4	4
Marb-Faeh	3	2	0
Proj-Faeh	3	2	0
Summe	23	16	7

Bild 7.9:　Vergleich der Anzahl von Tabellenoperationen für SQL- und XNF-Ableitungen zu Anfrage Q25

XNF erlaubt gemeinsame Teilausdrücke zu erkennen und auszunutzen

die Beispielanfrage bedeutet dies acht unabhängige Anfragen, die zusammen 23 Tabellenoperationen (hauptsächlich Verbundoperationen) ausmachen. Der XNF-Ansatz bildet einen gemeinsamen AG zur Herleitung aller Komponenten. In diesem Rahmen können gemeinsame Teilausdrücke einfach erkannt und ausgenutzt werden. Damit reduziert sich der Berechnungsaufwand in der Anzahl der Tabellenoperationen erheblich. Die XNF-Ableitung benötigt nur noch 7 Operationen (hauptsächlich Verbunde) zur Berechnung von Anfrage Q25. Zählt man die in den acht separaten Anfragen für die SQL-Ableitung auftretenden Doppel- und Mehrfachberechnungen, so kommt man auf den Differenzbetrag von 16 Operationen. Dies ist im wesentlichen der Aufwand, der über die Berücksichtigung von gemeinsamen Teilausdrücken im XNF-Ansatz eingespart werden kann. Weiterhin zeigt dieser Vergleich, daß die XNF-Ableitungskonzepte auch das Optimum erreichen, welches in der SQL-Ableitung hätte erzielt werden können, falls sämtliche Mehrfachberechnungen hätten eliminiert werden können, was zumindest aus syntaktischen Gründen im Moment und basierend auf SQL-92 unmöglich ist. Allerdings gibt es für den neuen SQL-Standard Bestrebungen, ein Konzept für 'zusammengesetzte' (SQL-)Anfragen (engl. compound query statement [Ga92]) bereitzustellen. Damit wird es dann für alle SQL-DBS interessant, die hier vorgestellten XNF-Implementierungskonzepte in Erwägung zu ziehen.

Der XNF-Ansatz (sowohl als Sprach- wie auch als Implementierungsansatz) kann weiterhin als attraktive Realisierungsbasis für Logikprogramme angesehen werden und ist daher als Basis für DDBS geeignet. Dies ist einfach einzusehen, wenn man sich die direkte Transformation der Regelmenge eines Logikprogramms in eine XNF-Anfrage betrachtet:

XNF stellt eine Realisierungsbasis für DDBS dar

- Alle Regeln mit gleichem Kopfprädikat werden, wie in Abschnitt 7.1.2 für die Rekursion beschrieben, zusammengefaßt.

- Jede dieser Regeln wird anschließend, ebenfalls wie in Abschnitt 7.1.2 gezeigt, in einen SQL-Tabellenausdruck umgesetzt und als Komponententabelle in den KO-Konstruktor eingetragen.

Auf diese Weise entsteht eine XNF-Anfrage, die den transformierten Regeln entspricht. Der daraus entwickelte AG entspricht im wesentlichen dem Abhängigkeitsgraphen der ursprünglichen Regelmenge (engl. rule/goal graph). Der Vorteil dieser Vorgehensweise ist der, daß die in diesem Abschnitt beschriebene XNF-Optimierung zusammen mit der relationalen Anfrageoptimierung auch eine Optimierung des Abhängigkeitsgraphen durchführen. Dabei ist insbesondere die Berücksichtigung von gemeinsamen Teilausdrücken, die die gegenseitigen Abhängigkeiten in den Regeln widerspiegeln, aus Effizienzgründen wesentlich. Zudem stellt die Anfragetransformation einen optimalen Ausführungsplan zur Berechnung der Ergebnismenge(n) bereit.

Mit dem XNF-Ansatz und seiner Fähigkeit, Multi-Anfragen zu spezifizieren, ist es möglich, die Datenanforderungen eines Anwendungsprogramms zu bündeln, so daß im weiteren Verlauf der Berechnungen keine (oder nur wenige) Nachforderungen an das DBS notwendig werden. Dies ist insbesondere unter Effizienzgesichtspunkten in vielen Non-Standard-Anwendungsbereichen sinnvoll, aber auch für herkömmliche relationale Anwendungen, die etwa über RDA (Remote Data Access) auf entfernte Datenbanken zugreifen, geeignet [Ef87, La92]. In Bild 7.10 ist solch ein Verarbeitungsszenario angegeben. Dort wird eine konkrete Systemerweiterung von STARBURST dargestellt, die zum einen den XNF-Sprach- und Implementierungsansatz umfaßt und zudem noch eine angepaßte Einbettungsvariante, XNF-Cache (allg. Objektpuffer) genannt, berücksichtigt. Die vom KODBS evaluierte Objektgesellschaft wird in den XNF-Cache geladen. Dabei ist es möglich, adäquate Abbbildungsmöglichkeiten in die Datenstrukturen ver-

Verarbeitungs-szenario XNF-Cache

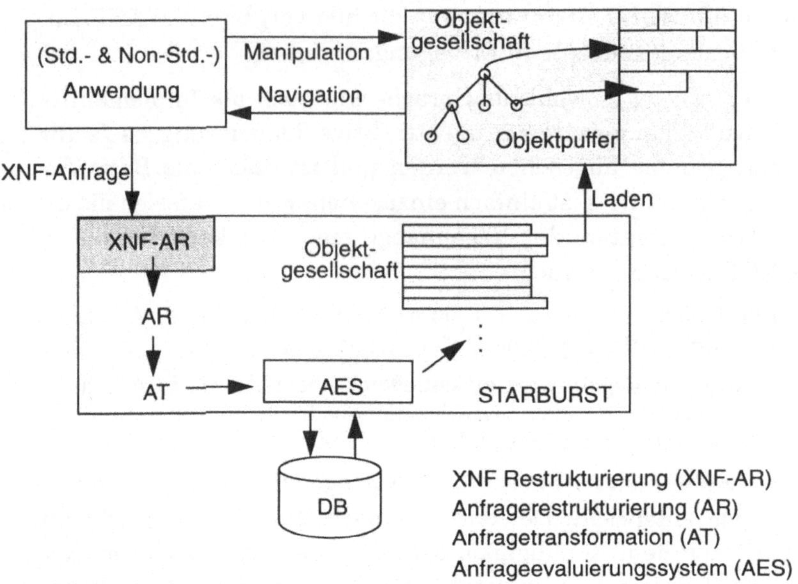

Bild 7.10: Verarbeitungsszenario für KODBS

schiedener Wirtssprachen anzubieten [DCLA93] und die Objektgesellschaft als verzeigerte Hauptspeicherdatenstruktur mit angepaßten Zugriffsmöglichkeiten (direkter Objektzugriff sowie Navigation über Objektverweise) bereitzustellen. Weitere Informationen zu dieser Vorgehensweise und der damit verbundenen
Umsetzung von Objektverweisen in Hauptspeicherzeiger (engl.
pointer swizzling) sind [AGKLP92, LSCP93, Moss92, WD92] zu
entnehmen.

7.2.2 Moleküle

Beim Molekül-Atom-Datenmodell (kurz MAD-Modell) handelt es
sich ebenfalls um eine Erweiterung des Relationenmodells und dessen SQL-Sprache [Mi88, Schö93]. Das mit dem MAD-Modell und
seiner Sprache MQL (Molecule Query Language) verfolgte Ziel ist,
von einer Verarbeitung homogener Satzmengen (mit SQL) zu einer
konsistenten Verarbeitung von strukturierten, heterogenen Satzmengen zu gelangen. Damit verbunden ist ein Wechsel von der bisherigen (mengenorientierten) Tupelverarbeitung zu der (mengenorientierten) Molekülverarbeitung.

MAD-Modell verarbeitet strukturierte, heterogene Satz- mengen

In MAD/MQL werden dieKomplexobjekte *Moleküle* genannt, die aus
ihren Bausteinen, den Atomen (ähnlich zu den Tupeln im Relationenmodell), zusammengesetzt sind. Für diese Molekülbildung und

auch für die weitere Molekülverarbeitung im Rahmen der AV wird eine sog. Molekülalgebra [Mi89] definiert sowie angepaßte Optimierungskonzepte [Schö92]*. Für die AV bedeutet dies nur das Hinzufügen entsprechender Moleküloperatoren zusammen mit Restrukturierungs- und Plangenerierungsregeln. Der zentrale Operator im Rahmen der Molekülverarbeitung ist der sog. AEM-Operator (Aufbau einfacher Moleküle), der die Molekülbildung durchführt. Dieser Operator und dessen Stellung innerhalb der Molekülverarbeitung soll im Rahmen unserer Betrachtungen näher untersucht werden.

MAD/MQL mit seinen Molekülen und seiner Molekülverarbeitung wurde im Rahmen des KODBS PRIMA realisiert. Ein Überblick über die Implementierungskonzepte ist in [HMMS87, Hä88, HMG92, HMS92] zu finden.

MAD/MQL beschreibt eine Molekülverarbeitung, die mittels Moleküloperatoren zusammen mit Restrukturierungs- und Plangenerierungsregeln in den AV-Framework zu integrieren ist

7.2.2.1 Beschreibung des Konzeptes

Das MAD-Modell ist eine Erweiterung des Relationenmodells zur direkten und symmetrischen Darstellung sowohl von hierarchischen als auch von netzwerkartigen bzw. von rekursiven Beziehungen. Die grundlegenden Konzepte des MAD-Modells sind:

Bausteine des MAD-Modells

- *Atome* und *Atomtypen* als die Grundbausteine komplex strukturierter Objekte bzw. Objekttypen,

- *Links* und *Linktypen* zur Definition der strukturbildenden Beziehungen zwischen Atomen bzw. Atomtypen und

- *Moleküle* und *Molekültypen* als die eigentlichen komplex strukturierten Objekte bzw. Objekttypen.

Die Atome lassen sich im Prinzip mit den Tupeln im Relationenmodell vergleichen. Sie bestehen aus einer Reihe von Attributwerten von meist unterschiedlichem Datentyp, können eindeutig identifiziert werden und gehören jeweils zu genau einem Atomtyp. Dieser Atomtyp definiert die konstituierenden Attribute, wobei jedem Attribut ein entsprechender Datentyp zugeordnet wird. Im Gegensatz zu konventionellen Datenmodellen bietet das MAD-Modell jedoch eine reichhaltigere Auswahl an Datentypen, wozu insbesondere der IDENTIFIER-Typ und der REF_TO-Typ, aber auch strukturierte Datentypen, wie z.B. der ARRAY-Typ oder der Wiederholungsgruppentyp LIST_OF gehören. Die strukturierten Datentypen ermöglichen eine gegenüber dem Relationenmodell und SQL

---

* Im Gegensatz dazu steht der XNF-Ansatz (siehe Abschnitt 7.2.1), der Komplexobjekte im wesentlichen über eine Menge von SQL-Anfragen als Komponentenherleitungen zusammenstellt.

verbesserte Datenstrukturierung auf Attributebene, während der IDENTIFIER- und der REF_TO-Typ speziell zur Identifikation bzw. zur Verbindung von Atomen eingeführt wurden.

Der IDENTIFIER-Typ definiert ein Surrogat [ML83a] (bzw. allgemein einen Objektidentifikator OID [ZM90]), das die eindeutige Identifikation eines Atoms (Objektes) im Sinne eines Primärschlüssels erlaubt. Aus diesem Grund muß jeder Atomtyp genau ein Attribut vom IDENTIFIER-Typ besitzen. Darauf aufbauend definiert der REF_TO-Typ Fremdschlüssel, die in Form von 'logischen' Verweisen oder Referenzen die Bezugnahme auf andere Atome dessel-

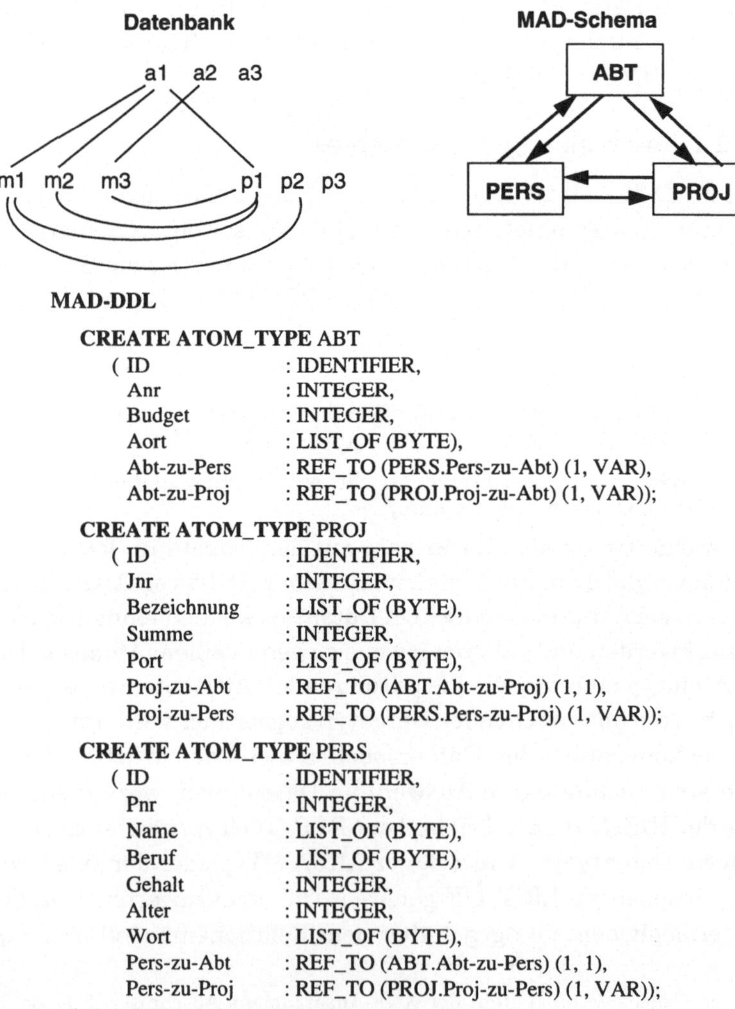

MAD-DDL

```
CREATE ATOM_TYPE ABT
   ( ID              : IDENTIFIER,
     Anr             : INTEGER,
     Budget          : INTEGER,
     Aort            : LIST_OF (BYTE),
     Abt-zu-Pers     : REF_TO (PERS.Pers-zu-Abt) (1, VAR),
     Abt-zu-Proj     : REF_TO (PROJ.Proj-zu-Abt) (1, VAR));

CREATE ATOM_TYPE PROJ
   ( ID              : IDENTIFIER,
     Jnr             : INTEGER,
     Bezeichnung     : LIST_OF (BYTE),
     Summe           : INTEGER,
     Port            : LIST_OF (BYTE),
     Proj-zu-Abt     : REF_TO (ABT.Abt-zu-Proj) (1, 1),
     Proj-zu-Pers    : REF_TO (PERS.Pers-zu-Proj) (1, VAR));

CREATE ATOM_TYPE PERS
   ( ID              : IDENTIFIER,
     Pnr             : INTEGER,
     Name            : LIST_OF (BYTE),
     Beruf           : LIST_OF (BYTE),
     Gehalt          : INTEGER,
     Alter           : INTEGER,
     Wort            : LIST_OF (BYTE),
     Pers-zu-Abt     : REF_TO (ABT.Abt-zu-Pers) (1, 1),
     Pers-zu-Proj    : REF_TO (PROJ.Proj-zu-Pers) (1, VAR));
```

Bild 7.11: Beispielmodellierung im MAD-Modell

ben oder eines anderen Atomtyps gestatten. Den Wert eines REF_TO-Attributs bilden dabei die IDENTIFIER-Werte der referenzierten Atome (Atom-OID). Um die Symmetrie bei der Darstellung einer Beziehung zwischen Atomen sicherzustellen, muß für jede Referenz eine passende Gegenreferenz definiert werden. Dieses Referenz/Gegenreferenz-Paar wird als Link bzw. auf Typebene als Linktyp bezeichnet. Auf diese Weise ist es möglich, sowohl eindeutige (1:1) und funktionale (1:n) als auch komplexe (n:m) Beziehungen zwischen zwei Atomtypen in direkter und symmetrischer Weise und ohne die Einführung von Redundanz bzw. von Hilfsrelationen wie im Relationenmodell zu modellieren. Außerdem kann durch die explizite Formulierung der Beziehung die damit verbundene referentielle Integrität durch das Datenmodell garantiert werden. Die Spezifikation der Linktypen wird durch Kardinalitätsrestriktionen ergänzt. Diese bestimmen die zulässige Kardinalität der betreffenden Beziehung dadurch, daß Minimal- und Maximalwert (der durch das Schüsselwort *VAR* als variabel spezifiziert werden kann) angegeben werden.

direkte und symmetrische Darstellung sämtlicher Beziehungstypen

Demzufolge entspricht ein *MAD-Schema* (DB-Schema) einem Netzwerk aus den jeweils definierten Atom- und Linktypen, während die zugehörige Datenbank durch die sich damit ergebenden *Atomnetze* bestehend aus Atomen, die durch Links verbunden sind, repräsentiert wird. Bild 7.11 zeigt ein mögliches MAD-Schema zur Modellierung eines Ausschnitts der Unternehmensdatenbank aus Anhang A sowie einige Atomnetze als Ausschnitt der zugehörigen DB. Zur Definition eines MAD-Schemas gibt es eine eigene Datendefinitionssprache, MAD-DDL (engl. data definition language) genannt[*]. Die notwendigen Anweisungen zur Definition des Schemas aus Bild 7.11 sind im unteren Teil von Bild 7.11 angegeben.

Atomnetze bestehen aus Atomen, die durch Links verbunden sind

MAD-Datendefinitionssprache

Ausgehend von dieser Atomnetz-Sichtweise ist es nun einfach möglich, dynamisch Moleküle aufzubauen, deren Elementarbausteine die Atome sind und deren Struktur sich aus den Links ergibt. Jedes Molekül gehört zu einem bestimmten Molekültyp, der zum einen eine Molekültypstruktur und zum anderen eine entsprechende Molekülmenge bestimmt. Die *Molekültypstruktur* legt fest, welche Atomtypen und Linktypen beim Aufbau der Moleküle zu berücksichtigen sind. Sie entspricht im allgemeinen einem gerichteten azyklischen Graphen, dessen Knoten Atomtypen und dessen Kanten Linktypen aus dem MAD-Schema sind[**]. Die gerichteten Kan-

---

[*] Der vollständige Sprachumfang von MAD-DDL kann [Schö93] entnommen werden.

ten entstehen dabei durch die Auswahl einer Teilbeziehung des symmetrischen Linktyps. Zusammengefaßt hat ein korrekter *Molekültyp* damit folgende Eigenschaften:

Charakteristika eines Molekültyps

- Er besitzt genau einen sogenannten Wurzel- oder Ankeratomtyp, der den Ausgangspunkt des Strukturgraphen bildet.

- Er kann aus mehreren Komponententypen bestehen, die wiederum Molekültypen oder auch Atomtypen sein können.

- Alle Komponententypen sind über spezifizierte, gerichtete Linktypen so miteinander verbunden, daß ein zusammenhängender, gerichteter Strukturgraph mit genau einer Wurzel entsteht.

Ein derartiger Molekültyp kann nun als eine Art 'Schablone' über die in der Datenbank vorhandenen Atomnetze gelegt werden. Alle zu dieser Schablone passenden Moleküle gehören dann zu der durch den Molekültyp definierten *Molekülmenge*. Ein korrektes Molekül besitzt also folgende Eigenschaften:

Charakteristika eines Moleküls

- Es gehört zu genau einem Molekültyp.

- Es besteht aus genau einem Wurzel- oder Ankeratom (natürlich vom Ankeratomtyp), das zusammen mit dem Molekültyp das Molekül eindeutig identifiziert, und eventuell aus mehreren Komponentenatomen bzw. -molekülen (ebenfalls vom entsprechenden Typ).

- Die einzelnen Komponenten sind über Referenzen miteinander verbunden, so daß wiederum ein zusammenhängender, gerichteter, azyklischer Graph entsteht, wobei nicht von jedem Komponententyp Ausprägungen existieren müssen[*].

Molekültypen definieren im Prinzip spezielle 'Sichten' auf die im Schema definierten Atom- und Linktypen, während die zugehörigen Moleküle bestimmten Ausschnitten auf den Netzstrukturen einer Datenbank entsprechen. Der Begriff 'Molekül' soll dabei ausdrücken, daß Atome abhängig von ihrer Verwendung beim Aufbau von Molekülen dynamisch verschiedene Bindungen eingehen können. Dies ist insbesondere bei der Abbildung von netzwerkartigen und rekursiven Strukturen von Bedeutung.

MAD-Datenmanipulationssprache

Zur mengenorientierten Verarbeitung von Molekülen gibt es eine eigene Datenmanipulationssprache, MAD-DML (engl. data manipulation language) bzw. einfach MQL (Molecule Query Language) genannt. Sie stellt Anweisungen zum Einspeichern (INSERT), Lesen (SELECT), Ändern (UPDATE) und Löschen (DELETE) von Mo-

---

[**] Zyklische Molekültypstrukturen sind ebenfalls möglich. Sie definieren eine rekursive Beziehung.

[*] Die Ableitung rekursiver Beziehungen wird über eine entsprechende Fixpunktiteration ausgewertet. Dabei können auch zyklische Molekülgraphen entstehen [Schö92].

lekülmengen zur Verfügung. Dabei können sowohl ganze Moleküle (Gesamtmolekülverarbeitung) als auch einzelne Komponenten eines Moleküls (Komponentenmolekülverarbeitung) verarbeitet werden. Die Syntax aller DML-Anweisungen folgt einem einheitlichen Anweisungsschema:

> *Operator*   [explizite Operanden] [Projektion]
> **FROM**   Molekültypspezifikation
> **[WHERE**   Qualifikationsbedingung] ;

MQL-Anweisungsschema bestehend aus Operations-, FROM- und WHERE-Klausel

wobei der Operator angibt, um welche Manipulationsoperation (Einspeichern, Lesen, Ändern oder Löschen) es sich handelt. Die drei allen Anweisungen zugrundeliegenden Basiskonstrukte sollen im folgenden am Beispiel einer Leseoperation (siehe Bild 7.12) näher erläutert werden:

- FROM-Klausel: Spezifikation der relevanten Molekültypen
  In der FROM-Klausel wird derjenige Teil des vorgegebenen MAD-Schemas ausgewählt, der für die aktuelle Operation relevant ist. Dazu werden alle zu berücksichtigenden Molekültypen aufgelistet. Es gibt mehrere Möglichkeiten zur Spezifikation eines Molekültyps. Normalerweise wird die gewünschte Molekültypstruktur explizit festgelegt, durch die Angabe eines sogenannten Typgraphen, dessen Knoten Atomtypen und dessen Kanten gerichtete Linktypen sind. Die dabei verwendete 'Klammer-Strich'-Notation bietet die Möglichkeit, sowohl hierarchische als auch netzwerkartige und rekursive Molekültypstrukturen auf einfache Weise zu spezifizieren. Über eine entsprechende DDL-Anweisung können Molekültypen vordefiniert und dann durch Angabe des Molekültypnamens in der FROM-Klausel referenziert werden[*]. Werden in einer FROM-Klausel mehrere Molekültypen angegeben, so wird dadurch ein kartesisches Produkt bzw., falls ein übergreifendes Prädikat (Verbundprädikat) existiert, ein *Molekülverbund* definiert. Dabei entsteht aus den beteiligten Molekültypen ein neuer Molekültyp, indem die vorhandenen Wurzelatomtypen zu einem neuen Wurzelatomtyp zusammengefaßt und alle restlichen Atom- und gerichteten Linktypen einfach übernommen werden.

- WHERE-Klausel: Bestimmen der Molekülmenge
  Die optionale WHERE-Klausel bietet die Möglichkeit, die Molekülmenge, die zu dem in der FROM-Klausel definierten Molekültyp gehört, durch die Angabe einer Qualifikationsbedingung, die auf jedem Molekül dieser Menge ausgewertet wird, zusätzlich einzuschränken. Die Qualifikationsbedingung entspricht dabei einem booleschen Ausdruck. Durch die Verwendung von Quantoren (Allquantor und Existenzquantor) kann auch auf der Ebene der Komponentenmoleküle qualifiziert werden. FROM- und WHERE-

---

[*]   Diese vordefinierten Molekültypen sind sehr ähnlich zu den Sichten im Relationenmodell. Sie können an jeder Stelle stehen, an der auch ein über einen Typgraphen definierter Molekültyp erlaubt ist.

Klausel zusammen definieren den sog. Umgebungsmolekültyp. Die Struktur dieses implizit definierten Molekültyps wird durch die FROM-Klausel und die zugehörige Umgebungsmolekülmenge durch die WHERE-Klausel bestimmt.

- Projektionsklausel: Auswahl der benötigten Molekülkomponenten
  Mit der Projektionsklausel kann abschließend der gewünschte Ergebnismolekültyp festgelegt werden, indem ausgehend vom vorgegebenen Umgebungsmolekültyp die benötigten Informationen 'projiziert' werden. Die Projektion, d.h. die Auswahl der entsprechenden Molekülkomponenten, kann dabei sowohl qualifiziert, also wertabhängig, als auch unqualifiziert erfolgen. Die *unqualifizierte Projektion* erfolgt einfach durch die Angabe der Attribute, Atomtypen bzw. Molekültypen, die in den Ergebnismolekültyp übernommen werden sollen. Dabei können auch Attributberechnungen angegeben werden. Bei der *qualifizierten Projektion* wird erneut eine SELECT-Anweisung verwendet, um innerhalb eines Umgebungsmoleküls bestimmte Komponentenmoleküle wertabhängig auszublenden. Durch die Projektionsklausel wird damit sowohl die endgültige Struktur des Ergebnismolekültyps, der wiederum einen zusammenhängenden Graphen bilden muß, als auch die zugehörige Ergebnismolekülmenge festgelegt. Diese Molekülmenge unterscheidet sich von der ursprünglichen Umgebungsmolekülmenge nur durch das Fehlen gewisser Attributwerte, Atome bzw. Komponentenmoleküle.

In Bild 7.12 ist eine einfache SELECT-Anweisung angegeben, die auf dem in Bild 7.11 beschriebenen Ausschnitt der Unternehmens-DB definiert ist. Zusätzlich ist auch noch der zur Anfrage zugehörige Molekültyp inklusive Molekültypstruktur und Molekülmenge (mit zwei Molekülen, deren Wurzelatome *a1* und *a2* sind) angegeben. Die hier gezeigte Anfrage und das Anfrageergebnis sind sehr

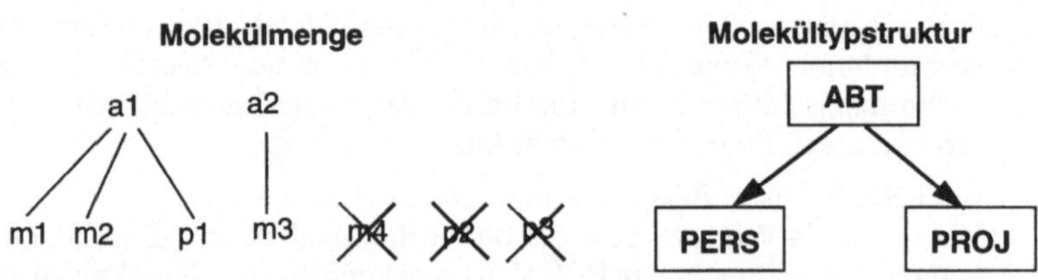

Molekülanfrage

"Finde für die Abteilungen aus 'KL' sowie deren Abteilungsinformationen mit zugehörigen Projekt- und Personalinformationen; weiterhin projiziere sämtliche Abteilungs- und Projektinformationen sowie an Mitarbeiterdaten nur den Namen und das Gehalt "

SELECT   ABT, PERS(Name, Gehalt), PROJ
FROM   ABT - (PERS, PROJ)
WHERE   ABT.Aort = 'KL';

Bild 7.12: MQL-Anfragebeispiel auf den Ausschnitt der
Unternehmens-DB aus Bild 7.11

ähnlich zu dem Anfragebeispiel aus Abschnitt 7.2.1 (siehe Anfrage Q21 und Bild 7.4).

Aufgrund obiger Beschreibung der zugrundeliegenden Basiskonstrukte läßt sich nun eine für alle DML-Anweisungen gemeinsame Modellvorstellung für die Molekülverarbeitung und damit auch zur Semantik von DML-Anweisungen ableiten:

Molekülverarbeitung beschreibt die Semantik der Anweisung

(1) Bestimmen des Ergebnismolekültyps
  (1.1)   Auswerten der FROM-Klausel
  (1.2)   Einschränken durch die WHERE-Klausel
  (1.3)   Auswählen durch die Projektionsklausel

(2) Durchführen der eigentlichen DML-Anweisung,
      abhängig vom gegebenen Operator
      (also Einspeichern, Lesen, Ändern oder Löschen).

Im Detail bedeutet dies für die einzelnen Anweisungen folgendes Vorgehen:

- Bei der INSERT-Anweisung wird die als expliziter Operand angegebene Molekülmenge (angegeben durch: 'Molekülmenge: Molekültyp') eingespeichert.

- Die SELECT-Anweisung liefert als Ergebnis genau die durch den Ergebnismolekültyp definierte Molekülmenge.

- Mit Hilfe der UPDATE-Anweisung können in der Datenbank Änderungen vorgenommen werden. Dabei werden die durch den Ergebnismolekültyp bestimmten Moleküle gemäß einem vorgegebenen 'stilisierten' Molekül (und den dort angegebenen Änderungen) geändert.

- Die DELETE-Anweisung schließlich löscht die spezifizierten Ergebnismoleküle.

Aufgrund dieser für alle DML-Anweisungen einheitlichen Vorgehensweise zur Molekülverarbeitung genügt es, die weiteren Betrachtungen auf die SELECT-Anweisung bzw. auf die Bestimmung des Ergebnismolekültyps (s.o. Schritt 1 zur Molekülverarbeitung) zu beschränken.

7.2.2.2 Integration in den AV-Framework

MAD/MQL stellt eine gegenüber dem Relationenmodell und SQL umfangreiche Modell- und Spracherweiterung dar. Demzufolge sind auch entsprechende Anpassungen der drei Komponenten des AV-Framework notwendig. Im folgenden werden diese Ergänzungen und Anpassungen nur soweit, wie es zum Gesamtverständnis notwendig ist beschrieben. Detaillierte Erläuterungen sind in der Literatur zu PRIMA enthalten [HMS92, Schö92, Schö94]. Insbesondere die Darstellungsweise in [HMS92] berücksichtigt auch die betrachteten zentralen Framework-Aspekte und kann daher hier als Detailbeschreibung direkt einfließen.

Die Übersetzungskomponente arbeitet wie bisher, muß allerdings auf der einen Seite der geänderten Sprache (siehe vorstehenden Abschnitt 7.2.2.1) und auf der anderen Seite einem diesbezüglich angepaßten Darstellungsschema Rechnung tragen. Da die Interndarstellung die Modell- und Sprachsemantik reflektieren muß, bilden die Tabellenoperatoren dieses MAD-Darstellungsschemas eine sog. Molekülalgebra, die gemäß der zuvor in Abschnitt 7.2.2.1 beschriebenen allgemeinen Modellvorstellung für die Molekülverarbeitung im wesentlichen folgende Operatoren umfaßt:

Operatoren der
Molekülalgebra

- Moleküloperator
  Dieser Operator[*] führt die eigentliche Molekülbildung durch und dient daher auch als Basis für alle anderen Operatoren, die diese aufgebauten Moleküle im weiteren Verlauf dann entsprechend bearbeiten. Einfache Selektionen und (unqualifizierte) Projektionen können hinzugefügt werden. Rekursive Molekültypen lassen sich hier ebenfalls ausdrücken.

- Selektionsoperator
  Hier wird eine Qualifikation des Molekültyps durch entsprechende Prädikate, die die Molekülmenge einschränken, ausgedrückt.

- Projektionsoperatoren
  Der Projektionsoperator beschreibt entweder eine unqualifizierte oder eine durch Prädikate ergänzte qualifizierte Projektion. Attributberechnungen sind ebenfalls möglich.

- Molekülverbund
  Dieser Operator erweitert den relationalen Verbund auf Molekültypen. Es wird (konzeptionell) ein Kartesisches Produkt der beteiligten Molekültypen gebildet, welches durch gegebene Verbundprädikate eingeschränkt werden kann.

- Aggregationsoperator
  Die Molekülmenge des vorliegenden Molekültyps wird entsprechend der spezifizierten Funktion aggregiert.

- Anweisungsoperator
  Für jeden Typ von MQL-Anweisung (SELECT, INSERT, DELETE und UPDATE) gibt es einen eigenen Operator, der jeweils den Einstiegspunkt in den AG bildet.

Die Übersetzungskomponente erzeugt für eine Anfrage einen internen Anfragegraphen (AG) als Operatorgaph. Dabei werden z.B. vordefinierte Molekültypen, die in der Anfrage nur durch ihren Na-

---

[*] In [Schö92] heißt dieser Operator 'Verbindungsoperator', da er die Molekülkomponenten über die spezifizierten Beziehungen im Molekülstrukturtyp erreicht. Molekülbildung bedeutet also, die konstituierenden Atome zu Molekülen zu assemblieren.

men referenziert sind, expandiert und durch deren Definition ersetzt. Dies ist ähnlich zur Sichtenexpansion (siehe Abschnitt 6.1.2.4) und verursacht, ebenfalls analog zum Sichtenkonzept, oftmals unnötig umfangreiche AG, die durch entsprechende Maßnahmen im Rahmen der Anfragerestrukturierung (s.u.) zu reduzieren sind. Die Knoten eines so erzeugten AG sind Operatoren der Molekülalgebra, und dessen Kanten beschreiben die Datenströme, die nun Molekülmengen anstatt Tupelmengen sind. Der AG zu der einfachen MQL-Anfrage aus Bild 7.12 besteht nur aus einem Moleküloperator, der die dort beschriebene Molekülbildung, die Selektion und auch die Projektion darzustellen erlaubt.

Die Übersetzungskomponente arbeitet nach den gleichen Prinzipien, wie in Abschnitt 6.1 beschrieben. Allerdings werden im Gegensatz zu dem dort verfolgten relationalen Kontext hier MQL-Anweisungen in AG, die aus Moleküloperatoren und Molekül-Objektströmen bestehen, übersetzt. Im Rahmen der PRIMA-Implementierung wurde dafür, wie in Kapitel 6 vorgeschlagen, ein übersetzergenerierendes System eingesetzt [GGHK92].

Übersetzungskomponente generiert aus MQL-Anweisungen zugehörige MAD-Anfragegraphen

In der Restrukturierungskomponente werden die AG gemäß folgender Restrukturierungsregeln vereinfacht und, im Hinblick auf eine einfache Transformation in effiziente Planoperatoren, entsprechend umgeformt. Dabei sind im wesentlichen folgende Maßnahmen, die in Form von Restrukturierungsregeln bereitstehen, anzuwenden (siehe auch [HMS92, Schö92]):

Restrukturierungsregeln für Anfragegraphen zur Molekülverarbeitung

- Auflösen von Netzstrukturen
  Im Moleküloperator sind netzwerkartige, hierarchische oder auch rekursive Molekültypen beschreibbar. Da hierarchische Strukturen hinsichtlich Molekülbildung sehr viel einfacher als Netzwerke zu handhaben sind, werden netzwerkartig strukturierte Molekültypen in äquivalente Operatoren mit hierarchischen Molekültypen transformiert. Bei dieser Transformation ist ein Projektionsoperator hinzuzufügen, der eine qualifizierte Projektion beschreibt und die Netzwerksemantik (und damit auch die Äquivalenz der Restrukturierung) wieder etabliert. Beide Operatoren lassen sich direkt umsetzen in entsprechende ausführbare Planoperatoren.

- Verschieben von Selektionen und Projektionen
  Durch entsprechende Migrationsregeln sind Projektionen und Selektionen, soweit es möglich ist, zu den Blattknoten des AG zu verschieben.

- Auflösen von Anfrageverschachtelungen
  Anfrageverschachtelungen in der WHERE-Klausel und auch in der FROM-Klausel, resultieren in aufeinander aufbauenden (verschachtelten) Moleküloperatoren. Dies ist ähnlich zu den einander referenzierenden SELECT-Tabellenoperatoren im relationalen

Kontext, und in Analogie dazu ist es hier ebenfalls sinnvoll, diese Verschachtelungen zu eliminieren. Dazu gibt es eine Restrukturierungsregel, die ähnlich zur *Fusionsregel* aus Abschnitt 6.2.1.1 arbeitet und die Verschachtelung in einen Molekülverbund auflöst. Anfrageverschachtelungen in der SELECT-Klausel beschreiben eine qualifizierte Projektion. Falls sich die Qualifikationsbedingung auf den Wurzelatomtyp des Ergebnismolekültyps bezieht, wird eine Molekülqualifikation ausgedrückt, und diese läßt sich in den Moleküloperator, der diesen Ergebnismolekültyp bestimmt, migrieren.

- Vereinfachen der Molekültypstruktur
  Weder zur Projektion noch zur Selektion benötigte Teilgraphen können eliminiert werden. Diese Vereinfachungen werden durch o.g. Restrukturierungen (und dort insbesondere durch die Expansion vordefinierter Molekültypen) zum Auflösen von Anfrageverschachtelungen notwendig.

- Behandlung impliziter Prädikate
  Es ist wichtig, die durch die Molekültypstruktur implizit gegebenen Prädikate explizit zu machen. Diese können anschließend mittels Prädikatsmigration zu den Blattknoten verschoben werden.

Obwohl diese Regelmenge unterschiedlich zu denen des in Kapitel 6 beschriebenen AV-Framework ist, kann die Infrastruktur der Restrukturierungskomponente wiederverwendet werden. Das heißt, die MQL-Restrukturierungsregeln werden in der gleichen Art und Weise beschrieben wie vorher und auch vom Produktionsregel-Interpretierer in der gleichen Weise angewandt wie bisher (siehe Abschnitt 6.2.2).

Im Rahmen der Anfragetransformation sind die optimierten AG in effiziente Ausführungspläne umzusetzen. Dabei können die logischen Algebraoperatoren, wie in [Schö92] beschrieben, im wesentlichen direkt in ausführbare Planoperatoren umgesetzt werden. Dementsprechend gibt es die folgenden Planoperatoren:

Planoperatoren für die Anfragetransformation

- AEM-Operator
  Der *AEM-Operator* (AEM steht für "Aufbau einfacher Moleküle") führt eine Molekülbildung für hierarchische, nicht-rekursive Molekültypen durch und berücksichtigt dabei molekültypbezogene Qualifikationsbedingungen sowie eine unqualifizierte Projektion. Er dient als Basis für alle weiteren Operatoren und stellt die Blattknoten des Planoperatorgraphen dar. Dies ist der einzige Operator, der die Atom-Zugriffsfunktionen der OSS-Schnittstelle (Objekt-Server-System, siehe Abschnitt 2.1) benutzt. Diese Zugriffsfunktionen sind meistens Direktzugriffe auf Atome mit Angabe der Atom-OID, da Moleküle gemäß den im Molekülstrukturtyp gegebenen Linktypen und deren Links (Referenzen) zu den anderen Komponentenatomen zu assemblieren sind. Der AEM-Operator hat so viele atombasierte Eingabeströme, wie es Atomtypen in der Molekülstruktur gibt, und produziert einen molekülbasierten Ausgabestrom, der die assemblierten einfachen Moleküle enthält und von den nachfolgenden

Planoperatoren weiterverarbeitet wird.

Beim Aufbau einfacher Moleküle können im Prinzip zwei Assemblierungsstrategien verfolgt werden. Zum einen ist das die *TD-Strategie*, die für das Aufsammeln der Komponentenatome eine 'top-down'-Vorgehensweise verfolgt. Hier wird jedes Molekül vom Wurzelatom ausgehend über die spezifizierten Linktypen (und deren Atomreferenzen) zu den Blattatomen hin aufgebaut. Alternativ dazu gibt es die sog. *BU-Strategie*, die in einer ersten Phase eine 'bottom-up'-Strategie etabliert. Diese Strategie ist vor allem dann sinnvoll, wenn auf einem Komponentenatomtyp (des betreffenden hierarchischen Molekültyps) eine Qualifikationsbedingung mit hoher Selektivität gegeben ist. In diesem Fall werden zunächst alle sich qualifizierenden Komponentenatome bestimmt. Danach werden die zugehörigen Wurzelatome ermittelt. Dazu werden die Linktypen zu dem Wurzelatomtyp hin (also 'bottom-up') evaluiert. Ausgehend von den so bestimmten Wurzelatomen werden die zugehörigen Moleküle dann durch Anwenden der TD-Strategie vollständig assembliert[*].

Assemblierungs-strategien zur Molekülbildung

- Rekursionsoperator

  Dieser Operator konstruiert aus den Molekülen des spezifizierten nicht-rekursiven Komponenten-Molekültyps und der ebenfalls angegebenen Rekursionsbeziehung Rekursivmoleküle und führt gleichzeitig die spezifizierte Restriktion durch. Je nach Rekursionsspezifikation handelt es sich um eine 'transitive-Hülle'-Anfrage (TC-Problem) oder um eine Pfadanfrage (GTC-Problem). Die zugehörige Molekülmenge ergibt sich damit entweder durch eine Hüllenberechnung oder durch die Berechnung der Pfade im 'Hüllengraphen'. Mehr Informationen zur Behandlung der Rekursion ist in Abschnitt 7.1.2 zu finden.

- Selektionsoperator

  Der Selektionsoperator führt die gegebenen Restriktionen durch und filtert die Moleküle aus dem Objektstrom heraus, die die Qualifikationsbedingungen nicht erfüllen.

- Projektionsoperator

  Dieser Operator projiziert nur diejenigen Atome, die die Bedingung der qualifizierten Projektion erfüllen bzw. deren Atomtyp in der Molekültypstruktur des Ausgabestroms enthalten ist (unqualifizierte Projektion). Die abhängigen Teilmoleküle von nicht projizierten Atomen müssen ebenfalls entfernt werden.

- Molekülverbund

  Der Molekülverbund läßt sich als ein normaler Relationenverbund der beiden Wurzelatomtypen beschreiben. Zwei Moleküle aus beiden Eingabeströmen werden genau dann über den Verbund der beiden Wurzelatome kombiniert, wenn das Verbundprädikat zwischen beiden Wurzelatomen gilt.

---

[*] Das Aufsuchen von Objekten, die über einen Link von einem anderen Objekt referenziert werden, nennt man auch *hierarchische Verbundoperation* (engl. hierarchical join) [ML83b].

- Aggregationsoperator
  Hier wird die Molekülmenge des Eingabestroms abhängig von der spezifizierten Aggregationsfunktion auf einen Wert (entweder eine Liste oder ein einziger Skalarwert) reduziert.

- Anweisungsoperator
  Der SELECT-Operator stellt die berechneten Ergebnismoleküle an der DBS-Schnittstelle bereit. Die drei Modifikationsoperatoren arbeiten (wie im relationalen Fall auch) in zwei Phasen. Zuerst werden die zu modifizierenden Moleküle wie im Falle der SELECT-Operation bestimmt. Anschließend werden die durch die Operationen spezifizierten Atomoperationen an das OSS weitergegeben. Dabei wird molekülspezifisch von den Blattatomen zu den Wurzelatomen vorgegangen.

Objektstrom-Ab-
straktion: Ob-
jektstrom be-
schreibt Mole-
külmenge

Die Zuordnung dieser physischen Operatoren zu den logischen Operatoren der Molekülalgebra ist offensichtlich. Diese Planoperatoren werden, wie zuvor auch, als abstrakte Verarbeitungszellen angesehen, die Eingabeströme verbrauchen und Ausgabeströme erzeugen. Im Gegensatz zum relationalen Fall handelt es sich hier bei den Objektstromelementen allerdings nicht um flache Tupel, sondern um Moleküle. Das heißt, ein Objektstrom beschreibt eine Molekülmenge, deren Elemente die zu verarbeitenden Moleküle sind. Hier wird die Objektstrom-Abstraktion benutzt, um die Konzepte der Molekülverarbeitung in den AV-Framework zu integrieren.

Der Planoperatorgraph für die einfache MQL-Anfrage aus Bild 7.12 zeigt nur einen AEM-Operator, da sich damit der hierarchische Molekültyp (inklusive Selektion und Projektion), der durch den Moleküloperator des AG beschrieben ist, direkt darstellen läßt. Dieser AEM-Operator besitzt für jeden Atomtyp (*ABT*, *PERS* und *PROJ*) in der Molekültypstruktur einen atombasierten Eingabestrom und erzeugt einen molekülbasierten Ausgabestrom, der, da es hier nur einen Planoperator gibt, auch gleichzeitig den Ergebnisstrom repräsentiert.

Transformations-
komponente
wird wiederver-
wendet, Plange-
nerierungsregeln
sind anzupassen

Auch für die Anfragetransformation gilt (wie zuvor schon für die Anfragerestrukturierung erwähnt), daß die in Abschnitt 6.3 beschriebene Infrastruktur der Transformationskomponente wiederverwendet werden kann. Das heißt, die MQL-Plangenerierungsregeln werden in der gleichen Art und Weise beschrieben wie vorher und auch vom Regelinterpretierer in der gleichen Weise angewandt wie bisher (siehe Abschnitt 6.3.2). Da es hier ebenfalls eine Verbundoperation gibt, kann die auf relationalem Kontext basierende Suchstrategie ebenfalls übernommen werden. Allerdings ist das Kostenmodell an die geänderte Situation der Molekülverarbeitung und an die verschiedenen Realisierungsmethoden der Planoperatoren anzupassen. Zusätzlich zur Verbundreihenfolge muß auch eine Reihenfolge für den Molekülaufbau im AEM-Operator festgelegt werden. Im Prinzip ist jede Permutation der Atomtypen in der Molekültypstruktur eine mögliche Aufbaureihenfolge. Allerdings zeigt sich, daß nur solche Atomtypen sinnvolle Startpunkte für einen Molekülaufbau darstellen, die mit einer Restriktionsbedingung belegt sind. Falls solch ein Startpunkt gewählt wird, ist die BU-Strategie anzuwenden, andernfalls wird vom Wurzelatomtyp ausgegangen und die TD-Strategie gewählt. In [HMS92, Schö92] werden detailliertere Untersuchungen zum Molekülaufbau gegeben und Selektivitätsabschätzungen und Kostenmodelle diskutiert. Dabei zeigt sich, daß der AEM-Operator (dessen Plangenerierung, Kostenabschätzung und Suchraum) im wesentlichen die Optimierungskomplexität der Anfragetransformation aus Abschnitt 6.3 hat.

Strategie für Molekülaufbau ist zusätzlich festzulegen

7.2.2.3 Zusammenfassung

Der von MAD/MQL verfolgte Ansatz zur Behandlung von Komplexobjekten stellt ein Beispiel für eine wichtige und umfangreiche Erweiterung des AV-Framework aus Kapitel 6 dar. Die wesentlichen Ergänzungen und Anpassungen der drei AV-Komponenten (Übersetzung, Anfragerestrukturierung, Anfragetransformation) zur Integration von Molekülbildung und Molekülverarbeitung wurden beschrieben. Dabei kam deutlich zum Ausdruck, daß die durch die AV-Komponenten bereitgestellte Infrastruktur zur Beschreibung der notwendigen Abbildungen und Abbildungsvorschriften (-regeln) effektiv genutzt werden kann. Somit ist eine direkte (Wieder-)Verwendung des AV-Framework als flexibler und erweiterbarer Implementierungsrahmen auch für diese Erweiterung möglich.

Infrastruktur des AV-Framework zur Beschreibung der notwendigen Abbildungen und Abbildungsvorschriften (-regeln) konnte effektiv wiederverwendet werden

Die zentralen Charakteristika der hier in den AV-Framework integrierten KO-Konzepte sind im folgenden nochmals explizit aufgeführt:

notwendige Erweiterungen/Anpassungen des AV-Framework

- Molekülalgebra
  Die gesamte Molekülverarbeitung basiert auf einer Molekülalgebra, die als logische Algebraoperatoren die Knoten des AG beschreiben und als ausführbare Operatoren im Planoperatorgraph und dann auch im Ausführungsplan enthalten sind.

- molekülbasierte Objektströme
  Die konzeptionelle Sicht auf die Operatoren als abstrakte Verarbeitungszellen und somit als Erzeuger und Verbraucher von Elementen der (Ein- bzw. Ausgabe-)Objektströme bleibt erhalten. Aller-

dings verarbeiten die Operatoren der Molekülalgebra nun Molekülmengen. Das bedeutet, daß die zwischen den Operatoren definierten
Datenflüsse, die durch Objektströme beschrieben sind, nunmehr
molekülbasiert sind und nicht tupelbasiert wie im Relationenmodell
und wie in Kapitel 6 angenommen. Zur einfachen Integration dieser
molekülbasierten Verarbeitungskonzepte in den AV-Framework
wurde das vom AV-Framework bereitgestellte Konzept der Objektstromabstraktion (siehe Abschnitt 2.7) benutzt.

- AEM-Operator
  Der AEM-Operator beschreibt den Aufbau einfacher Moleküle und
  realisiert damit die eigentliche Molekülbildung. Durch Zugriff auf
  die gespeicherten Atomtypen werden die zum Molekülaufbau benötigten Atome bereitgestellt. Die Strategiewahl für den Molekülaufbau ist entscheidend für die Effizienz des Ausführungsplans und ist
  sowohl von der Problemstellung als auch hinsichtlich der Komplexität vergleichbar mit der Aufgabe der Anfragetransformation in relationalem Kontext, wie in Abschnitt 6.3 ausführlich beschrieben.

*Molekülverar-
beitung ist ähn-
lich zur Anfrage-
verarbeitung in
OODBMS*

Ein Vergleich der im MAD/MQL-Ansatz realisierten Konzepte zur
Molekülverarbeitung mit den in OODBS etablierten Konzepten zur
Anfrageverarbeitung [CD94, LVZ92, LVZC91, Ki91, KKS92, RS93]
zeigt wesentliche Übereinstimmungen. Dies liegt im wesentlichen
darin begründet, daß beide Ansätze Komplexobjekte modellieren
und auch verarbeiten. Eine Diskussion der Anfrageverarbeitung in
OODBS und damit auch eine Detaillierung hinsichtlich des hier angesprochenen Vergleiches wird im nachfolgenden Abschnitt 7.3 gegeben.

*Assembly-Oper-
ator zum men-
genorientierten
Aufbau von
Komplexobjek-
ten*

Diese prinzipielle Vergleichbarkeit wird zusätzlich durch die Arbeiten in [KGM91] untermauert. Dort wird ein 'Assembly'-Operator
beschrieben, der in das VOLCANO-System und auch in das
OODBS REVELATION integriert wurde. Der Assembly-Operator
entspricht im wesentlichen dem ausführbaren AEM-Operator und
erlaubt, hierarchische Komplexobjekte über die spezifizierten Beziehungen (hier als Objektreferenzen dargestellt) aufzubauen. Im
Gegensatz zum objekt- bzw. komponentenweisen Aufbau, der standardmäßig in OODBS zu finden ist, wird hier eine mengenorientierte Assemblierung, ähnlich wie beim AEM-Operator, gewinnbringend angewendet.

7.2.3 Zusammenfassung

Die Schnittstelle von KODBS ist gekennzeichnet durch mengenorientierte Operationen auf Komplexobjekten. Deren effiziente Verarbeitung ist eine wichtige Voraussetzung für den Einsatz und die
Akzeptanz der Systeme.

Die wichtigsten Modellierungskonzepte für Komplexobjekte unterscheiden sich in der Art und Weise, wie die Komplexobjekt/Komponenten-Beziehung jeweils dargestellt ist:

- *Komponentenschachtelung*
  Die KO/Komponenten-Beziehung wird hier durch eine Schachtelung ausgedrückt, die auch den hierarchischen Zugriff als primäre Komponentenzugriffsmethode festlegt. Der bekannteste Vertreter dieses KO-Modellierungsansatzes ist das sog. NF^2-Modell (engl. non-first normal form) [SS86].

- *Komponentenreferenzierung*
  Hier wird die Zugehörigkeit einer Komponente zu einem KO über Objektreferenzen dargestellt. Entsprechend werden diese Referenzen auch für den Komponentenzugriff verwendet (weiter oben wurde diese Zugriffsmethodik hierarchischer Verbund genannt). Da diese Zugriffe entlang der Beziehungen verlaufen, bezeichnet man dies oft auch als Navigation. Der hier vorgestellte MAD/MQL-Ansatz ist ein typischer Vertreter, genauso wie die objektorientierten Datenmodelle. Im Gegensatz zu dem MAD/MQL-Ansatz, der symmetrische Beziehungen kennt und daher auch beide Navigationsrichtungen unterstützt, erlauben viele objektorientierten Ansätze nur einseitige Referenzen und bevorzugen damit eine Zugriffsrichtung bei gleichzeitigem Verlust oder zumindest großer Benachteiligung der inversen. Zudem lassen manche objektorientierten Ansätze, wiederum im Gegensatz zum MAD/MQL-Ansatz, nur einwertige Referenzattribute (zur Darstellung einer Beziehung) zu oder erlauben nur lineare KO-Strukturen, was die Nützlichkeit des KO-Konzeptes sehr einschränkt.

- *Komponentenspezifikation*
  Der flexibelste Ansatz zur KO-Modellierung ist die Spezifikation der Komponenten, wie etwa bei dem XNF-Ansatz, der die Komponentenspezifikation über entsprechende Anfragen realisiert. Hier werden die Komponenten (und damit auch die KO) aus den zugrundeliegenden Daten abgeleitet. Der Komponentenzugriff läßt sich dann in Analogie zur KO-Herleitung ebenfalls über Anfragen, also auch deklarativ und damit flexibel gestalten, da die volle Mächtigkeit einer deklarativen Anfragesprache eingesetzt werden kann.

In diesem Abschnitt wurden, wie oben schon erwähnt, ein Vertreter des Referenzierungs- und einer des Spezifikationsansatzes vorgestellt und hinsichtlich ihrer Realisierung und Integration in den AV-Framework (aus Kapitel 6) untersucht. In einer vergleichenden Betrachtung beider Ansätze kamen folgende beiden unterschiedlichen Charakteristika zum Vorschein:

- Ergänzung bestehender AV-Konzepte (*Ergänzungsansatz*)
  Im XNF-Ansatz (siehe Abschnitt 7.2.1) werden KO über eine Menge von SQL-Anfragen spezifiziert. Dies bedeutet für die AV im wesentlichen nur das Hinzufügen eines entsprechenden KO-Konstruktors (hier XNF-Operator genannt), der in der Anfrageoptimierung (ge-

Klassifikation der Ansätze zur Komplexobjekt-Modellierung

XNF-Anpassung des AV-Framework wurde als Ergänzungsansatz realisiert

nauer in der XNF-Restrukturierung als Ergänzung zur Anfragerestrukturierung) in eine Folge von relationalen Planoperatoren umgesetzt wird. Damit bleibt der ursprüngliche AV-Framework, nur um die XNF-Aspekte ergänzt, im wesentlichen erhalten.

- Integration neuer AV-Konzepte (*Erweiterungsansatz*)
  Der von MAD/MQL verfolgte Ansatz zur Behandlung von Komplexobjekten stellt eine konzeptionelle, aber nicht aufwärtskompatible Erweiterung des Relationenmodells und der Sprache SQL dar[*]. Gegenüber dem XNF-Ansatz lassen sich folgende für die AV wichtige Einschränkungen vermerken: es ist nur ein Wurzelatomtyp zugelassen und die Molekültypstruktur sowie auch die zugehörigen Moleküle müssen immer zusammenhängend, d.h. von der Wurzel aus erreichbar, sein; damit sind Multi-Anfragen hier nicht möglich[**]. Die Anpassung des AV-Framework an diese neuen Verarbeitungskonzepte der Molekülbildung und Molekülverarbeitung ergibt, daß alle drei AV-Komponenten (Übersetzung, Anfragerestrukturierung, Anfragetransformation) davon betroffen sind. Hier wurde nun gezeigt, daß trotz massiv notwendiger Anpassungen eine elegante Integration in den AV-Framework realisiert werden konnte. Dies wurde hauptsächlich dadurch ermöglicht, daß die Infrastruktur des AV-Framework (also ein übersetzergenerierendes System, die Regelsprache und die Regelinterpretierer, siehe auch Kapitel 6) effektiv eingesetzt werden konnte.

MAD/MQL-Anpassung des AV-Framework wurde als Erweiterungsansatz realisiert

Durch beide Betrachtungen wurde somit deutlich zum Ausdruck gebracht, daß der hier zugrundeliegende AV-Framework als flexibler und erweiterbarer Implementierungsrahmen einen hohen Wiederverwendungswert besitzt. Damit ist auch gleichzeitig ausgesagt, daß die im AV-Framework bereitgestellten Konzepte zur Behandlung relationaler Aspekte (etwa Verbundauswahl, Verbundreihenfolge, Prädikats- bzw. Projektionsmigration oder z.B. die Fusionsregel) ebenfalls einen hohen Wiederverwendungswert haben.

AV-Framework besitzt ein hohes Maß an wiederverwendbaren (Implementierungs-)Konzepten

Das KO-Konzept wird (in seinen verschiedenen Varianten) mittlerweile in vielen neuen Anwendungsbereichen zur strukturierten Modellierung und Verwaltung der Anwendungsdaten eingesetzt. In diesem Zusammenhang sind insbesondere die Anwendungsbereiche zu nennen, die die folgenden Aspekte benötigen:

Anwendungsbereiche für Komplexobjekte

- Zeitbehandlung
  Da die Erweiterung etwa des Relationenmodells um eine *Zeitkomponente* auch verstanden werden kann als die Erweiterung um eine so-

---

[*]   Im Gegensatz dazu repräsentieren die Objektgesellschaften des XNF-Ansatzes, die Komplexobjekte über eine Menge von SQL-Anfragen definieren, eine zu SQL vollends aufwärtskompatible Erweiterung.

[**] Ein weiterer wichtiger Unterschied zwischen beiden Ansätzen, der allerdings keine großen Einfluß auf die AV hat, ist folgender: der Molekülansatz baut nicht auf einer relationalen DB auf, sondern auf einer über ein MAD-Schema eigens spezifizierten (netzwerkartigen) DB.

genannte Zeit- oder Geschichtskette (engl. time sequence) und diese nichts anderes als ein lineares Komplexobjekt ist, kann ein Zeitkonzept durch Komplexobjekte realisiert werden. Die zeitbehafteten Operationen werden auf entsprechende KO-Operationen auf den Geschichtsketten abgebildet. Zur Realisierung bieten sich nun entweder der Ergänzungs- oder der Erweiterungsansatz (s.o) an. Das heißt, im ersten Fall werden die zeitbezogenen Operationen über eine entsprechende Restrukturierung in herkömmliche relationale Anfragekonzepte umgesetzt und anschließend wie bisher weiterbearbeitet. Diese Realisierung läuft analog zu der in Abschnitt 7.2.1 beschriebenen Vorgehensweise zum XNF-Ansatz. Im zweiten Fall werden neue zeitbezogene Operationen umgesetzt in zeitbezogene Tabellen- und Planoperatoren, um die der AV-Framework zu erweitern ist. Auf diese Weise lassen sich sehr einfach spezielle Ausführungsalgorithmen zur zeitbezogenen Verarbeitung bereitstellen. In [KS92a] wird beispielsweise eine Zeitkomponente mit dem MAD/-MQL-Ansatz als Ergänzung des KODBS PRIMA realisiert.

- Versionsbehandlung
  Im Prinzip gilt genau das gleiche für die Erweiterung etwa wiederum des Relationenmodells um eine *Versionskomponente*. Versionen werden dabei als eine lineare oder baumartige Verkettung von Komplexobjekten definiert und die versionsspezifischen Operationen können auf entsprechende KO-Operationen abgebildet werden. Dieses Versionskonzept läßt sich analog zu oben wiederum entweder als Ergänzungs- oder aber als Erweiterungsansatz realisieren. In [KS92b] wird die Realisierung eines Versionskonzeptes mittels des MAD/MQL-Ansatzes und dem KODBS PRIMA beschrieben. Dabei wird nach dem Prinzip des Ergänzungsansatzes verfahren.

- Datenhaltung für wissensbasierte Systeme
  In Wissensbasen werden die Informationen herkömmlicherweise als strukturierte Daten verwaltet. Hier bietet sich ebenfalls das KO-Konzept als adäquates Repräsentationskonzept an. Eine mögliche Behandlung dieser Strukturen wird in Abschnitt 7.3.2 aufgezeigt und soll daher hier nicht weiter vertieft werden. Als Beispiel für diese Vorgehensweise ist die Realisierung des WBVS KRISYS und dessen Wissensmodell wiederum basierend auf dem MAD/MQL-Ansatz und dem KODBS PRIMA [HMM87, Mi88a, Ma91] zu nennen.

Im Rahmen der Umsetzung dieser höheren und anwendungsspezifischeren Aspekte in das jeweils zugrundeliegende KO-Konzept ist es durchaus möglich, daß aus einer Ausgangsanfrage mehrere interne (KO-)Anfragen erzeugt werden [KM93, KS92b]. Damit entsteht zusätzliches Optimierungspotential, da es zum einen sinnvoll erscheint, diese KO-Anfragen als Ganzes im Rahmen eines Optimierungsansatzes für Multi-Anfragen zu behandeln, wie es z.B. im XNF-Ansatz verfolgt wird. Zum anderen ist es insbesondere bei unabhängigen Anfragen i.allg. gewinnbringend, diese als eigenständige Anfragen parallel vom DBS abarbeiten zu lassen. Dies bezeichnet man als Inter-Anfrage-Parallelität. Natürlich gibt es auch

Komplexobjekt-Anfragen besitzen hohes Optimierungspotential speziell hinsichtlich Parallelisierung

innerhalb einer (insbesondere komplexen) Anfrage verschiedene Parallelisierungsmöglichkeiten. In Kapitel 8 werden diese Parallelisierungsaspekte im Überblick beschrieben.

Mit dieser kurzen Diskussion kam deutlich zum Ausdruck, daß es viele unterschiedliche Vorgehensweisen und Konzepte zur Realisierung von KO gibt. Hier haben wir uns auf direkte Erweiterungen des relationalen Ansatzes konzentriert, welcher auch den Überlegungen zum AV-Framework in Kapitel 6 zugrundeliegt. Daß es ebenfalls möglich ist, allgemeine objektorientierte Ansätze in diesen Framework zu integrieren, zeigt der nachfolgende Abschnitt. Dort werden zuerst ein Typsystem (das als Vervollständigung des relationalen und auch des Typsystems des MAD-Modells angesehen werden kann) und anschließend die in objektorientierten Ansätzen etablierten Abstraktionskonzepte besprochen.

7.3 Objektorientierung

Objektorientierte Ansätze haben genauso wie die zuvor beschriebenen Konzepte in Abschnitt 7.1 und in Abschnitt 7.2 das Ziel, die Ausdrucksmächtigkeit des betreffenden Datenmodells zu verbessern. Hierbei stehen insbesondere die Strukturierung und Organisation der Daten im Vordergrund. Demzufolge konzentrieren sich die meisten objektorientierten Ansätze auf die folgenden beiden Modellierungsaspekte:

Objektorientierung umfaßt insbesondere Strukturierung und Organisation der Daten mittels erweiterbarem Typsystem und Abstraktionskonzepten

- vollständiges und erweiterbares *Typsystem*
  mit Möglichkeiten zur Definition typspezifischer Operatoren

- *Abstraktionskonzepte*
  zur Organisation der Datenobjekte in sog. Abstraktionshierarchien.

In den beiden folgenden Unterabschnitten werden diese beiden Aspekte genauer betrachtet und deren Berücksichtigung in dem AV-Framework diskutiert.

Zu diesem Themenkomplex gibt es eine ganze Menge an Literatur, die einzelne Modellansätze oder auch Implementierungen beschreiben. Bislang gibt es jedoch weder ein einheitliches Typsystem noch eine einheitliche Semantik für die Abstraktionskonzepte. Allerdings sind schon erste umfassende Darstellungen, Gegenüberstellungen und Vergleiche verschiedener Modellierungsaspekte durchgeführt worden, die als Basis für die weiteren Diskussionen zur Vereinheitlichung der Konzepte dienen [ABDD89, Ca91, CACM91, KL89, MMM93, Ni89, St90, We90, ZM90]. Mittlerweile werden objektorientierte Konzepte auch im Rahmen der SQL-Standardisierung diskutiert und als ein wesentlicher Bestandteil des neuen SQL3-Standards [SQL3] angesehen.

7.3.1 Typsystem

Die klassischen Datenmodelle (insbesondere das Relationenmodell) besitzen im wesentlichen nur ein sehr rudimentäres und starres Typsystem, das nur einfache Datentypen (z.B. INTEGER, CHARACTER) kennt und daher auch nur einfach strukturierte (und flache) Datenobjekte zu modellieren erlaubt. Das dem MAD-Modell zugrundeliegende Typsystem kennt hingegen schon strukturelle Beschreibungskonzepte (etwa Listen, Mengen und RECORD-Strukturen), allerdings noch keine prozeduralen Aspekte zur Definition typspezifischer Operatoren, die oft auch einfach als Funktionen oder Methoden bezeichnet werden. Im Gegensatz dazu benutzen objektorientierte Ansätze meistens ein vollständigeres und erweiterbares Typsystem, das auch prozedurale Aspekte zu beschreiben erlaubt und damit beliebig strukturierte abstrakte Datentypen unterstützt.

sehr unterschiedliche Typsysteme

Da es trotz Standardisierungsbemühungen (ODMG[*] - Object Data Management Group [Ca93], OMG - Object Management Group [OMG92], SQL-Standardisierung [SQL3]) noch kein einheitliches objektorientiertes Datenmodell gibt (wie es z.B. SQL-89 oder SQL-92 für das Relationenmodell darstellen), aber viele z.T. sehr unterschiedliche Modellvorschläge mit einer noch größeren Anzahl von dazugehörigen Implementierungen von OODBS, ist es nicht einfach, sich für die hier zu führende Diskussion auf eine bestimmte Variante oder gar auch eine Kombination aus verschiedenen Modellvariationen festzulegen. Aus diesem Grunde und auch weil die aktuellen Standardisierungsbemühungen zu SQL3 schon recht weit fortgeschritten sind, wollen wir uns hier weitestgehend auf die dort vorgeschlagenen Konzepte beziehen. Dieses Vorgehen hat zwei weitere Vorteile. Zum einen stellen die in diesen Standard eingebrachten und dort diskutierten Konzepte eine Kombination von (nützlichen und erprobten) Konzepten existierender OO-Variationen dar. Zum anderen sind wir hier und im Rahmen der Diskussionen zu unserem AV-Framework natürlich insbesondere an SQL-Erweiterungen interessiert.

trotz vieler Bemühungen gibt es bislang noch kein einheitliches objektorientiertes Datenmodell

---

[*] ODMG ist ein Konsortium von Firmen, deren Ziel es ist, einen (Industrie-)Standard für objektorientierte DB-Technologie zu definieren. Dabei wird versucht, auch Arbeiten von anderen Standardisierungsgremien zu berücksichtigen und einzuarbeiten.

7.3.1.1 Beschreibung des Konzeptes

Im folgenden wird ein Typsystem (für SQL) vorgestellt, das sich hauptsächlich an den Arbeiten aus [DCLA93, Ga92, Pi93] orientiert und damit auch aktuelle Standardisierungsbemühungen [SQL3] (in Ansätzen) schon berücksichtigt[*]. Insgesamt läßt sich feststellen, daß hinsichtlich vieler Aspekte (etwa Kapselung, Methoden-Konzepte) auch eine große Anlehnung an das schon weitverbreitete Typsystem der Sprache C^{++} [Li90] stattfand.

Typsystem für SQL orientiert sich am C++- Typsystem

Das Typsystem besteht im wesentlichen aus einem erweiterbaren Typkonzept (engl. data type facility), das persistente Datentypen zu definieren und zu verwalten erlaubt. Ein Datentyp wird definiert über den vorhandenen Datentypen und kann somit auf den vorgegebenen Basisdatentypen[**] und auf allen schon existierenden Datentypen aufbauen. Dabei werden sowohl flexibel strukturierbare Datentypen als auch zugehörige Operationen als sog. abstrakte Datentypen (kurz ADT) unterstützt. Im Rahmen einer ADT-Definition werden aber noch weitere Angaben gemacht. Eine vereinfachte Syntax zur Definition eines ADT sieht dabei wie folgt aus:

erweiterbares Typkonzept basierend auf abstrakten Datentypen

```
CREATE TYPE <ADT-Name>
    [OID-Klausel]
    [Subtyp-Klausel]
    [Element-Klausel]
```

Alle Klauseln bis auf die Namensklausel sind optional. Die wichtigste Klausel ist die *Element-Klausel*. Dort werden die Attribute und Operationen des ADT jeweils als einzelne Elemente eingetragen. Die *Subtyp-Klausel* ermöglicht den inkrementellen Aufbau von Typhierachien, wobei der gerade definierte Typ als Spezialisierung des angegebenen Supertyps abgeleitet wird. Mit Hilfe der *OID-Klausel* ist es möglich, Werte-ADT von Objekt-ADT zu unterscheiden. Die einzelnen Klauseln sollen im folgenden etwas genauer besprochen und z.T. auch durch Beispiele (etwa die Typdefinitionen in Bild 7.13) erklärt werden.

Klauseln zur Definition eines abstrakten Datentyps

Die Datenstrukturen des ADT werden durch die *Datenelemente* festgelegt, und das Verhalten des ADT wird durch die *Funktionselemente*

---

[*]   Eine Übereinstimmung mit dem Standard kann nicht garantiert werden, da die Standardisierung noch nicht abgeschlossen ist.

[**] Für das SQL-Typsystem gibt es die folgenden Basisdatentypen, die in existierenden SQL-Systemen herkömmlicherweise zur Attributtypdefinition herangezogen werden: INTEGER, CHARACTER STRING, BYTE STRING, BOOLEAN, FLOAT u.a.m.

bestimmt. Ein Datenelement beschreibt, wie bisher auch, eine Attributdefinition bestehend aus Attributname und Datentypangabe und wird zusätzlich ergänzt durch eine Kapselungsklausel, die die Sichtbarkeit des Attributs bestimmt. Dabei unterscheidet man: die allgemeine Benutzung (PUBLIC), die eingeschränkte Freigabe für die Definition von Subtypen (PROTECTED) und den ausschließlichen Gebrauch innerhalb der eigenen Typdefinition (PRIVATE).

Datenelement beschreibt die ADT-Datenstrukturen

Die Funktionselemente umfassen im wesentlichen Konstruktoren, Destruktoren und allgemeine Funktionen z.B. für Berechnungen, Vergleiche oder zur Typanpassung. Funktionselemente arbeiten entweder auf einer oder auf mehreren ADT-Instanzen und geben als Ergebnis entweder einen Boole'schen Wert oder einen Wert des Ergebnisdatentyps zurück. Jedes Funktionselement läßt sich unterteilen in die nach außen sichtbare Schnittstelle (engl. interface), manchmal auch Signatur (engl. signature) genannt und in die verborgene Implementierung (engl. implementation). Man unterscheidet zwei Arten von Funktionselementen. Zum einen sind das die sog. *SQL-Funktionen*, die vollständig innerhalb von SQL defi-

Funktionselement beschreibt die ADT-Funktionen, also das Verhalten des ADT

```
CREATE TYPE Punkt-T
  (PRIVATE   x    FLOAT,
   PRIVATE   y    FLOAT,
   EQUALS         DEFAULT,
   LESS THAN      NONE,
   PUBLIC ACTOR FUNCTION
       x (Punkt-T)
     RETURNS FLOAT,
   PUBLIC ACTOR FUNCTION
       set_x (Punkt-T, FLOAT)
     RETURNS Punkt-T,
   PUBLIC ACTOR FUNCTION
       y (Punkt-T)
     RETURNS FLOAT,
   PUBLIC ACTOR FUNCTION
       set_y (Punkt-T, FLOAT)
     RETURNS Punkt-T
  )

  DECLARE EXTERNAL
       Abstand (Punkt-T, Linie-T)
     RETURNS FLOAT
     LANGUAGE C

  CREATE TYPE Linien-OT
     WITH OID VISIBLE
     (PUBLICLinie     Linie-T
  )

CREATE TYPE Linie-T
  (PRIVATE    Startp  Punkt-T,
   PRIVATE    Endp    Punkt-T,
   EQUALS           DEFAULT,
   LESS THAN      NONE,
   CAST (Linie-T AS CHAR(20))
     WITH Linie_2-char,
   PUBLIC ACTOR FUNCTION
       Startp (Linie-T)
     RETURNS Punkt-T,
   PUBLIC ACTOR FUNCTION
       set_Startp (Linie-T, Punkt-T)
     RETURNS Linie-T,
   PUBLIC ACTOR FUNCTION
       Endp (Linie-T)
     RETURNS Punkt-T,
   PUBLIC ACTOR FUNCTION
       set_Endp (Linie-T, Punkt-T)
     RETURNS Linie-T,
   PUBLIC ACTOR FUNCTION
       Mittelpunkt (Linie-T)
     RETURNS Punkt-T
   PUBLIC ACTOR FUNCTION
       Linie_2_char (Linie-T)
     RETURNS CHAR(20)
  )
```

Bild 7.13: Beispiele für einfache ADT-Definitionen

niert sind. Zum anderen gibt es auch die sog. *externen Funktionen*, die extern definierte Funktionen aufrufen, die in einer Standard-Programmiersprache geschrieben sind und im Typsystem nur deklariert werden.

Typkonvertierung via Konvertierungsfunktion bzw. Konvertierungstyp

Für jeden Datentyp im SQL-Typsystem kann eine Konvertierungsfunktion von und zu dem 'CHARACTER STRING'-Datentyp definiert werden. Damit ist gewährleistet, daß jeder Datentyp des SQL-Typsystems in eine Programmiersprache übergeben werden kann, die einen 'CHARACTER STRING'-Datentyp besitzt. Die Umkehrung gilt damit ebenfalls. Bei dieser Umsetzung geht natürlich die konkrete Typsemantik verloren und muß ggf. auf der Seite der Programmiersprache (oder des SQL-Typsystems) durch entsprechende Funktionen neu etabliert werden. Um genau diesen Semantikverlust und natürlich auch diese Fehlanpassung der Datentypen zu vermeiden, werden in [DCLA93] sog. Konvertierungstypen (engl. language types) als Bestandteil des Typsystems gleich mitgeliefert. In einem Konvertierungstyp wird eine Typrepräsentation (für eine vorgegebene Programmiersprache) spezifiziert, in die der SQL-Typ, falls notwendig, konvertiert werden kann. Zusätzlich werden noch zwei Konvertierungsfunktionen zur Umsetzung der Typinstanzen zwischen beiden Typsystemen angegeben, die bei notwendiger Konvertierung automatisch aufgerufen werden.

Die Syntax für SQL-Funktionselemente sieht dabei wie folgt aus:

```
[ ACTOR] FUNCTION <Funktionsname> (Parameterliste)
RETURNS <Ergebnisdatentyp>
        SQL-Anweisung;
END FUNCTION
```

SQL-Funktionselement als Konstruktor-, Destruktor- bzw. Aktorfunktion

Man unterscheidet Konstruktor- bzw. Destruktorfunktionen von sog. ACTOR-Funktionen. Mit jeder ADT-Definition werden automatisch Konstruktor- bzw. Destruktorfunktionen bereitgestellt. Diese werden zum Kreieren bzw. Löschen von Objekt-ADT-Instanzen benutzt[*]. Alle anderen Funktionen (ACTOR) lesen bzw. ändern die Komponenten des ADT oder greifen über die gegebenen Funktionsparameter auf andere ADT-Instanzen zu. Die SQL-Anweisung, die die Funktion definiert, kann eine beliebige SQL-Anweisung oder eine zusammengesetzte SQL-Anweisung evtl. mit Kontrollanweisungen sein. Eine zusammengesetze Anweisung (engl.

---

[*]   Instanzen eines Werte-ADT bekommen ebenfalls automatisch eine Konstruktorfunktion zugeordnet, brauchen aber keine Destruktorfunktion, weil sie mittels SQL-DELETE-Anweisung gelöscht werden. Die Konstruktorfunktion kann in allen SQL-Anweisungen benutzt werden (s.u.).

compound query statement [Ga92]) faßt eine Menge von SQL-Anweisungen zu einem Anweisungsblock zusammen und kann zudem lokale Variablen und eine eigene SQL-Fehlerbehandlung definieren. Um eine flexible Abarbeitung zu erlauben, gibt es eine Reihe von Möglichkeiten, den Kontrollfluß zu spezifizieren: Verzweigungsanweisungen (*CASE*, '*IF THEN ELSE*'), Schleifenanweisung (*LOOP*) und eine Rücksprunganweisung (*LEAVE*). Weiterhin gibt es noch folgende spezielle SQL-Funktionen, die das Schreiben von Funktionselementen erleichtern bzw. erst ermöglichen:

- *NEW*-Anweisung
  Diese Anweisung kreiert einen (Objekt)-ADT und ist nur innerhalb einer Konstruktorfunktion erlaubt.

- *DESTROY*-Anweisung
  Diese Anweisung löscht einen (Objekt)-ADT und darf nur innerhalb einer Destruktorfunktion verwendet werden.

- *ASSIGNMENT*-Anweisung
  Das Ergebnis eines wertbasierten (SQL-)Ausdrucks kann mittels dieser Anweisung einer lokalen Variablen, einem Attribut oder einer ADT-Komponenten zugewiesen werden.

- *CALL*-Anweisung
  Diese Anweisung ermöglicht, eine SQL-Prozedur (siehe Abschnitt 5.4.1.2) aufzurufen.

- *RETURN*-Anweisung
  Mit dieser Anweisung kann das Ergebnis eines wertbasierten (SQL) Ausdrucks als Ergebniswert der SQL-Funktion zurückgegeben werden (RETURNS-Klausel).

Mit diesen hier skizzierten SQL-Sprachergänzungen ist es nun möglich, die Implementation von SQL-Funktionselementen zu 'programmieren'[*]. Damit wird einerseits eine Vervollständigung der in Abschnitt 5.4.1.2 beschriebenen SQL-Modulsprache um allgemeine Programmierkonstrukte und andererseits auch eine entsprechende Verbesserung der Ausdrucksmächtigkeit erreicht.

Eine spezielle Behandlung erfahren Vergleichsfunktionen und Funktionen zur Typanpassung. Zur Spezifikation von Vergleichsfunktionen gibt es zwei spezielle Klauseln. Die *EQUALS*-Klausel definiert die Gleichheit von zwei Datentypinstanzen, und die '*LESS THAN*'-Klausel beschreibt eine Funktion, die eine Ordnung auf den Instanzen festlegt. Beide zusammen definieren damit Gleichheits- und Ordnungskriterium, welche bei Verwendung von ADT-Instanzen in (SQL-)Prädikatsausdrücken Anwendung fin-

allgemeine SQL-Programmierkonstrukte

vordefinierte SQL-Funktionen zum Schreiben von Funktionselementen

spezielle Behandlung von Vergleichsfunktionen und Funktionen zur Typanpassung

---

[*] Dieses Konzept kann auch zum Programmieren von den sog. 'Stored-Procedure' verwendet werden.

den. Typanpassungen werden durch sog. CAST-Funktionen (siehe die CAST-Funktion in Bild 7.13) bewerkstelligt. Diese Konvertierungsfunktionen beschreiben im wesentlichen Abbildungen zwischen internen ADT-Datenstrukturen.

In dem Beispiel aus Bild 7.13 sind zwei ADT-Definitionen angegeben. Der Linien-ADT nutzt zur Beschreibung seiner Datenelemente den dort ebenfalls definierten Punkt-ADT. Von den angegebenen Funktionselementen werden nur die Schnittstellen, aber nicht die Implementierungen gezeigt. Alle Funktionen sind für die allgemeine Benutzung freigegeben, nur die Datenelemente sind für den privaten Gebrauch bestimmt. Für den Attributzugriff und die Attributwertänderung gibt es vordefinierte Funktionselemente, die für den Attributzugriff den Attributnamen als Funktionsnamen nutzen und für die Attributwertänderung den Attributnamen mit einem 'set_'-Präfix ergänzen. Die Funktionsparameter werden gemäß der durchzuführenden Funktion in der Parameterliste entsprechend definiert.

vordefinierte Funktionselemente für Attributzugriff und Attributwertänderung

Die Syntax zur Deklaration externer Funktionselemente sieht wie folgt aus:

> **DECLARE EXTERNAL** <Funktionsname> (Parameterliste)
> **RETURNS** <SQL-Datentyp> [**CAST FROM** <Prog-Datentyp>]
> **LANGUAGE** <Sprache>

Für externe Funktionen wird nur deren Schnittstelle bestehend aus Funktionsnamen sowie den formalen (Datentyp-)Parametern der Parameterliste deklariert, und die Implementation der Funktion bleibt Teil der Programmiersprache, die in der *LANGUAGE*-Klausel zu spezifizieren ist. Die *'CAST FROM'*-Klausel dient der automatischen Konvertierung des Ergebnisdatentyps der Programmiersprache in den entsprechenden Datentyp des SQL-Typsystems. In Bild 7.13 ist beispielhaft auch eine externe Funktion deklariert, die aufgrund bestehender Typkompatibilität allerdings keine 'CAST FROM'-Klausel benötigt.

externe Funktionselemente werden durch ihre Signatur bekanntgemacht

Ein Objekt-ADT unterscheidet sich von einem Werte-ADT dadurch, daß über eine entsprechende Spezifikation in der OID-Klausel dafür gesorgt wird, daß implizit vom System ein Datenelement mit dem reservierten Namen OID spezifiziert wird, das vom Basistyp 'Objektidentifikator' (auch *IDENTIFIER* genannt) ist. Wird ein Objekt erzeugt, dann wird vom System ein Objektidentifikator als Attributwert in dieses Datenelement eingetragen. Dieser Wert identifiziert das Objekt und kann nicht mehr geändert werden. Objektidentifikatoren können in benutzerdefinierten Datenelementen als

Unterscheidung zwischen Objekt-ADT und Werte-ADT

sog. Referenzwert auftreten. Sie werden dort über den Basisdatentyp *REFERENCE* definiert und als 'Zeiger' auf das (referenzierte) Objekt interpretiert. Hiermit ist es nun möglich, ähnliche Strukturen wie im MAD-Modell aufzubauen (siehe Abschnitt 7.2.2).

In der Subtyp-Klausel kann angegeben werden, 'unter' (gekennzeichnet durch das Schlüsselwort *UNDER*) welchem schon existierenden (Super-)Typ der gerade definierte (Sub-)Typ eingetragen werden soll. In den so aufgebauten *Typhierarchien* darf es zu einem Subtyp mehrere Supertypen geben. Damit kann ein Subtyp eine (Typ-)*Spezialisierung* mehrerer Supertypen sein, und ein Supertyp kann eine (Typ-)*Generalisierung* mehrerer Subtypen sein[*]. Ein Subtyp erbt somit alle Datenelemente seiner direkten Supertypen. Dabei können Namenskonflikte auftreten, die normalerweise durch Umbenennung oder in Spezialfällen durch eine Auswahlregel aufgelöst werden. In Bild 7.14 ist eine einfache Typhierarchie basierend auf den Stammdaten zu einer Personenbeschreibung dargestellt. Für das (SQL-)Typsystem gilt, daß eine Subtyp-Instanz auch gleichzeitig eine Instanz aller Supertypen ist. Daher kann eine Instanz eines Subtyps auch an den Stellen auftreten, an denen eine Instanz des Supertyps erwartet wird. Dies wird i.allg. auch als das *Substitutionsprinzip* (engl. substitutability) bezeichnet. Funktionselemente werden durch das Substitutionsprinzip stattdessen indirekt 'vererbt'. Damit ist es möglich, eine Funktion, die für den Supertyp definiert ist, mit einer Instanz eines seiner Subtypen als aktuellen Parameter aufzurufen. Damit wird diese Instanz als Instanz des Supertyps substituiert und die dort definierte Funktion angewandt. Durch das Vererbungskonzept (zusammen mit dem Substitutionsprinzip) wird es ermöglicht, daß die Typen in einer Typhierarchie alle eine gemeinsame Schnittstelle und evtl. auch einheitliche Datenstrukturen sowie Implementierungen besitzen. Wie bei allgemeinen Typdefinitionen können auch bei der Definition eines Subtyps neue Daten- und Funktionselemente definiert bzw. die ererbten Elemente angepaßt werden. Dieses Anpassen wird als eine die ererbte Definition überschreibende Neudefinition aufgefaßt (engl. overriding). Diese überschriebene Funktion hat den gleichen Funktionsnamen sowie eine evtl. geänderte Parameterliste (entweder spezialisierte Parameter oder zusätzliche Parameter) und Implementierung. Damit ist es i.allg. möglich, daß es

Typhierarchien erlauben Typ-Spezialisierung und Typ-Generalisierung

Substitutionsprinzip: Instanz eines Subtyps ist auch gleichzeitig Instanz aller Supertypen

Anpassen ererbter Elemente durch Überschreiben

---

[*] Aus Konsistenzgründen darf ein Supertyp sich selbst nicht als Subtyp
     haben. Desweiteren sollte es zu jedem Subtyp genáu einen 'maximalen'
     Supertyp geben.

```
                    CREATE TYPE Person
                    (PUBLIC  Name   CHARACTER STRING,
                    ...
                    PUBLIC ACTOR FUNCTION
                        Einkommen (Person)
                    RETURNS DECIMAL,

                    ...

                    )
```

```
CREATE TYPE Techn-Ang UNDER Person        CREATE TYPE Verw-Ang UNDER Person
(...                                       (...
Techn-Zulage        DECIMAL,               Verw-Zulage         DECIMAL,
...                                        ...
PUBLIC ACTOR FUNCTION                      PUBLIC ACTOR FUNCTION
    Einkommen (Techn-Ang)                      Einkommen (Verw-Ang)
    RETURNS DECIMAL,                           RETURNS DECIMAL,

...                                        ...

)                                          )
```

Bild 7.14: Einfache Typhierarchie

Typhierarchien ermöglichen überladene Funktionen

in einem Typsystem unterschiedliche Funktionen mit gleichem Namen gibt (engl. overloading), die sich im wesentlichen in der Spezialisierung ihrer Parameterliste und ihrem Einsatzbereich (engl. scope) unterscheiden. Genau diese Situation gilt für die Funktion *Einkommen*, die für alle Typen der in Bild 7.14 dargestellten Typhierarchie definiert ist. Betrachtet man die Schnittstellen der verschiedenen Methoden zur Funktion *Einkommen*, so erkennt man, daß die Parametertypen jeweils Spezialisierungen zueinander sind. Weiterhin, hier nicht dargestellt, sind die Methoden-Implementierungen durchaus verschieden. Beispielsweise berechnet sich das Einkommen eines technischen Angestellten unter Berücksichtigung der technischen Zulage *Techn-Zulage* und das der Verwaltungsangestellten auf Basis der Verwaltungszulage *Verw-Zulage*.

Da nach wie vor alle Operationen sämtlicher Supertypen von allen Subtypen aus aufrufbar sind, besteht hier eine prinzipielle Auswahlmöglichkeit: Für den einzelnen Funktionsaufruf bedeutet dies nun zu bestimmen, welche der potentiell anwendbaren Funktionen in einem konkreten Fall zu benutzen ist. Im Prinzip gibt es also für eine Funktion eine ganze Menge ausführbarer Methoden. Diese Funktionen nennt man daher auch *polymorphe Funktionen*, da sie auf unterschiedlichen Objekten anwendbar sind, und dort jeweils durch das Objekt selbst und dessen Parametertyp entschieden wird, welche Methode (Inkarnation der Funktion) wirklich zur Anwendung kommt. Dabei wird immer versucht, die 'am besten' pas-

sende Methode (d.h. die Methode mit den zu den aktuellen Parametern spezifischsten formalen Parametertypen) zu bestimmen und
anzuwenden. Dieser Auswahlmechanismus stellt zur Übersetzungszeit fest, daß es für jede gültige Parameterkombination mindestens eine anwendbare Funktion gibt (statische Typprüfung) und wählt zur Laufzeit die für die aktuelle Parameterbelegung passendste Methode aus (dynamisches Binden), die dann auch Anwendung findet. Bei dieser Vorgehensweise legt also die Parameterbelegung zur Laufzeit die anzuwendende Funktion (bzw. genauer die konkrete Methode) fest. In manchen Fällen, z.B. wenn keine Subtypen definiert sind, kann die anzuwendende Funktion schon zur Übersetzungszeit bestimmt werden.

statisches und dynamisches Binden

Zur weiteren Flexibilisierung des Typsystems gibt es das Konzept der *parametrisierten Typen*. Damit ist es möglich, Typfamilien über unterschiedliche (aktuelle) Parametrisierungen zu definieren, die gemeinsamen Typdefinitionen dabei allerdings zu übernehmen. Dazu wird die Syntax von oben zur Definition eines nicht-parametrisierten Datentyps wie folgt ergänzt:

CREATE TYPE TEMPLATE <PTyp-Name> (<Template-Parameterliste>)
    [OID-Klausel]
    [Subtyp-Klausel]
    [Element-Klausel]

parametrisierte Typen bilden Typfamilien

Das Schlüsselwort *TEMPLATE* zeigt an, daß es sich bei dieser Definition um einen parametrisierten Datentyp handelt. Die Parametrisierung wird in der zugehörigen Parameterliste ausgedrückt. Dabei gibt ein weiteres Schlüsselwort (*TYPE*) an, daß als Parametertyp ein Datentyp und kein Wert eines Datentyps eingesetzt wird, d.h., der formale Parameter spezifiziert damit einen beliebigen Typ, der in der Typdefinition verwendet werden kann und bei der Instanziierung durch seinen aktuellen Parameter ersetzt wird. Der Rest der ADT-Definition ist von der bisherigen Syntaxbeschreibung unverändert übernommen worden.

Im SQL-Typsystem gibt es (zumindest) folgende vordefinierte parametrisierte Typen:

- Liste

    LIST (<Basis-ADT>)

  Die Elemente der Liste (vom Typ <Basis-ADT>) sind geordnet, und Duplikate sind erlaubt.

- Menge

    SET (<Basis-ADT>)

  Hier gibt es keine Ordnung der Mengenelemente, allerdings sind Duplikate verboten.

- Multimenge (engl. bag)

    MULTISET (<Basis-ADT>)

    Multimengen erlauben, wie Listen, Duplikate, berücksichtigen aber, wie schon die Mengen, keine Anordnung.

Kollektionstypen als vordefinierte parametrisierte SQL-Typen

Diese Typkonstruktoren nennt man auch Kollektionstypen (engl. collection types oder generator types), da sie Elemente gleichen Typs (vom Typ *<Basis-ADT>*) enthalten. Sie sind ausgestattet mit den bekannten Standardfunktionen, die durch benutzerdefinierte Funktionen ergänzt werden können. Sie lassen sich wie normale Typen zur Typkonstruktion im Rahmen einer ADT-Definition einsetzen. Zum Beispiel läßt sich in nachstehender Typdefinition *Person* ein Datenelement *Adressenliste* aufbauend auf einem schon vordefinierten ADT *Adresse* definieren:

> **CREATE TYPE** Person
> (...
>   **PUBLIC**   Adressenliste   **LIST**(Adresse),
> ...)

DISTINCT-Typen dienen der besonderen Typ-Wiederverwendung

Eine weitere Klasse von benutzerdefinierten Typen sind die sog. *DISTINCT*-Typen, die aufbauend auf einem Basisdatentyp diesen einkapseln und mit einem neuen Typnamen versehen. Damit ist es möglich, einen schon definierten Datentyp (inklusive Daten- und Funktionselementen) wiederzuverwenden, und dadurch, daß ein neuer Name zugeteilt wurde, ist dieser DISTINCT-ADT unterscheidbar von dem darunterliegenden (und verdeckten) Basis-ADT.

Hier wurden nur die wichtigsten Aspekte eines erweiterbaren Typsystems skizziert. Weitere und detailliertere Informationen können der oben angegebenen Literatur entnommen werden. In den nachfolgenden Betrachtungen soll die Integration und Verwendung des Typsystems in SQL diskutiert und an passenden Beispielen aus Bild 7.15 und Bild 7.16 aufgezeigt werden.

ADT werden meistens zur Beschreibung von Attributdatentypen eingesetzt, wie aus der Tabellendefinition zu *Personen* (Bild 7.16)

> **CREATE TABLE** Linien
> (Id   INTEGER,
> Linie   Linien-OT,
>
> ...
>
>)

SELECT Mittelpunkt(Linie)   **UPDATE** Linien L
FROM Linien L   **SET** Linie=set_Startp(Linie, Punkt-T(1.0, 2.0))
WHERE Endp(Linie)=Punkt-T(0.0, 0.0);   **WHERE** Linie.OID=:hostvar;

Bild 7.15: Verwendung der Typen in SQL

hervorgeht. Damit lassen sich Tabellendefinitionen allerdings auch sehr kompakt ausdrücken. Die Definition der Tabelle *Linien* in Bild 7.15 ist aufgebaut auf dem Objekt-ADT *Linien-OT*. Mit den ADT werden auch alle ADT-Elemente, also sowohl die Daten- als auch die Funktionselemente, in der Tabelle und damit auch bei den Tupeln dieser Tabelle verfügbar. Dies gilt auch für die SQL-Anweisungen, die über diesen Tabellen definiert sind. Zum Beispiel werden in der Anfrage zu Tabelle *Linien* in Bild 7.15 die Zugriffsfunktion *Endp*, der Punkt-Konstruktor *Punkt-T* sowie die Berechnungsfunktion *Mittelpunkt* angewendet. Damit ist es möglich, die gewünschten Aktionen sehr einfach und elegant zu formulieren. Dies gilt ebenfalls für die Änderungsoperation aus Bild 7.15, die den Startpunkt des über die Wirtssprachenvariable *:hostvar* identifizierten Linien-Tupels *L* durch Aufruf der Änderungsfunktion *set_Startp* neu festsetzt. In der SQL-Anweisung aus Bild 7.16 wird die polymorphe Funktion *Einkommen* aufgerufen, um das Einkommen der Tupel der *Personen*-Tabelle zu bestimmen. In dieser Situation muß abhängig von der aktuellen Instanz für den ADT *Stammdaten* entschieden werden, ob die Einkommensfunktion für technische Angestellte, für Verwaltungsangestellte oder die generische für den ADT *Person* anzuwenden ist.

Beispiele zur Verwendung des SQL-Typsystems

Aus diesen Beispielen wird deutlich, daß ein Funktionsaufruf an jeder Stelle auftreten kann, an der der Wert seines Ergebnisdatentyps zugelassen ist. Die Funktionen dienen dazu, die zugehörigen ADT-Instanzen zu erzeugen und zu manipulieren. Funktionen können entweder als Teil eines ADT-Eintrags (wie z.B. die Funktionen der ADT *Punkt-T* und *Linie-T* in Bild 7.13), einer Moduldefinition (siehe Abschnitt 5.4.1.2) oder aber eigenständig definiert werden (wie z.B. die externe Funktion *Abstand* ebenfalls aus Bild 7.13). Diese Funktionen bezeichnet man manchmal auch als 'freie' Funktionen. Genau wie die ADT-Definition selbst werden auch die Funktionselemente (und natürlich auch die Datenelemente eines ADT) als Schemaelemente in den DB-Katalog eingetragen und somit auch über die normale Zugriffskontrolle basierend auf den bekannten Zugriffsrechten verwaltet.

ADT-Definitionen werden, wie normale Attributdefinitionen auch, im DB-Katalog verwaltet

```
CREATE TABLE Personen
    (Pnr          INTEGER,            SELECT Einkommen(Stammdaten)
     Stammdaten   Person,             FROM Personen P
     ...                              WHERE Name='Müller';
    )
```

Bild 7.16: Anwendungsbeispiel einer polymorphen Funktion

7.3.1.2 Integration in den AV-Framework

Obige Beschreibungen und Diskussionen machen deutlich, daß das Typsystem orthogonal zu den Konzepten von SQL bzw. des Relationenmodells steht und somit als eine dazu aufwärtskompatible Erweiterung aufgefaßt werden kann. Dies bedeutet zum einen, daß bestehende SQL-Anwendungen von dieser Typsystem-Erweiterung unberührt sind und zum anderen, daß es den neuen (und natürlich auch den schon bestehenden) SQL-Anwendungen freigestellt ist, das Typsystem zu verwenden. Aufgrund dieser Unabhängigkeit kann auch eine einfache Integration des Typsystems in den bestehenden AV-Framework (siehe Kapitel 6) erwartet werden, was auch durch die nachfolgende Diskussion bestätigt wird.

einfache Integration des Typsystems in den bestehenden AV-Framework

Da es sich hier um eine Spracherweiterung handelt, sind die Sprachgrammatik und folglich auch der Sprachübersetzer entsprechend zu ergänzen, so daß die neu hinzugekommenen Sprachklauseln erkannt und korrekt behandelt werden. Davon betroffen ist hauptsächlich die Datendefinitionssprache (DDL) und der zugehörige DDL-Sprachübersetzer sowie der DB-Katalog, in dem die gesamten Schemadaten verwaltet werden. Hier ist zum einen die DDL um die Definitions-Anweisungen des Typsystems (z.B. CREATE TYPE, DECLARE EXTERNAL) zu erweitern, und der DB-Katalog zur Aufnahme der neuen Schemaobjekte anzupassen. Zum anderen ist dann noch der DDL-Übersetzer so zu ergänzen, daß die neuen DDL-Anweisungen erkannt, übersetzt und als entsprechende Schemaobjekte in den DB-Katalog eingetragen werden.

Spracherweiterung erfordert Ergänzungen von Sprachgrammatik und Sprachübersetzer

Um die Behandlung der in den Anfragen benutzten ADT(-Aufrufe) zu erleichtern, werden vom ADT-Übersetzer noch weitere Maßnahmen durchgeführt: Aus der ADT-Definition (und insbesondere unter Berücksichtigung der ADT-Datenelemente) wird eine Speicherrepräsentation für die ADT-Instanzen bestimmt; etwaige ADT-Schachtelungen werden dort natürlich entsprechend berücksichtigt. Die Speicherrepräsentation der ADT-Instanzen bleibt nach außen verborgen, und zu Optimierungs- und Adressierungszwekken kann sie ggf. den internen AV-Komponenten 'offengelegt' (engl. reveal) werden. In ähnlicher Weise wie für die Datenelemente werden auch für die ADT-Funktionselemente zusätzliche Maßnahmen durchgeführt. Hier ist insbesondere wichtig, die Signatur des Funktionselements festzustellen und für den Funktionsauswahlprozeß bereitzuhalten. Sämtliche im DB-Katalog abgelegten Typsystem-Definitionen (vollständige ADT-Definitionen oder separate Funktionsdefinitionen) werden hinsichtlich Zugriffsrechten und

ADT-Übersetzer bestimmt Speicherrepräsentation für die ADT-Instanzen

Zugriffskontrolle genauso wie andere SQL-Objekte (etwa Tabellen-
oder andere Schemadefinitionen) behandelt. Hierbei ist zu beachten, daß Zugriffskontrolle etwas anderes ist als das ADT-Kapse-
lungsprinzip, da letzteres nur festlegt, welche Teile einer ADT-Instanz nach außen sichtbar sind, mittels Zugriffsrechten jedoch bestimmt wird, wer diesen Teil zu sehen bekommt. Das heißt, beide
Konzepte ergänzen sich.

Zugriffskontrolle und ADT-Kapse-lungsprinzip er-gänzen sich

Das Arbeiten mit ADT äußert sich dadurch, daß die ADT-Funktionen in Anfragen bzw. Manipulationsanweisungen im wesentlichen
auf Attributebene verwendet werden. Dies bedeutet, daß auch der
Anfrageübersetzer zum Erkennen und Behandeln von ADT-Funk-
tionsaufrufen zu erweitern ist. Hierbei sind zwei wichtige Dinge zu
tun. Zum einen wird eine Typüberprüfung durchgeführt. Ist die
Typkorrektheit gegeben, so wird die Funktionsauswahl (engl. function dispatch), soweit möglich, schon durchgeführt bzw. vorbereitet. Situationsabhängig muß festgestellt werden, ob die anzuwendende Funktion schon zur Übersetzungszeit bestimmt werden
kann. Falls dies möglich ist, wird die anzuwendende Funktion vermerkt und später im Rahmen der Anfragetransformation (bzw. bei
der Generierung des Ausführungsplans) in den generierten Code
eingetragen. Falls die anzuwendende Funktion zur Laufzeit bestimmt werden muß, so können aber trotzdem schon zur Übersetzungszeit entsprechende Vorbereitungen stattfinden, so daß, analog zu oben, nun allerdings der Aufruf des Auswahlalgorithmus
später in den generierten Code eingetragen werden kann. Durch
diese Maßnahmen wird gewährleistet, daß einerseits alle übersetz-
ten Anfragen typkorrekt sind und andererseits, daß es zur Laufzeit
jeweils (mindestens) eine anwendbare Funktion für jeden Funktionsaufruf in der Anfrage gibt. Damit ist die sehr wichtige Eigenschaft garantiert, daß jedes übersetzte Programm niemals fehler-
haft (hinsichtlich Typfehler und Funktionsfehler) ausgeführt wird
(sofern das DB-Schema im wesentlichen unverändert bleibt).

Anfrageüberset-zung garantiert, daß jedes über-setzte Programm niemals fehler-haft hinsichtlich Typfehler und Funktionsfehler ist

Wie bei den anderen in diesem Kapitel diskutierten Framework-
Erweiterungen auch, lassen sich die notwendigen Spracherweiterungen geschickt mit einem übersetzergenerierenden System integrieren.

Die Berücksichtigung des Typsystems in der Übersetzung hat im
wesentlichen keine Auswirkungen auf die Interndarstellung (siehe
AGM in Abschnitt 6.1). Es muß lediglich dafür gesorgt werden, daß
an Stelle von Prädikaten und Variablen nun Funktionsaufrufe stehen können. In STARBURST beispielsweise ist das einfach, da dort

AGM bleibt ge-genüber Typsy-stem-Erweite-rung stabil

jedes auftretende (SQL-)Prädikat sowieso schon wie eine Funktion behandelt wird. Dort wird z.B. das Gleichheitsprädikat intern als Gleichheitsfunktion etwa in der Form '=(*Attribut-1, Attribut-2)*' repräsentiert. Diese verallgemeinerte Sichtweise erlaubt natürlich eine direkte und daher auch einfache Repräsentation der Funktionsaufrufe in die AG bzw. in AGM[*].

Stabilität von Anfragerestrukturierung und Anfragetransformation hinsichtlich Typsystem-Erweiterung

Anfragerestrukturierung und Anfragetransformation können im wesentlichen unverändert bleiben. Allerdings ist es sinnvoll, auch Ergänzungen durchzuführen, die dort zu einer Effektivitätssteigerung führen. Im einzelnen werden (in der Literatur) die folgenden Maßnahmen diskutiert:

- Die Optimierung einer (anzuwendenden) Funktion ist schwierig und i.allg. Fall nicht möglich, da die Implementierung des zugehörigen Funktionselements normalerweise nicht zugänglich und nach außen auch nicht sichtbar ist. In manchen Ansätzen (z.B. das REVELATION-System [MDKV94]) kann der Anfrageoptimierer als 'vertrauenswürdiges' und stabiles Programm Einblick in die Funktionsimplementierung erhalten und etwa im Falle einer SQL-Funktion eine Anfrageoptimierung (wie in Kapitel 6 beschrieben) durchführen; bei externen Funktionen ist dies in dieser Form natürlich nicht möglich.

- Für DISTINCT-Funktionen kann eine spezielle Optimierung der Funktionsaufrufe durchgeführt werden. Anstatt die Funktionsaufrufe des DISTINCT-ADT anzuwenden, werden einfach die entsprechenden Funktionsaufrufe des zugrundeliegenden ADT eingesetzt. Diese Ersetzung geschieht natürlich nach der Typüberprüfung und vor Ausführung. Falls man einen DISTINCT-ADT über einem Basistyp definiert hat, so kann in diesem Falle auf die Funktionen des Basistyp zurückgegriffen werden. Durch diese Maßnahme erzielt man eine hohe Laufzeiteffizienz, da davon ausgegangen werden kann, daß die Funktionen auf den Basistypen effizient und direkt implementiert sind.

- Auch die einfachen Zugriffsfunktionen (genauer die Funktionsaufrufe) lassen sich optimieren. Die Adressenberechnung für den Zugriff auf eine ADT-Instanz kann teilweise schon vorgezogen werden.

- Funktionsmaterialisierung [KM94], d.h. die Vorberechnung und Materialisierung von Funktionsergebnissen, ist ein weiterer Optimierungsansatz. Allerdings müssen hier, ähnlich wie bei der Verwaltung replizierter Daten, im Falle von Änderungen in den Ausgangsdaten Nachbesserungen (Invalidierungen bzw. Re-Materialisierungen) durchgeführt werden.

---

[*] Im Rahmen der Betrachtungen zu AGM in Abschnitt 6.1 konnten diese Aspekte aus Platzgründen und auch wegen des gewählten Detaillierungsgrades nicht behandelt werden. Natürlich gehen wir davon aus, daß in AGM diese verallgemeinerte Funktionsschreibweise ebenfalls angewendet wird.

Allen diesen Maßnahmen ist gemeinsam, daß sie unterschiedliche Optimierungen von Funktionsaufrufen vorschlagen. Diese Optimierungen haben allerdings keine großen Auswirkungen sowohl auf Anfragerestrukturierung und Anfragetransformation. Sinnvollerweise werden diese Optimierungen im Rahmen der Anfragetransformation während der Generierung des Ausführungsplans behandelt. Sie haben lediglich Auswirkungen auf die Kostenabschätzung, da man davon ausgehen kann, daß ein optimierter Funktionsaufruf kostengünstiger ist als ein nicht optimierter.

Optimierungen der Funktionsaufrufe werden in der Anfragetransformation behandelt

In dieser Diskussion kommt deutlich zum Ausdruck, daß die Erweiterungen zur Integration eines Typsystems in den AV-Framework nur zu wenigen Anpassungen an wenigen AV-Komponenten führen. Der Grund dafür liegt in der Tatsache, daß ein Typsystem im wesentlichen die Attributebene betrifft und nicht die Operatorebene (Algebraebene), die sich, wie z.B. die Ausführungen zum Äußeren Verbund (siehe Abschnitt 7.1.1) oder zur Rekursion (siehe Abschnitt 7.1.2) zeigen, direkt auf die Operatoren und Regeln in der Anfragerestrukturierung und auch in der Anfragetransformation auswirken.

Typsystem-Erweiterungen betreffen im wesentlichen die Attributebene und können daher mit kleinen Anpassungen an den AV-Komponenten integriert werden

7.3.1.3 Zusammenfassung

Vielen Komplexobjekt-Datenmodellen (z.B. das MAD-Modell (siehe Abschnitt 7.2.2), das NF^2-Modell [SS86] oder das Entwurfsobjekt-Datenmodell von DAMOKLES [ADLR91]) liegen Typsysteme zugrunde, die im wesentlichen nur strukturelle Beschreibungskonzepte (Listen, Mengen, RECORD-Strukturen) und keine prozeduralen Aspekte, die hier als Funktionen oder Methoden bezeichnet wurden, unterstützen[*]. Im Gegensatz dazu benutzen objektorientierte Ansätze meistens ein vollständigeres und erweiterbares Typsystem, das prozedurale Aspekte ebenfalls zu beschreiben erlaubt und damit beliebig strukturierte abstrakte Datentypen (ADT) unterstützt[**].

strukturelle, verhaltensmäßige bzw. vollständige Objektorientierung

Hier wurde nun solch ein vollständiges und erweiterbares Typsystem vorgestellt und dessen Integration in SQL und in den AV-Framework beschrieben. Dieses SQL-Typsystem umfaßt die (SQL) Basistypen und erlaubt, darauf aufbauend ADT zu definieren. Zur

---

[*]   Aus diesem Grunde werden diese Ansätze hinsichtlich ihrer Modellierungskonzepte auch als *strukturell objektorientiert* bezeichnet [Di87].

[**] Im Gegensatz zu oben nennt man diese umfassenden Modellierungsansätze auch *voll-objektorientiert* bzw. auch *verhaltensmäßig objektorientiert* [Di87].

weiteren Verbesserung der Modellierungsfähigkeiten werden DIS-
TINCT-Typen, parametrisierte Typen und freie Funktionen unterstützt. Die definierten Typen werden im wesentlichen nur zur Definition von Attributdatentypen verwendet und spiegeln so eine orthogonale SQL-Erweiterung wider. Aufgrund dieser Unabhängigkeit läßt sich das Typsystem sehr einfach in den bestehenden AV-
Framework integrieren. Lediglich die Übersetzungskomponente ist
anzupassen an die Behandlung der Typdefinitionen und an die
Funktionsaufrufe in den SQL-Anfragen, und einfache Optimierungen zur effizienten Behandlung von Funktionsaufrufen schlagen
sich als kleine Anpassungen und Ergänzungen hauptsächlich in
der Anfragetransformation nieder, ohne dabei die grundsätzliche
Vorgehensweise zur Anfrageoptimierung zu verändern.

Integration des Typsystems durch Behandlung der Typdefinitionen und der Funktionsaufrufe

Die Vorteile, die ein vollständiges und erweiterbares Typsystem
bietet, sind offensichtlich:

Vorteile eines vollständigen und erweiterbaren Typsystems

- erhöhte Ausdrucksmächtigkeit
  Vom Typsystem werden Konzepte (ADT, DISTINCT-Typen, parametrisierte Typen, Typhierarchien) bereitgestellt, die die flexible
  Definition von neuen Datentypen und zugehörigen Operationen erlauben.

- anwendungsspezifische Datentypen
  Die Konzepte zur Datenstrukturierung (Datenelemente) und zur
  Verhaltensmodellierung (Funktionselemente) ermöglichen die Be-
  reitstellung anwendungsspezifischer Datentypen.

- Wiederverwenden vorhandener Typ-Bibliotheken bzw. gemeinsame
  Typ-Bibliotheken (engl. shared type libraries)
  Einmal aufgebaute Typen bzw. Typhierarchien, können als vordefinierte Typbibliotheken den Anwendungen zur Verfügung gestellt
  werden. Auf diese Weise können z.B. anwendungsspezifische Typ-
  Bibliotheken aufgebaut und für die betreffende Anwendungsklasse
  als gemeinsame Typbasis zur Verfügung gestellt werden.

- Verbesserte Kopplung mit Programmierumgebung
  Eine automatisierte Konversion von DB-Typen in Typen der Programmierumgebung ermöglicht eine direkte Bereitstellung sowohl
  der ADT-Datenstrukturen als auch der ADT-Funktionen in der Programmierumgebung. In diese Richtung zielen insbesondere die Arbeiten am POLYGLOT-Typsystem, welches in das DBS STAR-
  BURST integriert wurde [DCLA93].

Die hier beschriebenen und diskutierten Konzepte eines erweiterbaren Typsystems müssen als Teil einer generellen Entwicklung in
Richtung auf eine Integration von objektorientierten und relationalen Konzepten angesehen werden. Diese Entwicklungstendenz
wird durch die aktuellen Standardisierungsbemühungen im Rahmen von SQL3 aktiv unterstützt. Dazu gehören mit Sicherheit auch

SQL-Typsystem dient der Integration von objektorientierten und relationalen Konzepten

die Konzepte zur Organisation der Datenobjekte in Abstraktionshierarchien, die im nachfolgenden Abschnitt vorgestellt und besprochen werden.

7.3.2 Abstraktionskonzepte

Die Ausdrucksmächtigkeit von Datenmodellen und allgemein von
Modellierungssystemen läßt sich dadurch verbessern, daß zusätzlich zur

- deklarativen Datenbeschreibung (etwa mittels eines flexiblen Typsystems (siehe Abschnitt 7.3.1) oder durch Komplexobjektstruk-
  turen wie z.B. im MAD-Modell (siehe Abschnitt 7.2.2)) und

- zur operationalen Beschreibung (etwa durch Funktionen (siehe Abschnitt 7.3.1)) auch

- die *Organisation der Daten*

entsprechend unterstützt wird. Dieser Aspekt der Informations-
modellierung wurde schon sehr früh für das Anwendungsgebiet
der Wissensrepräsentation (engl. knowledge representation) erkannt und hatte zur Folge, daß entsprechende Organisationskonzepte schon in den ersten Ansätzen zur Wissensrepräsentation berücksichtigt wurden [BL85]. Stellvertretend für eine Menge von
Wissensrepräsentationstechniken (etwa semantische Netze [BS85]
oder Scripts [SA77]) werden hier frame-basierte Techniken [FK85]
betrachtet, die sich sehr gut zum Aufzeigen der allgemeinen
Aspekte der Wissensorganisation eignen. Das grundlegende Konzept zur (Wissens-)Organisation ist die *Abstraktion*, also die Fähigkeit einzelne Details zu unterdrücken und die in der aktuellen Situation wichtigen Gesichtspunkte (etwa gemeinsame Eigenschaften) hervorzuheben. Diese Organisationskonzepte werden daher in
der allgemeinen Sprechweise auch *Abstraktionskonzepte* genannt.

*Abstraktionskon-
zepte zur Daten-
bzw. Wissensor-
ganisation*

Im Rahmen dieses Abschnitts werden die grundlegenden Abstraktionskonzepte (als Modell- und Spracherweiterung) vorgestellt und
deren Integration in den AV-Framework diskutiert.

7.3.2.1 Beschreibung des Konzeptes

Im Rahmen der hier betrachteten Modellierungsansätze basierend
auf den Abstraktionskonzepten lassen sich zwei Arten von Objekten unterscheiden:

- Einfache Objekte werden durch sich selbst vollständig beschrieben.

- Im Gegensatz dazu gibt es auch zusammengesetzte Objekte, die als
  Abstraktion von anderen Objekten definiert werden.

Diese Abstraktionen lassen sich in Form von bedeutungstragenden (semantischen) Beziehungen zwischen den so organisierten Objekten ausdrücken. Aufbauend auf dieser Unterscheidung hinsichtlich der Objektarten kann man nun sinnvollerweise zwei Arten von Abstraktionen bzw. Abstraktionsbeziehungen unterscheiden:

1-Ebenen und n-Ebenen Beziehungen bauen Abstraktionshierarchien auf

- 1-Ebenen-Beziehungen spiegeln die Bildung (Abstraktion) zusammengesetzter Objekte aus einfachen Objekten wider.

- n-Ebenen-Beziehungen reflektieren die Bildung (Abstraktion) komplexer, zusammengesetzter Objekte ausgehend von schon zusammengesetzten Objekten.

In dieser Definition kommt weiterhin zum Ausdruck, daß 1-Ebenen-Beziehungen immer nur genau einmal, n-Ebenen-Beziehungen hingegen mehrfach angewendet werden können. Durch iterative Anwendung und aufgrund der Transitivität der n-Ebenen-Beziehung lassen sich somit *Abstraktionshierarchien* aufbauen.

Grundsätzlich unterscheidet man drei voneinander unabhängige Arten von Abstraktionskonzepten:

Arten von Abstraktionskonzepten

- Klassifikation (Instanziation) und Generalisierung (Spezialisierung)

- Element- und Mengenassoziation

- Element- und Komponentenaggregation.

Im folgenden sollen diese drei Abstraktionskonzepte näher beschrieben werden. Dabei werden insbesondere die zu den Konzepten gehörenden 1-Ebenen- und n-Ebenen-Beziehungen und deren Semantik vorgestellt.

Die *Klassifikation* stellt das wichtigste Abstraktionskonzept dar. Die grundlegende Idee ist die Zusammenfassung homogener einfacher Objekte mit gemeinsamen Eigenschaften[*] zu einem neuen zusammengesetzten Objekt. Die einfachen Objekte werden herkömmlicherweise *Instanzen* genannt. Das abstrahierte Objekt ist definiert als Menge von einfachen Objekten mit jeweils gleichen Eigenschaften und wird als *Klasse* bezeichnet. Durch die Klassifikation wird eine 'instance-of'-Beziehung als 1-Ebenen-Beziehung aufgebaut. Die *Instanziation* ist das inverse Konzept zur Klassifikation. Sie bezeichnet die zur 'instance-of'-Beziehung inverse 'has-instances'-Beziehung

Klassifikation und Instanziation

---

[*] Die Eigenschaften eines Objekts umfassen die Objektattribute, die Objektoperationen und etwaige Integritätsbedingungen. Diese Aspekte entsprechen im wesentlichen den Datenelementen und den Funktionselementen, die auch im Rahmen einer Typdefinition festgelegt werden. Eine Abgrenzung der Begriffe Typ und Klasse wird am Ende dieses Abschnitts gegeben.

und wird dazu benutzt, um von der Klasse zu den Klasseninstanzen zu gelangen.

Die *Generalisierung* stellt ein ergänzendes Konzept zur Klassifikation dar. Durch sie wird eine allgemeinere Klasse (*Superklasse*) definiert, die wiederum die Gemeinsamkeiten der zugrundeliegenden Klassen (*Subklassen*) aufnimmt und deren Unterschiede entsprechend unterdrückt. Dabei wird eine 'subclass-of'-Beziehung[*] etabliert. Sie ist eine n-Ebenen-Beziehung und baut, falls rekursiv angewandt, eine *Generalisierungshierarchie* auf. Die *Spezialisierung* ist das inverse Konzept zur Generalisierung. Sie etabliert die zur 'subclass-of'-Beziehung inverse 'has-subclasses'-Beziehung und unterstützt eine 'Top-Down'-Entwurfsmethode, bei der zuerst die allgemeineren Superklassen beschrieben und anschließend die spezielleren Subklassen ergänzt werden. Für die Generalisierung (und Spezialisierung) gilt zum einen, daß die Eigenschaften einer Superklasse prinzipiell auch für die Subklassen gültig sind und zum anderen, daß die Instanzen einer Klasse auch gleichzeitig Instanzen aller Superklassen sind.

Generalisierung und Spezialisierung bauen zusammen mit der Klassifikation eine Generalisierungshierarchie auf

Klassifikation und Generalisierung bauen somit auf dem Konzept der *Vererbung* auf, d.h., die Eigenschaften der Superklasse werden an alle dazugehörigen Subklassen bzw. Instanzen vererbt, da diese auch dort gültig sind. Der zentrale Vorteile des Vererbungskonzeptes besteht in der Vermeidung redundanter Beschreibungsinformation, wodurch eine abgekürzte Beschreibung sowie eine entsprechende Fehlervermeidung einhergeht. Der Gegenstand der Vererbung umfaßt prinzipiell alle Beschreibungsdaten einer Klasse, also Attributbeschreibungen, Funktionsbeschreibungen und Integritätsbedingungen. In der Literatur [MMM93, ZM90] kennt man viele verschiedene Nuancen der Vererbung, die sich im wesentlichen im Gegenstand der Vererbung, in der Ausführung und in der Lösung von Vererbungskonflikten unterscheiden.

Vererbung innerhalb der Generalisierungshierarchie

In Bild 7.17 ist eine einfache Generalisierungshierarchie dargestellt. Die Superklasse *Personen* besitzt als Subklassen zum einen die technischen Angestellten *Techn-Angestellte* und zum anderen die Verwaltungsangestellten *Verw-Angestellte*. Die Beschreibungsinformationen der Superklasse (hier ist das das Attribut *Name* und die Funktion *Einkommen*) werden an die Subklassen vererbt und können dort (hier nicht dargestellt) überschrieben und um weitere

---

[*] Oftmals wird diese Generalisierungsbeziehung auch als 'is-a'-Beziehung bezeichnet.

Beschreibungen (hier sind das die Attribute *Techn-Zulage* und *Verw-Zulage*) ergänzt werden.

Das Konzept der Assoziation unterscheidet sich sehr von dem zuvor beschriebenen Konzept der Klassifikation/Generalisierung. Die *Element-Assoziation*[*] faßt Objekte (*Elemente*) zusammen, um sie im Rahmen einer Objektgruppe (*Menge*) als Ganzes zu beschreiben. Dabei werden einerseits elementspezifische Details unterdrückt und andererseits bestimmte Eigenschaften, die die Gruppe charakterisieren, hervorgehoben. Die Element-Assoziation baut zusammengesetzte (Mengen-)Objekte basierend auf einfachen, durchaus heterogenen (Element-)Objekten auf. Sie wird durch die *'element-of'*-Beziehung verkörpert, die eine 1-Ebenen-Beziehung darstellt. Die inverse Beziehung heißt *'has-elements'* und trägt keinen speziellen Namen.

Element-Assoziation dient der Mengenbildung

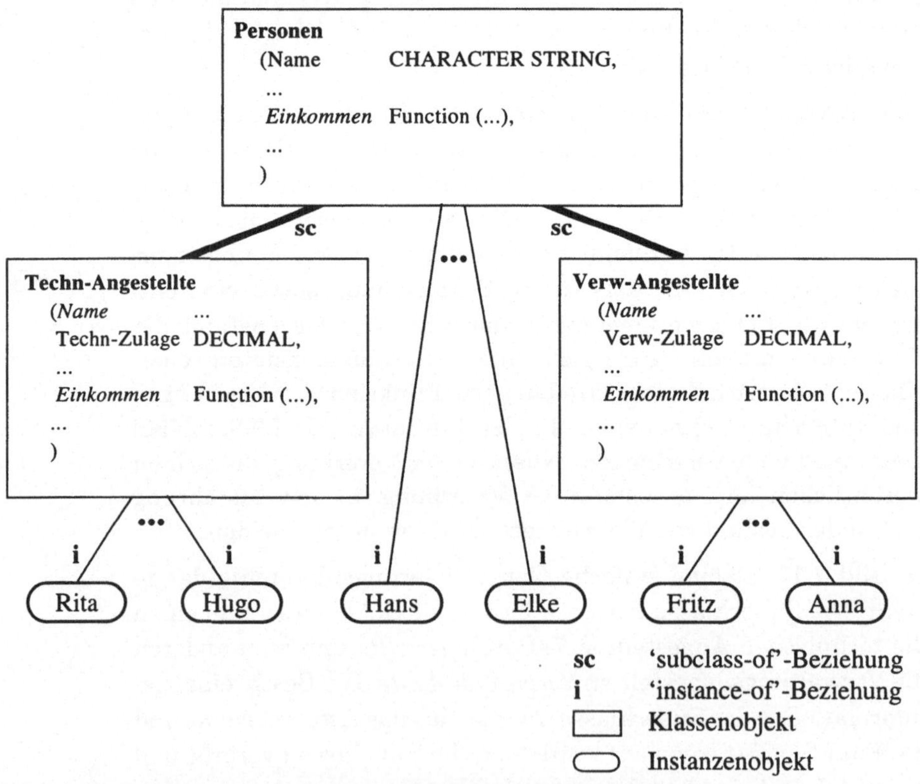

Bild 7.17: Beispiel einer einfachen Generalisierungshierarchie

---

[*]   In der Literatur werden dafür auch folgende Begriffe synonym verwendet: Gruppierung, Partitionierung oder auch Überdeckungsaggregation.

Diese einfache Mengenbeziehung läßt sich, wie aus der Mathematik bekannt, ausweiten auf eine n-Ebenen-Beziehung zwischen zusammengesetzten (Mengen-)Objekten. Damit entsteht die *Mengen-Assoziation*, die Teil- und Obermengen kennt, als ergänzendes Konzept zur Element-Assoziation. Die Mengen-Assoziation wird ausgedrückt durch die '*subset-of*'-Beziehung bzw. durch die dazu inverse '*has-subsets*'-Beziehung. Sie ist rekursiv anwendbar und organisiert die Mengenobjekte in einer *Assoziationshierarchie*. Alle Elemente eines Mengenobjekts sind damit auch Elemente aller zugehörigen Obermengen. Die Mengeneigenschaften (engl. set properties) sind aus den Elementeigenschaften abgeleitet, und durch sog. Mitgliedschaftsimplikationen (engl. membership stipulations) lassen sich Eigenschaften festlegen, die jedes gültige Element der Menge erfüllen muß. Hier gibt es kein Vererbungskonzept, da es sich einerseits meistens um heterogene (Element-)Objekte mit keinen gemeinsamen Eigenschaften handelt und da andererseits die Mengeneigenschaften keine Elementeigenschaften darstellen.

Mengen-Assoziation baut zusammen mit der Element-Assoziation eine Assoziationshierarchie auf

Mit Hilfe der *Element-Aggregation* ist es möglich, die Zusammenfassung von Objekten aus einfachen Objekten zu beschreiben. Sie stellt somit eine 'Teil-Ganze'-Beziehung (bzw. eine 'Besteht-aus'-Beziehung) dar, die eine Kollektion von einfachen, evtl. heterogenen Objekten (*Element* oder *Teil*) als zusammengesetztes Objekt (*Komponente* oder *Aggregat*) behandelt. Sie baut eine '*part-element-of*'-Beziehung als 1-Ebenen-Beziehung auf; die inverse Beziehung dazu heißt '*has-parts*'.

Element-Aggregation dient der Komplexobjektbildung und modelliert die 'Teil-Ganze'-Beziehung

Auch hier gibt es ein weiteres, transitives Konzept zur Ergänzung der Element-Aggregation. Die *Komponenten-Aggregation* wendet die 'Teil-Ganze-Beziehung' wiederum auf Komponentenobjekte an und realisiert damit eine n-Ebenen-Beziehung. Zwischen den Komponentenobjekten wird dann eine '*component-of*'-Beziehung (bzw. auch die dazu inverse '*has-components*'-Beziehung) etabliert. Diese ist rekursiv anwendbar und organisiert die Teil- bzw. Komponentenobjekte in einer *Aggregationshierarchie*. Damit sind auch alle Komponenten (bzw. Teile) eines Aggregats auch Komponenten (bzw. Teile) aller Superaggregate. Die Eigenschaften der Aggregate sind aus den Teil- bzw. Komponenteneigenschaften über sog. *implizierte Prädikate* abgeleitet. Diese Prädikate sind über der Aggregationshierarchie spezifiziert und stellen die Gemeinsamkeiten aller Komponenten bzw. Teile dar. Hier gibt es, wie auch im Falle der Assoziation, kein Vererbungskonzept, da es sich meistens um heterogene (Teil-)Objekte ohne gemeinsame Eigenschaften handelt.

Komponenten-Aggregation baut zusammen mit der Element-Aggregation eine Aggregationshierarchie auf

Unabhängigkeit der Abstraktionskonzepte

Wie man leicht feststellen kann, sind die oben vorgestellten Abstraktionskonzepte unabhängig voneinander und lassen sich daher auch frei miteinander kombinieren. Dies ist insbesondere deshalb notwendig, um eine integrierte Sicht auf die gesamte Datenmenge zu erhalten. Dabei ist es durchaus möglich, auch Netzstrukturen bzw. überlappende Abstraktionshierarchien zu erhalten [MMM93].

einheitliche Konstruktionsprinzipien liegen den Abstraktionskonzepten zugrunde

Aus den Einzelbeschreibungen zu den verschiedenen Abstraktionskonzepten konnte man sehr deutlich deren einheitlichen Aufbau erkennen, der auf die gleichen Konstruktionsprinzipien zurückzuführen ist: einfache und zusammengesetzte Objekte, die über 1-Ebenen oder n-Ebenen-Beziehungen miteinander in Relation stehen (bzw. voneinander abstrahiert sind).

Hier konnte nur ein kurzer Überblick gegeben werden. Mittlerweile gibt es einige Literatur zu diesem Thema [BM86, Ma88a, MMM93]. Die hier diskutierten Abstraktionskonzepte repräsentieren die 'Grundbeziehungen' nicht nur für die Bereiche Wissensrepräsentation [BL85, FK85] und semantische Datenmodelle [Br84, STW84], sondern in immer größerem Maße auch für objektorientierte Datenmodelle [We90, ZM90].

den Abstraktionskonzepten zugeordnete Verarbeitungskonzepte

Den Modellierungsstrukturen stehen natürlich auch entsprechende Verarbeitungskonzepte gegenüber, die sich im wesentlichen in folgenden objektbezogenen Operationen ausdrücken:

- Objekterzeugende Operationen ermöglichen das Eintragen neuer Objekte in die Abstraktionsstrukturen, wie z.B. das Eintragen von neuen Instanzen (zu einer Klasse), von Teilen (zu einem Aggregat) oder von Elementen (zu Mengen). Dabei werden die Abstraktionsbeziehungen ebenfalls entsprechend gesetzt.

- Objektlöschende Operationen dienen dem Austragen von Objekten aus den Abstraktionsstrukturen. Hiermit können beispielsweise Instanzen (einer Klasse), Teile (eines Aggregats) oder Elemente (aus Mengen) oder gar die Klassen, Mengen oder Aggregate selbst gelöscht werden. Die zugehörigen Abstraktionsbeziehungen werden dabei ebenfalls gelöscht.

- Objektverändernde Operationen führen Manipulationen der Objekteigenschaften durch. Zum Beispiel können Attributwerte geändert oder Attribute hinzu bzw. weggenommen werden. Auch ist es möglich, bestehende Abstraktionsbeziehungen abzuändern.

modellinhärente Integritätsbedingungen durch Vererbungskonzept, Mengenmitgliedschaftsimplikationen und implizierte Prädikate

Im Rahmen dieser Manipulationsoperationen ist es meistens auch notwendig, durch entsprechend nachgeschaltete Änderungsoperationen die modellinhärenten Integritätsbedingungen zu garantieren, die durch das Vererbungskonzept im Rahmen der Klassifikation/Generalisierung, die Mengenmitgliedschaftsimplikationen und die implizierten Prädikate der Aggregation gegeben sind.

Natürlich gibt es auch vielfältige Möglichkeiten für den Objektzugriff, die im wesentlichen die Abstraktionsstrukturen ausnutzen. Diesbezüglich unterscheidet man folgende Zugriffsarten:

- Zugriff auf ein einzelnes Objekt

- Zugriff auf alle direkt zu einem Superobjekt gruppierten Subobjekte (etwa alle direkten Subklassen (Instanzen) einer Klasse, alle direkten Komponenten (Teile) zu einem Aggregat oder alle Teilmengen (Elemente) einer Menge)

- Zugriff auf alle (sowohl direkt als auch indirekt) zu einem Superobjekt gruppierten Subobjekte (etwa alle Instanzen einer Klasse, alle Teile zu einem Aggregat oder alle Elemente einer Obermenge).

Objektzugriff unter Ausnutzung der Abstraktionsstrukturen

In Analogie zu den relationalen Anfragesprachen läßt sich die Ergebnismenge einer solchen Leseoperation durch die Angabe von Selektionsprädikaten entsprechend spezifizieren. Sinnvollerweise kann über zusätzliche Prädikatsterme auch eine Qualifikation der Abstraktionsstrukturen und eine entsprechende Beschränkung des Suchraumes erreicht werden.

Betrachtet man die existierenden Modellierungssysteme und vergleicht die dort realisierten Abstraktionskonzepte mit den hier vorgestellten Basiskonzepten, so erkennt man teilweise recht große Unterschiede, die im folgenden aufgezeigt werden sollen.

Unterschiede zu anderen Modellierungssystemen und deren Abstraktionskonzepten können z.T. recht groß werden

Manche Systeme (C^{++} [Li90], Smalltalk [GR83], GEMSTONE, ORION) unterscheiden zwischen einer Metaebene und einer Objektebene und trennen damit auch schemabezogene und objektbezogene Operationen. Es gibt aber auch Systeme, wie z.B. KRISYS und KEE, die diese Trennung nicht kennen und eine integrierte Sicht der Abstraktionskonzepte bereitstellen.

Weitere große Unterschiede gibt es auch hinsichtlich der bereitgestellten Operationen bzw. Anfragesprache. Viele Ansätze, insbesondere jene aus dem Programmiersprachenbereich wie z.B. Smalltalk und C^{++}, besitzen gar keine Anfragesprache und die meisten objektorientierten Datenmodelle bzw. OODBS besitzen, zumindest in ihren ersten Systemversionen, nur rudimentäre Anfragesprachen. Erst im Bereich der Wissensmodelle und WBVS (etwa KRISYS oder KEE) trifft man auf mächtige, deskriptive Anfragesprachen (etwa die Sprache KOALA [DLM90] von KRISYS), die zusätzlich zu mengenorientierten Abfragen auch mengenorientiertes Zusichern (inklusive Einspeichern), Ändern und Löschen unterstützen.

Von vielen Ansätzen (hier sind insbesondere die objektorientierten Datenmodelle zu nennen) werden die Abstraktionskonzepte Assoziation und Aggregation zusammengefaßt. Der Grund dafür liegt meistens darin, daß einerseits beide Abstraktionskonzepte erlauben, heterogene Objekte zu gruppieren und daß andererseits keines der beiden Konzepte eine Vererbung unterstützt.

Das wichtigste und auch am besten verstandene (und daher von den meisten Ansätzen aufgegriffene) Abstraktionskonzept ist zweifelsohne die Klassifikation/Generalisierung. Insbesondere in objektorientierten Datenmodellen bzw. OODBS ist die Klassifikation/Generalisierung anzutreffen, allerdings meistens in direkter Relation zu einem Typsystem (siehe Abschnitt 7.3.1). Dabei unterscheiden sich die verschiedenen objektorientierten Ansätze teilweise recht deutlich in der Art und Weise wie Typsystem auf der einen und das Abstraktionskonzept der Klassifikation/Generalisierung auf der anderen Seite aufeinander abgestimmt sind. Hier ist es wichtig, folgende drei Aspekte im Zusammenhang mit einer Klasse zu unterscheiden:

unterschiedliche Bedeutungen des Konzepts Klasse

(1) die deklarative Datenbeschreibung, die für eine Gruppe von Objekten gilt und den Namen und die Typen der Objektattribute und Objektfunktionen umfaßt

(2) die Art und Weise, wie neue Objektinstanzen entstehen

(3) die Gruppe von Objekten, die die Instanzen der Klasse darstellen.

Dieser letzte Aspekt wird oftmals auch als die *Extension* (engl. class extent) der Klasse bezeichnet. Der zuerst genannte Aspekt aus Punkt (1) kann beispielsweise (wie in [ABDD89] gefordert) durch das Typsystem übernommen werden, auf dem das Klassenkonzept, das dann nur noch die restlichen beiden Punkte umfaßt, aufbaut. Im Gegensatz dazu werden in den Ansätzen, die kein eigenständiges Typsystem besitzen (wie z.B. KRISYS), alle drei Aspekte unter dem Konzept der Klasse und damit auch unter dem Abstraktionskonzept der Klassifikation/Generalisierung zusammengefaßt.

Klasseneigenschaften des SQL-Standard

In dem SQL3-Standard sieht das wiederum etwas anders aus. Auf der einen Seite steht das in Abschnitt 7.3.1 vorgestellte Typsystem, mit dem ausschließlich der oben in Punkt (1) genannte Bereich der deklarativen Datenbeschreibung berücksichtigt wird. Die dort definierten ADT lassen sich, wie ebenfalls in Abschnitt 7.3.1 gezeigt wurde, als Attributdatentypen in einer Tabellendefinition verwenden. Die anderen beiden Punkte werden durch das Tabellenkonzept von SQL übernommen. Dabei repräsentiert die Tabelle mit ihren Tupeln die Extension (Punkt (3)), und die Einspeicheroperation (INSERT) realisiert Punkt (2).

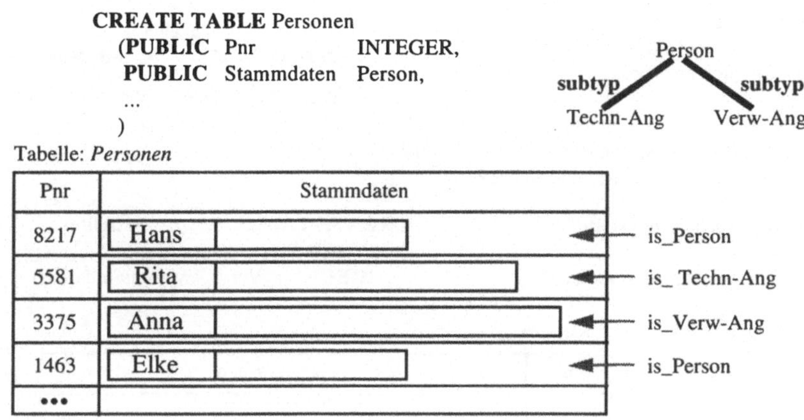

Bild 7.18: SQL-Modellierung zur Generalisierungshierarchie aus Bild 7.17

Ein anschauliches Beispiel hierzu ist in Bild 7.18 dargestellt. Dort werden zum einen die schon in Bild 7.16 gezeigte Tabellendefinition für *Personen*, die auf dem ADT *Person* definiert ist und die auch schon in Bild 7.14 gezeigte Typhierarchie des ADT *Person* angegeben. Damit ist es nun möglich, in einer Tabelle sowohl Instanzen der Personen, der technischen Angestellten als auch der Verwaltungsangestellten zu gruppieren. Dieser Aspekt wird in Bild 7.18 in der skizierten Tabelle *Personen* graphisch ausgedrückt.

Zudem gibt es im SQL3-Standard auch noch die Möglichkeit, das Konzept der *Subtabellen* (engl. sub-tables) in Kombination mit dem Typsystem zur Modellierung von Klassifikations- und Generalisierungsaspekten zu verwenden. Dies führt, wie Bild 7.19 deutlich zeigt, zu einer verfeinerten Modellierung gegenüber der Darstellung in Bild 7.18. Es werden eigene (Sub-)Tabellen für jeden Subtyp bereitgestellt. Dazu werden drei Tabellen definiert. Die Tabellen *Techn-Angestellte* und *Verw-Angestellte* sind Subtabellen zu der Supertabelle *Personen*, welche im wesentlichen unverändert gegenüber der Tabellendefinition aus Bild 7.18 übernommen wurde. Sämtliche Tabellenattribute werden, wie zuvor für die Klassifikation/Generalisierung beschrieben, von den Super- zu den Subtabellen vererbt, und etwaige Vererbungskonflikte (z.B. im Falle von netzwerkartigen Tabellenhierarchien) werden aufgelöst. Durch entsprechende Integritätsbedingungen (CHECK-Klausel) sind die Extensionen der Tabelle eingeschränkt. Die hier verwendeten Boole'schen Funktionen zur Typüberprüfung einer ADT-Instanz werden zusammen mit der zugehörigen ADT-Definition (siehe Bild 7.14) jeweils automatisch definiert. Somit enthält die *Personen*-Ta-

Subtabellen dienen der Modellierung von Generalisierungsaspekten

```
CREATE TABLE Personen
   (PUBLIC  Pnr           INTEGER,
    PUBLIC  Stammdaten    Person,
    ...
   )
   CHECK   ((NOT is_Techn-Ang(Stammdaten)) AND
            (NOT is_Verw-Ang(Stammdaten)))


CREATE TABLE Techn-Angestellte              CREATE TABLE Verw-Angestellte
   UNDER Personen                              UNDER Personen
   CHECK (is_Techn-Ang(Stammdaten))            CHECK (is_Verw-Ang(Stammdaten))
```

Tabelle: *Personen*

Pnr	Stammdaten
8217	Hans
1463	Elke
•••	

Tabelle: *Techn-Angestellte*

Pnr	Stammdaten
5581	Rita
9256	Hugo
•••	

Tabelle: *Verw-Angestellte*

Pnr	Stammdaten
3375	Anna
4790	Fritz
•••	

Bild 7.19: Verfeinerte SQL-Modellierung zu Bild 7.18

belle ausschließlich allgemeine Personentupel, die Tabelle *Techn-Angestellte* gruppiert alle technischen Angestellten, und die Tabelle *Verw-Angestellte* faßt die Verwaltungsangestellten zusammen. Dadurch entstehen hinsichtlich der Datenbeschreibung homogene Extensionen. Dies ist in Bild 7.19 wiederum graphisch dargestellt.

Eine ausführlichere Diskussion sämtlicher hier teilweise nur angerissenen Zusammenhänge zwischen Typsystem und den Abstraktionskonzepten ist in [MMM93] zu finden.

7.3.2.2 Integration in den AV-Framework

Die Definitionen am Ende des vorangegangenen Abschnitts haben deutlich gezeigt, daß das Abstraktionskonzept der Klassifikation/-Generalisierung nicht nur für die SQL-Standardisierung, sondern auch für die meisten objektorientierten Ansätze im Mittelpunkt der

Betrachtungen liegt. Daher wollen wir uns hier etwas genauer mit der Integration dieses Abstraktionskonzepts in den AV-Framework (siehe Kapitel 6) beschäftigen. Diese Betrachtungen lassen sich im wesentlichen übernehmen für die Behandlung der anderen beiden Abstraktionskonzepte im Rahmen des AV-Framework. In diesem Zusammenhang ist allerdings meistens festzustellen, daß, wie im vorangegangenen Abschnitt bereits erwähnt, Aggregation und Assoziation zusammengefaßt sind, und deren Realisierung mittels eines Komplexobjekt-Ansatzes (und damit ähnlich zu dem MAD-Modell aus Abschnitt 7.2.2) durchgeführt wird.

Betrachtung des Generalisierungskonzeptes bestehend aus Subtabellenkonzept und Typsystem

Im folgenden betrachten wir die Generalisierungskonzepte, die der SQL3-Standard bereitstellt. Das ist im wesentlichen das Konzept der Subtabellen, das in Kombination mit dem in Abschnitt 7.3.1 beschriebenen Typsystem zu einem sehr flexiblen und mächtigen Modellierungskonzept führt. Dies kommt in den beiden Modellierungen aus Bild 7.18 und Bild 7.19 deutlich zum Ausdruck.

Die dort gezeigten Tabellendefinitionen enthalten nur geringfügige Erweiterungen im Vergleich zu den in Abschnitt 7.3.1 im Zusammenhang mit dem Typsystem beschriebenen Tabellendefinitionen (etwa aus Bild 7.16). Deshalb sind zur Integration der (Definition von) Generalisierungent also nur noch die Definition der Subtabellen in den DB-Katalog aufzunehmen, und der zugehörige DDL-Übersetzer ist auf die erweiterte Definitionssprache anzupassen. Die in den Tabellendefinitionen zu Bild 7.19 angegebenen CHECK-Klauseln werden als Assertions ebenfalls in den Katalog aufgenommen und (wie in Abschnitt 7.1.3 kurz erklärt) bei allen Operationen auf dieser Tabelle garantiert.

zur Behandlung des Typsystems siehe Abschnitt 7.3.1

Subtabellen-Konzept wird wie eine Spracherweiterung behandelt (siehe Abschnitt 7.3.1)

Durch den Vergleich verschiedener Beispielanfragen ist es auf einfache Weise möglich, die Auswirkungen des neuen Konzeptes auf die AV und auch deren Reflektion in dem AV-Framework zu bestimmen. Zusätzlich läßt sich damit auch das Arbeiten mit diesen Generalisierungskonzepten aufzeigen und auch erklären. Die nachfolgenden Beispielanfragen beziehen sich auf die Tabellendefinitionen aus Bild 7.18 und Bild 7.19. Zur Unterscheidung beider Tabellendefinitionen wollen wir den Schemaausschnitt von Bild 7.18 und damit auch die dazugehörige Datenbank *Primitivschema* nennen und das in Bild 7.19 skizzierte Schema und dessen Datenbank als *Verfeinerungsschema* bezeichnen. Im folgenden wird weiterhin angenommen, daß beide Datenbanken die gleiche Informationsmenge (gleiche Mengen an Personen, technischen Angestellten und Verwaltungsangestellten) beinhalten.

Erklärung der Konzepte und deren Integration in den AV-Framework anhand von Anfragebeispielen

Die nachstehende Anfrage Q26 gilt für beide Schemata und bestimmt in beiden auch die gleiche (heterogene) Ergebnismenge,
nämlich alle *Personen*-Tupel.

(Q26) "Zugriff auf die gesamte Extension zur Tabelle Personen"

        SELECT   *
        FROM   Personen;

Eine Beschränkung auf nur solche Tupel, die ausschließlich auf
dem *Personen*-Typ definiert sind, wird durch Anfrage Q27 erreicht.
Diese gilt wiederum sowohl für das Primitivschema als auch für das
Verfeinerungsschema.   Hinsichtlich des Verfeinerungsschemas
wird hiermit nur die direkte Extension zur Tabelle *Personen* er-
fragt, und in Bezug auf das Primitivschema sind nur die Tupel, die
ausschließlich auf dem Personen-Typ definiert sind, betroffen. Das
heißt, es werden nur solche Personen bestimmt, die weder zum
Verwendung
Boole'scher   technischen noch zum Verwaltungspersonal gehören. Diese Be-
Funktionen zur schränkung läßt sich in einfacher Weise mittels der Boole'schen
Typüberprüfung Funktionen zur Typüberprüfung einer ADT-Instanz ausdrücken.
einer ADT-In-
stanz
(Q27) "Zugriff nur auf die direkte Extension zur Tabelle *Personen*, d.h. nur auf solche
        Personen, die weder zum technischen noch zum Verwaltungspersonal gehören"

        SELECT   *
        FROM   Personen
        WHERE   (**NOT** is_Techn-Ang(Stammdaten)) **AND**
                      (**NOT** is_Verw-Ang(Stammdaten));

Allgemein gilt, daß Anfragen, die über der Tabelle *Personen* definiert sind, in beiden Schemata gleich sind. Dies ist genau dann
nicht mehr der Fall, wenn Subtabellen angesprochen werden. Dies
bedeutet für das Verfeinerungsschema einen Zugriff auf die eta-
blierte Subtabelle, die genau die gewünschten Tupel als Extension
besitzt. Hingegen muß für das Primitivschema immer über geeignete Selektionsprädikate (die die Boole'schen Typüberprüfungsfunktionen benutzen) die entsprechende Teilmenge bestimmt werden. Durch Anfrage Q28 zusammen mit Anfrage Q29, die beide zum
gleichen Ergebnis führen, wird solch ein Beispiel gegeben.

(Q28) "Zugriff auf die Extension zur Tabelle *Techn-Angestellte*"

        SELECT   *
        FROM   Techn-Angestellte;

(Q29) "Zugriff auf die gesamte Extension zur Tabelle Personen, wobei nur solche Tu-
        pel in die Ergebnismenge übernommen werden, die über dem ADT *Techn-Ang*
        definiert sind"

        SELECT   *
        FROM   Personen
        WHERE   is_Techn-Ang(Stammdaten);

Zwischenmengen, die nicht direkt in der Extension zu einer (Sub-) Tabelle verwaltet werden, können, wie in nachstehender Anfrage Q30 gezeigt, über Mengenoperationen rekombiniert werden.

(Q30) Zugriff auf die gesamte Extension zur Tabelle Personen, allerdings ohne Verwaltungsangestellte"

    SELECT   *
    FROM   Personen MINUS Verw-Angestellte;

Will man das gleiche Ergebnis auch unter Verwendung des Primitivschemas erzielen, so muß dies, wie in Anfrage Q31 gezeigt, durch eine entsprechende Selektion ausgedrückt werden.

(Q31) Zugriff auf die gesamte Extension zur Tabelle Personen, allerdings ohne Verwaltungsangestellte"

    SELECT   *
    FROM   Personen
    WHERE   (NOT is_Verw-Ang(Stammdaten));

Schaut man sich diese Anfragen etwas genauer an, so stellt man direkt fest, daß gegenüber dem mit dem Typsystem erweiterten AV-Framework von Abschnitt 7.3.1 im wesentlichen keine neuen Anfrageaspekte hinzugekommen sind. Zur Spezifikation sämtlicher Anfragen wurden ausschließlich die folgenden beiden Anfragekonzepte benutzt, die das Arbeiten mit Generalisierungshierarchien und ADT erlauben:

Subtabellen und die Typüberprüfungsfunktionen ermöglichen ein komfortables Arbeiten mit Generalisierungshierarchien

- Subtabellen
  Subtabellen lassen sich genauso wie normale Tabellen ansprechen und bearbeiten. Die Extension einer Subtabelle beschreibt immer eine Teilmenge der Extension der Supertabelle(n). Diese Selektionen sind somit direkt durch die Tabelle ausgedrückt und brauchen daher nicht mehr in der Anfrage angegeben werden. Der Vergleich von Anfrage Q28 und Anfrage Q29 macht dies explizit deutlich.

- Boole'sche Typüberprüfungsfunktionen
  Unter Verwendung der Boole'schen Typüberprüfungsfunktionen ist es einfach möglich, typbezogene Selektionen auszudrücken. Damit lassen sich auf einfache Weise Selektionen über dem konkreten ADT (also der konkret vorliegenden Datenbeschreibung für die gegebene ADT-Instanz) ausdrücken. Dieser Aspekt wird anschaulich durch obige Anfragen auf dem Primitivschema verdeutlicht.

Die Integration dieser beiden Anfragekonzepte in den AV-Framework macht somit gar keine Probleme:

- Boole'sche Typüberprüfungsfunktionen wurden im Rahmen der Funktionsbehandlung in Abschnitt 7.3.1 bereits in den AV-Framework integriert und erfordern für die Belange hier somit keine zusätzlichen Framework-Erweiterungen.

- Hinsichtlich der Anfrageverarbeitung gibt es keinen Unterschied zwischen Subtabellen und herkömmlichen Tabellen. Das heißt, die gesamte AV kann hierfür direkt übernommen werden.

- Lediglich zur korrekten und auch effizienten Behandlung von Anfragen auf Supertabellen müssen weitere Maßnahmen in den AV-Framework integriert werden. Dies läßt sich sehr gut am Beispiel der Anfrage Q26 zeigen. Beim Zugriff auf eine Supertabelle sind auch alle zugehörigen Subtabellen und deren Extensionen betroffen. Diese Abhängigkeit läßt sich dadurch recht einfach und elegant in den AV-Framework integrieren, daß im Rahmen der Anfrageübersetzung jede Supertabelle durch einen Teilgraph, der die Berechnung der zugehörigen Extension bestimmt, in dem AG repräsentiert wird. Dieser Teilgraph ist natürlich die Vereinigung aller Extensionen sämtlicher Subtabellen in der Generalisierungshierarchie, die von der betreffenden Supertabelle als Wurzel ausgehen. Er läßt sich direkt aus den Katalogdaten zur Tabellenhierachie bestimmen.
  Dieses Vorgehen bedeutet für Anfrage Q30, daß der Tabellenausdruck in der FROM-Klausel, der in einem entsprechenden Anfragegraph resultiert, hinsichtlich der Mengenoperationen optimiert werden kann. In diesem Falle kann der Tabellenausdruck vereinfacht werden, da sich der MINUS-Operator mit Subtrahend *Verw-Angestellte* und der UNION-Operator mit gleichem Operand, der durch Berücksichtigung der Tabellenhierarchie automatisch hinzugefügt wird, aufheben. Da diese Vereinfachungsoperationen bereits im AV-Framework berücksichtigt sind, werden keine weiteren Ergänzungen zur Anfragerestrukturierung benötigt. Damit liegt hier eine ähnliche Situation vor wie bei den Objektgesellschaften aus Abschnitt 7.2.1, die ebenfalls über eine spezifische Anfragerestrukturierung integriert wurden.

direkte Integration der Anfragekonzepte für Generalisierungshierarchien in den AV-Framework

Die hier geführte Diskussion hat deutlich gemacht, daß zur Verarbeitung der Anfragen auf den Generalisierungshierarchien (in SQL3 sind das die Tabellenhierarchien) keine neuen Anfragekonzepte zu berücksichtigen sind und deshalb auch keine Erweiterung des AV-Framework von Abschnitt 7.3.1 (in den die Typsystemerweiterungen schon integriert sind) stattzufinden hat.

7.3.2.3 Zusammenfassung und Bewertung

In diesem Abschnitt wurden die grundlegenden Abstraktionskonzepte der Klassifikation/Generalisierung, der Assoziation und der Aggregation vorgestellt. Deren Integration in eine Anfragesprache und in den AV-Framework wurde, stellvertretend für alle Abstraktionskonzepte, hier nur für die Klassifikation/Generalisierung detailliert. Hinsichtlich Nützlichkeit und Verwendungsmöglichkeiten der Abstraktionskonzepte konnten folgende beiden zentralen Aspekte herausgearbeitet werden:

Abstraktionskonzepte dienen zum einen der Informationsorganisation und zum anderen der effektiven Suchraumbegrenzung

- Organisation der Information
  Die vorgestellten Abstraktionskonzepte dienen der Organisation der zu verwaltenden Information. Durch ihre gegenseitige Unabhängigkeit lassen sie sich flexibel miteinander kombinieren. Somit können fr die Anwendungsbereiche angepaßte Organisationsstrukturen in

Form von Abstraktionshierarchien (Generalisierungs-, Aggrega-
tions- und Assoziationshierarchien) aufgebaut werden [Ma91].

- Begrenzung des Suchraumes
  Die Abstraktionshierarchien lassen sich sehr effektiv zur Begrenzung des Suchraumes von Anfragen einsetzen. Hierbei wird die Partitionierung und Organisation der Information durch die Abstraktionshierarchien ausgenutzt. Anstatt eine Anfrage über einer (zu)
  allgemeinen und daher oftmals auch sehr aufwendig (und z.T. unnötig) zu durchsuchenden Datenmenge zu definieren (z.B. in Anfrage Q29 ist das die Tabelle *Personen*), reicht es in vielen Situationen
  aus, direkt den eingeschränkten Teil einer Abstraktionshierarchie
  anzugeben (z.B. in Anfrage Q28 ist das die Subtabelle *Techn-Angestellte*), über der die Anfrage kompakt berechnet werden kann.

Insbesondere unter Berücksichtigung dieses zuletzt genannten
Punktes erscheint es sinnvoll, die Abstraktionshierarchien in effizient zu adressierende und zu durchsuchende Speicherungsstrukturen abzubilden. Entsprechend müssen dann natürlich auch
die Anfragen über den Abstraktionshierarchien in Ausführungspläne auf den Speicherungsstrukturen umgesetzt werden. Speziell
zur Flexibilisierung und Optimierung solcher Abbildungen, wurde
der AV-Framework etabliert. Ein Beispiel dafür stellt die in Abschnitt 7.2.1 diskutierte Integration von Objektgesellschaften dar,
die ebenfalls (nur) eine Abbildung von einer (höheren Komplexob-
jekt-)Struktur in eine Menge von (Komponenten-)Strukturen
durchführen. Daher ist es in Analogie zu diesem Ergänzungsansatz (siehe Abschnitt 7.2.3) hier ebenfalls ausreichend, entsprechende Restrukturierungsregeln zur Berücksichtigung der Abbildung von Abstraktionshierarchien hinzuzufügen. Speziell dieser
Aspekt wurde in [RS93] sowie im Rahmen von Arbeiten am WBVS
KRISYS untersucht. Allerdings diente für KRISYS nicht die Ebene
der Speicherungsstrukturen, sondern das MAD-Modell [HMM87]
bzw. das Relationenmodell [Pa92] als Zieldatenstruktur zur Abbildung der Abstraktionshierarchien.

Abbildung der Abstraktions-hierarchien in effiziente Spei-cherungsstruk-turen wird vom AV-Framework unterstützt

7.3.3 Zusammenfassung

Die hier beschriebenen und diskutierten Konzepte zur Objektorientierung (zum einen das erweiterbare Typsystem aus Abschnitt 7.3.1 und zum anderen die Abstraktionskonzepte aus Abschnitt 7.3.2) müssen als ein wichtiger Schritt in Richtung auf eine
Integration von objektorientierten und relationalen Konzepten angesehen werden. Diese Entwicklungstendenz wird durch die aktuellen Standardisierungsbemühungen im Rahmen von SQL3 aktiv
unterstützt.

Die Integration dieser beiden objektorientierten Konzepte in den AV-Framework konnte im wesentlichen als Ergänzungsansatz (siehe Abschnitt 7.2.3) realisiert werden. Demzufolge waren nur kleinere Anpassungen an der Übersetzungskomponente (für die Datendefinition und für die Anfragesprache) und wenige Ergänzungen der Anfragerestrukturierung um Restrukturierungsregeln (zur Umsetzung der Abstraktionshierarchien) notwendig. Die Anfragetransformation blieb weitestgehend unberührt von all diesen Ergänzungen. Ein wesentlicher Aspekt dieser Framework-Erweiterungen ist, daß die einzelnen Konzepte zur Objektorientierung miteinander kombiniert werden können und zusammen ein mächtiges und flexibles Modellierungskonzept bereitstellen. In gleicher Weise wie sich die Modellierungskonzepte ergänzen, kombinieren auch die zugehörigen Implementierungsaspekte in sinnvoller Weise miteinander. Damit hat der AV-Framework auch für den hier diskutierten Bereich objektorientierter Konzepte seine Tauglichkeit als flexibler und erweiterbarer Inplementierungsrahmen unter Beweis gestellt.

Die Integration von objektorientierten und relationalen Konzepten ist keineswegs ein schon abgeschlossenes Arbeitsgebiet. Im Gegenteil, es gibt viele verschiedene Sichtweisen und Standpunkte zu diesem Themenkreis, die sich nur sehr langsam annähern [ABDD89, St90]. Im wesentlichen läßt sich der revolutionäre Ansatz von dem evolutionären Ansatz unterscheiden. Der erstgenannte Ansatz kommt hauptsächlich aus dem Bereich der Erweiterung von objektorientierten Programmiersprachen zu persistenten Programmiersprachen bzw. zu OODBS. Hier wird versucht Datenbankaspekte in einer Programmiersprachenumgebung bereitzustellen. Viele aktuellen OODBS können dieser Klasse zugeordnet werden (z.B. GEMSTONE, ONTOS, OBJECTSTORE). Im Gegensatz dazu versucht der evolutionäre Ansatz bestehende Datenbanktechnologie in Richtung Objektorientierung zu erweitern und somit bestehende Systeme und auch Anwendungen schrittweise an die neuen Technologien heranzuführen. Dieser Ansatz wird im Prinzip von jedem Anbieter eines relationalen DBS verfolgt. Es gibt aber auch eine Reihe von teilweise unabhängigen Prototypen [AGKLP92, CMCD94, DCLA93, DMMT95, PM91, RS93], die im wesentlichen ähnlich zu der hier vorgeschlagenen Framework-Erweiterung die objektorientierten Konzepte in ihre Prototypen integrieren.

Daß beide Ansätze zum gleichen Ergebnis führen, ist in nachstehendem Zitat treffend beschrieben.

Zitat aus [Ki91], Kapitel 10 (Query Processing) Seite 120 zweiter Absatz:

"Query optimization and processing in object-oriented databases requires additional research: however, it is not the fertile ground for fundamental new research which it may appear to be. The reason is that query optimization and processing in object-oriented databases requires only relatively minor changes and augmentation of all the techniques which have been developed and successfully used for optimizing and processing queries in relational databases. The relatively minor changes are necessary to negotiate the semantic differences between relational and object-oriented queries."

AV für objektorientierte Systeme baut auf der AV für relationale Systeme auf und läßt sich daher insbesondere leicht in unseren AV-Framework integrieren

7.4 Zusammenfassung

In diesem Kapitel wurde die Eigenschaft des AV-Framework, einen flexiblen und erweiterbaren Implementierungsrahmen bereitzustellen, durch die ausführliche Diskussion verschiedener Framework-Erweiterungen überprüft und auch bestätigt. Dazu wurden die folgenden unterschiedlichen Sprach- und Verarbeitungsaspekte in den Framework integriert:

in den AV-Framework integrierte Sprach- und Verarbeitungsaspekte

- Erweiterte relationale Konzepte
  In Abschnitt 7.1 wurden der Äußere Verbund und die Rekursion als SQL-Spracherweiterungen vorgestellt und in den AV-Framework integriert.

- Komplexobjekte
  In Abschnitt 7.2 wurden zwei Ansätze für Komplexobjekte behandelt. Zum einen wurden die zu SQL vollständig aufwärtskompatiblen Objektgesellschaften und zum anderen das MAD-Modell mit seinem Molekülansatz sowie deren Berücksichtigung im AV-Framework beschrieben.

- Aspekte der Objektorientierung
  In Abschnitt 7.3 wurden zuerst ein flexibles und erweiterbares Typsystem und darauf aufbauend die Abstraktionskonzepte vorgestellt und deren Integration (insbesondere für die Klassifikation/Generalisierung) in den AV-Framework aufgezeigt.

Wie die Diskussionen in den vorangegangenen Abschnitten deutlich gezeigt haben, ließen sich alle neuen Konzepte problemlos in den Framework integrieren. Dabei waren im Rahmen der hier angesprochenen Erweiterungen und Ergänzungen die verschiedenen Verarbeitungsebenen des Framework betroffen:

Ebenen für Framework-Erweiterungen

- Sprachgrammatik und Sprachübersetzer

- Tabellenoperatoren und Restrukturierungsvorschriften

- Planoperatoren, Plangenerierungsvorschriften, Kostenmodelle und Implementierungsmethoden.

Trotz der vielen unterschiedlichen Framework-Anpassungen konnte ein sehr hoher Grad an Wiederverwendung des durch den Framework bereitgestellten Implementierungsrahmens festgestellt werden. Dieser Implementierungsrahmen umfaßt im wesentlichen die 'Infrastruktur' des Framework mit seinen flexiblen und erweiterbaren Realisierungs- und Implementierungskonzepten:

wiederverwendbare Implementierungskonzepte des AV-Framework

- übersetzergenerierendes System als Übersetzungskomponente

- Regelsprache und Regelinterpretierer als Anfragerestrukturierung und auch als Anfragetransformation.

Mit den hier durchgeführten Framework-Anpassungen kamen im wesentlichen zwei charakteristische Vorgehensweisen zur Berücksichtigung neuer AV-Aspekte im Framework zum Vorschein. Hierbei unterscheidet man den Ergänzungsansatz von dem Erweiterungsansatz:

charakteristische Vorgehensweisen zur Framework-Erweiterung

• *Erweiterungsansatz*
Es steht die Erweiterung des Framework um neue, grundlegende Konzepte zur Diskussion. Hierunter werden meistens recht umfangreiche Erweiterunge subsumiert, die Anpassungen im wesentlichen in allen Framework-Komponenten zur Folge haben. Das in Abschnitt 7.2.2 behandelte Konzept der Molekülbildung und Molekülverarbeitung kann als Fallbeispiel für den Erweiterungsansatz angesehen werden. Dort kam deutlich zum Ausdruck, daß trotz massiv notwendiger Anpassungen, eine elegante Integration in den AV-Framework realisiert werden konnte. Dies wurde dadurch ermöglicht, daß die verfügbaren Realisierungs- und Implementierungskonzepte ein ausreichendes Maß an Flexibilität und Erweiterbarkeit besitzen.

• *Ergänzungsansatz*
Im Gegensatz zum Erweiterungsansatz steht hier nicht die Erweiterung um neue AV-Konzepte, sondern die (inkrementelle) Ergänzung bestehender AV-Konzepte im Mittelpunkt der Betrachtungen. Dies bedeutet für die AV meistens nur das Hinzufügen weiterer Sprachklauseln, Regeln oder Operatoren, und der ursprüngliche AV-Framework bleibt im wesentlichen und nur um diese einfachen Zugaben ergänzt erhalten. Die meisten der in diesem Kapitel diskutierten neuen AV-Aspekte fallen in diese Kategorie, da sie sich durch einfache, meistens additive Ergänzungen auszeichnen. Zum Beispiel benötigt man zur Integration der Rekursion (unter der Voraussetzung, daß die Sprachsyntax rekursive Anfragen schon auszudrücken erlaubt) nur eine einfache Anpassung der Anfragetransformation zur Implementierung einer rekursiven Evaluierungsstrategie. Diese einfachste Form der Integration von Rekursion kann nachträglich durch alternative Evaluierungsstrategien und Restrukturierungsregeln zur Berücksichtigung von Optimierungsstrategien wie z.B. der 'Magic-Set'-Strategie inkrementell ergänzt werden (siehe Abschnitt 7.1.2). Im Gegensatz zur Rekursion verlangt die Integration von Objektgesellschaften (siehe Abschnitt 7.2.1) zusätzlich zur Erweiterung des Sprachübersetzers auch das Hinzufügen eines neuen Tabellenoperators, der im Rahmen der Anfragerestrukturierung durch eine ebenfalls ergänzte Regelmenge in eine Folge von relationalen Planoperatoren umgesetzt wird. Somit sind zur Realisierung des XNF-Ansatzes keine Anpassungen an der Anfragetransformation notwendig.

Natürlich ist es auch möglich, einen Anfrageprozessor (AP) zu konzipieren, der im Gegensatz zu oben keine Erweiterungen bzw. Ergänzungen verlangt, sondern nur einen ausgewählten Teil des Framework umfaßt. Dies wird dadurch unterstützt, daß der gesamte AV-Framework eine Sammlung von für die AV wichtigen Werkzeugen und Konzepten bereithält. Damit ist es auf einfache Weise möglich, eine auf die konkrete Einsatzumgebung zugeschnittene AV nach dem 'Baukastenprinzip' zusammenzustellen. Zum Beispiel sollte es nunmehr möglich sein, etwa die Rekursion oder das Komplexobjekt-Konzept aus einer anwendungsspezifischen AV herauszulassen und dafür ein Typsystem vielleicht zusammen mit Klassifikation/Generalisierung einzubringen, um damit die anwendungsspezifischen Modellierungsanforderungen besser zu erfüllen.

AV-Framework ermöglicht mit seinem Baukastenprinzip die einfache Konzeption von anwendungsspezifischen Anfrageprozessoren

Durch diese Untersuchungen wurden Flexibilität, Anpassungsfähigkeit und Erweiterbarkeit der Implementierungskonzepte des AV-Framework eindringlich bestätigt und somit die konzeptionellen wie auch implementierungstechnischen Grundlagen für erweiterbare AP bereitgestellt. Die Nützlichkeit des Framework-Ansatzes als erweiterbare und wiederverwendbare Sammlung von AV-Konzepten ist somit explizit angezeigt.

AV-Framework stellt eine Basis für erweiterbare Anfrageprozessoren bereit

Im folgenden sollen die in diesem Kapitel beschriebenen Framework-Erweiterungen nochmals im Zusammenhang diskutiert und deren primären Einsatzgebiete aufgezeigt werden. Ausgangspunkt dieser Diskussion ist die wichtige Eigenschaft, daß alle hier betrachteten AV-Konzepte unabhängig voneinander und daher auch flexibel miteinander kombinierbar sind. Hier interessieren wir uns insbesondere für die Verbesserungen des relationalen Modells sowohl hinsichtlich der Modellierungsmächtigkeit als auch hinsichtlich der (Anfrage-)Funktionalität:

Nützlichkeit der beschriebenen Framework-Erweiterungen

- SQL-Standardrepertoire
  Mittlerweile werden der Äußere Verbund und auch die Rekursion (obwohl die Rekursion nicht im aktuellen SQL-Standard SQL-92 [SQL2] enthalten ist) zum (Standard-)Repertoire eines (relationalen) DBS gezählt. Diese Funktionalität beschreibt im wesentlichen die Minimalanforderungen an ein praxistaugliches DBS.

- Erweiterte SQL-Funktionalität
  Da der XNF-Ansatz eine aufwärtskompatible Erweiterung von SQL ist, kann jede für SQL entwickelte Erweiterung (etwa Äußerer Verbund und Rekursion) auch in XNF verfügbar gemacht werden. Da XNF die Objektgesellschaften als variables KO-Konzept etabliert, werden damit existierende und auch neu zu entwickelnde relationale Anwendungen in die Lage versetzt, die effiziente KO-Verarbei-

tung auszunutzen[*]. Aus dem Blickpunkt von Nicht-Standard-Anwendungen wird damit aber auch ein effizienter Zugang zu relationalen Datenbanken ermöglicht. Dies ist insbesondere für viele Ingenieuranwendungen notwendig, die oftmals lokal objektorientierte Systeme benutzen, ihre langfristig zu verwaltenden (Entwurfs-)Daten allerdings in relationalen DBS verwalten.

- Verbesserung der SQL-Modellierungseigenschaften
  Die Berücksichtigung eines erweiterbaren Typsystems evtl. in Kombination mit den Abstraktionskonzepten (insbesondere Klassifikation/Generalisierung) dient wesentlich zur Erhöhung der Modellierungsmächtigkeit. Hiervon profitieren zumindest alle neu zu entwickelnden Anwendungen.

Baukastenprinzip des AV-Framework unterstützt die flexible Kombination verschiedener AV-Konzepte, wie z.B. von Sichtkonzept, Komplexobjekten und objektorientierten Konzepten

Mit diesen Erweiterungen kommen nicht nur neue AV-Konzepte hinzu, sondern bereits vorhandene Konzepte können durch Kombination mit den neuen vielfältige Verbesserungen erfahren. Ein interessantes und gleichzeitig auch wichtiges Beispiel dazu ist das Sichtenkonzept, welches sich durch die objektorientierten Erweiterungen deutlich verbessern läßt. Die Kombination beider Konzepte erlaubt nun auch Funktionen für die definierten Sichten zu schreiben. Damit ist es möglich, die ohnehin schon anwendungsbezogenen Sichtenobjekte nun auch mit anwendungsspezifischen Operationen zu versehen und so die Anwendungsmöglichkeiten des Sichtenkonzeptes entscheidend zu verbessern. Die Mächtigkeit dieses schon um operationale Aspekte erweiterten Sichtenkonzepts kann nun durch die Einbeziehung von Objektgesellschaften auf KO-Sichten erweitert werden, und somit kann der Einsatzbereich nochmals vergrößert werden. Weitere Kombinationen mit anderen bzw. unter anderen Konzepten sind ebenfalls denkbar und lassen sich aufgrund des Framework-Ansatzes und des dort integrierten Baukastenprinzips auf einfache Weise realisieren.

AV-Framework ermöglicht existierende (DB-) Systeme schrittweise an die neuen Technologien heranzuführen

Diese Diskussionen zeigen, daß eine Weiterentwicklung der relationalen DBS durch Integration weiterer (insbesondere der hier vorgeschlagenen) AV-Konzepte in Richtung Objektorientierung möglich und auch sinnvoll ist und somit bestehende Systeme und auch Anwendungen schrittweise an die neuen Technologien herangeführt werden. Die Arbeiten an einem AV-Framework sind daher als ein wichtiger Schritt in Richtung auf eine systemseitige Integration von objektorientierten und relationalen Konzepten anzusehen. Diese Entwicklungstendenz wird durch die aktuellen Standardisierungsbemühungen im Rahmen von SQL3 aktiv unterstützt.

---

[*]   In diesem Sinne wird das XNF-Konzept auch als eine unterstützende Technologie (engl. enabling technology) bezeichnet [MPPLS93].

8
Zusammenfassung und Ausblick

Gegenstand dieser Arbeit war die Untersuchung der Anfrageverarbeitung in Datenbanksystemen mit dem Ziel, einen allgemeinen Beschreibungs- und Implementierungsrahmen für sämtliche Belange der Anfragebearbeitung, also der Anfrageverarbeitung (AV) und auch der Anfrageausführung (AE), zu entwickeln. Die hier gewonnenen Erkenntnisse, die in ihrer Gesamtheit den sog. Framework-Ansatz realisieren, sind in Abschnitt 8.1 nochmals zusammengefaßt und im Überblick beschrieben. In Abschnitt 8.2 schließt sich eine kurze Zusammenstellung von verschiedenen Diskursbereichen an, die es Wert sind, im Rahmen von weiterführenden Arbeiten zum AV-Framework beachtet zu werden.

8.1 Resümee

Mit dem Aufkommen des Relationenmodells und dessen deskriptiven DBS-Sprachschnittstellen wurde die eigentliche Forschung im Rahmen der AV (und insbesondere der Anfrageoptimierung) eingeleitet. Mittlerweile versteht man die wichtigen AV-Konzepte (wie z.B. die algebraische Optimierung, die kostenbasierte Zugriffsplanoptimierung, effiziente Evaluierungsmethoden und Vorgehensweisen zur Einbettung von DBS-Schnittstellen in Programmiersprachen oder Anwendungsprogrammierumgebungen) und kennt praktikable Implementierungen.

Aus Implementierungssicht lassen sich diese ersten Anfrageprozessoren (AP oder Optimierer) für relationale DBS dadurch charakterisieren, daß sämtliche AV-Konzepte fest einprogrammiert sind und infolgedessen für alle Arten von Anpassungen und Erweite-

herkömmliche (relationale) Anfrageprozessoren sind meistens sehr schwer änderbar bzw. erweiterbar rungen (etwa Berücksichtigung neuer Zugriffspfade, besserer Kostenmodelle und Statistiken) der AP-Programmcode umzuschreiben ist. Aufgrund der inhärenten Komplexität der Anfrageoptimierung sind diese Programmänderungen sehr umständlich, zudem umfangreich und daher meistens auch sehr fehleranfällig.

Die Forderung nach einfacher Änderbarkeit und Erweiterbarkeit der AP verstärkt sich zusehends durch aktuelle Entwicklungstendenzen im DBS-Bereich. Die wesentlichen Faktoren, die Einfluß auf die AV nehmen und somit Anpassungen der AP verlangen, sind:

Einflußfaktoren auf die Anfrageverarbeitung

- Anwendungsbereich (Ingenieuranwendungen, wissensbasierte Anwendungen u.a.)

- Anfrageklasse (regelbasierte Modelle, objektorientierte Modelle u.a.)

- Systemarchitektur (Mehrrechner-Architektur, Workstation/Server-Architektur u.a.).

Diese Einflußfaktoren wurden schon in Bild 1.1 aufgegriffen und einleitend in Kapitel 1 diskutiert. Dabei kam deutlich zum Vorschein, daß durch Ausweiten der Anwendungsbereiche eines DBS auch neue Anforderungen an dessen Datenhaltung, insbesondere an Datenmodell und Anfragesprache, gestellt werden. Jede Änderung am Datenmodell und dessen Anfragesprache hat wiederum direkte Auswirkungen auf die AV und bedeutet somit auch notwendige Anpassungen für den AP.

Um den verschiedenen Entwicklungstendenzen und den sich ständig ändernden Anforderungen Rechnung tragen zu können, ist es notwendig, daß die wesentlichen Komponenten der Anfrageverarbeitung und deren Zusammenspiel den neuen Anforderungen flexibel angepaßt werden können. Dabei ist es insbesondere wichtig zu analysieren, inwieweit sich die verschiedenen Anforderungen auf gemeinsame AV-Konzepte zurückführen lassen. Diese gilt es, effizient und flexibel in einem integrierten Systemansatz, dem sog. AV-Framework, zu realisieren. Dazu wurden in dieser Arbeit die wichtigsten konzeptionellen und auch implementierungstechnischen Grundlagen entwickelt. Der hier realisierte AV-Framework

Forderung nach einem AV-Framework als erweiterbare Basis zur Konstruktion von angepaßten Anfrageprozessoren

stellt somit eine wiederverwendbare und erweiterbare Basis zur Konstruktion von angepaßten Anfrageprozessoren bereit. Damit ist es nun möglich, die AV eines DBS auf eine konkrete Einsatzumgebung (gegeben durch Anwendungsbereich, Anfrageklasse und Systemarchitektur) zuzuschneiden. Der offensichtliche Nutzen dieser Methodik liegt in der deutlich verringerten Systementwicklungszeit, der flexiblen Anpassungsfähigkeit sowie der hohen Wiederverwendung von Technologie, Implementierungskonzepten und auch von bereits vorhandener Software. Ein weiterer wesentlicher Nutzen dieser Arbeit besteht auch darin, die bislang isoliert diskutierten Forschungsthemen und die dort schon erarbeiteten Lösungsansätze nun im Zusammenhang zu betrachten, zu integrieren und über den AV-Framework allgemein nutzbar bzw. wiederverwendbar zu machen. Insgesamt wird damit ein einheitlicher Rahmen für die umfassende Diskussion aller relevanten AV-Aspekte geschaffen.

Framework-Ansatz garantiert einen hohen Grad an Wiederverwendbarkeit

Zur Untersuchung der konzeptionellen und implementierungstechnischen Grundlagen des AV-Framework wurde in dieser Arbeit eine Aufteilung in folgende drei Themenbereiche durchgeführt:

- Grundlagen der Anfrageverarbeitung in DBS (in den Kapiteln 2, 3, 4 und 5)

- Realisierungskonzepte für einen AV-Framework (in Kapitel 6)

- Erweiterungen des AV-Framework (in Kapitel 7).

Die wesentlichen Aussagen dieser Teilkomplexe sollen im folgenden nochmals im Überblick zusammengestellt und dabei deren gegenseitigen Beziehungen aufgezeigt werden.

Um den Allgemeingültigkeitsanspruch dieser Arbeit zu untermauern, wurde eine von konkreten Systemen unabhängige Konzeptbeschreibung durchgeführt. Natürlich wurden an geeigneten Stellen entsprechende Verweise auf die den Konzepten zugrundeliegenden Systemimplementierungen und Einsatzerfahrungen gegeben. Soweit es jeweils möglich war, wurde ein Bezug zum aktuellen SQL-Standard hergestellt und zum Teil auch in der systemunabhängigen Beschreibung berücksichtigt.

Themenschwerpunkte der vorliegenden Arbeit

In den Kapiteln 2, 3, 4 und 5 wurden eine allgemeine Systemarchitektur zur Diskussion der grundlegenden Aspekte und Aufgaben der AV vorgestellt und somit ein umfassendes Gesamtverständnis und ein allgemeiner Beschreibungsrahmen zur AV in DBS entwikkelt. Die wesentlichen Aspekte dieses Beschreibungsrahmens sind im folgenden nochmals zusammengestellt:

• Architekturansatz, Komponentensicht und Phaseneinteilung
  Zur Bearbeitung einer deklarativen Anfrage unterteilt man das DBS in einen logischen DB-Prozessor und einen physischen DB-Prozessor. Ersterer besteht aus der AV, wohingegen letzterer im wesentlichen das DBS-Laufzeitsystem und die AE umfaßt.
  Die Aufgabe der AV ist es, zu einer gegebenen Anfrage den optimalen Ausführungsplan (also den Plan, der die günstigste Ausführung ver-

spricht) zu bestimmen. Um diese schwierige Aufgabe zu lösen, wird die AV auf oberster Ebene in die Komponenten Anfrageübersetzung und Anfrageoptimierung unterteilt. Das Ergebnis der Übersetzungsphase ist eine Interndarstellung der Anfrage. Dieser sog. Anfragegraph ist der Ausgangspunkt für die sich anschließende komplexe Optimierungsphase. Die Unterteilung der Optimierungskomponente in Anfragerestrukturierung und Anfragetransformation (oftmals auch Planoptimierung genannt) bedeutet ein Aufteilen der Gesamtproblematik in zwei separate Optimierungsprobleme. Einmal gilt es mittels Restrukturierungsmaßnahmen des Anfragegraphs, eine gute Ausgangsbasis für die sich anschließende Planoptimierung zu bekommen. Wegen der Komplexität der Anfragetransformation war es notwendig, dort eine weitere Komponentenseparierung vorzunehmen und so die Aspekte der (Ausführungs-)Plangenerierung, der Kostenabschätzung und der Suchstrategie in eigenen Komponenten zu konzentrieren und voneinander zu isolieren. Ein Anfragegraph besteht aus einer Folge von Tabellenoperatoren (logischen Operatoren), die von der Planoptimierung in eine Folge von Planoperatoren umzusetzen ist. Solch ein generierter Ausführungsplan beschreibt dann eine Sequenz von ausführbaren Operationen, die ausgehend von den in der DB vorhandenen Daten (Basisrelationen, Zugriffsstrukturen) das Anfrageergebnis bestimmen.

- Die Ausführungskomponente sorgt für die Abarbeitung des von der Optimierungskomponente bereitgestellten Ausführungsplans. Dazu wird ein Ausführungsmodell realisiert, das auf folgenden Abstraktionen aufbaut und somit für die notwendige Flexibilität in der Anfrageausführung sorgt: Planoperatorabstraktion (und Prädikatsabstraktion zur Berücksichtigung von allg. Sprachprädikaten im AP), Objektstromabstraktion, Kontrollflußabstraktion und Datenflußabstraktion (Flußkontrolle).

- Insgesamt wurden damit die zentralen Aspekte innerhalb der AV in jeweils eigene Komponenten separiert, deren Anpaßbarkeit und Erweiterbarkeit die Grundlage für die erforderliche Flexibilität der gesamten AV liefern.

Eine detailliertere Sichtweise auf die AV, also auf die Phasen Übersetzung, Optimierung und Ausführung und damit eine Fokussierung auf die wesentlichen Realisierungskonzepte und auch Implementierungsgesichtspunkte für einen AV-Framework war das Thema von Kapitel 6. Die dort entwickelten zentralen Entwurfsregeln für einen erweiterbaren AP, also die Schlüsselkonzepte für den AV-Framework, sind im folgenden nochmals zusammengestellt:

- AP-Modularisierung
Die zentrale Idee, die dem Konzept der erweiterbaren AP zugrundeliegt, ist das Herauslösen einzelner Optimierungsaspekte aus dem eigentlichen AP-Code und deren Bereitstellung in eigenen, modularen Optimierungskomponenten, die über entsprechende Parametrisierungen das notwendige Maß an Flexibilität und Erweiterbarkeit besitzen. Der AP-Code besteht dann im wesentlichen nur noch aus einem Kon-

trollprogramm, mit dem das Zusammenspiel der separaten AV-Komponenten organisiert wird. Die AP-Modularisierung und auch die phasenorientierte Vorgehensweise zur AV wurden weiter oben schon beschrieben.

- AV-Abstraktionen
  Die konzeptionelle Basis für Anpaßbarkeit und Erweiterbarkeit der Komponenten beruht auf entsprechend bereitgestellten Abstraktionen:

  - Die Tabellenoperator-Abstraktion ist entscheidend für die Erweiterbarkeit und Flexibilisierung sowohl der Interndarstellung und Anfrageübersetzung als auch der Anfragerestrukturierung.

  - Die Planoperator-Abstraktion beschreibt die konzeptionelle Grundlage der erweiterbaren und flexiblen Anfragetransformation.

  - Die Objektstrom-Abstraktion liefert zusammen mit der Planoperator-Abstraktion die Basis für ein flexibles Ausführungsmodell, welches Planoperatoren als isolierte Verarbeitungszellen kennt.

wichtige Abstraktionen des AV-Framework

- Flexible Implementierungskonzepte
  Aufbauend auf diesen AV-Abstraktionskonzepten konnten entsprechend flexible Implementierungskonzepte mittels einer regelbasierten bzw. transformationsbasierten Technologie etabliert und umfassend eingesetzt werden, die ein Höchstmaß an Anpaßbarkeit und Erweiterbarkeit gestatten: durch gezielte Änderung der Regelmenge läßt sich das Repertoire einer Komponente explizit anpassen und steuern. Die Komponenten bestehen damit im wesentlichen aus einem Regelinterpretierer, der die Regeln aus der verfügbaren Regelmenge auswählt und entsprechend anwendet.

regelbasierte (transformationsbasierte) Technologie

- Wiederverwendungs-Paradigma
  Ein weiterer entscheidender Vorteil der regelbasierten Technologie ist die direkte Umsetzung des Wiederverwendungs-Paradigmas: eine Anpassung der Regelmenge führt einerseits zu einer neuen Komponente mit entsprechend angepaßten Eigenschaften, bedeutet aber andererseits die Wiederverwendung des Regelinterpretierers und der ursprünglichen Regelmenge. Dieser Aspekt ist zentral für den Framework-Gedanken und ermöglicht bei der Entwicklung eines neuen AP, die Regelmaschine und einige Teile der Regelmenge beizubehalten (Wiederverwendung) und nur die noch fehlenden Teile (z.B. neue Tabellen oder Planoperatoren) zu ergänzen und durch entsprechende Regeln in die AV zu integrieren.

hoher Grad an Wiederverwendbarkeit

Diese Schlüsselkonzepte stellen die notwendige Grundlage zur Beherrschung der inhärenten Komplexität der AV und insbesondere der Anfrageoptimierung dar und realisieren somit die zentralen Entwurfsregeln für einen erweiterbaren AP.

Durch die Diskussion verschiedener Framework-Erweiterungen in Kapitel 7 wurde die Eigenschaft des AV-Framework, einen flexiblen und erweiterbaren Implementierungsrahmen bereitzustellen, überprüft und auch bestätigt. Dazu wurden die folgenden unter-

Schlüsselkonzepte des AV-Framework sind die zentralen Entwurfsregeln für erweiterbare Anfrageprozessoren

*betrachtete
Framework-
Erweiterungen*

schiedlichen Sprach- und Verarbeitungsaspekte in den Framework integriert:

- Erweiterte relationale Konzepte (Äußerer Verbund und Rekursion)

- Komplexobjekte (Objektgesellschaften und Moleküle)

- Aspekte der Objektorientierung (Typsystem und Abstraktionskonzepte).

Die im Rahmen dieser Framework-Erweiterungen gemachten Erfahrungen betreffen die verschiedenen Verarbeitungsebenen des Framework und sind im folgenden nochmals zusammengestellt:

*Erfahrungen aus
den durchgeführ-
ten Framework-
Erweiterungen*

- Anfrageübersetzung (Datenmodell- bzw. Sprachgrammatik)
  Datenmodellerweiterungen bedeuten meistens auch Spracherweiterungen und ziehen somit entsprechende Anpassungen der Sprachgrammatik und der gesamten Übersetzerkomponente nach sich. Der Parser ist auf die neue Sprachgrammatik abzustimmen, und in der semantischen Analyse werden die neuen Sprachbestandteile in entsprechende Aktionen zur Konstruktion des zugehörigen Anfragegraphen umgesetzt.

- Anfragerestrukturierung (Tabellenoperatoren und Restrukturierungsvorschriften)
  Gegebenenfalls werden neue Tabellenoperatoren zur Repräsentation der erweiterten Sprachsemantik eingeführt und in die Interndarstellung aufgenommen. Infolgedessen ist es auch meistens notwendig, mit entsprechenden Restrukturierungsvorschriften das bisherige Restrukturierungspotential zu ergänzen, um die neuen Tabellenoperatoren in die Anfragerestrukturierung einzubinden.

- Anfragetransformation (Planoperatoren und Implementierungsmethoden)
  Aufgrund neuer Tabellenoperatoren werden in vielen Fällen auch neue Planoperatoren mit entsprechenden Implementierungsmethoden erforderlich. Diese sind über neue Plangenerierungsregeln in die Plangenerierung und somit auch in die Anfragetransformation zu integrieren. Manchmal ist es auch ausreichend, die vorhandenen Methoden eines Planoperators um neue Implementierungsmethoden zu ergänzen. Über entsprechend erweiterte bzw. neue Plangenerierungsregeln müssen diese Ergänzungen in die Anfragetransformation eingebunden werden.

Wie die detaillierten Diskussionen in Kapitel 7 deutlich gezeigt haben, ließen sich alle neuen Sprach- und Verarbeitungsaspekte problemlos in den Framework integrieren. Trotz der unterschiedlichen Framework-Anpassungen konnte ein sehr hoher Grad an Wiederverwendbarkeit des durch den Framework bereitgestellten Implementierungsrahmens festgestellt werden. Dieser Implementierungsrahmen umfaßt im wesentlichen die 'Infrastruktur' des Framework mit seinen flexiblen und erweiterbaren Werkzeugen zur AP-Entwicklung:

- ein übersetzergenerierendes System als Übersetzungskomponente sowie

- ein regelbasiertes System mit Regelsprache und Regelinterpretierer zur Anfragerestrukturierung und auch Anfragetransformation.

Der wesentliche Unterschied zwischen beiden Werkzeugtypen ist, daß ein regelbasiertes System im wesentlichen Konzepte zur Spezifikation einer konkreten Verarbeitung anbietet, die dann später einfach durch eine Interpretation dieser gegebenen Spezifikationen (durch den Regelinterpreter) abgearbeitet werden. Im Gegensatz dazu realisiert ein übersetzergenerierendes System das sog. Generatorparadigma, d.h., aus einer gegebenen Spezifikation wird eine Ausführungskomponente generiert, die als lauffähiges Programm die Spezifikation direkt ausführt. Das bedeutet, daß, anstatt die Regeln zur Anfrageoptimierung jeweils durch einen Regelinterpreter interpretieren zu lassen, die Regeln direkt in ausführbaren Code übersetzt werden und somit ein Optimierer-Programm generiert wird. Beiden Ansätzen liegt das gleiche Konzept zugrunde, nämlich sämtliche Verarbeitungs- und Optimierungsaspekte nicht als starren Programmcode auszudrücken, sondern in einer flexiblen (Regel-)Sprache zu spezifizieren. Der zentrale Unterschied zwischen beiden Ansätzen besteht somit nur in der Art und Weise, wie diese Spezifikation zur AV angewendet wird: entweder direkt interpretiert oder nach einer Codegenerierung ausgeführt. Obwohl erste praktische Erfahrungen zeigen, daß der Interpretationsansatz effizient zu realisieren und damit auch in der Praxis einsetzbar ist, gibt es Ansätze, das Generatorparadigma generell anzuwenden und einen sog. *AP-Generator* bereitzustellen, der über entsprechende Modellspezifikationen einen vollständigen AP generiert.

AV-Framework liefert einen flexiblen und erweiterbaren Werkzeugsatz zur gezielten Entwicklung von spezialisierten Anfrageprozessoren

Abschließend sollen noch einige praxisrelevante Aspekte insbesondere hinsichtlich der Effizienz von AP und des hier konzipierten AV-Framework angeführt werden:

Effizienzgesichtspunkte

- Es ist das erklärte Ziel der AV, für eine gegebene Anfrage den optimalen Ausführungsplan zu bestimmen. Da dies i. allg. sehr aufwendig werden kann, reduziert man zumindest in der Praxis die Anforderungen darauf, die schlechten Ausführungspläne zu vermeiden. Nur solche Anfrageprozessoren, die dies (fast immer) gewährleisten, werden als praxistauglich angesehen.

- Die AV kann als ein Planungsproblem charakterisiert werden, das eine Generierungsproblematik (die Generierung von Ausführungsplänen) kombiniert mit einem Suchproblem (Finden des günstigsten Ausführungsplanes unter den vielen möglichen Plänen). Daher haben die Bereiche Effizienz der Interndarstellung, Effizienz des Regelsystems und sämtliche Aspekte zur Suchraumeinschränkung direkten Einfluß auf die Leistungsfähigkeit der AV.

- Wesentlichen Einfluß auf die Anfrageoptimierung und Anfrageausführung nimmt der physische Schemaentwurf. Er erlaubt, die DB-Struktur und die Datenrepräsentation den anwendungsspezifischen Zugriffsschablonen und Bedürfnissen anzupassen. Man kann hierbei allgemein feststellen, daß die Mächtigkeit des DBS-Speichermodells und die Güte des physischen Schemas die Eckwerte für die Effizienz der generierten Ausführungspläne bestimmen.

Die Überlegungen zu dieser Arbeit und zur Konzeption eines flexiblen und erweiterbaren AV-Framework entstanden aus dem Verlangen, den aktuellen Entwicklungstendenzen von (relationalen) DBS durch geeignete und effiziente AV-Konzepte zu begegnen. Hierbei standen insbesondere die in Kapitel 7 vorgeschlagenen Erweiterungen im Brennpunkt des Interesses. Resümierend lassen sich dabei folgende Schlußfolgerungen ziehen:

Schlußfolge-rungen aus der vorliegenden Arbeit

- Durch Integration weiterer AV-Konzepte (insbesondere der in Kapitel 7 vorgeschlagenen Erweiterungen) in den Framework ist eine Weiterentwicklung der relationalen DBS in Richtung Objektorientierung technisch möglich und auch sinnvoll. Mit dieser Vorgehensweise können bestehende Systeme und auch Anwendungen schrittweise an die neuen Technologien herangeführt werden.

- Die Arbeiten an einem AV-Framework sind daher als ein wichtiger Schritt in Richtung auf eine systemseitige Integration von relationalen und objektorientierten Konzepten anzusehen. Diese Entwicklungstendenz wird durch die aktuellen Standardisierungsbemühungen im Rahmen von SQL3 nachhaltig unterstützt und zeigt sich auch schon in manchen neueren Datenbanksystemversionen [CMCD94].

- Die Nützlichkeit des Framework-Ansatzes als erweiterbare und wiederverwendbare Sammlung von AV-Konzepten wurde in dieser Arbeit explizit aufgezeigt. Zum gleichen Ergebnis, wenn auch basierend auf rein konzeptioneller Themendiskussion, kommen auch die Autoren (genauer: 'The Committee for Advanded DBMS Function') des 'Third-Generation Data Base System Manifesto'

  Zitat aus [St90]:
  "... One can provide the desirable enhancements of Object-Oriented, Logic, Deductive, Active, and other DBMS technologies, while still retaining the strengths of a relational DBMS ..."

Weiterführende Arbeiten zum AV-Framework werden im nächsten Abschnitt aufgezeigt. Dabei stellt sich heraus, daß die dort benötigten Framework-Erweiterungen bereits durch die zur Verfügung stehende AV-Infrastruktur und deren Schlüsselkonzepte direkt unterstützt werden. Damit stellen auch diese Bereiche prinzipielle Einsatzmöglichkeiten des hier konzipierten AV-Framework dar.

8.2 Ausblick

In dieser Arbeit wurden hauptsächlich die konzeptionellen und auch implementierungstechnischen Grundlagen zu einem AV-Framework entwickelt und anhand relevanter Problemstellungen (Erweiterungen des Relationenmodells, Komplexobjekte und Objektorientierung) überprüft. Bei diesen Betrachtungen wurde von einer zentralisierten Systemarchitektur ausgegangen. Natürlich gibt es auch andere Systemarchitekturen, die für DBS von Interesse sind. Dabei kommen vor allen

- Mehrprozessorsysteme,

- Mehrrechnersysteme oder

- Workstation/Server-Architekturen

als zugrundeliegende Hardware-Architekturen in Frage. Damit ergeben sich weitere Freiheitsgrade für die Abbildungen der DBS-Software-Architektur auf die jeweilige Hardware-Architektur. Aus Sicht der AV sind in diesem Zusammenhang die folgenden beiden Aspekte von besonderer Bedeutung:

neue Fragestellungen zur Anfrageverarbeitung in dezentralen Systemarchitekturen

- Verteilte und parallele Anfrageausführung (AE)

- Angepaßte Verarbeitungsmodelle.

In den nachfolgenden beiden Abschnitten werden diese Diskursbereiche kurz skizziert und ein Ausblick auf weiterführende Arbeiten gegeben. Dabei zeigt sich, daß die konzeptionellen und auch implementierungstechnischen Grundlagen des AV-Framework (insbesondere die Objektstrom-Abstraktion und die Planoperator-Abstraktion) prinzipiell genügend Flexibilität und Erweiterungsmöglichkeiten bieten, um auch für diese Einsatzgebiete geeignet zu sein.

8.2.1 Verteilte und parallele Anfrageausführung

Die Objektstrom-Abstraktion liefert zusammen mit der Planoperator-Abstraktion die Basis für ein flexibles Ausführungsmodell (siehe Abschnitt 2.7):

Flexibilisierung des Ausführungsmodells durch Planoperator- und Objektstrom-Abstraktion

- Planoperator-Abstraktion (kurz PO-Abstraktion)
  Hier werden Operatoren als abstrakte Verarbeitungszellen verstanden, die als Verbraucher bzw. Erzeuger von Objektmengen (im relationalen Fall von Tupelmengen) auftreten.

- Objektstrom-Abstraktion (kurz OS-Abstraktion)
  Die Ein- bzw. Ausgabeströme, kurz Objektströme genannt, verbergen die konkreten Datenstrukturen und Übergabeformalismen und isolieren dadurch die Verarbeitungszellen voneinander.

Anpassung des abstrakten Ausführungsmodells an die konkrete Verarbeitungssituation

Dieses Ausführungsmodell abstrahiert vom konkreten Planoperator sowie dessen konkretem Datenfluß, Kontrollfluß und Übergabeformalismen und kann daher auch als konzeptionelle Grundlage für eine verteilte und parallele AE genutzt werden. Durch eine Konkretisierung dieses abstrakten Ausführungsmodells läßt sich eine Anpassung an die jeweils vorherrschende bzw. gewünschte Verarbeitungssituation durchführen. Damit können dann Verteilungsaspekte und auch Parallelitätsaspekte den Anforderungen gemäß spezifiziert und in einem konkreten Ausführungsmodell berücksichtigt werden.

Im folgenden soll ein Ausblick auf verschiedene Möglichkeiten eines Einsatzes des AV-Framework und seines flexiblen Ausführungsmodells für eine verteilte oder auch parallele AE gegeben werden:

Einsatzmöglichkeiten des Framework für eine verteilte bzw. parallele Anfrageausführung

- Verteilte Anfrageverarbeitung
  Durch das abstrakte Ausführungsmodell werden Freiheitsgrade in der Zuordnung von Planoperator (als abstrakte Verarbeitungszelle) zu Ausführungseinheit (als konkrete Aktivität wie z.B. ein Prozeß oder Task) und schließlich zu Prozessor (als ausführende Hardware) eingeführt.

  Damit ist es möglich, einzelne Planoperatoren oder auch ganze PO-Teilgraphen bestimmten Ausführungseinheiten auf bestimmten Prozessoren zuzuordnen und somit auf einfache und effektive Art und Weise zu einer verteilten AE zu gelangen.

Strategien zur Daten- und Lastverteilung

  Im Bereich verteilter AE gibt noch viele ungelöste Probleme. Zu den zentralen Problemstellungen zählt zum einen der gesamte Implementierungsaspekt, also die Frage nach geeigneten Implementierungskonzepten für entsprechende OS. Erste Diskussionen dazu finden sich in [ÖV91, TMMD93]. Zum anderen ist zu entscheiden, ob eine Verteilung sinnvoll (etwa bei ungünstiger Lastverteilung) bzw. notwendig (etwa bei vorgegebener Datenverteilung) ist und auch wie dann ggf. zu verteilen ist. Diese Entscheidungen sind nicht nur abhängig von dem konkret vorliegenden PO-Graph, sondern auch von anderen Parametern wie z.B. Daten- und Lastverteilung. Es müssen also Verteilungsstrategien entwickelt werden, die sämtliche relevanten Parameter berücksichtigen.

Ergänzen der Verteilungskonzepte um Parallelitätskonzepte

- Parallele Anfrageverarbeitung
  Die verteilte AE kann auch als Basiskonzept für eine parallele AE angesehen werden, da die schon verteilten bzw. aufgeteilten PO-Berechnungen nun nur noch parallel zueinander ausgeführt werden müssen. Aus Sicht des abstrakten Ausführungsmodells kommen keine neuen Aspekte hinzu, wenn man die Verteilungskonzepte um Parallelitätskonzepte (also im wesentlichen um ein paralleles Ausführen) erweitert.

  Die zentrale Idee dabei ist, die inhärente Parallelität in einem PO-Graph auszunutzen und somit zu einem effizienten Ausführungsmodell zu gelangen. In Analogie zur verteilten AE lassen sich hier ebenfalls entweder einzelne Planoperatoren oder auch ganze PO-Teilgraphen als Parallelisierungsgranulat bestimmen. Auf diese Weise wird die sog. Inter-Operator-Parallelität (im Englischen manchmal auch 'vertical parallelism' genannt) etabliert, bei der die Planoperatoren parallel zueinander ausgeführt werden. Natürlich kann auch die andere häufig anzutreffende Parallelisierungsform unterstützt werden: Intra-Operator-Parallelität (im Englischen manchmal auch 'horizontal parallelism' genannt) bezeichnet die parallele Ausführung eines einzelnen Planoperators. Hierzu sind zum einen die Eingabe-OS dieser Planoperatoren zu partitionieren und deren parallelen Ausführungseinheiten zuzuführen. Zum anderen ist es auch notwendig, die von den parallelen Ausführungseinheiten produzierten Ausgabe-OS wieder zu einem gemeinsamen OS zu kombinieren. Diese Partitionierung und auch Zusammenführung einzelner OS ist als eine besondere Form der Übergabetechnik und damit als OS-Spezialisierung schon in der OS-Abstraktion enthalten und wird daher auch unterstützt.

Ausnutzen der inhärenten Parallelität im PO-Graph

Inter- und Intra-Operator-Parallelität

Im Rahmen einer parallelen PO-Graph-Ausführung kommt die ganz wichtige OS-Eigenschaft zum tragen, daß nämlich der Konsument von dem Produzenten eines OS isoliert ist. Der OS fungiert als logischer Puffer zwischen beiden und kann daher auch Synchronisationsaufgaben oder etwa eine Flußkontrolle übernehmen.

Auch im Bereich paralleler AE gibt es noch viele interessante Problemstellungen, die es wert sind, genauer betrachtet und, wenn möglich, auch gelöst zu werden. Da dieses Gebiet noch recht jung ist, gibt es im wesentlichen noch keine erschöpfenden Informationen und Bewertungen zur Intra-Operator-Parallelität und insbesondere zur Inter-Operator-Parallelität. Eine Auswahl von sinnvollen Untersuchungen könnte z.B. folgende Themen enthalten: parallele Algorithmen für relationale Planoperatoren, Parallelität in der Berechnung von Komplexobjekten, Parallelisierungs-Overhead versus Nutzleistung, Inter- versus Intra-Operator-Parallelität oder etwa das Problem der effizienten Datenversorgung und der Lastkontrolle, um nur einige zu nennen.

offene Fragestellungen

Insgesamt stellt sich die Frage, welchen Einfluß diese neuen Verarbeitungsaspekte auf die Anfrageoptimierung haben und an welcher Stelle innerhalb der AV entsprechende Vorkehrungen für eine verteilte bzw. auch parallele AE zu treffen sind. Hierzu gibt es im Prinzip zwei Alternativen. Die Verteilungs- und Parallelisierungsentscheidungen können entweder schon in den Anfragegraph oder aber erst in den PO-Graph und damit auch direkt in den Ausführungsplan eingebaut werden. Für die erste Alternative lassen sich diese Entscheidungen beispielsweise sehr effektiv und flexibel als Restrukturierungsregeln etablieren, allerdings sind dann die Kostenmodelle und teilweise auch die Plangenerierung entsprechend zu erweitern. Im Gegensatz dazu läßt die zweite Alternative die bisherige Vorgehensweise zur AV im wesentlichen unverän-

Verteilungs- und Parallelisierungsentscheidungen können entweder schon im Anfragegraph oder erst im PO-Graph berücksichtigt werden

dert. Es muß allerdings dafür gesorgt werden, daß für den Fall einer verteilten Verarbeitung Ausführungspläne mit entsprechenden OS generiert werden. Für eine parallele Ausführung müssen auch Konsument/Produzent-Beziehungen und weitere Scheduling-Aspekte berücksichtigt werden. Erste Diskussionen dieser Problemstellungen sind in [Ap92, Gr89b, Gr90, HS93, LVZZ94, MPTW94, TMMD93, TMM93, vB91] zu finden, und allgemeinere Übersichten sind in [DG92, Ra93, Va93] enthalten.

8.2.2 Angepaßte Verarbeitungsmodelle

Datenbanksysteme werden mittlerweile in den vielfältigsten Nicht-Standard-Anwendungsbereichen   (z.B.   Ingenieuranwendungen oder wissensbasierte Anwendungen) zur effizienten Datenhaltung eingesetzt. Dabei tritt zu den bekannten Anforderungen hinsichtlich Erweiterung von Datenmodellen und deren Anfragesprachen auch immer mehr die Anforderung, adäquatere Verarbeitungsmodelle zwischen DBS und Anwendungsprogramm zu etablieren (siehe Abschnitt 1.1 und Abschnitt 2.1). Ein wesentlicher Aspekt eines Verarbeitungsmodells ist die Datenbereitstellung.

Forderung nach angepaßten Verarbeitungsmodellen zwischen DBS und Anwendungsprogramm

Es ist das erklärte Ziel von sog. Objektpuffer-Architekturen, das Verarbeitungsmodell zwischen DBS und Anwendungsprogramm zu verbessern. Dazu realisieren sie einen Objektpuffer, der entsprechende Zugriffsfunktionen auf einer Hauptspeicher-Datenstruktur realisiert, in der die Ergebnisse von DB-Anfragen abgelegt sind. Damit können alle Datenzugriffe der Anwendung, die sich über den Objektpuffer befriedigen lassen, lokal und damit sehr schnell abgearbeitet werden, und nur solche, die über den aktuellen Pufferinhalt hinausgehen, werden an das DBS weitergeleitet. Dieser Ansatz nutzt auf natürliche Weise die Lokalität in den Datenanforderungen der Anwendung aus. Insbesondere im Falle von Workstation/Server-Architekturen erscheint es sinnvoll, lokalitätserhaltende Maßnahmen auszunutzen, um die teuren Übergänge zwischen Workstation- und Server-Seite zu minimieren.

Objektpuffer-Architekturen nutzen Datenreferenzierungslokalitäten

Ausgehend von diesem allgemeinen Objektpuffer-Ansatz lassen sich mittlerweile einige Erweiterungen und Detaillierungen des Verarbeitungsmodells ausmachen, die im wesentlichen die folgenden Aspekte betreffen:

Erweiterungen des Objektpuffer-basierten Verarbeitungsmodells

• Datenverarbeitung

  Innerhalb von Objektpuffer-Architekturen lassen sich verschiedene Formen zur Verarbeitung der Objektpufferdaten unterscheiden:

- primitiver Objektpuffer
  Es werden im wesentlichen nur einfache Zugriffsfunktionen auf die
  Pufferdaten angeboten. Über primitive Cursor können Datenmen-
  gen objektweise verarbeitet werden.

- Anfrageverarbeitung im Objektpuffer
  Die Aspekte einer AV im Objektpuffer reichen von einfachen Prädi-
  katen, die an die Cursor gebunden werden, bis hin zu vollständigen
  Anfragekonzepten mit der Mächtigkeit von SQL.

*Anfrageverarbei-
tung im Objekt-
puffer*

- Datenbereitstellung

  Die Art und Weise, wie die in den Objektpuffer eingelagerten Daten organisiert sind, ist entscheidend für die Effizienz der Zugriffsfunktionen. Hierzu lassen sich einige Maßnahmen nennen, von denen vielleicht die folgenden beiden die wichtigsten sind:

  - Umsetzung von Objektverweisen (engl. pointer swizzling)
    Objektverweise werden zu Hauptspeicherzeigern umgesetzt. Damit
    wird eine sehr schnelle Navigation über die so referenzierten Objek-
    te möglich [AGKLP92, LSCP93, Moss92, WD92].

  - Zugriffspfadstrukturen
    Über hauptspeicherorganisierte Zugriffspfade kann der (wertbezo-
    gene) Objektzugriff deutlich verbessert werden [LSC92].

*Pointer Swizzling
und hauptspei-
cherbasierte Zu-
griffspfade*

- Optimierungen

  Zusätzlich zu den oben beschriebenen Verbesserungen des Zugriffs auf
  und der Datenbereitstellung im Objektpuffer gibt es weitere Maßnahmen zur Minimierung der Datenübertragung zwischen Server-DB und
  Objektpuffer:

  - Datenzugriff auf die Server-DB
    Das Granulat der Datenanforderung vom Server-DBS kann sehr
    unterschiedlich sein. In [HMNR95] werden folgende Datengranula-
    te unterschieden: Seiten bzw. Seitenmengen (mit den gewünschten
    Objekten), objektweise Anforderungen oder die Anforderung von
    Objektmengen (beispielsweise als Molekülmengen oder als Objekt-
    gesellschaften, siehe Abschnitt 7.2).

  - Berücksichtigung des Pufferinhalts zur semantischen Anfrageopti-
    mierung
    Hier wird eine Beschreibung des aktuellen Objektpufferinhalts bei
    der Bearbeitung einer Anfrage ausgenutzt. Daten, die zur Abarbei-
    tung benötigt werden und schon im Objektpuffer vorhanden sind,
    werden dabei direkt für Anfragezwecke verwendet und nicht mehr
    neu vom Server geholt. Diese Vorgehensweise spart erheblich an
    Server-Zugriffskosten und nutzt eine Form der Anfragelokalität (im
    Unterschied zur einfacheren Referenzierungslokalität) im Objekt-
    puffer aus.

*Maßnahmen zur
Minimierung der
Datenübertra-
gung vom und
zum Objektpuffer*

Ein Überblick über viele der hier angesprochenen Verarbeitungsaspekte und damit zusammenhängender Problemstellungen ist in
[HMNR95] gegeben.

AV in Objektpuffer-Architekturen ist ein Spezialfall von verteilter bzw. paralleler AV und wird durch AV-Framework prinzipiell unterstützt

Auch für die hier skizzierten Aspekte der AV und AE in Objektpuffer-Architekturen bietet der AV-Framework nützliche Konzepte an. Im wesentlichen können die Ausführungen aus Abschnitt 8.2.1 auch zur Beschreibung der verteilten (bzw. auch parallelen) AE zwischen Objektpuffer und Server verwendet werden. Ein erster Ansatz dazu ist in [TD93, TMMD93, TMM93] zu finden. Dort wurde die Wissensverarbeitung des WBVS KRISYS als AV- bzw. AE-Problem im Rahmen der Workstation/Server-Architektur von KRISYS behandelt.

In dem gesamten angesprochenen Problembereich stehen die Untersuchungen erst am Anfang. Insbesondere für OODBS, die (fast) ausschließlich Objektpuffer-Architekturen realisieren und momentan um AV- und AE-Aspekte erweitert werden, erscheinen diese und weitere Untersuchungen relevant.

9
Literatur

9.1 Verwendete Abkürzungen in den Literaturreferenzen

ACM   Association for Computing Machinery
ACM CS   ACM Computing Surveys
BTW   Datenbanksysteme in Büro, Technik und Wissenschaft
CACM   Communication of the ACM, ACM Press
ICDE   International Conference on Data Engineering
IEEE   Institute of Electrical and Electronics Engineers
IFE   Informatik Forschung und Entwicklung, Springer-Verlag
IFB   Informatik Fachberichte, Springer-Verlag
JACM   Journal of the ACM, ACM Press
LNCS   Lecture Notes in Computer Science, Springer-Verlag
PODS   Principles of Database Systems
TKDE   IEEE Transactions on Knowledge and Data Engineering
TOSE   IEEE Transactions on Software Engineering
TODS   ACM Transactions on Database Systems
SIGMOD   ACM Special Interest Group on Management of Data
VLDB   Very Large Databases

9.2 Allgemeine Literatur

[JK84] [KRB85] [Gr89a] [EN89] [UI88] [UI89]

9.3 Literaturreferenzen

ABC83   Atkinson, M., Bailey, P., Crisholm, K., Cockshott, P., Morrison, R.: An Approach to Persistent Programming, in: The Computer Journal 26, 4, 1983.

ABDD89   Atkinson, M., Bancilhon, F., DeWitt, D., Dittrich, K., Maier, D., Zdonik, S.: The Object-Oriented Database System Manifesto, in: Proc. of the 1st Int. Conf. on Deductive and Object-oriented Databases, Kyoto-Japan, Dec. 1989, pp. 40-57.

ACO85   Albano, A., Cardelli, L., Orsini, R.: Galileo: A strongly-typed, interactive conceptual language, ACM TODS, Vol. 10, No. 2, 1985, pp. 230-260.

ADAB84   Systembeschreibung, Bedienungsanleitung und Anwendungsprogrammierung zum Softwareprodukt ADABAS, Software AG, Darmstadt, 1984.

ADLR91   Abramowicz, K., Dittrich, K., Längle, R., Ranft,M., Raupp, T., Rehm, S.: DAMOKLES - Architektur, Implementierung, Erfahrungen, in: IFE 6, 1991, pp. 1-13.

Ag88   Agrawal, R.: Alpha - An Extension of Relational Algebra to Express a Class of Recursive Queries, IEEE
            TOSE, Vol. 14, No. 7, 1988, pp. 879-885.

AGKLP92   Ananthanarayanan, R., Gottemukkala, V., Käfer, W., Lehman, T. Pirahesh, H.: Using the Co-existence
            Approach to Achieve Combined Functionality of Object-Oriented snd Relational Systems, IBM Res.
            Rep. RJ8919, San Jose, CA, December 1992.

AGO91   Albano, A., Ghelli, G., Orsini, R.: A Relationship Mechanism for a Strongly Typed Object-Oriented Da-
            tabase Programming Language, in: Proc. 17th VLDB Conf., Barcelona, 1991, pp. 565-575.

Ap92   Apers, P., et al.: PRISMA/DB: A Parallel Maim Memory Relational DBMS, in: [Ei92], pp. 541-554.

Ar91   Arnold, D. et al.: SQL Access: An Implementation of the ISO Remote Database Access Standard, in:
            IEEE Computer 24 (12), 74-78, Dec. 1991.

ASK80   Astrahan, M., Schkolnick, M., Kim, W.: Performance of the system R access path selection mechanism,
            in: Information Processing, 1980, pp. 487-491.

ASU86   Aho, A., Sethi, R., Ullman, J.: Compilers - Principles, Techniques, and Tools, Addison Wesley, 1986.

AU79   Aho, A., Ullman, J.: Universality of data retrieval languages, in: ACM SIGPLAN Proceedings of the 6th
            Symposium on Principles of Programming Languages (POPL), 1979, pp. 110-120.

Ba79   Babb, E.: Implementing a relational database by means of specialized hardware, ACM TODS, Vol. 4,
            No. 1, March 1979.

Ba87   Banerjee, J., et al: Data Model Issues for Object-Oriented Applications, in: ACM TODS, Vol. 5, No. 1,
            Jan 1987, pp. 3-26.

Ban88   Bancilhon, F.: Object-Oriented Database Systems, in: Proc. 7th ACM PODS, Austin, TX, March 1988.

Bat88   Batory, D.: Concepts for a Database System Compiler, in: ACM PODS, 1988, pp. 184-192.

BB84   Batory, D.S., Buchmann, A.P.: Molecular Objects, Abstract Data Types, and Data Models, in: Proc. 10th
            VLDB Conf., Singapore, 1984, pp. 172-184.

BBGS88   Batory, D., Barnett, J., Garza, J., Smith, K. et al.: GENESIS: An Extensible Database Management Sys-
            tem, IEEE TOSE, Vol. 14, No. 11, Nov. 1988, pp. 1711-1730.

BDT83   Bitton, D., DeWitt, D., Turbyfill, C.: Benchmarking Database Systems a Systematic Approach, Computer
            Sciences Technical Report #526, University of Wisconsin-Madison, December 1983.

BE76   Blasgen, M., Eswaran, K.: On the Evaluation of Queries in a Relational data base System, IBM Research
            Report, RJ 1745, San Jose, CA, 1976.

BE77   Blasgen, M., Eswaran, K.: Storage and Access in Relational Database Systems, IBM Systems Journal
            (16) 4, 1977, pp. 363-377.

BF79   Bentley, J., Friedman, J.: Data structures for range searching, in: ACM CS, Vol. 11, No. 4, 1979, pp. 397-
            409.

BFKM85   Brownston, L., Farrell, R., Kant, E., Martin, N.: Programming Expert Systems in OPS5, Addison Wesley
            Publishing Co., 1985.

BG92   Becker, L., Güting, R.H.: Rule-Based Optimization and Query Processing in an Extensible Geometric
            Database System, in: ACM TODS, 1992.

BK86   Bancilhon, F., Koshafian, S.: A Calculus for Complex Objects, in: Proc. 5th ACM PODS, 1986, pp. 53-59.

BL85   Brachman, R., Levesque, H.: (eds.): Readings in Knowledge Representation, Morgan Kaufmann, Los
            Altos, California, 1985.

BLW88   Batory, D., Leung, T., Wise, T.: Implementation Concepts for an Extensible Data Model and Data Lan-
            guage, in: ACM TODS, Vol. 13, No. 3, Sept. 1988, pp. 231-255.

BM72   Bayer, R., McCreight, E.: Organization and maintenance of large ordered indices, in: Acta Informatica,
            Vol. 1, 1972, pp. 173-189.

BM86   Brodie, M.L., Mylopoulos, J. (eds.): On Knowledge Base Management Systems (Integrating Artificial In-
            telligence and Database Technologies), Topics in Information Systems, Springer-Verlag, NY, 1986.

BMS84   Brodie, M.L., Mylopoulos, J., Schmidt, J. (eds.): On Conceptual Modeling (Perspectives from Artificial
            Intelligence, Databases, and Programming Languages), Topics in Information Systems, Springer-Ver-
            lag, New York, 1984.

BMSU86   Bancilhon, F., Maier, D., Sagiv, Y., Ullman, J: Magic sets and other strange ways to implement logic pro-
            grams, in: Proc. 5th ACM PODS, Cambridge, MA, 1986, pp.1-15.

Bo87   Bolkart, W.: Programmiersprachen der vierten unf fünften Generation, McGraw-Hill, 1987.

BOS91   Butterworth, P., Otis, A., Stein, J.: The GemStone Object Database Management System, in: CACM,
            Vol. 34, No. 10, 1991, pp. 64-77.

Br84   Brodie, M.: On the Development of Data Models, in: [BMS84], pp.19-48.

BR86   Bancilhon, F., Ramakrishnan, R.: An Amateur's Introduction to Recursive Query Processing Strategies, in: Proc. ACM SIGMOD Conf., Washington, D.C., 1986, pp. 16-52.

BR91   Beeri, C., Ramakrishnan, R.: On the power of magic, The journal of logic programming, Vol. 10, 1991, pp. 255-299.

BS83   Bobrow, D., Stefik, M.: The LOOPS Manual, Xerox PARC, Palo Alto, CA, 1983.

BS85   Brachman, R., Schmolze, J.: An Overview of the KL-ONE Knowledge Representation System, Cognitive Science, Vol.9, 1985, pp. 171-216.

CABG81   Chamberlin, D., Astrahan, M., Blasgen, M., Gray, J. et al.: A History and Evaluation of System R, in: CACM, Vol.24, No. 10, 1981, pp 632-646.

Ca91   Cattell, R.: Object Data Management: Object-oriented and Extended Relational Database Systems, Addison-Wesley, Reading, Mass., 1991.

Ca93   Cattell, R. (ed.): The Object Database Standard: ODMG-93, Morgan Kaufmann, San Mateo, CA, 1993.

CACM91   Cattell, R. (ed.): Special Section Next-Generation Database Systems, in:CACM, Vol. 34, No. 10, 1991.

CAKL81   Chamberlin, D., Astrahan, King, W., Lorie, R. et al: Support for Repetitive Transactions and Ad Hoc Queries in System R, in: ACM TODS, Vol. 6, No. 1, 1981, pp. 70-94.

CD94   Cluet, S., Delobel, C.: Towards a Unification of Rewrite-Based Optimization Techniques for Object-Oriented Queries in: [FMV94], pp. 245-272.

CDV88   Carey, M.J., DeWitt, D.J., Vandenberg, S.L.: A Data Model and Query Language for EXODUS, in: Proc. ACM SIGMOD Conf., Chicago, 1988, pp. 413-423.

CGT90   Ceri, S., Gottlob, G., Tanca, L.: Logic Programming and Databases, Springer-Verlag, 1990.

Ch76   Chamberlin, D. et al.: SEQUEL 2: A Unified Approach to Data Definition, Manipulation and Control, IBM Journal of Research and Development, 20 (6), 1976, pp. 560-575.

Chen76   Chen, P.: The Entity Relationship Model: Toward a Unified View of Data, in: ACM TODS, Vol. 1, No. 1, 1976, pp. 9-36.

Ch84   Chandrasekaran, B.: Expert Systems: Matching Techniques to Tools, in: Atificial Intelligence Applications for Business (Editor Reitman, W.), Ablex Publishing Corporation, Norwood, New Jersey, 1984.

CHHI91   Cheng, J., Haderle, D., Hedges, R., Iyer, B. et al.: An Efficient Hybrid Join Algorithm: a DB2 Prototype, in: Proc. 7th ICDE, Kobe, Japan, 1991, pp. 171-180.

CL92   Cheiney, J., Lanzelotte, R.: A Model for Optimizing Deductive and Object-Oriented DB Requests, in: ICDE, Phoenix, February, 1992.

CM81   Clocksin,, W.F., Mellish, C.S.: Programming in Prolog, Springer-Verlag, 1981.

CMCD94   Chen, J., Mattos, N., Chamberlin, D., DeMichiel, L.: Extending relational database technology for new applications, in: IBM Systems Journal, Vol.33, No. 2, 1994, pp.264-279.

Co70   Codd, E.F.: A Relational Model of Data for Large Shared Data Banks, in: CACM 13 (6) , 1970, pp. 377-387.

Co72   Codd, E.: Relational Completeness of Data Base Sublanguages, in: Courant Computer Science Symposia,No.6: Data Base Systems, Prentice Hall, 1972, pp. 67-101.

CODA71   CODASYL Data Base TaskGroup Report, in: Proc. ACM Conf. on Data System Lang. New York, 1971.

CODA78   CODASYL Data Description Language Committee Report, in: Information Systems, Vol. 3, No. 4, 1978, pp. 247-320.

CS90   Cattell, R., Skeen, J.: Engineering Database Benchmark, in: ACM TODS, May 1990.

Da83   Date, C.: The Outer Join, in: Proc. Second Intern. Conf. on Databases, Cambridge England, 1983.

Da84a   Date, C.: Some Principles of Good Language Design, in: ACM SIGMOD RECORD, 14(3), 1984, pp. 1-7.

Da84b   Date, C.: A Critique of the SQL Database Language, in: ACM SIGMOD RECORD, 14(3), 1984, pp. 8-54.

Da86   Dadam, P., et al.: A DBMS Prototype to Support Extended NF^2-Relations: An Integrated View on Flat Tables and Hierarchies, in: Proc. ACM SIGMOD Conf., Washington, D.C., 1986, pp. 356-367.

Da87   Dayal, U.: Of Nests and Trees: A Unified Approach to Processing Queries that Contain Nested Subqueries, Aggregates, and Quantifiers, in: VLDB 1987, pp. 197 - 208.

Da90   Date, C.: An Introduction to Database Systems Volume I and II, 5. Auflage, Addison-Wesley, 1990.

DA93   Dar, S., Agrawal, R.: Extending SQL with Generalized Transitive Closure Functionality, in: IEEE TKDE, Vol. 5, No. 5, 1993, S. 799-812.

DCB89   Dearle, A., Connor, R., Brown, A., Morrison, R.: Napier-88: A Database Programming Language?, In: Proc. 2nd. Int. Workshop on Database Programming Lanuages, Oregon, 1989, pp. 213-230.

DCLA93   DeMichiel, L., Chamberlin, D., Lindsay, B., Agrawal, R., Arya, M.: Polyglot: Extensions to Relational Da-
         tabases for Sharable Types and Functions in a Multi-Language Environment, in: ICDE, Vienna, 1993,
         pp. 651-660.

DD86   Dittrich, K.R., Dayal, U. (eds.): Proc. Int. Workshop on Object-Oriented Database Systems, Pacific
         Grove, 1986.

DD93   Date, C., Darwen, H.: A Guide to the SQL Standard - A user's guide to the standard relational language
         SQL (3rd Edition), Addison-Wesley Publishing Company, 1993.

De91   Deßloch, S.: Handling Integrity in a KBMS Architecture for Workstation/Server Environments, in: Ta-
         gungsband der GI-Fachtagung 'BTW', IFB 270, Springer-Verlag, 1991, pp. 89 - 108.

De93   Deßloch, S.: Semantic Integrity in Advanced Database Management Systems, Dissertation des Fach-
         bereichs Informatik, Universität Kaiserslautern, 1993.

Deu91   Deux, O. et al.: The O2 System, in: CACM, Vol. 34, No. 10, 1991, pp. 34-49.

Deu90   Deux, O. et al.: The Story of O2, in: IEEE TKDE, Vol.2, No. 1, 1990, S. 91-108.

DG85   DeWitt, D., Gerber, R.: Multiprocessor Hash-Based Join Algorithms, in: Proc. 11th VLDB Conf., Stock-
         holm, 1985, pp.151-164.

DG92   DeWitt, D., Gray, J.: Parallel Database Systems: The Future of High Performance Database Systems,
         in: CACM, Vol. 35, No. 6, 1992, pp. 85-98.

DHLM92   Deßloch, S., Härder, T., Leick, J., Mattos, N.: KRISYS - a KBMS Supporting the Development and
         Processing of Advanced Engineering Applications, Informatik Aktuell, Bayer R., Härder, T., Lockemann,
         P. (Hrsg.), Springer Verlag, 1992, pp. 83-106.

Di87   Dittrich, K.: Object-Oriented Database Systems - A Workshop Report, in: Proc. 5th Int. Conf. on Entity-
         Relationship Approach, Dijon, North Holland Publishing Company, 1987, pp. 51-66.

Di88   Dittrich, K. (ed.): Advances in Object-Oriented Database Systems, LNCS, No. 334, Springer-Verlag,
         1988.

DKOS84   DeWitt, D., Katz, R., Olken, F., Shapiro, L., Stonebraker, M., Wood, D.: Implementation Techniques for
         Main Memory Database Systems, in: Proc. ACM SIGMOD Conf., Boston, 1984, pp. 1-8.

DLM90   Deßloch, S., Leick, F.-J., Mattos, N.: A State-oriented Approach to the Specification of Rules and Que-
         ries in KBMS, Universität Kaiserslautern, ZRI-Bericht, 4/90, 1990.

DLMT93   Deßloch, S., Leick, F.-J., Mattos, N., Thomas, J.: The KRISYS Project: a summary of what we have
         learned so far, in: Tagungsband der GI-Fachtagung BTW, Informatik Aktuell, Springer-Verlag, 1993,
         pp.124-143.

DMFV90   DeWitt, D.J., Maier, D., Futtersack, P., Velez, F.: A Study of Three Alternative Workstation-Server Archi-
         tectures for Object Oriented Database Systems, in: Proc. of the 16th VLDB Conf. Brisbane, Australia,
         1990, pp. 107-121.

DMMT95   Deßloch, S., Mattos, N., Mitschang, B., Thomas, J.: Design and Implementation of Advanced Knowl-
         edge Processing in the KBMS KRISYS, in: Tagungsband der GI-Fachtagung 'Datenbanksysteme für
         Büro, Technik und Wissenschaft', Informatik Aktuell, Springer-Verlag, 1995.

DNS91   DeWitt, D., Naughton, J., Schneider, D.: An Evaluation of Non-Equijoin Algorithms, in: Proc. 17th VLDB
         Conf., Barcelona, 1991, pp. 443-452.

DOOD   Tagungsbände der Konferenzreihe: Deductive and Object-Oriented Databases.

DS86   Dayal, U., Smith, J.M.: PROBE: A knowledge-oriented database management system, in: [BM86], pp.
         227-257.

DS89   Derrett, N., Shan, M.-C.: Rule-Based Query Optimization in IRIS, in: Proc. ACM Annual Comp. Sci. Conf.
         (Computing Trends in the 1990's), 1989, pp. 78-86.

Eb84   Eberlein, W.: CAD Datenbanksysteme: Architektur technischer Datenbanksysteme für integrierte Inge-
         nieursysteme, Springer-Verlag, 1984.

Ef87   Effelsberg, W.: Datenbankzugriff in Rechnernetzen, in: Informationstechnik, 29. Jahrgang, Heft 3, Old-
         enbourg-Verlag, 1987, pp. 140-152.

Ei92   Eich, M. (ed.): Special Issue on Main Memory Databases, IEEE TKDE, Vol. 4, No. 6, 1992.

EN89   Elmasri R., Navathe, S.B.: Fundamentals of Database Systems, Benjamin/Cummings Publishing Com-
         pany, 1989.

Fi87   Fishman, D.H., et al: IRIS: An Object-Oriented Database Management System, in: ACM Transactions
         on Office Information Systems, Vol. 5 No. 1, pp. 48-69.

FK85   Fikes, R., Kehler, T.: The Role of Frame-based Representation and Reasoning, in: CACM, Vol. 28, No.
         9, Sept. 1985, pp. 904-920.

FKP93   Fischer, W., Küspert, K., Puppe F.(eds.): Objektorientierte Datenbanksysteme, Informatik-Spektrum, Band 16, Heft 2, Springer-Verlag, April 1993.

FMV94   Freytag, J., Maier, D., Vossen, G. (eds.): Query Processing in Object-Oriented, Complex-Object and Nested Relation Databases, Morgan Kaufman Publ. Co., 1994.

Fo82   Forgy, C.: RETE: A fast algorithm for the many pattern/ many object pattern match problem, Artificial Intelligence (19), 1982, pp. 17-38.

Fr87a   Freytag, J.C.: Translating Relational Queries into Iterative Programs, LNCS 261, Springer-Verlag, 1987.

Fr87b   Freytag, J.C.: A Rule-Based View of Query Optimization, in: Proc. of the ACM SIGMOD Conf., San Francisco, 1987, pp. 173-180.

Fr89   Freytag, J.C.: The Basic Principles of Query Optimization in Relational Database Management Systems, in: Proc. of 11th IFIP World Congress, San Francisco, 1989, pp. 801 - 807.

Fre87   Freeston,, M.: The BANG-File: A New Kind of Grid File, in: Proc. of the ACM SIGMOD Conf., San Francisco, 1987, pp. 260-269.

Ga92   Gallagher, L.: Object SQL: Language Extensions for Object Data Management, in: First Int. Conf. on Information and Knowledge Management (CIKM), Baltimore MD, 1992.

GD87   Graefe, G., DeWitt, D.: The EXODUS Optimizer Generator, in: Proc. of the ACM SIGMOD Conf., San Francisco, 1987, pp. 160-172.

GGHK92   Gesmann, M., Grasnickel, A., Hübel, C., Käfer, W., Mitschang, B., Ritter, N., Schöning, H.: Eine Einführung in PHOENIX: Allgemeine Informationen über die Programmierumgebung und Benutzung der Reimplementierung von PRIMA

GM88   Graefe, G., Maier, D.: Query Optimization in Object-Oriented Database Systems: A Prospectus, in [Di88], pp. 358 - 363.

GM91   Graefe, G., McKenna W.: The Volcano Optimizer Generator, Technical Report CU-CS-563-91, Computer Science Department, University at Boulder, 1991.

GMN84   Gallaire, H., Minker, J., Nicolas, J.-M.: Logic and Databases: A Deductive Approach, in: ACM Computing Surveys, Vol. 16, No. 2, June 1984, pp. 153-185.

Go89   Goldberg, D.E.: Genetic Algorithms in Search, Optimization, and Machine Learning, Addison-Wesley, 1989.

GP87   Gray, J., Putzolo, F.: The 5 minute rule for trading memory for disc accesses and the 10 BYTE rule for trading memory for CPU time, in: ACM SIGMOD 1987, pp. 395-398 .

Gr89a   Graefe, G. (ed.): Workshop on Database Query Optimization, Portland Oregon, 1989.

Gr89b   Graefe, G.: Volcano: An Extensible and Parallel Dataflow Query Processing System, Oregon Graduate Center, Computer Science Technical Report, 1989.

Gr90   Graefe, G.: Encapsulation of Parallelism in the Volcano Query Processing System, in: Proc. of the ACM SIGMOD Conf., Atlantic Ciity, 1990, pp. 102-111.

Gr91   Gray, J. (ed.): The Benchmark Handbook for Database and Transaction Processing Systems, Series in Database Management Systems, Morgan Kaufmann, 1991.

Gr92   Graefe, G.: Query Processing Techniques for Large Databases, Technical Report CU-CS-579-92, Computer Science Department, University at Boulder, 1992.

Gr93   Graefe, G.: A Performance Evaluation of Histogram-Driven Recursive Hybrid Hash Join, Technical Report, Portland State University, 1993.

Gr93b   Graefe, G.: Query Evaluation Techniques for Large Databases, in: ACM CS 25(2), 1993, pp. 73-170.

GR83   Goldberg, A., Robson, D.: Smalltalk-80 - The Language and its Implementation, Addison Wesley, Reading, MA, 1983.

Gu84   Guttman, A.: R-Trees - A Dynamic Index Structure for Spatial Searching, in: Proc. of the ACM SIGMOD Conf., Boston, 1984, pp. 47-57.

GW87   Ganski, R., Wong, H.: Optimization of Nested SQL Queries Revisited, in: ACM SIGMOD, 1987, pp. 23-34.

GW89   Graefe, G., Ward, K.: Dynamic Query Evaluation Plans, in: Proc. of the ACM SIGMOD Conf., Portland, 1989, pp. 358-366.

Hä78a   Härder, T.: Implementierung von Datenbanksystemen, Carl Hanser Verlag, 1978.

Hä78b   Härder, T.: Implementing a generalized access path structure for a relational data base system, in: ACM TODS, Vol.3, No. 3,Sept. 1978, pp. 285-298.

Hä86   Härder, T.: Skriptum zur Vorlesung Datenbanksysteme I, Wintersemester 1986/1987, 1986.

Hä87   Härder, T.: Realisierung von operationalen Schnittstellen, Kapitel 3 in [LS87], pp.167 - 342.

Hä88   Härder, T. (ed.): The PRIMA Project - Design and Implementation of a Non-Standard Database System, Forschungsbericht 26/88, SFB 124, Universität Kaiserslautern, 1988.

Hä89   Härder, T.: Non-Standard DBMS for Support of Emerging Applications - Requirement Analysis and Architectural Concepts, in: Proc. Hawaii Int. Conf. on System Sciences, Hawaii, 1989, pp. 549-558.

He92   Heuer, A.: Objektorientierte Datenbanken - Konzepte, Modelle, Systeme, Addison-Wesley, 1992.

HCFL88   Haas, L., Chang, W., Freytag, J.C., Lapis, G., et al.: An Extensible Processor for an Extended Relational Query Language, IBM Almaden Research Center, Research Report RJ 6182, 1988.

HCLM90   Haas, L., Chang, W., Lohman, G., McPherson, J. et al.: Starburst Mid-Flight: As the Dust Clears, in: IEEE TKDE, Vol.2, No. 1, 1990, S. 143-160.

HFLP89   Haas, L., Freytag, J.C., Lohman, G., Pirahesh. H.: Extensible Query Processing in Starburst, in: Proc. of the ACM SIGMOD Conf., Portland, 1989, pp. 377 - 388.

HMG92   Hübel, C., Mitschang, B., Gesmann, M., Grasnickel, A., Käfer, W., Schöning, H., Härder, T.: Using PRIMA-DBMS as a Testbed for Parallel Complex-Object Processing, in: Proc. Int. Workshop on Research Issues on Data Engineering (RIDE), Tempe, Arizona, 1992, pp. 38-45.

HMM87   Härder, T., Mattos, N., Mitschang, B.: Abbildung von Frames auf neuere Datenmodelle, im: Tagungsband GWAI-87, 11th German Workshop on Artificial Intelligence, 1987, pp. 396-405.

HMMS87   Härder, T., Meyer-Wegener, K., Mitschang, B., Sikeler, A.: PRIMA - a DBMS Prototype Supporting Engineering Applications, in: Proc. 13th VLDB Conf., Brighton, 1987, pp. 433-442.

HMNR95   Härder, T., Mitschang, B., Nink, U., Ritter, N.: Workstation/Server-Architekturen für datenbankbasierte Ingenieuranwendungen, in: Informatik - Forschung und Entwicklung, Springer-Verlag, 1995.

HMS92   Härder, T., Mitschang, B., Schöning, H.: Query Processing for Complex Objects, in: Data and Knowledge Engineering 7, North Holland, 1992, pp. 181-200.

HP88   Hasan, W., Pirahesh, H.: Query Rewrite Optimization in Starburst, IBM Almaden Research Center, Research Report RJ 6367, 1988.

HR83   Härder, T., Reuter, A.: Concepts for Implementing a Centralized Database Management System, in: Proc. of the International Computing Symposium 1983 on Application Systems Development, Nürnberg, Teubner-Verlag, March 1983, pp. 28-59.

HS93   Hong, W. Stonebraker, M.: Optimization of Parallel Query Execution Plans in XPRS, Distributed and Parallel Databases, Vol. 1, No. 1, 1993, pp. 9-32.

Hü92   Hübel, C.: Ein Verarbeitungsmodell für datenbankgestützte Ingenieuranwendungen in einer arbeitsplatzrechnerorientierten Ablaufumgebung, Dissertation Universität Kaiserslautern, 1992.

IC91   Ioannidis, Y., Christodoulakis, S.: On the Propagation of Errors in the Size of Join Results, in: Proc. of the ACM SIGMOD Conf., Denver, 1991, pp. 268-277.

IK84   Ibaraki, T., Kameda, T.: Optimal Nesting for Computing N-relational Joins, in: TODS 9(3), 1984, pp.482-502.

IK90   Ioannidis, Y., Kang, Y.: Randomized Algorithms for Optimizing Large Join Queries, in: Proc. of the ACM SIGMOD Conf., Atlantic Ciity, 1990, pp. 312-321.

In84   IntelliCorp Inc.: The Knowledge Engineering Environment, IntelliCorp, Menlo Park, CA, 1984.

In87   Inference Corporation: ART Reference manual, Version 3.0, Inference Corporation, Los Angeles, CA, 1987.

Io93   Ioannidis, Y.: Universality of Serial Histograms, in: Proc. 19th VLDB Conf., Dublin, 1993, pp. 256-267.

IW87   Ioannidis, Y., Wong, E.: Ouery Optimization by Simulated Annealing, in: Proc. of the ACM SIGMOD Conf., San Francisco, 1987, pp. 9-22.

Ja86   Jarke, M.: Current Trends in Database Query Processing, in: [BM86].

JK83   Johnston, D., Klug, A.: Optimizing Conjuntive Queries that Contain untyped Variables, in: SIAM Journal of Computing, Vol.12, No.4, 1983, pp 616-640.

JK84   Jarke, M., Koch, J.: Query Optimization in Database Systems, in: ACM CS 16(2), 1984, pp. 111-152.

KBZ86   Krishnamurthy, R., Boral, H., Zaniolo, C.: Optimization of Nonrecursive Queries, in in: Proc. 12th VLDB Conf., Kyoto, 1986, pp. 128-137

KCW92   Khoshafian, S., Chan, A., Wong, A.: A Guide to Developing Client/Server SQL Applications, Series in Database Management Systems, Morgan Kaufmann, 1992.

KDE90   Stonebraker, M. (ed.): Special Issue on Database Prototype Systems: TKDE, Vol.2, No. 1, March 1990.

Ke86   Kerschberg, L. (ed.): Expert Database Systems, Benjamin Cummings, 1986.

KG90   Kießling, W., Güntzer, U.: Deduktive Datenbanksysteme auf dem Weg zur Praxis, in: IFE, No. 5, 1990, S. 177-187.

KGBW90   Kim, W., Garza, J., Ballou, N., Woelk, D.: Architecture of the ORION Next-Generation Database System, in: IEEE TKDE, Vol.2, No. 1, 1990, S. 109-124.

KGM91   Keller, T., Graefe, G., Maier, D.: Efficient Assembly of Complex Objects, in: Proc. of the ACM SIGMOD Conf., Denver, pp.148-157.

Ki82   Kim, W.: On Optimizing an SQL-like Nested Query, in: ACM TODS 7(3), 1982.

Ki89   Kim, W.: A Model of Queries for Object-oriented Databases, in: Proc. 15th VLDB Conf., Amsterdam, 1989, pp. 423 - 432.

Ki91   Kim, W.: Introduction to Object-Oriented Databases, Computer System Series, MIT Press, 1991.

KKS92   Kifer, M., Kim, W., Sagiv, Y.: Querying Object-Oriented Databases, in Proc. of the ACM SIGMOD Conf., San Diego, 1992, pp. 393-402.

Kl82   Klug, A.: Equivalence of Relational Algebra and Relational Claculus Query Languages Having Aggregates, in: JACM, Vol. 29, No. 3, 1982, pp. 699-717.

KL89   Kim, W., Lochovsky, F.: Object-Oriented Concepts, Databases, and Applications, ACM Press, Addison-Wesley, NY, 1989.

KM90   Kemper, A., Moerkotte, G.: Advanced Query Processing in Object Bases: A Comprehensive Approach to Access Support, Query Transformation, and Evaluation, in: Interner Bericht Nr. 27/ 90, Fakultät für Informatik, Universität Karlsruhe, Sept. 1990.

KM94   Kemper, A., Moerkotte, G.: Query Optimization in Object-Bases: Exploiting Relational Techniques, in: [FMV94], pp. 63-98.

KM93   Käfer, W., Mitschang, B.: Flexible Entwurfsdatenverwaltung für CAD-Frameworks: Konzept, Realisierung und Bewertung, in: Tagungsband der GI-Fachtagung BTW, Informatik Aktuell, Springer-Verlag, 1993, pp.144-163.

KMP83   Koch, J., Mall, M., Putfarken, P., Reimer, M., Schmidt, J., Zehnder, C.: MODULA/R Report, Institut für Informatik, ETH Zürich, 1983.

Ko85   Koch, J.: Relationale Anfragen - Zerlegung und Optimierung, IFB 101, Springer-Verlag, 1985.

KRB85   Kim, W., Reiner, D.S., Batory, D.S. (eds.): Query Processing in Database Systems, Topics in Information Systems, Springer-Verlag, 1985.

KS91   Korth, H., Silberschatz, A.: Database System Concepts, Computer Science Series, McGraw-Hill, 1991.

KS92a   Käfer, W., Schöning, H.: Realizing a Temporal Complex-Object Data Model, in: Proc. of the ACM SIGMOD Conf., San Diego, 1992, pp. 266-275.

KS92b   Käfer, W., Schöning, H.: Mapping a Version Model to a Complex-Object Data Model, in: ICDE, Phoenix, 1992, pp. 348-357.

KW87   Kemper, A., Wallrath, M.: An Analysis of Geometric Modeling in Database Systems, in: ACM Computing Surveys, Vol. 19, No. 1, March 1987, pp. 47-91.

KZ88   Krishnamurthy, R., Zaniolo, C.: Optimization in a Logic Based Language for Knowledge and Data Intensive Applications, in: Advances in Database Technology - EDBT'88, Schmist, J., Ceri, S., Missikoff, M. (Eds.), LNCS Vol. 303, Springer-Verlag, 1988, pp. 16-33.

La95   Lamersdorf, W.: Datenbanken in verteilten Systemen - Konzepte, Lösungen, Standards, Vieweg, Reihe Datenbanksysteme, 1994.

La92   Latsch, W.: Rekursion in MAD: Optimierungsstrategien und Implementierung, Diplomarbeit, Universität Kaiserslautern, 1992.

LC86   Lehman, T. Carey, M.: Query Processing in Main Memory Database Management Systems, in: Proc. of the ACM SIGMOD Conf., Washington D.C., 1986, pp. 239-250.

LC91   Lanzelotte, R., Cheiney, J.: Adapting Relational Optimization Technology to Deductive and Object-oriented Declarative Database Languages, in: Workshop on Database Programming Languages, Greece, August, 1991.

LFL88   Lee, M., Freytag, J.C., Lohman, G.: Implementing an Interpreter for Functional Rules in a Query Optimizer, IBM Research Laboratory, San Jose, CA, 1988.

Li90   Lippman, S.: C++ Primer, Addison-Wesley, 1990.

LK84   Lorie, R., Kim, W., et al.: Supporting Complex Objects in a Relational System for Engineering Databases, IBM Research Laboratory, San Jose, CA, 1984.

Ll87   Lloyd, J.: Foundations of logic programming, Springer-Verlag, 1987.

LLOW91   Lamb, G., Landis. G., Orenstein, J., Weinreb, D.:The ObjectStore Database System, in: CACM, Vol. 34, No. 10, 1991, pp. 50-63.

LLPS91   Lohman, G., Lindsay, B., Pirahesh, H., Schiefer, B.: Extensions to Sarburst: Objects, Types, Functions, and Rules, in: CACM, Vol. 34, No. 10, 1991, pp. 94-109.

LM89   Leick, F.J., Mattos, N.M.: A Framework for an Efficient Processing of Knowledge Bases on Secondary
           Storage, in: Proc. of the 4th Brazilian Symposium on Data Bases, Campinas-Brazil, April 1989.

LMP86   Lindsay, B., McPherson, J., Pirahesh, H.: A Data Management Extension Architecture, IBM Almaden
           Research Center, San Jose, CA, 1986.

LN89   Lipton, R. Naughton, J.: Estimating the Size of Generalized Transitive Closures, in: Proc. 15th VLDB
           Conf., Amsterdam, 1989, pp. 165-171.

LNS90   Lipton, R. Naughton, J., Schneider, D.: Practical Selectivity Estimation through Adaptive Sampling, in:
           Proc. of the ACM SIGMOD Conf., Atlantic Ciity, 1990, pp. 1-11.

Lo86   Lohman, G.: (ed.): Special Issue on Recent Advances in Query Optimization, IEEE Database Enginee-
           ing, Vol. 9, No. 4., December 1986.

Lo88   Lohman, G.: Grammar-like Functional Rules for Representing Query Optimization Alternatives, in: Proc.
           of the ACM SIGMOD Conf., Chicago, 1988, pp. 17-27.

Lo92   Loomis, M.: Client-Server Architecture, Journal on 'Object-Oriented Programming', Februar 1992.

LP83   Lacroix, M., Pirotte, A.: Comparison of Database Interfaces for Application Programming, in: Information
           Systems, Vol. 8, No. 3, 1983, pp. 217-229.

LS87   Lockemann, P., Schmidt, J.W. (eds.): Datenbak-Handbuch, Springer-Verlag, 1987.

LSC92   Lehman, T., Shekita, E., Cabrera, L.-F.: An Evaluation of Starburst's memory-Resident Storage Com-
           ponent, IBM Res. Rep. RJ8919, San Jose, CA, August 1992.

LSCP93   T. Lee, V. Srinivasan, J. Cheng and H. Pirahesh. Object/SQL Gateway, OOPSLA workshop, 1993.

Ly88   Lynch, C.: Selectivity Estimation and Query Optimization in Large Databases with Highly Skewed distri-
           butions of Column Values, in: Proc. 14th VLDB Conf., Los Angelas, 1988, pp. 240-251.

LV91   Lanzelotte, R., Valduriez, P.: Extending the Search Strategy in a Query Optimizer, in: Proc. 17th VLDB
           Conf., Barcelona, 1991, pp. 363-373.

LVZC91   Lanzelotte, R., Valduriez, P., Ziane, M., Cheiney, J.: Optimization of Nonrecursive Queries in OODB's,
           in: Second Int. Conf. on Deductive and Object-Oriented Databases, Munich, December 1991.

LVZ92   Lanzelotte, R., Valduriez, P., Zait, M.: Optimization of Object-Oriented Recursive Queries using Cost-
           Controlled Strategies, in: Proc. of the ACM SIGMOD Conf., San Diego, 1992, pp. 256-265.

LVZZ94   Lanzelotte, R., Valduriez, P., Zait, M. Ziane, M.: Industrial-Strengh Parallel Query Optimizations: Issues
           and Lessons, in: Information Systems, Vol.19., No. 4, 1994, pp. 311-330.

Ma85   Martin, J.: Fourth Generation Languages, Volume I and II, Prentice Hall, 1985.

Ma86   Mattos, N.M.: Concepts for Expert Systems and Database Systems Integration (in German), Research
           Report No. 162/86, University of Kaiserslautern, Computer Science Department, Kaiserslautern, 1986.

Ma88a   Mattos, N.M.: Abstraction Concepts: the Basis for Data and Knowledge Modeling, in: 7th Int. Conf. on
           Entity-Relationship Approach, Rome, Ialy, 1988, pp. 331-350.

Ma88b   Mattos, N.M.: KRISYS - A Multi-Layered Prototype KBMS Supporting Knowledge Independence, in:
           Proc. Int. Computer Science Conference - Artificial Intelligence: Theory and Application, Hong Kong,
           Dec. 1988, pp. 31-38.

Ma90   Mattos, N.M.: KRISYS - a KBMS Supporting Development and Processing of Knowledge-based Appli-
           cations in Workstation/Server Environments, Internal Report, Univ. of Kaiserslautern,Germany, 1990.

Ma91   Mattos, N.M.: An Approach to Knowledge Base Management, Lecture Notes in Artificial Intelligence
           (subseries of LNCS) No. 513, Springer-Verlag.

MCS88   Mannino, M., Chu, P., Sager, T.: Statistical Profile Estimation in Database Systems, in: ACM CS 20(3),
           1988, pp. 191-221.

MD88   Muralikrishna, M., DeWitt, D.: Equi-Depth Histograms for Estimating Selectivity Factors for Multi-Dimen-
           sional Queries, in: Proc. of the ACM SIGMOD Conf., Chicago, 1988, pp. 28-36.

MDKV94   Maier, D., Daniels, S., Keller, T., Vance, B., Graefe, G., McKenna, W.: Challenges for Query Processing
           in Object-Oriented Databases, in: [FMV94], pp. 338-380.

Me93   Melton J., Simon, A.: Understanding the new SQL: A Complete Guide, Series in Database Management
           Systems, Morgan Kaufmann, 1993.

Mi88   Mitschang, B.: Ein Molekül-Atom-Datenmodell für Non-Standard-Anwendungen - Anwendungsanalyse,
           Datenmodellentwurf und Implementierungskonzepte, IFB 185, Springer-Verlag, 1988.

Mi88a   Mitschang, B.: Towards a Unified View of Design Data and Knowledge Representation, in: Proc. of Sec-
           ond Int. Conf. on Expert Database Systems, Tysons Corner, Virginia, pp. 33-49; auch publiziert bei Ben-
           jamin/Cummings Publishing Co.

Mi88b   Minker, J. (ed.): Foundations of Deductive Databases and Logic Programming, Series in Database Man-
           agement Systems, Morgan Kaufmann, Los Altos, 1988.

Mi89   Mitschang, B.: Extending the Relational Algebra to Capture Complex Objects, in: Proc. 15th VLDB Conf., Amsterdam, 1989, pp. 297-305.

MFPR90   Mumick, I., Finkelstein, S., Pirahesh, H., Ramakrishnan, R.: Magic is Relevant, in: Proc. of the ACM SIGMOD Conf., Atlantic Ciity, 1990, pp. 247-258.

ML83a   Meier A., Lorie R.: A Surrogate Concept for Engineering Datbases, in: Proc. 9th VLDB Conf., Florenz, 1983, pp. 30-32.

ML83b   Meier A., Lorie R.: Implicit Hierarchical Joins for Complex Objects, IBM Res. Rep. RJ3775, San Jose, CA, January 1983.

MMM93   Mattos, N.M., Meyer-Wegener, K., Mitschang, B.: Grand Tour of Concepts for Object-Orientation from a Database Point of View, in: Data and Knowledge Engineering, North Holl., Vol. 9, 1993, pp. 321-352.

Mo92   Mohan, C.: Interactions Between Query Optimization and Concurrency Control, in: Proc. 7th Brazilian Symposium on Databases, Porto Alegre, 1992, pp. 51-63.

Moss92   Moss, E.: Working with Persistent Objects: To Swizzle or Not to Swizzle, in: Ieee TOSE, Vol. 18, No. 8, 1992, pp. 657-673.

MP94   Mitschang, B., Pirahesh, H.: Integration of Composite Objects Into Relational Query Processing: The SQL/XNF Approach, in: [FM94], pp. 35-62.

MP94b   Mumick, I., Pirahesh, H.: Implementation of Magic-sets in a Relational Database System, in: Proc. of the ACM SIGMOD Conf., Minneapolis, 1994, pp.103-114.

MPPLS93   Mitschang, B., Pirahesh, H., Pistor, P., Lindsay, B., Südkamp, N.: SQL/XNF - Processing Composite Objects as Abstractions over Relational Data, in: ICDE, pp. 272-282.

MPTW94   Mohan, C., Pirahesh, H., Tang, W., Wang, Y.: Parallelism in relational database management systems, in: IBM Systems Journal, Vol.33, No. 2, 1994, pp.349-371.

Mu92   Mumick, I. : Query Optimization in Deductive and Relational Databases, PhD-Thesis, Stanford University, CA, 1992.

Mu93   Mumick, I. (ed.): Workshop on Combining Declarative and Object-Oriented Databases, Proceedings in cooperation with ACM SIGMOD, May, 29, 1993.

MUV86   Morris, K., Ullmann, J.D., Van Gelder, A.: Design Overview of the NAIL! System, in: Proc. Third Intl. Conf. on Logic Programming, 1986, pp. 554-568.

MW86   Meyer-Wegener, K.: Transaktionssysteme - eine Untersuchung des Funktionsumfangs, der Realisierungsmöglichkeiten und des Leistungsverhaltens, Leitfäden der angewandten Informatik, B.G.Teubner, Stuttgart, 1988.

MW87   Meyer-Wegener, K.: Transaktionssysteme - verteilte Verarbeitung und verteilte Datenhaltung, in: Informationstechnik, 29. Jhrg., Heft 3, Schwerpunktthema: Datenbanken, Oldenbourg, 1987, pp. 120-126.

MW91   Meyer-Wegener, K.: Multimedia-Datenbanken, Leitfäden der Angewandten Informatik, B.G. Teubner Stuttgart, 1991.

My80   Mylopoulos, J., et al: A Language Facility for Designing Database-intensive Applications, in: ACM TODS, Vol. 5, No. 2, June 1980, pp 185-207.

Ne91   Neugebauer, L.: Optimization and Evaluation of database Queries Including Embedded Interpolation Procedures, in: Proc. of the ACM SIGMOD Conf., Denver, 1991, pp.118-127.

Ne92   Neumann, K.: Kopplungsarten von Programmiersprachen und Datenbanksprachen, in: Informatik Spektrum 15 (4), 1992, pp. 185-194.

NHS84   Nievergelt, J., Hinterberger, H., Sevcik, K.C.: The Grid File - An Adaptable, Symmetric Multikey File Structure, in: ACM TODS, Vol. 9, No. 1, 1984, pp. 38-71.

Ni89   Nierstrasz, O.M.: A survey of object-oriented concepts in [KL89], pp. 3-21.

No92   Noack, J,: DATALOG: Zur Integration von Datenbanken und wissensbasierten Konzepten, in Informationstechnik, 34. Jahrgang, Heft 2, Oldenbourg-Verlag, 1992, pp. 113-123.

OL90   Ono, K., Lohman, G.: Measuring the Complexity of Join Enumeration in Query Optimization, in: Proc. 16th VLDB Conf., Brisbane, 1990, pp. 314-325.

OMG92   Soley, R. (ed.): Object Management Architecture Guide, Rev. 2.0, 2nd Ed., OMG TC Document 92.11.1, Object Management Group, 1992.

ÖV91   Özsu, T., Valduriez, P.: Principles of Distributed Database Systems, Prentice Hall, 1991.

Pa91   Pappe, S.: Datenbankzugriff in offenen Rechnernetzen, Springer-Verlag, Reihe "Informationstechnik und Datenverarbeitung", 1991.

Pa92   Paul, D.: Untersuchungen zur Abbildung von Wissensmodellen auf verschiedene Datenmodelle, Diplomarbeit am Fachbereich Informatik, Universität Kaiserslautern, 1992.

PC84   Piatesky-Shapiro, G., Connell, C.: Accurate Estimation of the Number of Tuples Satisfying a Condition, in: Proc. of the ACM SIGMOD Conf., Boston, 1984, pp. 256-276.

PHH92   Pirahesh, H., Hellerstein, J., Hasan W.: Extensible/Rule Based Query Rewrite Optimization in Starburst, in: Proc. of the ACM SIGMOD Conf., San Diego, 1992, pp. 39-48.

Pi93   Pistor, P.: Objektorientierung in SQL3: Stand und Entwicklungstendenzen, in: [FKP93], pp. 89-94.

PKAL92   Pirahesh, H., Kiernan, G., Agrawal, R., Lindsay, B., Lohman, G., McPherson, J.: Implementing Recursive Query Processing in a Relational DBMS, IBM Almaden Research Center, Research Report, 1992.

PM91   Pirahesh, H., Mohan, C.: Evolution of Relational DBMSs Toward Object Support: A Practical Viewpoint, in: Tagungsband der GI-Fachtagung 'BTW', IFB 270, Springer-Verlag, 1991, pp. 16 - 37.

PMC90   Pirahesh, H., Mohan, C., Cheng, J., Liu, TS, Selinger, P.: Parallelism in Relational Data Base Systems: Architectural Issues and Design Approaches, in: Proc. of the Int. Symposium on Databases in Parallel and Distributed Systems, Dublin, 1990.

PMC92   Pirahesh, H., Mohan, C., Cheng, J.: Sequential and Parallel Algorithms for Efficient Execution of the Outer Join Operation, IBM Almaden Research Center, Research Report, 1992.

PMSL94   Pirahesh, H., Mitschang, B., Südkamp, N., Lindsay, B.:Composite-Object Views in Relational DBMS: An Implementation Perspectivein: Proc. of the Fourth Int. Conf. on Extending Database Technology (EDBT'94), Cambridge, März 1994 sowie Information Systems, Special Issue on 'Extended Database Techology', March 1994.

PSSWD87 Paul, H.-B., Schek, H.-J., Scholl, M.H., Weikum, G., Deppisch, U.: Architecture and Implementation of the Darmstadt Database Kernel System, in: ACM SIGMOD Conf., San Francisco, 1987, pp. 196 - 207.

Pu86   Puppe, F.: Expertensysteme, in: Informatik Spektrum 9 (1), pp. 1-13, 1986.

Ra93   Rahm, E.: Hochleistungs-Transaktionssysteme - Konzepte und Entwicklungen moderner Datenbankarchitekturen, Vieweg, Reihe Datenbanksysteme, 1993.

RCDF83   Ries, D., Chan, A., Dayal, U., Foz, S., et al.: Decompilation and Optimization for ADAPLEX: A Procedural Database Language, Technical Report, CCA-82-04, 1983.

Re87   Reuter, A.: Kopplung von Datenbank- und Expertensystemen, in: Informationstechnik, 29. Jahrgang, Heft 3, Oldenbourg-Verlag, 1987, pp. 164-175.

RGL90   Rosenthal, A., Galindo-Legaria, C.: Query Graphs, Implementing Trees, and Freely-Reorderable Outerjoins, in: Proc. of the ACM SIGMOD Conf., Atlantic Ciity, 1990, pp. 291-299.

RH86   Rosenthal, A., Helman, P.: Understanding and Extending Transformation-Based Optimizers, in: IEEE Database Engineering, Vol.9, No. 4, 1986, pp. 44-51.

Ri88   Richter, M.: Prinzipien der Künstlichen Intelligenz - Wissensrepräsentation, Inferenz und Expertensysteme, Teubner Verlag, 1988.

RR84   Rosenthal, A., Reiner, D.: Extending the Algebraic Framework of Query Processing to Handle Outerjoins, in: Proc. 10th VLDB Conf., Singapore, 1984, pp. 334-343.

RS87   Rowe, L., Stonebraker, M.: The POSTGRES Data Model, in: Proc. 13th VLDB Conf., Brighton, 1987, pp. 83-96.

RS93   Rich, C., Scholl, M.: Query Optimization in an OODBMS, in: Tagungsband der GI-Fachtagung 'BTW', Informatik Aktuell, Springer-Verlag, 1993, pp. 266-284.

RSZ88   Reuter, A., Schiele, G., Zeller, H.: Nichtprozedurale Datenbanksprachen, in: Informationstechnik, 30. Jahrgang, Heft 6, Oldenbourg-Verlag, 19887, S. 387-403.

SA77   Schank, R., Abelson, R.: Scripts, Plans, Goals and Understanding, Erlbaum Association., 1977.

SACLP79 Selinger, P., Astrahan, M., Chamberlin, D., Lorie, R., Price, T.: Access Path Selection in a Relational Database Management System, in: ACM SIGMOD Conf., 1979, pp. 23 - 34; auch erschienen als IBM Research Report, Computer Science, IBM Research Laboratory, San Jose, RJ2429 August 1979.

SBMW91 Sockut, G., Burns, L., Malhotra, A., Whang, K.-Y.: GRAQULA: A graphical Query Language for Entity-Relationship or Relational Databases, IBM Research Report, Computer Science, RC 16877, 1991.

SC90   Shekita, E., Carey, M.: A Performance Evaluation of Pointer-Based Joins, in: Proc. of the ACM SIGMOD Conf., Atlantic Ciity, 1990, pp. 300-311.

Schm77   Schmidt, J.: Some High Level Language Constructs for Data of Type Relation, in: ACM TODS 2(3), 1977, pp. 247-261.

Scho88   Scholl, M.: Das Modell geschachtelter Relationen - Effiziente Unterstützung einer relationalen Datenbankschnittstelle - Dissertation des Fachbereichs Informatik, Technische Hochschule Darmstadt, 1988.

Schö92   Schöning, H.: Anfrageverarbeitung in Komplexobjekt-Datenbanksystemen, Dissertation des Fachbereichs Informatik, Universität Kaiserslautern, 1992.

Schö93   Schöning, H.: Das Molekül-Atom-Datenmodell und seine Anfragesprache MQL, Forschungsbericht 23/93, SFB 124, Universität Kaiserslautern, 1993.

Schö94   Schöning, H.: Optimization of Complex-Object Queries in PRIMA - Statement of Problems, in [FMV94], pp. 99-120.

Se86   Sellis, T.K.: Global Query Optimization, in Proc. of the ACM SIGMOD Conf., Washington D.C., 1986, pp. 191-205.

Se88   Sellis, T.K.: Multi-Query Optimization, in: ACM TODS, Vol. 13, No. 1, 1988, pp. 23-52.

SESAM86   Systembeschreibung, Bedienungsanleitung und Anwendungsprogrammierung zum Softwareprodukt SESAM, Siemens AG, München, 1986.

SG88   Swami, A., Gupta, A.: Optimization of Large Join Queries, in: Proc. of the ACM SIGMOD Conf., Chicago, 1988, pp. 8-17.

Sh86   Shapiro, L.: Jon Processing in Database Systems with Large Main Memories, in: ACM TODS, Vol. 11, No. 3,Sept. 1986, pp. 239-264.

Si89   Sikeler, A.: Implementation Concepts for Non-Standard Database Systems - Illustrated by Means of the DBS-kernel PRIMA (in German), Doctoral Thesis, University of Kaiserslautern, Computer Science Department, Kaiserslautern, 1989.

Si92   Sinha, A.: Client-Server Computing, in: CACM, Vol. 35, No. 7, pp. 77-98.

SI93   Swami, A. Iyer, B.: A Polynomial Time Algorithm for Optimizing Join Queries, in: ICDE, Vienna, 1993, pp. 345-354.

SK91   Stonebraker, M., Kemnitz, G.: The POSTGRES Next-Generation Database Management System, in: CACM, Vol. 34, No. 10, 1991, pp. 78 - 93.

SPAM91   Schreier, U., Pirahesh, H., Agrawal, R., Mohan, C.: Alert: An Architecture for Transforming a Passive DBMS into an Active DBMS, in: Proc. 17th VLDB Conf., Barcelona, 1991, pp. 469-478.

SPSW90   Schek, H.-J., Paul, B., Scholl, M., Weikum, G.: The DASDBS Project: Objectives, Experiences, and Future Prospects, in: IEEE TKDE, Vol.2, No. 1, 1990, pp. 25-43.

SQL2   ISO/IEC JTC1/SC21: Information Technology - Database Languages - SQL2, American National Standards Institute, 1430 Broadway, New York,NY 10018, July. 1992.

SQL3   ISO/IEC JTC1/SC21/WG3: ISO/ANSI working draft Database Languages - SQL3, American National Standards Institute, 1430 Broadway, New York, NY 10018, Sept. 1993.

SR86   Stonebraker, M., Rowe, L.A.: The Design of POSTGRES, in: Proc. ACM SIGMOD Conf., Washington, D.C., 1986, pp. 340-355.

SRH90   Stonebraker, M., Rowe, L.A., Hirohama, M.: The Implementation of POSTGRES, in: IEEE TKDE, Vol.2, No. 1, 1990, S. 125-142.

SS86   Schek, H.-J., Scholl, M.: The relational model with relation-valued attributes, in: Information Systems, Vol. 11, No. 2, 1986, pp. 137-147.

SS89   Schöning, H., Sikeler, A.: Cluster Mechanisms Supporting the Dynamic Construction of Complex Objects, in: Proc. 3rd Int. Conf. on Foundations of Data Organization and Algorithms, FODO'89, Springer-Verlag LNCS 367, 1989, pp. 31-46.

SS90   Sciore, E., Sieg Jr., J.: A Modular Query Optimizer Generator, in: ICDE, Los Angeles, 1990, pp. 146-153.

SS93   Swami, A., Schiefer, B.: On the Estimation of Join Result Sizes, private communication, 1993.

St90   Stonebraker, M., et al (The Committee for Advanced DBMS Function): Thrid-Generation Data Base System Manifesto, Memorandum No. UCB/ERL M90/28, April 1990.

St92   Stonebraker, M.: The Integration of Rule Systems and Database Systems, in: IEEE TKDE, Vol.4, No. 5, 1992, S. 415-423.

ST88   Schmidt, Thanos (eds.): Foundations of Knowledge Base Management, Springer-Verlag, 1988.

STW84   Schrefl, M., Tjoa, A., Wagner, R.: Comparison-Criteria for Semantic Data Models, in: ICDE, Los Angeles, 1984, pp. 120-125.

Sw89   Swami, A.: Optimization of Large Join Queries: Combining Heuristics and Combinatorial Techniques, in: Proc. of the ACM SIGMOD Conf., Portland, 1989, pp. 367-376.

SY80   Sagiv, Y., Yannakakis, M.: Equivalences among Relational Expressions with the Union and Difference Operators, in: Journal of the ACM Vol. 27, No. 4, 1980, pp. 633-655.

SZ89   Shaw, G.,Zdonik, S.: Object-Oriented Queries: Equivalence and Optimization, in: Proc. 1st Int. Conf. on Deductive and Object-oriented Databases, Kyoto, 1989, pp. 264-278.

TD93   Thomas, J., Deßloch, S.: A Plan-Operator Concept for Client-Based Knowledge Processing, in: Proc. 19th VLDB Conf., Dublin, 1993, pp. 555-566.

Te93   Teeuw, W.: Parallel Management of Complex Objects, PhD Thesis, Univ. of Twente, Netherlands, 1993.

TGHM95   Thomas, J., Gerbes, T., Härder, T., Mitschang, B.: Dynamic Code Assembly for Client-Based Query Processing, in: 4th Int. Conf. on Database Systems for Advanced Applications, Singapore, April, 1995.

TMM93   Thomas, J., Mitschang, B., Mattos, N.: Parallelism in Client-Based Knowledge Processing - The KRISYS Approach, SFB-Forschungsbericht, Universität Kaiserslautern, 1993.

TMMD93   Thomas, J., Mitschang, B., Mattos, N., Deßloch, S.: Enhancing Knowledge Processing in Client/Server Environments, in: Proc. 2nd Int. Conf. on Information and Knowledge Management (CIKM'93), Washington D.C., November 1993, pp. 324-334.

UDS89   Systembeschreibungen und Bedienungsanleitungen zum Softwareprodukt UDS/SQL, Siemens AG, München, 1989.

Ul85   Ullmann, J.D.: Implementation of Logic Query Languages for Databases, ACM TODS, Vol. 10, No. 3, 1985, pp. 289-321.

Ul88   Ullmann, J.D.: Principles of Database and Knowledge-Base Systems, Volume I Comp. Sci. Press, 1988.

Ul89   Ullmann, J.D.: Principles of Database and Knowledge-Base Systems, Volume II Comp. Sci. Press, 1989.

Va87   Valduriez, P.: Join Indices, in: ACM TODS, Vol.12, No. 2, June 1987, pp. 218-246.

Va93   Valduriez, P.: Parallel Database Systems: Open Problems and New Issues, Distributed and Parallel Databases, Vol. 1, No. 2, 1993, pp. 137-166.

vB91   von Bültzingsloewen, G.: SQL-Anfragen Optimierung für parallele Bearbeitung, FZI-Berichte Informatik, Springer-Verlag, 1991.

VD91   Vandenberg, S., DeWitt, D.: Algebraic Support for Complex Objects with Arrays, Identity, and Inheritance, in: Proc. of the ACM SIGMOD Conf., Denver, 1991, pp.158-167.

WD92   White, S., DeWitt, D.: A Performance Study of Alternative Object Faulting and Pointer Swizzling Strategies, in: Proc. 18th VLDB Conf., Vancouver, 1992, pp. 419-431.

We90   Wegner, P.: Concepts and paradigms of object-oriented programming, OOPS Messenger 1(1), ACM Press, New York, 1991, pp. 8-87.

WCL91   Widom, J., Cochrane, R., Lindsay, B.: Implementing Set-Oriented Production Rules as an Extension to Starburst, in: Proc. 17th VLDB Conf., Barcelona, 1991, pp. 275-286.

WF90   Widom, J., Finkelstein, S.: A Syntax and Semantics for Set-Oriented Production Rules in Relational Database Systems, in: Proc. of the ACM SIGMOD Conf., Atlantic Ciity, 1990, pp. 259-270.

WG93   Wolniewicz, R., Graefe, G.: Algebraic Optimization of Computations over Scientific Databases in: Proc. 19th VLDB Conf., Dublin, 1993, pp. 13-24.

WK90   Whang, K., Krishnamurthy, R.: Query Optimization in a memory-resident domain relational calculus database system, ACM TODS, Vol.15, No. 1, 1990.

WLH90   Wilkinson, K., Lyngbaek, P., Hasan, W.: The Iris Architecture and Implementation, in: IEEE TKDE, Vol.2, No. 1, 1990, pp. 63-75.

WY76   Wong, E., Youssefi, K.: Deomposition - a strategy for query processing, ACM TODS, Vol.1, No.3,1976, pp. 223-241.

Ya81   Yannakakis, M.: Algorithms for acyclic database schemes, in: Proc. 7th VLDB Conf., Cannes, 1981, pp.82-94.

Ya91   Yan, W.: Auswertung rekursiver Anfragen in Deduktiven Datenbanksystemen - eine Untersuchung der Strategien, des Leistungsverhaltens und der Realisierungsmöglichkeiten, Dissertation des Fachbereichs Informatik, Universität Kaiserslautern, 1991.

YM89   Yan, W., Mattos, N.: Transitive closure and LOGA+ strategy for its efficient evaluation, in: Proceediings of the 2nd Symposium on Mathematical Fundamentals of Database Systems, LNCS 364, Springer-Verlag, 1989, pp. 415-428.

Za 83   Zaniolo, C.: The Database Language GEM, in: Proc. of the ACM SIGMOD Conf., San Jose, 1983, pp. 207-218.

Zd88   Zdonik, S.: Data Abstraction and Query Optimization, in [Di88], pp. 368-373.

ZM90   Zdonik, S., Maier, D.: Readings in Object-Oriented Database Systems, Series in Database Management Systems, Morgan Kaufmann, 1990.

Anhang A
Unternehmens-
datenbank

Alle Anfragebeispiele in dieser Arbeit beziehen sich auf die nachstehend beschriebene *Unternehmensdatenbank*, die Informationen über

- einzelne Abteilungen (ABT),
- das Personal (PERS),
- die Projekte (PROJ),
- Mitarbeit in Projekten (PM)
- Faehigkeiten (FAEH),
- die die Mitarbeiter besitzen (MF)
- bzw. die von Projekten gefordert werden (PF).

Das relationale DB-Schema mit seinen Relationen und deren Attribute und Attributbeziehungen sieht wie folgt aus:

<pre>
ABT   (<u>Anr</u>, Budget, Aort)
PERS   (<u>Pnr</u>, Name, Beruf, Gehalt, Alter, Wort, Anr, Mgr)
PM   (<u>Pnr, Jnr</u>, Dauer, Anteil)
PROJ   (<u>Jnr</u>, Bezeichnung, Summe, Port, Anr)
FAEH   (<u>Fnr</u>, ...)
MF   (<u>Pnr, Fnr</u>, ...)
PF   (<u>Jnr, Fnr</u>, ...)
</pre>

Relationenbezeichner werden dabei immer in Großbuchstaben geschrieben. Attributbezeichner beginnen ebenfalls mit einem Großbuchstaben, werden allerdings fortgesetzt mit Kleinbuchstaben. Schlüsselattribute sind unterstrichen, und Fremdschlüsselattribute können über Namensgleichheit zu Schlüsselattributen erkannt werden. Zur besseren Unterscheidung und auch zur Hervorhebung wurden Relationen- und Attributnamen im laufenden Text kursiv geschrieben.

Zur Verdeutlichung der Informationsstrukturen wurde ein Entity/Relationship-Diagramm (ER-Diagramm) und der zum Relationenschema gehörende RI-Graph (RI steht für den Fachausdruck 'Referential Integrity') beigefügt. Das ER-Diagramm zeigt die Relationen als Knoten und die Beziehungen als Kanten des Graphen. Der RI-Graph visualisiert die 'Referentielle-Integrität'-Beziehungen, also die Primär/Fremdschlüsselbeziehungen. Durch einen Vergleich des ER-Diagramms mit dem RI-Graph lassen sich direkt die im relationalen Schema ausgedrückten Beziehungen und auch deren Typ feststellen. Dabei erkennt man, daß die Unternehmensdatenbank drei komplexe Beziehungen (vom Typ n:m) besitzt:

- Projektmitarbeit, (Hilfs-)Relation PM und deren Fremdschlüsselbeziehungen
- Mitarbeiterfähigkeiten, (Hilfs-)Relation MF und deren Fremdschlüsselbeziehungen
- Projektfähigkeiten, (Hilfs-)Relation PF und deren Fremdschlüsselbeziehungen.

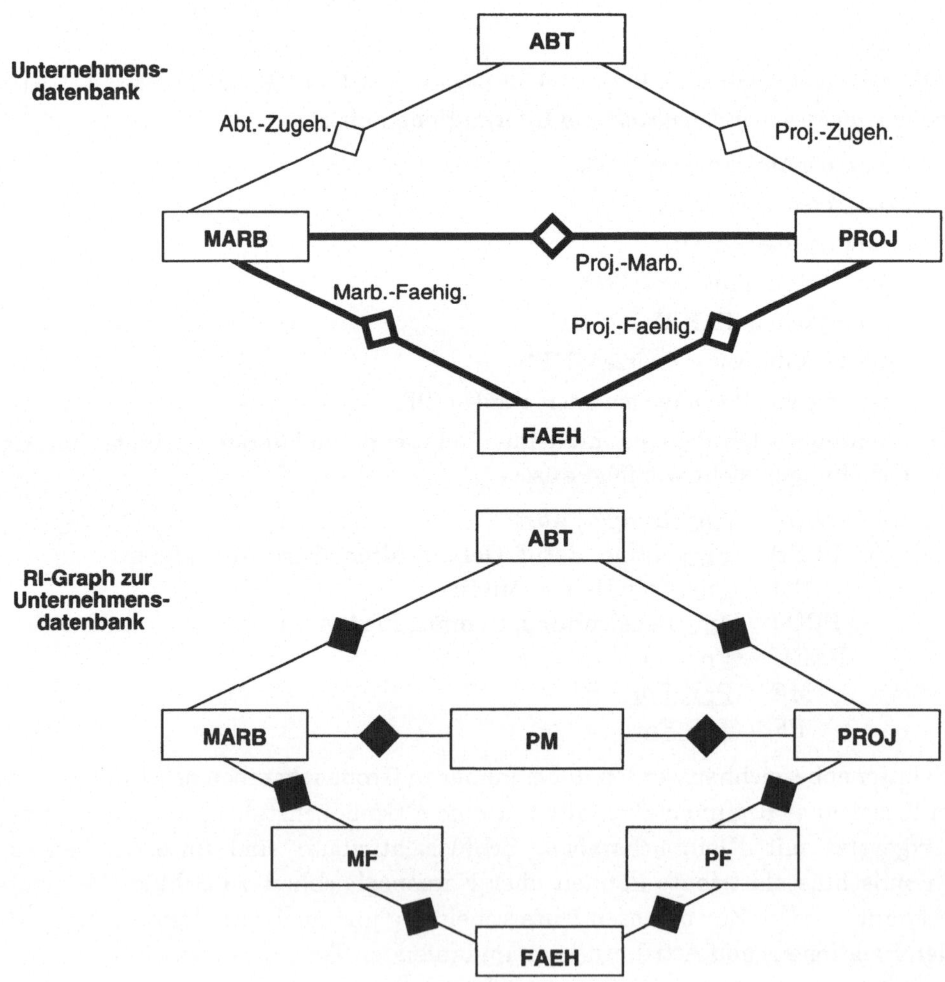

Anhang B
Relationenkalkül

Der Relationenkalkül[*] ist eine deskriptive Anfragesprache für relationale DBS. Das Anfrageergebnis wird dabei definiert durch die Spezifikation der Ergebniseigenschaften. Es handelt sich dabei um einen Prädikatenkalkül erster Ordnung, dessen Ausdrücke jeweils zu einer Ergebnisrelation evaluieren. Dazu besteht eine Anfrage aus zwei Teilen, der Zielliste zur Beschreibung der Ergebnisrelation und dem Selektionsausdruck zur Spezifikation der Ergebniseigenschaften.

Die Grundsymbole des Relationenkalküls sind die folgenden:

- Tupelvariablen r_i
- Bereichsbindung **IN** rel_i
- Attributselektor $.a_k$
- Attributkonstante c_j
- Vergleichsoperatoren $>, >=, =, <=, <, \neq$
- Junktoren **AND, OR, NOT**
- Quantoren **EXISTS, FORALL**

Dabei bezeichnen die Symbole rel_i Relationen und die a_k sind dazugehörige Attributbezeichner.

Aus diesen syntaktischen Einheiten können zwei unterschiedliche Arten von Termen aufgebaut werden. Im folgenden werden diese Terme kurz vorgestellt und deren Semantik erklärt:

- Bereichsterm r_i **IN** rel_i

  Hierdurch wird festgelegt, daß die Tupelvariable r_i den Wertebereich der Bereichsrelation rel_i hat, d.h., die Tupelvariable adressiert alle Tupel der betreffenden Relation.

---

[*] In der Literatur [Da90, Ul88] werden zwei zueinander äquivalente Formen des Relationenkalküls unterschieden. Zum einen ist das der tupelbezogene Relationenkalkül. Zum anderen ist das der domänenbezogene Relationenkalkül. Für diese Beschreibung verwenden wir die erstere Variante.

- Vergleichsterm

  Hier werden wiederum drei Arten unterschieden

  - monadischer Term $r_i.a_k$ *op* c_j
    Der Wert des Attributs a_k der Tupelvariablen r_i wird gemäß vorgegebenem Vergleichsoperator *op* mit der Attributkonstanten c_j verglichen.

  - dyadischer Term $r_i.a_k$ *op* $r_j.a_l$
    Der Wert des Attributs a_k der Tupelvariablen r_i wird gemäß Vergleichsoperator *op* mit dem Wert des Attributs a_l der Tuplevariablen r_j verglichen.

  - Boole'scher Term   TRUE oder FALSE
    Spezielle Vergleichsterme mit konstanten boole'schen Wahrheitswerten.

Eine Anfrage im Relationenkalkül hat nun die Form:

(Zielliste : Selektionsausdruck)

Die *Zielliste* beschreibt die Struktur der Ergebnisrelation. Dazu enthält sie eine Liste von Attributen, die in der Ergebnisrelation zu berücksichtigen sind. Weiterhin werden die Bereichsterme der freien Variablen angegeben. Die Zielliste hat die folgende Form:

<$r_i.a_k$, ..., $r_j.a_l$> **OF   EACH** r_1 **IN** rel$_1$, ...
                          EACH r_n **IN** rel$_n$

Hierbei bezeichnet $r_i.a_k$ das Attribut a_k aus der Relation *rel$_1$* und die Tupelvariablen r_i bezeichnen einerseits die Tupel der zugeordneten Relation *rel$_i$* und andererseits die bezüglich des Selektionsausdrucks freien Variablen.

Der *Selektionsausdruck* spezifiziert die Eigenschaften der Tupeln der Ergebnisrelation. Dazu können Terme über Junktoren und Quantoren miteinander verknüpft werden. Die zulässigen Selektionsausdrücke lassen sich elegant mit Hilfe nachstehender rekursiver Definition festlegen:

(1) Vergleichsterme, deren Tupelvariablen über Bereichsterme definiert sind, heißen atomare Prädikate

(2) Atomare Prädikate sind Selektionsausdrücke.
    Seien *pred* ein Selektionsausdruck und r_i *IN rel$_i$* ein Bereichsterm, dann sind auch
        EXISTS r_i **IN** rel$_i$ (pred)   (existentielle Quantifizierung) und
        FORALL r_i **IN** rel$_i$ (pred)   (universelle Quantifizierung)
    jeweils Selektionsausdrücke. Die Tupelvariable r_i ist nun eine existentiell bzw. universell gebundene Variable. Der quantifizierte Ausdruck erhält den Wahrheitswert TRUE, falls mindestens ein bzw. alle Tupel r_i der Relation *rel$_i$* die Bedingung *pred* erfüllt. Andernfalls evaluiert der Ausdruck zu FALSE[*].

(3) Seien *pred$_1$* und *pred$_2$* Selektionsausdrücke, dann sind auch
        NOT (pred$_1$)   (Negation),
        pred$_1$ **AND** pred$_2$ (Konjunktion) und

---

[*]   Diese Aussagen gelten für nichtleere Bereichsrelationen. Die Wahrheitswerte von quantifizierten Ausdrücken über leeren Bereichsrelationen sind Bild 2.13 zu entnehmen.

pred$_1$ **OR** pred$_2$ (Disjunktion)

Selektionsausdrücke. Für diese Junktorverknüpfungen gilt die übliche Bedeutung aus der Aussagenlogik.

(4) Keine anderen Ausdrücke sind Selektionsausdrücke.

Eine Anfrage im Relationenkalkül der Form

   (**EACH** r **IN** rel : pred(r))

bezeichnet diejenigen Tupel *r* aus der Relation *rel*, die den Selektionsausdruck *pred(r)* erfüllen, für die also das Selektionsprädikat *pred(r)* den bool'schen Wert TRUE annimmt. Sind in der Zielliste mehr als ein Bereichsterm angegeben, so wird die Teilmenge des kartesischen Produkts der Bereichsrelationen ausgewählt, deren Tupel das gegebene Selektionsprädikat erfüllen.

Für die nachstehende Beispielanfrage (Anfrage Q2 auf Seite 38) auf unsere Unternehmensdatenbank (s. Anhang A)

(Q32) "Finde Name und Beruf von Angestellten, die Projekte in 'KL' durchführen und deren zugehörige
       Abteilung sich ebenfalls in 'KL' befindet"

   SELECT   Name, Beruf
   FROM   ABT a, PERS p, PM pm, PROJ pj
   WHERE   a.Anr = p.Anr **AND**
                 a.Aort = 'KL' **AND**
                 p.Pnr = pm.Pnr **AND**
                 pm.Jnr = pj.Jnr **AND**
                 pj.Port = 'KL';

ergibt sich damit folgende äquivalente Anfrage im Relationenkalkül

   (p.Name, p.Beruf **OF   EACH** a   **IN** ABT,
                      EACH p   **IN** PERS,
                      EACH pm **IN** PM,
                      EACH pj   **IN** PROJ: (a.Anr   = p.Anr   **AND**
                                              a.Aort   = 'KL'   **AND**
                                              p.Pnr   = pm.Pnr   **AND**
                                              pm.Jnr   = pj.Jnr   **AND**
                                              pj.Port   = 'KL'))

Durch den Vergleich dieser beiden Repräsentationen erkennt man, daß SQL eine vom Relationenkalkül abgeleitete Darstellungsform ist. Allerdings stellt SQL eine gegenüber dem Relationenkalkül deutlich erweiterte Anfragesprache bereit. Diesbezüglich seien hier nur erwähnt die Aggregationsfunktionen, Gruppierung, Duplikatbehandlung oder auch Rekursion, die zusammen auch den Rahmen der Prädikatenlogik erster Stufe sprengen. Mittlerweile sind jedoch einige Erweiterungen des Relationenkalküls bekannt, die etwa Aggregationen [Kl82, vB91] oder Rekursion [BK86] zu behandeln erlauben. Die Sprache QUEL, die für das relationale DBS INGRES entwickelt wurde, gilt als direktester und auch bekanntester Vertreter des Relationenkalküls.

Obige Anfrage Q32 würde in QUEL wie folgt aussehen:

```
range of a    is ABT,
range of p    is PERS,
range of pm   is PM,
range of pj   is PROJ
retrieve (p.Name, p.Beruf)
     where    (a.Anr   = p.Anr    AND
               a.Aort  = 'KL'     AND
               p.Pnr   = pm.Pnr   AND
               pm.Jnr  = pj.Jnr   AND
               pj.Port = 'KL'))
```

Die Gegenüberstellung von QUEL-Anfrage und Relationenkalküldarstellung verdeutlichen die direkte Umsetzung von der einen in die andere Syntax. Für QUEL wurden sehr viele Erweiterungen (Aggregation, Rekursion, objekt-orientierte Konzepte, wie Generalisierung, Objektidentität, Komplexobjekte etc.) definiert und auch in Systemen realisiert. Dazu sind insbesondere zu nennen einmal reine Spracherweiterungen wie GEM [Za83] oder das Kalkül aus [BK86] sowie sie Sprache EXCESS für das DBS EXODUS [CDV88] bzw. die Sprache POSTQUEL [RS87] für das DBS POSTGRES. Letzteres läßt schon durch die Namensgebung die direkte Weiterentwicklung zu QUEL und INGRES erkennen.

Anhang C
Relationenalgebra

Im Gegensatz zum Relationenkalkül, welches das Anfrageergebnis durch seine Eigenschaften (spezifiziert als Selektionsausdruck und Zielliste) definiert, beschreibt ein Ausdruck der Relationenalgebra mehr oder weniger einen Algorithmus zur Konstruktion der Ergebnisrelation. Man sagt daher auch, daß die Relationenalgebra das prozedurale Gegenstück zum Relationenkalkül darstellt.

Codd [Co72] definiert die Relationenalgebra (RA) als eine Menge von Operatoren, die Relationen bearbeiten. Man unterteilt die Operatoren in zwei große Klassen:

- einmal sind das die bekannten *Mengenoperatoren* Vereinigung und Differenz sowie Durchschnitt und symmetrische Differenz,
- zum anderen sind das die *speziellen Operatoren der Relationenalgebra* Restriktion, Projektion, Verbund und Division.

Jeder Operator verarbeitet ein oder zwei Eingaberelationen und produziert jeweils eine Ausgaberelation. Damit ist es möglich durch Komposition von Operatoren die Ausgaberelation eines Operators direkt als Eingaberelation des Nachfolgeoperators weiterzuverarbeiten und somit komplexere Anfragen zusammenzubauen. Codd zeigte, daß die Relationenalgebra relational vollständig ist, also mindestens das Auswahlvermögen des Prädikatenkalküls erster Ordnung besitzt. Weiterhin wurde in [Co72] auch bewiesen, daß jeder Ausdruck im Relationenkalkül in einen äquivalenten Ausdruck in der Relationenalgebra umgesetzt werden kann und umgekehrt, so daß beide Ausdrucksformen äquivalent zueinander sind, also gleiches Auswahlvermögen besitzen.

Zur systematischen Einführung der RA-Operatoren werden die folgenden Hilfsbegriffe benötigt:

- Vereinigungsverträglichkeit
  Zwei Attibute heißen vereinigungsverträglich, wenn sie über demselben Wertebereich definiert sind[*]. Zwei Attributfolgen heißen vereinigungsverträglich, wenn die einzelnen Attribute paarweise vereinigungsverträglich sind. Darauf aufbauend, heißen zwei Relationen vereinigungsverträglich, wenn ihre vollständigen Attributfolgen vereinigungsverträglich sind.

- Tupelkonkatenation (oder Verkettung)
  Die Konkatenation zweier Tupel a=$<a_1, ..., a_n>$ und b=$<b_1, ..., b_m>$ ist definiert als:
    concat(a,b) = $<a_1, ..., a_n, b_1, ..., b_m>$

- Tupelprojektion
  Die Tupelprojektion eines Tupels a=$<a_1, ..., a_n>$ bzgl. der Attributfolge L ist definiert
  als:
    a.L = $<a_i, ..., a_k>$ mit $a_j \in$ L für j=i,...,k

- Attributkomplement
  Das Komplement der Attributfolge L bzgl. der gesamten Attributfolge O der zugehörigen Relation ist wiederum eine Attributfolge compl(L), die wie folgt definiert ist:
    compl(L) = $\{a_i \mid a_i \in O \wedge a_i \notin L\}$

Die Mengenoperatoren setzen jeweils Paare von vereinigungsverträglichen Relationen (hier R und S genannt) voraus. Die elementaren Mengenoperatoren sind;

- *Vereinigung* (engl. union): $UNION\,(R, S) \ = \ \{t \mid t \in R \vee t \in S\}$

- *Differenz* (engl. minus): $MINUS\,(R, S) \ = \ \{t \mid t \in R \wedge t \notin S\}$

Aufbauend auf diesen beiden Basisoperatoren, kann man weitere nützliche Operatoren definieren, wie zum Beispiel den

- *Durchschnitt* (engl. intersection)
  definiert als $INTERSECTION(R, S) = MINUS(R, MINUS(R, S))$

oder etwa die

- *symmetrische Differenz* (engl. symmetric difference)
  definiert als $SYMMINUS(R, S) = MINUS(UNION(R, S), MINUS(R, S))$

Im folgenden werden die speziellen RA-Operatoren definiert; zusätzlich zur eigentlichen Definition wird auch der zum RA-Operator äquivalente Ausdruck im Relationenkalkül angegeben:

- Restriktion (engl. restriction) oder Selektion (engl. selection)
  Die *Selektion* dient dazu, aus einer Relation R alle Tupel auszuwählen, die die gegebene Selektionsbedingung *pred* erfüllen. Dieses Selektionsprädikat ist ein (quanti-
  fikatorfreier) Selektionsausdruck (s. Definition in Anhang B, Relationenkalkül) über
  den Attributen von R.
    $SEL(R, pred) \ = \ \{r \mid r \in R \wedge pred\,(r)\,\}$
    $= \ $ (**EACH** r **IN** R: pred(r))

- Projektion (engl. projection)
  Durch die *Projektion* wird eine bestimmte Attributfolge L der Eingangsrelation in die
  Ergebnisrelation übernommen und die anderen nicht benötigten Attribute, also
  compl(L) entfernt. Eventuell entstandene Duplikattupel werden eliminiert. Dadurch
  bleibt die Mengeneigenschaft gewahrt.
    $PROJ(R, L) \ = \ \{r.L \mid r \in R\}$
    $= \ $ ($<r.a_i, ..., r.a_k>$ **OF EACH** r **IN** R: TRUE)

---

*   Oft wird auch folgende schwächere Definition zugrundegelegt: Zwei Attibute heißen verei-
     nigungsverträglich, wenn ihre Werte vergleichbar sind (gleiche bzw. konvertierbare Daten-
     typen).

- Verbund (engl. join)

  Der *Verbundoperator* überführt zwei Eingaberelationen in eine Ausgaberelation, wobei je nach Art der Verbundoperation (bzw. der Verbundbedingung) Tupel der einen Relation mit bestimmten Tupeln der anderen Relation verkettet werden. Im allgemeinen Fall wird zuerst das Kartesische Produkt der beiden Eingangsrelationen gebildet, das dann gemäß der Verbundbedingung eingeschränkt wird.

  Ist die Verbundbedingung durch die Boolesche Konstante TRUE gegeben, so entspricht der Verbund dem *Kartesischen Produkt PROD,* welches wie folgt definiert ist:

  $$\begin{aligned} PROD(R, S) \ &= \ JOIN(R, TRUE, S) \\ &= \ \{rs \mid r \in R, s \in S: rs = concat(r, s)\} \\ &= \ (<r_1, ..., r_n, s_1, ..., s_m> \textbf{ OF EACH r IN R,} \\ &\qquad\qquad\qquad\qquad\quad \textbf{OF EACH s IN S: TRUE)} \end{aligned}$$

  In der allgemeinen Form ist die Verbundbedingung ein Selektionsausdruck *pred* über den Attributen von R und S. Damit ergibt sich nun folgende allgemeingültige Definition des Verbundoperators

  $$\begin{aligned} JOIN(R, pred, S) \ &= \ \{rs \mid r \in R, s \in S: rs = concat(r, s) \wedge pred(r, s)\} \\ &= \ SEL(PROD(R, S), pred) \\ &= \ (<r_1, ..., r_n, s_1, ..., s_m> \textbf{ OF EACH r IN R,} \\ &\qquad\qquad\qquad\qquad\quad \textbf{OF EACH s IN S: pred(r, s))} \end{aligned}$$

  Man spricht von einem *Gleichverbund* (engl. equijoin), wenn die Verbundbedingung ein Vergleichsterm mit Gleichheitsoperator ist; anderenfalls handelt es sich um einen *Ungleichverbund* (engl. non-equijoin). Der oft verwendete *natürliche Verbund* ist ebenfalls ein Gleichverbund, allerdings erscheint hier nur eines der beiden Verbundattribute in der Ergebnisrelation; beim Gleichverbund werden beide Verbundattribute (die gleichen Inhalt haben) übernommen. Der Vollständigkeit halber, sollen hier noch weitere Ergänzungen des Verbundoperators genannt werden, wie zum Beispiel der *äußere Verbund* (engl. outer join, [Da83]) oder etwa der *Intervall-Verbund* (engl. band join, [DNS91]).

- Division (engl. division)

  Die Division stellt auf der Seite der RA das Gegenstück zur universellen Quantifizierung dar. Die besondere Namensgebung hat ihren Ursprung darin, daß die Division als Umkehroperation zum Kartesischen Produkt (auch manchmal 'Multiplikation' genannt) angesehen werden kann, da gilt:

  $$DIV(PROD(R, S), S) = R$$

  Damit läßt sich die Division, wie zuvor auch schon der Verbund, aus den elementaren RA-Operatoren ableiten. L und M seien vereinigungsverträgliche Attributfolgen der Relationen R bzw. S. Es muß weiterhin gelten, daß die Relation R mehr Attribute hat als die Relation S. Mit Hilfe der hier ebenfalls angegebenen Hilfsrelationen kann die Division von R zu S bzgl. der Attributfolgen L und M, wie folgt definiert werden:

  $$DIV(R, L \text{ mit } M, S) \ = \ MINUS(T, V)$$

  mit $T = PROJ(R, compl(L))$

  $\qquad V = PROJ(W, compl(L))$

  mit $W = MINUS(PROD(T, S), R)$

  Die Division ausgedrückt in der Notation des Relationenkalkül lautet:

  $$\begin{aligned} DIV(R, L \text{ mit } M, S) \ = \ (<&r1.compl(L) \textbf{ OF EACH r1 IN R:} \\ &\textbf{(FORALL s IN S, EXISTS r2 IN R} \\ &\qquad (r1.compl(L) = r2.compl(L) \text{ AND} \\ &\qquad\ s.L = r2.M) \\ &) \\ ) \end{aligned}$$

Mehr Informationen und auch anschauliche Beispiele zu den verschiedenen RA-Operatoren können den einschlägigen Lehrbüchern entnommen werden. Als ein Beispiel für eine komplexere Anfrage soll nachstehende wiederum Anfrage Q2 auf Seite 38 als Beispielanfrage auf unsere Unternehmensdatenbank (s. Anhang A) dienen:

"Finde Name und Beruf von Angestellten, die Projekte in 'KL' durchführen und deren zugehörige Abteilung sich ebenfalls in 'KL' befindet"

SELECT	Name, Beruf
FROM	ABT a, PERS p, PM pm, PROJ pj
WHERE	a.Anr = p.Anr **AND**
	a.Aort = 'KL' **AND**
	p.Pnr = pm.Pnr **AND**
	pm.Jnr = pj.Jnr **AND**
	pj.Port = 'KL';

Als dazu äquivalente Anfrage in der Relationenalgebra ergibt sich folgende Komposition von Operatoren:

```
PROJ(JOIN( JOIN( JOIN( SEL(ANR, Art = 'KL'),
                       PERS,
                       Anr = Anr),
                 PM,
                 Pnr = Pnr),
           SEL(PROJ, Port = 'KL'),
           Jnr = Jnr),
     {Name, Beruf})
```

Durch den Vergleich dieser beiden Repräsentationen erkennt man, daß SQL das Anfrageergebnis auf hohem deklarativen Niveau beschreibt, während die Darstellung in Relationenalgebra eher eine Konstruktionsvorschrift für die Ergebnisrelation angibt. Weiterhin wird durch diese direkte Gegenüberstellung auch erkennbar, daß eine kalkülbasierte Repräsentation einen günstigeren Ausgangspunkt für die Anfrageoptimierung darstellt, da eine prozedurale Beschreibung durch ihre (z.T. willkürlich festgelegte) Folge von Operatoren der Relationenalgebra das Erkennen von möglichen Optimierungsmaßnahmen erschwert. Auch für die Relationenalgebra sind mittlerweile auch einige Erweiterungen bekannt, die etwa Aggregationen[*] [Kl82, vB91], Rekursion [Ag88] oder auch objekt-orientierte Konzepte, wie Generalisierung, Objektidentität, Komplexobjekte etc. [VD91] zu behandeln erlauben.

---

[*] Die Äquivalenz der Ausdrucksmächtigkeiten von Relationenalgebra und Relationenkalkül wurde in [Kl82] auch für die Aggregationserweiterungen gezeigt.

Index

Datenbank-Integration von Ingenieuranwendungen

von Christoph Hübel und Bernd Sutter

1993. X, 324 S. (Datenbanksysteme; hrsg. von Theo Härder und Andreas Reuter) Kartoniert.
ISBN 3-528-05348-8

Das Buch leistet einen Beitrag zur Nutzbarmachung neuerer DB-Konzepte im Bereich technisch-ingenieurwissenschaftlicher Entwurfsanwendungen. Ausgehend von einer grundlegenden Problemanalyse, die sowohl die anwendungsseitigen Aspekte als auch die Datenhaltungsproblematik berücksichtigt, werden entsprechende Anforderungen abgeleitet. Schließlich wird ein DB-Integrationssatz als Basis einer durchgängigen Rechnerunterstützung aufgezeigt. Angepaßte, auf die strukturelle Komplexität technischer Objekte und auf eine verteilte, workstation-orientierte Ablaufumgebung hin ausgerichtete Datenverarbeitungsmodelle ermöglichen eine ausreichende Performanz DB-gestützter Ingenieursysteme. Technische Modellierungswerkzeuge erlauben anwendungsseitig den Aufbau von mit mehr Semantik ausgestatteten rechnerinternen Modellen. Die umfassende Modellierung aller, für eine ingenieurwissenschaftliche Entwurfsumgebung relevanten Aspekte in einem Entwurfsumgebungsmodell unterstützt die rechnerseitige Erfassung und Kontrolle komplexer Entwurfstätigkeiten.

Über den Autor: Dr. Christoph Hübel und Dr. Bernd Sutter arbeiten am FB Informatik (Lehrstuhl Datenbanksysteme) an der Universität Kaiserslautern.

Verlag Vieweg · Postfach 58 29 · 65048 Wiesbaden

Datenbanken in verteilten Systemen

von Winfried Lamersdorf

1994. XII, 238 S. Kartoniert.
ISBN 3-528-05467-0

Aus dem Inhalt: Datenverwaltung in verteilten Systemen – Kommunikation und Kooperation – Aufruf entfernter Prozeduren – Transaktionsverwaltung in verteilten Systemen – ISO/OSI Fernzugriff auf Datenbanken in offenen Rechnernetzen – Remote Database Access (RDA) in der ISO/OSI – Standards für den Zugriff auf Datenbanken in Netzen (z.B. DRDA).

Der Zugang zu Datenbanken in verteilten Systemen ist das Thema dieses Buches, sicherlich eines der brennendsten Themen in der gegenwärtigen DV-Praxis. Dem technisch interessierten Leser werden wesentliche Orientierungsmöglichkeiten erfolgreicher DB-Praxis in verteilten und offenen Systemen aufgezeigt. Nach Darstellung der Grundlagen und Alternativen geht es u.a. um die Themen Remote Database Access (RDA), systemtechnische Unterstützung von Transaktionen (TP) sowie allgemeine Dienste in verteilten Systemen. Aktuelle Projekte werden vor dem Hintergrund industrieller und internationaler Standardisierungsgremien (ECMA, ISO, X/Open etc.) vorgestellt. Das Buch empfiehlt sich nicht nur als Standardwerk für technisch interessierte Praktiker (Ingenieure, Informatiker), sondern auch zur Verwendung in entsprechenden Lehrveranstaltungen.

Über den Autor: Prof. Dr. Winfried Lamersdorf befaßt sich am FB Informatik der Universität Hamburg mit Datenbanken, insbesondere mit offenen und verteilten Kommunikations- und Informationssystemen.

Verlag Vieweg · Postfach 58 29 · 65048 Wiesbaden

Hochleistungs-Transaktionssysteme

von Erhard Rahm

*1993. XIV, 286 S. (Datenbanksysteme; hrsg. von Theo Härder
und Andreas Reuter) Kartoniert.
ISBN 3-528-05343-7*

Aus dem Inhalt: Einführung in Transaktionssysteme (Online Transaction
Processing, OLTP) – Klassifikation verrteilter Transaktionssysteme – Haupt-
speicher-Datenbanken – Nutzung von Disk-Arrays – E/A-Optimierung durch
erweiterte Speicherhierarhien (Platten-Caches, Solid-State-Disk, Erweiterter Hauptspeicher) – Nah gekoppelte Mehrrechner-Datenbanksysteme
(Closely Coupled Systems) – Parallele Datenbankverarbeitung – Katastro-
phen-Recovery – Lastkontrolle.

Transaktionssysteme sind in der kommerziellen Datenverarbeitung weit
verbreitet. Gerade wegen ihrer ökonomischen Bedeutung spielen zunehmend Leistungsanforderungen eine Rolle, die nur von sogenannten Hoch-
leistungs-Transaktionssystemen erfüllt werden können. Das Buch zeigt,
welche neueren Systementwicklungen bei Hochleistungs-Transaktionssy-
stemen zu beachten sind. Die Darstellung konzentriert sich auf die Datenbankaspekte, insbesondere auch die von Mehrrechner-Systemen. Stets im
Auge behalten wird, daß die grundlegenden Konzepte und Methoden dem
Leser verständlich vermittelt werden.

Über den Autor: Dr. Erhard Rahm ist Dozent und Leiter eines Forschungs-
projektes über Hochleistungstransaktionssysteme am Fachbereich Informatik der Universität Kaiserslautern.

Verlag Vieweg · Postfach 58 29 · 65048 Wiesbaden